国家“863”计划703主题项目
国家重点研发计划（2016YFB0801301-2）资助
国家自然科学基金项目（41701463）

空间态势信息可视化表达的理论技术与方法

徐 青 施群山 蓝朝桢 周 杨 著

科学出版社
北京

内 容 简 介

本书共分为 10 章，围绕“空间态势信息可视化表达”这一主题，阐述各种理论和方法。第 1 章从空间态势数据的获取、处理与表达等几个方面介绍了国内外相关研究现状；第 2～9 章分别从空间态势信息要素、时空基准、时空模型，空间目标和空间环境可视化表达，空间态势多尺度表达、符号化设计与表达、存储与共享等方面介绍了相关的技术与方法；第 10 章介绍了空天地一体化态势表达原型系统的基本功能、系统设计、核心支撑技术、系统实现方法及应用等情况。

本书可供空间数据可视化和空间信息系统领域相关研究人员与科技工作者参考，也可作为测绘、地理、航天等学科研究生的参考书。

图书在版编目（CIP）数据

空间态势信息可视化表达的理论技术与方法/徐青等著. —北京：科学出版社，2020.4

ISBN 978-7-03-064584-5

Ⅰ.①空… Ⅱ.①徐… Ⅲ. ①地理信息系统–研究 Ⅳ. ①P208

中国版本图书馆 CIP 数据核字(2020)第 034999 号

责任编辑：石 珺 朱 丽/ 责任校对：樊雅琼

责任印制：吴兆东/ 封面设计：图阅盛世

科 学 出 版 社 出版

北京东黄城根北街 16 号

邮政编码：100717

http://www.sciencep.com

北京建宏印刷有限公司印刷

科学出版社发行 各地新华书店经销

*

2020 年 4 月第 一 版 开本：787 × 1092 1/16

2025 年 1 月第四次印刷 印张：24

字数：548 000

定价：198.00 元

(如有印装质量问题，我社负责调换)

序

测绘是人类一切探测活动的先导。地理信息系统源于测绘和计算机技术，但测绘和信息科学技术的发展，又给地理信息系统赋予了新的内涵和使命。随着科学技术的飞速发展，特别是航天技术的发展，人类的探测活动已经由地球扩展到了太空以及深空，这也给地理信息系统的研究对象和研究范畴带来了全新的拓展，传统的地理信息系统也随之扩展为空间信息系统。

空间（太空和深空）目标（如各类航天器）的探测信息与地球表面地理信息相比，既具有相同点，如空间属性、几何属性、多源异构性等相同，又具有其特殊性，具体体现在时空变化、粒度大小、实体三态（姿态、形态、状态）、体系关联等方面。这种特殊性为空间目标与空间环境的理论建模、场景描述、数据调度、引擎开发、计算渲染、图像输出等带来全新的挑战。

作为空间信息系统，可视化技术是必不可少的关键技术之一。空间数据的可视化是空间信息系统的重要组成部分，也是空间态势信息支持系统的重要组成部分。

徐青教授是国内较早开展地理空间数据可视化研究的学者之一。他于 1995 年 10 月通过答辩的论文《地形三维可视化技术的研究与实践》是一篇优秀的博士学位论文，其研究成果在国防和数字城市建设中得到了很好的应用。从“十一五”开始，徐青教授及其科研团队承担了国家“863”计划 703 主题的系列科研项目，持续开展了空间目标和空间环境可视化、空间态势感知信息支持系统方面的研究、开发和应用，先后开发了具有完全自主知识产权的“空间目标与空间环境可视化基础平台”“深空探测任务规划可视化系统”“空间态势信息可视化系统”“空间态势信息支持系统”等。

该书是徐青教授领导的科研团队对十多年中取得的科研成果的总结和提炼，该书较系统地论述了空间态势信息可视化的理论基础和技术方法，提出了空间态势认知模型、时空数据模型、多尺度表达、图示化显示、共享与发布等相关的理论、技术和算法，开发了自主可控、跨平台、面向服务架构的软件系统，相关软件系统已经在数十家单位应用。

该书凝聚了徐青教授及其带领的科研团队十多年来在国家“863”计划项目的支持下开展的科研工作的理论探索、技术积累和应用经验，是一本融合了基础理论和实际应用的学术专著，既可供空间数据可视化和空间信息系统领域相关研究人员与科技工作者参考，也可作为测绘、地理、航天等学科研究生的参考书。

我由衷地祝贺徐青教授及其科研团队在空间态势可视化研究方向取得的一系列优秀成果，并欣然为该书作序，希望该书在促进我国空间信息系统，特别是空间数据可视化研究和应用方面发挥应有的作用。

王家耀

中国工程院院士

2019 年 5 月

前　言

空间无疆界的独特属性，使得空间飞行器能突破陆地、海洋、航空等领域中疆域的限制，提供对地球陆地、气象、海洋环境遥感探测的信息和对全球通信、导航、环境监测的能力。因此，随着空间技术的飞速发展，遥感成像、导航定位、网络通信、气象海洋等探测卫星的数量快速增长、功能性日益增强，为维护我国空间安全和国家利益，提高空间态势感知能力，全面、准确、及时地掌握复杂的空间态势信息是十分迫切和必要的。

态势感知的理念可追溯到古代的军事理论。例如，《孙子兵法》中的“知己知彼，百战不殆”等就反映了这一理念。态势感知一词可追溯到第一次世界大战，战场态势感知能力被认为是作战取胜的决定因素之一。

态势是指事物外部客观条件的状态及其变化趋势。态势感知是指对在一定空间和时间范围内的外部客观条件的状态及其变化趋势的观察、认知和利用。态势感知对那些工作在时空信息复杂且不断变化环境中的决策者来说至关重要。例如，航天任务、深空探测、航空管制等领域的从业人员，甚至汽车司机都会面临态势感知问题，决策者的错误决定会导致严重的后果。因此，全面、准确和及时地态势感知是必不可少的。

空间态势是指影响空间系统和任务的外部客观条件，即太空广大区域的各种客观条件的状态和变化趋势。空间态势感知就是对上述状态和变化趋势信息的获取、认知和利用。

空间充满了大大小小的人造物体和自然物体，太阳风、高能粒子束、变化无常的磁场、剧烈变化的温度是空间复杂环境的主要表现。随着空间军事系统和空间军事信息在现代战争中发挥着日益重要的作用，空间已成为维护国家安全和国家利益所必须占据的战略制高点。

随着航天技术的发展，各国对空间利用和空间控制的重视程度不断增强，人类空间活动日益频繁，空间活动范围不断扩大，太空军事化和排他化趋势日益明显，同时空间碎片急剧增多，空间环境对空间活动的影响日益严重，空间活动的快速发展对空间态势感知提出了迫切的需求，态势感知对于空间活动参与者来说至关重要。

空间态势感知的核心内涵是对空间态势信息的获取、认知和利用。空间态势信息获取包括对空间目标和空间环境等的探测和监视；空间态势信息认知包括对空间目标和空间环境的分布、行为、异常和事件等的理解和评估，以及对空间目标和空间环境的动向、趋势等的分析和预测；空间态势信息利用是指空间态势信息对空间系统和航天任务的效能评估和危险预警，包括对空间目标和空间环境的探测、识别、监视、评估和预警，对空间系统的故障（异常）分析等。

空间态势感知是国家空间基础设施的重要组成部分，空间态势感知是保障各类空间任务有效实施的基础。由空间目标信息及空间环境信息有机组成的空间态势信息，是空间探测任务规划、实施决策、控制操作的前提和基础，其对国家航天活动及空间探索具有重要的支撑作用，是应对空间突发事件的决策依据。

可视化是利用计算机图形学和图像处理技术，将数据转化为读者更容易理解的图形或图像形式进行输出或显示的理论、技术和方法。

空间态势信息系统是体现空间态势感知能力的核心成果，空间态势信息可视化是本书的鲜明特色与主要内容。对多源、异构、海量的空间态势信息进行可视化，将多尺度、时空变换、分布异构的态势数据进行模型构建、同化处理、分析计算，实现空天地一体化态势信息的实时、交互、立体、动态显示，有助于决策者准确、精细、全面地认知、理解和掌握瞬时的空间态势及其演变趋势，从而为决策者做出正确决策提供可视化的信息支撑。

本书在结构上充分考虑了内容的创新性和完整性，共分 10 章。

第 1 章绪论，主要从空间态势数据获取、处理与表达等几个方面介绍了国内外相关研究现状；第 2 章空间态势信息要素，主要分析了空间态势可视化表达的对象及各自的详细构成要素和相关特性；第 3 章空间态势信息时空基准，主要介绍了空间态势的时间基准及其相互之间的转换关系；第 4 章空间态势信息时空模型，主要介绍了空间态势信息要素的基本时空演化过程、时空模型建模方法及相应的时空数据模型；第 5 章空间目标可视化表达，主要介绍了恒星、航天器、空间碎片、行星等主要空间目标的可视化理论与方法；第 6 章空间环境可视化表达，主要介绍了空间环境常用可视化表达方法，重点介绍了使用体绘制技术对环境数据进行三维可视化表达的理论与方法；第 7 章空间态势多尺度表达，主要介绍了空间环境和空间目标多尺度表达的相关理论与方法；第 8 章空间态势符号化设计与表达，主要介绍了空间态势图式符号设计与表达的相关内容；第 9 章空间态势存储与共享，主要介绍了空间态势数据存储与共享的相关技术与方法；第 10 章空天地一体化态势表达原型系统，主要介绍了 InSpace 系统的基本功能、系统设计、核心支撑技术、系统实现方法及应用等情况。

本书第 1、2 章由徐青撰写，第 3、6 章由周杨撰写，第 4 章由周杨、施群山共同撰写，第 5 章由蓝朝桢、周杨共同撰写，第 7、8、10 章由施群山撰写，第 9 章由蓝朝桢、卢万杰共同撰写。第 1、2、8、10 章由徐青校稿，第 3、5、6 章由周杨校稿，第 7 章由施群山校稿，第 4、9 章由蓝朝桢校稿。全书由徐青、施群山统稿，由徐青定稿。

以本书作者为核心的科研团队，在“十一五”至“十三五”期间，先后与哈尔滨工业大学、北京航空航天大学、北京理工大学、中国科学院国家空间科学中心、中国电子科技集团公司第二十二研究所等单位合作，承担并完成了国家“863”计划 703 主题有关空间态势信息可视化系统的系列课题。科研团队突破了空间环境与空间目标探测数据实时驱动、模型构建、引擎开发、态势信息标绘、多尺度表达、计算与分析、可视化展示等核心技术难题，自主开发了具有完全知识产权的空间态势信息支持系统。目前，该系统已经在我国航天工业、国防科研、高等院校等 20 多家单位应用。另外，本书还得到了国家重点研发计划“网络空间资源测绘技术”（2016YFB0801301-2）以及国家自然科学基金项目“空间目标球面网格时空索引构建及应用研究”（41701463）等课题的资助，在此表示感谢。

除了著者外，本书的完成还凝结了许多专家和学者的研究成果和辛勤劳动。

在书稿完成之际，首先感谢以龚建村研究员为组长，崔平远教授、于志坚研究员等为责任专家的国家“863”计划 703 主题专家组全体专家及其机关领导和以刘文利工程师为主任的 703 办公室全体成员对作者及其科研团队的长期支持。他们在需求分析、指标论证、项目立项、课题申请、组织协调、应用示范、检查验收、成果应用等各个环节进行了创造性的工作，具体指导和推动了系列课题的研究，本书的成果也凝聚着全体专家的辛勤劳动和集体智慧。

感谢中国工程院院士、中国人民解放军战略支援部队信息工程大学王家耀教授对作者及其科研团队的一贯支持和热忱指导，特别感谢老人家在百忙之中为本书作序。

特别感谢中国人民解放军战略支援部队信息工程大学姜挺教授、龚志辉教授、江刚武教授、李建胜教授，马东洋高级工程师在国家“863”课题中作出重要贡献；感谢孙伟副教授、卢战伟副教授、何钰副教授、张衡副教授、邢帅副教授、王栋工程师、李鹏程讲师、吕亮讲师、李鹏飞工程师，博士研究生卢万杰、陈宇、胡校飞、赵英豪、张鑫磊、侯慧太，硕士研究生王联霞、张永显、崔志祥等对相关课题所付出的辛勤努力和在相关课题中取得的重要成果。

感谢北京理工大学徐瑞教授率领的科研团队对作者的全力支持和无私帮助；感谢哈尔滨工业大学崔祜涛教授以及他的科研团队对作者及其科研团队的热心指导和帮助。

感谢作者所在单位的王正德校长、王小同院长等老领导以及各级机关和广大同事在相关课题研究中给予的长期支持和帮助，感谢所有关心、支持和帮助本书相关课题研究的同事和师生。

由于作者的理论素养和技术水平有限，书中难免存在疏漏和片面等不当之处，敬请广大读者不吝批评指正。

著　者

2019 年 5 月

目 录

第1章 绪　　论

1.1 引　　言

随着航天技术的发展，人类活动范围已经由地面拓展到外层空间，空间已经成为关乎国家安全与利益的制高点（徐青等，2013）。早在20世纪60年代，美国总统肯尼迪就声称："谁控制了空间，谁就掌握了战争的主动权。"为确保空间安全，维护空间利益，首先就要感知空间，掌控空间态势。于是，世界各大国纷纷着手建立规模庞大的空间态势感知系统，以获取空间态势的信息优势（Abbot and Wallace，2007；尤政和赵岳生，2009；夏禹，2010，2011；陈杰等，2011）。空间态势信息是实施空间任务、保护空间资产安全和发挥空间装备效能的重要信息保障，是应对空间突发事件的决策依据。

由于监测设备、监测方式以及监测对象的多样化，获取的空间态势数据呈现出多源、异构、多尺度、海量化的特点，如何有效认知和利用这些空间态势信息，将空间态势信息实时传递并以一种容易理解的方式呈现给用户，是空间态势感知领域的一个研究热点。

空间态势要素纷繁复杂，对空间的监测和对态势的掌控也不是一个部门所能承担的，各个部门所监测获取的数据种类各不相同，管理和表达的方式也多种多样。这些空间态势数据目前只能分别进行展示，用户只能形成具有局限性的零星认识，无法认知和掌控整个空间态势的变化发展规律以及各要素之间的相互联系。

为了对整个空间态势有一个统一的认识，同时也为了使不同的空间态势信息系统之间具有良好的互操作性，以及在异构分布式数据库中实现空间态势信息共享，需要建立空间态势的统一认知模型，将各种不同部门提供的不同数据有机组织到一起，达到一加一大于二的目的。

动态性是空间态势数据的一大特点，空间目标的位置信息、空间环境的属性值等都随着时间在不停地变化。因此，必须对这些具有时空特性的数据进行有效的组织和管理，建立时空数据模型，提供高效的检索机制，为空间态势数据的表达和分析应用提供基础。

"一图胜千言"，作为信息传递最直观有效的载体，各种各样的图被广泛应用于各领域。而对于空间态势信息，空间态势图也必定是空间态势信息最有效的传递载体，其可以成为连接现实世界的空间与用户之间的纽带，空间态势图可以定义为对当前空间范围内空间实体部署、行动、空间环境等状态以及进程与趋势的综合描述，是对空间态势信息的形式化组织与表示。

由于人类对客观存在的认识是分层的、多尺度的，当空间态势图的细节信息过量，超过人们的视觉分辨和理解能力时，这些与特定层次需求分析和决策无关的细节就会变成干扰信息而掩盖了主要信息，从而影响了使用（图 1.1）。因此，需要研究空间态势的多尺度表达问题，即解决在大小不同的区域范围，如何使空间态势图具有不同的详细程度，使用户眼中的空间态势图始终是清晰的一系列问题。

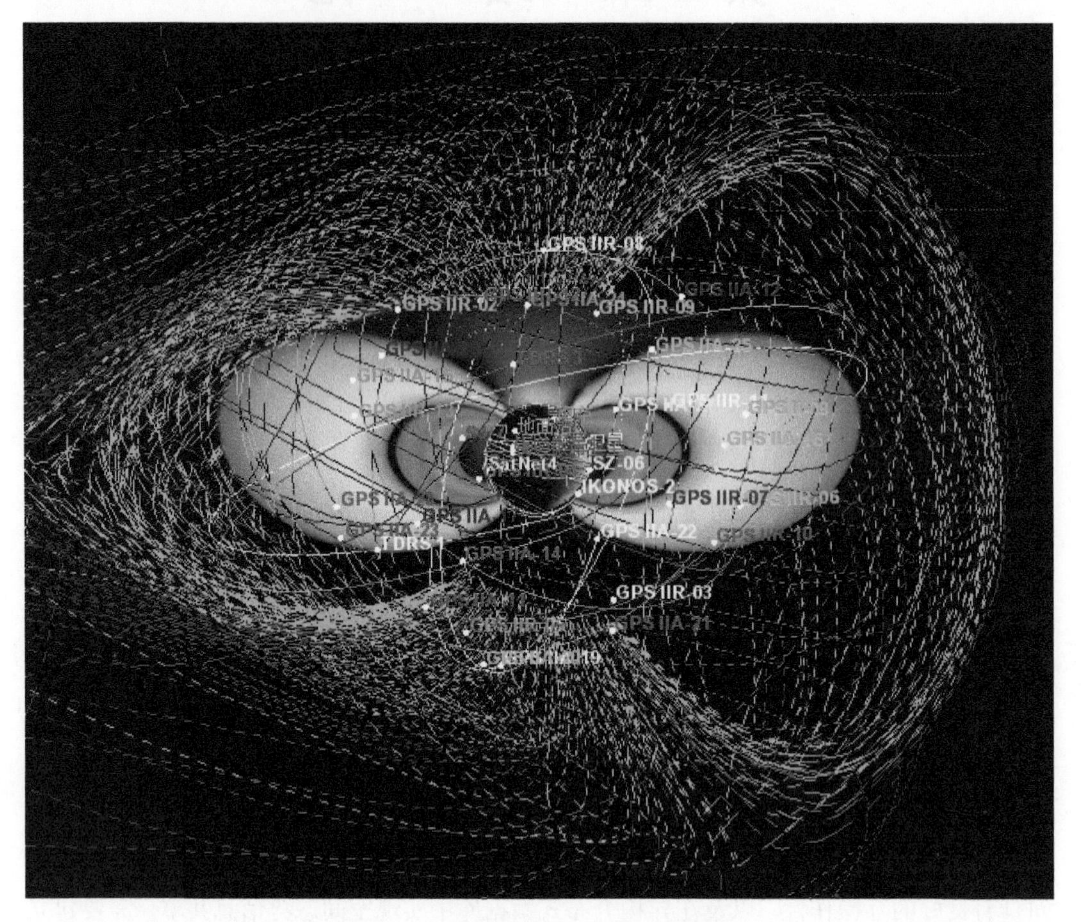

图 1.1　各类信息叠加在一起的空间态势

未来发展趋势是空间态势图所要描述的另外一个重要内容，目前在地面上以态势标绘的方式来表达未来的发展趋势。类比到空间态势领域，同样可以采用空间态势标绘的方式展示空间态势的未来发展。空间态势标绘中无论是空间态势符号还是标绘方法都还不成熟，因此需要研究适合空间态势特点的空间态势符号和空间态势标绘方法。

通过以上分析可知，空间态势信息可视化表达是空间态势信息传递的理论和技术基础，本书以国家“863”计划为依托，针对我国空间探测、信息支援和航天保障等用户对空间态势的信息需求，对空间态势时空基准、时空模型、空间目标和空间环境可视化表达、多尺度表达、空间态势标绘、空间态势存储与共享等与空间态势可视化表达相关的理论与技术展开研究，为空间态势图的构建打下基础，以便用户全面掌握并深刻理解瞬息万变的空间态势，支持不同层面的决策和行动。

1.2 国内外研究现状

如图 1.2 所示，美国的空间态势数据转化利用流程是：空间运行和控制机构根据用户需求，向天基和地基探测器下达观测任务清单；观测系统根据任务清单开展空间目标的探测、跟踪、成像和空间环境的监测，并将获取的数据传递给空间运行和控制机构，进行数据处理、利用和分发，更新空间目标数据库，执行在轨碰撞预警、绘制空间任务序列、发布卫星过顶预警、诊断卫星故障、监视空间事件等任务，从而为各类用户提供集成一体化空间态势图，确保这些用户能够有效使用现有的空间系统，在不同规模的任务中获取空间优势。

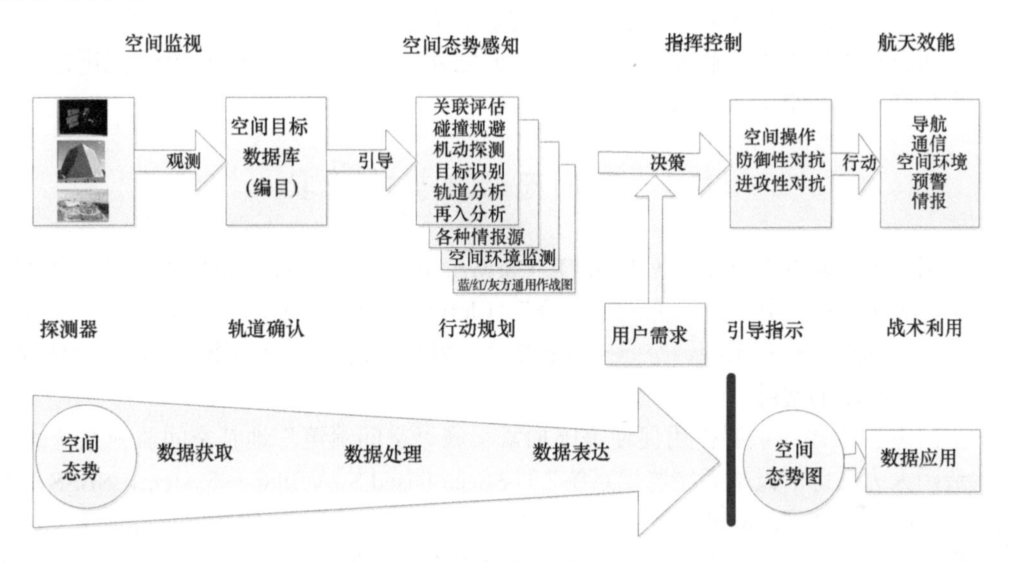

图 1.2 空间态势数据转化利用流程图

从数据转化利用流程角度分析，美国的空间态势数据转化利用流程可以分成四大步骤：空间态势数据获取、空间态势数据处理、空间态势数据表达、空间态势数据应用，本章按照该数据转化利用流程步骤阐述空间态势信息可视化表达相关理论与技术的研究现状，重点关注前三个步骤。

1. 空间态势数据获取

空间态势数据获取是指采用各种空间态势感知系统来获取空间目标和空间环境当前的各种状态，及时为用户提供有关空间目标在哪、什么特性、正在执行的任务、可能发生的时间，以及空间环境产生或将产生何种影响等全方位态势感知信息，为空间态势的处理和表达提供原始数据，因此，有必要了解目前各国空间态势感知系统的发展现状，以便确定空间态势认知与表达的对象。

2. 空间态势数据处理

通过各种空间态势感知手段获取空间态势数据，由于获取的设备、数据类型、获取的部门等差异，这些数据呈现出多源异构的特点，为了能够将这些数据集成为一个整体，提供通用的空间态势图，必须研究空间态势的认知模型，并在空间态势认知模型的基础上，对这些数据进行处理。目前尚无公开发表的文献涉及空间态势认知模型。

空间态势的一大特点是高速动态性，只有建立其时空数据模型，提供高效的检索机制，对空间态势的时空数据进行有效管理，才能有效利用其不断变化的位置和属性信息，为空间态势数据的表达和分析应用提供基础。

3. 空间态势数据表达

空间态势数据表达是以计算机为载体，借助虚拟现实技术，采用图形符号将各类空间态势数据直观、有效地展现给用户的方法。空间态势数据表达可以使用户更好地感知空间态势，为空间信息优势和决策主动权的获取奠定基础。

空间态势数据表达除解决基本的可视化问题外，还需要结合空间态势特点进行空间态势多尺度表达和空间态势标绘。

1.2.1　空间态势数据的获取

美国参谋长联席会议副主席 James E. Cartwright 上将在 2011 年指出“空间能力对国家安全至关重要，并且该领域充满了竞争”（Joint Chiefs of Staff，2013），空间态势数据来源于空间态势感知系统，空间态势感知系统发展情况作为空间能力最直接的体现，是一切空间行动的基础。

空间态势感知的重要作用促使美国加紧实施“空间篱笆”地基空间监视系统的升级改造，大力支持“天基太空监视系统”（Space-based Surveillance System，SBSS）等天基系统的研制部署。欧洲、俄罗斯也在积极发展构建空间态势感知的核心系统，并通过合作进一步提升系统能力，从而为自身空间利益和安全提供保障。目前，空间态势数据获取主要依靠光学望远镜和相控阵雷达等遥感探测手段。

按照具体的感知内容，空间态势感知系统可以分为空间目标监视系统和空间环境监测系统，空间目标监视系统主要负责对地球轨道上的所有目标进行系统性和连续性的观测和信息获取，以支持各类应用。美国的空间目标监视系统由地基空间目标监视系统和天基空间目标监视系统组成，其详细的空间目标监视系统如图 1.3（a）所示。空间环境监测系统主要负责描述、分析和预测空间气象、重要地面节点附近的气象以及空间中的自然现象（流星和小行星等），美国的空间环境监测系统同样由地基空间环境监测系统和天基空间环境监测系统两部分组成，其详细构成如图 1.3（b）所示。表 1.1 列出了美国空间态势感知系统的部分设备。

目前，美国已经具备了低轨目标分辨率 10cm、静止轨道目标分辨率 1m 的监视能力，跟踪编目超过 21000 个空间目标，每天进行超过 1000 次的碰撞分析评估，实现对所有在轨运行工作卫星的碰撞预警。

俄罗斯拥有规模仅次于美国的地基空间监视网络，目前已经形成全覆盖立体式的地基观测网。对于低轨空间目标，俄罗斯军方使用由第聂伯（Dnepr）和达利亚尔（Daryal）

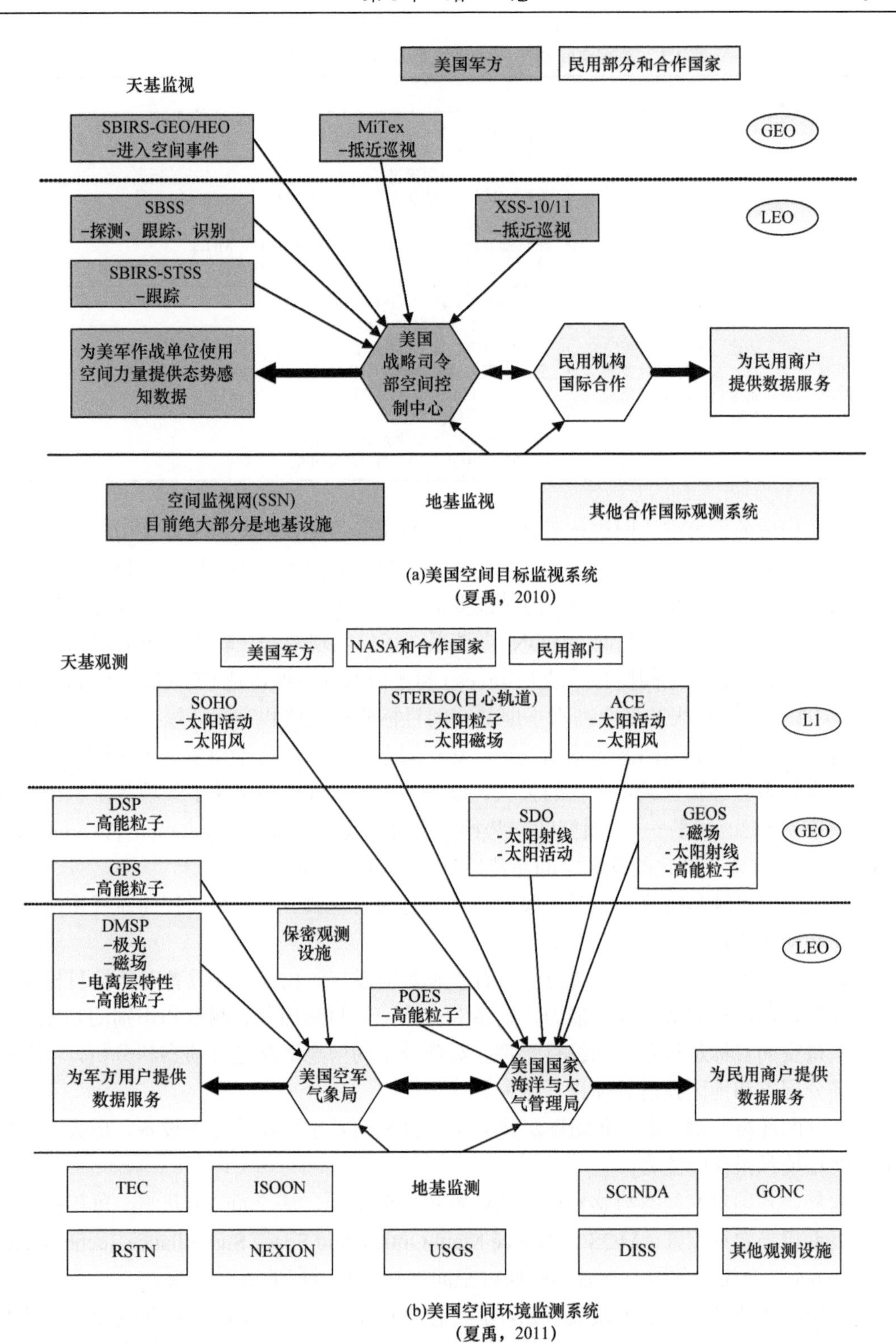

图 1.3 美国空间态势感知系统

表 1.1 美国空间态势感知系统的部分设备（吕亮，2014）

组成	功能	典型装备
空间目标监视系统	对地轨道上所有目标进行观测和信息获取	• 相控阵雷达："铺路爪"雷达系统 • 机械雷达："干草堆"雷达 • 干涉雷达："空间篱笆"（space fence） • 光学望远镜："地基光学深空侦察系统"（GEODSS） • 天基太空监视系统（SBSS） • 在轨抵近巡视技术验证卫星：XSS-10/11，MiTex • 导弹预警卫星系统："天基红外系统"（SBIRS），"国防支援计划卫星"（DSP）
空间环境监测系统	描述、分析和预测空间气象条件、重要地面节点附近的气象及空间中的自然现象	• 改进型光学观测网（ISOON） • 射电太阳望远镜网络（RSTN） • 数字式电离层探测系统（DISS） • 全球太阳振荡监测网（GONG） • 国防气象卫星计划（DMSP） • 全球定位系统(GPS) • 地球静止轨道环境业务卫星（GOES） • 通信/导航中断预报系统（C/NOFS）

预警雷达构成的预警雷达网进行监视；对于高轨空间目标，俄罗斯军方使用以光学观测站——天窗系统（Okno）为代表的，部署在俄罗斯、哈萨克斯坦、塔吉克斯坦、乌克兰等国的光学和光电系统进行监视，同时俄罗斯科学院还管理运行着一个全球部署的观测系统——国际科学光学观测网（ISON），该系统可以实现对静止轨道区域的观测覆盖。

欧洲拥有以法国空间监视系统（Graves）和德国跟踪成像雷达（Tracking and Imaging Radar，TIRA）为代表的多个高水平地基空间目标监视设施和空间环境监测设备，但是并没有形成一体化的空间态势感知系统，其空间态势感知能力主要依赖于美国；为避免欧洲在空间态势感知领域自主权的丢失，欧洲各国在 2008 年启动了一项基于整个欧洲的空间态势感知计划——欧洲空间态势感知预备计划（Space Situational Awareness，SSA），其为构建一体化的欧洲空间态势感知系统打下基础。

我国主要以地基雷达和光学手段对空间目标进行监视，天基空间目标监视系统仍处于研发和初步实施阶段。

近年来，我国的空间目标监视能力有了长足的发展。我国已经具备对低轨目标和部分中高轨目标进行有效监视的能力，具备对重要空间目标捕获、测量和识别的功能，实现对大量空间目标进行观测和编目管理，对部分空间信息链路进行侦察和分析，以及对周边部分国家和地区弹道导弹进行预警。

在空间环境监测方面，我国逐步建立了一批天地基空间环境监测设备，形成了一定的空间环境预报保障能力。

此外，各国对空间态势感知理论的研究也十分重视，从 2006 年开始，每年在美国夏威夷毛伊岛定期召开 AMOS（Advance Maui Optical and Space Surveillance Technologies Conference）会议，各国的学者共同探讨空间态势感知方向的前沿问题。

由空间态势感知系统的发展可知，空间态势感知系统将提供源源不断的空间态势数据，如何及时高效地处理这些空间态势数据？如何认知与表达空间态势信息？如何应用与提供服务保障太空探测任务与国家太空安全？这是一个亟待解决并且需要长期研究的课题。

1.2.2 空间态势数据的处理

1. 空间目标的时空数据模型

空间目标数据是空间态势监视的主要内容，如何对高速运动的空间目标进行有效的时空数据建模，是空间目标数据能否为决策者和各类用户提供及时准确的空间态势信息的前提。

目前，与空间目标监视相关的时空数据以两类数据为主，一类是空间监视设备实时监测数据，其形式为<T，α，β，R>，或者<T，X，Y，Z>。其中，T 为监测的时刻；(α，β，R）分别为测站坐标系下的方位角、俯仰角和斜距；（X，Y，Z）为测站坐标转换后的空间直角坐标系下的坐标。

另一类是通过定轨技术记录的轨道数据，轨道数据可以分为开普勒轨道根数数据和北美防空司令部（North American Aerospace Defense Command，NORAD）发布的两行根数（two line element，TLE）（王宏，2004）轨道数据，下面给出二者的示例。

开普勒轨道根数：空间目标 ID，a,e,i,Ω,ω,τ；

TLE 轨道根数：

1 25544U 98067A   09291.80186183   00019157   00000-0   12956-3 0   8073

2 25544   51.6430   32.0687   0007233   215.4771   287.6198   15.75051389625423

其中，a 为轨道椭圆半长轴；e 为轨道偏心率；i 为轨道倾角；Ω 为升交点赤经；ω 为近地点角距；τ 为空间目标过近地点时刻。

通过建立空间目标有效的时空数据模型，可以为实现空间目标的快速时空检索和查询、碰撞交会预警、过境分析奠定理论基础。目前，国内外鲜有文献提及对空间目标的时空数据建模，但是空间目标属于运动目标，对运动目标时空数据建模的研究可以为空间目标时空数据建模提供参考，下面介绍运动目标的时空数据模型。

运动目标时空数据建模主要用来建立运动目标时空数据的高效索引，好的索引可以完成特定运动目标数据快速检索和查询，如范围查询、近邻查询、连续查询和密度查询等。范围查询是指查询一定时间给定区域内所有的目标；近邻查询指查询给定时间内距离给定目标最近的目标，近邻查询中使用最多的是 K 最近邻查询（K-nearest neighbor，KNN)，即查询距离给定目标最近的 K 个目标；连续查询是指查询在某个时间内符合条件的目标集；密度查询指查找某个时间点或时间段运动目标密集的区域。在这几类查询中范围查询可以应用到过境分析中，而 KNN 查询则可以应用到碰撞交会预警中。因此，本书空间目标时空数据建模研究的主要焦点在于空间目标时空数据的索引技术。

从原理上，运动目标时空索引可以分为三类（武亮亮，2010)：R 树及其变形树、四叉树及其变形树和网格结构及其变形算法。

R 树是一颗高度平衡树，图 1.4 给出了 R 树的原理结构。

R 树没有时间维，只能用于空间数据索引，为了使其能够支持时空数据索引，许多学者提出了基于 R 树的改进方法，其中主要有：STR 树（Leutenegger et al.，1997)、TB 树（Leutenegger et al.，1997)、TB*树（Jae et al.，2004)、TPR 树（Tao et al.，2003)、

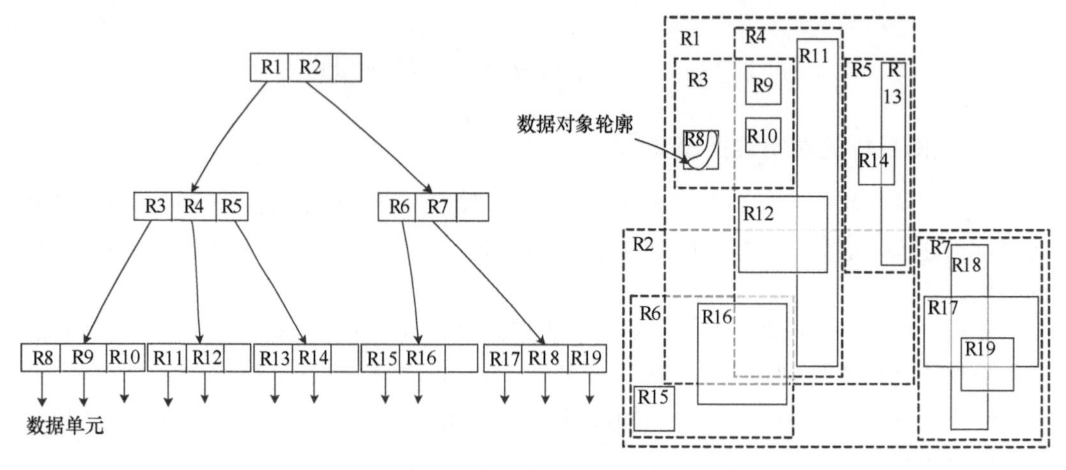

图 1.4 R 树的原理结构（Guttman，1984）

TPR*树（Tao et al.，2003）、LUR 树（Kwon and Lee，2002）以及 MP 树（Lee et al.，2004）等。表 1.2 给出了几种主要方法的优缺点。

表 1.2 基于 R 树的索引方法比较

索引名称	构建结构	索引对象	优点	缺点
R 树	MBB	运动目标过去位置	灵活，具有较高执行效率	死空间，重叠
STR 树	MBB	运动目标轨迹	保存轨迹，支持轨迹查询	目标增加，效率降低
TB 树	MBB；双链表	运动目标轨迹	提高轨迹查询性能；目标增加，性能提高	空间区别程度减小
TB*树	MBB；辅助缓存	运动目标现在和过去轨迹	提高更新性能，减小索引大小	辅助快速缓存需要更多系统资源
TPR 树	时间参数的 MBB	运动目标现在和将来轨迹	在将来查询中，更新代价小、查询性能好	优势只在将来查询中体现，难于优化
TPR*树	时间参数的 MBB	运动目标现在和将来轨迹	性能超过 TPR，消除空间重叠最坏情况	只在将来查询时优势明显

四叉树将空间递归地分成大小相等的四个象限，其应用于运动目标索引时还需要加以改进，目前的改进方法有：PMR 四叉树、FT 四叉树以及 XBR 四叉树（Meng et al.，2003）。

网格索引是最简单的索引方法，其将 N 维空间划分为固定的网格，将运动目标映射到网格中，查询目标时，首先找到目标所在网格，然后在该网格中顺序搜索目标，该方法用于时空数据建模同样需要进行改进，Chon 等（2001）提出了相应的基于网格的运动目标索引。

三类方法各有优缺点，无法对各种方法的优劣做出定论，其优劣根据具体情况的不同而各不相同，表 1.3 给出了三类方法的优缺点比较。

表 1.3 三类主要索引方法比较

索引方法	优点	缺点
R 树及其变形树	灵活、有效处理运动目标各种类型查询	空间维数增加，死空间和重叠问题严重，性能降低
四叉树及其变形树	有效索引多维数据	不够灵活，不能处理求值像连续查询等复杂的查询类型
网格结构及其变形算法	加快查询处理	运动目标较少时，索引目标稀疏而巨大

2. 空间环境的时空数据模型

空间环境永远处于不断变化中，为了描述和表达空间环境的动态特性，需要对空间环境进行时空数据建模，以实现空间环境时空数据的快速检索、处理和存储。现阶段主要有表1.4所示的空间环境时空数据模型（王鹏等，2012；王鹏，2006），这些时空数据模型的形成主要源于地理空间信息系统领域的理论与应用。

表1.4 空间环境时空数据模型

一级分类	二级分类	主要思想	优缺点
基于位置（栅格）的时空数据模型	时间快照序列模型	用一系列时刻的空间环境状态来组成整个时空数据模型	该模型原理简单，但是由于需要记录很多时刻状态，因此数据冗余大，进行包含时间的时空查询时需要遍历所有时刻状态
	离散格网单元列表模型	用变长列表来存储每个格网单元及其变化，时空变化对应于格网单元列表的一个元素	该模型在一定程度上减小了数据的冗余，但是时空查询时仍然需要查询所有位置
基于对象（矢量）的时空数据模型	基图修正模型	记录基本状态及在此基础上的变化量	该模型很好地反映了时空变化的动态性，但是时空查询仍然较为复杂
	时空复合体模型	将时间标志投影在某一时刻形成复合体	时空查询复杂，拓扑结果不清
基于时间（事件）的时空数据模型	基于事件的时空数据模型	以事件作为时间轴上的定位标志来记录空间环境的时空变换	一定程度上降低了数据冗余，但是当空间事件频发时，数据量会急剧增加
	基于对象变化的时空数据模型	以对象变化作为时间轴上的定位标志来记录空间环境的时空变换	一定程度上降低了数据冗余，但是当空间事件频发时，数据量会急剧增加
	面向对象的时空变化数据模型	打破关系模型范式的限制，直接支持对象的嵌套和变长记录	该模型根据符合空间环境的自然规律，可有效地建立空间环境的时空数据模型，便于时空查询

1.2.3 空间态势数据的表达

空间态势可视化是空间态势表达的基本手段，下面首先介绍空间态势可视化的研究现状。

1. 空间态势可视化

空间态势可视化技术是采用图像图形等处理技术对空间态势信息进行各种方式的解译，并辅以态势标绘等方法，达到在原始空间态势感知数据的基础上产生新的有价值信息目的的一种手段。

空间态势可视化以形象、直观的方式展示空间态势，揭示空间态势各要素之间的内在规律，其重要性得到美国等西方国家的一致重视，图1.5是目前美国空间态势信息应用所涉及的关键技术，从中可以看出空间态势可视化是一项必不可少的技术。

为此，美国多家公司开发了用于空间态势感知的系统（Morton and Roberts，2011；Aleva et al.，2012；Luce el al.，2012），虽然各个系统的关注重点有所区别，但是空间态势可视化都无一例外地成为其核心功能。

图1.6（a）是美国TDKC（The Design Knowledge Company）公司开发的STEED（the satellite threat evaluation environment for defensive counterspace system）界面效果图，该系统主要用于卫星威胁评估。

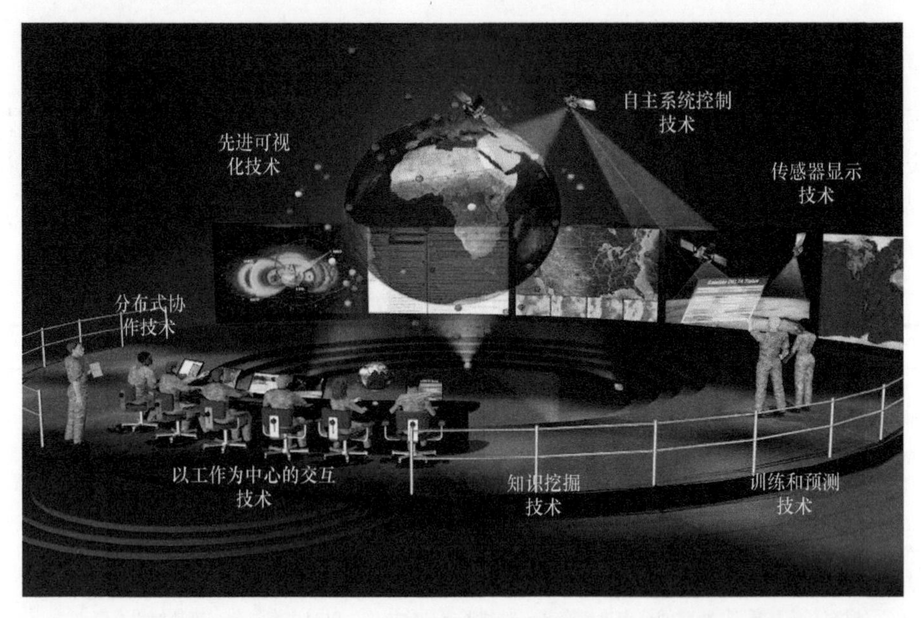

图 1.5　美国空间态势信息应用所涉及的关键技术（Ianni et al.，2013）

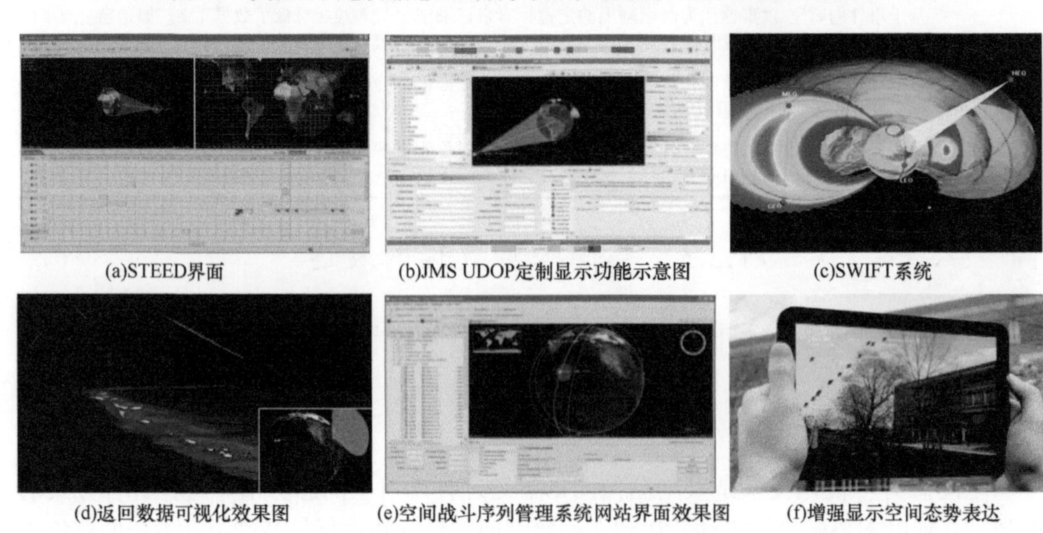

(a)STEED界面　(b)JMS UDOP定制显示功能示意图　(c)SWIFT系统

(d)返回数据可视化效果图　(e)空间战斗序列管理系统网站界面效果图　(f)增强显示空间态势表达

图 1.6　国外部分空间态势可视化系统

图 1.6(b)是美军正在设计研发的联合作战中心任务系统 JMS，该系统旨在通过 JMS UDOP（user defined operational picture）定制显示所需要的空间态势感知信息。

图 1.6（c）是 TDKC 开发的另外一款用于空间环境信息融合的系统 SWIFT （space weather information fusion technology）的效果图，目前该系统已经得到美国空军空间司令部的支持。

图 1.6（d）是采用美国国家航空航天局（National Aeronautics and Space Administration，NASA）开发的 WorldWind 软件显示的返回数据可视化效果图。

图 1.6（e）是在美国国家航空航天情报中心（National Air and Space Intelligence Center，NASIC）的支持下的空间战斗序列管理系统网站界面效果图。

图 1.6（f）是美国 AGI 公司开发的基于增强显示技术的空间态势显示软件，另外 AGI 公司开发的 STK（satellite tool kit）卫星仿真工具包也可以用于空间态势可视化。

在国内，虽然空间态势信息可视化技术的研究与应用起步较晚，但是许多单位和学者已经取得了卓有成效的结果，中国科学院国家空间科学中心（李大林等，2008）、北京航空航天大学（穆兰等，2011）、北京航天飞行控制中心、石家庄铁道大学、中国人民解放军战略支援部队航天工程大学等多家单位在空间态势表达方面都有所建树，但各自表达的重点都不相同，如中国科学院国家空间科学中心关注的重点则是空间环境的可视化表达；石家庄铁道大学开发的系统主要用于航天任务保障，其多次参与了我国重大航天任务的显示保障；中国人民解放军战略支援部队航天工程大学的态势表达系统主要用于空间任务的演示验证。

中国人民解放军战略支援部队信息工程大学地理空间信息学院（李建胜，2004；蓝朝桢，2005；周杨，2009）在国家“863”计划等一系列重大科研项目的支持下，从 2001 年开始开展了空间态势表达方面的研究，经过三个五年计划的研究与开发，取得了积极的进展，图 1.7 是空间态势可视化表达方面的部分成果图。

整体而言，虽然我国在空间态势可视化表达技术上与国外（特别是美国）存在一定的差距，但已经取得的可视化技术成果具有中国特色，可以基本满足我国空间态势表达应用上的需求，存在的主要是可视化技术在空间态势表达领域应用模式方面的问题，即如何将可视化技术与空间态势的特点和应用需求结合起来实现有效的空间态势表达。

2. 空间态势的多尺度表达

空间态势的多尺度表达是指在空间态势可视化的基础上，依据一定的算法原理，依据不同的尺度要求，对空间态势信息进行综合，以保证综合后的空间态势数据能满足不同层次的可视化需求。

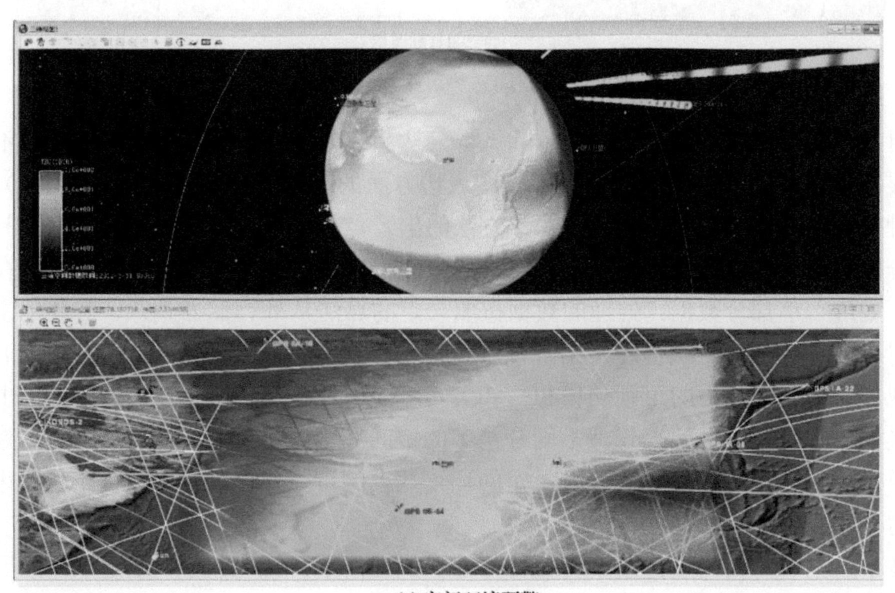

(a) 空间环境预警

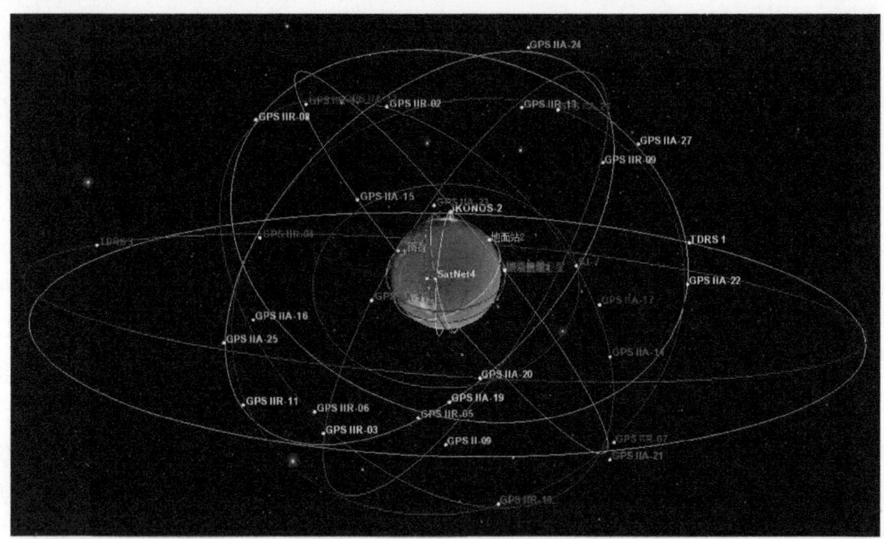

(b)空间目标分布

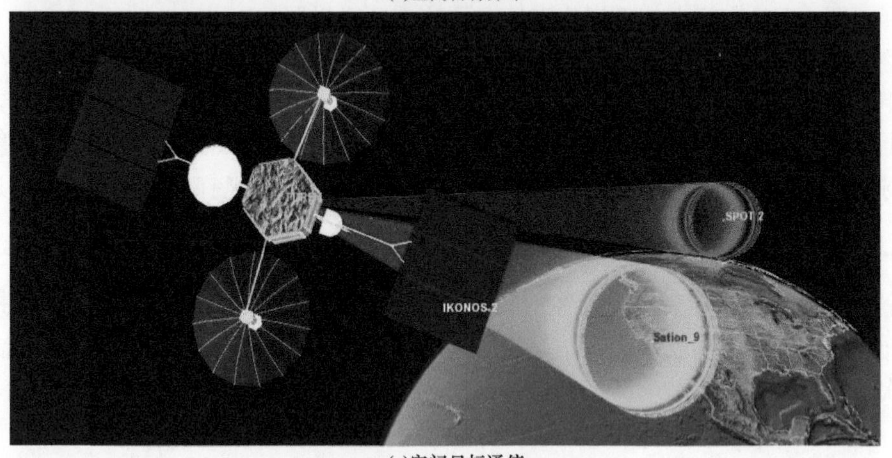

(c)空间目标通信

图 1.7　空间态势可视化表达成果

目前，无论是国外还是国内的空间态势表达系统，其核心功能主要集中在能不能可视化显示的问题上，对于空间态势多尺度表达方面的研究较少，Jiang 等（2010）提出了一种空间目标多分辨率表达方法，该方法的出发点是解决海量目标表达问题，其运用了多分辨率表达思想，具体方法是将海量的空间目标数据存储在外存储器中，内存储器只负责处理一小部分数据，处理的数据按照一定的算法从外存储器调入，其利用空间八叉树对空间目标进行组织管理，结合视锥体裁剪和细节层次（level of detail，LOD）技术实现了海量空间目标的可视化模拟。相关文献（周杨，2009；贺欢，2009）提出了基于八叉树的空间分区思想来管理不同分辨率的空间环境数据，并利用八叉树的高效索引机制及快速视域裁剪特点解决了海量空间环境数据的可视化问题，该方法在可视化性能上获得了较大的提高。

基于空间八叉树的多分辨率可视化方法虽然提高了可视化性能，但是该方法无论是用于空间目标还是空间环境都不属于多尺度表达的范畴，如图 1.8 所示，在该数据结构中，空间目标和空间环境数据都存储在八叉树的叶子节点上，可视化表达时，调度的仍然是原始的空间目标和空间环境数据，只是这些数据采用八叉树进行了组织，只要出现在视域范围内，不论表达尺度如何，这些空间目标和空间环境数据在数据量、表达效果等方面都是一成不变的，并不存在多尺度模型。

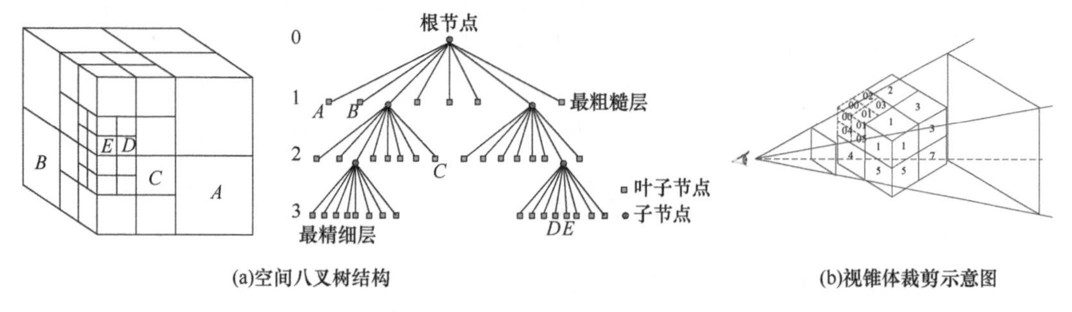

图 1.8 基于空间八叉树的多分辨率可视化方法

3. 空间态势标号设计

由于态势标绘在作战中的重要地位，各军对态势标号设计的研究都十分重视（周成军，2005；杨强，2006；陆宏等，2007；周媛媛，2008；武志强和游雄，2008；姜华文，2009）。态势标号是指各种符号的详细规定。为了统一标号规定，各国都发布了多个版本的态势标号规定，不断补充完善态势标号体系。美国作为信息化战争的倡导者，其在数字化战场与数字化部队的建设方面起步较早，目前已经形成了涵盖陆、海、空、天、电（磁）等各个战场领域的完整的标号体系。图 1.9 是采用美军态势标号标绘的战场示意图。目前我国已经发布了多个版本的态势标号规定，每个版本都在上一个版本的基础上进行了完善，从而不断推动我国数字化战场建设。无论是美国还是我国的最新版本态势标号规定中都对空间态势标号有所涉及，但是这些空间态势标号都是在原有地面态势标号的基础上扩展的，虽然具有很好的继承性，但是并没有充分结合空间态势的特点进行设计，很多视觉变量并没有被有效利用，并且主要是二维态势标号。

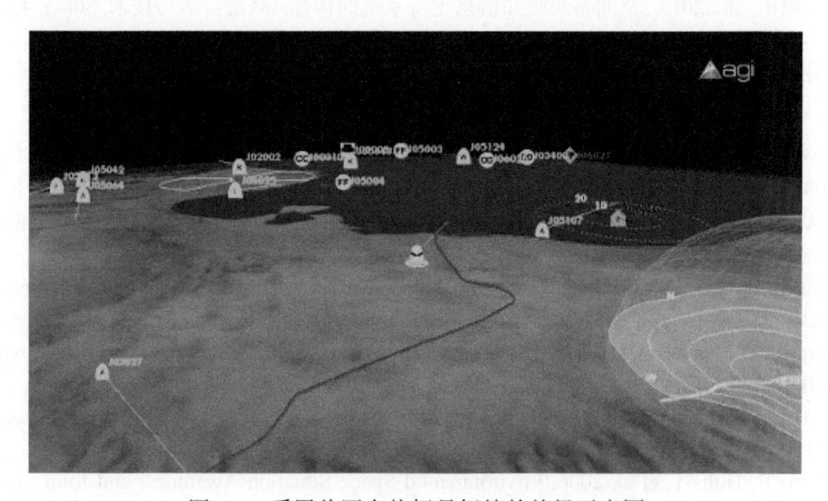

图 1.9 采用美军态势标号标绘的战场示意图

1.3 本 章 小 结

随着空间监视设备的发展，空间态势数据呈指数增长趋势，如何有效利用这些空间态势数据是亟待解决的问题。为此，本书围绕空间态势可视化表达的相关理论与技术，具体阐述了空间态势信息要素类型、时空基准、时空模型、空间目标和空间环境可视化表达、空间态势多尺度表达、空间态势符号化设计与表达、空间态势存储与共享等内容，本章重点从空间态势数据获取、处理与表达等几个方面介绍了国内外研究现状。

参 考 文 献

陈杰, 潘峰, 苏同领. 2011. 美国天基监视系统. 国防科技, (1): 67-70.
贺欢. 2009. 空间环境可视化关键技术研究. 北京: 中国科学院研究生院博士学位论文.
姜华文. 2009. 基于B样条的三维军队标号的设计与实现. 吉林: 吉林大学硕士学位论文.
蓝朝桢. 2005. 空间态势信息三维建模与可视化技术. 郑州: 解放军信息工程大学硕士学位论文.
李大林, 李秀冰, 李英玉, 等. 2008. 地球空间环境要素可视化技术研究. 计算机与数字工程, 36(8): 31-34.
李建胜. 2004. HLA在“空间环境要素仿真”中的应用. 郑州: 解放军信息工程大学硕士学位论文.
陆宏, 王森林, 赵玉林. 2007. 态势标绘中的曲线绘制算法. 数学模型与方法, 48-50.
吕亮. 2014. 空间态势图构建及可视化表达技术研究. 郑州: 解放军信息工程大学硕士学位论文.
穆兰, 任磊, 吴迎年, 等. 2011. 空间电磁环境可视化系统的研究与应用. 系统仿真学报, 23(4): 724-728.
王宏. 2004. 空间目标动态信息库的设计和实现. 郑州: 解放军信息工程大学硕士学位论文.
王鹏. 2006. 基于HLA的空间环境要素建模与仿真技术研究. 郑州: 解放军信息工程大学博士学位论文.
王鹏, 徐青, 李建胜, 等. 2012. 空间环境建模与可视化仿真技术. 北京: 国防工业出版社.
武亮亮. 2010. 增量的连续K近邻查询处理方法的研究. 秦皇岛: 燕山大学硕士学位论文.
武志强, 游雄. 2008. 美军通用作战符号图形构成研究. 军事测绘, (3): 10-13.
夏禹. 2010. 国外空间态势感知系统的发展(上). 空间碎片研究与应用, 10(3): 1-9.
夏禹. 2011. 国外空间态势感知系统的发展(下). 空间碎片研究与应用, 11(1): 1-8.
徐青, 姜挺, 周杨, 等. 2013. 空间态势感知信息支持系统的构建. 测绘科学与技术, 30(4): 424-432.
杨强. 2006. 三维军标生成与态势标绘技术研究. 长沙: 国防科技大学硕士学位论文.
尤政, 赵岳生. 2009. 国外太空态势感知系统发展与展望. 中国航天, (9): 40-44.
周成军. 2005. 三维军队标号系统的研究与实现. 郑州: 解放军信息工程大学硕士学位论文.
周杨. 2009. 深空测绘时空数据建模与可视化技术研究. 郑州: 解放军信息工程大学博士学位论文.
周媛媛. 2008. 态势图中三维标绘图符技术的研究及系统实现. 西安: 电子科技大学硕士学位论文.
Abbot R I, Wallace T P. 2007. Decision support in space situational awareness. Lincoln Laboratory Journal, 16(2): 297-335.
Aleva D, Ianni J D, Schmidt V. 2012. Space Situation Awareness Human Effectiveness Research Trends. World Congress in Computer Science, Computer Engineering and Applied Computing Proceedings.
Chon H, Agrawal D, Abbadi A E. 2001. Using space-time grid for efficient management of moving objects. In MobiDE, 59-65.
Guttman A. 1984. R-tree: a dynamic index structure for spatial searching//SIGMOD ’84, Proceedings of the ACM SIGMOD Conference. New York: ACM Press.
Hand K J, Benz R, Holts T, et al. 2006. Environmental Space Situation Awareness and Joint Space Effects. http: //www.amostech.com/TechnicalPapers/2006/Poster/Hand.pdf[2016-08-23].

Ianni J D, Aleva D L, Ellis S A. 2013. Overview of Human-Centric Space Situational Awareness Science and Technology. http: //www.dtic.mil/dtic/tr/fulltext/u2/a573767.pdf[2016-08-23].

Jae L E, Ryu K H, Nam K W. 2004. Indexing for efficient managing current and past trajectory of moving object. LNCS, 782-787.

Jiang M, Andereck M, Alexander J, et al. 2010. A Scalable Visualization System for Improving Space Situational Awareness. http: //www.amostech.com/TechnicalPapers/2010/Posters/Jiang.pdf.

Joint Chiefs of Staff. 2013. Space Operations. Joint Publication.

Kwon D, Lee S. 2002. Indexing the current positions of moving objects using the lazy update R-tree//Processing of the 3rd Intl Conference. Singapore: On Mobile Data Management: 113-120.

Lee E J, Jung Y J, Ryu K H. 2004. A Moving Point Indexing Using Projection Operation for Location Based Services. Database Systems for Advanced Applications, 9th International Conference, DASFAA.

Leutenegger S T, Lopez M A, Edgington J M. 1997. STR: a simple and efficient algorithm for R-tree packing. In IEEE, 1-32.

Luce M R, Reele C P. 2012. Joint Space Operations Center Mission System Application Development Environment. Maui, America: Advance Maui Optical and Space Surveillance Technologies Conference.

Meng X, Ding Z, Ding R, et al. 2003. FTMOD: a future trajectory based on moving objects database system. In VLDB, 444-453.

Morton M, Roberts T. 2011. Joint Space Operations Center (JSpOC) Mission System (JMS). Maui, HI: AMOS Conference Proceedings.

Tao Y, Papadias D, Sun J. 2003. The TPR*-Tree: an optimized spatio-temporal access method for predictive queries. In VLDB, 790-801.

第 2 章　空间态势信息要素

在本书中，空间态势是需要表达与认知的对象，下面首先分析空间态势的构成要素，以便为空间态势认知模型的构建以及空间态势信息的表达奠定基础。

2.1　空间态势分类

“态势”在字典中解释为状态和形势，相应地，空间态势可简单地理解为空间现在的状态和未来的发展趋势，在这个定义中，“空间”的范畴界定最为重要，不同的“空间”范畴界定可以得出不同的空间态势概念。

目前在各个不同的学科领域，各个学科结合自己研究内容的特点给出了不同的“空间”界定（王家耀，2001）。本书所用到的“空间”主要有两种含义：一种是类似于航天领域中的定义，空间用来指范围，如以与地球的距离，将整个宇宙空间定义为地球宇宙空间和星际空间等（图 2.1），本书空间态势中的“空间”主要指这种含义；另一种是类似于地理信息系统中的地理空间，本书中与“时间”一词一起出现的“空间”主要指这种含义。

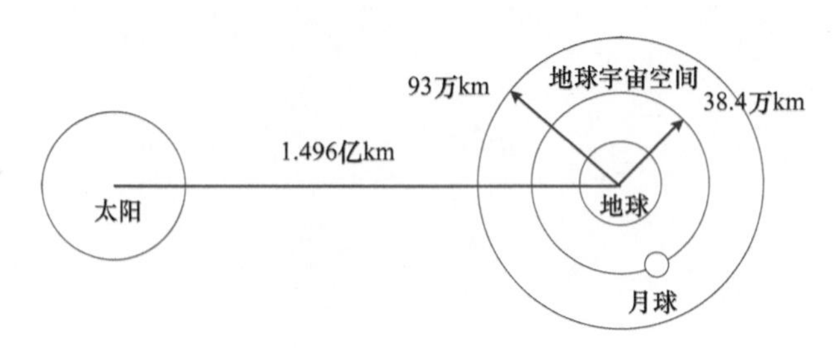

图 2.1　空间划分示意图（杨学军和张望新，2006）

对于空间具体范围的划分，国际宇航界将地球表面 120km 以上的宇宙区域称为空间，划分的依据是在离地球表面 120km 的地方，沿地球法线方向的离心力恰好与地球引力平衡。更细一步地根据航天器的运行特点，还可以将空间分为近地空间（120～150km）、近宇宙空间（150～2000km）、中宇宙空间（2000～50000km）和远宇宙空间（50000～930000km）、星际空间（930000km 以上），其中近地空间、近宇宙空间、中宇宙空间和远宇宙空间又可以统称为地球宇宙空间（杨学军和张望新，2006）。

以上对宇宙空间的划分并没有严格的要求，如潘厚任、王景涛主编的《太空学概论》就将地球稠密大气层外二三十千米直至遥远的宇宙深处的空域称为太空，即空间；而常显奇等著的《军事航天学》则将 100km 以上的宇宙区域称为空间，其进一步将空间分为近地空间（100～40000km）、远地空间（40000～384000km）和星际空间（384000km

以上）。根据研究需要，本书的空间主要指地球表面 120km 以上的宇宙区域，并且主要关注 50000km 以下的宇宙空间，但是该范围并非严格界定，只是集中关注这一区域。

关于空间态势的定义，虽然前面限定了“空间”的地理范围，但从不同的研究领域出发，仍然会有不同的理解。在航天领域，空间态势被理解为空间活动现状和未来发展趋势，包括各国在轨人造物体分布情况、空间技术发展情况、空间装备情况、空间国际合作情况等内容（钱学森运载技术实验室空间态势评估课题组，2014）。从空间作战角度出发，空间态势被定义为当前空间范围内空间实体部署、行动、空间环境等状态以及进程与趋势，还包括与具体空间任务相关的敌我双方作战能力、作战意图等信息（Zhou et al.，2011）。

以上两种关于空间态势的定义中，第一种定义主要关注的是与人类的空间活动相关的空间目标的相关态势，第二种定义虽然也涉及了空间环境，但是其主要是面向空间作战进行定义，针对性较强。

整个宇宙空间中主要存在两大类要素：一类是人类空间探索活动所产生的各类航天器、空间碎片等人工要素；另一类是宇宙中原先存在的自然要素，如高层大气、电离层、地磁场、辐射带、太阳风、行星际磁场和恒星、行星、微流星体等。这两类要素中，第一类要素实体边界清晰、功能完整、在空间上离散分布、以独立的个体存在；第二类除了恒星、行星、微流星体等自然天体外，其他要素在时间上和空间上连续分布，本质上是在时间和空间上变化的数据场。

为了便于研究，本书将人工要素加上恒星、行星、微流星体等自然天体称为空间目标，将除去恒星、行星、微流星体等自然天体的自然要素称为空间环境，相应地，本书将空间态势信息要素也分成两大类，分别是空间目标信息和空间环境信息，即空间态势是空间目标和空间环境现在的状态和未来的发展趋势。

2.2　空 间 目 标

空间目标中航天器有遥感、导航、通信、气象等各种不同类型，空间碎片则由卫星发射产生的箭体、火箭助推器、与发射相关的碎片、航天器脱离的部件、航天器碰撞和爆炸产生的碎片等众多目标构成。空间目标主要由人类的空间活动产生，同时对人类的空间活动又有巨大的影响，如人类用于空间探测的航天器产生了大量的空间碎片，这些碎片又会反过来通过碰撞航天器的方式影响人类的探测活动。

2.2.1　航　天　器

航天器，又称空间飞行器、太空飞行器，其是按照天体力学的规律在太空运行，执行探索、开发、利用太空和天体等特定任务的各类飞行器①。

世界上第一个航天器是苏联 1957 年 10 月 4 日发射的“人造地球卫星 1 号”（图 2.2），第一个载人航天器是苏联航天员尤里·阿里克谢耶维奇·加加林乘坐的“东方号”飞船，第一个把人送到月球上的航天器是美国“阿波罗 11 号”飞船（图 2.3），第一个兼有运

① https://baike.baidu.com/item/%E8%88%AA%E5%A4%A9%E5%99%A8/3514266?fr=aladdin.

载火箭、航天器和飞机特征的飞行器是美国“哥伦比亚号”航天飞机。

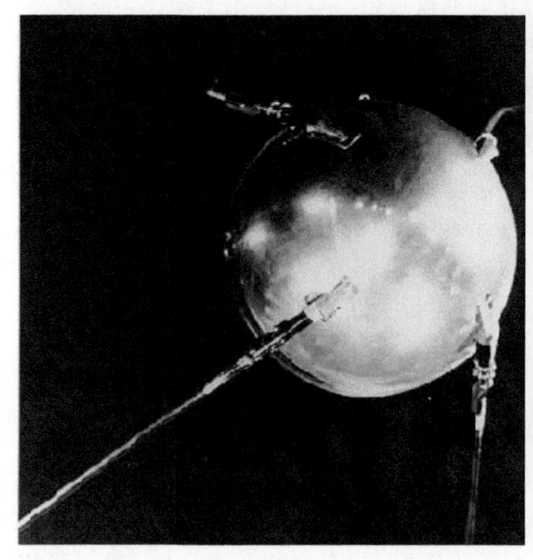

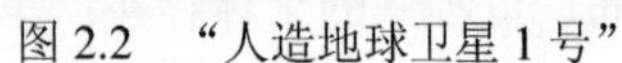

图 2.2　“人造地球卫星 1 号”

图 2.3　“阿波罗 11 号”登月舱

航天器为了完成航天任务，必须与航天运载器、航天器发射场和回收设施、航天测控和数据采集网与用户台站（网）等互相配合，协调工作，共同组成航天系统。航天器是执行航天任务的主体，是航天系统的主要组成部分。

至今，航天器基本上都在太阳系内运行，美国 1972 年 3 月发射的“先驱者 10 号”探测器，在 1986 年 10 月越过冥王星的平均轨道，成为第一个飞出太阳系的航天器。

航天器的出现使人类的活动范围从地球大气层扩大到广阔无垠的宇宙空间，这是人类认识自然和改造自然能力的飞跃，对社会经济和社会生活产生了重大影响。

航天器在地球大气层以外运行，摆脱了大气层的阻碍，可以接收到来自宇宙天体的全部电磁辐射信息，开辟了全波段天文观测；航天器从近地空间飞行到行星际空间飞行，实现了对空间环境的直接探测，以及对月球和太阳系大行星的逼近观测与直接取样观测；环绕地球运行的航天器从几百千米到数万千米的距离观测地球，迅速而大量地收集有关地球大气、海洋和陆地的各种各样的电磁辐射信息，直接服务于气象观测、军事侦察和资源考察等方面；人造地球卫星作为空间无线电中继站，实现了全球卫星通信和广播，而其作为空间基准点，可以进行全球卫星导航和大地测量；利用空间高真空、强辐射和失重等特殊环境，可以在航天器上进行各种重要的科学实验研究。

航天器有多种分类方法，即可以按照其轨道性质、科技特点、质量大小、应用领域进行分类。按照应用领域进行分类是使用最广泛的航天器分类法。航天器分为军用航天器、民用航天器和军民两用航天器，这三种航天器都可以分为无人航天器和载人航天器。无人航天器分为人造地球卫星、空间探测器和货运飞船。载人航天器分为载人飞船、空间站和航天飞机、空天飞机。人造地球卫星又可分为科学卫星、技术试验卫星和应用卫星。科学卫星分为空间物理探测卫星和天文卫星。应用卫星分为成像侦察卫星、电子侦察卫星、空间目标监视卫星、空间环境监测卫星、导航定位卫星、通信保障卫星、气象观测卫星、海洋监视卫星、核爆探测卫星、测地卫星、导弹预警卫星等。表 2.1 列出了常用的应用卫星类型及其主要用途。空间探测器分为月球探测器、行星及其卫星探测器、行星际探测器和小行星探测器。

表 2.1　常用的应用卫星类型及其主要用途

序号	空间目标类型	主要代表	主要用途
1	成像侦察卫星	KH 系列卫星、长曲棍球卫星	利用成像方式侦察地面目标
2	电子侦察卫星	大酒瓶卫星、农舍/漩涡卫星	利用接受无线电信息发现敌方地面目标
3	空间目标监视卫星	天基太空监视卫星	对在轨目标探测、监视
4	空间环境监测卫星	地球静止轨道环境业务卫星（GOES）	监测空间环境
5	导航定位卫星	全球地位系统（GPS）卫星	确定移动目标位置/速度/方向和授时
6	通信保障卫星	国防卫星通信系统（DSCS）系列卫星	向地面作战部队提供相互联系的服务
7	气象观测卫星	国防气象卫星计划（DMSP）系列卫星	向作战部队提供气象信息
8	海洋监视卫星	海军海洋监视计划（NOSS）系列卫星	向作战部队提供敌方海上舰艇目标信息
9	核爆探测卫星	维拉号	探测敌方是否进行核爆炸和核试验
10	测地卫星	CHAMP 卫星	向作战部队提供某区域的地形地貌等信息
11	导弹预警卫星	国防支援计划（DSP）系列卫星	探测己方是否受到导弹或者其他攻击

国际空间研究委员会规定，凡进入空间运行轨道的航天器、运载火箭末级和碎片等人造天体均使用统一国际编号。1957 年到 1962 年 12 月 31 日，航天器和其他人造天体的编号是发射年度序号加上希腊字母，后者表示年度内的发射次序。同一次发射的多个人造天体，用附标阿拉伯数字来区分，按它们的亮度或其他指标编排顺序。例如，苏联第一颗人造卫星的编号是 1957-α2，运载火箭末级比卫星亮，编号是 1957-α1。由于航天器发射数量日益增加，这种编号方法已不适用。从 1963 年 1 月 1 日起采用新的编号方法，原希腊字母改为三位阿拉伯数字，原附标改为拉丁字母（与阿拉伯数字易混淆的 I、O 字母不采用），按航天器、运载火箭末级、碎片等次序排列。例如，中国第一颗人造卫星——“东方红 1 号”的编号是 1970-034A，运载火箭末级的编号是 1970-034B。

航天器在天体引力场的作用下，基本上按天体力学的规律在空间运动。它的运动方式主要有两种：环绕地球运行和飞离地球在行星际空间航行。环绕地球运行轨道是以地球为焦点之一的椭圆轨道或以地心为圆心的圆轨道。行星际空间航行轨道大多是以太阳为焦点之一的椭圆轨道的一部分。航天器克服地球引力在空间运行，必须获得足够大的初始速度。环绕地球运行的航天器，如人造地球卫星、卫星式载人飞船和空间站等要在预定高度的圆轨道上运行，必须达到这一高度的环绕速度，速度方向与当地水平面平行。航天器在地球表面的环绕速度是 7.9km/s，称为第一宇宙速度。高度越高，所需的环绕速度越小。无论速度大于或小于环绕速度，或者速度方向不与当地水平面平行，航天器的轨道一般都变成一个椭圆，地心是椭圆的焦点之一。若速度过小或速度方向偏差过大，椭圆轨道的近地点可能降低较多，甚至进入稠密大气层，不能实现空间飞行。航天器在空间某预定点脱离地球进入行星际航行必须达到的最小速度叫作脱离速度或逃逸速度。预定点高度不同，脱离速度也不同。航天器在地球表面的脱离速度称为第二宇宙速度。从地球表面发射飞出太阳系的航天器所需的速度称为第三宇宙速度。实现恒星际航行则需要更大的速度。

航天器在运动方式、环境与可靠性、控制和系统技术等方面都有显著的特点。航天器大多不携带飞行动力装置，在极高真空的宇宙空间靠惯性自由飞行。航天器的运动速度为八到十几千米每秒，这个速度是由航天运载器提供的。航天器的轨道是事先按照航天任务来选择和设计的。有些航天器带有动力装置，其用以变轨或保持轨道。

航天器由航天运载器发射送入宇宙空间，其长期处在高真空、强辐射、失重的环境中，有的还要返回地球或在其他天体上着陆，经历各种复杂环境。航天器工作环境比航空器环境条件恶劣得多，也比火箭和导弹工作环境复杂。发射航天器需要比自身重几十倍到上百倍的航天运载器，航天器入轨后，需要正常工作几个月、几年甚至十几年。因此，重量轻、体积小、高可靠、长寿命和承受复杂环境条件的能力是航天器材料、器件和设备的基本要求，也是航天器设计的基本原则之一。对于载人航天器，可靠性要求更为突出。

绝大多数航天器为无人飞行器，其各系统的工作要依靠地面遥控或自动控制。航天员对载人航天器各系统的工作能够参与监视和控制，但是仍然要依赖于地面指挥和控制。航天器控制主要是借助地面和航天器上的无线电测控系统配合完成的。航天器工作的安排、监测和控制通常由航天测控和数据采集网或用户台站（网）的中心站的工作人员实施。随着航天器计算机系统功能的增强，航天器自动控制能力在不断提高。

航天器运动和环境的特殊性以及飞行任务的多样性使得它在系统组成和技术方面有许多显著特点。航天器的电源不仅要求寿命长、比能量大，而且还要求功率大，从几十瓦到几千瓦。它使用的太阳电池阵电源系统、燃料电池和核电源系统都比较复杂，涉及半导体和核能等多项技术。航天器轨道控制和姿态控制系统不仅采用了很多特有的敏感器、推力器和控制执行机构以及数字计算装置等，而且还应用了现代控制论的新方法，形成多变量的反馈控制系统。航天器结构、热控制、无线电测控、返回着陆、生命保障等系统以及多种专用系统都采用了许多特殊材料、器件和设备，涉及众多的科学技术领域。航天器的正常工作不仅取决于航天器上各系统的协调配合，而且还与整个航天系统各部分的协调配合有密切关系。航天器以及更复杂的航天系统的研制和管理，都需依靠系统工程的理论和方法。

2.2.2 空间碎片

空间碎片（space/orbital debris）指分布在人造地球卫星利用的环绕地球轨道上（通常在距地面 100～40000km 高度的空间内），并已丧失功能的空间物体（王鹏等，2012）。空间碎片是人类在太阳系空间，尤其是地球外层空间的太空探索活动所产生、遗弃的碎片和颗粒物质，也称为太空垃圾，主要由报废的空间装置、失效的载荷、火箭残骸、绝热防护材料、分离装置等，以及其因碰撞、风化产生的碎屑物质组成。

低地球轨道（low earth orbit，LEO），高度在 2000km 以下，是碎片密集区域，在 800km 和 1400km 高度上有两个峰，最大密度为 1×10^{-8} 个/km^3。在 18000km 和地球同步轨道高度上也有较多的空间碎片，密度达到 1×10^{-10} 个/km^3。地球同步轨道以外碎片密度急剧下降。空间碎片分布如图2.4所示。

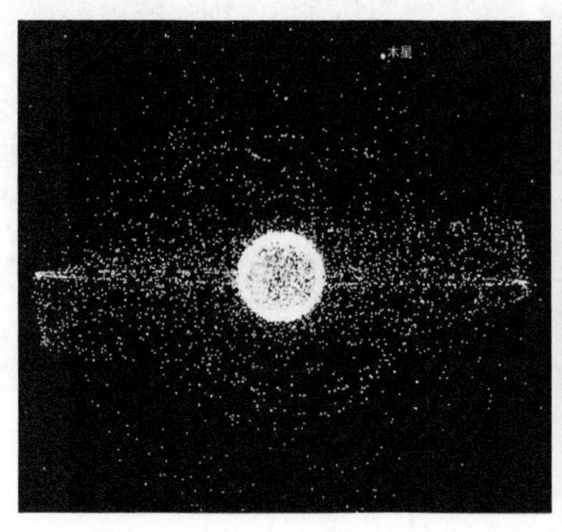

图2.4　空间碎片分布示意图

多起航天器爆炸事件都发生在低轨道区域，加上空间碎片之间碰撞的链式反应，使得碎片数目不断增加。由于低高度大气密度较高，大气的阻力使碎片轨道不断衰变，最后使它再入大气层而陨落，这种大气对碎片的自然消除效应使碎片数量减少，因此这一区域内的空间碎片分布成为动态变化过程。由于大气的清除作用对小碎片更为显著，因此这一区域内的碎片尺寸较大（大部分大于10cm），而且轨道差异导致物体间相对碰撞速度可达10km/s，在600km以上的LEO轨道中，由于大气阻力对碎片的自然消除效应极小，碎片的密度很大，对航天器的威胁也很大。地球同步轨道（geosychronous earth orbit，GEO）是空间碎片的另一密集区域，由统计采样分析可粗略估计这里有几百亿个大小介于0.1～1cm和10万个1～10cm的碎片。这些小碎片质量比较小，由于它们与航天器的轨道相近，相对速度一般不大（2～3km/s）。由于没有了大气阻力的消除作用，大部分大碎片在同步轨道上留存的时间非常长。

2.2.3　恒　　星

恒星是由非固态、液态、气态的第四态等离子体组成的，本身能发光的天体（图2.5）[①②]。许许多多的恒星组成一个巨大的星系。其中，太阳系所在的星系叫银河系。银河系像一只大铁饼，宽约8万光年，中心厚约1.2万光年，恒星的总数在1000亿颗以上（图2.6）。

一般来说，恒星的体积和质量都比较大。只是距离地球太遥远的缘故，星光才显得那么微弱。恒星发光的能力有强有弱，天文学上用光度来表示它。恒星从诞生的那天起，它们就聚集成群，交映成辉，组成双星、星团、星系等，古代的天文学家认为恒星在星空的位置是固定的，所以给它起名“恒星”，意为“永恒不变的星”。

① https://baike.baidu.com/item/%E6%81%92%E6%98%9F/493?fr=aladdin.

② http://www.baike.com/wiki/%E6%81%92%E6%98%9F&prd=button_doc_entry.

图 2.5　恒星

图 2.6　银河系

恒星通常是在一团密度均匀、稀薄的星际气体中形成的。在形成的过程中，首先是气团中心的星际物质在引力作用下互相吸收、聚集，密度开始增大，对周围物质的吸引力增加，吸引周围更多的物质向中心聚集，并进一步使中心密度增大、压力增大、温度升高。当压力和温度达到某一水平时，中心部分逐渐开始发光、发热，这时就可以认为一颗新恒星诞生了。

多数恒星的年龄在 10 亿～100 亿岁，有些恒星甚至接近观测到的宇宙年龄——137 亿岁。发现最老的恒星是 HE 1523-0901，估计年龄是 132 亿岁。质量越大的恒星，寿命越短暂，主要是因为质量越大的恒星核心的压力也越高，造成燃烧氢的速度也越快。许多大质量的恒星平均只有一百万年的寿命，但质量最轻的恒星（红矮星）以很慢的速率燃烧它们的燃料，寿命至少有一兆年。

由于距地球的距离遥远，除了太阳之外的所有恒星在肉眼看来都只是夜空中的一个光点，并且它们进入地球的光受到大气层的扰动，在人眼中看到的就是恒星在“闪烁”。太阳也是恒星，但因为很靠近地球，所以其不仅看起来呈现圆盘状，还提供了白天的光线。除了太阳之外，看起来最大的恒星是剑鱼座 R，它的直径是 0.057 角秒。

恒星的尺寸，从小到只有 20～40km 的中子星，到像猎户座参宿四的超巨星，其直径是太阳的 650 倍，大约 9 亿 km，但是密度比太阳低很多。目前，观测到的体积最大的恒星是大犬座 VY 星，体积约为太阳的 10 亿倍。

恒星在宇宙中的分布是不均匀的，并且通常都是与星际间的气体、尘埃一起存在于星系中。一个典型的星系拥有数千亿颗恒星，而在可观测的宇宙中星系的数量也超过一千亿（10^{11}）个。过去相信恒星只存在于星系之中，但在星系际的空间中也已经发现恒星。天文学家估计宇宙中至少有 700 垓（7×10^{22}）颗恒星。

除了太阳之外，最靠近地球的恒星是半人马座的比邻星，距离是 39.9 兆（10^{12}）km，或 4.2 光年。半人马座的比邻星的光线要 4.2 年才能抵达地球。在轨道上绕行地球的航天飞机的速度约为 8km/s（时速约 3 万 km），其需要 15 万年才能抵达比邻星。像这样的距离，在星系盘中，包括邻近太阳系的地区是很典型的。在星系的中心和球状星团内，恒星的距离会更为接近，而在星晕中的距离则会更遥远。

由于相对于星系的中心，恒星的距离是非常开阔的，因此恒星的相互碰撞是非常罕见的。但是在球状星团或星系的中心，恒星碰撞则很平常。这样的碰撞会形成蓝色掉队星，这些异常的恒星比在同一星团中光度相同的主序带恒星有着更高的表面温度。

世间万物无不在运动，恒星虽然看似在天空中恒定不动，其实它也有自己的运动。由于不同恒星运动的速度和方向不一样，它们在天空中相互之间的相对位置会发生变化，这种变化称为恒星的自行。全天恒星之中，包括那些肉眼看不见的很暗的恒星在内，自行最快的是巴纳德星，达到每年 10.31 角秒（1 角秒是圆周上 1°的三千六百分之一）。一般的恒星，自行要小得多，绝大多数小于 1 角秒。

恒星自行的大小并不能反映恒星真实运动速度的大小。同样的运动速度，距离远就看上去很慢，而距离近则看上去很快。因为巴纳德星离我们很近，不到 6 光年，所以其真实的运动速度不过 88 km/s。

恒星的自行只反映了恒星在垂直于我们视线方向的运动，称为切向速度。恒星在沿我们视线方向也在运动，这一运动速度称为视向速度。巴纳德星的视向速度是–108km/s（负的视向速度表示向我们接近，而正的视向速度表示离我们而去）。恒星在空间的速度，应是切向速度和视向速度的合成速度，对于巴纳德星，它的速度为 139km/s。

上述恒星的空间运动由三部分组成：第一部分是恒星绕银河系中心的圆周运动，这是银河系自转的反映。第二部分是太阳参与银河系自转运动的反映。在扣除这两种运动的反映之后，才真正是恒星本身的运动，称为恒星的本动。

2.2.4 行 星

1. 行星[①]的传统定义

行星通常指自身不发光，环绕着恒星运动的天体。其公转方向与所绕恒星的自转方向相同。一般来说，行星需具有一定质量，行星的质量要足够大（相对于月球）且近似于圆球状，其自身不能像恒星那样发生核聚变反应。随着一些具有冥王星大小的天体被发现，“行星”一词的科学定义似乎更加真切。历史上，行星的名字来自于它们在天空中的位置不固定，就好像它们在星空中行走一般。

2. 行星的新定义

如何定义行星这一概念在天文学上一直是一个备受争议的问题。国际天文学联合会（IAU）大会 2006 年 8 月 24 日通过了“行星”的新定义，这一定义包括以下三点：

（1）必须是围绕恒星运转的天体；

（2）质量必须足够大，可以克服固体引力，以达到流体静力平衡的形状（近于球体）；

（3）必须清除轨道附近区域，公转轨道范围内不能有比它更大的天体。

从古典时代神圣的游星演化到科学时代实在的实体，人们对行星的认识是随着历史在不停地进化的。行星的概念不仅已经延伸到太阳系，而且还到达了太阳系以外的系统。对行星定义的内在模糊性已经导致了不少科学争论。

① https：//baike.baidu.com/item/%E8%A1%8C%E6%98%9F/15991?fr=aladdin.

从远古时代起，五个肉眼可见的经典行星就已经被人们熟知，他们对神学、宗教宇宙学和古代天文学都有重要的影响。在古代，天文学家记录了一些特定的光点是如何相对于其他行星移动跨越天空的。古希腊人把这些光点叫做“planetes asteres”（游星）或简单地称为“planētoi”（漫游者），今天的英文名称行星（planet）就是由此演化而来的。在古代希腊、中国、古巴比伦和实际上所有前现代文明中，人们几乎普遍相信地球是宇宙的中心，并且认为所有的行星都围绕着地球旋转。会有这种认识的原因是，人们每天都看到星星围绕着地球旋转，而且普遍认为地球是坚实且稳定的，因此应该是静止的而不是会移动的。

一般来说，行星的直径必须在 800km 以上，质量必须在 5×10^{16}t 以上。按照这一定义，截至 2013 年，太阳系内有 8 颗行星，分别是：水星（Mercury）、金星（Venus）、地球（Earth）、火星（Mars）、木星（Jupiter）、土星（Saturn）、天王星（Uranus）、海王星（Neptune）（图 2.7）。国际天文学联合会下属的行星定义委员会称，不排除将来太阳系中会有更多符合标准的天体被列为行星。在天文学家的观测名单上有可能符合行星定义的太阳系内的天体就有 10 颗以上。

图 2.7 太阳系八大行星

在新的行星标准之下，行星定义委员会还确定了一个新的次级定义——“类冥王星”。这是指轨道在海王星之外、围绕太阳运转的周期在 200 年以上的行星。在符合新定义的 12 颗太阳系行星中，冥王星、“卡戎”和“2003UB313”（齐娜/阋神星）都属于“矮行星”。

天文学家认为，“矮行星”的轨道通常不是规则的圆形，而是偏心率较大的椭圆形。这类行星的来源很可能与太阳系内其他行星不同。随着观测手段的进步，天文学家还有可能在太阳系边缘发现更多大天体。未来太阳系的行星名单如果继续扩大，新增的也将是“矮行星”。

人类经过千百年的探索，到 16 世纪哥白尼建立日心说后才普遍认识到地球是绕太阳公转的行星之一，而包括地球在内的八大行星则构成了一个围绕太阳旋转的行星系——太阳系的主要成员。行星本身一般不发光，其以表面反射恒星的光而发亮。在主要由恒星组成的天空背景上，行星有明显的相对移动。离太阳最近的行星是水星，其次依次是金星、地球、火星、木星、土星、天王星、海王星。从行星起源于不同形态的物质出发，可以把八大行星分为三类：类地行星（包括水星、金星、地球、火星）、巨行星（木星、土星）及远日行星（天王星、海王星）。行星环绕恒星的运动称为公转，行星公转的轨道具有共面性、同向性和近圆性三大特点。所谓共面性，是指八大行星的公转轨道面几乎在同一平面上；同向性，是指它们朝同一方向绕恒星公转；而近圆性是指它们的轨道和圆相当接近。

在一些行星的周围存在着围绕行星运转的物质环，它们是由大量小块物体（如岩石、冰块等）构成的，因反射太阳光而发亮，被称为行星环。20世纪70年代之前，人们一直以为唯独土星有光环，之后相继发现天王星和木星也有光环，这为研究太阳系起源和演化提供了新的信息。

卫星是围绕行星运行的天体，月亮就是地球的卫星。卫星反射太阳光，但除了月球以外，其他卫星的反射光都非常微弱。卫星在大小和质量方面相差悬殊，它们的运动特性也很不一致。在太阳系中，除了水星和金星以外，其他的行星各自都有数目不等的卫星。在火星与木星之间分布着数十万颗大小不等、形状各异的小行星，它们沿着椭圆轨道绕太阳运行，这个区域称为小行星带。这个小行星带距太阳的距离为1.7～4.0个天文单位，其中天体的公转周期为3～6年。曾经一度认为小行星带是一颗行星破裂后的碎片，但现在看来，小行星更可能是形成了行星的太空碎石，所以小行星带是演化失败的行星，而不是破碎的行星。此外，太阳系中还有数量众多的彗星，至于飘浮在行星际空间的流星体就更是无法计数了。

尽管太阳系内天体种类很多，但它们都无法和太阳相比。太阳是太阳系光和能量的源泉，也是太阳系中最庞大的天体，其半径大约是地球半径的109倍，或者说是地月距离的1.8倍。太阳的质量是地球的33万倍，占到太阳系总质量的99.9%，是整个太阳系质量的中心，它以自己强大的引力将太阳系里的所有天体牢牢控制在其周围，使它们不离不散，并井然有序地绕自己旋转。同时，太阳又作为一颗普通的恒星，带领它的成员，万古不息地绕银河系的中心运动。

2.2.5　微流星体

微流星体（micro-meteoroids）是沿围绕太阳的大椭圆轨道高速运转的固体颗粒，主要来源于彗星，并具有与彗星相近的轨道。当它们的轨道与地球相交时，可能闯入地球大气，与大气摩擦而产生发光现象，即流星。有个别尚未在大气层完全燃烧而到达地面者称为陨星（图2.8）。微流星体具有各种不规则的外形，它们在太阳引力场的作用下沿着各种椭圆轨道运动，相对于地球的速度为每秒 11～72km。当与航天器发生碰撞时，可能对航天器造成损伤（如航天器表面部分的穿透和剥落等），严重时甚至使航天器或其子系统发生故障。微流星体与空间碎片一起称为影响人类航天活动安全的M/OD环境。

图 2.8　陨星

2.3　空 间 环 境

空间环境是空间目标运行时所处的环境，主要有高层大气、电离层、地磁场、辐射带、太阳风、行星际磁场等（李建胜，2004；王鹏，2006；Ianni et al.，2013），当空间目标运行在这样的空间环境中时，这些物质会对空间目标有一定的作用。从技术系统的角度讲，空间环境研究主要关心近地球宇宙空间区域中对航天器技术系统有影响的环境要素，如高层大气、地球电离层、地球磁场以及地球辐射带等，由这些空间环境要素所组成的空间环境如图 2.9 所示。

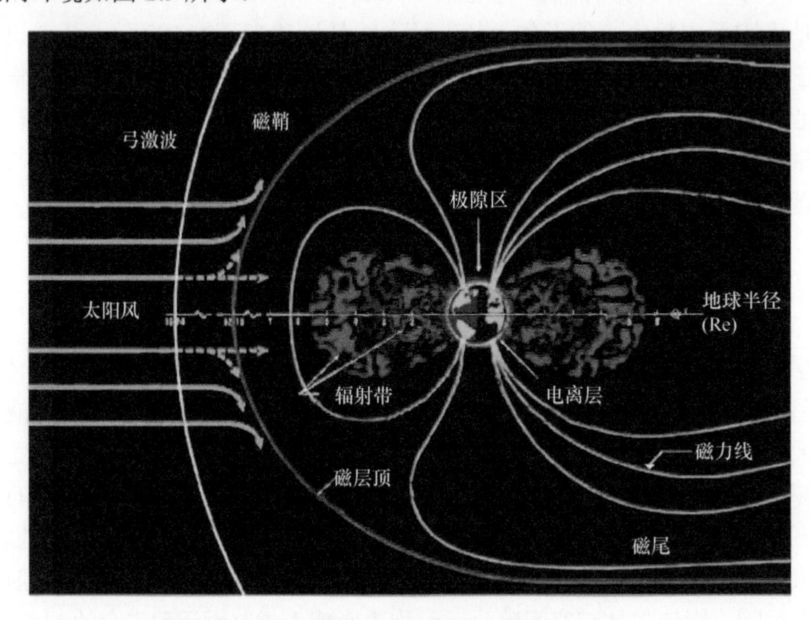

图 2.9　空间环境结构示意图（贺欢，2009）

空间环境异常复杂，其对运行在其中的空间目标具有重要影响，不同类型的空间环境对空间目标有着不同的影响，表2.2列出了各空间环境要素对空间目标的影响及物理计算模型。

表2.2 各类空间环境要素对航天器的影响（吕亮，2014）

空间环境要素	相关的参量	物理计算模型	影响
高层大气	大气密度及其变化、大气成分、风	MISIS 模式、MET 模式、CIRA 模式、HWM 模式	材料损伤，表面剥蚀（原子氧通量）；轨道变化和轨道寿命；传感器定向
电离层	电离层等离子体、极光等离子体、磁层等离子体	IRI模式、Chiu模式、NeQuick模式、Klobuchar 模式	电磁干扰，航天器表面充电与放电；材料选择
地磁场	磁场强度和方法	IGRF 模式	在大结构中的感应电流，南大西洋异常，辐射带位置
地球辐射带	捕获质子/电子、银河宇宙线、太阳粒子事件	AE8 模式、AP8 模式	电子部件损伤，航天器内部充电，单粒子事件，材料损伤

2.3.1 高层大气

高层大气指因重力原因而围绕在地球周围的混合气体，其分布范围非常广泛，没有明确的边界，在2000～16000km的高空仍然有稀薄的气体存在。地球大气层的气体主要集中在0～50km的高度范围之内，约占地球大气总量的99.9%，而在高度大于100km的空间仅占0.0001%左右。大气层在垂直结构上可以分为对流层、平流层、中间层、热层和外逸层，划分的依据主要是大气的密度、温度和热力学特性，各层的高度大致是：对流层主要分布在15km以下，平均高度约10km，对流层是云、雨等天气现象发生的主要区域；平流层分布在15～50km，臭氧层主要包含在该区域，臭氧层对紫外线的吸收有效保护了地球上的各类生物；中间层主要在50～85km；热层主要在85～300km；外逸层则指300～500km及以上，整个大气的分布如图2.10所示。

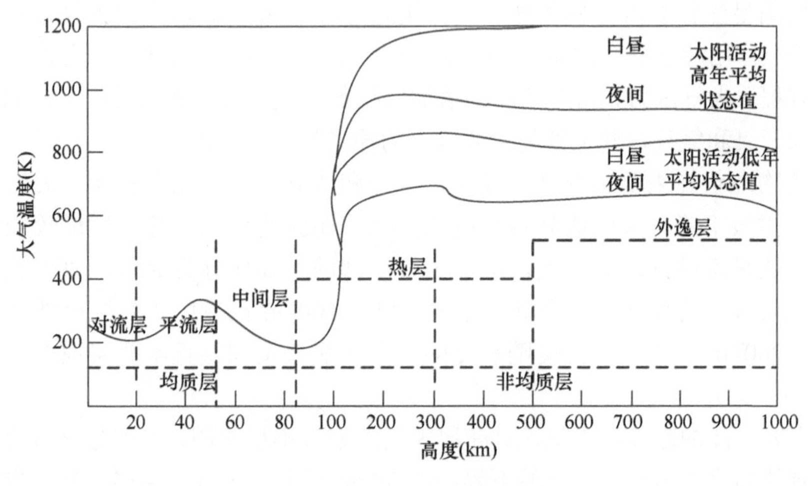

图2.10 大气分布示意图

（1）对流层。对流层为从地面向上至温度出现第一次极小值所在高度的大气层。该层大气处于与地球表面辐射、对流平衡的状态，湍流是该层主要的能量耗散过程。对流层内温度随高度的增加而较均匀的下降，温度递减率大约是 6.5K/km。对流层顶的高度从极地至赤道是倾斜的。极地为 6～8km，赤道地区为 16～18km，极地和赤道对流层顶的大气温度可分别下降到 220K 和 190K。

（2）平流层。平流层为从对流层顶以上至温度出现极大值所在高度的大气层。地球大气中的臭氧主要集中在平流层内，臭氧吸收太阳紫外线辐射，平流层内温度随高度的增加而升高，平流层顶的高度约在 50km 处，其平均温度约为 273K。

（3）中间层。中间层从平流层顶以上至温度出现第二极小值所在高度的大气层。中间层内温度随高度的升高而下降，其降温的主要机制是 CO_2 发射的红外辐射。中间层顶的高度约在 85km 处，其平均温度约为 190K，高纬地区中间层温度有强烈的季节变化，夏季可降至 160K。

（4）热层。热层为从中间层顶以上大气温度重新急剧上升，直至包含一部分温度不再随高度变化的高度区间的大气层。在 90～200km 高度，大气吸收太阳辐射总波长小于 200nm 的远紫外辐射，引起大气分子的光化、电离，并伴随着放热过程，使得大气温度随高度有陡峭的增高。

（5）外逸层。热层顶以上的等温大气称为外层大气。它的低层主要是原子氧，再向上主要是氦，在更高的高度上主要是原子氢。太阳活动和磁暴对外逸层大气也有较大影响。

根据大气成分的均一性质划分，地球大气由地面向上大致可分为均质层和非均质层。

（1）均质层。均质层为从地面至约 90km 高度的大气层，其基本上包含对流层、平流层和中间层。均质层大气通过湍流使大气成分均匀混合，其大气成分基本均一。均质层遵从流体静压方程和理想气体状态方程。

（2）非均质层。非均质层为均质层顶之上，大气成分随高度有明显变化的大气层，其基本上包含热层和外逸层大气。105km 以下的非均质层混合大气湍流起主要作用，这部分大气仍满足流体静压方程和理想气体状态方程。105km 以上的大气在重力场作用下，分子扩散作用超过混合湍流，大气处于扩散平衡状态，每种大气成分的分布遵循各自的扩散方程，大气压力、密度随高度增加以指数形式下降。非均质层下部的主要成分为氮气、原子氧和氧气，其上部的主要成分为原子氧、氦和原子氢。

大气的物理状态主要用密度、温度、压力和成分及其变化来描述。大气密度随高度的升高呈指数下降。大气成分随高度的变化有明显的变化，分子质量较轻的大气成分相对浓度随高度的升高而增大。高层大气下部的主要成分为氮气、原子氧和氧气，其上部的主要成分为原子氧、氯和原子氢。90～200km 高度的大气温度随高度的升高急剧增加，200km 以上大气温度随高度的升高极缓慢增加，直至热层顶大气趋于等温状态。

本书主要关注的是高层大气，对高层大气的划分不尽相同，如部分学者将探空气球所能上升到的高度作为高层大气的下界，即 30km 以上的大气为高层大气，也有学者将中间层等作为高层大气的下界，即 80km 以上的大气为高层大气，本书主要关注大气对空间目标的影响，而空间目标主要运行在 120km 以上区域，因此本书主要关注 120km 以上的高层大气。

2.3.2 电　离　层

电离层是空间环境的一个重要的等离子体层区，它是由太阳高能电磁辐射、宇宙线和沉降粒子作用于高层大气，使之电离而生成的由电子、离子和中性粒子构成的能量很低的准中性等离子体区域。它处在 50km 至几千千米高度间，温度为 180～3000K，其带电粒子（电子和离子）运动受地磁场制约，因此又称电离层介质为磁离子介质。一般情况下，电离层被认为具有球面分层结构，最主要的是随着高度和纬度的变化而变化。电离层按照电子密度随高度的变化又分为 D 层、E 层和 F 层，如图 2.11 所示。

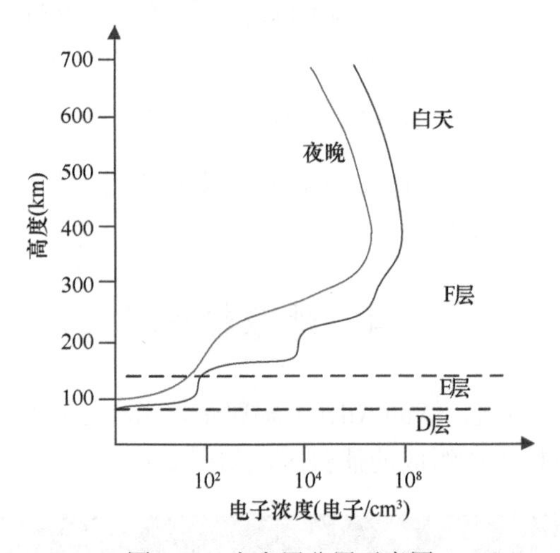

图 2.11　电离层分层示意图

D 层一般指地面上空 50～90km 的区域；E 层通常指地面上空 90～130km 的高度区；F 层指从 130km 直至几千千米的广大高度区。在电离层高度区还存在着低能沉降等离子体，它们是引起航天器高充电的源。电离层参量是时间（时、日、季节）、空间（经、纬度和高度）和太阳活动的复杂函数。所有高度上的电子密度都随地方时、季节和太阳爆发发生巨大变化，其在地理位置上随纬度有很复杂的结构。

2.3.3 地　球　磁　场

近地空间磁场大致像一个均匀磁化球的磁场，它延伸到地球周围很远的空间。在太阳风的作用下，地球磁场位形改变，向阳面被压缩，背阳面向后伸长到很远的地方，如图 2.12 所示。地球磁场存在的空间就是磁层。磁层位于行星际磁场的包围中，并受其控制。磁场的变化灵敏地反映空间环境的变化，它是空间环境状态的重要指标。

地球磁场跟地球引力场一样，是一个地球物理场，它是由内源场与外源场（变化磁场）两部分组成的。内源场来源于地球内部，它包括基本磁场和外源场变化时在地壳内感应产生的磁场。基本磁场是地球固有的稳定性强的磁场，是地球磁场的主要部分，约占 99%。基本磁场十分稳定，只有缓慢的长期变化。外源场起源于地球附近的电流体系，

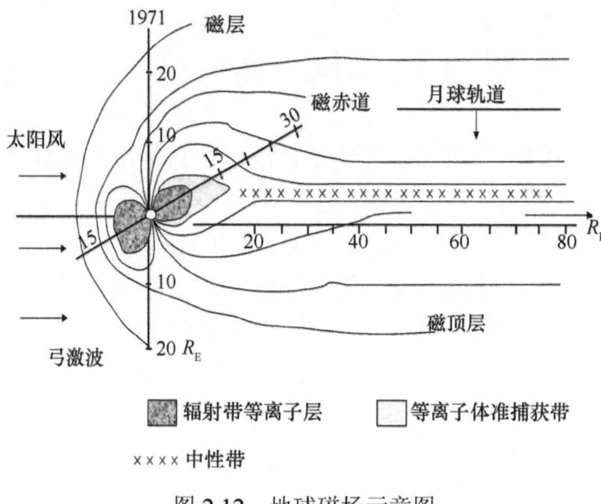

图 2.12 地球磁场示意图

包括电离层电流、环电流、场向电流、磁层顶电流及磁层内其他电流的磁场。它的变化则与电离层的变化和太阳活动等有关。

2.3.4 地球辐射带

地球辐射带，又称范阿仑（Van Allen）辐射带，指在地球周围一定的空间范围内由地磁场捕获的高能带电粒子所组成的捕获区，如图 2.13 所示。

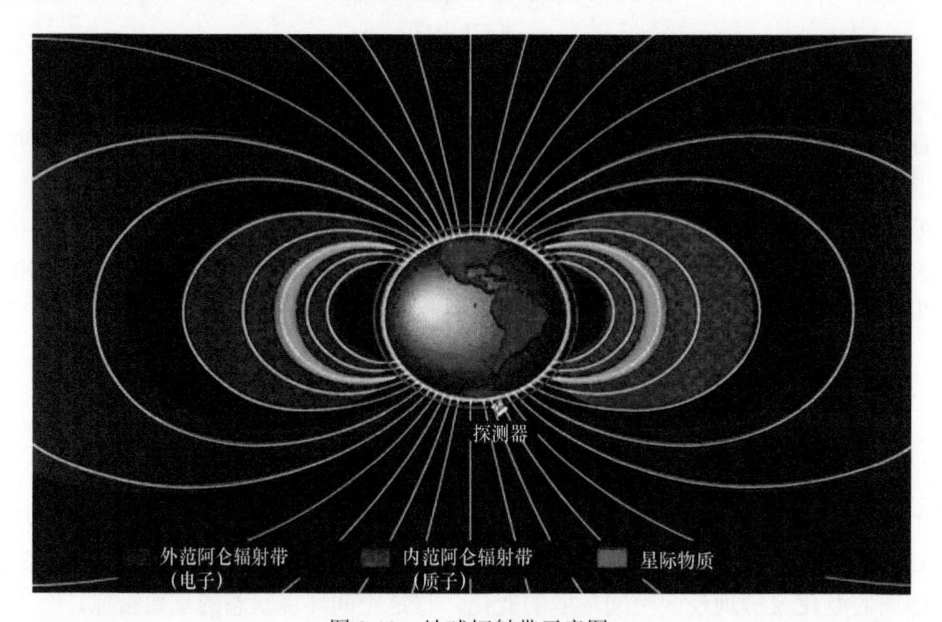

图 2.13 地球辐射带示意图

根据捕获粒子分布在空间的不同位置，地球辐射带可分为内辐射带和外辐射带。其内层靠近地球表面，通常其下边界高度为 600～1000km，中心位置高度为 3000～5000km，纬度范围在南北纬 40°，主要由质子和电子所组成，也有少量的重离子存在；

外层离地球表面较远，空间分布范围较广，在赤道面内其高度范围为 10000～60000km，中心位置高度为 20000～25000km，纬度范围在南北纬 55°～70°，主要由电子组成，也存在能量很低的质子。由于实际地磁场偏离偶极子磁场，在磁场强度低于偶极子磁场的负异常区（如南大西洋的异常区），内辐射带下边缘的高度较低，在 200km 左右；而在磁场强度高于偶极子磁场的正异常区，辐射带下边缘高度一般在 1500km 左右。

2.4　空间态势信息特性分析

为了更好地认知空间态势，本书从分布特性、时空特性、多尺度特性等几个方面对空间态势进行全面的分析。由前面的空间态势构成要素可知，空间态势主要由空间目标和空间环境两大要素构成，因此空间态势的特性分析，主要从空间目标和空间环境两个方面展开。

2.4.1　空间态势分布特性分析

1. 空间目标

空间目标按照各自的轨道分布在广袤的外层空间，为了更好地了解和利用空间目标，下面对空间目标的分布特点做详细的分析，需要说明的是，这里没有对恒星、行星、微流星体等自然天体进行分析，分析的主要是航天器、空间碎片等人工要素。

1）无国界限制

1960 年第 53 届巴塞罗那国际航空联合大会决议规定：地球表面 100km 以上空间为航天空间，为国际公共领域，100km 以下空间为航空空间领域，属于各国的私有领域。根据这一规定，主要活跃在 120km 以上的空间目标，其所处的领域属于国际公共空间，一国的空间目标可以畅通无阻地飞跃其他国家的上空。利用这一独有的优势，空间目标可以通过遥感手段轻松地实现对其他国家的侦察监视，同时可以将空间目标应用于导航、通信、预警、气象、海洋等各个领域。

2）遵循轨道力学

空间目标在空间中运行遵循轨道力学，其必须按照特定的轨道运行，根据任务类型不同，不同的空间目标有不同的轨道参数。在一定情况下，空间目标可以通过轨道机动来改变其运行的轨道，但是这种机动需要消耗相应的燃料，从而降低和缩短整个空间目标系统的性能和寿命。空间目标的轨道具有如下特点。

（1）轨道稳定。

当不考虑摄动影响时，空间目标的轨道在空间中是稳定的，即空间目标沿着固定的路径绕地球运动。造成这种现象的原因是空间目标的角动量，可以通过陀螺原理来解释这一现象，当陀螺旋转时，角动量所形成的惯性使陀螺的旋转轴所指的方向在不受外力影响时，不发生改变。空间目标的高度和速度使其具有巨大的角动量，因此空间目标轨道非常稳定。

（2）轨道机动困难。

受角动量的影响，空间目标在空间中机动非常困难，如改变轨道大小或者倾角将消耗非常多的燃料，影响空间目标的使用寿命。以美国已经退役的航天飞机为例，其即使消耗了携带的所有燃料去改变轨道平面，所能改变的角度也不会超过 2.5°。轨道机动限制使空间目标无法完成绕地球上某一点盘旋的任务，同时也不能通过“弯曲”轨道平面来机动到某一指定地点。因此，空间目标经过地球上某一特定上空主要取决于轨道参数。

（3）轨道平面穿过地球中心。

地心引力是作用在空间目标上的主要力，其持续不断地将空间目标拉向地心，因此任何空间目标的轨道平面必须经过地球中心，空间目标的轨道无法设计成偏移到地球一侧的类型（图 2.14）。

图 2.14　偏移到一侧的轨道

（4）轨道受摄动力影响。

摄动力可以改变空间目标的轨道参数。地球的非球对称性和质量分布的不均匀，使地球的引力场不规则，造成地球扁率摄动；空间目标还会受到各种附加外力，一些外力由于附加质量产生了次级引力场，对于地球轨道上的空间目标，月球和太阳以及其他行星会产生这种外加力；此外，在低轨道高度（一般轨道高度小于 1000km），地球大气也会产生大气阻力；太阳辐射光压也会对轨道产生影响。表 2.3 列出了部分作用于空间目标上的摄动加速度大小。

表 2.3　作用于空间目标上的摄动加速度大小（Fortescue et al.，2014）

摄动源	加速度	
	500km 高度轨道	地球静止轨道
大气阻力	$6\times10^5 A/M$	—
太阳辐射压力	$4.7\times10^{-6} A/M$	$4.7\times10^{-6} A/M$
太阳（均值）	5.6×10^{-7}	3.5×10^{-6}
月球（均值）	1.2×10^{-6}	7.3×10^{-6}
木星（最大值）	8.5×10^{-12}	5.2×10^{-11}

注：大气阻力与太阳活动水平有关，空间目标面质比为 A/M，A 是垂直于气动力方向和太阳辐射压力的投影面积。

摄动力的存在使空间态势变得更加复杂。通常情况下，通过有限的几个点即可基于轨道力学计算出空间目标的轨道参数，依照预报模型皆可预测空间目标的未来位置，但是摄动力降低了这些预报模型的精度，轨道高度越低，模型的有效预报时间就越短，因此需要通过空间监视不断地更新空间目标的轨道参数，以便更加准确地预测空间目标的位置。

3）受空间环境和其他空间目标的影响

空间目标主要运行在大气稀薄的外层空间，其无法得到地球大气的有效保护，因此很容易受到外层空间环境的影响，而几乎所有的空间环境现象都是由太阳活动引起的，如磁暴、电离层闪烁、带电粒子的长期影响等，空间环境可以对通信质量、导航精度、传感器性能等产生影响，甚至可以引起系统的电子故障。

除受到空间环境的影响外，空间目标还受到其他空间目标的影响，主要是碰撞威胁。工作的其他卫星、失效的卫星、卫星爆炸和碰撞产生的碎片、运载火箭的残骸，甚至微流星体等自然天体都会对空间目标形成碰撞威胁，一旦发生碰撞，空间目标极有可能受到致命的损伤。为了对空间目标碰撞进行有效预警，需要对现有的空间目标进行跟踪编目。

当一个物体从空间目标分离后，无论其尺寸大小，其将在最初的轨道上运行，直到有外力改变其轨道，这直接导致碎片从原来的空间目标分离需要花费几周、几个月甚至几年的时间，即使是由爆炸产生的碎片分离也非常缓慢。当高度和速度达到一定值后，相应的空间碎片可能在某一稳定的轨道上运行几十到几百年，这就导致空间中的碎片不断增多，进一步增加在轨工作空间目标发生碰撞的风险。

空间目标的分布使其拥有一些独有的优势，具体如下：

（1）高对地覆盖率。

外层空间又被称为“终极高地”，在该空间运行的空间目标，即使是低轨空间目标的轨道高度也多在120km以上，这类空间目标的对地几何视场可以达到几百千米，更远的空间目标，如地球静止轨道空间目标，其几何视场甚至可以达到地球表面的三分之一，只需要三颗地球静止轨道空间目标，即可实现近全球覆盖，因此通信卫星往往分布在地球静止轨道上。空间目标的高度优势所带来的高对地覆盖特点可以被各种不同的需求所应用，如通信卫星、导航卫星、对地观测卫星，这些卫星对轨道高度的要求各不相同。

（2）高速度和轨道稳定性。

空间目标不仅具有高速度，而且其不需要或者只需要很小的外部推力去维持其轨道，而飞机要保持在空中飞行则需要不停地消耗燃料以提供源源不断的推力。空间目标的这种高速度和轨道稳定特性使其不仅可以快速完成对全球的覆盖，并且具有可持续性。因此，空间目标的使用寿命通常主要取决于其上有效载荷的寿命，以及用于轨道维持和额外的轨道机动的燃料的数量。

（3）组网星座可进一步提高覆盖率。

对于特定的任务，单一的卫星系统无法满足对地覆盖需求，因此需要将多颗卫星组成一个星座来同时执行同一个任务，以提高对地覆盖率和覆盖时间，如GPS星座，通过GPS的组网运行，任意时刻地面上任何地点都能至少接收到4颗GPS卫星的信号，从而保证了定位精度。另外，组网星座还常被用于通信卫星，通过组网实现卫星通信的全球覆盖，保证地球上的任意两点之间可以完成通信。对于气象和遥感系统，通过不同轨道高度组成的卫星星座系统，可以提供宽覆盖、低分辨率和窄覆盖、高分辨率的相互补充的气象云图和遥感影像。

前面对空间目标的分布特点进行了理论分析，下面通过对实际数据的详细统计，进一步分析空间目标的分布态势。

本书从两个方面统计空间目标的分布，一是统计空间目标的地理空间分布，主要通过轨道分布统计来完成，具体包括空间目标半长轴、偏心率和轨道倾角三个与轨道大小、形状和姿态密切相关的参数；二是统计空间目标的属性分布，主要包括空间目标所属国家、组织或地区、目标类型、任务类型等。

目前，有多家网站提供 NORAD 发布的 TLE 数据，如 SpaceTrack 网站（https://www.space-track.org）、STK 网站（http://www.stk.com）和 CelesTrak 网站（http://celestrak.com）等，这些网站由于数据来源不同，公布的数据会有少许差别，表 2.4 是时间截至 2015 年 1 月 7 日，SpaceTrack 网站和 CelesTrak 网站所公布空间目标数据的统计。从表 2.4 可以看出，各个网站公布的数据虽然有所差别，但是差别较小，其不影响对空间目标整体分布的统计分析。

表 2.4　不同来源空间目标数据差别

数据来源	在轨空间目标数目（个）	已陨落空间目标数目（个）	所有编目空间目标数目（个）
SpaceTrack 网站	17130	23231	40361
CelesTrak 网站	17127	23239	40366
差值	3	8	5

本书主要以 SpaceTrack 网站公布的空间目标 TLE 数据为基础进行统计分析，截至 2015 年 1 月 7 日，被编目过的空间目标共计 40361 个，其中 23231 个已经陨落，17130 个仍然在轨运行，但是 SpaceTrack 网站只公布了 15123 个空间目标的 TLE 数据，因此本书的空间分布统计以这 15123 条 TLE 数据为对象，属性分布统计中的所属国家、组织或地区和目标类型则是以 40361 个所有编目过的空间目标数据为对象，对于属性统计中的任务类型一项，由于 SpaceTrack 网站公布的数据并没有该项内容，本书以 STK 网站的数据为基础进行统计分析，由于 STK 网站已经屏蔽了中国用户，因此无法获取到其公布的最新数据，本书数据获取的时间是 2013 年 6 月 8 日。

a. 空间分布统计

空间分布采用直方图的方式进行统计，图 2.15 是空间目标轨道半长轴分布图，0～50000km，按 100km 一段，分别统计各段内的空间目标数量。从图 2.15 中可以看出，空间目标在空间中并不是均匀分布的，轨道半长轴的长度主要集中在[6700km，8000km]、[25000km，27000km]、[41000km，43000km]三个区间，这三个区间内的目标共计 13291 个，约占所有空间目标的 88%，进一步统计发现，[6700km，8000km]区间的空间目标主要是各类对地观测卫星和侦察卫星，[25000km，27000km]区间的空间目标主要是导航卫星，[41000km，43000km]区间的空间目标则主要是通信卫星和导航卫星，这些空间目标的分布特点和前面分析的空间目标对地覆盖特性相一致。

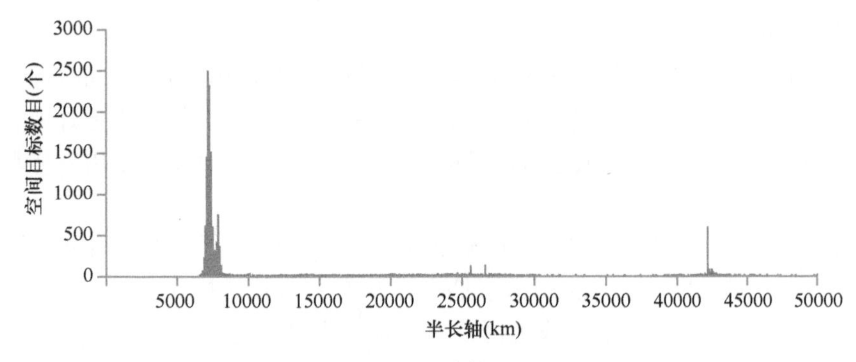

图 2.15　空间目标轨道半长轴分布图

图 2.16 是空间目标轨道偏心率分布图，0～1，按 0.01 一段，分别统计各段内的空间目标数量。从图 2.16 可以看出，空间目标轨道偏心率分布同样不均匀，具有很强的区域性，其主要集中在（0，0.1]和[0.6，0.75]区间，并且以（0，0.1]为主，该区间内聚集了 13323 个空间目标，占所有空间目标的 88%左右，说明空间目标以近圆轨道居多。

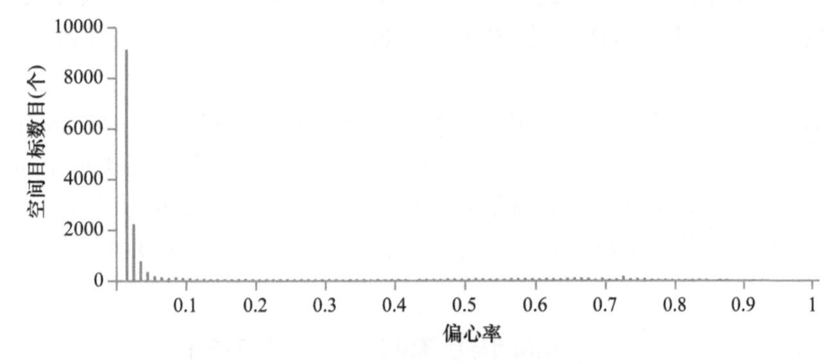

图 2.16　空间目标轨道偏心率分布图

图 2.17 是空间目标轨道倾角分布图，0°～180°，按 1°一段，分别统计各段内的空间目标数量。从图 2.17 可以看出，空间目标轨道倾角分布较为广泛，最小接近 0°，最大不超过 145°，轨道倾角大于 50°的空间目标较多，达 12420 个，占到所有目标的 82%左右，进一步细化，空间目标主要集中在 0°、65°、74°、82°和 98°左右，其中又以轨道倾角为 98°左右的太阳同步轨道空间目标最多。

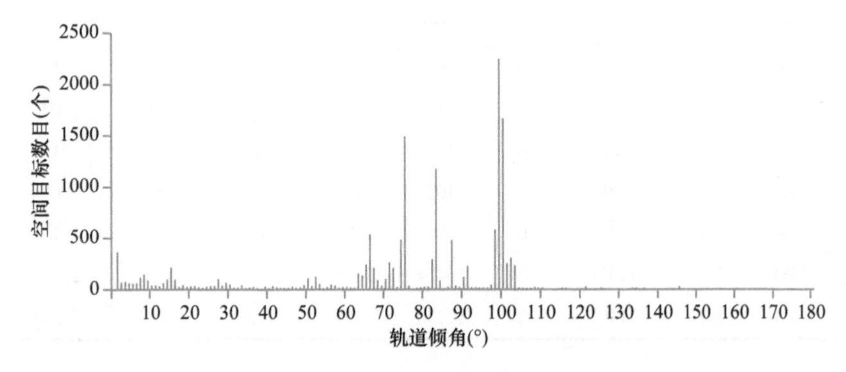

图 2.17　空间目标轨道倾角分布图

b. 属性分布统计

围绕地球运行的空间目标分属不同的国家、地区或者组织，每个空间目标的类型和执行或者曾经执行的任务类型也各不相同，对这些信息的统计分析便于更好地利用空间态势信息。对所属国家、组织或地区、目标类型和任务类型统计主要采用表格和曲线图相结合的方式完成。

SpaceTrack 网站公布的数据中，截至 2015 年 1 月 7 日，有 86 个国家、组织或地区拥有自己的空间目标，表 2.5 列出了拥有在轨航天器数目排在前 10 名的国家、组织或地区，这 10 个国家、组织或地区的在轨航天器数目达到 3434 个，占所有在轨航天器的空间目标数量的 85%以上，所拥有的所有空间目标达 39450 个，占空间目标总数的 97.7%。表 2.6 列出了国家、组织或地区的缩写比照。图 2.18 是这 10 个国家、组织或地区的空间目标数目柱状分布图。从结果可以看出，美国和俄罗斯拥有绝对的空间优势，二者拥有的空间目标数目远远多于其他国家，中国通过近年来的发展，目前所拥有的空间目标数目已经排到了第三位，但是和美国、俄罗斯还有较大差距，紧随其后的是日本，其在轨航天器只比中国少 27 颗。一个国家拥有空间目标的数量既反映了其现有的空间技术水平，也决定了其在未来空间作战中的潜在战斗力。

SpaceTrack 网站将空间目标分为航天器、箭体和空间碎片等几类，而空间有效资产主要是航天器，因此本书将箭体也划归到空间碎片一类，表 2.7 列出了各类型空间目标的统计情况，图 2.19 列出了各类空间目标的数目柱状分布图。从图 2.19 可以看出，空间目标中，空间碎片数量占绝对优势，无论在轨、陨落还是总数都占到了 80%左右，航天器只占有 20%

表 2.5 空间目标所属国家、组织或地区统计 （单位：个）

国家、组织或地区	在轨					陨落				总数
	航天器	箭体	空间碎片	待定	总数	航天器	箭体	空间碎片	总数	
CIS	1493	1019	3880	1	6393	2522	2788	9460	14770	21163
US	1222	660	3166	0	5048	868	649	4337	5854	10902
PRC	175	88	3495	1	3759	67	111	885	1063	4822
JPN	148	45	35	0	228	47	62	160	269	497
GLOB	84	0	1	0	85	0	0	1	1	86
ITSO	80	0	0	0	80	1	0	0	1	81
FR	61	136	315	0	512	8	71	624	703	1215
IND	60	22	90	0	172	10	12	295	317	489
ESA	57	7	39	0	103	12	7	18	37	140
SES	54	0	0	0	54	1	0	0	1	55
ABOVE	3434	1977	11021	2	16434	3536	3700	15780	23016	39450
ALL	4011	2014	11103	2	17130	3605	3713	15913	23231	40361

表 2.6　国家、组织或地区的缩写比照表

缩写	CIS	US	PRC	JPN	GLOB	ITSO
国家、组织或地区	独立国家联合体	美国	中国	日本	GLOBALSTAR 公司	国际通信卫星组织
缩写	FR	IND	ESA	SES	ABOVE	ALL
国家、组织或地区	法国	印度	欧洲航天局	欧洲卫星通信组织	以上所有国家、组织或地区	所有拥有空间目标的国家、组织或地区

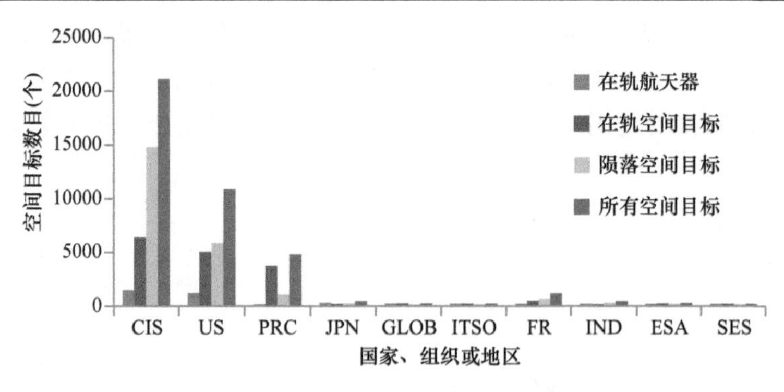

图 2.18　部分国家、组织或地区的空间目标数目柱状分布图

表 2.7　各类型空间目标的统计情况

	航天器（个）	空间碎片（个）	所有在轨目标（个）	航天器百分比（%）	空间碎片百分比（%）
在轨	4011	13119	17130	23.4	76.6
陨落	3605	19626	23231	15.5	84.5
总数	7616	32745	40361	18.9	81.1

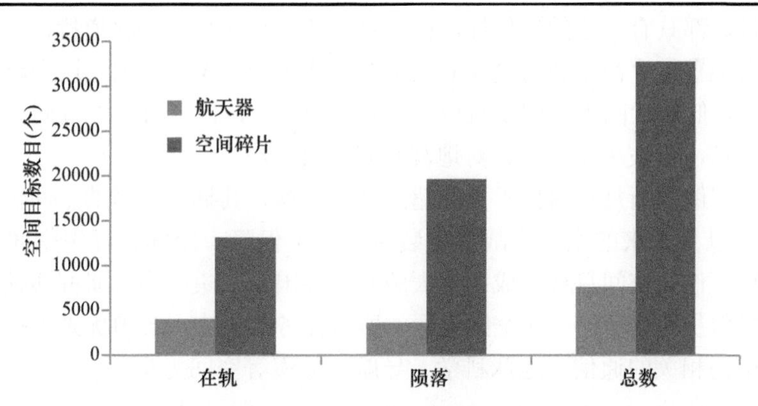

图 2.19　各类空间目标的数目柱状分布图

左右，从这一结果可以看出，空间碎片对航天器的生存已经构成了重大威胁，因此要积极研究空间目标碰撞预警与防护以及减少空间碎片的措施，以保护空间的有效资产。

空间目标任务类型统计主要针对在轨工作航天器，截至 2013 年 6 月 8 日，STK 网站公布的在轨工作航天器共计 1013 个，本书对这 1013 个航天器按照其任务类型进行统计分析，统计结果见表 2.8，STK 网站将在轨工作航天器的任务类型分为天文、通信、地球科学、工程实验、载人、导航、太阳物理、空间物理、侦察、技术应用和未知等类型，其中与测绘领域密切相关的对地观测被划分到地球科学一类。

表 2.8　不同任务类型空间目标统计

任务类型	天文（astronomy）	通信（comm）	地球科学（earth sci）	工程实验（engineer）	载人(human crew)	导航（navigation）
数量（个）	16	558	146	28	1	89
任务类型	太阳物理（solar phys）	空间物理（space phys）	侦察(surv/mil)	技术应用（tech app）	未知（unknown）	
数量（个）	6	17	49	23	80	

图 2.20 是各任务类型的航天器数目柱状分布图。从统计结果可以发现，目前用于通信的空间目标最多达 558 个，占到在轨工作航天器的 50%以上，其次是用于地球科学的空间目标，紧接着是用于导航的空间目标，这一结果充分反映了空间目标的主要应用领域。

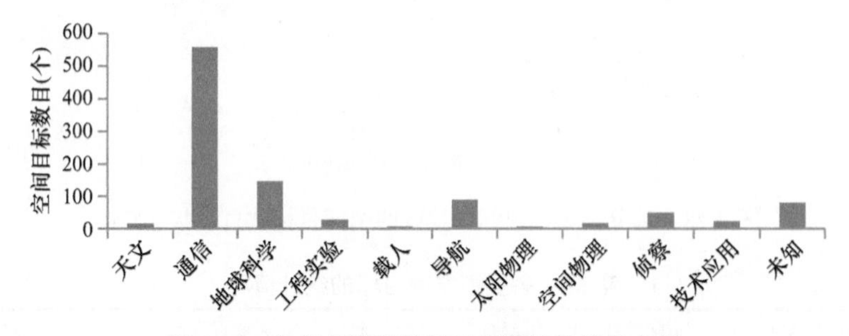

图 2.20　各任务类型的航天器数目柱状分布图

从前面对空间目标的空间和属性的统计分析可以得出以下结论：

（1）空间目标分布是不均匀的，无论是从轨道半长轴、偏心率还是从轨道倾角方面分析，空间目标都具有一定的聚集性，这种聚集性和空间目标的轨道特性有关，如地球同步轨道的对地覆盖率高，利用较少的卫星即可实现全球覆盖，因此这个轨道高度上的通信卫星居多，低轨近圆太阳同步轨道由于其轨道低，从同一方向经过同一纬度的当地时间相同等特点，常被用于气象、对地观测和侦察卫星。

（2）美国与俄罗斯是目前世界上的超级航天大国，其拥有绝对的空间优势，其大量的空间目标可以为未来的空间作战提供装备和技术保障；空间目标中空间碎片成为主导，其对在轨工作的空间目标构成了巨大威胁，各国需要集中力量研究碰撞预警、碰撞防护等技术以保护空间资产；在空间目标的所有任务类型中，各国优先重点发展与国计民生及军事密切相关的通信、地球科学、导航、侦察等空间力量。

2. 空间环境

空间环境分布在广袤的太阳系空间，太阳辐射和太阳风是空间环境活动的源头，太阳风是太阳不断向外发送的等离子体流。空间环境的空间位置分布在本章 2.3 节中已经详细介绍，这里就不再赘述，图 2.21 是空间环境分布示意图。

从图 2.21 可以看出，空间环境的各类要素是互相渗透、互相作用地分布在整个太阳系空间，各类要素之间没有界限，即使是同一类要素的分布，在高度上也没有明确的界限，各类要素呈现聚集性，聚集区内相应要素分布较为密集，聚集区外仍然存在相应的要素，只是密集度大大降低。

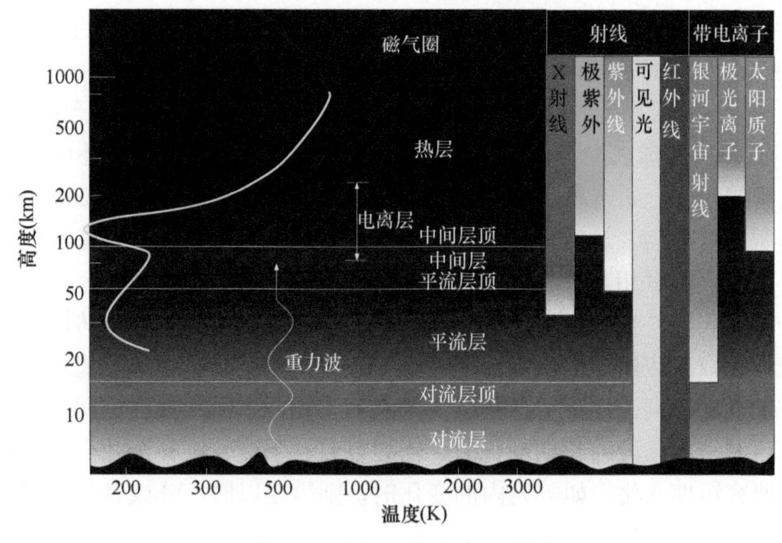

图 2.21　空间环境分布示意图

2.4.2　空间态势时空特性分析

具有时空特性是空间态势的基本特征之一，空间态势中，无论是空间目标还是空间环境都处于高速的运动中，时间和空间位置是一对不可分离的要素。空间位置具有很强的时效性，每个空间位置都对应有相应的时间，没有时间要素的空间位置是没有意义的。

按照力学理论，地球上发射的物体要绕地球做圆周运动飞行，所需要的最小初始速度是 7.9km/s，即第一宇宙速度，绕地球飞行后，空间目标的速度可以小于第一宇宙速度，理论上当空间目标离地球无穷远时，其速度可以趋于无穷小，但是在实际中，空间目标离地球超出一定距离后会逃离地球引力而成为太阳的卫星，本书研究的空间目标主要是地球引力范围内的空间目标，当空间目标处于距离地球较远的地球同步轨道时，其运行速度仍然能达到 3.1km/s 左右，而子弹的飞行速度一般不超过 2km/s，由此可见，要管理空间目标，必须重点考虑其高速的运动性。

受太阳活动的影响，空间环境处于不断的运动中，如高能带电粒子被地磁场捕获后，在地磁场中不停地做着回旋、弹跳和漂移等有规律的运动，只有通过在时间轴上获取大量的数据，才能够研究动态的空间环境要素。空间环境的动态性不同于地表的动态，地表的动态一般不涉及全域的动态，往往是局部的，只是一小区域或其边界的变化，而且一经变化将持续较长一段时间。空间环境每时每刻都是变化的，而且都是全局性的变化，并且这些变化在时间上都具有持续性。为了研究动态的空间环境，需要将空间环境变化的整个过程作为研究对象，以便揭示各空间事件之间的内在联系，如太阳活动与磁暴、电离层扰动等现象之间的关系。

2.4.3　空间态势多尺度特性分析

由空间态势的分布特性可知，空间态势具有多尺度特性，整个太阳系中，尺度最大的目标为太阳，其半径为696300km，而空间目标的尺度则从几厘米到上百米都有。太阳系中，距离太阳最远的海王星离太阳4504300000km，到太阳最近的水星也有57910000 km，而空间中的两个空间目标之间的距离则可以近到几千米以内，甚至发生碰撞。

空间环境则从地球表面一直延续到太阳系整个空间，许多空间环境要素是全球性的，即使较小的尺度，如电离层中传播的等离子体，其水平尺度也在200～1000km。在对空间环境数据处理与表达时，应能针对空间环境的多尺度特征，具备尺度特征综合能力，以及不同尺度数据相互转换的能力。

除了空间多尺度特性，空间态势还具有时间多尺度特性。空间态势时间多尺度是指空间态势数据获取或应用中的时间分辨率不同，如对空间目标位置信息的获取，由于监测雷达设备的性能不同，位置信息获取的频率各不相同，因此描述空间目标的时间尺度也就不同；研究空间环境的长期变化时，需要以月、季度、年甚至几十年为时间尺度进行研究，当研究短期变化，如一天内的变化时，则需要以时、分或者秒为时间尺度进行研究。

空间态势的多尺度使其表达和应用更加复杂，在表达和应用中只有充分考虑其多尺度特性，才能充分展示其内在的规律，有效预测未来的发展态势。

2.5 本章小结

空间态势信息要素是空间态势可视化表达的对象，本章将空间态势分成空间目标和空间环境两大类，分析了各自的详细构成要素，并进一步分析了空间态势信息的分布特性、时空特性和多尺度特性，从而为空间态势的表达奠定了基础。

参考文献

贺欢. 2009. 空间环境可视化关键技术研究. 北京: 中国科学院研究生院博士学位论文.
李建胜. 2004. HLA在“空间环境要素仿真”中的应用. 郑州: 解放军信息工程大学硕士学位论文.
吕亮. 2014. 空间态势图构建及可视化表达技术研究. 郑州: 解放军信息工程大学硕士学位论文.
钱学森运载技术实验室空间态势评估课题组. 2014. 空间态势评估报告.
王家耀. 2001. 空间信息系统原理. 北京: 科学出版社.
王鹏, 徐青, 李建胜, 等. 2012. 空间环境建模与可视化仿真技术. 北京: 国防工业出版社.
王鹏. 2006. 基于HLA的空间环境要素建模与仿真技术研究. 郑州: 解放军信息工程大学博士学位论文.
杨学军, 张望新. 2006. 优势来自空间论空间战场与空间作战. 北京: 国防工业出版社.
Fortescue P, Swinerd G, Stark J. 2014. 航天器系统工程(上册). 李靖, 范文杰, 刘佳, 等译. 北京: 科学出版社.
Ianni J D, Aleva D L, Ellis S A. 2013. Overview of Human-Centric Space Situational Awareness Science and Technology. http://www.dtic.mil/dtic/tr/fulltext/u2/a573767.pdf[2017-01-16].
Zhou L X, Li Z, Liu S. 2011. The Fundamental Research on Space Operational Situation Picture. The 2nd Asia-Pacific Conference on Information Theory (APCIT2011).

第3章　空间态势信息时空基准

地理空间中任何物体位置的描述必须相对于某个参考基准，不同的参考基准将会得出不同的地理空间数据，因此在使用地理空间数据时必须了解地理空间数据的参考基准。空间探测获取的空间态势信息与传统的地理信息一样，可以划分为空间、时间和属性三域。时间域（时间坐标）和空间域（空间坐标）构成了空间态势信息的时空基准。

空间态势要素中的行星及航天器等空间目标的位置与运动需要一个稳定的、高精度的天球参考系，而对于行星表面的测量数据，则涉及行星星体参考坐标系统的建立。空间态势表达的目的是在一个统一的时空基准下对各种空间态势要素进行表达，要对各类要素进行表达的前提就是将各类要素换算到同一个时空基准下，因此确定天球参考坐标系、星体参考坐标系、地球参考坐标系之间的转换关系就是非常重要的内容。本章将讨论空间态势表达所涉及的时间和空间基准，明确时空基准的分类，提出不同时空基准之间的转换关系，并对部分重要转换模型进行推导。

3.1　空间态势时空基准的定义与分类

3.1.1　时间基准及其转换

空间态势研究的对象是随时间变化的，测量观测与时间密切相关。对于卫星系统或者天文学，某一事件相应的时刻称为历元。通常采用包含时间原点、度量单位两大要素的一维时间坐标轴来描述时间。原点可根据需要指定，度量单位采用时刻和时间间隔两种形式。

现行的时间系统基本分为四种：恒星时（ST）、世界时（UT）、历书时（ET）和原子时（TAI）（欧阳自远，2007；孔祥元等，2005；王正明，2004；刘林，2000）。世界时和恒星时根据地球自转测定。历书时根据地球、月亮和其他行星的运动测定，并进一步发展为太阳系质心力学时（TDB）和地球质心力学时（TDT）。原子时以物质内部原子运动特征为标准。下面详细介绍时间系统的定义方法。

1. 恒星时

恒星时是指以地球相对于恒星的自转周期为基准的时间计量系统。春分点相继两次上中天所经历的时间称为恒星日，等于 23 时 56 分 4.09 秒平太阳时，以春分点在该地上中天的瞬间作为这个计量系统的起点，即恒星时为零时，用春分点时角来计量。为了计量方便，把恒星日分成 24 个恒星时，一恒星时等于 60 恒星分，一恒星分等于 60 恒星秒。所有这些单位统称为计量时间的恒星时单位，简称恒星时单位。按上述系统计量时间，在天文学中称恒星时。

由于地球的章动春分点在天球上并不固定，而是以18.6年的周期围绕着平均春分点摆动。因此，恒星时又分真恒星时和平恒星时。真恒星时是通过直接测量子午线与实际春分点之间的时角获得的，平恒星时则忽略了地球的章动。真恒星时与平恒星时之间的差异最大可达约0.4s。

一个地方的当地恒星时与格林尼治天文台的恒星时之间的差就是这个地方的经度。因此，通过观测恒星时可以确定当地的经度（假如格林尼治天文台的恒星时已知）或者可以确定时间（假如当地的经度已知）。

（1）一颗恒星的时角 t、它的赤经 α 和当地的恒星时 θ 之间的关系为 $t=\theta-\alpha$;

（2）当地的恒星时等于位于天顶的恒星的赤经；

（3）当地的恒星时等于正位于中天恒星的赤经。

通过确定恒星时可以简化天文学的计算，如通过恒星时和当地的纬度可以很方便地计算出哪些星正好在地平线以上。

2. 世界时

世界时，即格林尼治平太阳时间，是指格林尼治所在地的标准时间，其也是表示地球自转速率的一种形式，是以地球自转为基础的时间计量系统。地球自转的角度可用地方子午线相对于地球上的基本参考点的运动来度量。为了测量地球自转，人们在地球上选取了两个基本参考点：春分点和平太阳点，由此确定的时间分别称为恒星时和平太阳时。

事实上，表达“世界时”是不明确的（当需要好于几秒的准确性时），因为它有几个版本，最常用的是协调世界时间（UTC）和UT1。除了UTC之外，所有这些版本的UT都基于地球相对于远距离天体（星和类星体）的旋转，具有缩放因子和其他调整以使它们更接近太阳时间。UTC基于国际原子时间，添加闰秒保持在UT1的0.9s内。

各地的地方平时与世界时之差等于该地的地理经度。1960年以前地理经度曾作为基本时间计量系统被广泛应用。由于地球自转速率曾被认为是均匀的，因此在1960年以前，世界时被认为是一种均匀时。由于地球自转速度变化的影响，它不是一种均匀的时间系统，它与原子时或力学时都没有任何理论上的关系，只有通过观测才能对它们进行比较。后来世界时先后被历书时和原子时所取代，但在日常生活、天文导航、大地测量和宇宙飞行等方面仍属必需；同时，世界时反映地球自转速率的变化，是地球自转参数之一，也是天文学和地球物理学的基本资料。

3. 历书时

历书时是描述天体运动的方程式中采用的时间，或天体历表中应用的时间，简称ET。它是由天体力学的定律确定的均匀时间，又称牛顿时。由于地球自转的不均匀性，1958年国际天文学联合会决议，自1960年开始用历书时代替世界时作为基本的时间计量系统，并规定世界各国天文年历的太阳、月球、行星历表都以历书时为准进行计算。

原则上，对于太阳系中任何一个天体，只要精确地掌握了它的运动规律，就可以用来规定历书时。19 世纪末，纽康根据地球绕太阳的公转运动，编制了太阳历表，至今仍是最基本的太阳历表。因此，人们把纽康太阳历表作为历书时定义的基础。历书时的秒长规定为 1900 年 1 月 0 日 12 时整回归年长度的 1/31 556 925.9747；历书时起点与纽康计算太阳几何平黄经的起始历元相同，即取 1900 年初太阳几何平黄经为 279°41′48.04″ 的瞬间，作为历书时 1900 年 1 月 0 日 12 时整。

有了天体的历表，根据给定的历书时时刻，可以查到天体的相应位置。相反，某一时刻观测到的天体的位置与其历表比较，可以得到这一时刻的历书时。根据太阳历表，观测太阳的位置就可以得到历书时。太阳比月球难以观测，而且月球在天球上的视运动速度为太阳的 13.37 倍，因此观测它们所得历书时的精度也会相差同样的倍数。实际上，历书时目前是通过观测月球得到的。E.W.布朗根据他对月球运动理论的研究计算并出版了改进月历表，他把观测到的月球位置与 E.W.布朗改进月历表进行比较，即可得历书时。观测月球的方法有中天观测、等高观测、月掩星观测和照相观测。通常使用的仪器有子午环、中星仪、等高仪和双速月球照相仪。由于月球视面比较大，边缘不整齐，因而观测精度不高，所得历书时的精度也很低。

4. 原子时

原子时是以物质的原子内部发射的电磁振荡频率为基准的时间计量系统。原子时的初始历元规定为 1958 年 1 月 1 日世界时 0 时，秒长定义为铯-133 原子基态的两个超精细能级间在零磁场下跃迁辐射 9192631770 周所持续的时间，这是一种均匀的时间计量系统。由于世界时存在不均匀性和历书时的测定精度低等问题，1967 年起，原子时已取代历书时作为基本时间计量系统。原子时的秒长规定为国际单位制的时间单位，其作为三大物理量的基本单位之一。原子时由原子钟的读数给出。国际计量局收集各国各实验室原子钟的比对和时号发播资料，并进行综合处理，建立国际原子时，简称 TAI。

原子时起点定在 1958 年 1 月 1 日 0 时 0 分 0 秒（UT），即规定在这一瞬间原子时时刻与世界时时刻重合。但事后发现，在该瞬间原子时与世界时的时刻之差为 0.0039s。这一差值就作为历史事实而保留下来。在确定原子时起点之后，由于地球自转速度不均匀，世界时与原子时之间的时差便逐年积累。

根据原子时秒的定义，任何原子钟在确定起始历元后，都可以提供原子时。由各实验室用足够精确的铯原子钟导出的原子时称为地方原子时。全世界有 20 多个国家的不同实验室分别建立了各自独立的地方原子时。

人们日常生活需要知道准确的时间，生产、科研上更是如此。人们平时所用的钟表，精度高的大约每年会有 1min 的误差，这对日常生活是没有影响的，但在要求很高的生产、科研中就需要更准确的计时工具。目前，世界上最准确的计时工具就是原子钟，它是 20 世纪 50 年代出现的。原子钟是利用原子吸收或释放能量时发出的电磁波来计时的。由于这种电磁波非常稳定，再加上利用一系列精密的仪器进行控制，原子钟的计时就可以非常准确了。用在原子钟里的元素有氢、铯、铷等。原子钟的精度可以达到每 100 万年误差才 1s，这为天文、航海、宇宙航行提供了强有力的保障。

以上介绍的几种时间系统之间的转换关系可用图 3.1 表示。

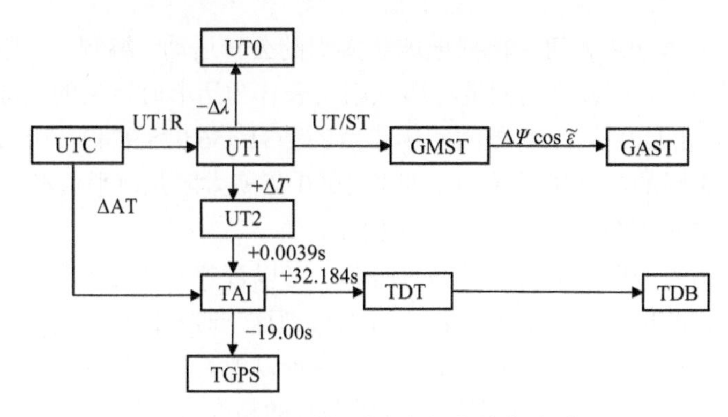

图 3.1　不同时间系统之间的转换关系

3.1.2　空间坐标系的分类与转换关系

1. 基本概念

1）空间坐标参考系

为了测量空间目标的位置，必须有一个作为参考的空间坐标系$\{O;e_1,e_2,e_3\}$，选定坐标系$\{O;e_1,e_2,e_3\}$，需要做三件事：①选定坐标原点O；②选定基本平面(e_1,e_2)，第三坐标轴e_3垂直于基本平面，是坐标系的法线；③在基本平面上选定基本方向，也就是第一坐标轴e_1的方向。

2）空间参考框架

用数学模型定义的参考系，一般称为参考框架（reference frame，RF）（张捍卫等，2005）。参考框架是在空间参考系的某一个特定坐标系统（笛卡儿坐标系统、地理坐标系统、投影坐标系统等）中具有精确坐标的一组物理点（Boucher and Altamimi，1996），这样的参考框架被认为是参考系的实现。

3）地球参考系

地球参考系（terrestrial reference system，TRS）是一个空间参考系，它联系着在空间做周期运动的地球（陈俊勇，2005）。在这样的坐标系统中，与地球固体表面有联系的点的位置，由于地球物理的作用（如板块运动、潮汐形变等），其坐标随时间会有小的变化。地球参考系是以旋转椭球为参照体建立的坐标系统，分为大地坐标系和空间直角坐标系两种形式。

大地坐标系如图 3.2 所示，P点的子午面NPS与起始子午面NGS之间的夹角L叫做大地经度，由起始子午面起算，向东为正，称为东经（0°～180°），向西为负，称为西经（0°～180°），P点的法线PK与赤道面的夹角B，称为P点的大地纬度，由赤道面起算，向北为正，称为北纬（0°～90°），向南为负，称为南纬（0°～90°）。如果P不在椭球面上，它沿椭球的法线方向到椭球面的距离为大地高H。因而，在大地坐标系中，P点的坐标用(L,B,H)表示。

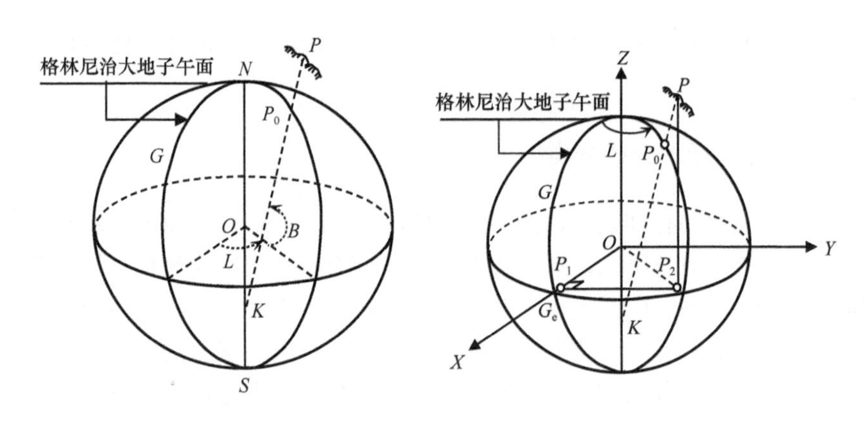

图 3.2　大地坐标系　　图 3.3　空间直角坐标系

空间直角坐标系如图 3.3 所示，空间任意点的坐标用（X,Y,Z）表示，坐标原点位于地球质心或参考椭球中心，Z 轴与地球平均自转轴相重合，亦即指向某一时刻的平均北极点，X 轴指向平均自转轴与平均格林尼治天文台所决定的子午面与赤道面的交点 G_e，而 Y 轴与 XOZ 面垂直，且指向东为正。

4）天球参考系（celestial reference system，CRS）

由于地球的旋转轴是不断变化的，通常约定某一时刻 t_0 为参考历元，把该时刻对应的瞬时自转轴经岁差和章动改正后的指向作为 Z 轴，把对应的春分点作为 X 轴的指向点，把 XOZ 的垂直方向作为 Y 轴建立天球坐标系，又称为协议天球坐标系。协议天球坐标系原点可以位于太阳系中任一星体上，以研究不同星体的空间运动，以太阳系质心为原点的协议天球坐标系称为太阳系质心协议天球坐标系，以地心为原点的协议天球坐标系统称为地心协议天球坐标系。

原点在地心的天球坐标系又可称为赤道坐标系。由于章动、岁差等因素的影响，作为基本面的天赤道和决定基本方向的春分点都在运动，赤道坐标系的框架会随着时间转动。对于日期 t，框架在空间中的方位是确定的，称为瞬时真赤道坐标系或真赤道坐标系。只有同时考虑了岁差和章动效应的坐标系才是真赤道系，相应的基本平面和春分点叫做真赤道和真春分点。只考虑岁差不考虑章动的坐标系仅代表了真赤道系在一段时间里的平均位置，叫做平赤道系，相应的基本平面和春分点叫做平赤道和平春分点。

5）国际地球自转服务（McCarthy and Petit，2003）

国际地球自转服务（International Earth Rotation Service，IERS）是 1988 年由国际天文学联合会（IAU）和国际大地测量学与地球物理学联合会（IUGG）共同建立的国际组织，在 2003 年更名为 International Earth Rotation and Reference Systems Service，目前该组织的任务主要有以下几个方面。

（1）维持国际天球参考系（ICRS）和它的实现国际天球参考框架（ICRF）；

（2）维持国际地球参考系（ITRS）和它的实现国际地球参考框架（ITRF）；

（3）为当前应用和长期研究提供及时准确的地球自转参数（EOP）；

（4）指定国际协议，即标准、常数和模型；

（5）说明 ICRF 和 ITRF 时空转换或者 EOP 变换时所需的地球物理参数，并对 EOP 变化模型化。

2. 空间态势坐标系统的分类

通过对相关文献（孔祥元等，2005；刘林，2000；陈俊勇，2005；夏一飞等，2004；聂桂根，2005）的学习与研究，本书认为空间态势所涉及的空间坐标系统主要分为五大类型：国际天球参考系、国际地球参考系、国际测站参考系、卫星星体坐标系和行星质心坐标系。如图 3.4 所示，天球坐标系用于研究天体和人造卫星的定位与运动。地球坐标系用于研究地球上物体的定位与运动。测站坐标系用于表达地面观测站对航天器的各种观测量。卫星星体坐标系主要用于研究卫星对自然星体进行的信息探测。行星质心坐标系则用于研究和描述行星表面及其内部的各种信息。

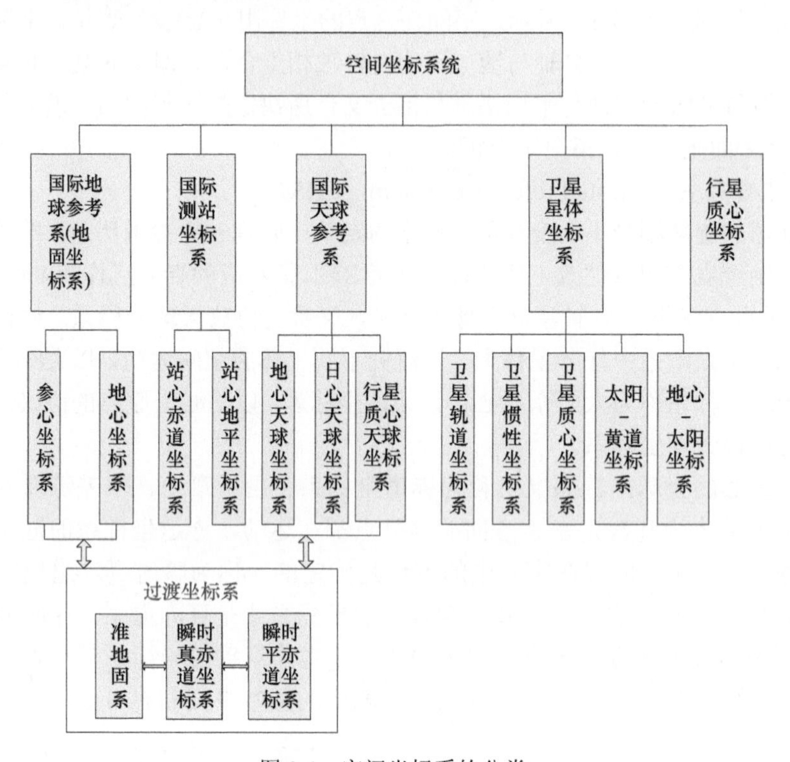

图 3.4　空间坐标系的分类

从图 3.4 中可看到，传统的国际天球参考系包括地心天球坐标系和日心天球坐标系，针对空间态势的应用需求，本书引入了行星质心天球坐标系，其定义可参考下述关于国际天球参考系的定义。日心天球坐标系是惯性坐标系，不随时间变化，而其他坐标系都与时间相关，本书不再单独指明。国际地球参考系又称地固坐标系，是固连在地球上与地球一起旋转的坐标系，可分为参心坐标系和地心坐标系。瞬时平赤道坐标系、瞬时真赤道坐标系和准地固系则是国际天球参考系与国际地球参考系之间进行转换使用的过渡坐标系。

3. 空间态势坐标系统的转换流程

由于空间探测各个系统所获取的数据采用的坐标系统各不相同，并且不同应用系统对输入的坐标数据要求不同，这就要实现不同应用系统的观测数据之间的坐标转换。欧阳自远（2007）从月球态势数据的角度认为这些转换包括：

（1）测控系统采用甚长基线干涉测量（very long baseline interferometry，VLBI）测站和 USB 测站所获取的数据均属于站心坐标系，VLBI 测站已经在 ITRF2000 系统中，而 USB 测站一般采用 WGS-84 坐标系统，需要由 WGS-84 坐标转换至 ITRF2000。

（2）在描述探测卫星的运动时，要采用惯性坐标系来描述，如 J2000.0 地心赤道坐标系，而 USB 测站和 VLBI 测站观测数据采用站心坐标系（如 ITRF2000），因而需要实现从站心坐标系 ITRF2000 向 J2000.0 地心赤道坐标系的转换。这一过程必须先从站心坐标系 ITRF2000 转换到地固系，再由地固系转换为 J2000.0 地心赤道坐标系。

（3）环月等空间探测卫星上搭载的传感器获取的数据要经过几何纠正等处理实现月面目标的几何定位，几何纠正的数据处理模型的输入参数（卫星轨道位置、姿态参数等）以及输出的坐标成果都在月球地理坐标系中，因而卫星的轨道位置在输入前要实现从 J2000.0 地心赤道坐标系向月球地理坐标系的转换。这一转换过程首先要实现 J2000.0 地心赤道坐标系向月心赤道坐标系的转换，然后再从月心赤道坐标系转换到月球地理坐标系。对于卫星姿态测量数据采用卫星质心坐标系，在数据之前要实现从卫星质心轨道坐标系向月球地理坐标系的转换。这一转换过程首先从卫星质心轨道坐标系转换到历元星心坐标系，最后转换到月球地理坐标系。

图 3.5 是实现空间态势信息所需要涉及的时空坐标系之间的转换流程。

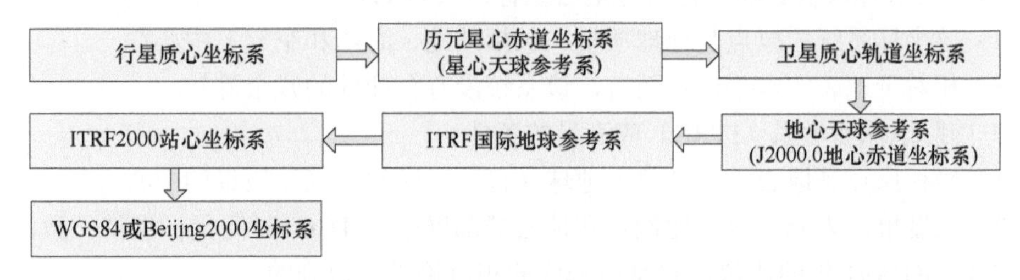

图 3.5　时空坐标系之间的转换流程

下面将详细阐述几个重要坐标系的定义，推导国际地球参考系与地心天球参考系之间的转换公式、地固系与站心赤道坐标系之间的转换公式以及卫星质心轨道坐标系与历元星心赤道坐标系之间的转换公式。

3.1.3　IERS 地球参考系

1. 通用地球参考系

理想的地球参考系（TRS）定义为一个与地球紧密结合并一起转动的三面体，这样的参考三面体就是欧氏三维仿射（affine）空间的欧氏仿射框架 (O,E)，O 是空间一个点，称为原点。E 是关联的矢量空间的一个基础，采用的是右手、直角、基本矢量等长的规定。和基本矢量共线的 3 套单位矢量就表示了 TRS 的方向，而这些矢量的公共长度就是 TRS 的比例尺。

通用地球参考系（CTRS）是由系统的原点、比例尺、定向以及它们的时变量的有关规范、算法和常数来定义的。其特点是：①原点位于（接近）地球质心（地心）；②定向于赤道；③Z 轴指向极；④比例尺应接近于 SI（国际单位系统）的米（m）。除了笛卡儿坐标系外，还可以使用其他坐标系，如地理坐标系。

2. 通用地球参考框架

通用地球参考框架（CTRF）由一组物理点定义，这些点在特定的坐标系统内具有被精确测定的坐标。CTRF 是理想的通用地球参考系（CTRS）的实现。当前有动力的和动态的两种类型的坐标框架，两者的不同之处在于求定坐标时是否采用动力学模型。

3. 国际地球参考系

1）国际地球参考系（international terrestrial reference system，ITRS）（张捍卫，2005）的定义

按 IUGG 的决议（NO.2，维也纳，1991），IERS 负责对 ITRS 进行定义、实现和改进。该决议中建议 ITRS 有如下定义。

（1）通用地球参考系（CTRS）的定义：它是空间旋转的（从地球外部看）、地心非旋转的（在地球上看）似笛卡儿系统；

（2）地心非旋转系统和 IAU 决议所定义的地心参考系（GRS）是等同的；

（3）CTRS 和 GRS 的坐标时是地心坐标时（TCG）；

（4）该坐标系统的原点是地球质量（包括陆地、海洋和空气）中心；

（5）相对于地表的水平位移而言，该系统没有全球性的残余旋转。

2）国际地球参考系（ITRS）应满足的条件

（1）坐标原点是地心，它是整个地球（包含海洋和大气）质量的中心；

（2）长度单位为 m，这一比例尺和地心局部框架的 TCG 时间坐标保持一致，符合 IAU 和 IUGG1991 年的决议，它是由相应的相对论模型得到的；

（3）Z 轴从地心指向国际时间局（BIH）1983.0 定义的协议地球极（CTP）；

（4）X 轴从地心指向格林尼治平均子午面与 CTP 赤道的交点；

（5）Y 轴与 XOZ 面垂直而构成右手坐标系；

（6）在相对于整个地球的水平板块运动没有净旋转的条件下，确定方向的时变。

4. 国际地球参考框架

国际地球参考框架（international terrestrial reference frame，ITRF）通过 IERS 建立。建立一个高精度的完整的 ITRF，需要某些地区、国际组织基准网的综合处理。ITRF 的历史可以追溯到 1984 年，最初的 ITRF 称为 BTS84，是 BIH 通过 MERIT 计划利用 VLBI、LLR、SLR 和 DOPPLER/TRANSIT（GPS 前身）观测得到的，完成了 3 个连续的 BTS 后，以 BTS87 结束。1988 年 IUGG 和 IAU 共同创建了 IERS。IERS 建立的地球参考框

架称为国际地球参考框架（ITRF），目前已经发布了 10 个版本的 ITRF，分别为 ITRF88～ITRF94、ITRF96、ITRF97 和 ITRF2000。

目前，ITRF2000 是所有天文、地球科学应用的标准。ITRF 的主测站由 VLBI、LLR、SLR、GPS 和 DORIS 技术进行观测，并由阿拉斯加、南极洲、亚洲、欧洲、南北美洲和太平洋局域 GPS 进行加密，最后由不同技术实现的局部参考系使用可去约束、弱约束或最小二乘约束建立起来。ITRF2000 具有以下特征：

（1）ITRF2000 的尺度是通过把 ITRF2000 与 VLBI、SLR 实现的地球参考系之间的尺度及其时间演化设置为零来实现；不同于 ITRF97 采用的 TCG 时间尺度，ITRF2000 采用的是 TT 时间尺度。

（2）ITRF2000 原点是通过把 ITRF2000 和 SLR 实现的参考架之间的平移参数及其时间导数的加权平均设置为零来确定。

（3）ITRF 的定向及其随时间演化在历元 1997.0 时与 ITRF97 保持一致，仍然采用 NNRNUVEL-1A 板块运动模型。

3.1.4　IERS 天球参考系

1. 国际天球参考系

IAU 决议 A4 （1991 年）在对以上所述的天球参考系定义的基础上，对新的规范的天球参考系提出明确建议：

（1）其原点位于太阳系的质心；

（2）它的轴的方向相对于遥远的河外射电源是固定的；

（3）该天球参考系的基本平面应该尽可能靠近 J2000.0 的平赤道面；

（4）该基本平面的赤经原点应该尽可能靠近 J2000.0 动力学春分点。

在假定可见的宇宙无旋转、遥远的河外射电源在惯性参考框架中无整体运动、源的残余相对运动小到可忽略的前提下（这些假定对目前的观测精度而言是正确的），考虑到利用 VLBI 技术能以好于 mas 的精度水平确定河外射电源的位置，决议确定选择一组河外射电源的精确位置来实现这种天球参考系。按以上定义，这种参考系并不取决于地球自转，也不取决于黄道的极。它的基本面和经度起算点经最初确定后，完全脱离太阳系动力学。

国际天球参考系（international celestial reference system，ICRS）（潘炼德，2002）的原点在太阳系质心，实际应用中常常需要把坐标原点平移到地球质心，这样得到的坐标系叫地心天球参考系（GCRS）。这两个系统所用的时间尺度是不同的，国际天球参考系使用的是质心力学时（TDB）；地心天球参考系使用的是地球质心力学时（TDT）。两个尺度的时间只有幅度为 1.7ms 的周年差，通常情况下可以忽略不计。

2. 国际天球参考框架

国际天球参考系是由一组测定了精密坐标的河外射电源具体实现的，这组射电源就叫做国际天球参考框架（international celestial reference frame，ICRF）（张捍卫等，2005；

潘炼德，2002）。组中包括三类射电源：第一类观测期长，位置精度高，叫定义天体，用于维持框架；现有212个，分布在全天（图3.6），位置精度好于±0.4毫角秒。第二类精度稍差，叫候选天体，随着观测数据的增加今后有望升格为定义天体。第三类精度虽不是很高，但在和其他框架连接的时候却有用，叫其他天体。

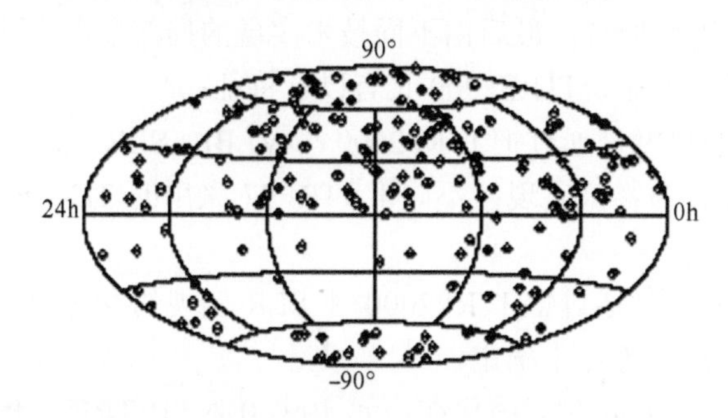

图3.6　ICRF定义天体的全天分布（李广宇，2003）

从1988年至今，IERS每年根据各分析中心提供的射电源表，通过数学方法进行综合，给出一本综合射电源表，用以定义和实现天球参考架，并维持天球参考架的稳定，自1993年以来指向精度一直稳定在几十微角秒的量级（张捍卫等，2005）。1999年4月利用VLBI观测数据建立的天球参考框架称为ICRF-Ext.1。该参考框架中定义天体的位置和误差从最初实现ICRF至今一直没有变化，212颗定义天体的误差分别是：赤经为±0.35mas、赤纬为0.40mas。在假设射电源没有自行且相对于空间没有整体性旋转的情况下，不同天球参考系之间旋转参数的离散性表明，在±0.02mas的精度上，由河外射电源实现的天球参考框架是稳定的。另外，在建立射电源参考框架时，必须对候选天体和其他天体的位置与误差进行重新计算并列于星表中。目前，星表中三类天体的总数已达667个，今后还会继续增加。

载有恒星精密位置和自行数据的星表虽然不宜用来定义天球参考系，但可以作为它的光学实现。1991年IAU指定当时最精密的FK5星表充当天球参考系的临时实现，1997年又决定以更加精密的依巴谷（Hipparcos）星表代替FK5星表。依巴谷星表是依巴谷天体测量卫星在太空中工作三年半时间的成果。依巴谷卫星的英文全名是high precision parallax collecting satellite（高精度自行采集卫星），取每个单词的前一个或几个斜体字母，就组成了缩写的名字Hipparcos，与古希腊天文学家依巴谷的名字Hipparchus只差最后几个字母。依巴谷星表给出了118000颗恒星在历元1991.25时的ICRS赤道坐标和自行、光行差数据，其位置精度好于一个毫角秒。

类似地，给定太阳系天体精密位置的DE 405 /LE 405行星月球历表被IAU指定作为天球参考系的动力学实现。

3.1.5　星心坐标系

讨论行星探测卫星的运动，通常选取行星心赤道坐标系。以月球卫星为例，为了与地心天球参考系（J2000.0地心赤道坐标系）相联系，可选择历元月心赤道坐标系。参考 J2000.0 地心天球参考系的定义，月心坐标系统的定义如下：

（1）坐标原点是月心，它是整个月球质量的中心；

（2）它的轴的方向相对于遥远的河外射电源是固定的；

（3）该天球参考系的基本平面应该尽可能靠近 J2000.0 的月球平赤道面；

（4）该基本平面（月球平赤道面）的 x 方向是 J2000.0 平春分点按弧 YN 在月球赤道上的投影方向。

为了描述月球表面物体的位置、月球表面的三维结构，分析和应用遥感手段获取的月球表面的数据，必须建立月球空间坐标参考系。和建立地球空间参考系一样，其同样要解决与行星坐标系、行星椭球体、投影基准面、星图投影等有关的问题。

3.1.6 卫星星体坐标系统

卫星星体坐标系原点位于卫星质心，根据不同的坐标轴指向可分为以下几种类型。

（1）卫星惯性坐标系：坐标原点位于卫星质心，坐标轴向与地心赤道惯性坐标系平行；

（2）卫星轨道坐标系：坐标原点位于卫星质心，Z 轴由卫星质心指向地心，X 轴在轨道面内指向卫星运动方向，Y 轴与 X、Z 轴构成右手空间直角坐标系；

（3）太阳-黄道坐标系：以太阳黄道面为坐标平面，X 轴指向太阳圆盘中心，Z 轴指向黄极，Y 轴与 XZ 面构成左手空间直角坐标系；

（4）星心-太阳坐标系：以卫星-行星-太阳平面为坐标平面，Z 轴在此平面内并指向行星心，X 轴在此平面内与 Z 轴垂直且朝向太阳方向为正，Y 轴与 XZ 垂直且构成左手空间直角坐标系；

（5）卫星质心坐标系：原点为卫星质心，三轴平行于整星机械坐标系的对应轴。

3.2 空间态势涉及的时空转换模型

传统测绘的主要研究对象是地球，获取的数据是地球表面的空间信息，这些信息都在地球坐标系内描述。空间态势的主要研究对象是远离地球的外层空间，需要描述的是空间目标和空间环境的空间位置、运动规律以及行星表面的各种形貌数据。空间目标在空间的位置和运动规律需要在天球坐标系中来描述，而星体表面的形貌数据，首先必须基于与星体固联的星体坐标系。为了实现空间态势数据成果的无缝转换和统一管理，必须研究空间态势中涉及的时空坐标系之间的转换算法。

3.2.1 天地变换——地球质心天球参考系至国际地球参考系转换

国际天球参考系（ICRS）的原点位于太阳系质心，实际应用中常常需要把坐标原点平移到地球质心，得到地球质心天球参考系（GCRS）。这两个系统所使用的时间尺度是不同的，国际地球参考系采用的是质心力学时（TDB），地心天球参考系使用的是地球质心力学时（TDT）。由于两个时间尺度只有幅度为 1.7ms 的周年差，本书对此忽略不计。

IERS 给出了国际地球参考系（ITRS）到地球质心天球参考系（GCRS）坐标转换的两个等价过程（McCarthy，1996；张云飞等，2005）。第一过程可称为经典地天变换（李广宇，2003；McCarthy，1996），是基于春分点实现瞬时 t 的中间参考系，使用转换矩阵 $R(t)$ 中的格林尼治恒星时（GST）和转换矩阵 $Q(t)$ 中的标准岁差章动参数。第二过程称为基于无转动原点（NRO）的地天变换，该变换基于“非旋转原点”实现瞬时 t 的中间参考系，使用“地球自转角”（ERA），以及转换矩阵 $Q(t)$ 中 GCRS 的两个天球参考系。本书将对这两个等价的转换过程进行详细推导。

1. 经典天地变换（McCarthy，1996；李广宇，2003）

图 3.7 表示了实现地球质心天球参考系（GCRS）到国际地球参考系（ITRS）的经典转换过程。该流程可分为两大步骤：第一步为地球质心天球参考系到瞬时真赤道坐标系的转换，本书称为真天变换；第二步为瞬时真赤道坐标系到国际地球参考系的变换，本书称为地真变换。其中，瞬时真赤道坐标系，本书又称为瞬时历元的中间参考系，在转换过程中起到中介作用，以建立天地参考系之间的联系。

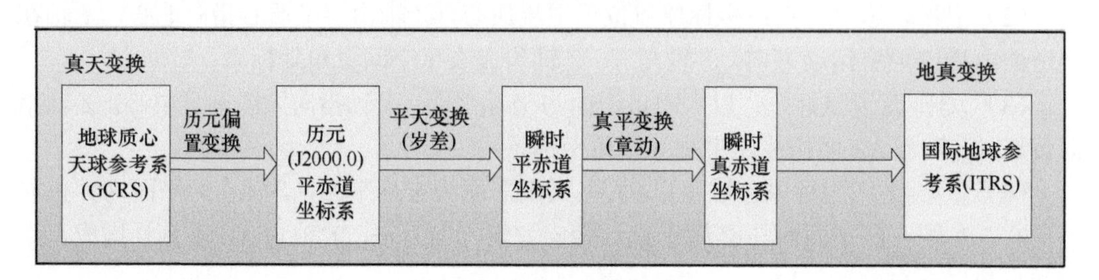

图 3.7　经典天地变换流程

1）历元偏置变换

根据定义，国际天球参考系只是十分接近 J2000.0 平赤道系，两者间仍然有微小的旋转，对于高精度应用不能忽略。本书将 J2000.0 平赤道系称为历元平赤道系。如图 3.8 所示，记国际天球参考系为$\{O;\ e_1,e_2,e_3\}$，历元平赤道系为$\{O;\overline{e}_1,\overline{e}_2,\overline{e}_3\}$，两个参考系之间的变换可以用三个量确定：$(\xi_0,\eta_0)$是历元平天极向量在国际天球参考系中的坐标，也是两个天极在第一和第二坐标轴方向上的角距离，叫历元平天极偏置，其确定了历元平赤道的位置；$d\alpha_0$是历元平春分点在国际天球参考系中的赤经，叫春分点偏置，其确定了历元平春分点的位置。从国际天球参考系标架到历元平赤道系标架的变换，可分别绕三个坐标轴的三次基本旋转实现。其变换公式为

$$\left(\overline{e}_1\ \ \overline{e}_2\ \ \overline{e}_3\right)=\left(e_1\ \ e_2\ \ e_3\right)B \tag{3.1}$$

$$\begin{aligned}B &= R_1(\eta_0)R_2(-\xi_0)R_3(-d\alpha_0)\\ &=\begin{bmatrix}1 & 0 & 0\\ 0 & \cos\eta_0 & -\sin\eta_0\\ 0 & \sin\eta_0 & \cos\eta_0\end{bmatrix}\begin{bmatrix}\cos-\xi_0 & 0 & \sin\xi_0\\ 0 & 1 & 0\\ \sin-\xi_0 & 0 & \cos-\xi_0\end{bmatrix}\begin{bmatrix}\cos-d\alpha_0 & \sin d\alpha_0 & 0\\ -\sin d\alpha_0 & \cos d\alpha_0 & 0\\ 0 & 0 & 1\end{bmatrix}\end{aligned} \tag{3.2}$$

$(d\alpha_0,\xi_0,\eta_0)$三个参数与时间无关，IERS2003 规范给出的值为

$$
\begin{aligned}
d\alpha_0 &= (-0.01460 \pm 0.00050)'' \\
\xi_0 &= (-0.0166170 \pm 0.00001)'' \\
\eta_0 &= (-0.0068192 \pm 0.00001)''
\end{aligned} \tag{3.3}
$$

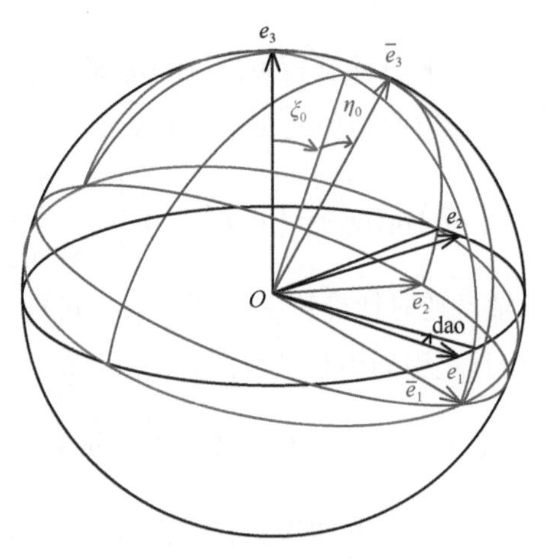

图 3.8　历元偏置变换

2）历平变换——J2000.0 平赤道系到瞬时平赤道系变换（岁差改正）

讨论 J2000.0 历元地心平赤道系到时间 t 的平赤道系的变换，将历元时刻 J2000.0 作为计时起点，时间单位取为儒略世纪。对于任一单位为日的地球质心力学时（TDT），按公式转化为从 J2000.0 开始的儒略世纪数 t，并将其作为转换所需要的时间变量：

$$
t=(\mathrm{TDT}-\mathrm{J2000.0})/36525 \tag{3.4}
$$

记 J2000.0 平赤道系为 $\{O;\overline{e}_1,\overline{e}_2,\overline{e}_3\}$，日期 t 的平赤道系为 $\{O;e_1',e_2',e_3'\}$，由 J2000.0 平赤道系到平赤道系的变换可以写为

$$
\begin{pmatrix} e_1' & e_2' & e_3' \end{pmatrix} = \begin{pmatrix} \overline{e}_1 & \overline{e}_2 & \overline{e}_3 \end{pmatrix} P(t) \tag{3.5}
$$

式中，旋转矩阵 $P(t)$叫做岁差矩阵。如历元偏置变换所述，岁差矩阵可由三个基本旋转矩阵构成，但物理意义不明确。2003 年日本天文学家福岛登纪夫（T. Fukushima）提出了一种物理意义明确的四旋转变换，为 IAU2000 岁差章动模型采用。

如图 3.9 所示，黑色表示的坐标系$\{O;\overline{e}_1,\overline{e}_2,\overline{e}_3\}$为历元（J2000.0）平赤道系，黑色水平大圆为历元（J2000.0）平赤道，蓝色表示的坐标系$\{O;e_1',e_2',e_3'\}$为日期 t 的平赤道系，蓝色大圆为日期 t 的瞬时平赤道，四旋转变换的关键是借助了历元黄道，图中以红色倾斜大圆表示。四个变换步骤如下。

（1）$\{\overline{e}_1,\overline{e}_2,\overline{e}_3\}$绕第一轴 $\overline{e}_1$ 逆时针旋转 ε_0 角至$\{\overline{e}_1,u_2,u_3\}$

$$
\begin{pmatrix} \overline{e}_1 & u_2 & u_3 \end{pmatrix} = \begin{pmatrix} \overline{e}_1 & \overline{e}_2 & \overline{e}_3 \end{pmatrix} R_1(-\varepsilon_0) = \begin{pmatrix} \overline{e}_1 & \overline{e}_2 & \overline{e}_3 \end{pmatrix} \begin{bmatrix} 1 & 0 & 0 \\ 0 & \cos\varepsilon_0 & \sin\varepsilon_0 \\ 0 & -\sin\varepsilon_0 & \cos\varepsilon_0 \end{bmatrix} \tag{3.6}
$$

式中，ε_0 为历元黄赤交角；$(\overline{e}_1,u_2)$ 在历元黄道面上；u_3 指向历元黄极。

（2）$\{\overline{e}_1,u_2,u_3\}$绕第三轴 u_3 在历元黄道面上顺时针旋转 Ψ_{A} 角至(u_1',u_2',u_3)，Ψ_{A} 角是

天体黄经增加的角度，叫做黄经岁差。黄经岁差是由日月引力引起的。

$$\left(u_1' \ u_2' \ u_3\right)=\left(\overline{e}_1 \ u_2 \ u_3\right)R_3(\psi_A)=\left(\overline{e}_1 \ u_2 \ u_3\right)\begin{bmatrix}0 & \cos\psi_A & -\sin\psi_A \\ 0 & \sin\psi_A & \cos\psi_A \\ 0 & 0 & 1\end{bmatrix} \tag{3.7}$$

（3）$\left(u_1',u_2',u_3\right)$绕第一轴$u_1'$顺时针旋转$\omega_A$角至$\left(u_1',u_2'',e_3'\right)$，基本平面转到了瞬时平赤道面$\left(u_1' \, u_2''\right)$，$\omega_A$是瞬时平赤道面与历元黄道面的交角。

$$\left(u_1' \ u_2'' \ e_3'\right)=\left(u_1' \ u_2'' \ u_3\right)R_1(\omega_A)=\left(u_1' \ u_2'' \ u_3\right)\begin{bmatrix}1 & 0 & 0 \\ 0 & \cos\omega_A & -\sin\omega_A \\ 0 & \sin\omega_A & \cos\omega_A\end{bmatrix} \tag{3.8}$$

（4）$\left(u_1',u_2'',e_3'\right)$绕第三轴$e_3'$逆时针旋转$\chi_A$角至$\left(e_1',e_2',e_3'\right)$，$\chi_A$角是天体赤经减少的角度，叫做赤经岁差，是由行星引力引起黄道面转动产生的。

$$\left(e_1' \ e_2' \ e_3'\right)=\left(u_1' \ u_2'' \ e_3'\right)R_3(-\chi_A)=\left(u_1' \ u_2'' \ e_3'\right)\begin{bmatrix}\cos-\chi_A & \sin\chi_A & 0 \\ -\sin\chi_A & \cos\chi_A & 0 \\ 0 & 0 & 1\end{bmatrix} \tag{3.9}$$

以上绕第一轴和第三轴各两次，共四次旋转，将历元（J2000.0）平赤道坐标系变换到瞬时平赤道坐标系，结合以上式（3.6）～式（3.9），得

$$\left(e_1' \ e_2' \ e_3'\right)=\left(\overline{e}_1 \ \overline{e}_2 \ \overline{e}_3\right)P(t)=\left(\overline{e}_1 \ \overline{e}_2 \ \overline{e}_3\right)R_1(-\varepsilon_0)R_3(-\psi_A)R_1(\omega_A)R_3(-\chi_A) \tag{3.10}$$

式中，$P(t)$为岁差矩阵的四旋转变换式。

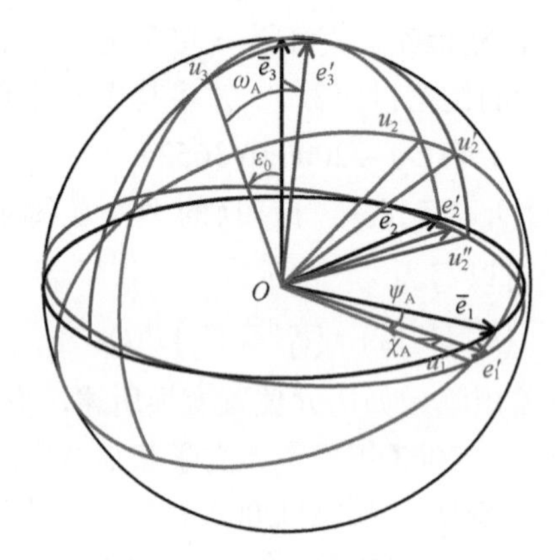

图 3.9　岁差的四旋转变换

Capitaine 等（2003）在 J.H. Lieske 1977 年工作的基础上于 2003 年给出了四旋转法岁差参数的分析表达式：

$$\begin{aligned}\psi_A &= 5038.47875''t - 1.07259''t^2 - 0.001147''t^3 \\ \omega_A &= \varepsilon_0 - 0.02524''t + 0.05127''t^2 - 0.007726''t^3 \\ \varepsilon_A &= \varepsilon_0 - 46.84024''t - 0.00059''t^2 + 0.001813''t^3 \\ \chi_A &= 10.5526''t - 2.38064''t^2 - 0.001125''t^3\end{aligned} \tag{3.11}$$

式中，ε_0=84381.448″为历元（J2000.0）平黄赤交角；ε_A为瞬时平赤道面与瞬时黄道面的交角，称为瞬时平黄赤交角。由式（3.10）计算得到岁差量的精度，在四个世纪内不超过 1 个微角秒（10^{-6} 角秒）。岁差虽然是周期运动，但周期长达 26000 年，对于几百年乃至上千年的应用，可以近似地表达为时间t的多项式。

3）平真变换——瞬时平赤道坐标系到瞬时真赤道坐标系的变换（章动改正）

通过岁差矩阵 $P(t)$由历元（J2000.0）平赤道参考系$\{O;\overline{e}_1,\overline{e}_2,\overline{e}_3\}$变换得到日期$t$的平赤道系$\{O;e_1',e_2',e_3'\}$，现设日期$t$的真赤道系为$\{O;e_1'',e_2'',e_3''\}$，由平赤道系到真赤道系的坐标系变换可以写为

$$\left(e_1''\ \ e_2''\ \ e_3''\right)=\left(e_1'\ \ e_2'\ \ e_3'\right)N(t) \tag{3.12}$$

式中，$N(t)$为章动旋转矩阵。以上变换简称为平真变换。如图 3.10 所示，黑色表示的坐标系$\{O;e_1',e_2',e_3'\}$为日期t的平赤道坐标系，黑色水平大圆为历元平赤道，蓝色表示的坐标系为瞬时真赤道坐标系$\{O;e_1'',e_2'',e_3''\}$，蓝色近水平大圆为瞬时真赤道，红色大圆为黄道，由平赤道坐标系$\{O;e_1',e_2',e_3'\}$到真赤道坐标系$\{O;e_1'',e_2'',e_3''\}$的变换可借助黄道经三次基本旋转实现：

（1）$\{e_1',e_2',e_3'\}$绕第一轴e_1'逆时针旋转角度$\varepsilon_{\rm A}$到$\left(e_1',u_2,u_3\right)$，基本平面转至黄道面，变换矩阵为$R_1\left(-\varepsilon_{\rm A}\right)$；

（2）$\left(e_1',u_2,u_3\right)$绕第三轴$u_3$在黄道面内顺时针旋转角度$\Delta\psi$到$\left(e_1'',u_2',u_3\right)$，变换矩阵为$R_3\left(\Delta\psi\right)$；

（3）$\left(e_1'',u_2',u_3\right)$绕第一轴$e_1''$顺时针旋转角度$\varepsilon_{\rm A}+\Delta\varepsilon$到$\{e_1'',e_2'',e_3''\}$，变换矩阵为$R_1\left(\varepsilon_{\rm A}+\Delta\varepsilon\right)$，由此可得

$$\left(e_1''\ \ e_2''\ \ e_3''\right)=\left(e_1'\ \ e_2'\ \ e_3'\right)N(t)=\left(e_1'\ \ e_2'\ \ e_3'\right)R_1(-\varepsilon_{\rm A})\,R_1(\varepsilon_{\rm A}+\Delta\varepsilon)R_3(\Delta\psi) \tag{3.13}$$

参数$\varepsilon_{\rm A}$的表达式由式（3.11）给出，$\Delta\Psi$和$\Delta\varepsilon$分别表示黄经章动和倾角章动，可用若干正弦和余弦函数的和来表示。其表达式如式（3.14）所示：

$$\begin{aligned}\Delta\psi&=\Delta\psi_{\rm P}+\sum_{i=1}^{77}\left[\left(A_{i1}+A_{i2}t_i\right)\sin\alpha_i+A_{i3}\cos\alpha_i\right]\\ \Delta\varepsilon&=\Delta\varepsilon_{\rm P}+\sum_{i=1}^{77}\left[\left(A_{i4}+A_{i5}t_i\right)\cos\alpha_i+A_{i6}\sin\alpha_i\right]\end{aligned} \tag{3.14}$$

式中，$\Delta\psi_{\rm P}=-0.135;\Delta\varepsilon_{\rm P}=0.388$，$A_i$是行星的长周期项，单位为毫角秒。式中每一项三角函数的自变量或者幅角表示一个与天体相对位置有关的发生振动的天文量，项数的多少取决于所要达到的精度。IAU2000 岁差章动模型给出了 A、B 两个版本，A 版本包含 678 个日月项和 687 个行星项，精度是一个微角秒（即 10^{-6} 角秒）。B 版本是一个截断简化的版本，只包含 77 个日月项，而用两个常数项表达行星的长周期项，精度是一个毫角秒（即 10^{-3} 角秒）。式（3.14）为按照 IAU 2000B 的章动模型，幅角α_i的具体含义以及系数A_{ij}的数值可参考文献（李广宇，2003）。

4）真地变换——瞬时真赤道坐标系到国际地球参考系的变换

记国际地球参考系为$\{O;e_1''',e_2''',e_3'''\}$，由瞬时真赤道坐标系$\{O;e_1'',e_2'',e_3''\}$到国际地球参考系之间的转换可以用式（3.15）表示：

$$\left(e_1'''\ \ e_2'''\ \ e_3'''\right)=\left(e_1''\ \ e_2''\ \ e_3''\right)R(-{\rm GAST})W(t) \tag{3.15}$$

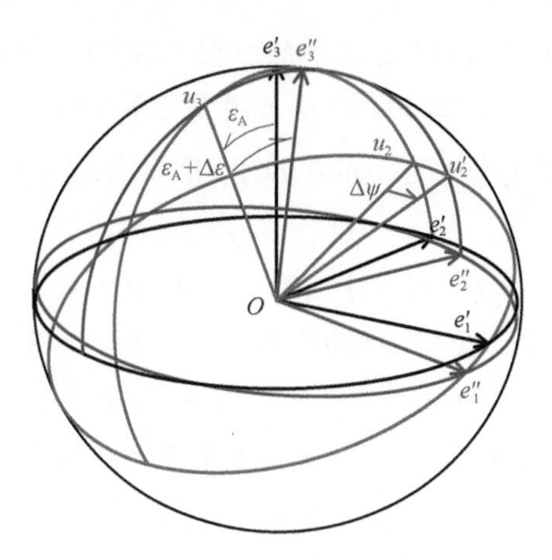

图 3.10　平真变换

式中，$W(t)$的表达形式为（Capitaine，1990）

$$W(t)=R_3\left(-s'\right)R_2\left(x_{\mathrm{p}}\right)R_1\left(y_{\mathrm{p}}\right) \tag{3.16}$$

历元$t_0\sim t$ ITRS 中相应的 NRO 的运动是由s'计算得到的（高布锡，1997）。在2003 年 1 月 1 日以前的经典转换中s'的值忽略不计，但对于“瞬时本初子午线”的精确实现需提供其量值。s'的单位为微角秒，其表达式是坐标x_{p}和y_{p}的函数：

$$s'(t)=\frac{1}{2}\int_{t_0}^{t}(x_{\mathrm{p}}\dot{y}_{\mathrm{p}}-\dot{x}_{\mathrm{p}}y_{\mathrm{p}})\mathrm{d}t \tag{3.17}$$

但由于x_{p}和y_{p}不能事先知道，而s'的量级又很小，因此可以用下面的线性公式代替。

$$s'=-47t \tag{3.18}$$

式中，另外两个旋转角x_{p}和y_{p}为天球中间极（CIP）在地球坐标系中的极坐标，亦即向量e_3''在地球坐标系内的第一和第二坐标。

转换矩阵 $R(-\mathrm{GAST})$中的 GAST 称为格林尼治真恒星时。由于国际地球参考系$\{O;e_1''',e_2''',e_3'''\}$的基本向量$e_1'''$在参考系赤道平面上指向零经度线——本初子午线方向。真赤道系$\{O;e_1'',e_2'',e_3''\}$的基本向量e_1''在真赤道面上指向真春分点方向。由于地球的自转，在地球参考系中观测时，春分点随天球按顺时针方向（从东向西）变化，向量e_1''和本初子午线方向在真赤道平面上的夹角随之变化。这个夹角就是真春分点的时角——格林尼治真恒星时（GAST）。记t为从历元 J2000.0 开始的儒略世纪数，则t时刻的格林尼治真恒星时可以表达为（McCarthy，2002）

$$\begin{aligned}\mathrm{GAST}=&\theta+4612''.157482t+1''.39667841t^2-0''.00009344t^3+0''.00001882t^4\\&+\Delta\psi\cos\varepsilon_{\mathrm{A}}-\sum_{i=1}^{33}C_i\sin\alpha_i-0''.002012\end{aligned} \tag{3.19}$$

式中，$\Delta\psi\cos\varepsilon_{\mathrm{A}}$ 为经典的“二均差”；C_i为振幅；α_i为幅角。α_i与C_i的表达式可参考文献（McCarthy，2002）。式中，θ是 CIP 赤道圈上t时刻天球历书原点（CEO）和地球历书原点（TEO）之间的夹角，称为地球自转角（ERA）。ERA 表示地球绕 CIP 轴

的恒星自转，也可称为恒星角（张云飞等，2005）。其表达式可用与 UT1 的简单线性关系表达，如式（3.20）所示：

$$\theta(T_{\mathrm{u}}) = 2\pi(0.7790572732640'' + 1.00273781191135448''T_{\mathrm{u}})$$
$$T_{\mathrm{u}} = \mathrm{JD(UT1)} - \mathrm{J2000.0} = \mathrm{JD(UT1)} - 2451545.0 \tag{3.20}$$

因而，真地变换的表达式可用式（3.21）表示：

$$\left(e_1''' \ e_2''' \ e_3'''\right) = \left(e_1'' \ e_2'' \ e_3''\right) R_3\left(-\theta\right) R_3\left(-s'\right) R_2\left(x_{\mathrm{p}}\right) R_1\left(y_{\mathrm{p}}\right) \tag{3.21}$$

综合前面四个变换步骤，最后可得到从地球质心天球参考系到国际地球参考系的变换表达式为

$$\left(e_1''' \ e_2''' \ e_3'''\right) = \left(e_1 \ e_2 \ e_3\right) Q(t)R(t)W(t) = \left(e_1 \ e_2 \ e_3\right) BP(t)N(t)R(t)R_3(-s')R_2(x_{\mathrm{p}})R_1(y_{\mathrm{p}}) \tag{3.22}$$

$$Q(t) = BP(t)N(t) \tag{3.23}$$

式中，$Q(t)$为真天矩阵；B 为历元偏置变换矩阵；$P(t)$历平变换矩阵；$N(t)$为平真变换矩阵；$R(t)$为绕极轴逆时针旋转恒星时角的旋转矩阵；$W(t)$为极移矩阵。

实现了地心国际天球参考系至国际地球参考系的变换后，如果已知任一点的地球参考系坐标$\left(x''', y''', z'''\right)$，可求得其天球参考系坐标$\left(x, y, z\right)$：

$$\begin{pmatrix} x \\ y \\ z \end{pmatrix} = Q(t)\,R\left(t\right)W\left(t\right)\begin{pmatrix} x''' \\ y''' \\ z''' \end{pmatrix} \tag{3.24}$$

2. 基于无转动原点的地天变换

在真赤道坐标系里，选择真春分点作为赤经起算原点，但真春分点相对于真赤道在旋转，其度量值就是赤经岁差和章动。如果作为基准的原点不固定，将会为精密测量工作带来不必要的困难。IERS2003 规范采用更加准确的中间极和中间赤道取代了真天极和真赤道的概念，原来的真赤道也被新的中间参考系替代，而经典的天地变换也应该被新的变换替代。

2000 年在曼彻斯特召开的第 24 届 IAU 大会通过了关于参考系、天极和原点的定义、IAU 2000 岁差章动模型等决议（金文敬等，2001）。决议规定从 2003 年 1 月 1 日起，采用 IAU 2000A 岁差章动模型代替 IAU 1976 岁差模型和 IAU 1980 章动模型；采用天球中间极（CIP）代替过去的天球历书极（CEP），CIP 的定义是对 CEP 在天球参考系（CRS）和地球参考系（TRS）运动中高频部分的扩充，同时与 CEP 运动的低频部分相一致（Capitaine et al.，2000）；在 CRS 和 TRS 中都使用 NRO 作为新的赤经和经度起算点，这些原点定义为在 CRS 中 CIP 赤道上的 NRO——天球历书原点（CEO）和在 TRS 中 CIP 赤道上的 NRO——地球历书原点（TEO）（夏一飞等，2001）。

1）无转动原点（NRO）

设地心国际天球参考系（ICRS）相对宇宙背景整体无旋转，国际地球参考系（ITRS）相对平均地表整体无旋转和平移。如图 3.11 所示，若天球参考极（CEP 或 CIP） 向量e_3''相对于 ICRS 的球面坐标的经角和余纬角用(E,d)表示，直角坐标用(X,Y,Z)表示，则有

$$\begin{cases} X = \sin d \cos E \\ Y = \sin d \sin E \\ Z = \cos d \end{cases} \tag{3.25}$$

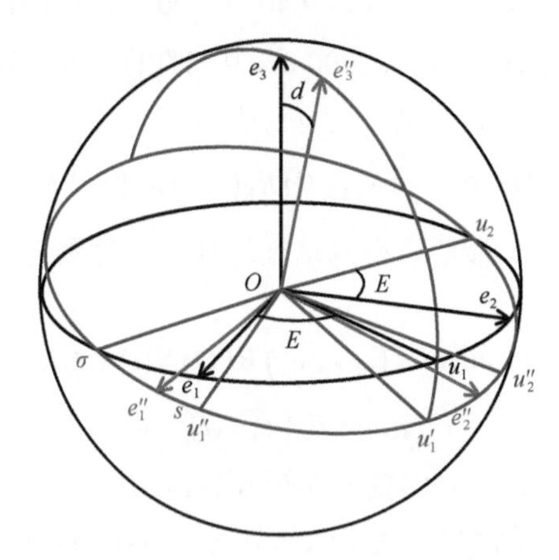

图 3.11　基于 CEO 的中天变换

定义一个右旋的瞬时直角坐标系 $O\text{-}e_1''e_2''e_3''$，它的 e_3'' 轴指向天球参考极，e_1'' 轴指向对应赤道上的 σ 点。σ 点的选取应满足如下条件：当天球参考极在天球上运动时，瞬时坐标系相对 ICRS 在 $O\text{-}e_3''$ 方向上没有旋转分量，σ 随着中间赤道在纬度方向转动，σ 为在该赤道上的非旋转原点。

根据 NRO 的定义，在历元 $t_0 \sim t$ 。σ 的运动可由 S 计算得到（Capitaine et al.，2000）：

$$s = \int_{t_0}^{t} (\cos d - 1)\dot{E}\mathrm{d}t + s_0 = \int_{t_0}^{t} \frac{X(t)\dot{Y}(t) - Y(t)\dot{X}(t)}{1 + Z(t)}\mathrm{d}t - (\sigma_0 N_0 - \Sigma_0 N_0) \tag{3.26}$$

式中，常数 $s_0 = (\sigma_0 N_0 - \Sigma_0 N_0)$ 取决于初值，如果忽略历元偏置和章动即等于 0。

2）基于 CEO 的中天变换（李广宇，2003；Dennis et al.，2004）

由图 3.11 可见，天球参考系赤道与中间参考赤道的交线向量 u_2 与两个极向量 e_3 和 e_3'' 垂直，因而也垂直于 e_3'' 在天球赤道面内的投影线 u_1；e_2 与交线 u_2 的夹角等于 e_1 与交线 u_1 的夹角 E。由标架(e_1, e_2, e_3)的极向量 e_3 到标架$\left(e_1'', e_2'', e_3''\right)$的极向量 e_3'' 的变换，可以分两步实现：

（1）(e_1, e_2, e_3)在天球赤道面内绕第三轴 e_3 逆时针旋转角 E，到(u_1, u_2, e_3)，交线向量成为第二方向，变换矩阵为 $R_3(-E)$；

（2）(u_1, u_2, e_3)在垂直于交线的平面内绕第二轴 u_2 逆时针旋转角 d，得到$\left(u_1', u_2, e_3''\right)$，天球赤道面旋转到中间赤道面（真赤道面），极向量 e_3 转至 e_3''，变换矩阵为 $R_2(-d)$；

（3）$\left(u_1', u_2, e_3''\right)$在中间赤道面内绕中间极向量 e_3'' 顺时针旋转角 E，到$\left(u_1'', u_2'', e_3''\right)$，变换矩阵为 $R_3(E)$，则第一向量变换至中间赤道面内的向量 u_1''，接近天球系第一向量 e_1；

（4）$\left(u_1'', u_2'', e_3''\right)$在中间赤道面内绕第三轴 e_3'' 顺时针旋转角 s，到$\left(e_1'', e_2'', e_3''\right)$，变换矩

阵为 $R_3(s)$。

这样，经典的带历元偏置的岁差章动矩阵 $BP(t)N(t)$可以用三参数矩阵取代：

$$Q(t) = R_3(-E)\,R_2(-d)\,R_3(E)\,R_3(s) \tag{3.27}$$

中间赤道上向量 e_1'' 的方向，就是所寻找的无转动原点，叫做天球历书原点，缩写为 CEO。位置角 s 就叫做天球历书原点位置角。这样建立的参考系就是中间参考系，而变换式（3.27）就叫做基于 CEO 的中天变换。

3）基于 CEO 的地天变换

类似于经典的真地变换，中间系 $\{O; e_1'', e_2'', e_3''\}$ 到地球系 $\{O; e_1''', e_2''', e_3'''\}$ 的转换可以表达为

$$\begin{pmatrix} e_1''' & e_2''' & e_3''' \end{pmatrix} = \begin{pmatrix} e_1'' & e'' & e_3'' \end{pmatrix}\, R_3(-\theta)\,R_3(-s')\,R_2(x_{\mathrm{p}})\,R_1(y_{\mathrm{p}}) \tag{3.28}$$

取代原来绕极轴的旋转 $R_3(-\mathrm{GMST})$的是 $R_3(-\theta)$。θ 是中间赤道上由地球历书原点（TEO）到天球历书原点（CEO）的角度。这两个原点都是无转动原点，所以 θ 确切地表达了地球的自转角（ERA）。

联系到式（3.27），可得到天球参考系$(e_1\ \ e_2\ \ e_3)$到地球参考系$\begin{pmatrix} e_1''' & e_3''' & e_3''' \end{pmatrix}$的变换为

$$\begin{pmatrix} e_1''' & e_2''' & e_3''' \end{pmatrix} = \begin{pmatrix} e_1 & e_2 & e_3 \end{pmatrix} R_3(-E)\,R_2(-d)\,R_3(E)\,R_3(s)\,R_3(-\theta)\,W(t) \tag{3.29}$$

对比经典天地变换给出的基于真赤道系的经典变换式，可以得到变换矩阵间的关系：

$$BP(t)N(t) = R_3(-E)\,R_2(-d)\,R_3(E)\,R_3(s)\,R_3(-\theta + \mathrm{GST}) \tag{3.30}$$

3.2.2　地固系（国际地球参考系）与站心赤道坐标系之间的转换

因为站心赤道坐标系的主方向是真春分点方向，所以它与地固系（国际地球参考系）之间的转换关系为旋转加平移，可用式（3.31）表示：

$$R = (\mathrm{ER})\rho + R_{\mathrm{A}} \tag{3.31}$$

式中，R_{A} 为测站在地固坐标系中的位置矢量；$(\mathrm{ER}) = R_Z(S_{\mathrm{G}})$为地球旋转矩阵，格林尼治恒星时 S_{G} 的计算公式见文献（孔祥元等，2005）。

3.2.3　星心天球参考系至卫星质心轨道坐标系的转换

空间探测卫星在围绕空间中某一自然星体进行运转时，要对探测卫星上的传感器所获取的数据进行处理，首先必须实现被探测星体质心惯性参考系与探测卫星质心轨道坐标系之间的转换。下面以月球探测为例，讨论月球质心天球参考坐标系与探测卫星质心轨道坐标系之间的转换。

参考地心国际天球参考系的定义，月心天球参考坐标系(O-XYZ)各坐标轴的指向与地心国际天球参考系的一致，坐标原点位于星体质心（如月球质心）。

如图 3.12 所示，质心轨道坐标系(O_1-$X_0Y_0Z_0$)的定义为：原点 O_1 位于卫星质心；X_0 轴位于卫星轨道平面内，正方向与卫星的运动方向一致；Z_0 轴为从卫星质心指向月心，即卫星的矢径；Y_0 轴与 X_0、Z_0 轴构成右手空间直角坐标系。

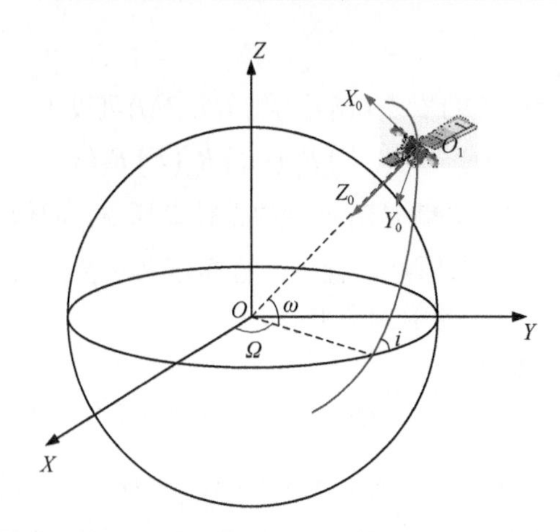

图 3.12　星心天球参考系与卫星质心轨道坐标系转换

两坐标系之间的转换首先可根据月心国际天球参考系下卫星的位置和速度矢量，求解卫星的轨道根数；然后利用解算出的卫星轨道根数，计算月心国际天球参考系到卫星质心轨道坐标系的姿态转换矩阵，从而实现坐标系的转换。

设空间中任一点 P 在月心国际天球参考系和卫星质心轨道坐标系的坐标矢量分别为$(e_1\, e_2\, e_3)'$和$\left(e_1'\, e_2'\, e_3'\right)'$，转换算法可由式（3.32）表示：

$$\left(e_1' \ \ e_2' \ e_3'\right)' = M_o M_Z(\omega) M_X(i) M_Z(\Omega)\left(e_1 \ e_2 \ e_3\right)' \tag{3.32}$$

式中，M_X和 M_Z分别为绕 X、Z 轴旋转的旋转矩阵；ω、i、Ω 分别为卫星开普勒轨道根数中的近地点幅角、轨道倾角和升交点赤经；M_o 为坐标轴的反向矩阵，且

$$M_o = \begin{bmatrix} 0 & 1 & 0 \\ 0 & 0 & -1 \\ -1 & 0 & 0 \end{bmatrix} \tag{3.33}$$

由式（3.32）可知，要实现两坐标系之间的转换，需求解 u、i、Ω 三个轨道根数。目前，求解卫星轨道根数主要有两种方法：一是直接利用卫星的速度和位置进行求解；二是利用球面坐标表示的卫星运动状态参数求解。刘洋等（2007）在文献中给出了第二种方法的推导公式，本书以第一种方法为例，推导卫星轨道根数的具体表达式。

已知航天器的速度矢量为 V，位置矢量为 R，μ 为引力常数（地心引力常数为 $3.986\times10^{14}\mathrm{m^3/s^2}$，月球引力常数为 $3.902\times10^{3}\mathrm{m^3/s^2}$），可求得轨道半长轴 a 为

$$a = -\frac{\mu}{2\varepsilon} \qquad \varepsilon = \frac{V^2}{2} - \frac{\mu}{R} \tag{3.34}$$

为了确定偏心率 e，需要定义一个偏心率矢量 E。其从行星心指向近地点，大小等于偏心率 e，其计算公式如下：

$$E = \frac{1}{\mu}\left[\left(\|V\|^2 - \frac{\mu}{\|R\|}\right)R - (R\cdot V)V\right] \tag{3.35}$$

式中，E 为偏心率矢量；μ 为行星引力常数；V 为速度矢量；R 为位置矢量。

轨道倾角 i 的计算公式如式（3.36）所示：

$$i = \arccos\left(\frac{\hat{K} \cdot h}{\|K\|\|h\|}\right) \tag{3.36}$$

式中，$\hat{K}$ 为通过行星北极的单位矢量；$h=R\times V$ 为比角动量矢量。

升交点赤经 Ω 的计算公式为

$$\Omega = \arccos\left(\frac{\hat{I} \cdot n}{\|I\|\|n\|}\right) \tag{3.37}$$

式中，$\hat{I}$ 为主方向上的单位矢量；$n = \hat{K} \times h$ 为升交点矢量。

近地点幅角为升交点与近地点之间的夹角，其计算公式为

$$\omega = \arccos\left(\frac{n \cdot e}{\|n\|\|e\|}\right) \tag{3.38}$$

3.3 本 章 小 结

由于空间态势信息要素的时空复杂性和多维性，空间态势时空基准的建立与转换是空间态势的基础研究内容之一。本章对空间态势涉及的时空基准进行了初步的探讨，初步提出了一些看法。

本章首先介绍了空间态势的时间基准及其相互之间的转换关系，归纳出空间态势所涉及的空间坐标系，并将其分为五大类型：国际天球参考系、国际地球参考系、卫星星体坐标系、行星质心坐标系和测站坐标系；给出了前四个坐标系的完整定义，提出了空间态势所需的时空基准转换思路；对部分重要时空转换模型（地球质心天球参考系到国际地球参考系的转换、地固系与站心赤道坐标系之间的转换、星心天球参考系与卫星质心轨道坐标系的转换）进行了推导。

参 考 文 献

陈俊勇. 2005. ERS 地球参考系统、大地测量常数及其实现. 大地测量与地球动力学, 25(3): 1-6.
高布锡. 1997. 天文地球动力学原理. 北京：科学出版社.
金文敬, 夏一飞, 韩春好. 2001. 第 24 届 IAU 大会决议和天体测量的前沿课题. 天文学进展, 19(2): 271-273.
孔祥元, 郭际明, 刘宗泉. 2005. 大地测量学基础. 武汉：武汉大学出版社.
李广宇. 2003. IERS 规范(2003)时空基准和转换程序的算法与编程. 南京：中国科学院紫金山天文台.
刘林. 2000. 航天器轨道理论. 北京：国防工业出版社.
刘洋, 易东云, 王正明. 2007. 地心惯性坐标系到质心轨道坐标系的坐标转换方法. 航天控制, 25(7): 4-8.
聂桂根. 2005 卫星导航系统中的天文学. 北京师范大学学报(自然科学版), 41(3): 277-279.
欧阳自远. 2007. 月球科学概论. 北京：中国宇航出版社.
潘炼德. 2002. 最新规范的参考系及有关问题. 陕西天文台台刊, 25(2): 131-140.
王正明. 2004. TAI 和 UTC 的进展. 宇航计测技术, 24(1): 11-15.
夏一飞, 金文敬, 唐正宏. 2001. 天球和地球历书原点. 天文学进展, 19(3): 346-352.

夏一飞, 金文敬. 2004. 新参考系的引入对天体测量学的影响. 天文学进展, 22(3): 200-207.
张捍卫, 许厚泽, 王爱生. 2005. 天球参考系的基本理论和方法研究进展. 测绘科学, 30(2): 110-113.
张捍卫. 2005. 地球参考系的基本理论和方法研究进展. 测绘科学, 30(3): 104-108.
张云飞, 郑勇, 苏牡丹, 等. 2005. 基于 IERS 2003 规范的坐标系转换实现及其方案应用. 测绘科学, 30(6): 95-96.
周杨. 2009. 深空测绘时空数据建模与可视化技术研究. 郑州: 解放军信息工程大学博士学位论文.
Boucher C, Altamimi Z. 1996. International terrestrial reference frame. GPS World, (7): 71-74.
Capitaine N, Willace P T, Chapront J. 2003. Expressions for IAU 2000 precession quantities. A&A, 412: 567-586.
Capitaine N. 1990. The celestial pole coordinates. Astr Celest Mech Dyn, 48: 127-143.
Capitaine N, Guinot B, McCarthy D D. 2000. Definition of the celestial ephemeris origin and of UT1 in the international reference frame. Astron Astrophys, 355(1): 98-405.
Dennis D, McCarthy D, Gérard Petit. 2004. IERS Conventions. IERS Technical Note No. 32. http://www.iers.org/iers/publications/tn/tn32/, 32-56[2017-02-13].
McCarthy D D. 2002. IERS Technical Note 32. Paris: Observatoire de Paris.
McCarthy D D. 1996. IERS Technical Note, IERS Conventions. Paris: Observatoire de Paris.
McCarthy D, Petit G. 2003. IERS Conventions (2003). Frankfurt: IERS Conventions Centre, BKG.

第 4 章　空间态势信息时空模型

由第 2 章的空间态势信息特性分析可知，空间态势具有高动态的时空特性，可以为空间态势建立有效的时空数据模型，可以有效组织和管理具有时空特性的空间态势，实现空间态势的快速时空检索、查询、处理和存储，是重建空间状态、跟踪变化、预测发展趋势的科学依据，也是为决策者和各类用户提供及时准确的空间态势信息的前提。

传统地理信息系统（GIS）在表达事物时，将现实世界看成是一个现存的状态或静态的，把时间当作一个常量。空间数据库中的数据信息也是用来反映当前状态的，一般通过修改或删除某一记录来表示当前的变化。随着技术的发展和应用领域的不断扩展，GIS 从最初的二维 GIS 发展到目前的三维 GIS，并逐步向时空 GIS 发展。GIS 中对时间维的关注更加迫切，时间维已和空间维信息一起作为地理信息的重要特征信息，因而最初的二维空间数据(x, y)逐步扩充为三维空间数据(x, y, z)，进而发展成能反映地理空间要素时空分布的多维数据(x, y, z, t)。如何对这些多维空间数据进行有效的集成管理、动态处理和时空分析，已成为国内外 GIS 研究机构和应用部门面临的一个重要课题。

随着人类活动范围的不断扩大，在传统的 GIS 概念的基础上，相关学者相继提出了空间信息系统（space information system）、空间环境信息系统（space environment information system）等概念。徐青（2006）在对空间认知、利用的需求进行分析的基础上，提出了“数字空间”的概念，并对“数字空间”的内涵和建立“数字空间”的技术与服务体系进行了描述。相对于 GIS 所描述的地球表面的地理信息，“数字空间”的研究对象——空间环境和空间目标在时间尺度和空间尺度都要大得多，空间环境中任何空间坐标参考系都是时间维 t 的函数，其描述空间目标和环境现象，时间、空间是两个重要的基本特征，是反映空间目标和环境的状态与演变过程的重要组成部分。如何建立合理、可靠、高效的时空数据模型是“数字空间”和空间态势表达的一个基本问题。图 4.1 是时空数据模型与数字空间、空间信息系统和空间态势表达的层次关系。

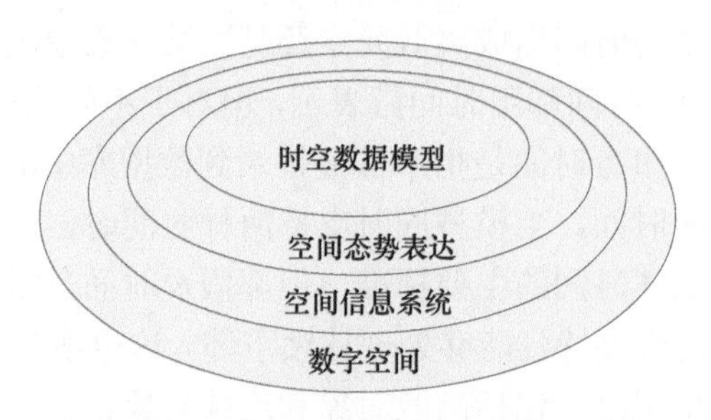

图 4.1　时空数据模型与数字空间、空间信息系统、空间态势表达的层次关系

本章将借鉴已有时态 GIS 中时空数据模型的设计思想，针对空间的特点，提出适于描述空间态势信息的时空数据模型，并分别从空间目标和空间环境两个方面阐述了空间态势的时空数据模型构建方法。

4.1 时空数据建模的基本概念

4.1.1 时空数据模型

数据模型主要包括数据类型集合以及作用于数据类型上的操作集合。时空数据模型是一种有效地组织和管理时空数据，其属性、空间和时间语义更加完整的数据模型，它不仅强调空间要素的空间和属性特征描述，而且较传统的空间数据模型更多地强调空间要素时间特征的描述。

时空数据模型是时空信息系统（spatio-temporal information system，STIS）的核心，它定义了对象数据类型、关系、操作和维护数据库完整性的规则。一个严格的时空数据模型必须具备在 STIS 中执行时空数据查询、分析和推理的能力。

现有的时空数据模型研究工作可分为四种类型：①在已有的时态模型的基础上，添加对空间的支持能力；②在已有的空间模型的基础上，添加对时态的支持能力；③将已存在的时态和空间模型做正交组合；④将时空看作原子实体，在此基础上提出时空统一的模型。

涉及时空数据建模的主要因素分为五大类：①时态语义，处理时间的基础特征；②空间语义，处理纯空间数据；③处理统一时空语义；④模型的查询能力；⑤模型的时空推理能力。这些需求渐渐形成了时空数据模型的评价规范，如果在设计过程中仔细遵循这些需求，就可以获得一个健壮的、可扩充的理想模型，它能够处理现实中的大部分时空数据。

4.1.2 时 态 语 义

本书在张凤和曹渠江（2005）描述的 7 个时态语义构成要素的基础上，增加了“时间拓扑结构关系”，这些构成要素的定义如下。

时间粒度：指描述时间数据的最小单位，用于表示时间点之间的离散化程度，即时间存储离散化程度的度量。

时间操作：一系列用来描述时间关系的特定操作。

时间密度：检查模型将时间当成离散元素还是连续元素建模。

时间表示法：模型中，时间都用时间戳表示，但对于不同的模型，其表示方法不同。

事务时间/有效时间：事务时间是指事件被记录到数据库中的时间，有效时间描述了事件在现实世界中发生的时间，当模型同时支持两种时间时，可维护双时间。

时间顺序：有两种描述时间的主要标准，但都假设时间是线性的。

生命期：表明模型是否支持且能够处理持续事件。这也涉及一个模型是否存储现实对象自创建到销毁的历史记录，包括离散对象和连续对象。

时间拓扑结构关系：时间拓扑结构关系是两个地理实体在时间分布上的相互关系。Allen（1983）的关于事件的时间关系有 13 种情况。实体对象存在的时间区间为$[t_s, t_e]$，设实体对象 A 的产生时间为 A_s，结束时间 t 为 A_e，实体对象 A 和 B 的时间关系拓扑 Θ_t，见表 4.1。

表 4.1　两个实体对象之间的时间拓扑关系

Θ_{t1} Equal	Θ_{t2} Before	Θ_{t3} After	Θ_{t4} Meets	Θ_{t5} Met-By	Θ_{t6} During
aaaa bbbb	aaaa bbbb	aaaa bbbb	aaaa bbbb	aaaa bbbb	aaaa bbbbbbb
$A_s = B_s$ & $A_e = B_e$	$A_e < B_s$	$A_s > B_e$	$A_e = B_s$	$A_s = B_e$	$A_s > B_e$ & $A_e < B_e$
Θ_{t7} Contains	Θ_{t8} Starts	Θ_{t9} Started-By	Θ_{t10} Finishes	Θ_{t11} Finishes-By	
aaaaaaaa bbbb	aaaa bbbbbbb	aaaaaaaa bbbb	aaaa bbbbbbb	aaaaaaaa bbbb	
$A_s < B_s$ & $A_e > B_e$	$A_s = B_s$ & $A_e < B_e$	$A_s = B_s$ & $A_e > B_e$	$A_s > B_s$ & $A_e = B_e$	$A_s < B_s$ & $A_e = B_e$	
Θ_{t12} Overlaps	Θ_{t13} Overlaped-By				
aaaaaaaa bbbbbbb	aaaaaaaa bbbbbbb				
$A_s < B_s$ & $A_e < B_e$	$A_s > B_s$ & $A_e > B_e$				

4.1.3　空 间 语 义

空间数据结构：模型存储空间数据的两种方法——栅格数据模型和矢量数据模型。

空间排列：空间排列是指研究目标之间的位置结构模式。

定位/方向：表明模型是否支持现实对象在空间中所具备的定位和方向的能力。

空间度量：检查模型能否获取空间对象的值，是否支持空间比较操作。

空间拓扑结构关系：空间拓扑结构关系是两个地理实体在空间分布上的相互关系，通常包括 8 种，根据 Egenhofer 和 Franzosa(1991)的四交模型，可以确定两个实体对象几何的空间拓扑关系 Θ_S。实体对象的几何边界为 ∂A，几何的内部为 A^0，表示两个平面区域的几何 A 和 B 的空间拓扑关系的四交模型 V4I 如式（4.1）所示：

$$\mathrm{V4I} = \begin{bmatrix} \partial A \cap \partial B & \partial A \cap B^0 \\ A^0 \cap \partial B & A^0 \cap B^0 \end{bmatrix} \tag{4.1}$$

矩阵中的元素 1 为取真值，0 为取假值，四交模型表示的实体对象的 8 种空间拓扑关系 Θ_S 如图 4.2 所示。

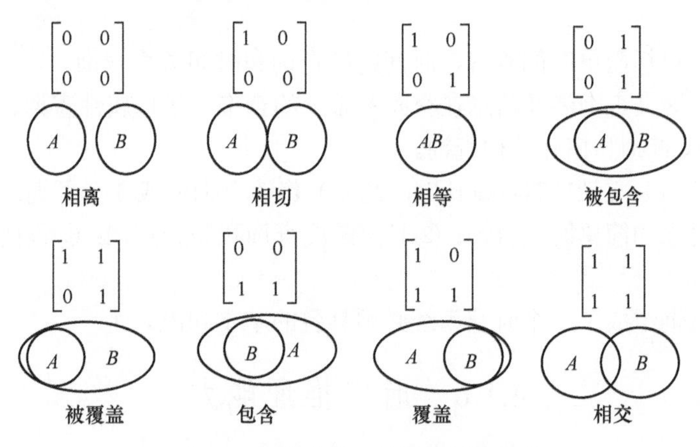

图 4.2　实体对象 8 种空间拓扑关系

4.1.4　时空语义

数据类型：每个模型中所采用的基础空间数据类型、时态数据类型和时空数据类型。

原始概念：表明每个模型所使用的对现实对象抽象的方法。

变化类型：评价模型是否能够处理对象形状和大小的变化，并进一步考虑是否支持时空对象的连续变化和离散变化。图 4.3 显示了时空对象 8 种不同的变化类型（Wolter and Zakharyaschev，2000）。

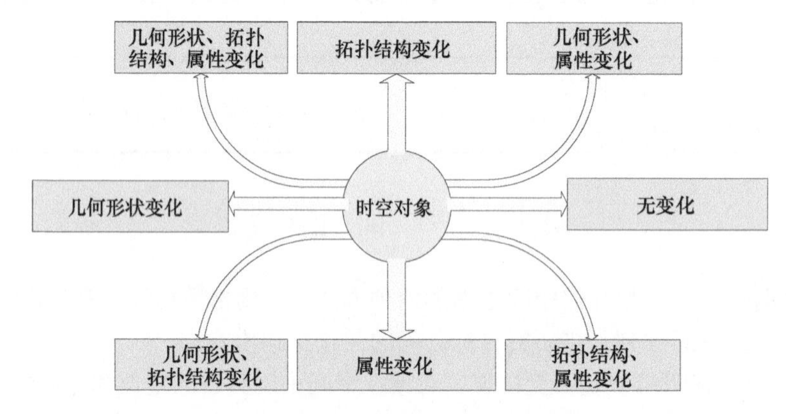

图 4.3　时空对象的变化类型

时态和空间的演变：表明模型是否具备定义良好的演变、创建及分解等功能，以观察和描述对象在空间上是否独立于其对象标识的移动或改变。

时空拓扑结构：测试模型是否可以估计出对象的属性值，并进一步评价模型在一段时间内表示连续变化的空间对象间拓扑结构关系的能力。

对象标识：评价现有时空数据模型处理对象身份标识的建模能力。

维度：检验模型描述时空对象变化轨迹的能力。

4.1.5　时空查询能力

时态查询：包括简单时间查询、时间跨度查询和时间关系查询。

空间查询：这类查询涉及信息在空间关系上的查询，包括属性查询、点查询、空间跨度查询、KNN 查询和拓扑结构查询。

时空查询：相关文献（Theodoridis，2003）将该查询分成 3 个子类：①离散变化对象或连续移动对象的简单时空查询；②时空跨度查询和联合查询；③包括元数据操作的时空行为查询。

以上几个查询组成了一个时空系统必须具备的基本功能。

4.1.6　时空推理能力

空间推理：在地理信息科学中，空间关系主要指几何空间关系，包括顺序关系（如相对方位关系等）、度量关系（如距离约束关系等）、拓扑关系（如点、线、面、体之间的邻接、相交及包含关系等）以及模糊空间关系（如邻近、次邻近关系）。空间推理主要针对静态空间关系进行，其包含多种空间关系的推理，如方向、距离、拓扑等。

时态推理：时态推理问题可以看作是约束满足问题的一个特例，其中变量表示时态对象，变量之间的约束对应于对象间的时态关系（刘大有等，2004）。时态推理中基本的时态原语有两种：时间点（instants）和时间段（intervals）。时间的表示方式将直接影响时态推理中关于时间的演算方法。时间的表达可能是模糊的，目前基于确定时间的推理模型研究较多，但是针对模糊时间的表达和运算研究则比较少。

时空推理：时空推理由时态推理和空间推理发展而来（Oliviero，1997），指对占据空间并随时间变化的对象所进行的推理。实施时空推理离不开时空数据模型，由于时空推理往往针对特定问题而进行，对于数据准备及输出具有特殊要求，因而时空推理往往基于专用的时空数据模型。由于特定问题的复杂性以及问题空间随着人类认知需求的扩大而不断扩大，时空推理的研究必须和时空推理模型的研究相结合而进行。

4.2　空间态势信息要素的基本时空演化过程

本书将空间态势信息划分为空间目标和空间环境两大类，在此将这两类时空数据统称为空间对象，对应的空间目标称为实体目标对象，空间环境称为环境要素对象。

宇宙空间中天体的各种自然现象，如近地空间环境的变化、宇宙的膨胀、天体的运动、天体结构、物理状态以及化学组成的变化等都伴随着复杂的时空过程，都会使空间环境或局部空间环境发生或快或慢的变化。人类空间探测活动的各种现象，如探测器的发射、在轨运动、着陆探测、深度撞击以及探测数据的传输与处理等也都伴随着复杂的时空过程。有些自然过程和人为过程相互作用、相互反馈。

变化是空间实体和现象的基本特征之一。研究变化的类型或空间实体和现象的基本变化规律有助于更深刻地把握数据模型的时空语义。根据事物变化过程的快慢、周期的长短，可将空间实体和现象的变化分为：长期的（如宇宙的膨胀、星体表面形貌的变化）、中期的（如行星的运动）、短期的（如近地空间环境的突变等）。根据变化节奏，可将空间实体和现象的变化分为离散变化和连续变化。离散变化和连续变化与时间尺度存在一定的依赖关系，在特定的条件下可进行转换。在大时间尺度下离散变化可近似认为是连续变化，反之在小时间尺度下连续变化可认为是离散变化（姜晓轶，2006）。

本书认为，空间对象时空过程的演化主要具有以下几个特点：

（1）时间性。所描述的现象或过程与时间有密切联系。所有数据都有时间属性，在某一时间断面上的数据具有与一般静态数据集相同的特性。由于时间尺度变化非常大，同一对象在不同的应用中，其时间特性可能不同。

（2）空间性。所描述的现象或过程与空间位置、分布，以及差异有密切的关系，且所涉及的空间尺度非常大。

（3）多维性。所描述的现象或过程在四维的时间和空间坐标系中。目前，由于理论与技术的限制只能表达成二维或三维。在空间过程模型研究中，需要发展时空四维模型。

（4）复杂性。时空过程涉及多种因素，非常复杂，很难用某一具体的数学模型全面、准确、定量地描述。

Wroboys（2005）对地学对象定义了 3 种基本的时空演化过程。

（1） 单个实体演化，可以分为 3 类：

基本过程，主要有出现（appearance）、消失（disappearance）、稳定（stability）等，一般用于表达没有空间影响的属性变化。

转换过程，主要有扩展（expansion）、收缩（contraction）、变形（deformation）等，一般用于表达涉及形态和大小的变化。

移动过程，主要有位移（displacement）、旋转（rotation）等，一般用于表达涉及位置的变化。

（2）实体之间具有函数关系的演化，分为两类：

置换过程，主要有演替（succession）、互换（permutation）等。

扩散过程，主要有产生（production）、再产生（reproduction）、传播（transmission）等。

（3）多个实体的空间结构演化和重建过程：主要有分割（split）、合并（union）、再分配（reallocation）等。

本书认为上述的基本时空演化过程同样适用于空间对象，图 4.4 表达了空间对象的时空演化过程。

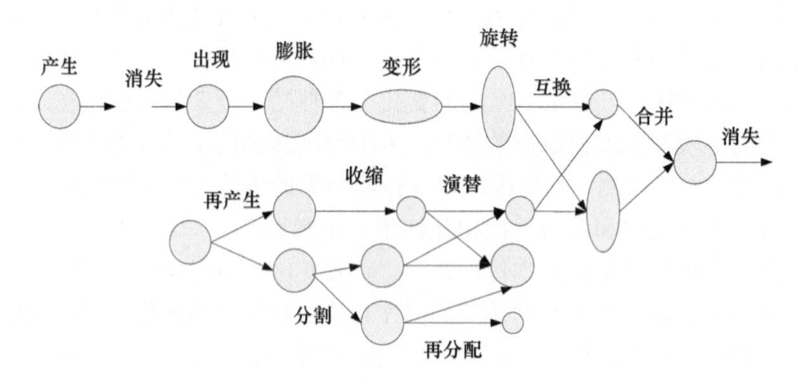

图 4.4　空间对象时空演化过程

4.3　空间对象时空模型建模方法

4.3.1　时间、空间的离散化

时空数据模型因子的输入、输出状态的表达均需要在时空离散化后进行赋值。目前，GIS 对空间离散化表达的数据模型有 3 类，即对象［要素（feature）］的模型、场（field）模型以及网络（network）模型（马修军等，2004）。场模型可以作为空间连续变化的函数，其在语义上非常接近空间模型的概念模型，离散化后可转化为空间栅格数据结构。目前，GIS 绝大多数空间分析是基于栅格数据结构的。

因为本书将空间时空对象分为空间目标和空间环境时空对象两大类，所以我们使用对象模型来表达空间离散化的运动目标，使用体栅格数据结构来作为空间离散化的环境数据模型。

根据事物或对象变化的频率和历时不同，时间离散化也有很多。最简单的是等时间长度的离散。时间数据库中最短的且不可分割的时间段称为计时单位，如年（a）、天（d）、小时（h）、分（min）、秒（s）等。等时间长度离散的点是容易控制动态模型的时间参数，包括开始时刻、结束时刻和时间步长。

时空离散化需要考虑的一个重要因素是如何确定模型的时间分辨率和空间分辨率。

4.3.2　空 间 过 程

空间过程是时空模型中引起对象状态变化的驱动力函数，也称为空间过程函数。作为时空模型的核心，空间过程函数可分为作用于单个点上的简单过程和作用于多个点上的空间交互过程，其计算特点有所不同。本书将空间交互过程的描述分为基于天体力学的数学方程和根据邻域转换规则的统计或推理函数两类方法。本书分别使用这两种方法来对空间目标和空间环境要素进行描述，即使用轨道动力学方程对空间目标的时空状态进行描述；使用多分辨率时空分区模型来剖分空间环境要素数据，然后基于元胞自动机的邻域转换规则描述空间环境要素变化过程。

在空间中运行的空间目标是按天体力学规律运行的，它们是具有一定轨道的运动目标实体。空间目标的运行轨迹可按一定时间间隔通过轨道动力学方程求解出，在这些时间间隔上求解出的运动目标空间位置点称为采样点。

空间环境要素的空间过程可使用元胞自动机模型的邻域转换规则来描述。元胞自动机的领域规则可以表达大量的统计和数学运算，包括邻域交换规则、邻域统计、区域统计、图像处理中的滤波、数学形态学中的腐蚀与膨胀等。这些邻域过程与动态时间过程一起可以构建复杂的空间交互过程动态模型。

4.3.3　时间反馈控制

简单的时间序列模型是对同一空间过程输入的 n 个不同的时间参数重复 n 次计算，返回 n 个结果，这些结果相互之间较为独立（马修军等，2004）。而复杂的时空数据模型往往是具有反馈机制的随时间变化的现实世界的抽象模型，t 时刻的输出是 t+1 时刻的输入，循环迭代计算（图 4.5），如元胞自动机的邻域转换规则。

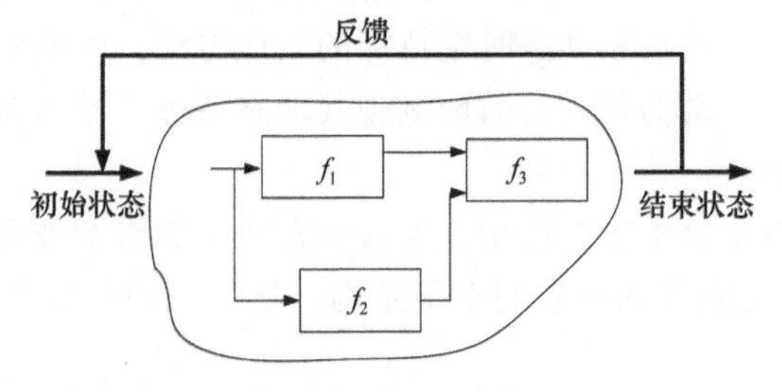

图 4.5　时间反馈机制（马修军等，2004）

4.4　空间目标时空数据模型

4.4.1　基于几何行为一体化的空间运动目标时空数据模型

越来越多的应用需要处理运动对象，而传统的数据库管理系统（DBMS）并不能处理连续变化的数据，运动对象时空数据模型是运动对象时空 DBMS 的核心问题，因此运动对象时空数据模型成为近年来时空数据库研究的热点问题。

Sistla 等（1997）首次提出运动对象的概念，并建立了 MOST（moving objects spatio-temporal data model）模型。该模型中不包括运动对象的整个历史，只支持对运动对象当前状态的查询，因此一个查询放在不同的时刻返回不同的结果，根据运动对象先验知识，可查询对象的未来状态，但不能回溯运动对象的历史。

Güting 等（1998，2000）、Erwig 等（1998）、Erwig 和 Schneider（1999）及 Forlizzi 等（2000）对空间运动对象建模进行了研究，并提出了分段表示（sliced representation）的概念，即用空间运动对象的时态单元（unit）集合代表一个空间运动对象的演化。

王宏勇（2004）对 Güting 等提出的空间运动数据模型进行了深入的分析，并结合时态数据库的知识和时空扩展查询实验，研究了部分基础算法，实现了二维空间运动对象历史过程的演化、任意时刻空间运动对象状态的查询等功能。

卢炎生等（2006）分析了 MOST 模型和离散模型各自存在的问题，给出一种改进的移动对象时空数据模型 HCFMOST。该模型采用三次 Hermite 插值函数模拟移动对象历史单元的轨迹，且利用线性函数模拟移动对象当前单元的轨迹，并对当前单元中的误差进行了处理。该模型能够对历史轨迹进行精确的查询，对当前和未来的轨迹进行带误差的查询。

易善桢等（2002）提出了一种平面移动对象的时空数据模型——OPH 模型。在该模型中，平面移动对象有 3 种几何表示，即平面对象的观测几何 O、目前存在的几何 P 以及平面移动对象的历史几何 H。通过几何点集的差、并、交，研究得出 OPH 的递归计算和更新策略，通过分析对象之间的空间拓扑关系和时间关系，得出两个平面移动对象在重叠时间区间上的时空拓扑关系。利用 OPH 模型，定义了平面移动对象的速度、方向、影响范围等空间方法；利用时空拓扑关系和空间方法，确定时空查询和空间触发事件。

高勇等（2007）针对二维欧氏空间内的平面移动对象，建立基于时间片的时空数据模型，并基于点集理论定义移动对象时空拓扑关系的定性模型，表达为由九交模型描述的时态拓扑关系和空间拓扑关系的复合，同时提出其时空拓扑有效性、可计算性约束及其计算规则，进而给出移动对象动态时空特征的表达方法。该模型提出了一种移动对象时空拓扑关系的表达和计算方法，有效地刻画其动态特征，可以为移动对象数据库及其时空查询提供理论基础。

詹平等（2007）将重点集中在移动对象索引方法中的查询技术，并提出了一种混合树——DEF 树，用于受限移动对象的索引结构，然后利用指数平滑方法实现了将来时刻的查询。

运动目标的时空数据是多维的，仅随时间变化的位置信息就是 3+1 维（三维空间加上一维时间）的，如果考虑姿态等其他信息，则维数更高。以上相关研究主要针对的是移动对象，也就是对象随着时间的变化，其空间位置发生变化，但没有考虑目标姿态和内部属性的变化。空间运动目标在其空间位置随时间变化的同时，姿态、内部属性也在发生变化，因而空间运动目标的时空数据模型的设计相对复杂。

1. 空间运动目标的数据类型

数据类型主要包括基本类型、时间类型、空间类型。在定义数据类型时，使用一个类型的域来说明是严谨而且明确的，因此采用定义类型的域的方法来定义数据类型。本书为移动对象定义了一个抽象数据类型的框架。该框架以基本数据类型、空间数据类型和时间类型为基础，然后引入类型构造符作用于上述三种数据类型之上，从而产生新的数据类型。

Moving、intime 和 range 均为类型构造符。例如，moving 作用于 point 上产生移动点 mpoint 类型；intime 作用于 point 上产生二元组（instant、point），即 intime（point）类型；range 作用于 instant 上产生 interval 类型，该类型是时间区间的集合。下面给出各数据类型的形式化定义。

1）基本数据类型

基本数据类型主要包括整型（integer）、实型（real）、字符串型（string）和布尔型（boolean），它们的语义与其在编程语言中的语义相同，由可扩展的 DBMS 负责管理，此处不再赘述。需要注意的是在它们的值域中增加了表示“无定义”的{⊥}。

2）时间类型

时间是线性而连续的，它与实数同构。无论是时间点还是时间区间的表示方式，都需要定义一个时间时刻类型以描述时间上的一个点：instant。

$$\text{Instant::=<real>} \tag{4.2}$$

3）空间数据类型

在 GIS 领域内，已经确定并被一直使用的空间数据类型主要包括点(point)、线(line)和面（region）。

由于任意一个空间三维实体，在一定精度范围内可以用一定数量的三角面去拟合，因此本书对以上空间数据类型进行改进，即使用 point、line 和 triangle 三种基本空间数据类型。在此基础上，由这三种基本空间数据类型复合构造一些基本的图元 meta，并将其作为下一步复合成更为复杂空间三维实体的基础。如图 4.6 所示，point 表示欧几里得平面上的一个点；points 表示数量有限的点集；lines 表示平面上的有限连续曲线集；triangle 表示三角面；meta 表示由有限三角面集拟合的基本图元。图元的分类详见 4.4.1 节第二部分。

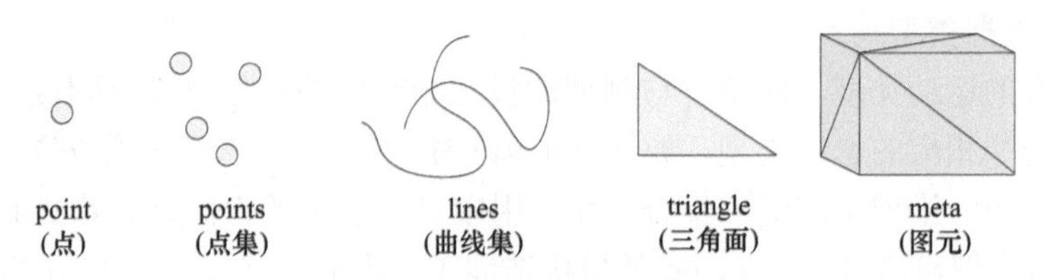

图 4.6　空间数据类型分类

$$
\begin{aligned}
&\text{Point} ::=< x, y, z > \\
&\text{Line} ::=< (x_1, y_1, z_1),(x_1, y_1, z_1),\cdots,(x_n, y_n, z_n) > \\
&\text{Triangles} ::=< (x_{11}, y_{11}, z_{11}),(x_{12}, y_{12}, z_{12}),(x_{13}, y_{13}, z_{13}) \\
&\text{Meta} ::=< \text{Triangle1},\text{Triangle2},\cdots,\text{Triangle}n >
\end{aligned}
\tag{4.3}
$$

4）运动数据类型

所谓运动类型（moving type）（Güting et al.，2000），是从时间域到某个类型域的映射，其值是描述某个域的值在时间上变化的函数。例如，一个三维空间上的点在连续运动，刻画它需要取得时间序列$\left\{t^k\right\} \subseteq R$所对应的点的位置序列$\left\{p^k\right\} \subseteq R^3$，如果该点的运动轨迹是简单曲线（一条曲线没有交叉点且端点不能在线内，但可以为环），则存在从一维空间（时间）到三维空间的映射$f:\left\{t^k\right\} \to \left\{p^k\right\}$；考虑到时间维和三维空间都是连续的，则映射变换为$f:\overline{DA}_{\text{instant}} \to \overline{DA}_{\text{point}}$，这个映射称为运动类型。对于给定的数据类型$\alpha$，使用moving($\alpha$)来表示它的运动类型，则moving($\alpha$)的域为

$$
DA_{\text{moving}}(\alpha) = \{f \mid f: \overline{DA}_{\text{instant}} \to \overline{DA}_{\alpha}\}
\tag{4.4}
$$

这里α包括所有基本类型和空间类型，如moving(real)，它的值是从时间域到实数域的映射，可以用它来表示两个运动点在某段时间内的距离。Moving(α)域中的每一个f值是一个描述α域的值随时间演变的函数，它是时间分段函数。由于对α类型进行moving操作后产生了新的数据类型moving(α)，因此称moving为类型构造因子（type constructor）（王宏勇，2004）。

对于所有的“运动”类型，为了标记方便且与相应类型一致，使用这样的方法标记运动类型：给参数类型加一个前缀“M”，即Mpoint、Mpoints、Mline、Mtriangle、Mint、Mstring及Mboolean。下面以Mpoint为例，说明其数据结构。

$$
\begin{aligned}
&\text{Mpoint::=<unit\_sum,unit\_cur,Trajectory>} \\
&\text{Trajectory::=<unit}_1\text{,unit}_2,\cdots,\text{unit}_n\text{>} \\
&\text{unit\_sum::=<int>} \\
&\text{unit\_cur::=<int>} \\
&\text{unit}_k ::=< t\_\text{start},\text{unit}\_\text{Mpoint} > \quad (1 \leqslant k \leqslant n)
\end{aligned}
\tag{4.5}
$$

式中，unit_sum为当前时刻该移动对象的单元总数；unit_cur为指向移动对象的当前单元的索引号；Trajectory为移动对象的整个运动轨迹；t_start为单元的起始时刻；unit_Mpoint表达在该单元中移动对象的运动规律，可采用线性插值函数或Hermite插值函数来模拟移动对象的运动轨迹。

5）范围数据类型

对于所有的运动类型，应该有与到域的投影相对应的操作以及返回域的一个范围。对于与基本类型相应的运动类型，如moving(real)（其值来自一个一维域），投影可被简洁地表示为这个一维域上间隔的集合。在应用中对表示实数、整数等类型上的间隔集合感兴趣，这些类型可通过一个range类型构造因子获得range(α)。其中，α为基本类型或时间类型。以Interval为例：

$$\text{Interval} ::= <(T_1,T_2),(T_3,T_4),\cdots,(T_n,T_{n+1})> \ (n \text{ 为大于 0 的奇数})$$
$$T_i ::= <\text{Instant}>$$
$$T_{i+1} ::= <\text{Instant}> (1 \leqslant i \leqslant n)\ i \text{ 为奇数} \tag{4.6}$$

式中，T_i 和 T_{i+1} 分别为时间区间的开始和结束时刻。

2. 空间运动目标时空数据模型

叶焕倬（2004）将目标运动的表示方法分为两大类。

1）基于运动函数的运动表示

将目标运动中的空间状态和运动状态以函数形式表达，运动函数通常表现为时间的函数，给定定义域中的任何时刻，都可以通过该函数得到相应的状态数据。

2）基于状态样本的运动表示

通过一系列离散的状态样本数据来表示运动的整个过程，显然它是一种模拟的、近似的表示。

比较好的空间目标运动模型应该兼顾上述不同情况，针对不同的情形可以相应地在函数法和样本法中做出适当的选择，也就是说，它应该同时支持函数法和样本法，既可以用于管理仿真系统所控制的运动目标和运动函数可获得的运动目标，也可以管理运动函数不可获得的运动目标（马东洋，2007）。

在空间中运行的空间目标包括自然星体、人造深空探测器、空间碎片等。这些都是按天体力学规律运行的，具有一定轨道的运动目标实体。这些目标随时间变化的不仅包括位置和速度矢量，还包括姿态数据以及目标内部状态数据。目标内部的状态数据包括内部组件的平移、旋转、缩放以及因各种原因造成的使用状态变化等。

本书针对空间运动目标的特点，设计了空间运动目标时空（space moving objects spatio-temporal，SMOST）数据模型，该数据模型综合考虑目标的几何数据、空间运动数据以及内部行为数据，其中空间运动数据包括位置、速度和姿态数据，数据的计算方法可根据具体应用的精度要求在轨道动力学方程与插值函数之间选择，从而实现空间目标运动状态的表示。

如图 4.7 所示，空间运动目标的时空数据结构主要由几何模型和行为模型两大部分构成：①几何模型主要描述目标的几何外形，其可由若干基本图元组合而成（Zhou et al.，2006），每个基本图元又由若干点（points）、线（lines）、三角面（triangles）和纹理（textures）构成。②行为模型由内部行为模型和外部运动模型构成。内部行为模型主要描述空间目标内部组件之间的行为（如太阳能帆板的运动、传感器的指向以及探测器机械臂的运动等），因此内部行为模型作用于几何模型的组件或基本图元，使其发生内部行为。外部运动模型主要描述空间目标作为整体的运动状态，其获取方法包括插值函数和轨道动力学方程。

（1）空间运动目标外部运动模型。空间运动目标的运行轨迹可按一定时间间隔通过轨道动力学方程求解出，在这些时间间隔上求解出的运动目标空间位置点称为采样点。要表示一段时间内空间目标的运动状态，理论上需要无穷多个点，但在计算机所表示的离散模型中这是不能实现的，也是没有必要的。对于离散数据模型，要更精确地表示连续运动的量，只有增加采样的数量，但由于空间运动目标众多以及轨道动力学方程计算

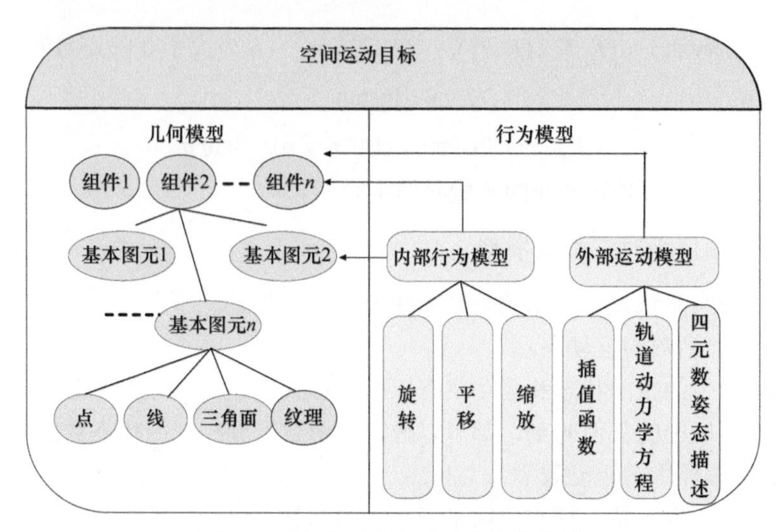

图 4.7　空间运动目标时空数据结构图

的复杂性，系统的计算负担将大大增加。实际上，由于在一定时间段内空间目标的运动状态的变化具有连续性，因此可以通过适当形式的函数插值减少样本值的计算。

空间运动目标在采样点处的位置和速度矢量可根据具体应用的精度需求选择《第三份空间轨迹报告》（Spacetrack Report No：3）提供的 5 种模型计算得到。其中，SGP、SGP4 和 SGP8 适用于近地卫星，SDP4 和 SDP8 适用于深空卫星（马东洋，2007）。

在采样点之间，可按照一定的时间间隔，采用插值函数计算空间运动目标的姿态、位置和速度矢量。在 Güting 的离散模型中，采用线性插值函数来模拟移动对象在采样点之间的运动轨迹，但是在实际应用中，移动对象的运动轨迹一般都不是直线，当采样精度要求较高时，线性插值将不能满足要求。因此，SMOST 模型对历史单元中的运动轨迹采用了三次 Hermite 插值函数来模拟，从而使得对移动对象的历史运动轨迹的模拟更加精确，减小了误差。

在 SMOST 模型中，每个采样点不仅包含了位置信息，还包含移动对象在该点的速度（包括大小和方向）。假设两个相邻采样点分别为(T_i, P_i, V_i)和$(T_{i+1}, P_{i+1}, V_{i+1})$，其中，$T$ 表示时刻，P 表示位置(x, y, z)；V 表示速度。设在$[T, T_{i+1}]$时间单元内的三次 Hermite 插值函数为

$$P(t)=a_0+ a_1t+ a_2t^2+ a_3t^3 \tag{4.7}$$

其中，$t=t'-T_i$；$t'\in[T, T_{i+1}]$。令 $T= T_{i+1}-T_i$，由于该函数在时刻 T_{i1} 必然经过采样点，可得

$$\begin{gathered} P(t=0)=P_i;\ P'(t=0)=V_i \\ P(t=T)=P_{i+1};\ P'(t=T)=V_{i+1} \end{gathered} \tag{4.8}$$

将式（4.8）代入式（4.7），可得

$$\begin{aligned} &a_0=P_i;\quad a_1=V_i \\ &a_0+a_1T+a_2T^2+a_3T^3=P_{i+1} \\ &a_1+2a_2T+3a_3T^2=V_{i+1} \end{aligned} \tag{4.9}$$

则可得到三次 Hermite 插值函数的各插值系数：

$$
\begin{aligned}
a_0 &= P_i;\quad a_1 = V_i;\\
a_2 &= -\frac{3P_i}{T^2} - \frac{2V_i}{T} + \frac{3L_{i+1}}{T^2} - \frac{V_{i+1}}{T};\\
a_3 &= \frac{2P_i}{T^3} + \frac{V_i}{T^2} - \frac{2P_{i+1}}{T^3} + \frac{V_{i+1}}{T^2}
\end{aligned}
\tag{4.10}
$$

原有的运动目标时空数据模型研究的主要是一维或者二维的运动目标，所以绝大多数没有考虑运动目标的姿态。但在三维空间中，对于呈非线性特征运动的目标，尤其是人造卫星等目标，姿态是其非常重要的属性之一，往往是评价该运动目标运动状态是否正常的重要因素，因而在运动过程中姿态的描述是表达目标空间状态和运动状态不可缺少的因素。本书采用四元数来描述对于运动目标的外部姿态。

（2）空间运动目标内部行为模型。具有内部行为的空间运动目标主要是人造目标，如卫星、飞船、空间探测器以及月球车等。其往往是由复杂的各种元部件构成的，某些部件在某种条件下会发生动作，我们在此称为空间目标的内部行为，如卫星太阳能帆板的展开、传感器镜头盖的开关、月球车车轮的转动等。为了表现结构复杂的目标复杂的内部行为数据，我们设计了一种几何与行为一体化建模方法（Zhou et al.，2006）。

任意复杂的几何模型都可由一些基本的图元复合而成，因而我们首先设计出一些基本图元，它们均可以用参数来描述，即可以通过参数修改图元的几何形状、颜色、透明度等。本书一共定义了 12 种图元（表 4.2），这 12 种图元可以分为两类：一类是基本图元；另一类是扩展图元，扩展图元允许根据需要扩充，主要是完成复杂的特殊效果的表示。

表 4.2　图元分类

	图元名称	含义
基本图元	Cylinder	圆柱体
	Extrusion	拉伸体
	Sphere	球面
	Polygon	空间多边形
	PolygonMesh	多边形曲面
	Revolve	旋转体
	Skin	皮肤（网格曲面）
	Helix	螺旋体
扩展图元	TextureSmoke	烟雾效果
	ParticleSystem	粒子系统
	LodMesh	Lod 网格
	Billboard	Billboard 图元
	⋮	⋮

几何图元描述灵活，同一图元设置不同的参数，可以定义出不同的几何体。以图元 Cylinder 为例，它能够衍生出圆柱、圆锥、圆台、棱柱、棱锥、棱台等多种几何体。

为了将这些基本图元组合成复杂的空间目标，本书设计了一种树状数据结构来描述复杂的空间目标，如图 4.8 所示。

树的子节点也可称为模型组件，组件包含行为数据和几何数据，行为数据根据作用域的不同分为局部行为数据和全局行为数据。局部行为数据指该行为作用于该组件所

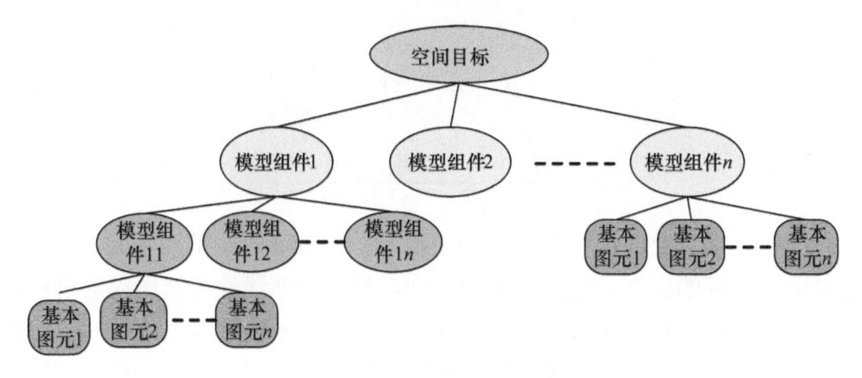

图 4.8 复杂运动目标树状结构图

包含的基本图元，而全局行为数据则指作用于该组件所指向的所有子组件。模型组件中还包含一个外部消息接口，实现外部消息对内部动作的触发。时间戳则完成时间对动作的触发。图 4.9 是模型组件结构示意图。

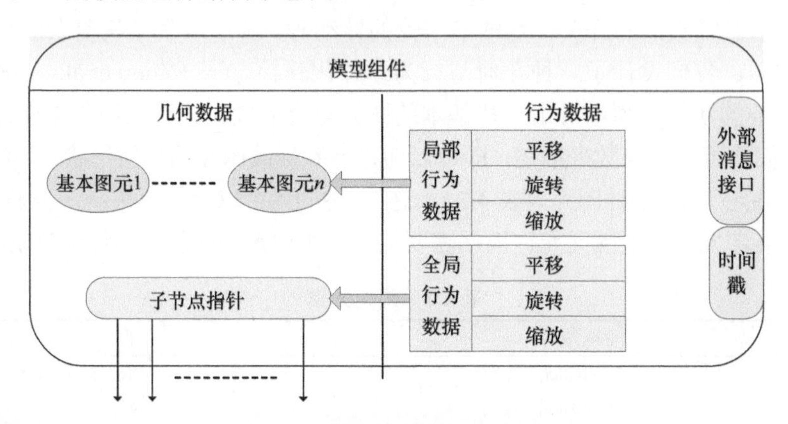

图 4.9 模型组件结构示意图

3. 试验结果

本书利用 SMOST 时空数据模型对空间动态目标进行了描述，这些目标包括自然星体，如太阳系行星、小行星、彗星、人造卫星、空间碎片等。空间运动目标时空数据建模与可视化表达的结果如图 4.10 所示。该时空数据模型已在多个项目中得到应用。

(a)太阳系行星建模与可视化

(b) 深空探测器运动建模与可视化

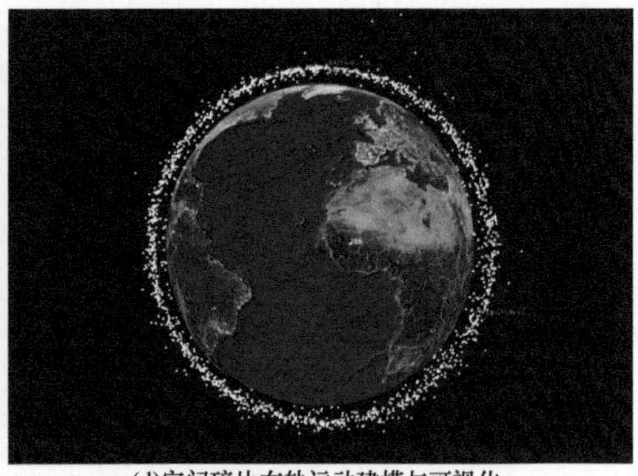

(c) 深空探测器几何和内部行为建模与可视化　(d)空间碎片在轨运动建模与可视化

图 4.10　空间运动目标时空数据建模与可视化表达

由于该数据模型兼顾了基于运动函数的运动表示和基于状态样本的运动表示两种方式，因而可以方便地进行扩展，以适用于近地甚至地面运动目标的描述（图 4.11）。

(a)海上运动目标　(b)地面运动目标

图 4.11　地面运动目标建模与可视化

4.4.2　基于轨道约束的空间目标时空数据模型

随着人类太空活动的日益频繁，地球轨道上的航天器和空间碎片等空间目标不断增多（图 4.12），截至 2015 年 1 月 7 日，NORAD 发布的编目空间目标已经超过 4 万个，其中仍有 17000 多个空间目标在轨，其中有 4000 个左右的卫星目标，包括仍在工作的 1300 多个卫星[①]。另据美国国家航空航天局（NASA）估计，除了目前能被监测到的部分直径 1cm 以上的空间目标外，直径在 1～10cm 的全部空间目标超过 50 万个，直径小于 1cm 的空间目标更是数以万计。如何对海量的空间目标进行管理，建立有效的时空索引，以便快速地实现有关空间目标的时空查询与应用，是维护国防利益、空间资产安全、感知空间态势的基础。

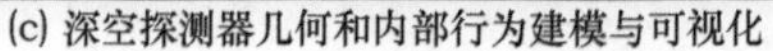

① https://www.space-track.org.

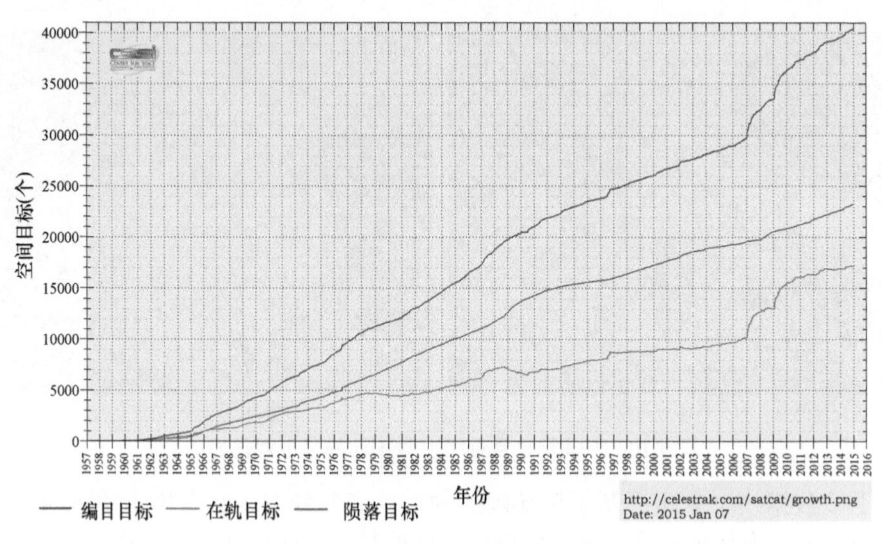

图 4.12　空间目标数量增长图①

本节的空间目标时空数据模型主要指空间目标的时空索引技术。运行在太空的目标属于运动目标，近年来发展起来的运动目标时空索引技术可以借鉴，目前提出的众多运动目标时空索引，从实现原理上可以分为三类：R 树及其变形树、四叉树及其变形树和网格结构及其变形算法，第 1 章已经介绍了三类算法各自的优缺点。目前，这些索引方法的提出都具有一定的针对性，尚未有适应各种情况的公认方法，并且空间目标是一类特殊的运动目标，其既不同于地面上无约束的运动目标，也不同于地面上受路网约束的运动目标，空间目标的运行受到轨道动力学约束，必须在特定的轨道上运行，如果按照现有运动目标直接对空间目标的位置建立索引，由于空间目标的高速运动特性和轨道约束特点，索引结构将变得复杂、低效并且需要频繁更新，如采用目前应用较多的 TPR 树的索引结构，空间目标的轨道参数不同导致的空间目标的运行方向及速度差异，会使 TPR 树的最小外接矩形（minimum bounding rectangle，MBR）迅速增大，加重重叠问题，出现目标重复搜索、查询性能迅速下降的情况。

空间目标是受轨道力学约束的一类特殊的运动目标，由第 2 章分析可知，空间目标的运动轨道相对比较稳定，因此本书利用空间目标的这一特性，从对频繁变化的空间目标的位置索引变为对空间目标相对稳定的轨道索引，变频繁为稳定，最终实现对空间目标的时空索引。

1. 基于轨道约束的空间目标球面网格索引的基本原理

第 1 章介绍了目前空间目标的时空数据以两类数据为主：一类是形式为<T，α，β，R>或者<T，X，Y，Z>的实际监测数据；另一类是通过定轨技术记录的轨道数据，这两类数据直接存储在关系数据库中，并没有构建必要的时空数据索引，这导致对空间目标进行时空查询时变得复杂费时，对于未来时刻的时空查询主要依据轨道根数预报相应时刻的位置，然后做相应的分析。因此，有必要依据空间目标的空间分布特点，对空间目

① http://celestrak.com.

标数据进行时空索引，以便实现快速的时空分析。

在运动目标的三类时空索引方法中，虽然当运动目标较少时，网格索引方法会出现索引目录稀疏而巨大的问题，但是该方法最为简单高效，并且本书研究的空间目标数量巨大，通过合理设置网格间隔，可以避免索引目录稀疏而巨大的问题。因此，本书基于轨道约束的空间目标时空数据模型在具体实现上采用球面网格的方法完成对空间目标的高效时空索引。下面首先介绍二维平面上网格索引的基本思想（Nievergelt et al.，1984；孟妮娜和周校东，2003；李东等，2009）。

1）平面网格索引

目前的网格索引主要用于对点目标的索引，如图 4.13 所示，首先将空间按照一定的间隔进行划分，然后按位置信息将点目标映射到所划分的网格中，网格中记录了其所包含的目标的指针。通过索引查询点目标时，首先判断其所在的网格，然后在该网格中顺序查找该目标的指针。根据点目标的位置信息查找对应的网格是一个哈希（Hash）过程。例如，设所划分的每个网格的长度是 L，宽度是 W，用一个二维数组 grid[col][row]表示格网，其中 $0<col<N-1$，$0<row<N-1$，给定一个点目标，其位置为（x，y），则其所属的网格编号 $col = [x/L]$，$row = [y/W]$，其中，[ ]为向下取整符号。

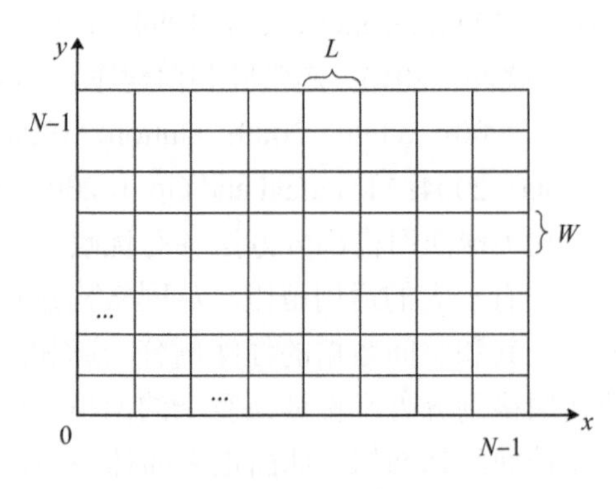

图 4.13　网络索引对空间的划分

该网格索引阐述了在二维平面内对点目标进行网格索引的基本思想，其用于空间目标的轨道索引时还需要进行改进。

2）球面网格索引

本书关注的主要是绕地球运动的空间目标，受轨道力学约束，这些空间目标在地心惯性空间中，其运动轨迹是以地球为焦点的椭圆，该椭圆可以由轨道椭圆半长轴 a、偏心率 e、轨道倾角 i、升交点赤经 Ω、近地点角距 ω 和真近点角 f 六个参数确定，如图 4.14 所示，其中半长轴 a 和偏心率 e 可以确定轨道的大小和形状，真近点角 f 可以确定卫星在轨道上的瞬时位置，轨道倾角 i、升交点赤经 Ω 和近地点角距 ω 则用来确定轨道面的姿态。

对于一个特定的空间目标，虽然其空间位置随着时间在高速变化，但是其运行的轨道在一定时间内相对于惯性空间是稳定的，因此球面网格索引的主要思想就是在惯性空间中对空间目标的运行轨道进行索引，前面介绍的网格索引主要用于二维平面空间，无法用于这里的三维惯性空间，因此本书的网格索引方法是在惯性空间，将地球的外层空

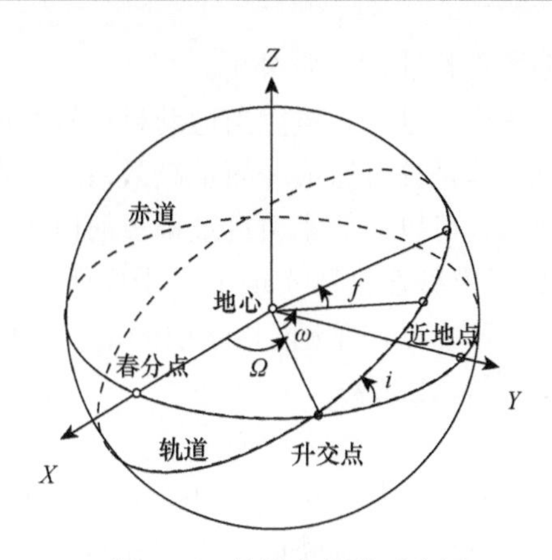

图 4.14　轨道六根数示意图

间进行球面网格剖分，计算各空间目标的轨道所经过的网格，并将该目标编号记录到对应的网格中，实现对高速运动目标的稳定索引，从而为空间目标的各类查询打下基础。

目前，球面网格剖分方法有很多，按照网格剖分的特点，可以分为经纬网格剖分（曹雪峰，2012；龚健雅，2007；NIMA，2011；Grossner，2006；ISCCP，2004；Leclerc et al.，2002；Ottoson and Anshauska，2002；Koller et al.，1994；Falby et al.，1993）、正多面体网格剖分（李正国，2012；童晓冲，2010；赵学胜和白建军，2007；贲进，2006；Sahr et al.，2003；Alborzi and Samet，2000；White，2000；Dutton，1998，1996，1989）、Voronoi 网格剖分（Lukatela，2012；Kolar，2004；Mostafavi and Gold，2004）和球面等分剖分（Gorski et al.，2005）等几大类。这几类球面网格剖分方法各有优缺点，没有一种剖分方法能够适用所有的应用，每种方法都有一定的适用范围。从网格构建角度来看，球面经纬网格剖分方法最为简单高效，并且其和空间数据的经纬剖分一脉相承，空间坐标与网格之间的转换简单，其他几类球面网格剖分方案都涉及复杂的网格编码，空间坐标和网格编码之间的转换关系烦琐；相比球面经纬网格，球面正多面体网格剖分和球面等分网格剖分都没有两极的变形问题，但是其同时也使各网格之间的邻接关系变得复杂，不利于相关的空间分析，使球面 Voronoi 网格剖分的拓扑关系变得更加复杂。

本书的球面网格主要用于构建空间目标的时空索引，球面等间隔经纬网格构建简单，邻接关系清晰，坐标转换算法成熟，索引构建和查询都可以借鉴平面网格索引，虽然有网格单元大小不一、两极处网格单元退化为三角形的问题，但是可以通过有限的扩展邻接网格的方式来减小其所带来的影响。综合考虑各类球面网格的特点，本书采用球面等间隔经纬网格构建空间目标的时空索引。

2. 基于轨道约束的空间目标球面网格索引构建

4.4.2 节第一部分介绍了基于轨道约束的空间目标球面网格索引的基本原理及采用的球面网格，即球面等间隔经纬网格，需要说明的是，由于空间目标的轨迹在惯性空间中呈椭圆分布，因此本书的球面经纬网格不同于地理空间所用的大地经纬网格，其是惯性空间中的一种类经纬网格，本书称为赤经、赤纬。下面详细介绍空间目标球面网格索引构建的实现步骤。

步骤 1：在地心惯性系 J2000.0 坐标系下对地球外层空间进行球面等经纬网格剖分，如图 4.15 所示，球面网格依照赤经、赤纬方向划分，赤经方向从春分点开始，逆时针为正，顺时针为负，依次对网格进行编号，实际应用中为了不出现负的网格编号，需要对赤经方向编号进行规化处理，如原来的网格编号范围是[−180，180]，则需要规化为[0，360]；赤纬方向从南极开始向北极计算网格编号，每个网格可以用 grid[col][row]来表示，每个网格对应的赤经赤纬范围为$[\alpha_{\text{col}},\alpha_{\text{col+1}},\beta_{\text{row}},\beta_{\text{row+1}}]$，其中，

$$\begin{aligned}\alpha_{\text{col}}&=\Delta\alpha\times\text{col}\\\alpha_{\text{col+1}}&=\Delta\alpha\times(\text{col}+1)\\\beta_{\text{row}}&=\Delta\beta\times\text{row}\\\beta_{\text{row+1}}&=\Delta\beta\times(\text{row}+1)\end{aligned}\tag{4.11}$$

式中，$\Delta\alpha$ 为网格赤经方向的间隔；$\Delta\beta$ 为网格赤纬方向的间隔。

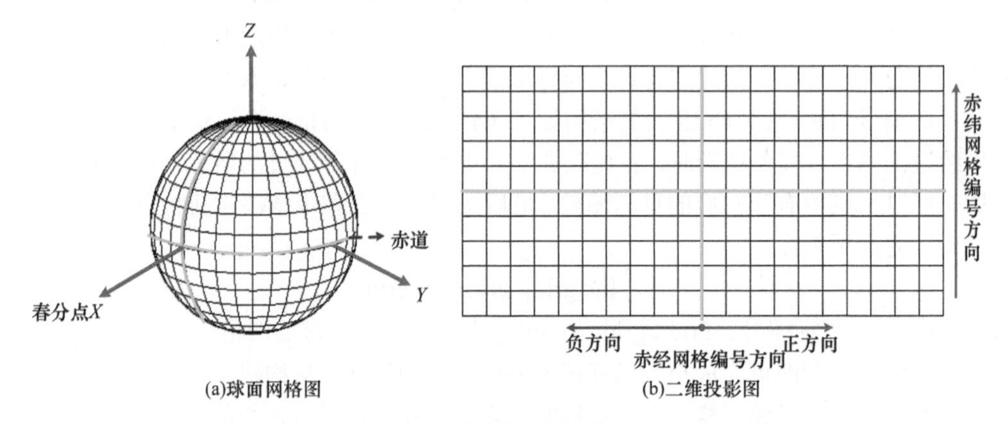

图 4.15　球面等经纬网格定义

步骤 2：依次计算目标所经过的所有网格编号，具体的计算方法是依照一定的步长预报一个周期内空间目标的位置，计算这些位置所落的空间网格。

由于本书研究的数据主要是两行轨道根数（two line elements，TLE）数据，因此采用 SGP4/SDP4 轨道预报模型进行轨道预报，首先计算空间目标在给定时刻 J2000.0 坐标系下的空间直角坐标，然后依照式（4.12）将坐标换算到对应的天球坐标系下，换算过程中需要注意象限的判断及分母为 0 时的处理。

$$\begin{aligned}R&=\sqrt{X^2+Y^2+Z^2}\\\alpha&=\arctan\left(\frac{Y}{X}\right)\\\beta&=\arctan\left(\frac{Z}{\sqrt{X^2+Y^2}}\right)\end{aligned}\tag{4.12}$$

式中，α 的取值范围为$[-\pi,\pi]$；β 的取值范围为$[-\frac{\pi}{2},\frac{\pi}{2}]$，空间目标所在网格编号的计算公式为

$$
\begin{aligned}
\text{col} &= \left[\frac{\alpha+\pi}{\Delta\alpha}\right] \\
\text{row} &= \left[\frac{\beta+\dfrac{\pi}{2}}{\Delta\beta}\right]
\end{aligned}
\tag{4.13}
$$

式中，[]为向下取整符号。

步骤 3：每个空间网格中维护一个目标列表，如果某一个空间目标在其预报周期内有点落在该网格中，则将该目标编号记录在网格的目标列表中。目标列表的形式如下：

$$\text{grid[col][row]}: <\text{num}, \text{ID}_1, \text{ID}_2, \cdots, \text{ID}_n> \tag{4.14}$$

式中，grid[col][row]表示编号为（col，row）的网格；$<\text{num}, \text{ID}_1, \text{ID}_2, \cdots, \text{ID}_n>$为经过对应网格的目标列表；num 为目标数；$\text{ID}_1, \text{ID}_2, \cdots, \text{ID}_n$ 为详细的目标编号。

步骤 4：索引结构更新。由于受到地球扁率、大气阻尼等摄动因素的影响，空间目标的轨道会发生变化，为此需要对空间目标索引结构进行更新，本书的方法是建立一个空间目标编号 Hash 表，Hash 表的结构如式（4.15）所示，Hash 表记录了对应的空间目标所经过的网格，需要更新时，首先获取需要更新的目标所经过的所有网格编号，然后在所有经过网格中删除对应的目标编号，最后按照步骤 2 和步骤 3 重新将该目标插入索引结构，完成更新。

$$\text{ID}: \text{grid}_1, \text{grid}_2, \cdots, \text{grid}_n \tag{4.15}$$

式中，ID 表示目标编号；$\text{grid}_1, \text{grid}_2, \cdots, \text{grid}_n$ 为该目标所经过的网格。

通过以上步骤即可完成空间目标球面网格索引的构建，从构建步骤可以看出，基于轨道约束的球面等经纬网格的空间目标时空索引构建简单易行，和前面的分析一致，下面将重点介绍如何利用建立的时空索引进行各类查询处理。

3．基于空间目标时空索引的查询处理

查询是运动目标索引研究的主要目的，查询的性能是评价索引结果的重要指标，运动目标查询主要有区域查询、KNN 查询、聚集查询、连续查询和密度查询等类型（刘良旭，2008），其中区域查询和 KNN 查询应用最为广泛，具体到空间目标分析领域，这两类查询可以分别用于空间目标的过境分析和碰撞预警。

1）区域查询

应用于过境预报时，区域查询问题描述为：指定空间目标经过某区域的时间和在指定的时间内经过某区域的空间目标有哪些。对于指定空间目标的过境查询，其方式是对选定的空间目标，按照一定步长预报其空间目标的位置，计算其进入和离开指定区域的时间，该方法在进行选定目标的过境预报时是有效的。当查询指定的时间内，经过某区域的空间目标时，则需要将所有目标依次进行过境预报，这样将耗费巨大的计算资源和时间，如 SKYMAP Pro①，SKYMAP Pro 是由英国 SKYMAP 公司开发的一款受到业界公认的天文仿真分析软件，其提供的空间目标过境分析模块，可以根据用户输入的空间目

① Chris Marriott. SkyMap Pro 11. http://www.skymap.com.

标轨道数据进行过境分析，图 4.16 是 SKYMAP Pro Version 11 过境分析的界面图，表 4.3 列出了其对不同数目的空间目标进行过境分析所消耗的时间，图 4.17 是参与过境预报的空间目标数目与过境预报所消耗时间的关系图。

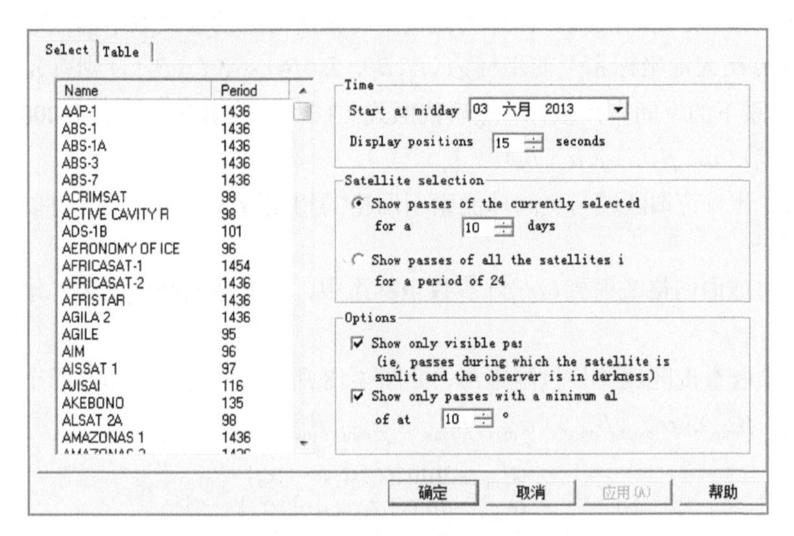

图 4.16　SKYMAP Pro Version 11 过境分析界面

表 4.3　不同数目的空间目标进行过境分析所消耗的时间

目标数目（个）	500	600	700	800	900	1000
过境分析用时（s）	7.90	10.52	13.33	16.07	18.37	19.66
目标数目（个）	1100	1200	1300	1400	1500	1600
过境分析用时（s）	22.62	26.07	28.75	32.45	34.82	39.33

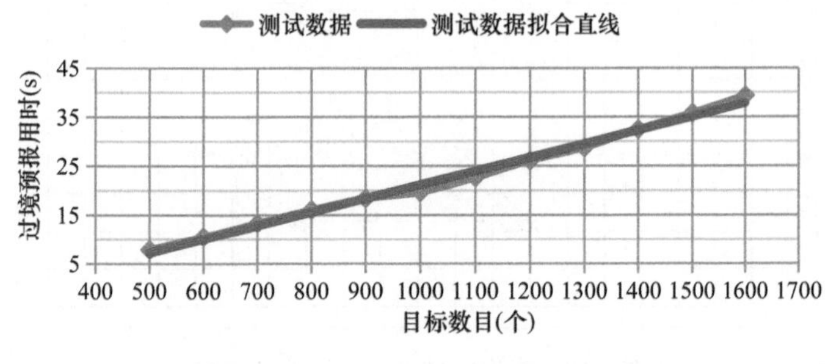

图 4.17　参与过境预报的空间目标数目与过境预报所消耗时间的关系图

图 4.17 过境预报实验所使用的计算机配置同表 4.8 的计算机配置，预报周期为 24h，具体预报时间为 2013 年 6 月 3 日 12 时整到 2013 年 6 月 4 日 12 时整，轨道预报步长是 15s。

从测试结果中可以看出，随着空间目标数量的增加，其过境预报所消耗时间呈线性增长趋势，这一测试结果印证了其查询某段时间内过某区域的空间目标的方法是采用逐个目标分别判断的方法。结果显示，SKYMAP Pro 软件进行 24h 内的过境预报时，平均每个目标需耗时 0.02s 左右，按照目前在轨工作的 1300 多个空间目标算，进行一次 24h 内过某区域的空间目标查询时，需要消耗超过 26s 的时间，如果算上目前能观测的空间碎片，空间目标超过 17000 个，这时消耗的时间将达到 340s，显然这样的查询速度不能满足需求。采用本书构建的空间目标索引则可以快速实现该类查询，下面给出该类区域查询的具体步骤。

首先给出在指定时刻指定区域内的过境空间目标的查询步骤。

步骤 1：对于给定的区域，计算其在查询时刻所对应的惯性系下的区域。假设区域范围的边界点在大地坐标系下的坐标为$(L_1,B_1),(L_2,B_2),\cdots,(L_n,B_n)$，则首先将其换算到 J2000.0 坐标系下的空间直角坐标，然后依照式（3.2）计算出其对应的 J2000.0 坐标系下的坐标$(\alpha_1,\beta_1),(\alpha_2,\beta_2),\cdots,(\alpha_n,\beta_n)$。

步骤 2：计算查询区域与空间球面索引网格的相交情况，相交情况可以用下面的方法进行计算。

首先，将球面网格映射到(α,β)参数坐标系中，这样球面网格变为二维网格，如图 4.18 所示。

其次，求取查询区域的外包围矩形，如图 4.18 所示，外包围矩形的四个角点坐标分别是：$(\alpha_{\min},\beta_{\min}),(\alpha_{\max},\beta_{\min}),(\alpha_{\max},\beta_{\max}),(\alpha_{\min},\beta_{\max})$，其中，

$$
\begin{aligned}
\alpha_{\min} &= \min\{\alpha_1,\alpha_2,\cdots,\alpha_n\} \\
\alpha_{\max} &= \max\{\alpha_1,\alpha_2,\cdots,\alpha_n\} \\
\beta_{\min} &= \min\{\beta_1,\beta_2,\cdots,\beta_n\} \\
\beta_{\max} &= \max\{\beta_1,\beta_2,\cdots,\beta_n\}
\end{aligned}
\tag{4.16}
$$

再次，依次判断查询区域外包围矩形内的网格是否与查询区域相交，记录下相交的网格编号$\text{grid}'_1,\text{grid}'_2,\cdots,\text{grid}'_k$。图 4.18 中左斜线填充部分表示查询区域外包围矩阵内的网格，叉线填充部分为与查询区域相交的网格。

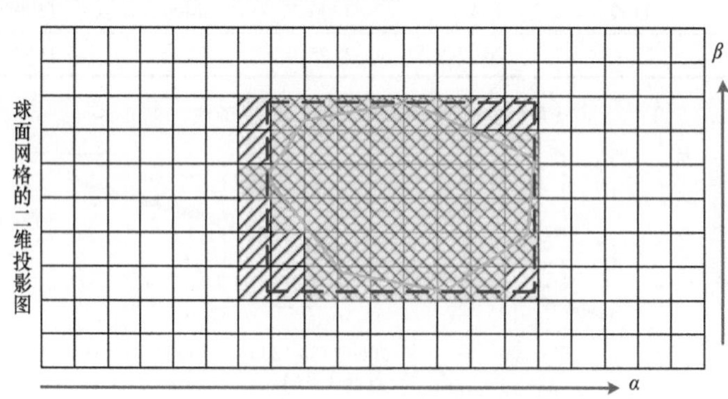

图 4.18　查询区域外包围矩形示意图

最后，查询区域跨边界问题的处理。如果查询区域跨越边界，则需要按照边界将查询区域切分成多个子查询区域，分别计算各个子查询区域与网格的相交情况，图 4.19 是几种切分示意图。

步骤 3：取出相交的网格中的目标编号，在给定的时刻，根据轨道预报模型计算这些目标的星下点坐标，并判断这些目标的星下点是否在查询区域内。

以上步骤只给出了在指定时刻指定区域内的过境空间目标的查询方法，要查询一段时间内指定区域的空间目标过境情况，需要将查询时间区间按照一定的步长进行离散化，将连续的时间转变为一系列时间片，相应的时间区间内的过境情况就可以变为一系

列时间片过境情况的综合，时间片过境情况查询按前面给出的步骤 1～步骤 3 执行。

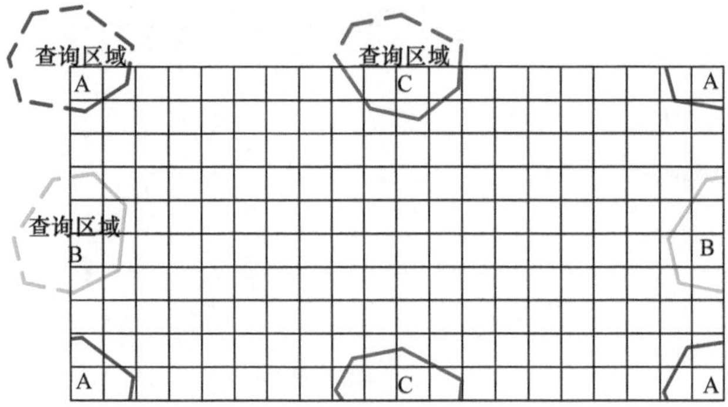

图 4.19　查询区域切分示意图

地球绕自转轴自西向东转动，转动的平均角速度为 7.2921159×10^{-5}rad/s。20 世纪 50 年代，从对天文测时的分析发现，地球自转速度有季节性的周期变化，春天变慢，秋天变快，此外还有半年周期的变化。周年变化的振幅为 20～25ms，主要是由风的季节性变化引起的，另外地球自转还存在原因不明的不规则变化。虽然地球自转并非匀速，但是其速度值在短时间内变化较小，考虑到本书所用的 TLE 的 SGP4/SDP4 预报模型预报时间在 5 天以内时精度较高（荣吉利等，2013；杨洋等，2010；刘一帆，2009），受预报精度限制，区域查询时间范围不能太大，结合实际的应用情况，区域查询的时间范围在未来 5 天以内可以满足需求，因此可以利用地球的平均自转角速度简化步骤 1 中边界点在地心球坐标系下的坐标计算方法，减少计算时间，提高查询效率，改进后的查询区域边界点计算方法可按下面步骤进行。

步骤 1：计算查询时间中起始时刻 T_o 查询区域的边界点在地心惯性系中的赤经、赤纬 $(\alpha_i^{T_o},\beta_i^{T_o})$，其中 i=1, 2, …, n；

步骤 2：其他查询时刻 T_i 时的查询区域边界点所对应的赤经、赤纬的计算公式如式（4.17）所示：

$$\begin{aligned}\alpha_i^{T_k} &= \alpha_i^{T_o} + w\times(T_k - T_o)\\ \beta_i^{T_k} &= \beta_i^{T_o}\end{aligned} \tag{4.17}$$

式中，$\alpha_i^{T_k},\beta_i^{T_k}$ 为时刻 T_k 时边界点所在的赤经、赤纬；w 为地球自转角速度，取值为 7.2921159×10^{-5}rad/s。

计算完查询时刻 T_k 时的查询区域边界点所对应的赤经、赤纬后，即可按照指定时刻区域查询步骤的步骤 2 和步骤 3 进行查询。

为了测试这种改进方法的性能和精度，本书做了如下实验：以大地坐标（100.0，10.5）为例进行测试，测试周期为 3 天、5 天和 7 天，起始时刻为 2013 年 6 月 3 日 12 时。图 4.20 和图 4.21 是测试结果，其中横轴是从开始时刻起算的实验结果序号，纵轴是两种方法计算的测试点赤经结果误差，以度（°）为单位，两种方法赤纬计算结果相同。图 4.20 和图 4.21 的时间间隔是 1min，图 4.22 的时间间隔为 1h。

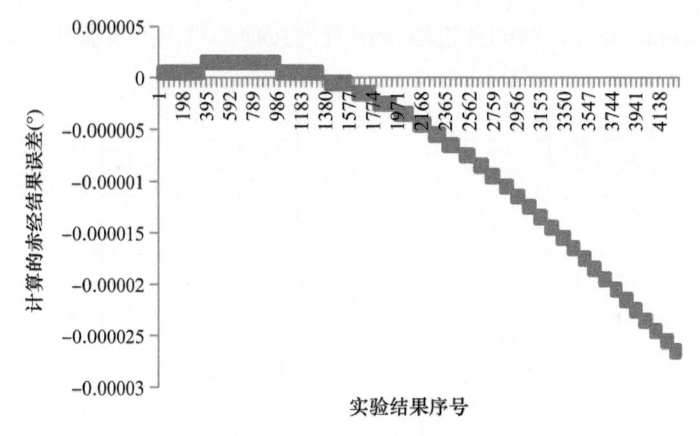

图 4.20　改进方法与原来方法计算赤经的误差图（3 天）

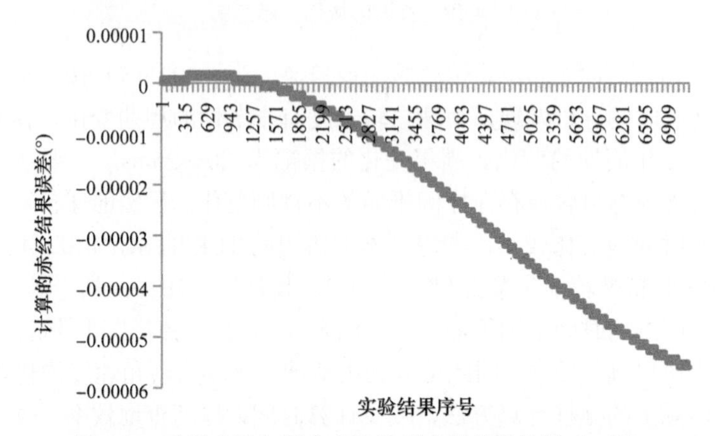

图 4.21　改进方法与原来方法计算赤经的误差图（5 天）

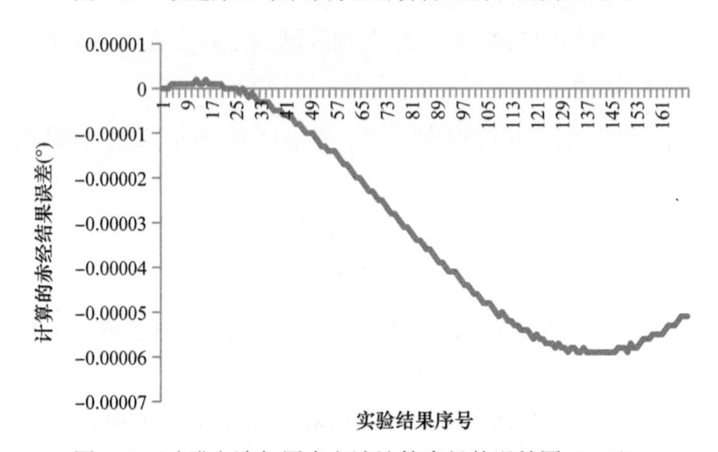

图 4.22　改进方法与原来方法计算赤经的误差图（7 天）

从测试结果可知，随着预报时间的增加，计算误差在增加，但是误差都控制在很小的范围内，测试周期为 3 天的，最大误差只有 2.5×10^{-5}，平均误差也只有 7.97×10^{-6}；测试周期为 5 天的，最大误差值达到 4.6×10^{-5}，平均误差为 2.2×10^{-5}；测试周期为 7 天的，最大误差值达到 4.9×10^{-5}，平均误差为 3.17×10^{-5} ，可见改进方法精度方面能满足需求。时间方面，测试周期为 3 天时，计算了 4320 次，原来的方法用时 39ms，改进后方法用时

8ms，提速近 5 倍。当查询区域比较复杂、边界点较多时，改进方法的优势将突显出来。

2）KNN 查询

空间目标的 KNN 查询可以描述为：查询在给定的时间内距离给定目标最近的 K 个目标。空间目标 KNN 查询可以高效地定位目标，进而分析不同目标间的邻近关系，辅助空间任务分析，如空间目标天基监视系统中目标成像时机、机动重构等，还可以用于卫星故障诊断，当卫星出故障时，查询最近的卫星有哪些，以便分析故障是否为敌方卫星所为。

下面首先给出某一时刻 KNN 查询的具体步骤。

步骤 1：利用轨道预报模型计算出待查空间目标在给定时刻的空间位置；

步骤 2：利用式（4.12）和式（4.13）计算空间目标所在网格；

步骤 3：计算该网格索引中所有空间目标的位置以及它们与待查空间目标的距离；

步骤 4：依次比较网格中空间目标与待查目标的距离关系，找出最近的 K 个空间目标。

由于本书的网格索引并非对空间位置进行索引，而是对空间目标轨道进行索引，因此有可能出现如图 4.23（a）所示的情况，在图 4.23（a）中，A 是待查目标，B 和 C 是另外两个空间目标，其中 B 和 A 同属一个格网，但是 C 与 A 的距离比 B 与 A 的距离更短，为此需要以 A 所在的网格为中心，由内向外对近邻的网格进行扩展索引，如图 4.23（b）所示。另外，当 A 所在网格中空间目标数少于 K 时，同样需要进行扩展搜索，直到近邻网格空间目标数大于 K 为止，图 4.23 中的曲线是空间目标 A 的轨迹线。

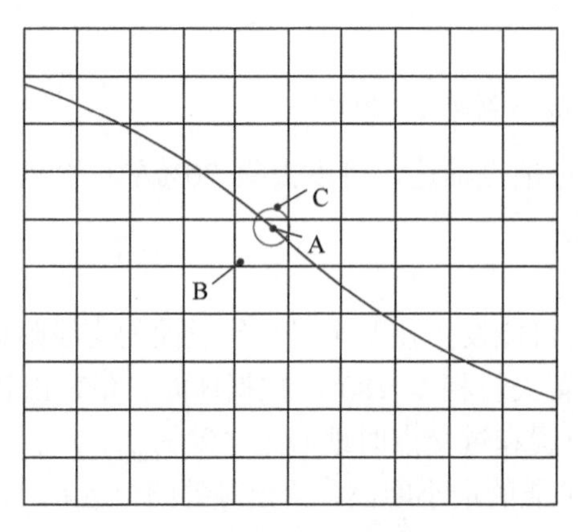

(a)空间目标远近示意图

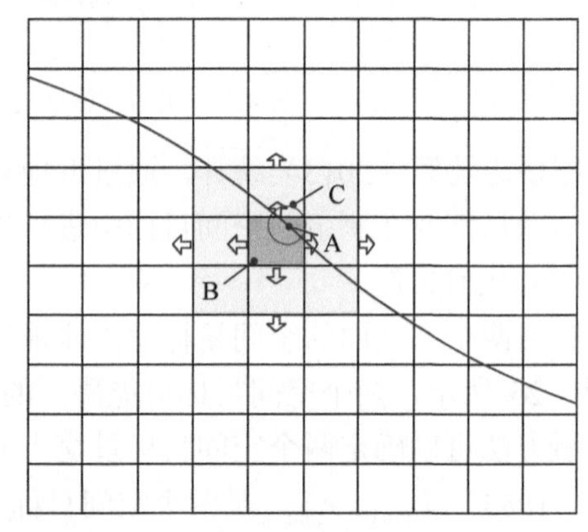

(b)网格扩展搜索示意图

图 4.23　KNN 查询示意图

上面只给出了某一时刻空间目标 KNN 查询的方法，对于一段时间，同样采用将时间段按一定步长离散成一系列时间片进行查询的方法，离散后依据步骤 1～步骤 4 进行 KNN 查询，最终给出一段时间内的 KNN 查询结果。

通过基于轨道约束的球面网格空间目标时空索引，可以快速地筛选出可能与待查目标最近的目标集合，从而减少不必要的位置、距离以及远近判断，从而提高查询速度。

3）碰撞预警

空间目标的球面网格索引建立了空间目标的邻近关系，本书依据这样的邻近关系提出一种新的空间目标碰撞预警方法。空间目标的碰撞预警可以描述为：在某段时间内与指定空间目标相关的可能碰撞事件有哪些和某段时间内所有可能的碰撞事件有哪些，后者可以由循环判断每个空间目标的碰撞事件获得。

碰撞预警最原始的方法是按照一定的步长计算每一时刻待检测空间目标与其他所有已经编目的空间目标的空间位置，通过比较它们在同一时刻的空间距离以及计算碰撞概率来判断是否会发生碰撞。由于空间目标数目巨大，即使当前的高性能计算机也不能及时地给出碰撞结果。因此，目前主要使用筛选法去除那些绝不可能与待检测空间目标发生碰撞的空间目标，常规的筛选条件有：近地点–远地点条件、几何条件、时间条件。

（1）近地点–远地点条件。

如图 4.24 所示，当某一空间目标的远地点高度 H_a 小于待检测空间目标 A 的近地点高度 $h_p(H_a<h_p)$，或者近地点高度 H_p 大于待检测空间目标 A 的远地点高度 $h_a(H_p>h_a)$时，该空间目标显然不可能与待检测空间目标发生碰撞。

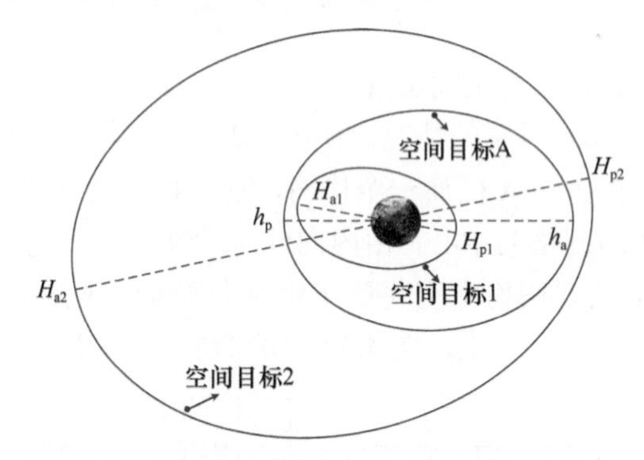

图 4.24　近地点–远地点筛选（刘静等，2004）

据杨志涛等（2013）统计，通过近地点–远地点筛选，可以去除 70%左右的空间目标，后面只需要在剩余的空间目标中进行检测。

（2）几何条件。

任何两个非共面的空间目标发生碰撞只有可能发生在两个目标轨道面的交线附近，如图 4.25 所示，两个空间目标可能碰撞的位置矢量相差 180°。根据球面三角理论和矢量分析方法可以确定两个空间目标过交点的位置和过交点时地心距之差 $r_{\min1}$、$r_{\min2}$（苗永宽，1983）。$r_{\min1}$、$r_{\min2}$ 是两个空间目标有可能的最小距离，给定预警阈值 Δd_1，通过式（4.18）可以对空间目标进行进一步筛选，满足式（4.18）的目标则有可能发生碰撞。

$$\min(|r_{\min1}|,|r_{\min2}|)<\Delta d_1 \tag{4.18}$$

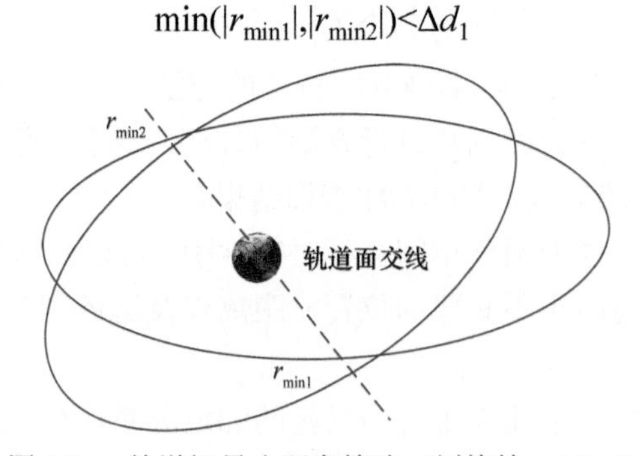

图 4.25　轨道间最小距离筛选（刘静等，2004）

经过几何筛选，剩余空间目标的数量已不到空间目标总数的 1%（郑勤余和吴连大，2004）。

（3）时间条件。

对于没有通过几何条件排除的空间目标，还可以通过时间条件进行排除。两个空间目标要发生碰撞，必须尽可能同时经过接近点，即可以利用两个空间目标过轨道面交线的时间差来进行筛选。

一般而言，空间目标在飞过轨道平面交线前后有一个短暂的危险时间区间，利用空间目标到另一目标轨道面的垂直距离$|z|$和式（4.19），可以解析地估计该时间区间，这样在每个周期内可以形成两个时间区间，进而在预警时间段$[T_s, T_e]$内形成一个时间区间序列，同理另一个空间目标也可以得到一个时间区间序列，如果这两个时间区间序列没有交集，则排除此空间目标。时间筛选一般可以排除掉大量目标，对于没有排除掉的目标，所关心的时间区间也缩短到一个小子集。

$$|z|<\Delta d_2 \tag{4.19}$$

式中，Δd_2 为垂直距离阈值。

经过上面三个条件的筛选后，绝大部分空间目标被排除在外，剩下的空间目标，在交会时间一定的区间内，按一定时间步长，进行高精度轨道预报，计算出空间目标与待检测空间目标的距离及碰撞概率，根据给定的阈值进行碰撞预警。当采用 TLE 数据进行预报时，由于 TLE 数据的预报模型 SGP4/SDP4 的精度随时间的增长而逐渐下降，因此在前面的三个筛选条件下，还需要增加历元筛选，即剔除久未更新的数据。

在目前的这种筛选方法中，交会点位置和交会时间的计算涉及复杂的三角函数和迭代运算等（陈磊等，2010；Hoots et al.，1984）。前文中利用球面网格建立了空间目标的时空索引，本书依据建立的球面网格索引，设计了一种新的碰撞预警方法，该方法无须复杂的三角函数和迭代计算即可快速地完成筛选，下面详细介绍本书碰撞预警的方法步骤。

步骤 1：查询目标 Hash 表，获取该目标所经过的网格。

步骤 2：依次对所经过的网格做如下处理，即

首先，获取该网格所包含的目标列表；

其次，如图 4.26 所示，依次判断获取的目标与待查询目标经过该网格时高度的最大值和最小值是否满足式（4.20）：

$$H_{min}-h_{max}>\Delta H \text{ 或 } h_{min}-H_{max}>\Delta H \tag{4.20}$$

式中，H_{min}、H_{max} 分别为待查询空间目标经过该网格时的最小和最大高度；h_{min}、h_{max} 则为待比较的空间目标经过该网格时的最小和最大高度；ΔH 为告警的阈值，其中经过网格的最小、最大高度的记录方法将在 4.5 节中给出。

最后，依次判断获取的目标与待查询目标经过该网格的时间有没有交集，如果有交集则该目标是备选碰撞目标，并同时记录下时间的交集：

$$\{(st_1,et_1),(st_2,et_2),\cdots,(st_n,et_n)\} \tag{4.21}$$

式中，st_i 为时间集中一段的开始时间；et_i 为结束时间，$i=1,2,\cdots,n$。空间目标经过网格的时间范围将在第 5 章给出记录方法。

步骤 3：对剩余的空间目标，在步骤 2 中所求出的时间交集内，按照一定的时间步长，计算空间目标之间的距离以及碰撞概率，如果小于一定的阈值，则发出碰撞预警。

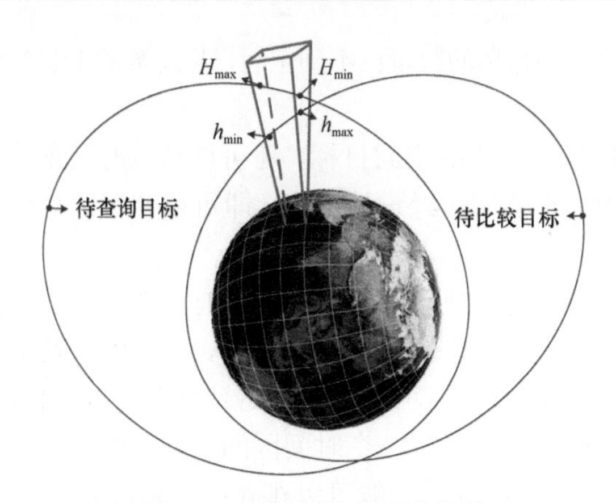

图 4.26　经过网格的高度比较

由于两个目标最近点在两个空间目标的轨道面交线附近，不一定在两个目标的轨道面交线上（陈磊等，2010），如图 4.25 所示，因此，虽然两个空间目标的轨道面交线上的点应该出现在同一网格内，但是有可能出现距离最近时，空间目标出现在两个相邻但不同的网格内的情况，加上轨道数据本身存在的误差，为了不漏判空间目标，本书在进行筛选判别时，将搜索范围向待查目标所在网格的周围网格进行扩展，如图 4.23（b）所示，以保证筛选的准确率。

4．影响因素分析及优化方法

本书基于轨道约束的球面网格空间目标时空索引性能会受到很多因素的影响，如索引构建时的轨道预报步长、索引构建时的高度维和时间维、地球静止轨道空间目标及两极变形等，下面详细分析部分重要影响因素及其优化方法。

1）轨道预报步长大小的影响

这里的轨道预报步长是指在建立索引时，计算轨道所穿过的网格的轨道预报步长，如图 4.27 所示，如果轨道预报步长过大，有可能出现目标实际穿过的网格被遗漏的情况，如果轨道预报步长过小，则会增加计算的时间，影响索引创建和更新性能，因此轨道预报步长确定的最佳原则是在不遗漏所穿网格的前提下，轨道预报步长越大越好。

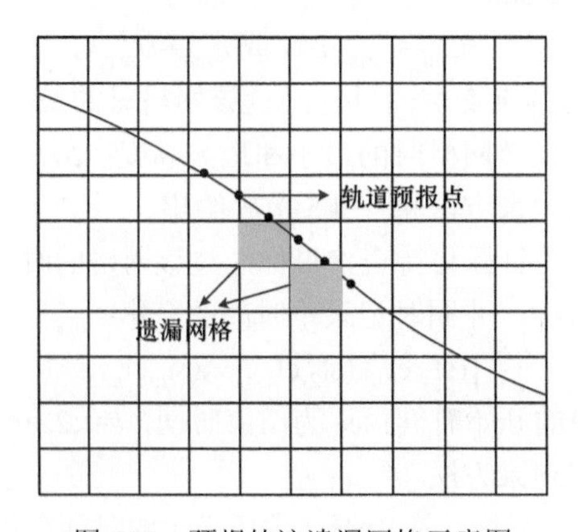

图 4.27　预报轨迹遗漏网格示意图

本书采用 STK 网站公布的 2013 年 6 月 8 日国际空间站（International Space Station，ISS）的 TLE 数据进行测试，ISS 的 TLE 参数见表 4.4，分析轨道预报步长对网格索引建立的影响，网格划分方案为 360×180，赤经和赤纬方向网格的间隔都是 1°。表 4.5 和图 4.28 为一个轨道周期插值的点数和计算出的目标 ISS 所穿过网格数目的实验结果。

表 4.4　ISS 的 TLE 参数

目标名称	ISS 的 TLE 参数
第一行数据	1 25544U 98067A　13158.90522786.00006137　00000-0　11254-3 0　9596
第二行数据	2 25544　51.6474 154.3697 0010594　44.4535　17.9325 14.50702194833262

表 4.5　ISS 所穿过网格数实验结果　（单位：个）

插值点数	1000	2000	3000	4000	5000	6000	7000
所穿过网格数目	502	539	547	559	563	564	564
插值点数	8000	9000	10000	15000	20000	50000	100000
所穿过网格数目	564	566	569	568	569	570	569

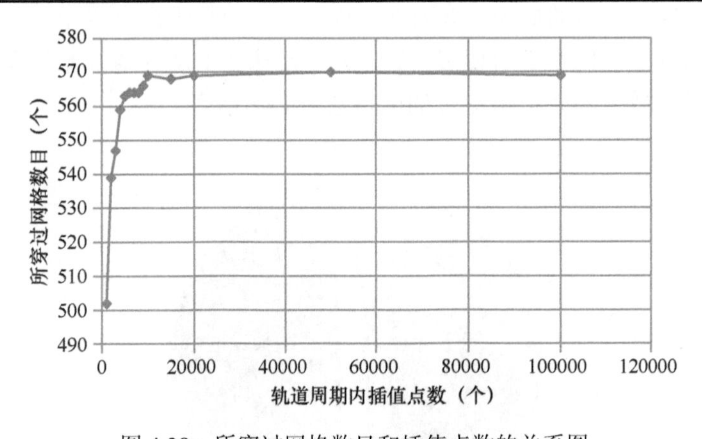

图 4.28　所穿过网格数目和插值点数的关系图

从图 4.28 中可以看出，当预报步长变短时，所计算出的空间目标所穿过的网格数目增大，但是到一定数值后，步长进一步变小，所穿过网格数目不再变化，实验中，一个周期内插值点数增加到 10000 以后，计算出的所穿过网格数目为 569 左右，不再继续增加。

对于不同的空间目标，其轨道倾角不同，其所穿过的网格数目也不相同，为此本书做了如下模拟实验，模拟一组轨道倾角由 0°～179°变化的空间目标，变化间隔为 1°，所使用的轨道参数仍然是 2013 年 6 月 8 日 ISS 的 TLE 数据（表 4.4），改变其轨道倾角产生 180 条模拟 TLE 数据，每条 TLE 唯一的不同就是轨道倾角，并按照上面的方法分别计算其所穿过网格数目，轨道周期内插值点数为 50000 次，图 4.29 为实验结果，其中网格数目为 360×180。

从图 4.29 中可以看出，随着轨道倾角的增大，空间目标所穿过网格数目呈直线增长，当轨道倾角接近 90°时，所穿过网格数目达到最大 719，之后又直线下降，但是当倾角为 90°时，出现一个低谷，原因是这时轨道平面和赤道平面近似垂直，所穿过的网格数目会出现一个低谷，如图 4.30 所示；当轨道倾角接近 0°时，所穿过的网格数目是 363 而不是 360，原因是所求解的轨道周期大于实际的轨道周期，目标结束和开始的地方出现部分重叠，

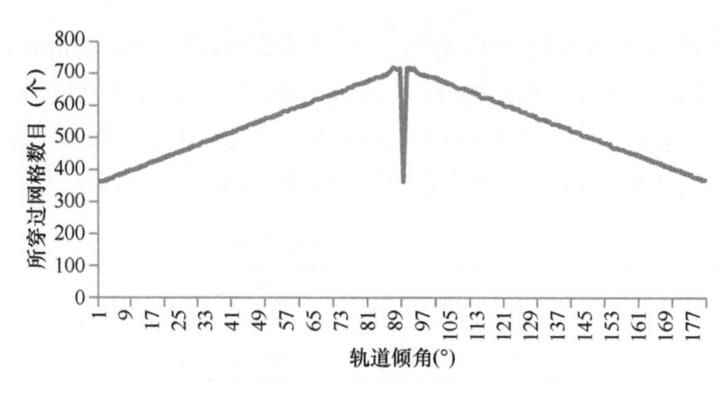

图 4.29　ISS 所穿过网格数目与轨道倾角的关系图

由于索引构建中，网格中记录的是目标的编号，这种重复穿过同一网格的情况并不会对构建结果产生影响。为了验证结果是否具有通性，本书又采用同一时间公布的 GPS 2F-4 和 TDRS 11 卫星的 TLE 数据进行了同样的模拟实验，其结果同 ISS 的一致，图 4.31 是实验结果，造成这种分布的原因主要有两方面：一方面与赤道有夹角的轨道必然比平行于赤道的轨道所穿过的网格数目要多；另一方面是球面上从赤道开始越靠近球面两极网格越密，这样倾角较大的轨道所穿过的网格数目必然增多。

图 4.30　轨道倾角为 90°时

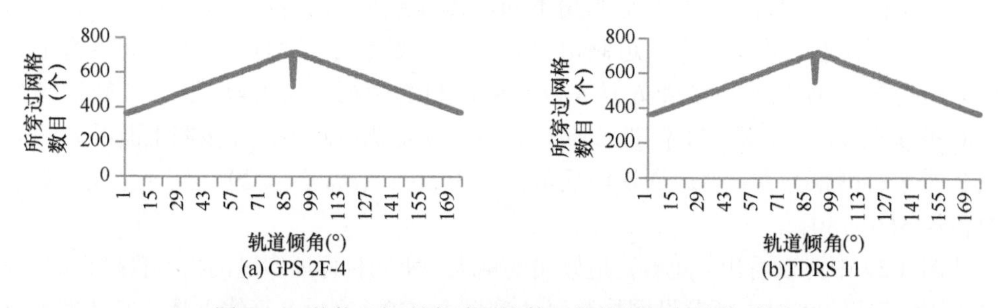

图 4.31　其他目标所穿过网格数目与轨道倾角的关系图

为了更准确地计算所穿网格，倾角越大的轨道，对应的轨道预报步长需要相应地变小，式（4.22）是实验后建立的目标所穿过网格数目和轨道倾角的经验公式，在建立索引时，可以根据这个公式来判断当前轨道预报步长所计算出来的空间目标所穿过网格数目是否达到应有的数目，以便进行调整，在保证不遗漏网格的前提下，尽量采用较大的插值步长减少计算量。

$$\mathrm{num}_G = \begin{cases} 3.97763 \times i + 357.2533 & i < 90 \\ -3.99277 \times i + 1079.3 & i \geqslant 90 \end{cases} \tag{4.22}$$

式中，num_G 为一个轨道周期内轨道插值点数；i 为轨道倾角。在式（4.22）的基础上，本书建立了周期内需要插值点数 num_G 和轨道倾角 i 的映射表，依据插值映射表可以大大减少插值的次数。表 4.6 展示了部分插值点数与轨道倾角的对应关系，图 4.32 为插值点数和轨道倾角的关系图。

表 4.6　部分插值点数与轨道倾角的对应关系

轨道倾角范围	[0，1]	（1，2]	（2，3]	（3，4]	（4，5]	（5，6]	（6，7]	（7，8]	（8，9]
插值点数	360	360	460	720	720	1020	910	1140	1270

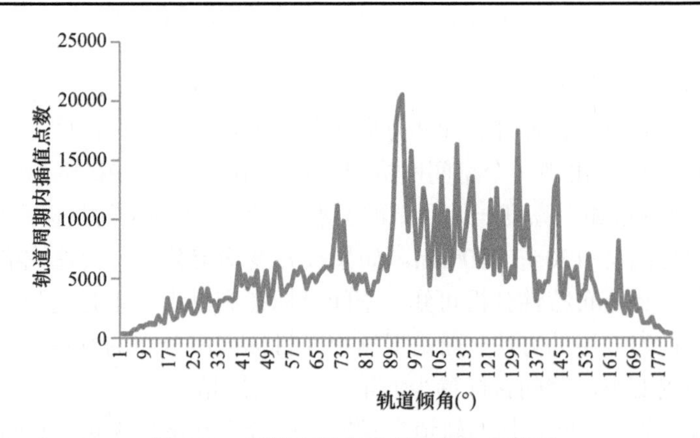

图 4.32　插值点数和轨道倾角的关系图

经过上面的优化后，建立 13864 个空间目标索引的时间由 213999ms 减少到 67623ms，优化前方法的轨道周期插值数为 20000，从结果看，优化后计算速度提速比为 3.16。以上实验的网格划分方案是 360×180，如果调整网格方案，相应的插值映射表做等系数调整即可。

经过上面的优化，可在尽量不遗漏网格的情况下减少不必要的计算，但是仍然不能保证不遗漏网格，此时遗漏的网格数目非常少。为此，本书做如下处理以避免遗漏网格，图 4.33 为某一球面网格的局部放大图，当相邻的两个预报点落在不同的两个网格时做如下处理：分别在赤经、赤纬方向上判断，这两个点之间是否既有赤经方向网格分界线，又有赤纬方向网格分界线，如果都有，则有网格遗漏，如果只有一条分界线，则没有网格遗漏。遗漏时，可以采用下面的方法确定哪个网格被遗漏：设相邻的两个预报点分别为预报点 1 和预报点 2，其所落的网格编号分别为（$\mathrm{col}_1, \mathrm{row}_1$）和（$\mathrm{col}_2, \mathrm{row}_2$），在 α-β 平面的局部区域上，相邻两点用直线代替原来的弧线，求出赤纬方向分界线与直线的交点，以赤经分界线为界，判断该交点在哪个预报点一侧，如果交点在预报点 1 一侧，则遗漏的网格编号为（$\mathrm{col}_2, \mathrm{row}_1$），如果交点在预报点 2 一侧，则遗漏的网格编号为（col_1,

row_2）。

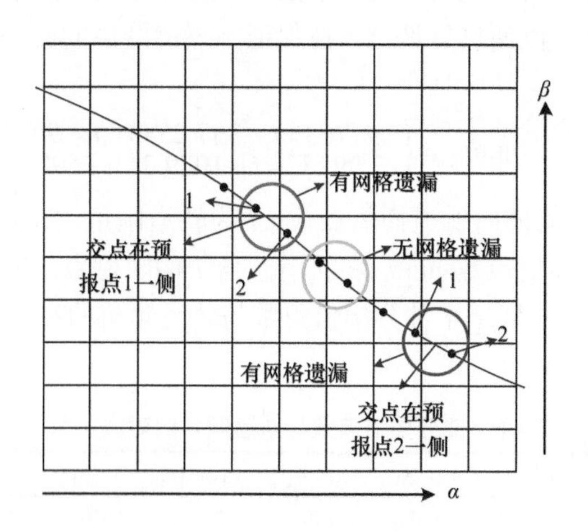

图 4.33　遗漏网格处理示意图

2）高度维加入的影响

前面的划分方式只是在赤经、赤纬方向进行划分，并没有在高度方向进行划分，但是进行 KNN 查询时，会出现一个空间网格中的目标由于高度悬殊实际相距很远的情况。因此，本书在空间网格加上高度一维，以免出现一个网格中的空间目标距离很远的情况。本书关注的空间范围是 120～50000km，如果按高度均匀分层，会造成格网数目巨大，由第 2 章的空间态势分布特性分析可知，空间目标在高度上并不是均匀分布，因此在高度方向上不采用均匀分层的方法，而是根据空间目标高度分布的特点，在空间目标密集的地方，分层间隔变小，空间目标稀少的地方，分层间隔变大。

由统计结果可知，空间目标的轨道半长轴集中分布在[6700km, 8000km]、[25000km, 27000km]、[41000km, 43000km]几个区间，本书取地球的平均半径为 6380km，将以上区间从轨道半长轴换算成高度，则空间目标主要分布在[320km, 1620km]、[18620km, 20620km]、[34620km, 36620km]几个高度区间。根据实际轨道数据，结合碰撞预警范围，确定密集区域间隔为 20km，非密集区域中 320km 以下间隔为 100km，其他区域间隔为 5000km，37000～50000km 分为一层，总计分 276 层，其中高度区间对应的编号范围见表 4.7。

表 4.7　高度区间对应的编号范围

高度区间	[120km，320 km]	[320 km，1620 km]	[1620 km，18620 km]	[18620 km，20620 km]
编号范围	[0，1]	[2，66]	[67，70]	[71，170]
高度区间	[20620 km，34620 km]	[34620 km，36620 km]	[36620 km，37000 km]	[37000 km，50000 km]
编号范围	[171，173]	[174，273]	[274，274]	[275，275]

加上高度一维后，每个网格可以用<col，row，*h*>来表示，*h* 的取值范围为 0～275。

对于碰撞预警，在高度方向的网格划分可以剔除部分不可能碰撞的目标，但是因为高度方向网格划分的间隔不等，从 20km 到几万千米都有，用于碰撞预警高度方向的检测显然不够精确，为此将网格索引结构由式（4.14）变为下面的形式：

$$grid[col][row]:<num,Target_1, Target_2,\cdots, Target_n> \tag{4.23}$$

式中，Target 的结构为<ID,H_{min}, H_{max} >，H_{min} 和 H_{max} 为目标经过每个网格时的最小和最大高度值，这两个值的获取方法是：建立索引时，记录下轨道预报点的高度，并且在相邻两个网格处进行加密插值，从而获得 H_{min} 和 H_{max}。当进行碰撞预警时，可以采用式（4.23）进行高度方向的判断，当进行 KNN 查询时，则需要采用<col，row，h>的网格索引形式。

3）时间维加入的影响

前面建立的空间索引主要用于快速判断哪些目标符合查询条件，初步获取符合条件的目标后，还需要在查询时间内对这些目标进行轨道预报，进一步确定是否满足条件，这在一定程度上影响了查询的性能，为此对索引结构进行如下优化：

记录经过网格的时间，时间的记录形式是（t_s+nT, t_e+nT），其中 T 是空间目标的轨道周期，其值可以由轨道根数得到，t_s 和 t_e 的计算方法是：建立索引时，记录下轨道预报的时间，并且在相邻两个网格处进行加密插值，从而获得 t_s 和 t_e，这两个值以儒略日形式记录，n 是整数值，相应的网格索引结构发生变化，即加上时间维，式（4.23）中 Target 的结构变为<ID, H_{min}, H_{max}, t_s, t_e, T>。

相应的查询过程如下。

（1）区域查询。

区域查询的步骤 2 中，求查询区域与网格相交情况时，进一步将相交网格分为查询区域内网格和查询区域边界线所穿过的网格（图 4.34），查询区域内网格中的目标无须再根据轨道预报模型计算这些目标的星下点是否在这些区域，只需判断目标中记录的过该网格的时间区间（t_s+nT, t_e+nT）和查询时刻是否有交集即可；查询区域边界线所穿过的网格在利用时间维去除不可能满足条件的目标后，在剩下的目标中还需要进行点位计算，以判断该查询时刻目标是否在查询区域内。

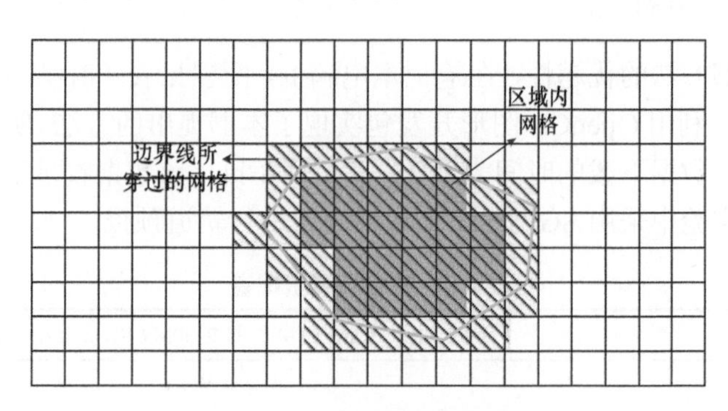

图 4.34　查询区域内网格分类

（2）KNN 查询。

对 KNN 查询，需要在步骤 3 前加上一个时间判断步骤，判断这些空间目标经过网格的时间范围在给定的查询时间区间内有没有可能有交集，如果没有交集，则排除该目标，无须进行后续的判断。

基于空间目标时空索引的碰撞预警已经考虑了时间维的影响。

4）地球静止轨道空间目标的影响

地球静止轨道（GEO）空间目标的轨道周期和地球自转周期相同，轨道面和赤道面重合，在地固系下，其星下点轨迹固定在一点，因此在区域查询中，无须将 GEO 空间目标在惯性球面网格中建立索引，只需记录 GEO 空间目标星下点位置，查询时直接判断 GEO 空间目标的星下点位置是否在查询区域范围内即可，这样可以减少参与索引构建的目标，降低索引的复杂度，增加查询性能。截至 2015 年 1 月 7 日，SpaceTrack 网站公布的地球同步轨道（GSO）空间目标数目已经达到 764 个，其中 GEO 空间目标约 300 个。

5）球面网格南北极处理

本书的球面网格在到达两极时，网格会退化成三角形，网格所对应的面积也逐渐变小，因此查询区域靠近两极时需要增加查询区域的网格扩展范围，尤其是靠近两极方向的网格，如图 4.35 所示。

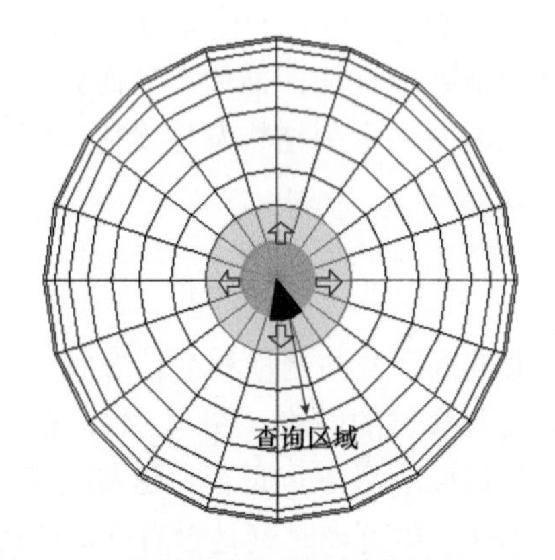

图 4.35　靠近两极区域的网格扩展示意图

5. 实验验证与分析

为了验证本书方法的优越性，在笔记本电脑上，配置见表 4.8，基于 Windows 平台，在 Qt 开发环境中，利用 OpenGL 图形开发包实现了本书提出的方法。实验数据采用 STK 网站公布的数据，数据下载的时间为 2013 年 6 月 8 日，该数据收录了 13864 个空间目标的两行根数，实验中采用 SGP4/SDP4 预报模型进行轨道预报。

表 4.8　实验计算机配置

CPU	Intel（R） Core（TM） i5-2430M CPU @ 2.40GHz 2.40GHz
内存	4G
显卡	NVIDIA NVS 4200M （1G 内存）

1）索引结构分布特点

为了分析建立的球面网格索引中空间目标的分布规律，本书构建了 360×180 的网格索引，统计各个网格中的空间目标，图 4.36 是统计结果绘制成分层设色图后的效果，图中越红的地方表示该处网格中的空间目标越多，越蓝的地方表示空间目标越少，所有网格中目标最多的为 769，对应的网格编号为（168，9），最少的为 4，对应的网格编号为（186，5），（201，5），（232，5），（6，174），（21，174），（52，174），（294，177），（299，177），最多的和最少的都在两极附近。

图 4.36　网格中空间目标分布图

从图 4.36 中可以发现，空间目标较多的网格主要集中在赤道和两极附近，赤道附近网格空间目标多主要是因为地球同步轨道空间目标较多，并且其轨道倾角较小，所穿过的网格则主要集中在赤道附近；两极附近网格空间目标多则主要是因为倾角接近于 98°的太阳同步轨道空间目标较多。另外，图 4.36 中上下边缘处接近于蓝色，说明两极处一定范围内很少有空间目标经过这里，这在一定程度上减轻了球面网格南北极变形所带来的影响。从网格中空间目标的分布数量来看，其特点符合前文中空间目标分布规律的统计。

2）索引结构更新性能

本书的索引结构中维护了一个目标 Hash 表，因此可以快速定位到需要更新的网格，而不需要像 TPR 树那样采用自顶向下的方法进行搜索，因此可以实现索引中空间目标的快速删除。索引更新主要包括空间目标删除和插入操作，由前面实验可知，网格划分方案为 360×180 时，建立 13864 个空间目标索引的时间为 67623ms，平均每个目标插入耗时 4.9ms。为了测试本书索引删除目标的性能，将 13864 个目标从建立的索引中依次删除，统计其用时为 6624ms，平均每个目标的删除时间只有 0.48ms。

3）区域查询实验

理论上，基于空间目标时空索引的区域查询不需要对所有目标进行遍历，只需判断与查询区域相交的网格中的目标是否满足条件即可，设网格中的平均数目是 N，查询区域包含 M 个网格，如果每个网格中包含的目标不重复，则需要判断的目标是 $N\times M$，相邻查询时间片的间隔与传统的空间目标插值间隔相同，则本书方法查询一个时刻指定区域内空间目标所消耗的时间是 $N\times M\times\Delta t$，而传统方法则需要消耗 $N_{\text{all}}\times\Delta t$，$N_{\text{all}}$ 是所有的空间目标数量，Δt 是判断某一空间目标在某一时刻是否在指定区域内所用的平均时间。本实验中采用的空间目标数目 N_{all} 为 13864，采用 360×180 网格划分方案时，平均每个网格中的目标数目 N 是 129，则当查询区域所占网格数 M 达到 107 时，二者所用时间应该相当，但是本书的球面网格索引，可以利用时间维剔除部分在查询时刻不会出现在网格中的目标，并且不同网格中包含的目标不可避免地会出现大量重复，因此实际查询时间应该比理论分析结果要短，并且在实际应用中，尤其是空间目标防侦照，主要关注我国境内的某一地区，我国的疆域范围主要分布在73°40′E～135°2′30″E、3°53′N～53°33′N，由图4.36网格中空间目标的分布特点可知，该纬度范围内的网格中空间目标分布均匀，且数目较少，因此实际所消耗的时间应该比理论分析短得多，下面结合实际数据进行区域查询实验，实验中仍然采用了360×180的网格索引，实验（1）和实验（2）中没有加入时间维。

（1）同一区域不同时间段实验。

测试时间分为两组，见表4.9，时间插值的步长为60s，测试的查询区域为一矩形区域，范围为经度[50°, 115°] ，纬度[25°, 30°]。

表4.9　查询时间段

时间段	起始时间	结束时间
时间段1	2013/6/8 15：32：23	2013/6/8 15：43：23
时间段2	2013/6/8 15：32：23	2013/6/9 15：43：23

表4.10给出了区域查询所用的时间，其中方法1指采用所有目标逐个判断的传统方法，方法2指本书基于球面网格的区域查询方法。

表4.10　区域查询耗时对比

时间段	方法1用时（ms）	方法2用时（ms）	方法2用时/方法1耗时
时间段1	1266	586	0.46
时间段2	153798	93445	0.61

表4.11列出了时间段1时，方法1和方法2所查询的过境空间目标的具体情况，其中第一列时刻指查询时离散化的时间片，这里以儒略日的形式给出，第二列给出了方法1在对应时刻所查询出的过境空间目标数量，第三列给出了方法2在对应时刻所查询出的过境空间目标数量，第四列给出了两种方法所查询到的过境目标数量差值。

表4.11　时间段1的过境目标数量

序号	时刻（儒略日）	方法1	方法2	差值
1	2456452.147488	77	77	0
2	2456452.148183	64	64	0
3	2456452.148877	55	55	0
4	2456452.149572	68	68	0
5	2456452.150266	75	75	0
6	2456452.150961	78	78	0
7	2456452.151655	70	70	0
8	2456452.152350	58	58	0
9	2456452.153044	69	69	0
10	2456452.153738	81	81	0
11	2456452.154433	75	75	0
12	2456452.155127	71	71	0

从表 4.10 实验结果可以看出，查询相同时间内过同一区域的过境目标，方法 2 所用时间大概是方法 1 的一半左右，实验中查询区域所占网格数为 325，大于 107，但所用时间仍然小于方法 1，印证了前面的理论分析。从表 4.11 的实验结果可以看出，方法 2 查询的过境目标数量和方法 1 的结果相同，并且本书仔细比对了具体的过境目标，二者完全一致，从而充分说明了基于空间目标时空索引的区域查询的结果是准确的。

（2）同一时间不同区域实验。

由前面分析可知，查询区域的面积不同时，基于空间目标时空索引的区域查询所消耗的时间也不同，为此本书固定查询时间，变化查询区域来测试基于空间目标时空索引的区域查询所用的时间，查询时间同表 4.9 中的时间段 1，步长仍然为 60s。表 4.12 列出了查询区域及对应的查询时间，其中查询区域都采用矩形，并且这些查询区域的经纬度范围都在中国所在的经纬度范围之内，图 4.37 给出了两种方法区域查询时间和查询区域所占网格数目的关系。

表 4.12　时间段 1 不同区域的过境目标数量

查询区域	经度（°）	[134，135]	[120，135]	[110，135]	[100，135]
	纬度（°）	[53 ，54]	[40 ，54]	[30 ，54]	[20 ，54]
	所占网格数目（个）	1	210	600	1190
方法 1 用时（ms）		1238	1247	1254	1235
方法 2 用时（ms）		18	241	456	790

查询区域	经度（°）	[90，135]	[80，135]	[73，135]
	纬度（°）	[10 ，54]	[4 ，54]	[4 ，54]
	所占网格数目（个）	1980	2750	3100
方法 1 用时（ms）		1239	1265	1271
方法 2 用时（ms）		1103	1573	1687

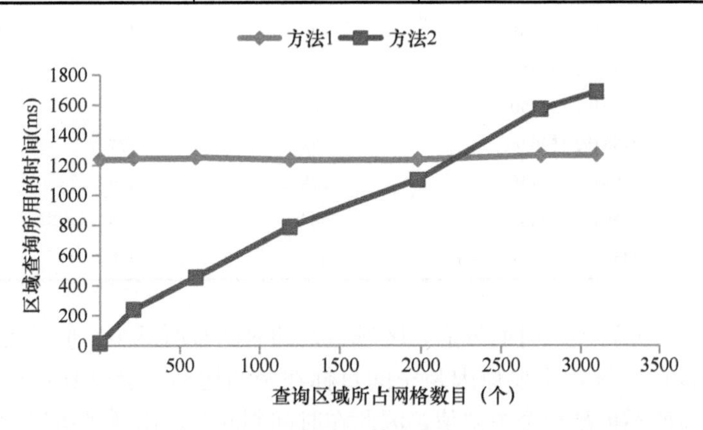

图 4.37　区域查询时间和查询区域所占网格数目的关系图

从实验结果可知，基于空间目标时空索引的区域查询中，当查询区域所占网格增加时，区域查询所用的时间呈线性增长，而传统方法则恒定在 1250ms 左右，实验结果与前面理论分析相符，基于空间目标时空索引的区域查询受查询面积影响较大，但是当所占格网数小于 2750 时，所用的查询时间仍然小于传统方法，而此时查询区域与我国的疆域面积相当，这一结果表明，在我国进行特定区域的空间目标过境分析时，基于空间目标时空索引的区域查询效率必定优于传统方法。实际应用中，区域查询面积大部分情况都会远远小于我国的疆域面积，只限定在小面积敏感区域，此时基于球面网格索引的区域查询优势就可以得到发挥，尤其是查询时间较长时，所节约的时间会非常可观，见表 4.10，时间段 2 查询时，方法 2 比方法 1 节约了 1min 左右。

另外，由于球面网格索引中每个网格中空间目标的数目不同，因此即使两个面积相同的不同查询区域，区域查询所消耗的时间也不同，见表 4.10，查询区域所占网格数为 325，所用的时间为 586ms，表 4.12 中查询区域所占网格数为 600，所用的时间仅 456ms。

（3）加入时间维的影响。

为了测试时间维加入网格索引对区域查询的影响，本书做了如下实验：查询时间同表 4.12 中的时间段 1，查询区域为经度[85°，135°]，纬度[8°，54°]，区域查询中加上过网格时间判断，表 4.13 是查询所用的时间，方法 3 指在方法 2 中加入时间维判断后的方法，表 4.14 是方法 3 查询的过境目标详细情况。

表 4.13　区域查询耗时对比

	方法 1	方法 2	方法 3
区域查询用时（ms）	1280	1365	935

表 4.14　过境目标数量

序号	时刻（儒略日）	方法 1	方法 3	差值
1	2456452.147488	477	477	0
2	2456452.148183	470	468	2
3	2456452.148877	468	464	4
4	2456452.149572	458	454	4
5	2456452.150266	464	461	3
6	2456452.150961	482	482	0
7	2456452.151655	477	472	5
8	2456452.152350	468	465	3
9	2456452.153044	479	477	2
10	2456452.153738	478	476	2
11	2456452.154433	464	458	6
12	2456452.155127	453	450	3

从实验结果可知，加入时间维后，区域查询的时间有所减少，但是此时会出现部分空间目标被遗漏的情况，主要原因是空间目标在空间运动时会受到各种摄动因素的影响，其运行的周期不再是一个恒定值，因此在时间判断时，出现了错误的剔除，为此进行时间判断时需要在轨道周期中加入摄动的影响。

4）KNN 查询实验

基于空间目标时空索引的 KNN 查询时，可以根据空间目标所在网格快速确定一批候选空间目标，而不需要遍历所有的空间目标，为了验证其性能，本书以卫星编号（satellite catalog number）为 27620 的空间目标为例进行 KNN 查询实验，查询时间为 2013/6/8 15：32：23 至 2013/6/9 15：43：23（UTC），查询步长为 1h，K 取值为 3，表 4.15 和表 4.16 列出了采用本书方法和传统的所有目标遍历法的实验结果。

表 4.15　KNN 查询用时对比

	所有目标遍历法	本书方法
KNN 查询用时（ms）	4857	714

表 4.16　KNN 查询结果

序号	时刻（儒略日）	所有目标遍历法（目标编号）	本书方法（目标编号）
1	2456452.147488	36585，14977，14978	36585，14977，14978
2	2456452.189155	14977，14978，32278	14977，14978，32278
3	2456452.230822	21006，23398，35752	21006，23398，35752
4	2456452.272488	22014，32278，14977	22014，32278，14977
5	2456452.314155	32278，14977，38780	32278，14977，38780
6	2456452.355822	14977，14978，32278	14977，14978，32278
7	2456452.397488	14977，14978，22192	14977，14978，22192
8	2456452.439155	32281，14977，14978	32281，14977，14978
9	2456452.480822	14977，12907，32278	14977，12907，32278
10	2456452.522488	34196，26393，27674	34196，26393，27674
11	2456452.564155	19884，14977，32278	19884，14977，32278
12	2456452.605822	29671，29601，14977	29671，29601，14977
13	2456452.647488	14977，14978，32278	14977，14978，32278
14	2456452.689155	26987，36118，28474	26987，36118，28474
15	2456452.730822	38614，37200，14977	38614，37200，14977
16	2456452.772488	27795，23243，36884	27795，23243，36884
17	2456452.814155	38833，14977，14978	38833，14977，14978
18	2456452.855822	18103，14977，14978	18103，14977，14978
19	2456452.897488	14977，14978，32281	14977，14978，32281
20	2456452.939155	23398，14977，16103	23398，14977，16103
21	2456452.980822	22231，32278，14977	22231，32278，14977
22	2456453.022488	28839，14977，32278	28839，14977，32278
23	2456453.064155	14977，14978，32278	14977，14978，32278
24	2456453.105822	14977，14978，32278	14977，14978，32278
25	2456453.147488	22877，14977，14978	22877，14977，14978

由实验结果可知，本书的方法和采用目标遍历方法的查询结果一致，但是本书方法的查询时间只是目标遍历方法的 15%左右，即本书的方法可以在不损失查询准确率的情况下，极大地提高 KNN 查询的速度。

5）碰撞预警实验

为了测试基于空间目标时空索引的碰撞预警方法的有效性，在低轨、中轨、高轨、闪电轨道、地球静止轨道等几种有代表性的轨道类型中，各随机选取两个空间目标进行碰撞预警实验，所选目标编号见表 4.17，查询的时间为 2013/6/8 08：32：23 至 2013/6/9 09：32：23（UTC），表 4.18 给出了逐点计算方法、STK 中 Close Approach 模块及本书方法三种方法所用到的阈值，其中 STK 中 Close Approach 模块使用的是常规的筛选法碰撞预警，表 4.19 和表 4.20 分别记录这几种方法的碰撞预警结果。

表 4.17　所选目标编号

低轨目标		中轨目标		高轨目标		闪电轨道目标		地球静止轨道目标	
27437	38261	28914	33464	24282	33519	26867	37171	33595	38551

表 4.18　碰撞预警阈值设定

	逐点计算方法	STK 方法	本书方法
历元阈值（天）	30	30	30
近地点–远地点阈值（km）	—	30	—
进出网格高度阈值（km）	—	—	30
进出网格时间阈值（s）	—	—	1
几何筛选阈值（km）	—	30	—
时间筛选阈值（km）	—	30	—
距离阈值（km）	30	30	30
插值步长（s）	1	—	1

表 4.19　碰撞预警消耗时间

目标编号	逐点计算方法（ms）	STK 方法（ms）	本书方法（ms）
27437	820176	2160	2141
38261	820238	1430	2023
28914	820439	2420	801
33464	819894	2460	806
24282	820142	860	936
33519	820127	800	1075
26867	820328	1880	1196
37171	819948	1290	1164
33595	820126	1010	1318
38551	819874	1080	1690

注：由于 STK 的 Close Approach 模块没有提供运算时间统计工具，本书的结果采用秒表记录，有一定的误差。

表 4.20　碰撞预警数目

目标编号	逐点计算方法	STK 方法	本书方法
27437	36	36	36
38261	2	2	2
28914	2	2	2
33464	2	2	2
24282	0	0	0
33519	0	0	0
26867	0	0	0
37171	0	0	0
33595	0	0	0
38551	0	0	0

从表 4.19 的碰撞预警消耗时间中可以看出，逐点计算的方法耗时巨大，很难在实际的碰撞预警任务中使用，本书的碰撞预警方法平均每个目标耗时 1315 ms，STK 中每个目标平均耗时 1539 ms，虽然用秒表记录 STK 的碰撞预警时间的结果有一定的误差，但是这足以说明本书的方法与 STK 所使用的碰撞预警方法耗时是在同一个量级上。表 4.20 记录的是三种碰撞预警方法所筛选出的危险目标的数目，三种碰撞预警方法筛选出的危险目标数目相同，另外，本书对危险目标编号也进行了对比，三种碰撞预警方法筛选出的危险目标编号也是相同的。由实验结果可知，本书的碰撞预警方法可以在不损失准确率的情况下，达到与 STK 同一量级的速度。

6）实验结果分析

综合分析实验结果，可以得出以下几点结论：

（1）基于轨道约束的空间目标时空数据模型原理清晰、实现简捷，能对高速运行的空间目标进行有效的时空索引，构建的索引可以应用于区域查询、KNN 查询和碰撞预警等多种需求。

（2）基于轨道约束的空间目标时空数据模型更新速度快，建立 13864 个空间目标的索引，所用时间只需要 1min 左右。单个空间目标索引更新只需要 4.4ms 左右，由于 SGP4/SDP4 预报精度在 5 天内较好，因此理论上构建一次空间目标索引可以使用 5 天时间，构建索引的 1min 时间可以换来 5 天内的各类快速查询。

（3）基于空间目标时空索引的区域查询，可以在保证准确率的前提下，提高区域查询速度，虽然查询速度会受到区域的位置和大小的影响，但是对我国区域而言，其查询时间可以得到提高，尤其是对于实际应用中的小区域查询，其优势更能得到体现。

（4）基于空间目标时空索引的 KNN 查询可以快速定位不同目标间的邻近关系，从而为各种空间分析任务提供支撑。

（5）基于空间目标时空索引的碰撞预警方法提供了一种新的碰撞预警方法，其可以在保证准确率的前提下达到与 STK 相当的预警速度，并且实现简捷，无须复杂的迭代运算。

4.5　空间环境时空数据模型

由于空间环境对航天活动非常重要，因此空间环境监测技术得到迅速发展，空间环境数据采集量急剧增加。为了使采集的海量空间环境数据发挥最大的应用价值，需要一种有效的数据模型对这些数据进行存储、管理、维护、访问、分析和显示。目前，国际上典型的空间环境系统有美国的 Space Radiation[①]、CISM_DX 软件[②]，欧洲的 SPENVIS 系统[③]以及日本的 GEDAS（Kamide et al.，2003）等，这些系统的共同点是主要研究空间环境对航天器的影响效应，对空间环境数据模型本身的关注较少，对于数据模型的研究，传统 GIS 关注的较多，但其关注的重点是静态的地面对象（陈述彭等，1999），而

① Space Radiation Associates. Space radiation features. http://Spacerad.com/sr7features.html.

② Weigel R S，Wiltberger M，Gehmeyr M. The center for integrated space weather modeling data and model explorer. http://www.bu.edu/cism/cismdx/tex/cism_dx.html.

③ The Belgian Institute for Space Aeronomy. The space environment information system. http://www.spenvis.oma.be/models.php.

空间环境永远处于不断的变化中，需要处理的是空间环境动态现象。本书分别提出了基于时空分区的空间环境时空数据模型及基于过程的空间环境时空数据模型，这两个模型中，前者主要从空间环境数据的管理、数据调度角度出发构建模型，后者则重点关注空间环境数据的动态特性，引入过程管理的思想进行模型构建。

4.5.1　基于时空分区的空间环境时空数据模型

1. 空间环境要素的构成及其模型

目前，与人类活动相关的空间环境有：高层中性大气分布及其模式；空间等离子体环境分布及其模式，包括电离层等离子体、磁层等离子体和太阳风等离子体；高能带电离子分布及其模式，包括地球辐射带、银河宇宙线和太阳宇宙线；磁场分布及其模式，包括地球基本磁场、磁层磁场和行星际磁场；电磁辐射环境及其模式，包括太阳电磁辐射、地球大气电磁辐射和高层大气电磁辐射（姜景山，2001）。

如上所述，空间环境所包含的内容多，所涉及的空间尺度大，随时间变化而遭受的变化复杂多样，因此，如何从宏观上定量地描述空间环境的平均分布状态就显得特别重要。以一种简单实用的数学形式来描述空间环境的状态，进而通过计算机方便地给出空间中不同位置空间环境参量的定量分布，这在空间环境学中称为空间环境模式，在地理信息科学中称为空间环境模型，在本书中统一称为空间环境模型。空间环境模型必须建立在大量的空间探测数据的基础之上，通过拟合，以适当的数学形式来描述。

基于八叉树空间剖分和自适应时间分区的空间环境数据时空分区模型，空间环境模型大体可以分成两类。

（1）静态模型。目前绝大多数的空间环境模型还只是反映空间环境参量在静态情况下的平均特征，包括这些参量与一些基本参量（如质量、能量、成分）的关系，它们的空间分布的基本规律。

（2）动态模型。动态模型也可称为事件模型。它主要反映的是一种空间环境扰动事件的基本特征，如开始时间、上升到峰值时间、峰值大小、衰减时间等，太阳质子事件模式，地磁暴模式等。

空间环境所涉及的空间尺度大，又是在随时间不断变化的，每个探测数据只能反映某个时刻的环境状态，探测数据越多，根据其建立的空间环境模型所反映的空间状态就越准确。但目前人类的探测技术和手段有限，如何根据已有的有限的探测数据，建立能较准确地反映空间环境要素时空变化规律的空间环境动态模型，是空间环境学家和空间信息学家所关心的问题。

空间环境动态模型可用动态模型进行表达。所谓模型，就是现实世界中空间特定位置上的属性或状态随其驱动力的时间变化而变化的数学表达式（马修军等，2004）。空间现象从一个状态到另一个状态的变化可用式（4.24）表示：

$$S(t+1)=f[S(t), I(t)] \tag{4.24}$$

式中，S 为空间环境要素状态分布模型；I 为影响状态变化的输入函数；t 为时间；$f[S(t), I(t)]$为状态变化过程函数。

马东洋（2007）在空间环境静态模型的基础上，提出空间环境要素的时空动态模型为下面表示的五元组：

$$\{\text{Sin}, P, F, \text{Sout}, T\} \tag{4.25}$$

式中，Sin 为空间环境模型输入的环境要素分量状态集，或者确定模型某时刻的空间环境模型的初始条件（即环境诸要素分量的初始输入状态参数集）；P 为空间环境模型数值计算所需的参数集；F 为空间环境模型集，也就是空间环境要素时空状态变量之间的相互作用函数；Sout 为空间环境模型计算后的输出环境要素分量状态；T 为时间控制参数，确定模型的起始时间、结束时间和时间步长。

2. 空间环境要素数据的时空分区模型

通过不同的空间环境要素计算模型，可以以一定的空间间隔和时间间隔计算得到不同专题环境要素的时空数据。存储和描述这些环境时空数据时如果时空分辨率较低，则不能对其进行精确描述，从而会丢失某些重要信息；如果时空分辨率过高，则会存在大量的数据冗余，直接影响数据的利用效率。如何对这些数据进行合理组织，进行高效的存储、管理与检索，将直接影响对空间环境数据的可视化效率。本书借鉴 GIS 中基于时空分区聚簇（spatio-temporal partition clustering，STPC）的海量时空数据性能优化方法的思想，提出基于空间环境要素信息分辨率的多分辨率时空分区模型。

1）时空分区的基本思想

由于空间的范围巨大，空间内包含的环境要素种类繁多、数据量大。某些空间要素数据虽然存在于广阔的宇宙空间，但其属性在一定的空间范围内变化很小，甚至没有变化，而在某些空间范围内则变化非常剧烈。有的空间环境要素在某一时间间隔内状态相对稳定，随时间的变化其状态值的变化并不明显，而在另一个较小的时间间隔，其状态则会发生剧烈变化。也就是说，空间环境要素在时空坐标系内并不是均匀分布的，而是具有不同的时空分辨率。图 4.38 是在距离地表 70km 的高度上大气温度的分布情况，使用不同的颜色来区分不同的大气温度值。从图 4.38 中可以看到，大气温度在不同区域的变化程度是不同的。某些区域温度值相对稳定，变化较小，而有的区域则变化剧烈。

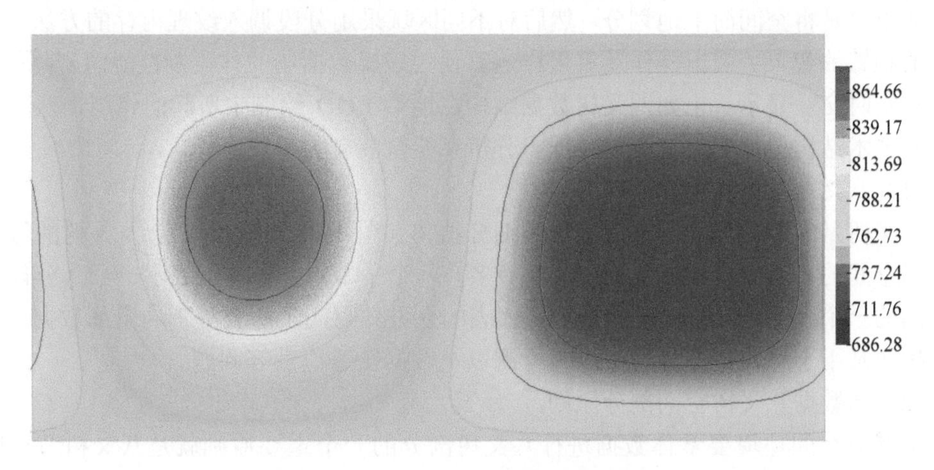

图 4.38　70km 大气外层温度渲染图

因此，可借鉴地形建模和可视化中在不同区域使用不同的分辨率来描述地形数据的思想，整个环境空间也可划分成若干大小相等或不等的区域，针对每个区域所包含要素的统计信息，使用不同的空间分辨率数据来描述这个区域内的要素信息。同时，在时间坐标轴上改变以往均匀划分时间刻度的做法，可以根据所描述数据的时态性，对其进行自适应时间分区。将时间分区和空间分区相结合，则形成时空分区。如图 4.39 所示，在时间轴上划分为 $T1$ 和 $T2$ 两个区间，在这两个时间区间内按照数据的空间分辨率分别对三维空间进行了划分。

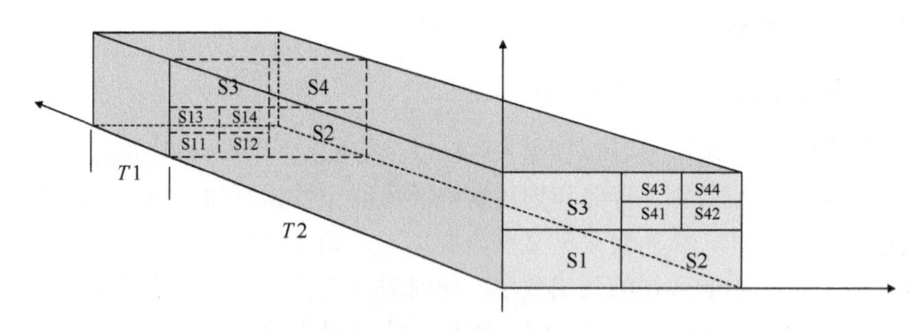

图 4.39　时空分区模型示意图

在此，本书将时空分区（spatio-temporal partition，STP）定义为：按照空间环境要素专题数据的不同时空变化率，将数据划分为不同大小的时空区间单元，每个时空区间单元大小不等、时空分辨率不同，但所含信息量基本一致。

时空分区具有以下基本特点（谢炯等，2006）：其是一种区划描述，由于其是对由空间维与时间维所组成的时态空间进行划分，因此具有时空多维特性；每一要素对象必须记录所属分区信息，这与时空分区作用原理有关；每个时空区间单元大小不同，但所包含的环境要素信息量大小基本一致；其是一种动态描述性分区，如果重新划定分区，则不会对已有的数据造成破坏，但需要更新每一对象的所属分区信息；分区是基于数据的一种描述，不会导致对象的割裂存储现象。

2）基于八叉树空间分区

如果只是将空间简单地划分，然后对不同区域采用分段调入纹理内存的方法，由此引发的频繁的载入 / 载出操作及重采样运算使大规模数据场的体绘制性能急剧降低，很难进行实时交互显示。正如四叉树数据结构在地形 LOD 绘制中所起的作用，八叉树空间剖分技术结构正是解决空间体数据多分辨率绘制的有力手段之一。

（1）八叉树数据结构。

八叉树是一个树状的空间层次递归细分结构（图 4.40 和图 4.41）。八叉树的每个节点表示空间的一个立方区域，每个节点最多有八个子节点，子节点表示一个八分体的节点空间的一个子部分。八叉树的根节点代表的立方体封闭了所要处理的全部数据。八叉树结构通常用于解决视域裁剪、碰撞检测以及数据快速检索等问题。

（2）体数据八叉树空间剖分原则。

本书对空间环境要素体数据进行八叉树剖分的一个重要原则就是八叉树节点所对应的区域体数据的分辨率。例如，对大气温度体数据进行八叉树剖分，八叉树某一节点所

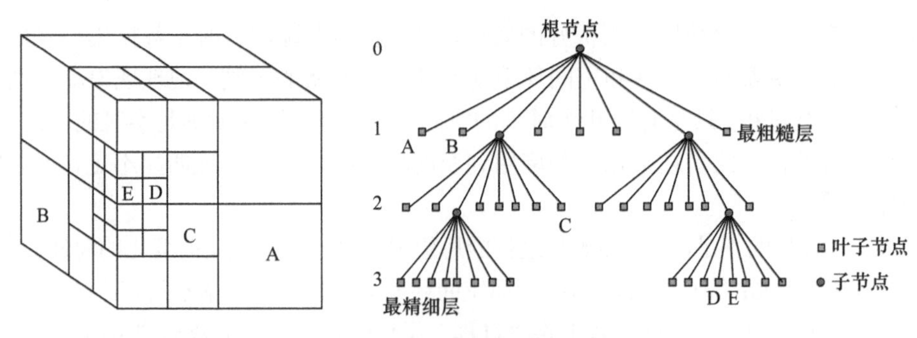

图 4.40　八叉树数据结构

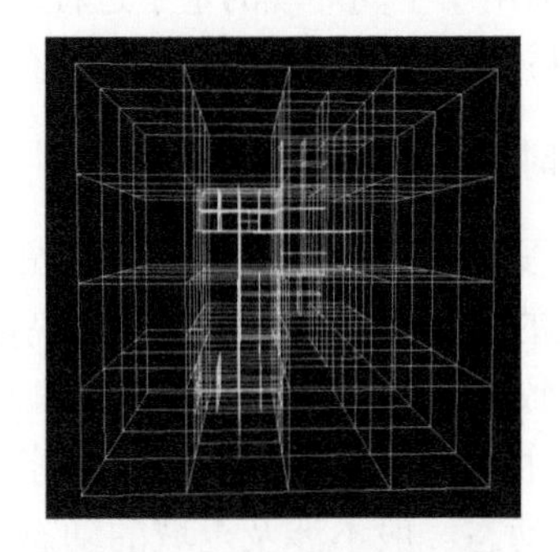

图 4.41　八叉树剖分结果

对应区域为 n_i，在该区域内大气温度的变化很小，则可认为该区域内所包含的大气温度数据分辨率较低，因而可以使用较低分辨率的体数据（如 32×32×32）进行表达和绘制。而对于某一区域 n_j，其大气温度变化范围较大，则认为该区域所包含的大气温度数据分辨率较高，必须对其进行进一步八叉树剖分，以使八叉树节点对应区域所包含数据的分辨率满足要求，则将该节点作为叶子节点。一个八叉树只有叶子节点包含实际体数据，一个叶子节点对应一个 3D 体纹理。而内部节点仅仅包含对其父、子节点的指针，所以只有八叉树叶子节点包含的体数据参加绘制。

如果体数据原始分辨率为 1024×1024×1024=1073741824，根据体数据的分辨率对其进行八叉树剖分，剖分结果如图 4.40 所示，八叉树共有 36 个叶子节点，如果每个叶子节点使用 64×64×64 分辨率的体纹理进行表达，则剖分后该体数据的总数据量就为 36×64×64×64=9437184。数据量仅约为原始数据的 113 分之一，极大地减少了对纹理内存的占用，从而有效地提高了绘制速度。

4.5.2　基于过程的空间环境时空数据模型

为了描述和表达地理实体和现象的动态特性，国内外许多学者把改变地理空间状态的“事件”纳入研究范围（陈军和赵仁亮，1999；吴信才和曹志月，2002），对时态地理信息系统进行研究，时态地理信息系统中时空数据模型是核心，近年来，比较有代表性的时空数据模型有时空立方体、时空快照序列、基态修正模型、时空复合模型、时空三域模型和基于特征的时空模型（崔伟宏等，2004；苏奋振等，2004）等，这些时空数据模型在特定的应用领域取得了很好的效果，但是总体来说这些时空数据模型发展于地理现象，而地理现象的动态性和空间环境动态性有着本质的区别，地理现象动态性通常不涉及时空连续过程，只是有限几个时刻的空间状态，而空间环境则是实时的动态变化，即具有过程特性，因此上述数据模型应用到空间环境中，则会出现明显不足，如时空分析能力较弱等。

针对上述模型的不足，苏奋振等将过程的思想用于描述和组织实时变化的海洋数据（苏奋振和周成虎，2006；薛存金等，2007），而空间环境数据和海洋数据都具有连续变化特性，二者具有一定的相似性，因此，本书将“过程”思想引入空间环境数据的组织与管理，将“过程”作为处理对象，建立适用于空间环境的基于过程的时空数据模型，以便完整地表达和分析空间环境的动态特征与变化规律，为空间环境的有效利用提供理论与技术支撑。

1. 基于过程的空间环境时空数据模型构建

与地理现象的状态不同，受太阳各种活动的影响，空间环境的状态并不是平静的，而是各种形态、各种时间尺度的扰动，太阳爆发产生的高能辐射和粒子流在地球附近引起多种地球物理效应。由此导致空间环境数据区别于地理数据的一大特性是具有过程特性。空间环境数据的过程特性主要体现在空间环境永不停息的动态性，空间环境的动态性不同于地表的动态，地表的动态一般不涉及全域的动态，往往是局部的，只是一小区域或其边界的变化，而且一经变化将持续较长一段时间。但是空间环境现象每时每刻都是变化的，而且都是全局性的变化，这些变化在时间上都具有持续性。为了研究动态的空间环境，就需要将空间环境变化的整个过程作为研究对象，以便揭示各空间事件之间的内在联系，如太阳活动与磁暴、电离层扰动等现象之间的关系。

基于过程的时空数据模型，是以过程为处理对象，将反映现实世界生消演变的全过程数据进行有效组织、管理的模型。时间上的持续性是过程的本质特征，因此在基于过程的数据模型中，时间是一个不可或缺的要素，在过程中，时间是有方向和顺序的，这点不同于地理信息系统中的时间概念，地理信息系统中主要关注空间分布状态，或有限几个时刻的空间状态，不涉及时空连续过程，状态研究中的时间不需要起点和终点，也不需要方向和顺序。现实世界中，过程具有连续性和不可逆性，但是在基于过程的数据模型中，时间和过程一起是可以被重复、模拟和可逆的，研究者可以在该模型的支持下提取现实世界中过程的各个不同侧面、不同层次的空间和时间特征，快速地模拟过程的演变或思维过程的结果，从而揭示更多现象之间的内在联系，预测事件未来的发展走势。

下面分别从概念模型、逻辑模型、物理模型三个方面详细介绍基于过程的空间环境时空数据模型的构建。

1）概念模型

根据空间环境数据的获取途径，空间环境数据可以分为实际监测数据和根据空间环境计算模式生成的数据两个部分。监测数据主要是离散的点观测数据和连续的线扫描观测数据；计算模式生成的数据依据应用不同可以分为点、线、面和场几类数据，如 TEC 面数据、大气温度场数据等。虽然空间环境包含高层大气、地球电离层、地球磁场以及地球辐射带等类型，描述各类空间环境的参数也各不相同，如描述高层大气的参数有大气成分、大气密度、大气温度和大气风场等，描述地球磁场的参数则有磁场的强度和方向等，但是从空间态势统一认知模型的几何成分出发，空间环境过程可以抽象为点过程、线过程、面过程和场过程，下面分别对这四类空间环境过程进行说明。

（1）点过程。点过程是指那些可离散成点的观测在时间上的延续，如一段时间内各监测站点观测的电离层环境参数值。点过程数据是建立各类空间环境模式、开展模式评估，以及进行预报、效应预报和防护的基础。

（2）线过程。线过程是指那些由点过程聚合而成的过程对象，如一段时间内的电离层垂测参数值，由搭载在卫星上的设备获取的呈对应轨道状分布的高能电子通量数据、高能质子通量数据等。对于线过程数据，可以根据线上各点属性值是否相同再进一步分为两类：一类是线上每点的属性不一致的空间环境过程的线描述数据，在这类数据中，线上点的属性值和空间位置是随时间的变化而变化的，如前面的卫星上获取的高能电子通量数据；另一类是线上属性一致的空间环境过程的线描述数据，在这类数据中，线的属性值和空间位置是随着时间的变化而变化的，如区域电离层 TEC 栅格数据上的等值线。

（3）面过程。面过程可以是由一系列的观测点过程聚合而成的，也可以是由空间环境模式预报生成的面过程数据。其中，面状的过程数据可以进一步细分为面上属性一致的过程数据和面上每点的属性不一致的过程数据，即面上的属性值和空间位置是随时间的变化而变化的数据（如空间环境的等值面）及面上点的属性值和整个面的空间位置是随时间的变化而变化的数据（如区域电离层闪烁预报数据）。

（4）场过程。场过程首先可以认为是由点过程、线过程和面过程构成的一个整体；另外，也可以认为是由空间环境模式预报生成的场过程数据，如预报模式生成的全球电离层分布情况。对于空间环境过程的场数据，同样可以根据场内属性是否一致再详细地划分为两类：一类是场内的属性值和空间位置是随时间的变化而变化的数据；另一类是场内点的属性值和整个场的空间位置是随时间的变化而变化的数据，前者场内属性一致，后者场内属性不一致。对于场数据，根据是否具有方向又可以分为标量场和矢量场，标量场数据只有大小，没有方向，如大气温度、大气密度和大气温度等，矢量场数据既有大小，又有方向，如大气风场、地球磁场。

2）逻辑模型

在概念模型给出的四类过程的基础上，将过程对象进一步抽象为过程特征，并采用面向对象的技术对上述的几类过程进行封装，即采用类的思想对过程数据进行组织、管理。下面详细介绍基于过程的空间环境数据模型的逻辑模型。

对于空间环境的任何一个过程对象，都可以用下面的面向对象描述框架来描述：

<Object：{PID，Space（X，Y，Z）= S（t），Attributes = A（Space，t），Time（t_s，t_e），Operates，Describe}>

其中，Object 为空间环境过程对象；PID 为空间环境过程对象的唯一标识符。

Space（X，Y，Z）为空间环境过程对象的空间位置，其是时间 t 的函数，反映了过程对象的空间位置随时间变化而变化的特性。

Attributes 描述了空间环境过程对象的属性信息，其是空间位置 Space 和时间 t 的函数，反映了空间环境过程对象中属性受到空间位置和时间位置的双重约束。

Time（t_s，t_e）描述了空间环境过程对象的时态性，记录对象产生、演变、消亡的生命历程，t_s表示过程开始时间，t_e表示过程结束时间。

Operates 描述了空间环境过程对象的行为操作，定义了对象的空间、时间和属性的各类运算操作，实现了同类对象或不同类对象之间的相互联系。

Describe 描述了空间环境过程对象的其他辅助信息，如完整性约束等。空间环境过程对象的六元素描述，不仅实现空间环境的空间、时间、属性的统一描述与表达，而且能够进一步描述空间环境及其空间和属性信息的变化。

本书采用面向对象的设计方法，建立如图 4.42 所示的类结构来描述空间环境过程模型的逻辑模型及其与概念模型的对应关系。

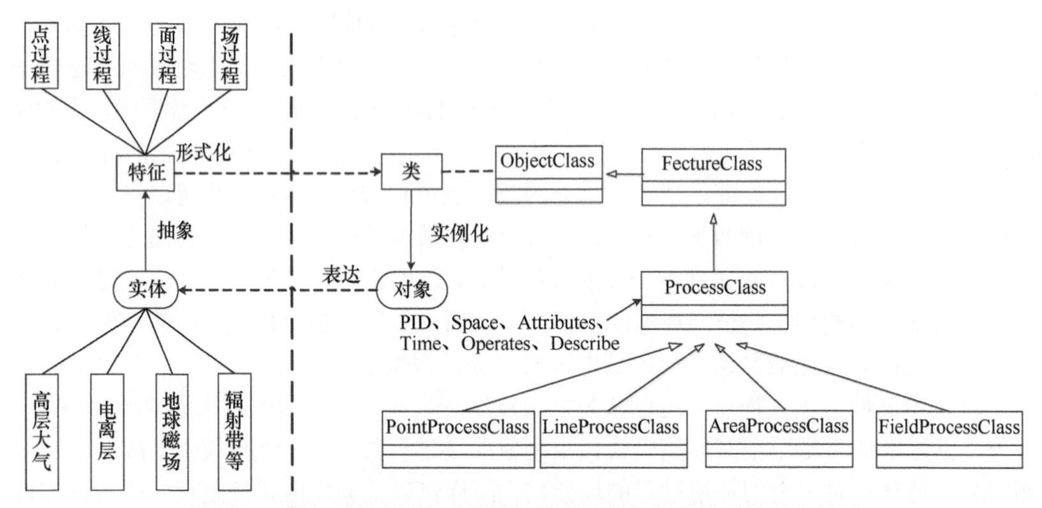

图 4.42　空间环境过程模型的逻辑模型及其与概念模型的对应关系

图 4.42 中，ObjectClass 是客观世界的空间环境对象；FeatureClass 是客观存在空间环境对象的抽象类；ProcessClass 继承自 FeatureClass，具有基类的属性和特征。对应于概念模型，空间环境过程 ProcessClass 又有 PointProcessClass、LineProcessClass、AreaProcessClass 和 FieldProcessClass 四个子类，每个子类都继承了其六元素（PID、Space、Attributes、Time、Operates、Describe）。在此基础上，通过实例化方法即可创建具体的点、线、面和场过程，如电离层监测台站点过程，大气密度卫星轨道线过程，电离层 TEC 现报、预报面过程，全球大气温度场过程，图 4.42 中虚线左边为空间环境过程模型的概念结构图，高层大气、电离层、地球磁场、辐射带等空间环境数据经过抽象，组织成点、线、面和场过程，概念模型中的实体和逻辑模型中的对象相对应，特征则和类相对应。

3）物理模型

物理模型是基于过程的空间环境时空数据在计算机上的具体组织和存储方式。空间环境过程数据可以采用有序状态列来记录，数据库是过程数据存储的首选，但是过程数据的属性、功能和关系在时间和空间上的动态过程性决定了其数据存储的复杂性，传统的关系型数据库虽可以实现过程数据的存储，但是描述一个过程对象时，往往需要多张数据库表来实现，数据的更新和维护较为复杂，而文件结构具有多重属性表达功能。因此，本书将数据库和文件方式结合起来，充分发挥各自的优点。

本书按照逻辑模型的思路，将数据库分为基本的四类表：点过程表、线过程表、面过程表和场过程表，具体的空间环境过程数据都以这四类表为基础进行存储，如大气密度点过程表、大气温度线过程表等。表 4.21～表 4.24 显示了这四类过程表的具体形式。

表 4.21　点过程基本信息表结构

序号	过程编号	空间环境类型	经度（°）	纬度（°）	高度（m）	起始时刻	结束时刻	其他描述信息
1	0001	point	114	30	500	2003/3/1 12：00：00	2003/3/2 12：00：00	…
…	…	…	…	…	…	…	…	…

表 4.22　点过程数据记录表结构

序号	过程编号	时刻	属性 1	属性 2	…	属性 *n*
1	0001	2003/3/1 12：00：00	50	100	…	…
…	…	…	…	…	…	…

表 4.23　线、面、场过程基本信息表结构

序号	过程编号	空间环境类型	起始时刻	结束时刻	其他描述信息
1	0001	line	2003/3/1 12：00：00	2003/3/2 12：00：00	…
…	…	…	…	…	…

表 4.24　线、面、场过程数据记录表结构

序号	过程编号	时刻	属性 1 数据文件存放路径	属性 2 数据文件存放路径	…	属性 *n* 数据文件存放路径
1	0001	2003/3/1 12：00：00	..\\data1\\pro1.dat	..\\data2\\pro2.dat	…	..\\datan\\pron.dat
…	…	…	…	…	…	…

表 4.21 和表 4.23 是空间环境过程基本信息表，记录了过程对象的一些基本信息，其中点过程与其他三类过程基本信息表的区别是：点过程中记录了空间位置信息，而其他三类则将位置信息记录在过程数据文件中；表 4.22 和表 4.24 则是过程数据记录表，其中点过程的属性值直接记录到数据表中，而线、面、场过程数据记录则通过数据库和文件来管理，数据表只负责记录数据文件的路径信息，用于数据文件的索引，具体的数据记录则保存在文件中，为了便于操作和管理，文件中的数据记录，无论线、面和场数据都采用图 4.43 统一的形式。

时刻1
经度1 纬度1 高度1 属性1 属性2…
经度2 纬度2 高度2 属性1 属性2…
…
TIME_DATA_END//一个时刻数据块结束标志
时刻2
经度1 纬度1 高度1 属性1 属性2…
经度2 纬度2 高度2 属性1 属性2…
…
TIME_DATA_END //一个时刻数据块结束标志
…
…
FILE_DATA_END //文件结束标志

图 4.43　过程数据文件存储结构图

上面的文件结构虽然在某些情况下增加了数据的冗余度（如规则格网的数据场不需要记录每个点的位置信息），但是统一了文件格式，降低了数据读取方式的多样性。

本书的过程数据虽然采用有序状态列来记录，在数据存储形式上与时空快照数据模型有所相似，但是二者有本质的区别，时空快照模型中，每个时刻记录了有很多对象的状态，而过程模型是一个对象有很多时间序列，整个过程当成整体共同构成了一个完整的研究对象，时间序列仅仅是每个对象的组成部分，数据在逻辑上已经不是对时空过程的割裂，而是时空过程链，这样对象的发展过程将能方便地展示；再者过程模型中的时间序列具有顺序和方向性，时空快照模型中时间序列之间没有必然联系，是一些独立记录的时刻状态。

2. 基于过程的空间环境时空数据模型应用

为了验证本书的基于过程的空间环境数据模型的实用性和有效性，开发了空间环境过程数据模型应用模块，如图 4.44 所示，该模块由基于过程的空间环境数据模型和基于过程的操作两部分组成，数据模型中的数据库部分采用 Oracle 数据库平台，数据操作主要由时空过程插值与聚合、时空过程查询与提取以及时空过程可视化几部分组成，基于过程的空间环境数据模型是过程操作的基础，过程操作中时空过程可视化又以时空过程插值与聚合、时空过程查询与提取为前提。

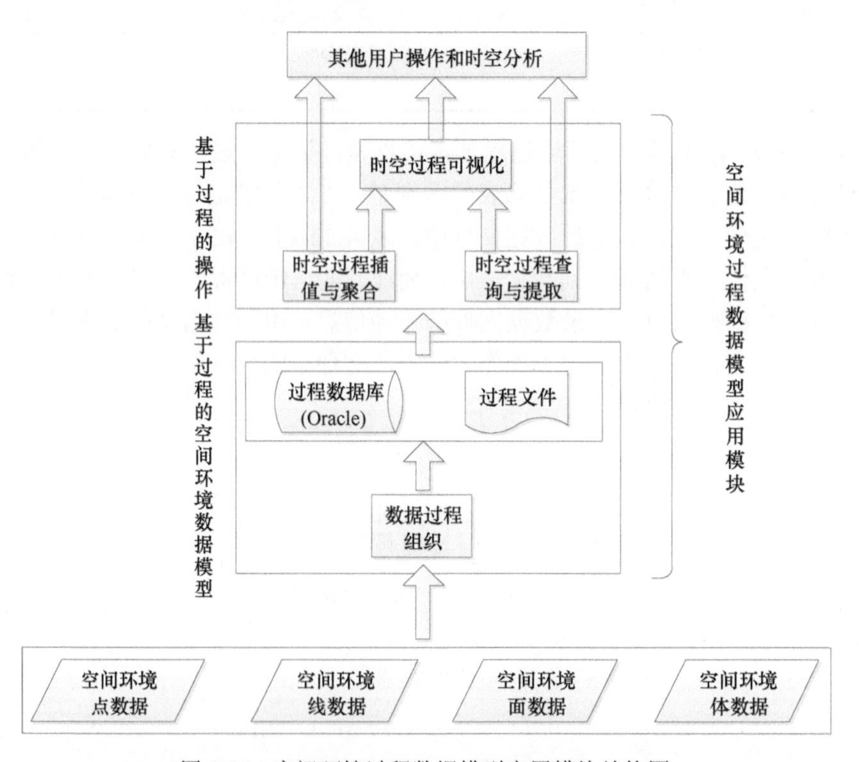

图 4.44　空间环境过程数据模型应用模块结构图

1）时空过程插值与聚合

空间环境过程数据的记录是以离散的序列记录的，当这些记录时空分布不均匀或者时空粒度过大时，需要进行时空过程插值，以获得时空尺度一致以及时空粒度更小的时空过程。时空过程插值分为两大类：一类是按空间环境模式进行插值，将实际记录的数据和空间环境模式结合起来实现时空过程插值；另一类是纯数学插值方法，目前数学插值方法较多，如 KNN 法、双线性插值法、双三次插值法等，在不同的应用需求下需要使用不同的插值方法。

当从宏观的角度研究空间环境现象时（如全球的大气温度变化等），需要完成与时空过程插值相反的过程，将时间过程数据由细粒度转变到粗粒度，即时空过程聚合。时空过程聚合最简单的方法是对原始数据进行简单的抽稀处理，完成时空聚合，这种方法可以用在一些规则格网的场过程数据的聚合上，但是对一些实际监测的散乱点数据，采用这种方法，往往会丢失一些关键点的数据，因此对这类过程数据的聚合则需要参照具体应用，考虑多种因素完成时空过程聚合，时空聚合的实质是多尺度表达问题，第 5 章会有详细的介绍。

2）时空过程查询与提取

数据的查询和提取效率是衡量数据模型优劣的一项重要指标，本书的空间环境数据模型的物理存储采用了数据库和文件一起的混合方式，数据库部分的时空过程查询与提取可以用 SQL 语句进行方便的查询，文件部分的查询与提取虽不及数据库方便，但是通过指针定位方法也能轻易实现时空过程数据的查询与提取。

3）时空过程可视化

空间环境时空过程可视化是利用图形图像的方法将不可见的时空过程直观地表达出来，以便分析和理解空间环境整个过程的发展规律及各过程对象之间的关系。本书的空间环境过程被抽象为点过程、线过程、面过程和场过程四类，点过程可视化较为简单，可以用横轴为时间、纵轴为点的属性值的二维曲线图来展示；对于线过程的可视化，可以在三维空间中根据线的位置绘制出三维曲线，根据线上点的属性值进行分层设色来展示一个时刻的空间环境状态，以上是线上各点属性值不一致的情况，对于线上各点属性值一致的情况，不同线之间也可以用颜色区别，采用动态演进的方式观测其过程变化。面过程的可视化则同样可以采用分层设色加动态演进的方法完成；对于场过程的可视化则可以采用体绘制技术进行展示，并且集合前面的时空过程插值方法可以实现剖面展示，以便更好地理解场过程。

点过程较为简单，本书不再对其进行实例说明，下面分别利用地球磁场、电离层 TEC、大气温度，并结合前面的时空插值与聚合和查询与提取方法来举例说明基于线、面和场过程的空间数据模型的应用情况。在不影响数据模型验证效果的情况下，本书的实验数据主要采用空间环境要素模式生成。图 4.45 是采用全球磁流体（magneto hydro dynamics，MHD）模型和日本名古屋大学日地环境实验室（Solar-Terrestrial Environment Laboratory）提供的 Space_W Database\SM0010 光盘数据生成的地球地磁场磁力线的三维可视化效果图，该磁力线过程数据采用本书的数据模型进行物理存储，图 4.45 中显示的磁力线效果对应的数据时间为世界时（UTC）1999 年 10 月 21 日 2 时 21 分 0 秒。

对于面过程的实例验证，本书采用电离层 TEC 的数据进行实验，图 4.46 的两幅图像是采用分层设色方法生成的全球 TEC 可视化分布效果图，数据采用国际参考电离层模式

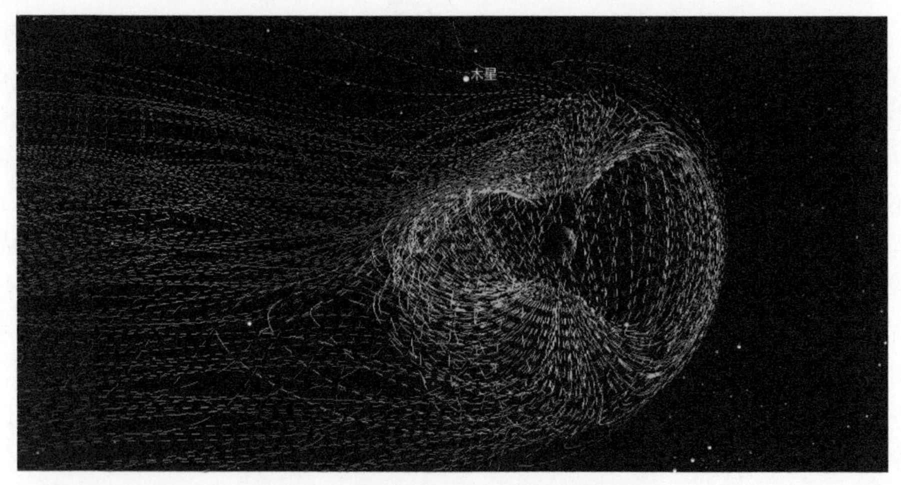

图 4.45　地球地磁场的三维可视化效果图

（international reference ionosphere，IRI）生成，数据生成的空间间隔是经纬度格网距离为 1°，时间间隔是 30min，图 4.46（a）中 TEC 对应的数据时间为 UTC 时 2006 年 12 月 4 日 20 时 0 分 0 秒，F107 指数为 93.6，图 4.46（b）中 TEC 对应的数据时间为 UTC 时 2006 年 12 月 4 日 21 时 0 分 0 秒，F107 指数为 93.6，从这两幅图可以看出 TEC 的过程特性，随着时间的变化，高值区域发生变化，受太阳光照强度的影响，太阳光照越强的地方，TEC 值越高，这点与电离层活动的物理机理一致。

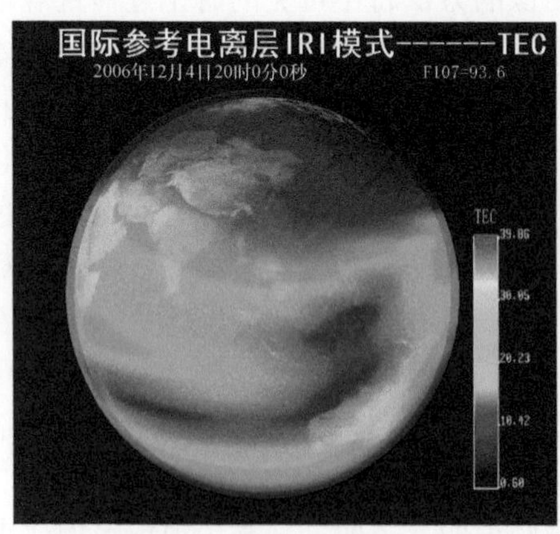

(a)2006年12月4日20时0分0秒

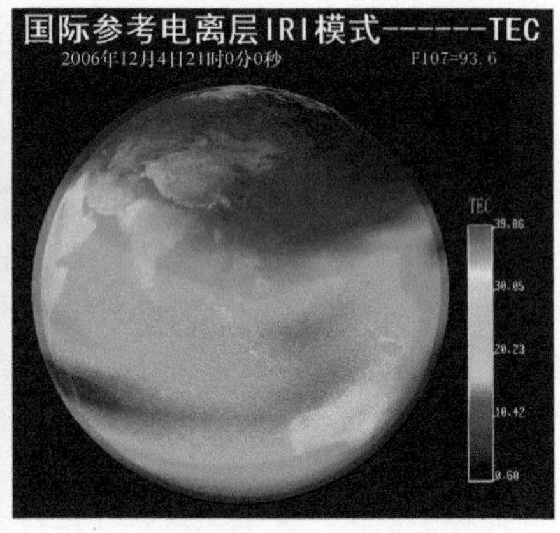

(b)2006年12月4日21时0分0秒

图 4.46　全球 TEC 可视化分布效果图

场过程的实例分析，本书采用大气温度数据进行实验，图 4.47（a）是采用体绘制技术生成的全球大气温度可视化效果图，数据由 MSIS2000（质谱仪和非相干散射大气模型，mass spectrometer and incoherrent scatter atmosphere model）大气模型生成，数据生成的空间间隔是经纬度格网距离为 1°，高度间隔为 1km，时间为 UTC 时 2003 年 3 月 20 日 0 时 0 分 0 秒，F107 为 96.6，F107A 为 126.0，Ap 指数为 30.0；图 4.47（b）为同一时刻的数据进行剖面分析的大气温度效果图，同时显示了沿经度、纬度和高度不同方向的剖分效果，剖分中采用了时空过程插值方法。

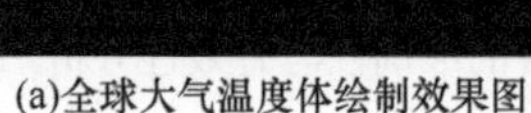
(a)全球大气温度体绘制效果图

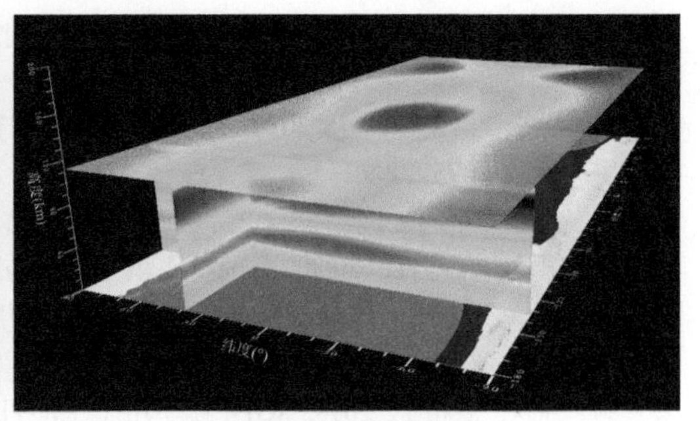
(b)全球大气温度剖面效果图

图 4.47　场过程可视化

本节的应用实验都是以基于过程的空间环境模型为基础，在时空过程可视化中充分运用了时空过程插值与聚合、查询与提取等方法，实验结果表明，基于过程的空间环境数据模型具有较好的可行性与实用性。

4.6　本 章 小 结

空间态势信息时空模型是空间组织和管理空间态势信息，实现空间态势的时空检索、查询、处理和存储的前提，本章针对空间态势的特点，分析了空间态势信息要素的基本时空演化过程，研究了空间对象的时空建模方法，并针对空间目标和空间环境设计了具体的时空数据模型，分别给出了数据模型的应用情况和实验结果，为空间态势的表达和应用提供了支撑。

参 考 文 献

贲进. 2006. 地球信息空间离散网格数据模型的理论与算法研究. 郑州: 解放军信息工程大学博士学位论文.
曹雪峰. 2012. 地球圈层空间网格理论与算法研究. 郑州: 解放军信息工程大学博士学位论文.
陈军, 赵仁亮. 1999. GIS 空间关系的基本问题与研究进展. 测绘学报, 28(2): 95-102.
陈磊, 韩蕾, 白显宗, 等. 2010. 空间目标轨道力学与误差分析. 北京: 国防工业出版社.
陈述彭, 鲁学军, 周成虎. 1999. 地理信息系统导论. 北京: 科学出版社.
崔伟宏, 史文中, 李小娟. 2004. 基于特征的时空数据模型研究及在土地利用变化动态监测中的应用. 测绘学报, 33(2): 138-145.
高勇, 张晶, 朱晓禧, 等. 2007. 移动对象的时空拓扑关系模型. 北京大学学报(自然科学版), 43(4): 468-473.
龚健雅. 2007. 对地观测数据处理与分析研究进展. 武汉: 武汉大学出版社.
姜景山. 2001. 空间科学与应用. 北京: 科学出版社.
姜晓轶. 2006. 基于 OpenGIS 简单要素规范的面向对象时空数据模型研究. 上海: 华东师范大学博士学位论文.
李东, 王晔, 彭宇辉. 2009. 基于动态网格的移动对象索引. 计算机工程与科学, 31(2): 69-72.
李正国. 2012. 混合式球面退化格网模型与空间数据. 郑州: 解放军信息工程大学硕士学位论文.
刘大有, 胡鹤, 王生生, 等. 2004. 时空推理研究进展. 软件学报, 15(8): 1141-1149.
刘静, 王荣兰, 张宏博. 2004. 空间碎片碰撞预警研究. 空间科学学报, 26(6): 462-469.
刘良旭. 2008. 移动对象数据库中时空数据管理若干关键技术研究. 上海: 东华大学博士学位论文.
刘一帆. 2009. 基于 SGP4 模型的低轨道航天器轨道预报方法研究. 哈尔滨: 哈尔滨工业大学硕士学位论文.

卢炎生, 查志勇, 潘鹏. 2006. 一种改进的移动对象时空数据模型. 华中科技大学学报(自然科学版), 34(8): 32-34.
吕亮, 施群山, 蓝朝桢, 等. 2017. 基于轨道约束的空间目标球面网络索引及区域查询应用. 计算机应用, 37(7): 2095-2099.
马东洋. 2007. 空间环境综合数据库的研究与应用. 郑州: 解放军信息工程大学博士学位论文.
马修军, 邬伦, 谢昆青. 2004. 空间动态模型建模方法. 北京大学学报(自然科学版), 40(2): 279-286.
孟妮娜, 周校东. 2003. 固定格网划分的空间索引的实现技术. 北京测绘, (1): 7-11.
苗永宽. l983. 球面天文学. 北京: 科学出版社.
荣吉利, 齐跃, 谌相宇. 2013. SGP4 模型用于空间目标碰撞预警的准确性与有效性分析. 北京理工大学学报, 33(12): 1309-1312.
施群山, 蓝朝桢, 周杨, 等. 2015. 基于过程的空间环境数据模型. 测绘科学, 40(9): 23-27.
苏奋振, 周成虎. 2006. 过程地理信息系统框架基础与原型构建. 地理研究, 25(3): 477-484.
苏奋振, 周成虎, 杨晓梅, 等. 2004. 海洋地理信息系统-原理技术与应用. 北京: 海洋出版社.
童晓冲. 2010. 空间信息剖分组织的全球离散格网理论与方法. 郑州: 解放军信息工程大学博士学位论文.
王宏勇. 2004. 空间运动对象时空数据模型的研究. 郑州: 解放军信息工程大学博士学位论文.
吴信才, 曹志月. 2002. 时态 GIS 的基本概念、功能及实现方法. 中国地质大学学报, 27(3): 241-245.
谢炯, 刘仁义, 刘南. 2006. 基于时空分区聚簇的海量时空数据性能优化方法研究. 中国图象图形学报, 11(9): 1334-1341.
徐青. 2006. “数字空间”与“深空测绘”及其支撑技术. 测绘科学技术学报, 23(2): 97-100.
薛存金, 苏奋振, 周成虎. 2007. 基于特征的海洋锋线过程时空数据模型分析与应用. 地球信息科学, 10(9): 50-56.
杨洋, 吴功友, 马鑫, 等. 2010. 基于TLE系列的近地碎片轨道预报方法. 空间碎片研究与应用, 10(2): 1-7.
杨志涛, 刘林, 刘静, 等. 2013. 空间目标碰撞预警中的一种高效筛选方法. 空间科学学报, 33(2): 176-181.
叶焕倬. 2004. 三维运动目标的数据组织与管理. 武汉: 武汉大学博士学位论文.
易善桢, 张勇, 周立柱. 2002. 一种平面移动对象的时空数据模型. 软件学报, 13(8): 1658-1664.
詹平, 郭菁, 郭薇. 2007. 基于时空索引结构的移动对象将来时刻位置预测. 武汉大学学报(工学版), 40(3): 103-108.
张凤, 曹渠江. 2005. 现有时空数据模型的研究. 上海理工大学学报, 27(6): 530-534.
赵学胜, 白建军. 2007. 基于菱形块的全球离散格网层次建模. 中国矿业大学学报, 36(3): 398-401.
赵振岩, 王宇飞, 邱瑞. 2011. 卫星主动规避空间碎片碰撞研究-中国空间技术研究院卫星规避空间碎片工作的现状及差距. 空间碎片研究与应用, 11(4): 43-47.
郑勤余, 吴连大. 2004. 卫星与空间碎片碰撞预警的快速算法. 天文学报, 45(4): 422-427.
周杨. 2009. 深空测绘时空数据建模与可视化技术研究. 郑州: 解放军信息工程大学博士学位论文.
Alborzi H, Samet H. 2000. Augmenting SAND with a Spherical Data Model. California, Santa Barbara: International Conference on Discrete Global Grids.
Allen J F. 1983. Maintaining knowledge about temporal intervals. Communications of the ACM, 26(11): 832-843.
Dutton G H. 1998. A Hierarchical Coordinate System for Geoprocessing and Cartography. Lecture Notes in Earth Science 78. Berlin: Springer-Verlag.
Dutton G. 1989. Modeling Locational Uncertainty Via Hierarchical Tessellation//Goodchild M, Gopal S. Accuracy of Spatial Databases. London: Tayor and Francis: 125-140.
Dutton G. 1996. Encoding and Handling Geospatial Data with Hierarchical Triangular Meshes//Proceeding of 7th International Symposium on Spatial Data Handling. London: Talor&Francis.
Egenhofer M J, Franzosa R. 1991. Point-Set topological spatial relations. Int J Geogr Inf Syst, 5: 16l-l74.
Erwig M, Guting R H, Sehneider M, et al. 1998. Abstract and discrete modeling of spatio-temporal data types//Proc.of the 6th ACM Symp. Washington, D.C.: On Geographic Information Systems: 131-136.
Erwig M, Schneider M. 1999. Developments in spatio-temporal query languages//IEEE Int.Workshop on

Spatio-Temporal Data Models and Languages(STDMT) Florence. Italy.
Falby J S, Zyda M J, Pratt D R, et al. 1993. NPSNET: hierarchical data structures for real-time three-dimensional visual simulation. Computer and Graphics, 17(1): 65-69.
Forlizzi L, Guting R H, Nardelli E, et al. 2000. A data model and strueture for moving objects databases Proc. ACM SIGMOD Intl.Conf. On Management of Data.
Gorski K M, Hivon E, Banday A J, et al. 2005. HEALPix: a framework for high-resolution discretization and fast analysis of data distributed on the sphere. Astrophysical Journal, 622: 759-771.
Grossner K E. 2006. Is Google Earth, "Digital Earth" –Defining a Vision. http: //www.usgs.com/publication/[2017-06-18].
Güting R H, Böhlen M H, Erwig M, et al. 2000. Foundation for representing and querying moving objects. ACM Transactions on Database Systems, 25(1): 1-42.
Güting R H, Bölhen M H, Erwig M, et al. 1998. A Foundation for Representing and Querying Moving Objects. Technieal Report informatik238, Fern University Hagen.
Hoots F R, Crawford L L, Roehrich R L. 1984. An analytic method to determine future close approaches between satellites. Celestial Mechanics, 33(2): 143-158.
ISCCP. 2004. ISCCP Map Grid Information. http://isccp.giss.nasa.gov/docs/mapgridinfo.html [2017-07-08].
Kamide Y, Masuda S, Shirai H, et al. 2003. The geospace environment data analysis system. Advances in Space Research, 31(4): 807-812.
Kolar J. 2004. Representaion of Geographic Terrain Surface Using Global Indexing. Proceeding of the 12th International Conference on Geoinformatics.
Koller D, Lindstrom P, Ribarsky W, et al. 1994. Virtual GIS: A Real-Time 3D Geographic Information System. Proceedings of the IEEE visualization'94. Atlata Georgia, October. Atlanta1995, Georgia, USA: IEEE Computer Society.
Leclerc Y, Reddy M, Eriksen M, et al. 2002. SRI's Digital Earth Project. Technical Note 560, SRI International, Menlo Park, CA.
Lukatela H. 2012. A Seamless Global Terrain Model in the Hipparchus System. http://www.eodvssev.com/global/naners[2017-07-21].
Mostafavi A, Gold C. 2004. A global kinetic spatial data structure for a marine simulation. Int J Geogr Inf Sci, 18(3): 211-227.
Nievergelt J, Hinterbetger H, Sevcik K C. 1984. The grid file: an adaptable, syrmnetric multikey file structure. ACM Trans on Database Systems, 9(1) : 38-71.
NIMA. 2011. Digital Terrain Elevation Data. http://www.niama.mil/[2017-06-12].
Oliviero S. 1997. Spatial and Temporal Reasoning. Dordrecht: Kluwer Academic Publishers.
Ottoson P, Anshauska H. 2002. Ellipsoidal quad-tree for indexing of global geographical dat. Geographical Information Science, 6(3): 213-226.
Sahr K, White D, Kimerling A J. 2003. Geodesic discrete global grid systems. Cartography and Geographic Information Science, 30(2): 121-134.
Sistla A P, Wolfson O, Chamberlain S, et al. 1997. Modeling and Querying Moving Objects. Proceedings of the 13th International Conf. On Data Engineering (ICDE13).
Theodoridis Y． 2003. Ten benchmark database queries for location-based services. The Computer Journal, 46(6): 713-724.
White D. 2000. Golbal grids from recursive diamond subdivision of the surface of an octahedron or icosahedrons. Environmental Monitoring and Assessment, 64(1): 93-103.
Wolter F, Zakharyaschev M. 2000. Spatial reasoning in RCC-8 with boolean region terms//Werner H. Proc. of the 14th European Conf. on Artificial Intelligence. Berlin: IOS Press: 244-248.
Wroboys M. 2005. Event-oriented approaches to geographic phenomena. Int J Geogr Inf Sci, 19(1): 1-34.
Zhou Y, Lan C, Xu Q, et al. 2006. Space object geometry and behavior modeling method. Computer Simulation, 23(9): 11-14.

第 5 章　空间目标可视化表达

空间目标是空间态势信息中的重要因素，也是空间态势表达的主要对象，本章分别对恒星、行星等自然空间目标以及航天器、空间碎片等人造空间目标的可视化技术进行介绍，各类空间目标的可视化表达方法根据其特点各有不同。

5.1　恒星背景三维可视化表达

建立准确的恒星时空模型是三维空间场景逼真可视化的基础，也可以为许多空间任务的技术研究与实施（如航天器姿态确定）提供数据支撑。从空间态势可视化领域已发表的文献来看，三维恒星背景建模与绘制方法大致可以分为两类：第一类是根据恒星亮度在天球上用不同大小的点来表示，如 STK/VO[①]等软件的星空背景建模就属于这类（图 5.1），这种方法实现简单、绘制速度快，但效果一般，不够真实；第二类是根据恒星亮度不同，在天球上绘制大小不同的 Billboard 并映射上有衍射效果的纹理来表示（刘世光等，2004），这种方法较之点绘制方法在效果上有了一定程度的改善（图 5.2），但绘制效果并未得到根本性的改进，并且当恒星数量增加时，绘制速度明显减慢，效率不高，还不能满足高度真实感实时三维可视化系统的要求。

图 5.1　STK/VO 星空背景显示效果

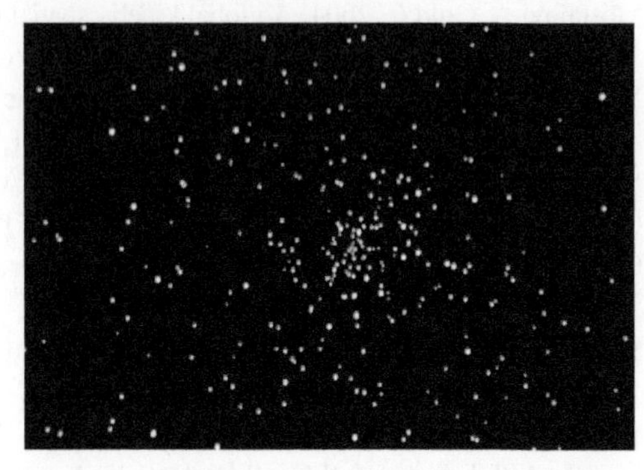
图 5.2　刘世光等（2004）星空背景显示效果

本书针对现有星空背景建模与绘制方法的不足，在前人研究的基础上，综合平衡恒星绘制的效果与效率，提出了改进方法，主要思想有以下几点：

（1）依据恒星的亮度等级，采用点状与 Billboard 分别建模。

我们将亮度较小的恒星划分为一类，由于此类恒星亮度较低，我们采用不同颜色、不同大小的点来表示；对于亮度较高的恒星，我们参照刘世光的方法建模，采用衍射纹理映射的 Billboard 来表示（纹理如图 5.3 所示）。依据星等分别用点状和 Billboard 两类

① http://www.stkchina.com.

方法对恒星进行绘制是合理的，符合人眼观察星空的视觉感受。因此，将亮度较低、肉眼很难区分大小的恒星用点而不是用面状纹理来表示，可在不降低绘制效果的同时，极大地提高恒星的绘制效率。

图 5.3　恒星 Billboard 纹理

（2）引入恒星距离概念。

在以往的研究中，通常不考虑恒星到地球的距离，统统将其绘制在天球上。本书引入恒星距离的概念，可方便组织数据，并且还可以模拟穿越星空旅行的效果。

（3）采用空间八叉树为恒星建立空间索引，并进行可见性判断。

星空背景绘制时，在同一时刻，我们只能在有限的屏幕窗口内看见一小部分星体，对于看不见的那些恒星则必须进行绘制。那么，如何能在十几万颗恒星中快速检索出屏幕可见的星体，是提高恒星背景绘制速度的关键所在。本书采用空间八叉树结构组织恒星数据，根据恒星在天球上的位置，将其分别存储在空间八叉树的相应叶子节点，通过对八叉树的遍历实现恒星的可见性快速判断。

（4）利用 GPU（graphics processing unit）加速绘制星空背景。

在以往的研究中，星空背景的绘制过程中很多工作都由 CPU 完成，CPU 与 GPU 之间的瓶颈严重影响了绘制速度，随着图形硬件的发展，GPU 可以分担 CPU 很多工作。利用 GPU 顶点数组的方式绘制星体的点和面，可以极大地提高绘制速度。

下面，我们将详细介绍以上改进方法。

5.1.1　恒星位置与绝对星等的计算

这里采用目前国际上通行的依巴谷星表数据（the Hipparcos catalogue）-ESA[①]。该星表于 1996 年 8 月正式完成，1997 年 6 月由欧洲航天局出版。该星表包括了亮度超过 13 等的 117955 颗星的精确位置、自行、三角视差以及视差误差等数据。其原点和基本面为 J2000.0 春分点和 J2000.0 平赤道面。依巴谷星表的历元时刻是 2000 年 1 月 1 日 0 时，恒星位置数据相当于一个位于地心的观测者在没有大气的理想观察情况下，在 2000 年 1 月 1 日 0 时所看到的恒星位置。

由于我们需要的是任意时刻的恒星在三维空间中的位置，因此建模一个重要的工作就是坐标转换。首先将 J2000.0 历元时刻的星表平位置根据恒星自行转换到当前时刻，

① The Hipparcos Catalogue，ESA SP－1200。

接着根据三角视差计算恒星到地球的距离，再将恒星平位置坐标统一转换到 J2000.0 直角坐标系中，最后计算恒星的绝对星等，将其作为以点或 Billboard 绘制恒星的依据。其具体算法描述如下。

（1）读取星表。通过读取星表，得到历元时刻 t_0（J2000.0）恒星的平位置(α_0, δ_0)。

（2）自行改正。对恒星历元平位置进行自行改正，得到任意时刻 t_1 的恒星平位置(α_t, δ_t)。

$$\begin{cases} \alpha_t = \alpha_0 + \mu_\alpha\left(t_1 - t_0\right) \\ \delta_t = \delta_0 + \mu_\delta\left(t_1 - t_0\right) \end{cases} \tag{5.1}$$

式中，μ_α 和 μ_δ 分别为纬度方向自行和经度方向自行，从依巴谷星表中可直接读取。

（3）计算恒星距离 d。依巴谷星表中并没有直接给出恒星到地球的距离，但给出了每颗恒星的三角视差数据，利用三角视差计算恒星距离是最直接、最基本的方法（沈良照，2000），由此计算出来的距离称作依巴谷距离。依巴谷距离计算方法如下。

如果某星的视差为 σ ms，离地球的距离为 d 光年，采用 1s 视差等于 3.26167 光年的计算方法，那么可以得到恒星到我们的距离 d 为

$$d=3.26167\times1000/\sigma\text{（光年）} \tag{5.2}$$

依巴谷距离计算方法的精度较高，并且可以计算的恒星个数也比较多。本书采用了这种计算方法。

（4）恒星直角坐标计算。要在三维空间中绘制恒星，还需要将其坐标转换到直角坐标系，本书统一选择 J2000.0 地心赤道直角坐标系。恒星直角坐标的计算公式为

$$\begin{cases} x = d\cos\alpha_t\cos\delta_t \\ y = d\cos\delta_t\sin\alpha_t \\ z = d\sin\delta_t \end{cases} \tag{5.3}$$

式中，坐标单位为光年；$\left(\alpha_t, \delta_t\right)$ 的单位为 rad。

（5）绝对星等 M_{abs} 的计算。由于考虑了恒星到地球的距离概念，由星表中读出的星等可以看作为视星等（apparent magnitude），但还不能直接将其作为选择以点或 Billboard 的方式绘制恒星的依据，还应该考虑距离的影响。假如，星表中读出的某恒星的视星等为 M_{app}，那么本书采用式（5.4）和式（5.5）计算恒星绝对星等：

$$M_{\text{abs}}=M_{\text{app}}+5-5\times\lg(d/3.26167) \tag{5.4}$$

即

$$M_{\text{abs}}=M_{\text{app}}+5-5\times\lg(1000/\sigma) \tag{5.5}$$

式（5.5）为经验公式，是在实践中总结出来的。

5.1.2　空间八叉树恒星数据组织

八叉树（octree）技术作为四叉树从二维平面向三维空间的扩展，在图像处理和计算机图形学中有着广泛的应用。恒星相对均匀地分布于三维空间中，可构建出结构平衡的空间八叉树结构，从而有利于提高恒星的空间检索与绘制效率。因此，本书采用八叉树数据结构来存储恒星数据。针对八叉树恒星表示的结构特点，本书设计了如下的数据结构对其进行描述：

```
class CStarOctree
{
public：
    CPoint3f        m_Center；          //八叉树节点的中心位置
    float           m_AbsMag；          //绝对星等
    CStar*          m_pStars；          //本节点下的恒星数组
    int             m_nStars；          //本节点下的恒星个数
    CStarOctree*    m_pChildren[8]；    //本节点下的八叉树字节点（8 个）
}；
```

使用 5.1.1 节中介绍的方法计算恒星的位置后，在预处理时依次将每一颗恒星按照其所处的空间位置，放入八叉树中相应的叶子节点上。

5.1.3　恒星可见性判断

恒星空间八叉树数据结构可以方便、快速地对恒星进行可见性判断。对某一节点进行可见性判断的算法如下：

```
if  整个节点都在视锥内
then
这个节点下所有的恒星为可见
返回
else if  整个节点都在视锥外
then
这个节点下所有的恒星都不可见
返回
else
递归判断该节点下每一个子节点的可见性
```

5.1.4　实验结果与分析

为了检验本书提出的恒星背景三维建模方案的实用性与效果，笔者采用了明显低于现在计算机主流配置的设备 DELL4550（CPU 2.4G 内存 512M，显卡 Geforce Ti4200，64M 显存）进行恒星三维可视化实验，对依巴谷星表提供的星空背景数据进行三维建模和真实感绘制。

图 5.4 及图 5.5 是三维星空背景的绘制效果。从图 5.4 和图 5.5 中可以看出，绘制效果有了很大的改善，增强了星空的真实感。

为了测试该算法的绘制效率，试验记录了绘制不同数量恒星时的每秒钟帧数(FPS)，见表 5.1。

绘制性能指标采用单位时间内绘制的帧数来表示。从图 5.6 可以看出，使用本书提出

图 5.4　包含太阳的星空背景显示

图 5.5　星空背景显示结果

表 5.1　不同数量恒星时的每秒钟帧数

恒星个数（颗）	4012	8511	12030	14716	18740	28505	30015	31141	32788	34168	35833	39706
FPS（帧）	64	64	63	63	63	63	57	53	50	47	37	37

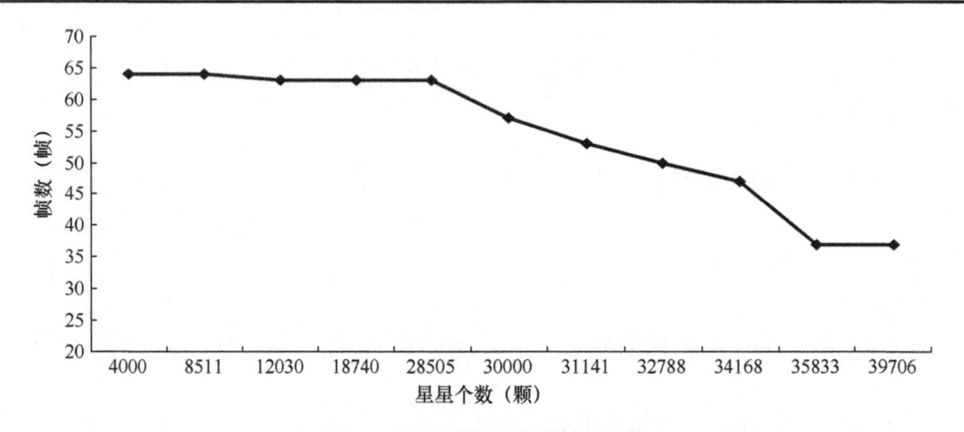

图 5.6　星空背景绘制帧数曲线

的算法绘制星星时表现出较高的效率。试验结果表明，在配置较低的电脑上绘制 2 万颗以下星星数据，帧数保持在 64 帧左右(通常绘制速度 30 帧以上就可以给人流畅的感觉)，一般在一个场景中，经过可见性判断后，需要绘制的星星个数都小于 1 万颗，因此，这种绘制星空背景的方法完全能满足实时系统的需要。

5.2　航天器三维可视化表达

5.2.1　相 关 研 究

1. 技术背景

航天器的三维建模与可视化是空间态势可视化系统的关键技术之一。航天器在轨道上并不是静止的，而是按照一定轨道理论高速运转的，并且航天器在执行任务的过程中会产生一系列动作，如太阳能帆板旋转、发动机点火等。因此，为适应航天任务可视化及分析的需要，航天器三维建模需要包括航天器三维几何形状建模和航天器行为动作建模两部分内容。

三维物体模型的建立通常使用商业建模软件，如 3DSMax、AutoCAD、Maya 等，这些软件虽然拥有强大的几何建模能力，但由于其三维数据模型的构建方法、数据模型格式等都是不公开的，因此，无法将这些软件设计的数据模型应用到其他系统中。而这些软件输出的交换数据模型，如 3DS、DXF 等格式不能描述行为数据，无法反映出模型的动态特性和遵从的客观规律。此外，这些交换数据模型的数据结构都是采用基于三角面拟合实体表面的边界表示方法，这种数据组织形式结构简单，只能将模型描述为若干个多边形曲面的联合体，数据结构层次性不强，不便于对建模对象进行层次化描述。边界表示法对模型的几何描述不具有参数特征，不能对模型部件的大小、位置、方向、偏移等进行表达，不适合对具有复杂内部结构的物体的三维表达。虽然 3DS 格式描述的三维实体也具有动作特征，但这种方法采用帧动画的实现方式，规定了动作的起始帧与终止帧状态，中间过程通过时间的控制进行内插得到，不允许用户对模型行为参数进行控制。

一些建模语言，如 VRML（virtual reality modeling language）虽然支持几何建模和简单的行为建模能力，但却以“编译”方式运行，执行效率低。国内一些学者研究的建模语言，像虚拟实体对象建模语言 SCPL 支持基于控制论的行为模型，建模效率也有所提高，但 SCPL 源程序经过预编译和 C++编译后，生成可执行代码的形式，不适合实时可视化系统的应用（郑援等，1999）。还有一些专门的建模语言，如 MR Toolkit 的 OML 语言（Green，1994）使用专用几何语言描述几何形体，并允许实体对象拥有若干行为动作，其几何建模能力较强，而行为建模能力相对较弱。

STK/VO 模块设计了一套航天器三维模型构建标准，在考虑了航天器几何形状的基础上，它还可对航天器的行为进行建模，并且已经较好地应用在三维可视化环境中。但 STK/VO 模型只能完成基本的三维实体建模工作，一些较高级的图元，如多边形 Billboard、网格 LOD、粒子系统、烟雾等并没有定义相关的描述方法。

2. 本书所做的主要工作

为解决上述不足，本书主要完成了以下两方面的研究工作。

（1）吸取已有建模语言的优点，在继承 STK/VO 建模方法基本思想的基础上，结合本书基于几何行为一体化的空间运动目标时空数据模型，设计了一种航天器实体几何与行为一体化建模语言（geometry-behavior model language，GBML），该建模语言可以实现航天器实体三维几何模型与行为模型之间的合理统一，可以较好地解决复杂航天器建模过程中的几何形状参数表示的问题，并且能很方便地实现航天器的运动特性的表达。同时，将一些常用的高级图形效果引入模型定义中，大大扩展了模型的应用空间。

（2）设计并实现了 GBML 模型读取和显示 Com 组件，该组件基于 OpenGL 底层开发，应用灵活、使用方便、效果良好。

5.2.2 GBML 语言设计方法

1. 模型三维表达的基本原则

GBML 建模技术借鉴了面向对象的思想，采用树状层次数据结构，模型表达的基本原则可以概括为以下几点，建议以一个具体的模型构成图为例进行说明。

（1）模型最基本的元素是图元。图元为定义的一些单一实体，用来说明一个几何结构（如球形）。定义基本图元是为了便于对模型实体进行参数化表达，任何实体模型都是基本图元的变换组合。

（2）采用面向对象技术建立模型实体。由基本图元及其变换组合构成组件，组件为建模的基本单位，它包含了某一个部件（如太阳能帆板）的详细结构和属性特征。组件具有面向对象思想中类的功能，允许被继承、引用和实例化，同一子组件可以被多个父组件引用。

（3）利用树状数据结构对模型部件进行组织。每一个对象实例在模型中是一个独立的节点，模型的各个节点之间用树状的层次结构组织在一起，根节点代表了整个模型。我们可以使用自顶向下的方法将一个几何对象分解，也可以用自底向上的构造方法对几何对象进行重构。

下面从模型几何参数表达、行为参数表达、模型描述文法等几项关键技术对 GBML 进行说明。

2. 模型三维几何参数表达

用几何参数对航天器实体进行描述，即几何建模。模型的几何参数是描述模型外形特征各种属性的数据项，主要包括图元形状、大小、材质（表面颜色、发光程度、透明度等）、纹理、绘制方式等。参数赋值在图元定义中给出。

1）图元定义与表达

图元在 GBML 中用于简单实体的定义，它们均可以用参数来描述，即图元可以通过参数修改其几何形状、颜色、透明度等。GMBL 一共定义了 12 种图元（同第 4 章表 4.2），这 12 种图元分为两类：一类是基本图元，包括圆柱体、拉伸体、球面、空间多边形、多边形曲面、旋转体、皮肤（网络曲面）、螺旋体八种，这些图元的定义参考了 STK/VO 模型的定义方法；另一类是扩展图元，目前包括了烟雾效果、粒子系统、Lod 网格、Billboard 图元四种，扩展图元允许根据需要扩充，主要是完成复杂的特殊效果的表示。

当前对各种特殊三维效果建模的研究中，多是针对某种具体的效果，没有对各种效果进行系统的集成、封装和标准化，不能方便地用于航天视景实时仿真系统中。本书针对这种现状，利用建立特殊效果图元（如粒子系统图元）的方法对烟雾、爆炸、发动机尾焰等多种航天器特殊行为进行了建模方法的集成，大大减少了描述模型的工作量。

八种基本图元的定义参见 STK/VO 联机帮助，此处不再重复。下面列出 GBML 扩展图元的参数。

（1）TextureSmoke 图元。TextureSmoke 图元生成一个纹理烟雾效果，其参数见表 5.2。

表 5.2　TextureSmoke 图元参数

参数	范围	默认值	数据类型	描述
Tick <Value>	≥0	1	实形	演化频率
Elems <Value>	≥0	10	整形	烟雾粒子数目
Intensity <Value>	＞0.0	1.0	实形	烟雾密度
Offset <Value>		10.0	实形	烟雾的末端偏移

（2）ParticleSystem 图元。ParticleSystem 图元用于对粒子系统进行模型表达，其参数见表 5.3。

表 5.3　ParticleSystem 图元参数

参数	范围	默认值	数据类型	描述
ColorStart <Value>	—	—	颜色值	粒子起始颜色
ColorEnd <Value>	—	—	颜色值	粒子消失时的颜色
AlphaStart <Value>	0～1	1	实形	粒子起始透明度
AlphaEnd <Value>	0～1	1	实形	粒子消失时的透明度
SizeStart <Value>	>0	1	实形	粒子起始大小
SizeEnd <Value>	>0	1	实形	粒子消失时的大小
Speed<Value>	>0	1	实形	粒子起始速度
Theta<Value>	>0	1	实形	粒子加速度
LifeTime <Value>	>0	1	实形	粒子寿命
GravityStart<Value>	>0	1	实形	粒子产生时的重力
GravityEnd <Value>	>0	1	实形	粒子消失时的重力
ParticlesPerSec <Value>	>0	100	实形	每秒产生粒子数目

（3）LODMesh 图元。LODMesh 图元用于生成一个 LOD 曲面，其参数见表 5.4。

表 5.4　LODMesh 图元参数

参数	范围	默认值	数据类型	描述
BudgetMode <Value>	Triangle/Error	Error		LOD 生成模式：Triangle 为限定三角形个数模式，Error 为误差模式
ErrorMode <Value>	Screen/Object	Object		误差计算模式，Screen 为使用屏幕误差，Object 为模型误差
Threshold <min><init><max>	>0	init	实形	指定误差范围与初始值 init
TrianglesNum <Value>	>0	1000	整形	当 BudgetMode 为 Triangle 时间，指定三角形个数
Data<*x*><*y*><*z*>	任意实数		实形	顶点坐标
DataTx<*x*><*y*><*z*><*u*><*v*>				顶点坐标＋纹理坐标
DataNM<*x*><*y*><*z*><*nx*><*ny*> <*nz*>				顶点坐标＋顶点法向量

上面的参数中，当 BudgetMode 为 Triangle 模式时，ErrorMode 将不起作用；当 BudgetMode 为 Error 模式时，Triangles 将不起作用。

（4）Billboard 图元。Billboard 图元用于生成一个 Billboard 平面，它始终朝向观察者，其参数见表 5.5。

表 5.5　Billboard 图元参数

参数	范围	默认值	数据类型	描述
Width<Value>	≥0	1.0	实形	Billboard 宽度
Height <Value>	≥0	1.0	实形	Billboard 长度

在航天器实体建模过程中，我们将复杂的航天器模型按层次进行分解，直到能表达成基本几何图元的形式为止。每一个图元都有自己的几何描述参数和纹理描述参数。

2）组件与组件引用

组件（component）由几何图元、参数和引用组件等构成（图 5.7），每个组件起到描述模型的某个特定部分的作用（如卫星天线）。组件引用是一种组件组织方法，在一个组件中，可以通过引用其他组件的办法在此组件中创建这些组件的实例，并且一个组件允许被多个组件引用。如图 5.8 所示，组件 A 引用了组件 B 和组件 C，也就是说，组件 A 中包含了组件 B 和组件 C 的两个实例；组件 B 引用了组件 E、组件 F，同时组件 C 也引用了组件 E。GBML 正是通过组件引用的机制来创建模型树状结构，在整个模型描述中，组件起着框架作用，可以作为模型树状结构的根节点和分支节点。

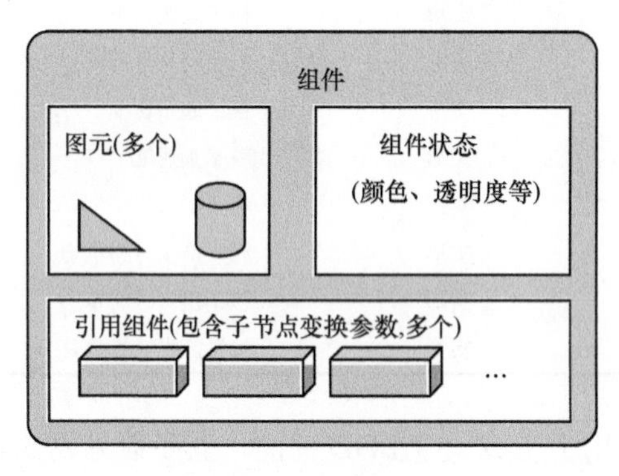

图 5.7　组件结构图

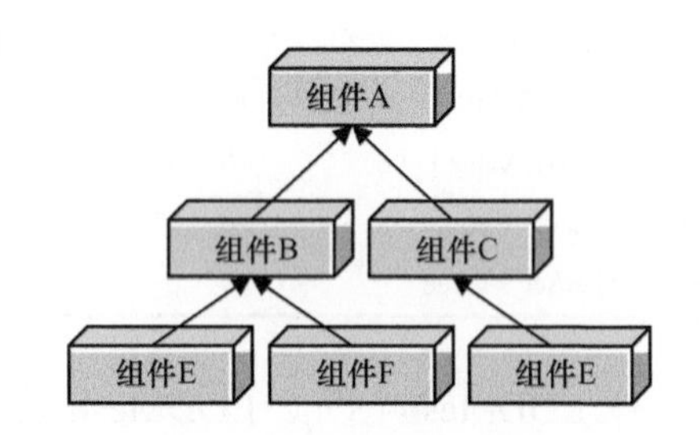

图 5.8　组件引用示意图

3）变换

变换既可以用于改变 3D 空间内组件或图元的大小、位置和方向，也可以用于改变图元纹理。对于 3D 空间变换，我们定义了三种方式。

旋转——绕父组件的 *X*、*Y* 或 *Z* 轴旋转组件。参数描述形式为：Rotate <*rx*><*ry*><*rz*>。

缩放——在父组件的 *X*、*Y* 或 *Z* 轴扩大或缩小组件。参数描述形式为：Scale <*sx*> <*sy*> <*sz*>。

平移——相对于父组件的 *X*、*Y* 或 *Z* 轴平行移动组件。参数描述形式为：Translate <*tx*> <*ty*> <*tz*>。

所有的子组件继承父组件的变换，所有的变换通过组件中的命令来实现。

对于纹理变换，我们同样定义了平移、旋转、缩放。关键字分别为 TxTranslate、TxRotate、TxScale，参数与 3D 空间变换相同。

3. 模型行为参数表达

实体的行为模型是在几何模型的基础上实现的。由于几何模型是用树状层次结构组织的，因此可以在需要运动的部件节点上对运动进行定义，同时可对各个节点之间的状态传递规律进行限定，这些定义的行为都可以在外部参数的驱动下实现。每个父节点的状态能影响到其所有子节点。也就是说，当某一个节点产生运动后，其运动状态自动传递到下面的子节点，而子节点只需要计算相对于父节点的运动状态。

节点行为特征用如下格式定义：

Behavior <行为名称><行为关键字><最小值><初始值><最大值>

<行为名称>的定义能起到对某一个动作进行识别的作用，在同一模型中它是唯一的。<行为关键字>定义了运动方式，<行为关键字>包括的几种运动类型见表 5.6。

表 5.6　运动类型定义表

运动关键字	说明
Translate*X*	沿 *X* 轴移动
Translate*Y*	沿 *Y* 轴移动
Translate*Z*	沿 *Z* 轴移动
Rotate*X*	沿 *X* 轴旋转
Rotate*Y*	沿 *Y* 轴旋转
Rotate*Z*	沿 *Z* 轴旋转
Scale*X*	沿 *X* 轴缩放对象
Scale*Y*	沿 *Y* 轴缩放对象
Scale*Z*	沿 *Z* 轴缩放对象
Scale*XYZ*	沿各轴平均缩放对象
TxTranslate*X*	沿 *X* 轴移动纹理
TxTranslate*Y*	沿 *Y* 轴移动纹理
TxTranslate*Z*	沿 *Z* 轴移动纹理
TxRotate*X*	沿 *X* 轴旋转纹理
TxRotate*Y*	沿 *Y* 轴旋转纹理
TxRoate*Z*	沿 *Z* 轴旋转纹理
TxScale*X*	沿 *X* 轴缩放纹理
TxScale*Y*	沿 *Y* 轴缩放纹理
TxScale*Z*	沿 *Z* 轴缩放纹理
TxUniformScale	沿各轴平均缩放纹理

<初始值> <最大值>定义了节点运动参数的起止范围。需要说明的是，任何一个节点的运动都是相对于父节点坐标系的。

4. 模型描述文法

为了便于对模型进行规范化表达，GBML 设计出一套模型描述文法。文法是对语言结构的定义和描述。任何一个语法正确的句子都可以根据文法画出相应的语法树，通过语法树，可以将一个句子分解为各个组成部分，并以此来描述句子的语法结构。在语法树中，带有尖括号的节点称为“语法成分”，在形式语言中称为“非终结符号”，不带尖括号的称为“单词符号”，在形式语言中称为“终结符号”（高仲仪，1996）。

下面利用扩展的 BNF 范式来表示 GBML 文法，其中：

“<>”表示非终结符，没有“<>”的字符串表示终结符号，“：：=”表示“定义为”。

<模型描述文件>：：={<组件>换行符}<根组件>{换行符<组件>}

<根组件>：：=<组件头><根标识><组件内容><组件结束标识>

<组件头>：：=<组件标识>组件名称 换行符

<组件标识>：：= <Component>
<根标识>：：= Root 换行符
<组件结束标识>：：= </Component>

<组件内容>：：={<属性定义>}<图元定义>{<属性定义>}{换行符<组件内容>}
<属性定义>：：=<参数定义>换行符|<变换定义>换行符|<动作定义>换行符

<参数定义>：：=<材质定义>|<纹理定义>|<绘制风格定义>|<其他参数定义>
<材质定义>：：=<材质标识>材质数据
<材质标识>：：=FaceColor |FaceEmissionColor |Shininess |Specularity
|Translucency
<纹理定义>：：=<纹理标识>[纹理文件名称][<纹理绘制方式>]
<纹理标识>：：=Texture |TxDef |RGB |Parm
<纹理绘制方式>：：=NoAA |AA |TranspAA |TranspNoAA|None
<绘制风格定义>：：=<绘制风格参数标识>[绘制风格参数值]
<绘制风格参数标识>：：=BackfaceCullable |FaceStyle |FrontFaceCCW |NoDraw
|SmoothShading

<变换定义>：：=<变换命令>变换数据
<变换命令>：：=Rotate |Scale |UniformScale |Translate

<动作定义>：：=<动作标识>动作名称
{换行符<动作命令> 动作命令名称
最小幅度值 起始值 最大幅度值}换行符<动作结束标识>
<动作标识>：：= <Behavior>
<动作命令>：：=TranslateX| TranslateT| Translate| ScaleX|ScaleY| ScaleZ|
UniformScale| RotateX| RotateY| RotateZ| TxTranslateX|
TxTranslateY| TxTranslateZ| TxScaleX| TxScaleY|TxScaleZ|
TxUniformScale| TxRotateX| TxRotateY|zTxRotateZ
<动作结束标识>：：=<Behavior>

<图元定义>：：=<几何图元定义>换行符|<引用图元定义>换行符
<几何图元定义>：：=<圆柱图元定义>|<挤出体图元定义>|<螺旋线图元定义>
|<多边形图元定义>|<网格图元定义>|<旋成体图元定义>
|<皮肤图元定义>|<球体图元定义>

<圆柱图元定义>：：=<圆柱图元标识>换行符{<属性定义>}
{<圆柱图元几何参数定义>}
{<属性定义>}<圆柱图元结束标识>

在上述文法中，材质数据、变换数据、绘制风格数据、最小幅度值、起始值、最大幅度值、几何参数数据、参数值类型（如整型、实型、字符串、数组）等，都依具体环境而定。

5.2.3　GBML 模型显示 Com 组件设计

航天器实体三维建模语言 GBML 设计出来后，作为核心模块的模型三维图形显示模块在可重用性、应用环境支持以及基于物理的动态过程仿真等方面的支持作用尤为重要。本书从代码的可移植性、场景、模型数据的易管理性出发，基于 OpenGL 基本函数库，实现了可重用的 GBML 模型处理组件 ModelReaderCom 的设计。该组件便于程序开发者在自己的应用程序里使用航天器三维模型，这样可以使得程序编码量大大降低，而且便于对三维场景中物体的行为进行控制与管理，其在不同的集成开发环境中可以重复使用。

1. 软件层次结构

采用图 5.9 的层次结构设计 ModelReaderCom 组件。虽然从理论上讲，增加了一个二进制代码级组件层次，会增加命令和数据的传输开销，但这对系统效率的影响是很小的，因为在组件层次上只是实现场景数据的组织和管理，并不涉及大量底层图元的生成计算及处理。另外，三维场景构造的易用性、可重用性和应用范围得到了提高和扩展。

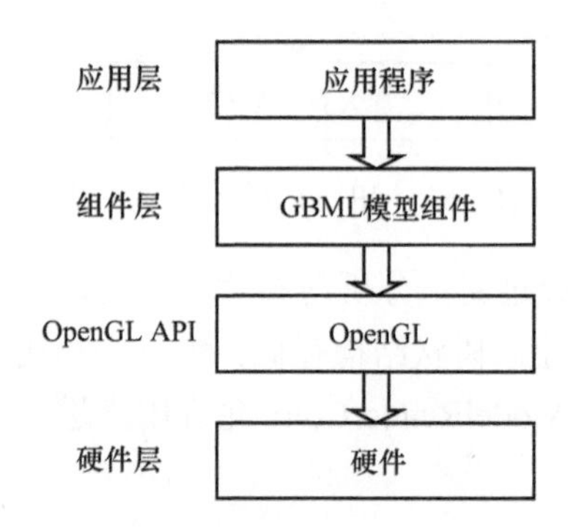

图 5.9　ModelReaderCom 软件层次结构

2. 面向对象的设计

ModelReaderCom 组件中图元类结构如图 5.10 所示，基类 CSES_MetaObj 定义了所有图元公共的属性和接口，然后由此类派生出其他图元类，利用 C++多态性完成各个子类图元的不同功能。

3. 组件流程逻辑

ModelReaderCom 组件流程逻辑如图 5.11 所示。

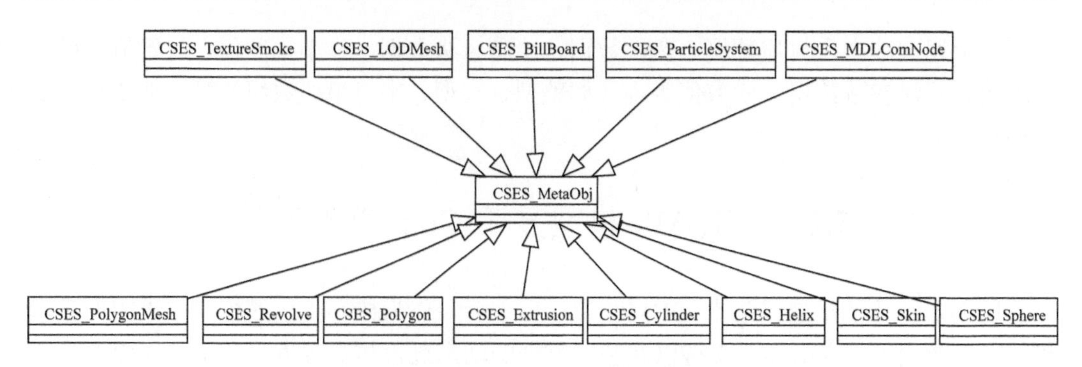

图 5.10　ModelReaderCom 图元类结构图

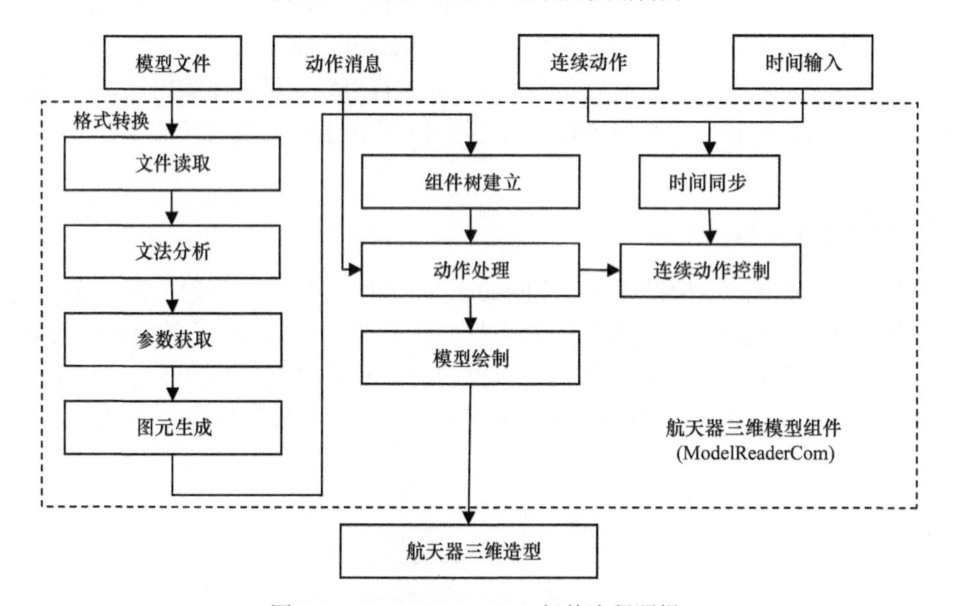

图 5.11　ModelReaderCom 组件流程逻辑

读取后的 GBML 模型经过文法分析与参数获取后，组件为每一个图元生成三角形网格，并通过组件引用关系建立树状结构存储，每一个引用都建立一个实例，经过动作处理后，即可绘制航天器。ModelReaderCom 允许用户进行单个行为参数控制，也支持连续时间控制的动作。

5.2.4　实验结果与分析

为了验证本章提出的航天器三维几何与行为一体化建模语言 GBML 的实际效果，笔者采用该语言对数十个航天器进行了三维建模，在模型图元描述、几何参数表示、行为参数表示、组件描述、组件引用、树状结构建立以及材质、纹理、特殊效果等方面进行全面考核，此外，还对模型 GBML 语言读取和显示 Com 组件进行了测试。

图 5.12 为采用 GBML 语言对我国“神舟五号”载人飞船进行三维建模，并使用 ModelReaderCom 组件实时绘制的结果。其中，图 5.12（a）为“神舟五号”的线框模型；图 5.12（b）为增加材质、纹理的填充效果；图 5.12（c）和图 5.12（d）为模型行为建

模结果，图 5.12（c）展示了“神舟五号”太阳能帆板展开的动作，图 5.12（d）展示了“神舟五号”推进发动机和调资发动机喷火的情况，火焰效果采用 alpha 纹理生成。

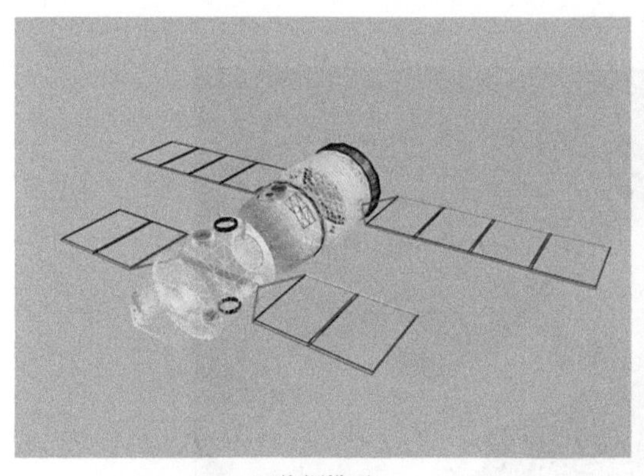

(a)线框模型

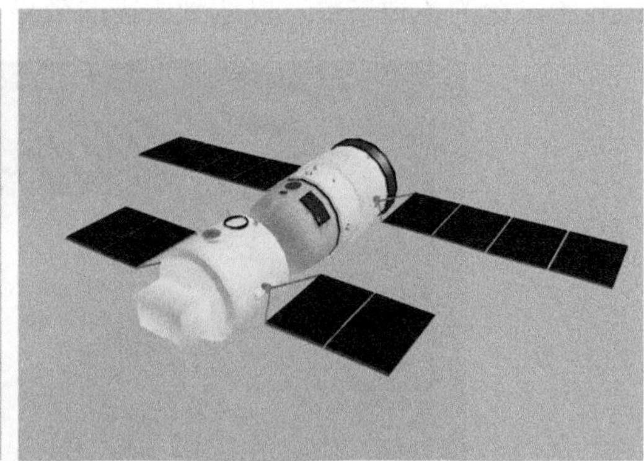

(b)增加材质、纹理的模型填充效果

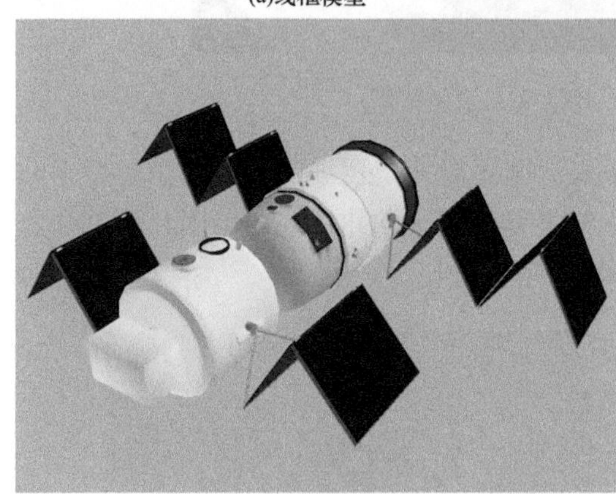

(c)行为模型一

(d)行为模型二

图 5.12　“神舟五号” 载人飞船建模结果

图 5.13 为“神舟五号”载人飞船行为参数控制界面，GBML 语言建立的三维模型的行为都可以在参数的控制下执行。图 5.14 为“神舟五号” 载人飞船组件树显示情况。

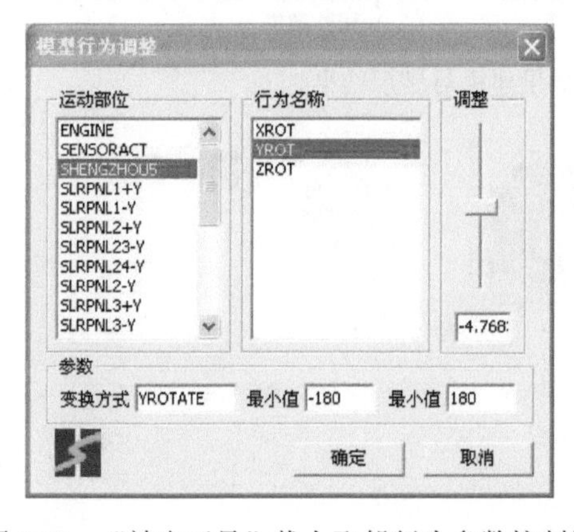

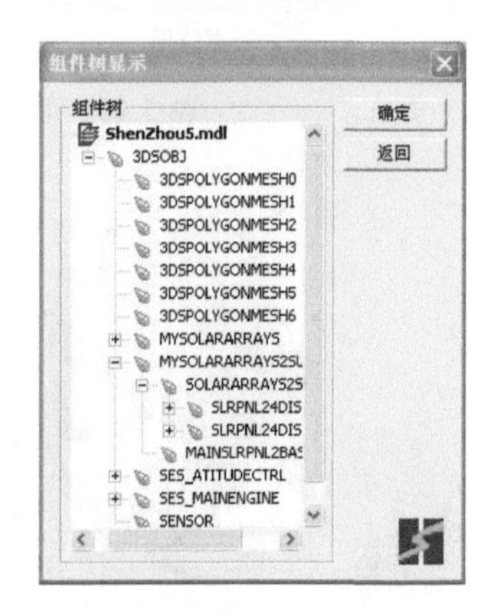

图 5.13　“神舟五号”载人飞船行为参数控制界面　图 5.14　“神舟五号” 载人飞船组件树显示

图 5.15 为长征 2F 火箭的三维建模与绘制结果，图中展示了采用粒子系统（particle system）图元对火箭尾焰进行建模并实时绘制的结果，在 GBML 语言中，可以方便地修改粒子系统的各种参数，以达到所需的效果。

图 5.15　长征 2F 火箭三维建模与绘制结果

图 5.16（a）为利用烟雾效果（texture somke）图元对一架冒烟的飞机建模并显示结果；图 5.16（b）为爆炸效果的一个镜头。图 5.17 是采用 LODMesh 对美国月球着陆器 EAGLE 进行建模的结果，图中展示了 5 个不同分辨率的模型。

(a)烟雾效果

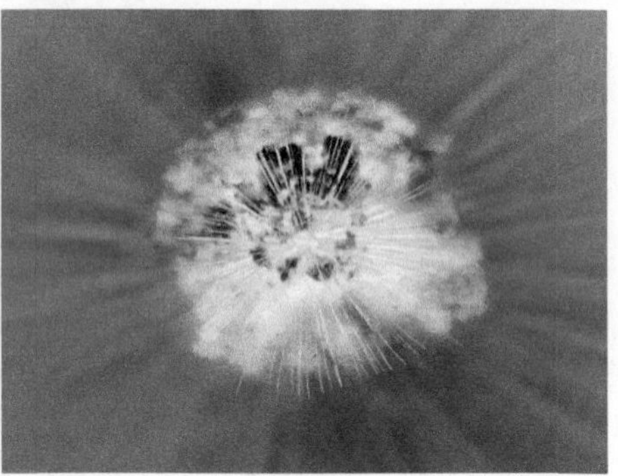

(b)爆炸效果

图 5.16　烟雾效果和爆炸效果建模与显示结果

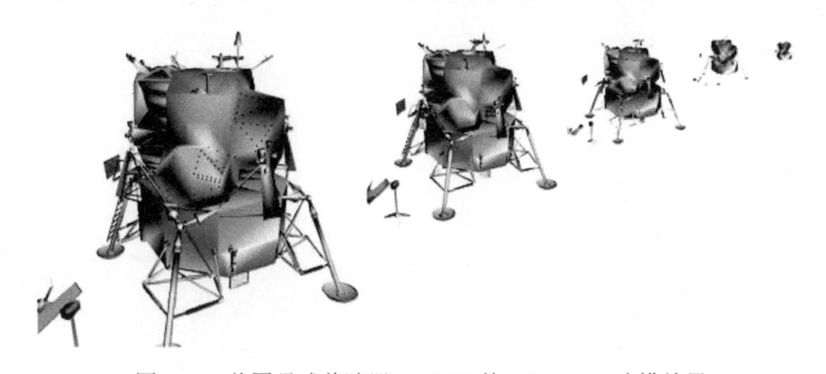

图 5.17　美国月球着陆器 EAGLE 的 LODMesh 建模结果

此外，由于本书提出的 GBML 语言是在 STK/VO 模型的基础上扩展起来的，因此，ModelReaderCom 完全兼容 STK/VO 模型，可以充分利用 STK/VO 模型库数百个空间目标的三维模型。图 5.18 是 ModelReaderCom 读取 STK/VO 模型的显示结果（模型文件与纹理来自 www.stk.com）。

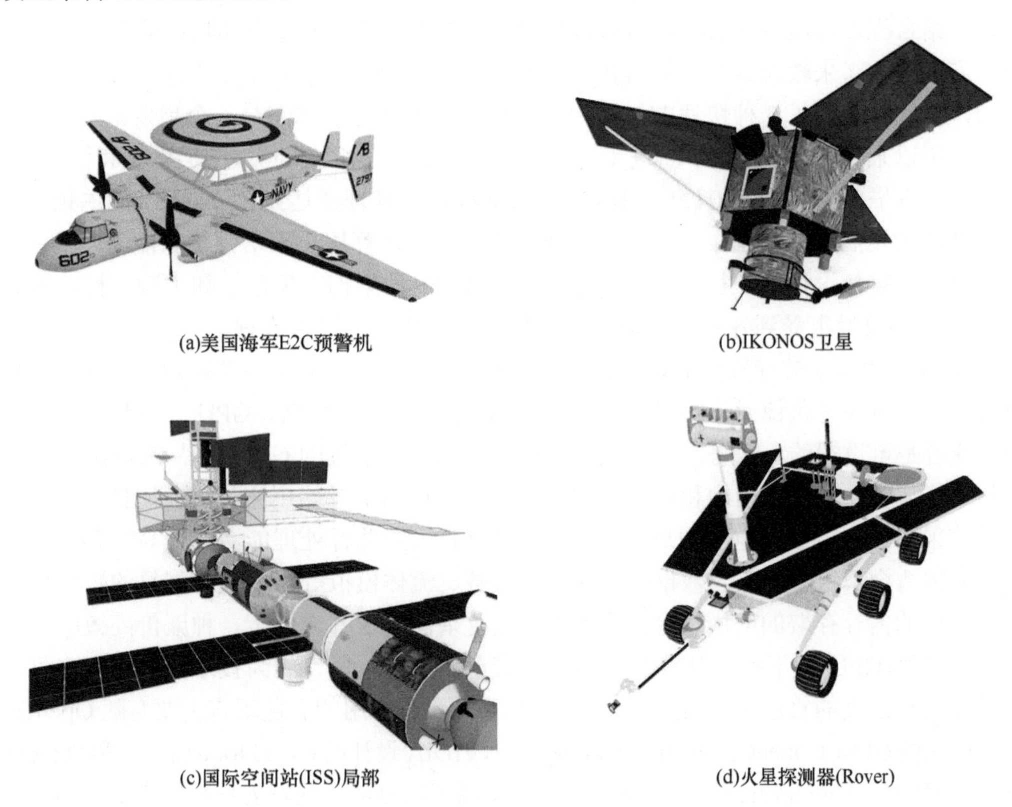

(a)美国海军E2C预警机　(b)IKONOS卫星

(c)国际空间站(ISS)局部　(d)火星探测器(Rover)

图 5.18　ModelReaderCom 读取 STK/VO 模型显示结果

5.3　空间碎片三维可视化表达

相较于地面局部态势的表达，空间态势表达中所要描述的时空范围更大，包含的空间目标数量更多，其中大部分是空间碎片，空间碎片已经成为空间目标的重要组成部分。由于空间碎片自身高速的动能，这些看似很小的物体在可能发生的碰撞中都足以对航天器造成致命的毁坏。目前，已确认发生两起碰撞事故，即 1996 年法国 CERISE 卫星重力梯度杆被碎片击中造成的卫星失稳事件和 2009 年俄罗斯通信卫星 2251 与美国铱星 33 碰撞的事件。随着在轨目标数量的持续增加，未来的空间碰撞风险将与日俱增。因此，对空间碎片位置的实时计算与可视化表达对于分析与掌握当前空间态势十分必要。

5.3.1　相关工作回顾及方法分析

对于空间碎片的实时模拟是一个巨大的挑战，这不仅是因为空间碎片的数量庞大，而且由于时间维的存在，空间碎片的位置每时每刻都在发生变化，空间碎片实时位置的计算量非常巨大。目前，国内更多地集中于星图模拟、特定或少量空间目标的仿真模拟（胡宜宁和巩岩，2008；全伟和房建成，2005；王兆魁和张育林，2006；蓝朝桢等，2009），其计算量相对较小，对实时性要求不高。Jiang 等（2010）利用八叉树对目标进行组织管理，结合视锥体裁剪和 LOD（level of detail）技术实现了海量空间目标的模拟显示，但该方法实现起来较为复杂。施群山（2011）利用 GPU 高精度浮点计算和并行运算的能力，设计并实现了一种快速的星图模拟方法，该方法对于本书是一个启发。

多年以来，CPU 性能的不断进步为算法的提速做出了很大的贡献（吴恩华和柳有权，2004；吴恩华，2004）。2004 年，奔腾 4（Pentium 4）处理器达到了 3.8GHz 的主频。之后，CPU 的发展渐渐告别了主频时代，开始通过增加计算核心来增强计算能力，越来越多的算法被重新设计成并行结构，以适应多核 CPU 的架构。但是，和主频一样，多核 CPU 的核心数量也受到各种因素的限制，如成本、散热等技术难题。

GPU 作为显卡的计算核心，设计之初是负责图形渲染。由表 5.7 可知，其发展大致可分为四个阶段（仇德元，2011）。值得注意的是，2001 年以前，GPU 一直是功能固定的，或者是可设置的，然而在第一款支持可编程图形流水线的 GPU 产品 GeForce3 出现以后，其高度并行化的架构和可编程的着色器使人们渐渐开始用它计算通用任务。相对于以前采用固定渲染管道的图形硬件，GPU 具有强大的并行处理能力和极高的存储器带宽，非常适合于科学运算、数据分析、线性代数、流体模拟等需要大量重复的数据集运算和密集的内存存取的应用程序，这为大规模复杂问题求解提供了一种廉价高效的计算平台。在将 GPU 用于科学计算时，可编程着色器和着色语言成为技术核心，用户可以通过加载自定义的算法来实现着色器的功能。目前，最常用的着色语言主要有随 OpenGL 发展而来的 GLSL（OpenGL shading language），NVIDIA 设计的 Cg（C for graphic）和 DirectX 支持的 HLSL（high level shader language），这些高级绘制语言的发展使得人们更容易通过编程实现各种复杂的图形图像运算。

表 5.7　图形处理器的发展历史

时间	GPU 的特点
1991 年以前	显示功能在 CPU 上实现
1991～2001 年	多为二维图形运算，功能单一
2001～2006 年	可编程图形处理器
2006 年至今	统一着色器模型、GPGPU

空间碎片实时可视化模拟的难点在于碎片位置的实时解算及绘制需要耗费大量的计算资源，考虑到计算的独立性以及 GPU 并行处理的优势，本书提出了一种基于可编程图形硬件的空间碎片实时可视化模拟方法，该方法运用 OpenGL 三维图形开发包和 GLSL 着色语言进行编程，将碎片模拟中循环量较大的位置解算工作交由 GPU 并行处理，极大地提高了碎片的位置计算与图形绘制速度，实现了空间碎片的实时动态可视化模拟，如图 5.19 所示，具体步骤如下：

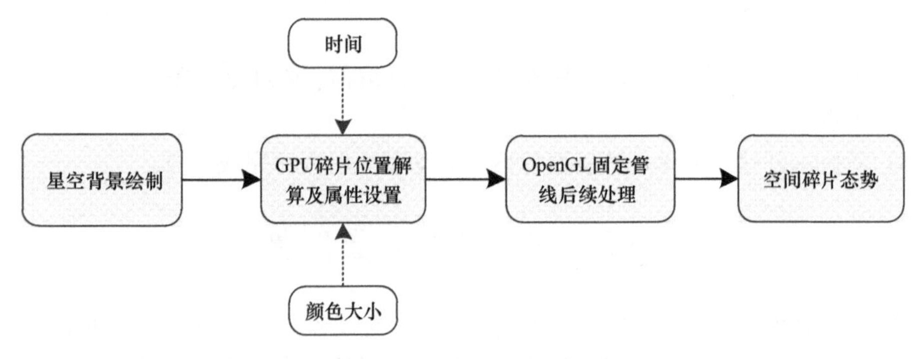

图 5.19　空间目标实时模拟流程图

（1）利用现有成熟技术绘制出具有准确时空关系和亮度等级分布的星空背景；

（2）根据空间碎片轨道根数，利用 GPU 实时解算空间碎片的位置，并对大小及颜色属性进行设置；

（3）结合视点位置、用户裁剪等信息，渲染生成目标方向的空间碎片态势。

其中，对空间碎片位置实时解算及属性设置的具体步骤（图 5.20）如下：

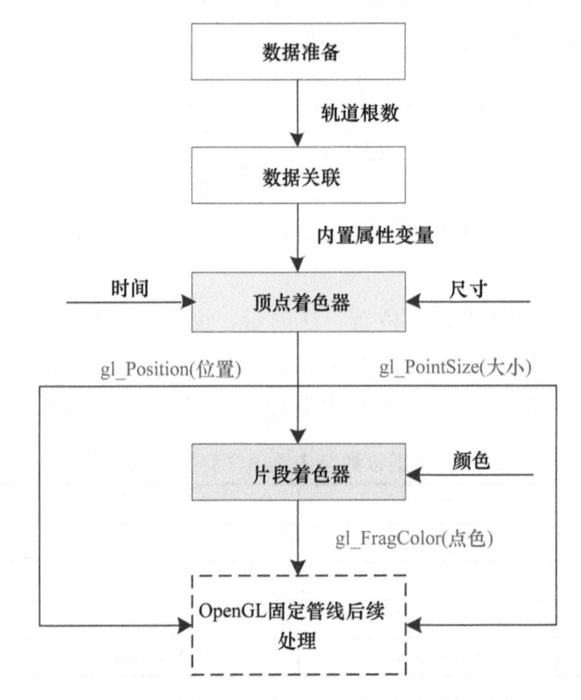

图 5.20　空间碎片位置实时解算及属性设定

（1）数据准备，通过建立轨道定向四元数与轨道角元素之间的关系，完成空间碎片轨道姿态的四元数描述；

（2）数据关联，将轨道根数与顶点位置、表面法线、纹理坐标等内置属性变量相关联；

（3）位置计算，利用 GLSL 对顶点着色器进行编程，实现对碎片位置的解算，并设置其大小；

（4）颜色设置，利用 GLSL 对片段着色器进行编程，通过处理栅格化后的片元完成碎片的颜色设置；

（5）着色，创建、编译、链接着色器，启动着色器程序完成运算。

5.3.2 实时碎片位置解算

为简化计算模型，本书忽略摄动力的影响，将空间碎片围绕地球的运动简化为仅考虑地球引力的二体问题。对于空间碎片实时位置的描述，通常采用椭圆轨道半长轴、偏心率、轨道倾角等六个参数，其中半长轴和偏心率可以确定轨道的大小和形状，真近点角可以确定卫星在轨道上的瞬时位置，轨道倾角、升交点赤经和近地点角距则用来确定轨道面的姿态。传统的对于姿态方位的描述多采用欧拉角，但其可能会导致解答方程中出现复杂烦琐的三角函数和附加的奇异点，因此本书使用四元数作为描述轨道姿态的参数可以避开这些缺点（范奎武，2011）。

在数据准备阶段，本书首先建立轨道定向四元数与轨道角元素的关联，假定描述轨道姿态的四元数为 $\lambda_0,\lambda_1,\lambda_2,\lambda_3$ ，其与轨道角元素的关系模型如下所示：

$$\begin{aligned}\lambda_0=\cos\frac{i}{2}\cos\frac{\Omega+\sigma}{2},\lambda_1=\sin\frac{i}{2}\cos\frac{\Omega-\sigma}{2}\\ \lambda_2=\sin\frac{i}{2}\sin\frac{\Omega-\sigma}{2},\lambda_3=\cos\frac{i}{2}\sin\frac{\Omega+\sigma}{2}\end{aligned} \tag{5.6}$$

式中， Ω 为升交点赤经； i 为轨道倾角； $\sigma=\omega+f$ 为升交点角距； ω 为近地点角距； f 为真近点角。

目前，GPU 仅仅可以处理顶点位置、法向量、纹理坐标等图元信息，因此将其应用于通用科学计算的前提是：将参与运算的相关参数作为内置属性传入顶点缓冲区等待调用。因此，本书将参与计算的轨道根数与内置属性变量进行了关联，其对应关系见表 5.8。

表 5.8 轨道根数与内置属性变量关联关系

半长轴	偏心率	历元平近点角	平均角速度
Gl_Vertex.x	Gl_Vertex.y	Gl_Vertex.z	Gl_Normal.x
姿态四元数			
W	*x*	*y*	*z*
Gl_Normal.y	Gl_Normal.z	gl_MultiTexCoord0.x	gl_MultiTexCoord0.y

通过关联，可以通过标准的 OpenGL 顶点数据接口将轨道根数数据从应用程序发送到顶点着色器程序。

利用轨道根数解算空间碎片的天球坐标系坐标的步骤如下。

（1）由历元平近点角 M_0、平均角速度 n 和当前历元时刻 time 计算平近点角：

$$M=M_0+\text{time}\cdot n \tag{5.7}$$

（2）依据开普勒方程 $M=E-e\sin E$，迭代求解偏近点角 E。

（3）根据半长轴 a 计算空间碎片在轨道平面直角坐标系的坐标。

$$\begin{pmatrix} x \\ y \end{pmatrix} = a\begin{pmatrix} \cos E - e \\ \sqrt{(1-c^2)}\sin E \end{pmatrix} \tag{5.8}$$

（4）利用轨道姿态四元数计算目标在天球坐标系中的坐标。

$$\begin{pmatrix} X \\ Y \\ Z \end{pmatrix}_{\text{cs}} = \begin{pmatrix} xq_x^{\ 2} + yq_xq_y + zq_xq_z + a_0q_w - a_1q_z + a_2q_y \\ xq_xq_y + yq_y^{\ 2} + zq_yq_z + a_0q_z + a_1q_w - a_2q_x \\ xq_xq_z + yq_yq_z + zq_z^{\ 2} - a_0q_y + a_1q_x + a_2q_z \end{pmatrix} \tag{5.9}$$

式中，$\begin{pmatrix} a_0 \\ a_1 \\ a_2 \end{pmatrix} = \begin{pmatrix} xq_w - yq_z \\ xq_z - yq_w \\ yq_x - xq_y \end{pmatrix}$为过渡矩阵；$q_x, q_y, q_z, q_w$为轨道姿态四元数的分量。

上述过程需要通过 GLSL 将其翻译为着色器可以识别的“语言”，然后交由 GPU 进行高速并行运算。GLSL 有许多特性与 C++和 Java 相似，对应以上步骤的关键代码如下所示：

```
    float sma = gl_Vertex.x；//  半长轴
    float ecc = gl_Vertex.y；//  偏心率
    float M0 = gl_Vertex.z；//  历元平近点角
    float nu = gl_Normal.x；//  平均角速度
    float M = M0 + time * nu；//  计算平近点角
    float E = M；
    for （int i = 0；i < 4；i += 1）
      E = M + ecc * sin（E）；//  迭代循环 4 次求偏近点角
    vec3 position = vec3（sma *（cos（E）- ecc），sma *（sin（E）* sqrt（1.0 - ecc * ecc）），
0.0）；\n"// 计算卫星在轨道平面直角坐标系的坐标
    //  利用姿态四元数计算卫星在天球坐标系中的坐标
    vec4 q = vec4（gl_Normal.z，gl_MultiTexCoord0.x，gl_MultiTexCoord0.y，
gl_Normal.y）；
    vec3 a = cross（q.xyz，position） + q.w * position；
position = cross（a，-q.xyz）+ dot（q.xyz，position）* q.xyz + q.w * a；gl_Position =
gl_ModelViewProjectionMatrix * vec4（position，1.0）；// 模型视图投影变换后输出坐标
```

此外，程序利用自定义的 uniform 变量将目标大小“传入”顶点着色器程序，通过对 gl_PointSize 赋值完成对目标大小的设置。

5.3.3　空间碎片片元设置

经过顶点着色器处理以后，与各个顶点相关联的全部属性就会完全得以确定，再经过图元装配和光栅化，图元将被分解为更小的片元，这些片元对应于目标帧缓冲区的像素。而片元着色器是一个处理片元值及相关联数据的可编程单元，可以用来执行传统的

图形操作。由于 OpenGL 固定管线绘制的点碎片呈正方形，而真实的点状空间碎片应当为圆形分布，因此可以通过 GLSL 编程实现对空间碎片的颜色及其色度分布的设置。

如图 5.21 左图所示，栅格化后的图元形成的片元分布呈正方形，真实的点状碎片的成像模型符合圆形分布，由内及外颜色渐浅，为此可以采用式（5.10）为片元分配不同的透明度来实现。

$$\text{opacity} = 1 - \frac{(x - x_c)^2 + (y - y_c)^2}{\max\left[(x - x_c)^2 + (y - y_c)^2\right]} \tag{5.10}$$

式中，(x, y) 为片元坐标；（x_c，y_c）为图元中心坐标，如图 5.21 右图所示，片元透明度按照与中心片元距离的平方呈线性变化，图元整体由内及外透明度逐渐降低，颜色渐浅，符合目标成像模型。上述过程翻译为着色器“语言”如下所示：

```
uniform   vec4   pointColor; //  接收颜色参数
vec2 v = gl_PointCoord - vec2（0.5，0.5）;
float opacity = 1.0 - dot（v，v） * 4.0;
gl_FragColor = vec4（pointColor.rgb，opacity * pointColor.a）; //  设置目标颜色
```

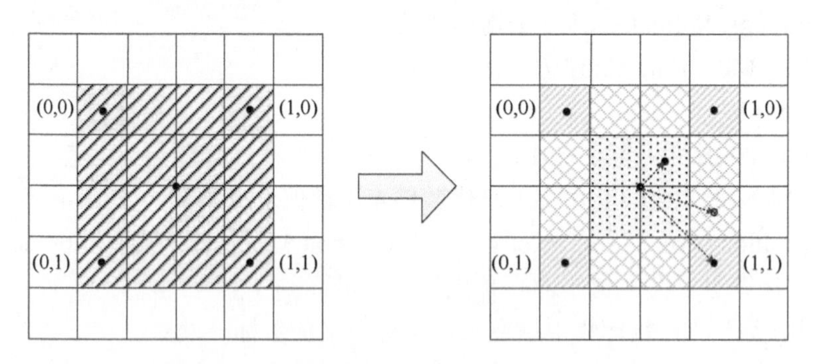

图 5.21　空间碎片片元透明度修改前后对比图

程序利用自定义的 uniform 变量将目标颜色“传入”片元着色器程序，结合透明度变化通过对 gl_FragColor 赋值完成对目标颜色的设置。

经过空间碎片位置解算及属性设置后，对于图元装配、光栅化、深度测试等操作仍然由固定功能的管线来完成。因此，还需要根据视点位置完成场景的裁剪，最终将空间碎片投影到高性能的显示器上，完成空间碎片模拟。

5.3.4　实验结果与分析

为了验证所提方法的优越性，在普通 PC 机［CPU：Intel（R） Core（TM） i5-3317U CPU @ 1.70GHz；内存：4G；显卡：Geforce GT 620M（1G 显存）］上，基于 Windows 平台，在 Qt 开发环境中，利用 OpenGL 图形开发包和 GLSL 着色语言编程实现了本书提出的方法。

1. 数据准备

考虑到实验所需数据量较大，而目前空间目标观测能力有限的情况，本书采用真实与模拟相结合的方法进行数据准备。真实数据采用美国空间监视网络（space surveillance network，SSN）公布的两行轨道根数（two line elements，TLE）数据，其每天通过SPACE-TRACK 网站更新一万多条，数据全面，质量相对稳定①。TLE 具体格式如图 5.22 所示，主要包含星历和平均开普勒根数等参数，图中对用于一般轨道计算的六个关键参数进行了注释，其提供的轨道参数虽然较少，精度有限，但是对于态势描述已经足够。

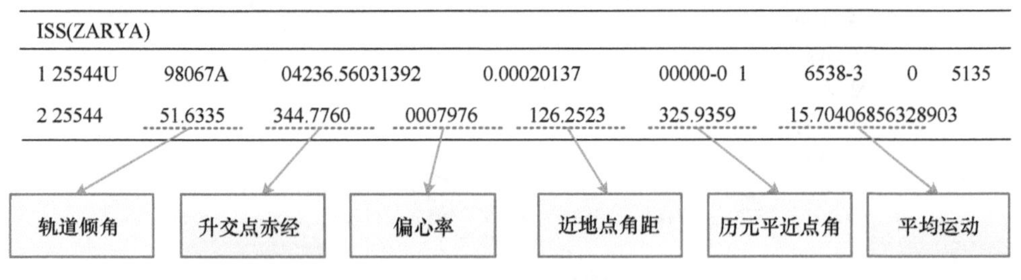

图 5.22　TLE 轨道报格式

由于真实观测数据有限，因此本书在最新收集的 14884 条实测 TLE 数据的基础上，利用 C 语言中的随机函数对其平均开普勒根数进行扩展模拟，最终生成的实验所需的TLE 数据条数分别为 3721、7442、14884、29768、59536、119072、238144、476288。

2. 模拟时间验证

结合 OpenGL 图形技术，本书利用模拟生成的 TLE 数据进行了对比实验，完成空间碎片的实时模拟均需要经过位置计算后进行渲染输出，因此实验的统计量包括位置计算耗时和渲染耗时两部分，具体结果见表 5.9，图 5.23。

表 5.9　CPU 和 GPU 用时对比

目标数量（个）	方法	位置计算耗时（s）	渲染耗时（s）	总计（s）	提速比（倍）
3721	CPU	0.002	0.000	0.002	0.33
	GPU	0.006	0.000	0.006	
7442	CPU	0.005	0.001	0.006	0.85
	GPU	0.006	0.001	0.007	
14884	CPU	0.012	0.003	0.015	1.875
	GPU	0.007	0.001	0.008	
29768	CPU	0.037	0.005	0.042	4.20
	GPU	0.008	0.002	0.010	
59536	CPU	0.090	0.010	0.100	7.70
	GPU	0.010	0.003	0.013	
119072	CPU	0.233	0.017	0.250	19.23
	GPU	0.009	0.004	0.013	

① http://space-track.org.

续表

目标数量（个）	方法	位置计算耗时（s）	渲染耗时（s）	总计（s）	提速比（倍）
238144	CPU	0.665	0.024	0.689	25.50
	GPU	0.018	0.008	0.026	
476288	CPU	1.533	0.050	1.583	31.03
	GPU	0.036	0.015	0.051	

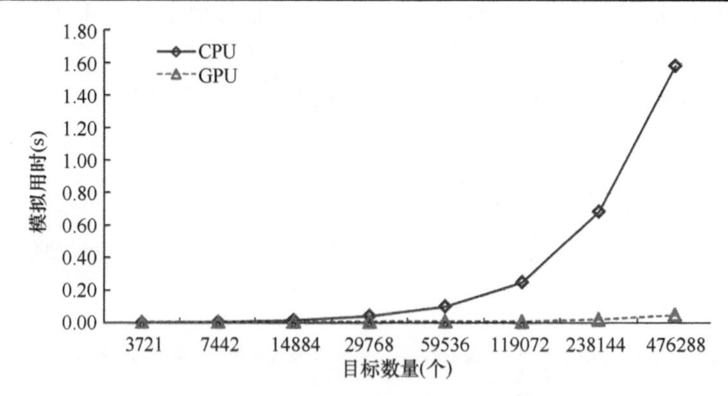

图 5.23　CPU 和 GPU 用时对比折线图

通过对比可以发现，在空间碎片数据量不是太多的时候，基于 GPU 模拟的计算速度反而不如利用 CPU 计算的速度，但是随着数据量的增加，GPU 计算的优势得到充分体现。分析原因，GPU 计算的主要优点在于处理器的数量，而其单个处理器的计算能力则远逊于 CPU，少量的数据必定造成 GPU 处理资源的浪费，而将数据从内存传递到 GPU 却消耗了相对多的传输时间。可以预见，在空间碎片数量更大、预报模型更为复杂的情况下，本书所提出的方法的优势将更加明显。

3. 模拟效果验证

图 5.24 为采用本书方法绘制的 3721 颗、14884 颗、59536 颗、238144 颗空间碎片的效果图，图 5.25 为采用普通 OpenGL 绘制方式和采用基于 GPU 的片段设置后绘制方式的效果对比图。

结果表明，本书的方法可以非常高效、形象地绘制出当前空间中空间碎片的运行态势，效果逼真，满足实时性要求。对片元色度的分布依距离中心远近进行调整后，模拟生成的点状空间碎片更接近于真实视觉效果。

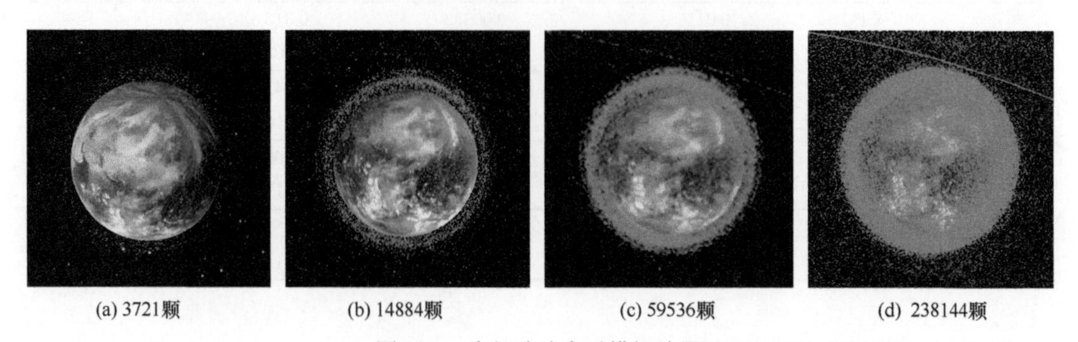

(a) 3721颗　(b) 14884颗　(c) 59536颗　(d) 238144颗

图 5.24　空间碎片实时模拟结果

(a)普通OpenGL绘制

(b)片元设置后绘制

图 5.25　空间碎片片段设置前后对比图

因此，在充分利用图形硬件并行计算特性的基础上，基于 GPU 的模拟方法速度快、可靠性强、效果逼真，尤其适合空间态势表达中海量空间碎片的监控、预测和可视化展示。

5.4　行星三维可视化表达

行星三维地形绘制所面临的主要问题就是数据量的大小。在现实世界中，当一个人在室外行走时，他所能看到的景观范围很大，从远处的山峦到脚下的鹅卵石，随着视距的变化，人眼所能分辨的细节特征也在变化。在计算机中实时绘制大范围地形景观时，所面临的一个重要问题就是如何实时绘制所有这些能被人眼所感受的信息。

但是即使按照中等分辨率存储空间数据，其数据量也是相当惊人的。例如，如果选择 1m 的格网分辨率来存储 $10km^2$ 的地形高程值，其存储的数据点将会达到惊人的 10 亿个。而包含 10 亿个高程点的地形数据的三角剖分将产生 20 亿个三角面。显然，对于更大范围的地形，要一次性绘制所有的信息是不现实的。

当前，平衡地形绘制的速度与效果问题的常用方法是使用细节层次技术（level-of-detail, LOD）。使用该技术，可根据给定的视点和视线方向来绘制必要的数据。例如，视点附近的景物使用高细节层次进行绘制，而远处的地形则可使用较低的细节层次进行绘制。

使用卫星遥感测绘技术获取行星表面遥感影像数据和三维形貌数据，然后借助三维可视化技术为行星绘制三维图是空间探测的主要任务之一。目前，随着空间探测技术的发展，人类已经获取了部分星体（如月球、火星等）的形貌数据和影像数据。但由于受到探测技术手段的限制，所获取的形貌数据和影像数据的精度和分辨率都很低，不能满足空间探测任务的进一步需求。本章对地形三维可视化中的 LOD 技术进行了研究，在此基础上对已有月面形貌数据进行了三维可视化，并针对月面形貌和影像数据分辨率低的缺点，使用分形技术对形貌数据进行精化，并对月面陨石坑和岩石块进行了模拟，生成小尺度细节特征的形貌数据，以最大限度地模拟真实的月面形貌。

5.4.1　相 关 研 究

1. CLOD（continuous level of detail）算法

Lindstrom 等（1996）提出了 CLOD 算法，该算法分为两步：第一步是进行地形粗略简化（coarse grained simplification），也可称为基于地形块的简化；第二步是进行地形的精细简化（fine grained simplification），也可称为基于顶点的简化。

该算法的粗略简化步骤简单有效，能很好地在现代图形硬件上实现。但是精细简化步骤对 CPU 资源的消耗大，没有充分利用图形硬件。这是由于该算法出现之初，图形加速硬件相对较少，该算法的优化主要依靠 CPU 实现。但随着图形硬件的发展，利用图形硬件优化算法已成为发展趋势。

Lindstrom 和 Pascucci（2001）提出了一种新算法，该算法比其 1996 年提出的算法更加充分地利用了硬件特性。该算法是基于 CLOD 算法中精细简化步骤中的最长边二等分思想。但是该算法使用自顶向下的地形精细简化方法，并没有用到 CLOD 算法中的数据块。

该算法的优点是将三角形条带的生成和使用分开，从而可有效利用硬件特性。与 1996 年提出的算法比较，该算法更好地利用了硬件特性。该算法的特性包括：使用了三角形条带技术，提高了三角面处理的能力，加快了地形绘制速度；有效地消除了地形裂缝；使用 DAG（directed acyclic graph）和包围球金字塔结构，在一次递归遍历 DAG 过程中数据精细化、三角条带化以及视域剔除可同时进行。

2. ROAM（real-time optimally adapting meshes）算法

ROAM 与 Lindstrom 的两个算法相似，ROAM 算法也使用最长边二等分。但 CLOD 算法是基于顶点操作的，而 ROAM 算法是基于三角形操作的。

因为每次一个三角形的分裂总会生成两个三角形，因此 Duchaineau 使用三角形二叉树（bintree）来表示地形最长边二等分的精化过程。图 5.26 为四层三角形二叉树结构示意图。

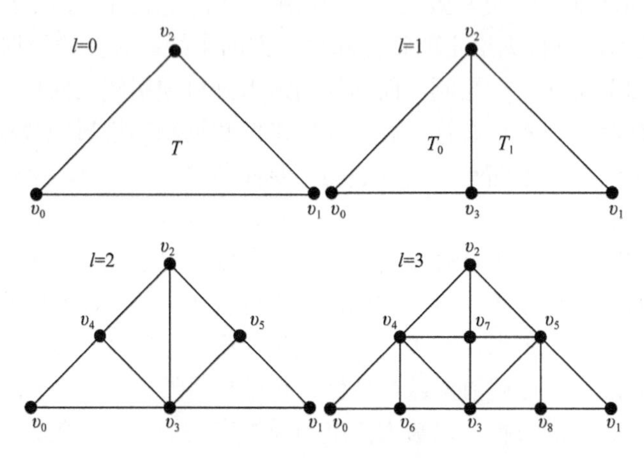

图 5.26　四层三角形二叉树结构示意图

如图 5.27 所示，三角形 T 有三个邻居，当三角形 T 和它的底部邻居 T_B 都处于二叉树的同一层时，两个三角形形成一个钻石形，两个三角形可以被对分。如果 T 与它的底部邻居没有形成钻石形，则 T 暂时不能被对分。对分被递归执行，直至钻石形成，则 T 能对分。

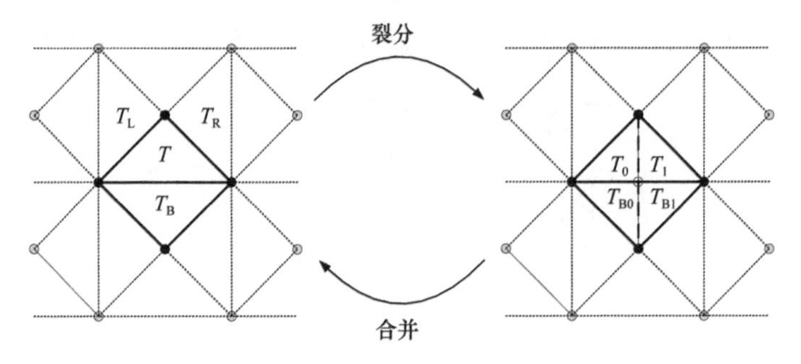

图 5.27　三角形邻域关系

网格的细分是通过自顶向下遍历二叉树进行钻石三角形剖分的方式实现的。当剖分后生成的多边形的屏幕误差小于给定阀值时，递归剖分停止。

目前，ROAM 算法发展为 ROAM2.0。ROAM2.0 的一个新的特性就是通过在图形硬件中存储和重用更多的三角面来进一步利用图形硬件。另外，几何数据的分配和传输与几何数据的生成也是新特性之一。

3. 视点相关的渐进网格

Hoppe（1996，1997，1998）在相关文献中阐述了如何对视点依赖渐进网格（view dependent progressive mesh，VDPM）算法进行改造，并将其应用于地形渲染中。VDPM 是一种视点相关的渐进网格（progress mesh）细分处理算法。相关文献（Hoppe，1996）对 VDPM 视点相关和渐进网格的基本思想进行了详细描述。

基于边折叠的 LOD 简化算法原理如图 5.28 所示。

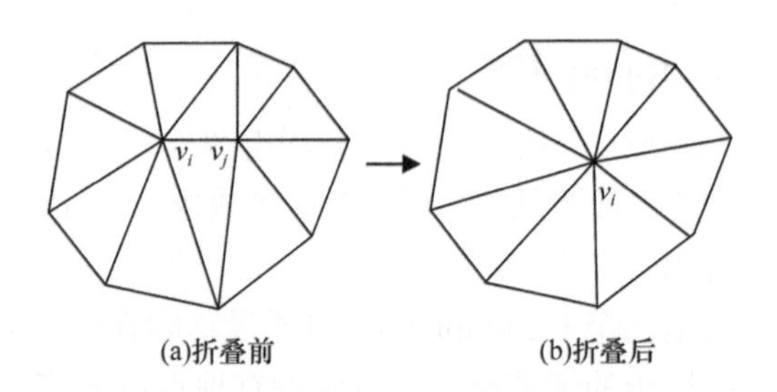

图 5.28　边折叠操作，(v_i, v_j) 折叠成 v_i

渐进网格对物体的连续多分辨率表示提供了一种巧妙的解决方法。该方法对一个物体的原始网格模型：$\hat{M} = M_n$ 每执行一次折叠操作就得到一个简化模型 M_i，同时将该折叠操作 ecol_i 记录下来。通过一系列边折叠（edge collapse）操作原始网格模型渐进简化为基网格 M_0，也得到了一个折叠操作序列{ecol_{n-1}，ecol_{n-2}，…，ecol_0}，即

$$\hat{M} = M_n \xrightarrow{\text{ecol}_{n-1}} M_{n-1} \cdots M_i \xrightarrow{\text{ecol}_{i-1}} M_{i-1} \cdots M_1 \xrightarrow{\text{ecol}_0} M_0 \tag{5.11}$$

通过其逆变换点分裂操作 vspil_i，可将基网格 M_0 渐进细化为原始网格模型 $\hat{M}$：

$$\hat{M} = M_n \xleftarrow{\text{vsplit}_{n-1}} M_{n-1} \cdots M_i \xleftarrow{\text{vsplit}_{i-1}} M_{i-1} \cdots M_1 \xleftarrow{\text{vsplit}_0} M_0 \tag{5.12}$$

Hoppe 将（$\hat{M}$，{ecol_{n-1}，ecol_{n-2}，…，ecol_0}）称作物体的渐进网格表示。

Hoppe 将顶点和 $ecol_i$ 与 $vsplit_i$ 操作通过树结构来存储，如图 5.29 所示。

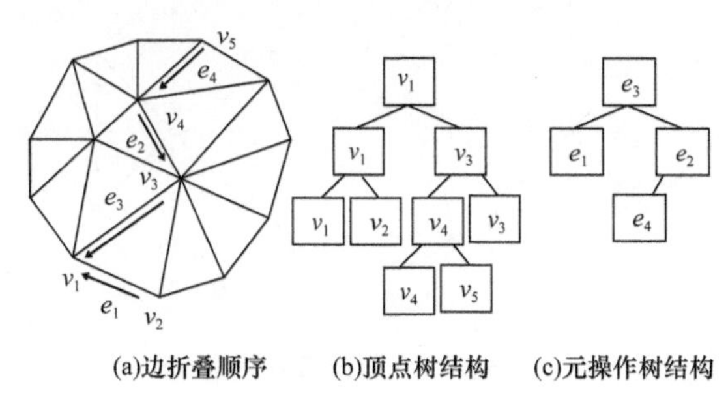

图 5.29　元操作二叉树结构

图 5.29 将顶点和元操作分别以二叉树进行存储，且二叉树的各个节点相互对应。元操作包括折叠和分裂操作。

因为地形数据本质上二维的，而 VDPM 处理的是三维数据，因而将 VDPM 应用于地形绘制可以对该算法进行一些简化。地形被划分成一些块，为每一块建立顶点层次结构。进行简化时，可通过递归执行对 2×2 地形块的缝合和简化，直至所有的地形块被简化缝合在一起。为了避免块之间的裂缝产生，在部分块边界上的边不能进行边塌陷。

地形 VDPM 算法与其他大多数地形简化算法最大的不同在于，VDPM 算法对数据源的限制较少，对数据的要求不一定是规则格网，而可以是任意网格多边形。这使得某些地形特征，如洞穴、悬崖能被保留，这也是大多数地形绘制算法所不具备的。但是该算法实现过于复杂，与其他较早的算法一样，其在图形硬件上的执行效率较低，每一帧的渲染需要占用较多的 CPU 资源。

4. Geometrical Mipmapping 算法

Willem 和 de Boer（2000）介绍了一种充分利用图形硬件的层次细节算法。该算法将地形划分成若干大小相等的矩形块。在每一个地形块内，使用类似于纹理 Mipmapping 的方法进行地形的实时简化。

每一个地形块可认为是一个 Geomipmap，可通过移除在一个当前 Geomipmap 上的顶点所在的行和列达到所期望的细节层次，直到没有顶点可被移除（除了四个角点外，其他顶点都可被移除）。

如图 5.30 所示，当一个顶点 i 被移除时，误差值等于 δ_i。δ_i 等于顶点位置到简化网格的垂直距离。其可以被看作顶点与三角形中其他两点连线的距离。每一个 Geomipmap 层的误差值是 $\max\limits_{i=1,\cdots,n-1}(\delta_i)$，$n$ 是当前 Geomipmap 层中被移除顶点的数量。

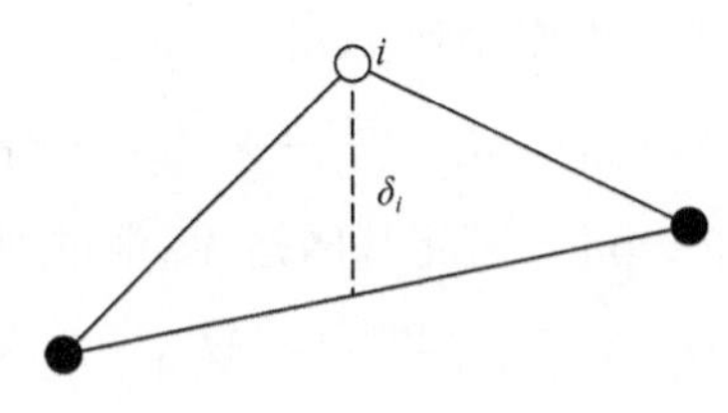

图 5.30　顶点误差的计算

通过将每一个 Geomipmap 的物方空间误差投影到屏幕空间，然后将其与用户定义的误差阀值进行比较，以选择合适的 Geomipmap 层。如果投影的屏幕空间误差大于误差阀值，则选择高一级的 Geomipmap 层。如果投影的屏幕空间误差小于误差阀值，则判断较低层的 Geomipmap 是否能用，否则保持当前层。

该算法需要采用一定的手段消除裂缝。当相邻两个 Geomipmap 使用不同的层次细节时，由于在共享边上其顶点数量不同，因而会出现裂缝。消除裂缝的推荐方法是在较低层有较多顶点边的 Geomipmap 中进行特殊三角化。如图 5.31 所示，在顶点较多的边上忽略部分顶点（如顶点 A 和顶点 B），使得相邻两 Geomipmap 的公共边具有相同的顶点。

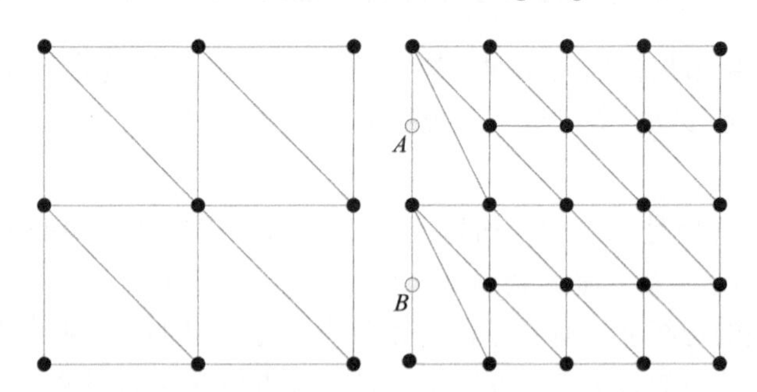

图 5.31　具有不同分辨率的相邻两个 Geomipmap

该算法具有两大优点：①实现简单；②在图形硬件中的运行效率相对较高。该算法的高效在于细节层次的选择是在块水平，而不是在三角面水平，从而在绘制三角面时减小了 CPU 的负担。由于利用了图形硬件的顶点编程特性来执行 Geomorph，因此将更多的本应在 CPU 上完成的工作转移到了 GPU。

但是为了消除裂缝，每次细节层次变化时，Geomipmap 都需要重新进行三角化，这使得算法的效率没有得到最优化。

5. 基于地形数据块的 LOD（chunked level-of-detail control）算法

2002 年 Siggraph 大会上，Ulrich（2003）提出了一种层次细节算法，该算法的目的是在现代图形硬件上高效地渲染海量地形数据。该算法借鉴了 Geomipmap 的一些思想，但做了较大的改进。

该算法基于四叉树结构。四叉树的每个节点覆盖某一块区域，形成一个连续继承的关系。根节点有一个最低分辨率的多边形网格覆盖整个地形，其四个子节点分别覆盖四分之一地形，但分辨率更高。地形递归细分，直至得到原始分辨率的地形。

地形数据多边形网格存储在四叉树的每个子节点，称为“地形块”（chunk）。每个地形块与其他地形块的关系相互独立。图 5.32 是一个三层四叉树地形块的示意图（Ulrich，2003），图 5.32（a）～图 5.32（c）分别代表父节点、四个子节点、16 个孙子节点。

每个节点即地形块有一个最大几何误差。与 Geomipmap 一样，几何误差就是当前数据与原始数据在物方空间的最大背离。当地形块被构建时，它们的误差值随着每一层的细分而减半。例如，一个节点有误差值 16，则其子节点误差值为 8，其他层次节点误差以此类推。

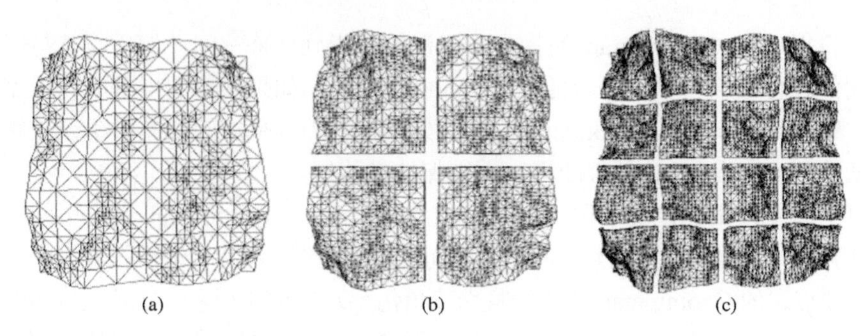

图 5.32　瓦片四叉树（Ulrich，2003）

要选择合适的细节层次需要从四叉树的顶部开始递归。因为在 geomipmap 算法中是假设视点沿着水平面移动，所以每个地形块的节点的物方空间误差 δ 被投影到屏幕空间得到误差 ρ。

因为地形块的选择是独立的，所以不能保证两个相邻地形块的公共边之间相互匹配，这就造成了裂缝。为了避免裂缝的产生，该算法使用了一种叫垂直裙的技术，如图 5.33 所示，从块的边缘向下垂直绘制一条具有一定高度的边，使其能够遮盖由于块之间接边处的不匹配造成的裂缝。该方法虽然是一种近似简化的裂缝消除方法，但能有效地从视觉上消除裂缝。

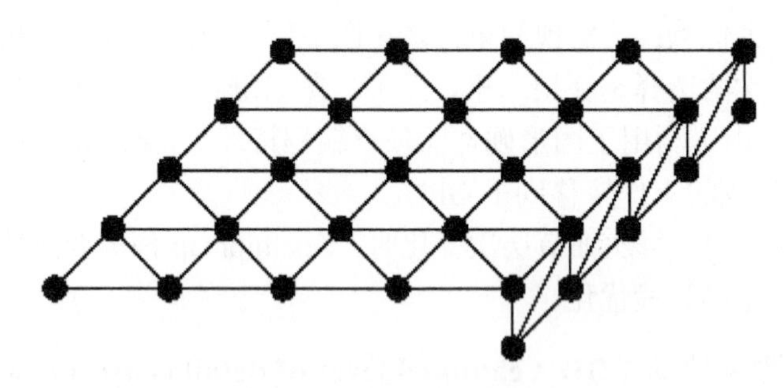

图 5.33　从边上垂直悬挂的裙

6. Geometry Clipmaps 算法

2004 年，Losasso 和 Hoppe（2004）介绍了一种全新的用于地形渲染的 LOD 模型——基于 Geometry Clipmaps 的嵌套规则格网地形模型（Geometry Clipmaps：terrain rendering using nested regular grids）(图 5.34)。这种方法将地形缓存到一组嵌套规则格网里，这个嵌套格网伴随着视点的移动而被增量地推移。这种自适应格网模型具备简单的数据结构、平稳的渲染速率、巧妙的更新策略、高效的压缩以及实时的细节层次表达等众多优点。

只有最高的层次（*L*–1 级）渲染为完整的方形网格，其他层次都渲染为空心环，因为空心部分已经由较高层次填充。当视点移动时，Geometry Clipmaps 窗口也做相应的改变，同时更新数据。为了保证高效的持续更新，以一种环形的方法来访问 Geometry Clipmaps 每一层的窗口，也就是说，使用 2D 环绕寻址。

该算法实现的难点之一就是如何隐藏相邻层次之间的边界，同时保证一个完美的网格，避免出现裂缝。Geometry Clipmaps 算法的嵌套网格结构提供了一种简单的解决方案。

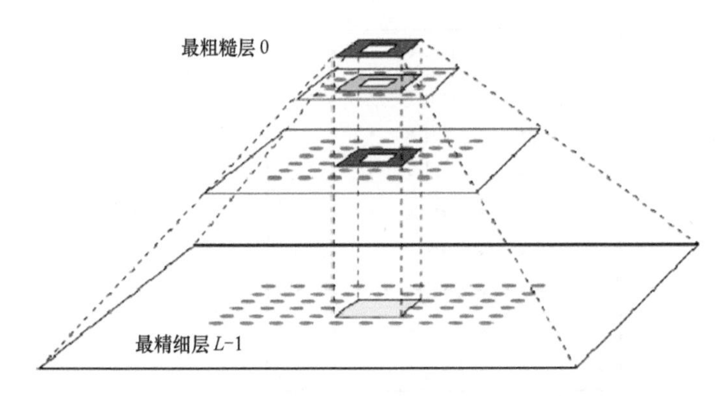

图 5.34　Geometry Clipmaps 嵌套模型（Losasso and Hoppe，2004）

其中，关键的思想就是每层在靠近外层边界的地方引入一个交换区域（transition region），这样，几何体和纹理都能平滑地通过插值过渡到下一个粗糙层次。使用顶点和像素着色器，可以分别高效地实现这些交换区域。

Geometry Clipmaps 的嵌套网格结构同样能实现高效的数据压缩以及合成。它可以通过对较粗糙的层次的数据提高取样率，来预测每一层的高度数据。因此，该算法只需要储存多余的细节信息并合成到预测的信号上便可实现高效的数据压缩。

另外，该算法每一层的 DEM 可视区域的网格点数均为 $N\times N$，通常 $N=2^k+1=257$。纹理尺寸呈 2 的幂次分割，有利于硬件的快速映射；精细层次不会位于粗糙层次的中心，即对于 $i-1$ 层次，第 i 层的区域投射在 x 或 y 方向总有一个网格单位的偏移，这种偏移为算法的漫游更新提供了快速的缓冲机制。

5.4.2　基于四叉树的 CLOD 算法

通过 5.4.1 的介绍，可以看到目前地形 LOD 绘制算法的数据结构主要基于规则格网（regular square grid，RSG）模型和不规则三角网（triangulated irregular network，TIN）模型两种。而地形 RSG 模型由于具有结构简单，处理方便，通过相应压缩算法可使得数据存储量减小等优点，目前大多数的 LOD 算法都是基于 RSG 模型。基于 RSG 模型的LOD算法主要分为基于四叉树瓦片块的LOD算法与顾及视点和地形特征的连续LOD（CLOD）算法。本节将对 CLOD 算法进行研究和实现。

1. 算法原理

CLOD 算法使用四叉树数据结构，假设地形数据大小为 $(2^n+1)\times(2^n+1)$。使用四叉树结构可对正方形地形数据进行划分。根节点覆盖整个地形，其四个子节点分别覆盖四分之一地形区域，四叉树兄弟节点之间有一条边的重叠。以此类推，可对地形进行递归细分，如图 5.35 所示。

1）四叉树节点细分度量标准

四叉树细分程度即节点深度将决定地形绘制的分辨率。子节点的深度越深，则所对应区域的地形分辨率越高。而决定四叉树节点细分深度的因子主要有两个。

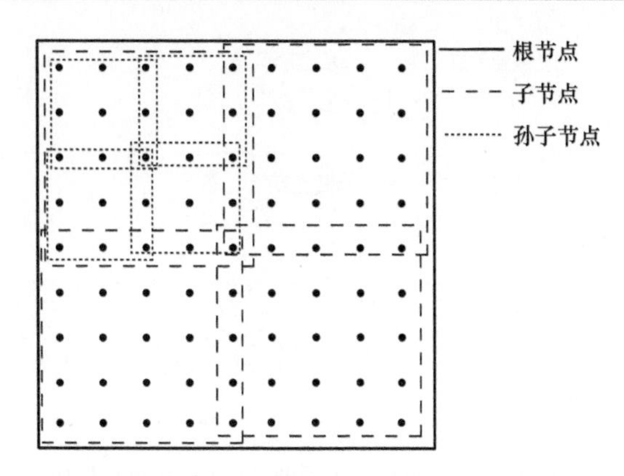

图 5.35　基于四叉树的地形递归细分

（1）视距因子。

视距，即视点位置与绘制地形的距离。同样大小的地形视距越小，在屏幕上的投影越大，对视觉的贡献也越大，因而需要更高的分辨率进行绘制。反之亦然。视距因子 f_d 可用式（5.13）计算：

$$f_d = \frac{l}{d \times C} \tag{5.13}$$

式中，l 为四叉树节点所对应地形数据块中心点到视点的距离；d 为该四叉树数据块的边长（图 5.36）；常数 C 根据绘制精度的要求设定。当 $f_d<1$ 时，进一步细分四叉树节点，反之停止细分，进行绘制。因此，常数 C 决定模型的整体精度，当 C 增大时，LOD 模型的整体分辨率提高。

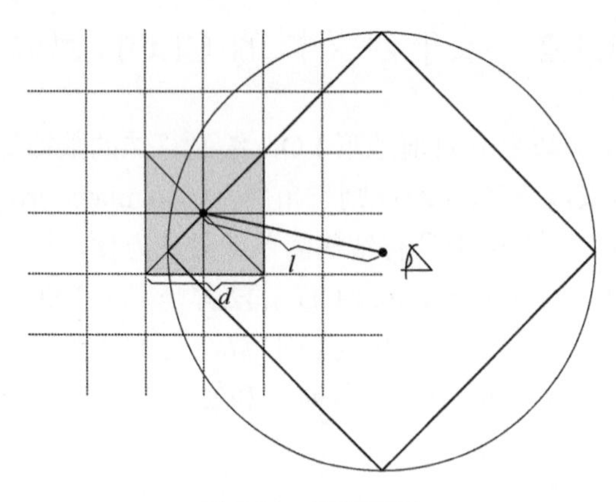

图 5.36　视距因子

（2）地形因子。

某一四叉树节点采用的分辨率还应该和该节点所表示区域的地形粗糙度相关。该区域越平坦，采用的分辨率越低；反之，则采用较高的分辨率。地形粗糙度标准用于考虑地形起伏因素对最后输出图像的影响，它可以采取各种不同的表示方法（韩元利，2007；Röttger et al.，1998），本书将其称为地形因子。

地形因子计算方法中较为简单的是利用四叉树节点所对应地形矩形范围的中心点

和四条边的中点来计算。如图 5.37 所示，dh_1 等于 B 点沿铅垂方向至 AC 边的距离，于是四个边的中点与其边的距离分别为 $dh_1,\cdots,dh_4$，而矩形中心点对应两条对角边的距离为 dh_5、dh_6。于是，地形因子的计算公式如下：

$$f_T = \frac{1}{d} \max_{i=1,\cdots,6} (|dh_i|) \tag{5.14}$$

于是，综合视距因子和地形因子，决定四叉树节点细分的度量标准可采用如下评价函数表示：

$$f = \frac{l}{d \times C \times \max(c \times f_T, 1)} \tag{5.15}$$

对于四叉树的某个节点，如果该节点的评价函数值 $f \geqslant 1$，则表示该节点为叶节点，不需进一步细分参加绘制，否则该节点需进一步细分。式中，常数 c 与 C 一样，其取值决定地形模型的分辨率，在给定 C 的基础上，可实时调整 c，以使地形分辨率满足绘制要求。

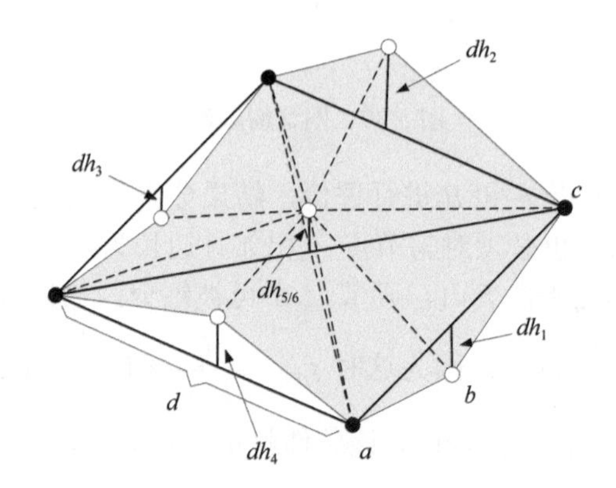

图 5.37　地形因子

2）裂缝消除

由于地形四叉树节点对应范围的地形具有不同的粗糙度，因此四叉树的各个兄弟节点可能具有不同的深度，这就造成相邻地形子块的分辨率不同，于是出现了所谓的地形裂缝，如图 5.38 所示。

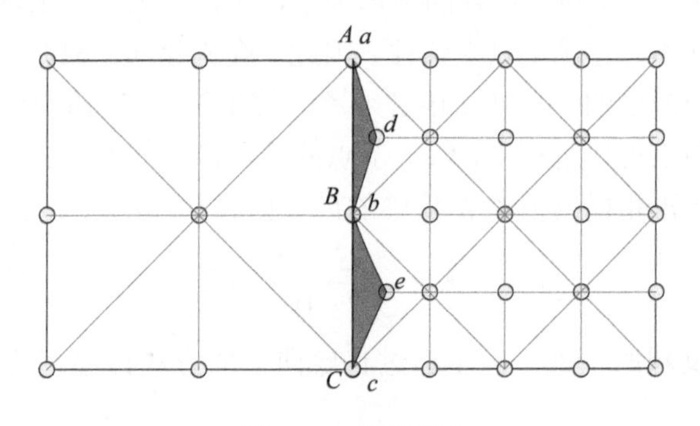

图 5.38　地形裂缝

消除裂缝的方法较多（Luebke et al.，2002），在 CLOD 算法中使用最多的便是限制四叉树（Pajarola and Gobbetti，2007）。限制四叉树的实现方式较多，Röttger 等（1998）通过限定所生成的四叉树结构中所有相邻四叉树节点间细节层次的差异不得大于一个层次。如图 5.39 所示，如果节点 1 和节点 2 的分辨率正好相差一个层次（即节点 1 的边长是节点 2 的边长的两倍），这样的三角形构网便不会出现裂缝。

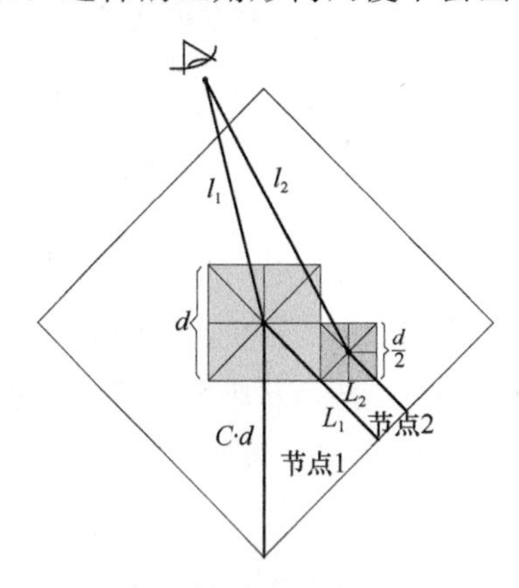

图 5.39　四叉树限制

用节点评价函数对节点 A 和 B 进行评价，结果分别为 f_A 和 f_B。假设 $f_A<1$ 成立，即对节点 A 进行细化，那么也必须对与节点 A 相邻且边长为节点 A 边长两倍的节点 B 进行细分。如果节点 B 满足条件 $f_B<1$，则节点 B 可被细分。如果视点位于节点 B 的矩形范围内，则条件 $f_B<1$ 肯定满足。因为这时 $f_{dB}=\dfrac{l}{d\times C}<1$，而 $\max(c\times f_T,1)$肯定小于 1。但当视点不在节点 B 的矩形范围内时，该条件就不一定满足，因而可通过强制手段使得 $f_B<f_A$，即

$$\frac{l_A}{d\times f_{TA}}>\frac{l_B}{\frac{d}{2}\times f_{TB}} \tag{5.16}$$

$$或\ f_{TA}<\frac{2l_1}{l_2}f_{TB}$$

f_{TA} 和 f_{TB} 分别为节点 A 和节点 B 的地形因子，它们的大小是由该节点对应区域的地形起伏来确定的，并不一定满足以上条件。因此，在构建四叉树时，计算节点的地形因子除了考虑自身地形起伏的情况外，还必须考虑其相邻节点的地形因子。

于是在四叉树节点构建过程中，每一节点的地形因子的值是它本身的计算值和它的前一层次邻接节点地形粗糙度值的 K 倍中的最大值。其中，

$$K=\frac{C}{2(C-1)}(C>2) \tag{5.17}$$

在构建地形四叉树时，地形因子通过自底向上的方式传递。其传递方式如图 5.40 所示。

2. 算法实验

本书使用的实验数据是某地区 30m 分辨率 DEM 和 1m 分辨率遥感影像，原始 DEM

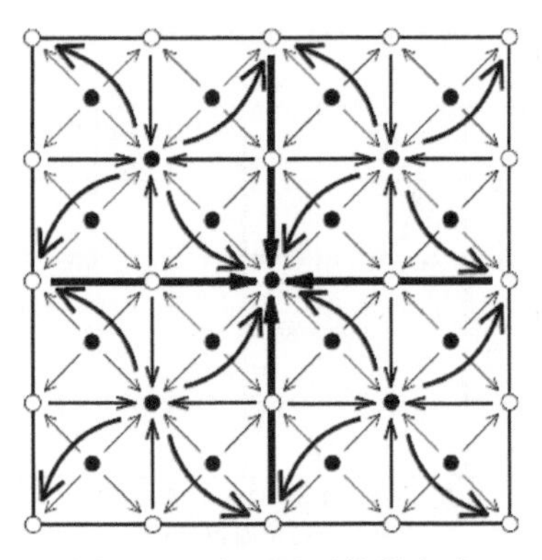

图 5.40　地形因子传递方式

大小为 2266×1895，原始影像大小为 13974×11535。对原始数据进行重采样，使得 DEM 大小为 2048×2048，影像大小为 8192×8192。实验的硬件平台是 DELL670 图形工作站，具体配置：Xeon3.2GHz 双核处理器，NVIDIA 的 Quadro FX4400 图形显示卡，显示内存 512M，2G 内存。图 5.41 是实验结果，图 5.41（a）是叠加纹理时的绘制效果图，图 5.41（b）～图 5.41（d）分别是视点在同一位置时，简化控制因子取不同值，地形所具有的不同分辨率。图 5.42 表示的是绘制三角形与绘制帧率之间的关系。

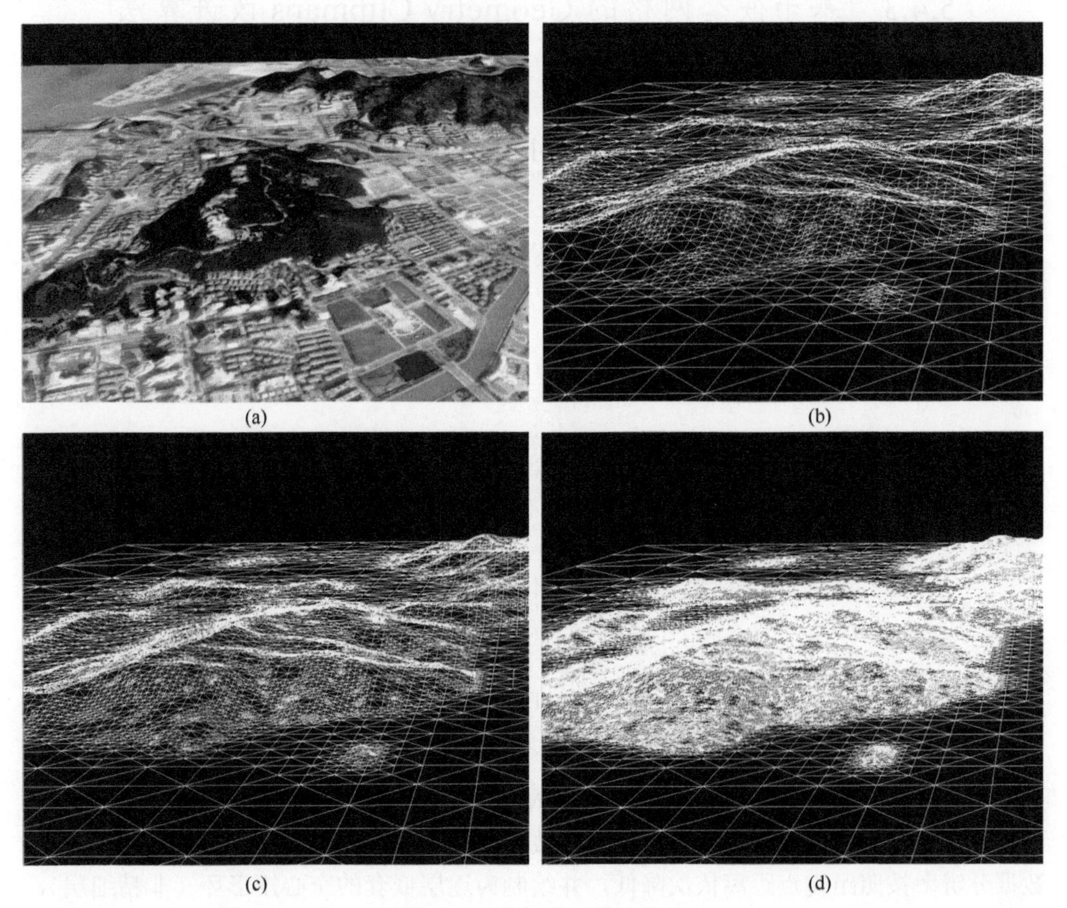

图 5.41　CLOD 算法实验结果

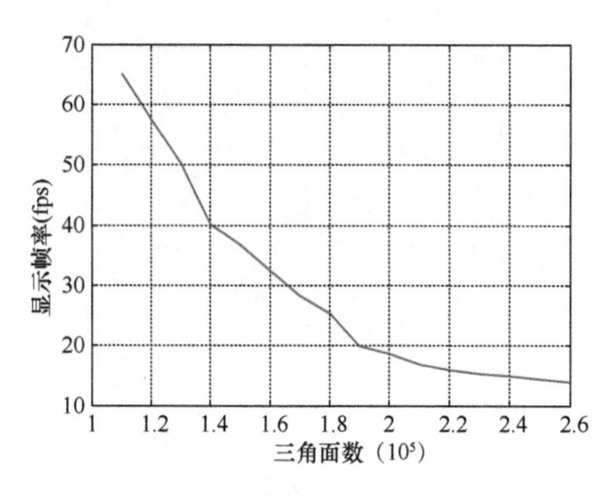

图 5.42　绘制帧率统计结果

从图 5.41 中可以看到，由于算法考虑了视点因子和地形因子，不论视点远近，地形平坦地区使用的三角面非常少，极大地优化了绘制性能。当地形控制常数 c 增大，以提高细节水平时，增加的三角面主要分布在地形起伏较大的地区，这使得在提高绘制效果的同时，所增加的数据量尽可能少。

5.4.3　基于嵌套网格的 Geometry Clipmaps 改进算法

1. 算法基本原理

基于 Geometry Clipmaps 的嵌套规则格网根据视点的位置确定细节层次，如图 5.43 所示。

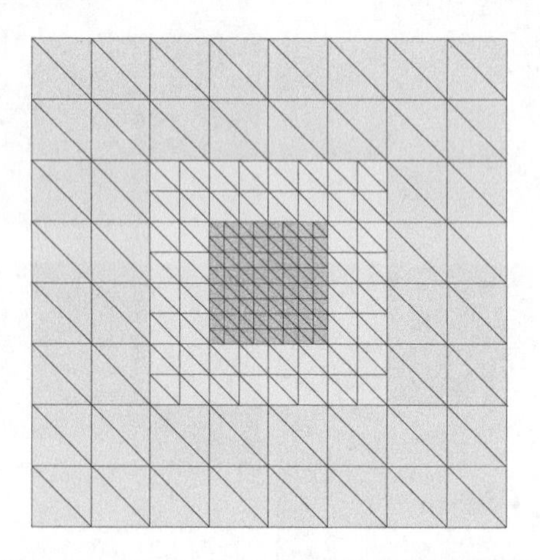

图 5.43　Geometry Clipmaps 的嵌套规则格网

Geometry Clipmaps 使用规则格网的金字塔多分辨率层次数据结构，该算法将视点到地形的距离作为衡量标准，分别计算 DEM 金字塔多分辨率模型每一层的可视区域大小，在靠近视点的地方使用分辨率最高的数据（精细层），该矩形区域完全绘制，外层数据分辨率按照距视点距离依次降低，并绘制为逐层嵌套的空心矩形环（非精细层），这样就组成了一个个逐层嵌套的矩形环（图 5.43）。当视点移动时，可视区域也随之进行更新，然后计算每一层的渲染区域，进行图元装配发送给图形渲染管线。为方便将非精细层渲染成空心矩形环，同时提高视景体裁剪的效率，需将每个空心嵌套环等分为 12 块，如图 5.44 所示。

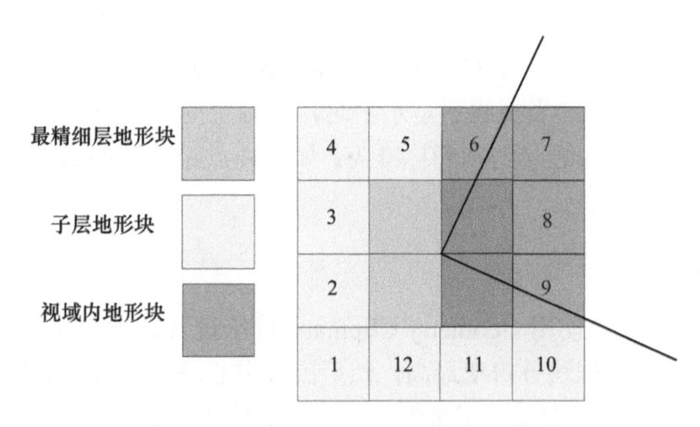

图 5.44　Geometry Clipmaps 空心嵌套

为了提高数据的更新效率，Geometry Clipmaps 算法使用环状数组和模运算的方式来存储每一层显示的数据块，随着视点的移动，每次只更新“L”形的新区域（图 5.45），使用环状数组和模运算来存储和访问数据，使得每一个固定顶点在数组中存储的位置保持不变。例如，假设 n=129，格网点的编号为 a=0→128，存储在数组中的下标为 a 与 n 的模运算，即 0→128，当视点移动造成格网点编号变为 0→129 时，编号 129 的格网点在数组中的位置为 129 与 n=129 的模仍然为 0。如图 5.45 所示，当视点更新时，新的“L”形区域数据正好保存在数组中原有的“L”形数据的位置上。

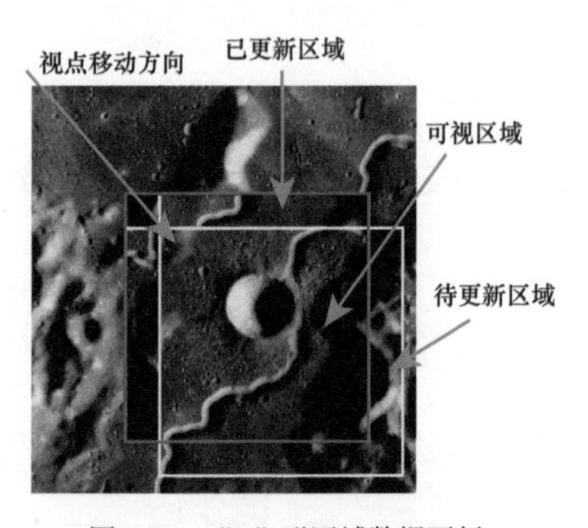

图 5.45　“L”形区域数据更新

Geometry Clipmaps 算法的地形精化和层次选择的唯一标准是视距，康宁（2007）提出了一种简单快速的选择标准。对于 l 层，可视区域表现为以视点 (x, y) 为中心、大小为 $ng_l \times ng_l$ 的矩形区域（其中 $g_l = 2^l$）。在地形起伏不大，视点平行于地面，视角为 90° 时，某一层可视区域的深度平均为 $0.4ng_l$，由于格网间距（宽度为 g_l）与之成反比，所

以屏幕空间三角形 s 的像素尺寸为

$$s = \frac{g_l w}{(0.4)ng_l \tan(\frac{\varphi}{2})} = 1.25 \times \frac{w}{n\tan(\frac{\varphi}{2})} \tag{5.18}$$

式中，w 为窗口尺寸；φ 为视野。对于 w=1024（像素），当 φ=90°时，取 n=257，则 s<5（像素）。从式（5.18）可以看出，Geometry Clipmaps 算法中每一层的格网单元在透视投影后三角形大小大致相等。当视线不是水平时，屏幕空间的深度大于 $0.4ng_l$，所以屏幕空间三角形的尺寸小于 s。层 l 的判断标准为：如果视点距地面的高度大于 $0.4ng_l$ 时，则该层不显示。

2. 算法的优化

如图 5.46（a）所示，使用 Geometry Clipmaps 算法进行地形渲染时，以视点为中心、范围为 $2D\times2D$ 的地形数据块分辨率最高，然后围绕中心块的环状地形数据块由内向外分辨率以二分之一的倍率依次递减，于是沿视线方向最精细层数据的有效可视距离为 D，本书将其称为精细距离，精细距离之外的地形由于分辨率降低，其绘制效果受到影响。有时视点的兴趣点可能超过了精细距离 D，则视觉效果将会大打折扣，如图 5.46（b）所示。

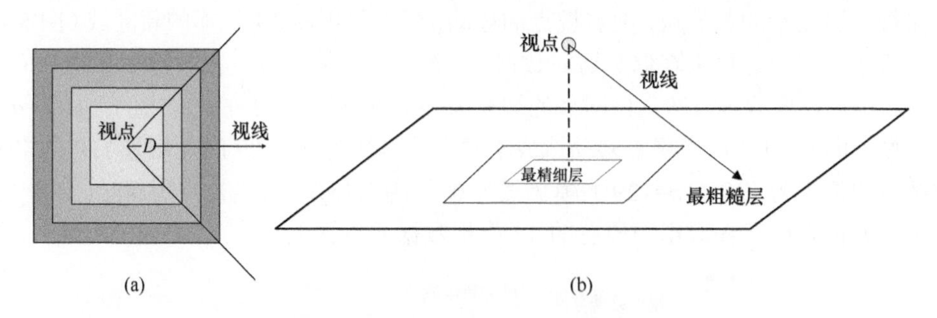

图 5.46　Geometry Clipmaps 精细距离

本书通过将视点位置沿视线反方向平移距离 D，则可将精细距离增大两倍，如图 5.47 所示。其计算公式如下：

$$V_{\text{eye}} = V_{\text{eye}} - \vec{V} \tag{5.19}$$

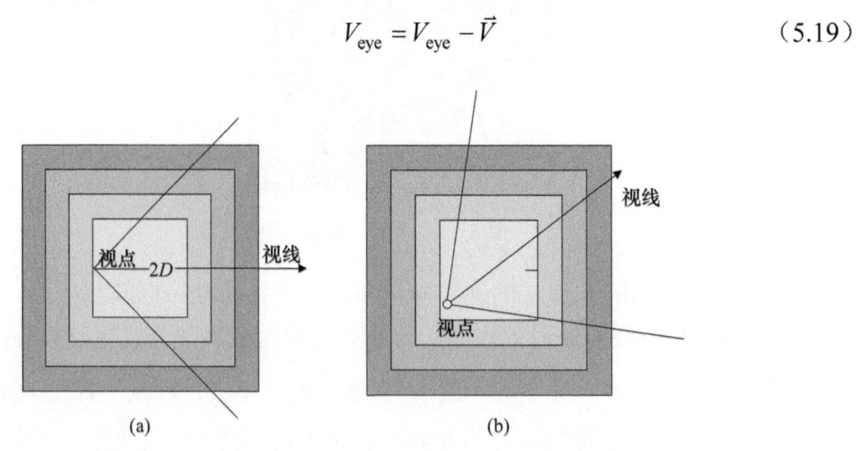

图 5.47　非对称 Geometry Clipmaps 嵌套格网

通过对视点沿视线反方向平移，视点移动和视线方向旋转时，始终能有效地增加精细视域范围。

3. 算法实现与分析

本书使用的第 1 个测试数据(数据 1)为中国沿海某地区 60m 分辨率的 DEM 和 30m 分辨率的 Landsat 影像的算法测试数据。数据共分 7 层，DEM 最粗糙层大小为 513×513，最精细层大小为 25957×26728。图 5.48～图 5.50 是试验结果。

图 5.48　纹理贴加效果图

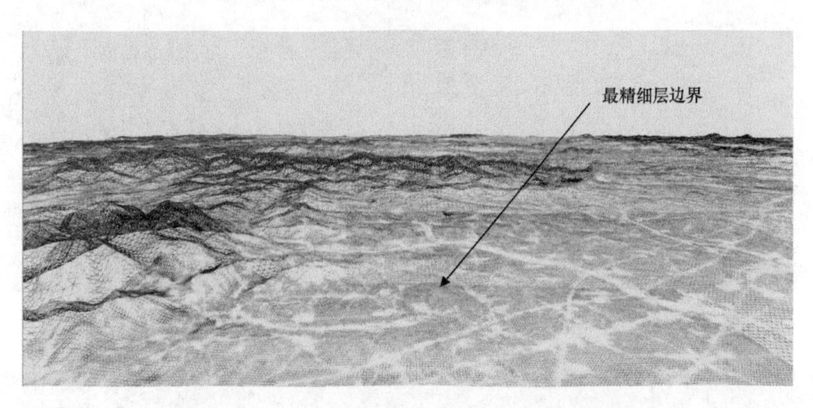

图 5.49　原 Geometry Clipmaps 算法绘制效果

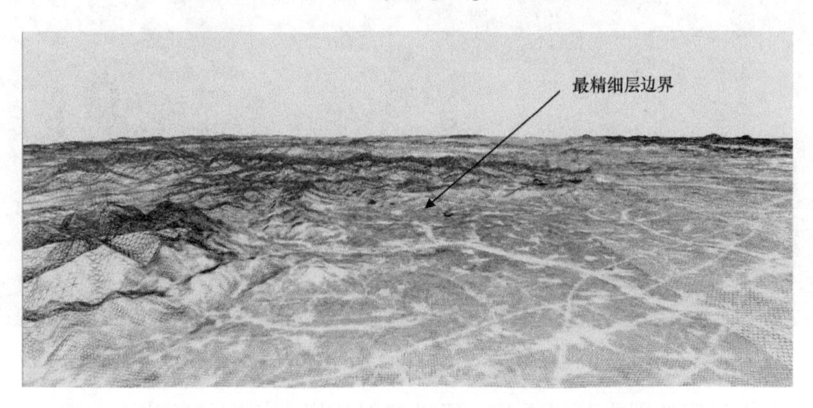

图 5.50　非对称 Geometry Clipmaps 算法绘制效果

本书使用的第2个测试数据(数据2)为Apollo15登月地区的高分辨率遥感影像和DEM数据，影像大小为10753×11063，分辨率为1.5m/pixel；DEM数据为3319×3226，格网间距为50m。影像数据和DEM数据都被划分为5层。图5.51～图5.53是试验结果。

图 5.51　Apollo15 登月地区三维绘制图

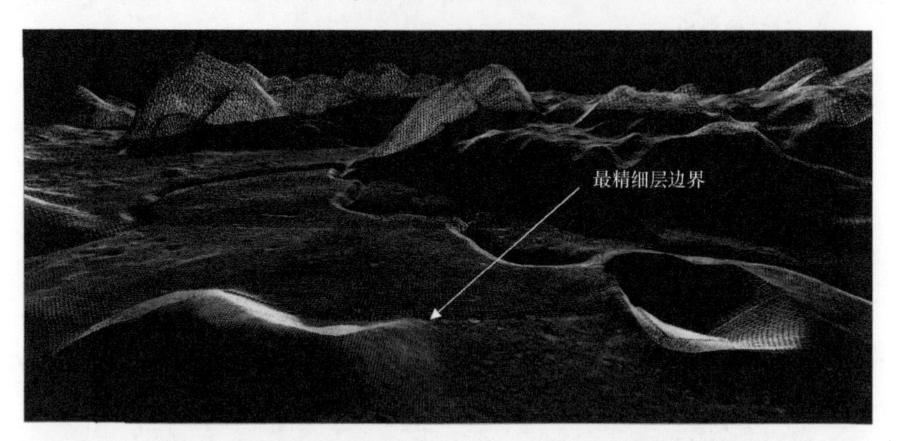

图 5.52　Apollo15 地区原 Geometry Clipmaps 算法绘制效果

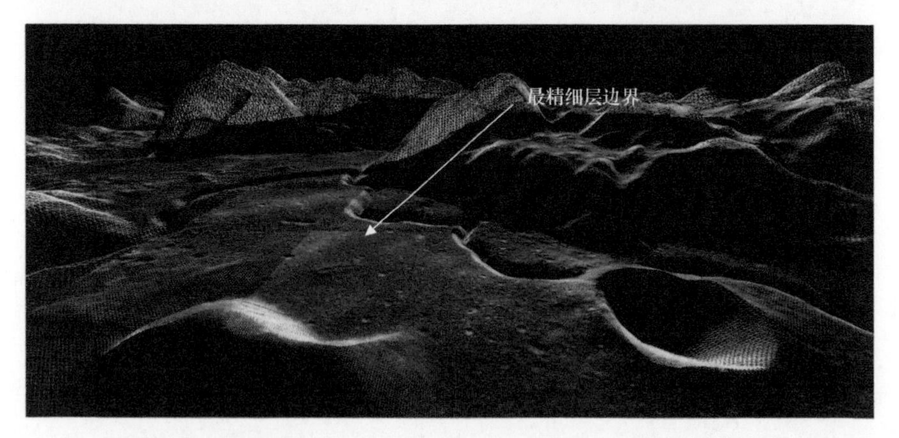

图 5.53　Apollo15 地区非对称 Geometry Clipmaps 算法绘制效果

从以上网格显示的图中可以看到，经过非对称嵌套格网的改进后，视点可见的精细范围得到有效扩大，从而改善了绘制效果。

图 5.54 是数据 1 使用视域裁剪和不采用视域裁剪时，绘制帧率的比较，如前所述，使用视域裁剪后可剔除三分之二的数据，因此绘制效率有较大提高。从统计结果分析，Geometry Clipmaps 算法在不同的视点位置时绘制帧率能保持一个相对稳定状态。使用球面视域裁剪后，绘制平均帧率 34fps（帧/s），较之没有使用球面视域裁剪时平均 13.5 fps 的绘制效率提高两倍多。在使用球面视域裁剪后，当视点漫游至分块数据的文件边界时，系统需对硬盘上不同的数据文件进行读取和检索操作，这就导致了绘制效率发生瞬时恶化的情况（图 5.54 中 *A* 点）。如果不使用球面视域裁剪，那么绘制效率会较低，因而硬盘数据文件的检索和读取不会对绘制效率产生影响。

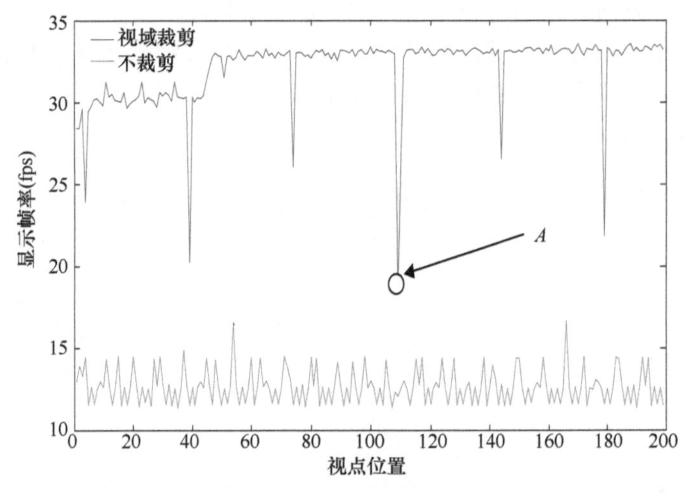

图 5.54　Geometry Clipmaps 算法显示帧率的统计

与 CLOD 算法相比较，该算法的缺点在于细节层次仅与视点距离相关，而与地形起伏情况无关，因而在地形相对平坦的地区三角面的使用存在较大浪费。

5.4.4　基于可扩展瓦片四叉树的 LOD 算法

如前所述，CLOD 算法综合考虑了视距因子和地形因子，所构造的多分辨率地形模型能最大限度地简化对视觉贡献小的三角面，绘制的地形具有较强的视觉连续性。但由于其需要在系统运行时实时进行四叉树剖分构网，因而暂用 CPU 资源较大，绘制效率受到影响。基于图形硬件的 Geometry Clipmaps 算法以及球面 Geometry Clipmaps 算法，通过将地形数据存储在图形显存中，并且通过环状数组提高数据的利用率，可以在极大程度上提高绘制速度，但是 Geometry Clipmaps 算法对地形数据和影像数据要求高，数据预处理复杂。目前，随着图形硬件的不断发展，图形硬件所能存储和绘制的三角形的数量不断增多，那种通过 CPU 的实时计算构建地形的最优化网格的算法（ROAM 算法和 CLOD 算法）占用了大量的计算资源，其在提高绘制速度上得不偿失。为此，目前所使用的大多数全球地形可视化框架多采用基于块的 LOD 算法，即将地形的最小更新单元从“顶点”粗化到“地形块”。为此，本书设计了一种可扩展的四叉树结构对全球地形数据进行分层分块，建立地形和影像四叉树金字塔，从而实现超出内存（out of core）的海量数据绘制。

本书提出的层次细节算法是综合了相关文献（Lindstrom et al.，1996；Ulrich，2003；Willem and de Boer，2000）提出的三种细节层次算法的优点，其基本原理与 Lindstrom 等（1996）提出的算法中粗略简化部分相似。该算法基于四叉树结构，使用 Willem 和 de Boer（2000）的 Mipmapping 方法进行网格简化，从而使得该算法保持了 Ulrich 算法的高效性，又具备 Geomipmapping 的简单性。

为了算法实现方便，本书对地形高程数据作出如下限定：

（1）高程数据必须是规则排列的正方形，即高程数据行、列数相同，且具有同样的采样间隔；

（2）在 x 和 y 方向的行列数必须是 n^2+1，n 是整数值。

因为层次细节算法是本书算法的基础，所以本节将详细描述本书的层次细节算法，全球地形数据的预处理和组织调度策略将在本书第 10 章介绍。

1. 瓦片四叉树结构

本书 LOD 算法的核心是四叉树结构，其结构如图 5.55 所示。

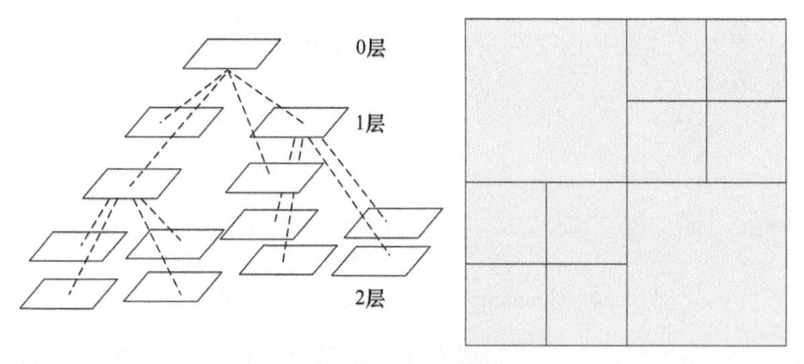

图 5.55　四叉树结构

四叉树顶部的节点称为根节点，而没有子节点的节点称为叶子节点，其他节点称为内部节点。使用四叉树结构可对正方形地形数据进行划分。四叉树结构中每个节点都包含一定细节层次的地形多边形网格。根节点的多边形网格覆盖整个地形，但是分辨率最低。其四个子节点分别覆盖整个地形的四分之一区域，分辨率较其根节点提高一倍。以此类推，直至每个叶子节点所包含的地形网格具备最高分辨率。

四叉树节点所包含的多边形网格的数据量是决定 LOD 算法绘制性能的一个重要因素。四叉树节点中存储的最简单的多边形网格是一个由两个三角形构成的四边形。但这种存储方式将造成地形绘制时会频繁地遍历四叉树节点调用绘制 API，为 CPU 带来更大的计算负担，从而影响多边形的生成能力。

为了最大限度地提高多边形的生成能力，要求算法在调用一次绘制 API 时能够处理更多的三角形。满足要求的一种最简单的方法就是在四叉树节点中存储数量合适的多边形网格。参考文献（Larsen and Christensen，2003），本书将四叉树节点中存储的地形网格称为地形瓦片块。为了更好地利用当前图形显示硬件的性能，经过试验，本书认为在四叉树节点中存储的瓦片数据块网格大小为 33×33 时，绘制性能最佳。

在瓦片四叉树中，每个瓦片数据块是完全独立于其他数据块甚至树本身。这种独立性对于简化的实现以及对超出内存的数据调度是一个很好的特性。

2. 网格简化

对整个地形数据进行自底向上的网格简化，就能产生不同细节层次的瓦片数据块。在四叉树底部的叶子节点，多边形网格直接由原始高程数据产生。然后，通过合并相邻的 2×2 块地形数据，多边形网格被简化并产生父节点。该过程持续至多边形网格被简化为符合要求的简单网格并放置于根节点。

该简化方法与 Geometrical Mipmapping 算法相似：每执行一个简化步骤，网格中每隔一行和一列的顶点数据将被移除，四叉树中的四个子节点合并成一个父节点，如图 5.56 所示。

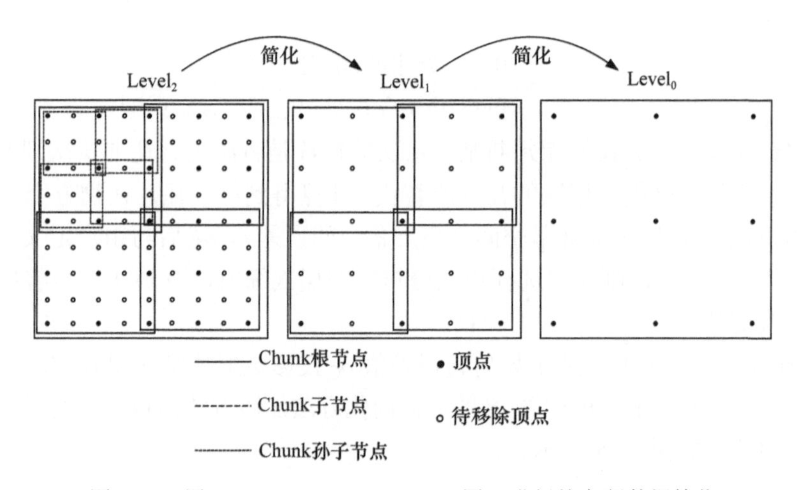

图 5.56　用 Geometrical Mipmapping 原理进行的高程数据简化

本书使用该简化方法的原因是其实现起来简单方便，另外该方法还有一个特点就是它能在所有的多边形网格中保持同样的网格结构，即所有网格都是具有同样大小的规则三角化的正方形。这将保证该方法能充分利用 GPU 批量处理三角面的能力，实现内存和速度的优化。

3. 简化误差的计算

要决定哪个层次的瓦片将被渲染，主要取决于每个瓦片的误差值 δ_C。误差值 δ_C 等于其包含的所有顶点误差$\{\delta_1, \delta_2, \cdots, \delta_n\}$的最大值，即

$$\delta_C=\max\{\delta_1,\delta_2,\cdots,\delta_n\} \tag{5.20}$$

某一顶点的误差值 δ 在物方空间中进行计算，其等于该顶点与其相邻两个顶点构成的边的距离，如图 5.57 所示。

其计算公式如下：

$$\delta_C=\left|C_Z-\frac{B_Z+D_Z}{2}\right| \tag{5.21}$$

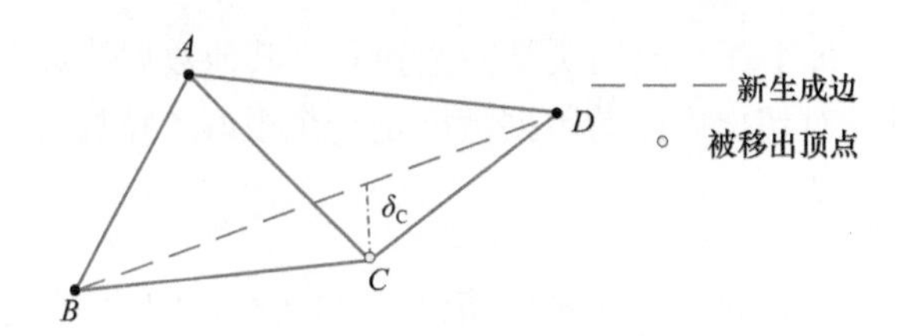

图 5.57　顶点误差的计算

式中，B_Z、C_Z、D_Z 分别为顶点 B、C、D 的高程。

一个具有较低细节层次的瓦片的误差值 δ_C 将大于具有比较高层次细节的瓦片的误差值。为了保证瓦片的误差沿四叉树增加，本书使用的计算误差值 δ_C 的方法为：误差值 δ_C 等于其所有子节点的误差值 δ_{Ci} 的最大值与自身误差值 δ_m 的和。其计算公式如式（5.22）所示：

$$\delta_C = \begin{cases} 0 & \text{如果chunk是叶子节点} \\ \max\{\delta_{C0}, \delta_{C1}, \delta_{C2}, \delta_{C3}\} + \delta_m & \text{否则} \end{cases} \tag{5.22}$$

通过比较误差值 δ_C，我们能判断某一层次的瓦片是否满足合适的层次细节，或者说它是否需要被其他更高细节层次的瓦片所替代。计算得到每个瓦片在物方空间的误差值 δ_C 后，还需将误差 δ_C 投影至屏幕空间产生屏幕空间误差 ε，然后与用户定义的阀值 τ 进行比较。如果 ε 大于 τ，则需要选择更高分辨率的层次细节，否则认为当前瓦片具有满足要求的层次细节。

Lindstrom 等（1996）描述了如何将误差值 δ_C 投影至屏幕空间得到 δ'。但其计算过于复杂，为此本书采用了一种计算 δ' 的近似简化方法，该方法假设视点的视线方向总是平行于水平面的，如图 5.58 所示。

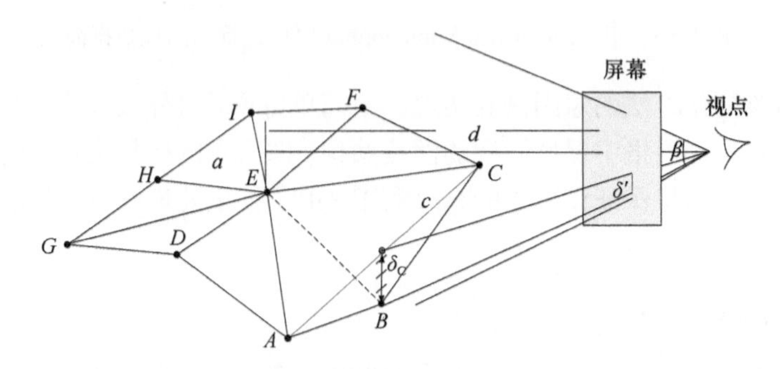

图 5.58　投影误差简化计算

将误差值 δ_C 投影至屏幕空间得到 δ'可用式（5.23）表示：

$$\delta' = \delta_C \frac{S}{2d\left|\tan\left(\frac{\beta}{2}\right)\right|} \tag{5.23}$$

式中，S 为屏幕以像素为单位的高度；d 为视点到瓦片的距离；β 为以弧度为单位的视域角。

因为每次进行层次细节选择都需要进行投影计算，为了简化计算，相关文献（Willem

and de Boer，2000）提出将式（5.21）进行改化，计算视点至瓦片的最小距离 d_m 来代替用户给定的误差阈值 τ。这样的话，我们只需要计算视点至瓦片的距离 d，然后与 d_m 进行比较，如果 d 小于 d_m，则需要选择较高层次细节。

从式（5.23）可以看出，当 δ' 等于误差阈值 τ 时，对应的 d 就等于 d_m，于是根据式（5.23）就可得到式（5.24）：

$$
\begin{aligned}
\tau &= \delta_C \frac{S}{2d_m\left|\tan(\frac{\text{fov}}{2})\right|} \\
d_m &= \delta_C \frac{S}{2\tau\left|\tan(\frac{\text{fov}}{2})\right|}
\end{aligned}
\tag{5.24}
$$

对于每个瓦片而言，d_m 可以事先计算后存储。但是如果误差阈值 τ 发生改变，则重新计算所有的 d_m。为此，我们只是存储预先计算值 $C=\dfrac{S}{2\tau\left|\tan(\frac{\text{fov}}{2})\right|}$ 而不存储 δ_C。在层次细节选择时再将 C 乘以 δ_C 得到 d_m。这种做法的优点是当 τ 发生变化时，仅仅需要计算 C。

4. 基于四叉树数据结构的细节层次选择

在计算得到瓦片的投影误差值后，便可用四叉树数据结构进行地形数据的描述，于是选择正确的细节层次进行选择将会变得简单易行。细节层次选择实现的伪代码如下所示。

```
detail_level_select（node）
{
        d=distance from viewpoint to node
        if（d<δC(node) · C） and node is internal then
              for each child of node
                  detail_level_select（child）
        else
             select node to be rendering
}
```

该函数从给定的节点处沿树向下以深度优先的方式进行递归遍历。当某个节点瓦片的投影误差值 δ_C 小于视点距瓦片的距离 d 时，则认为该节点具有合适的层次细节，于是递归停止，选择该节点进行绘制，否则对其子节点进行递归遍历，直至满足条件或到达四叉树叶子节点。如果对整个地形进行细节层次的选择，则函数从树的根节点进行递归调用。

5. 裂缝的消除

当进行 LOD 简化时，相邻两个数据块可能由于分辨率的不一致，两个数据块的接边处会出现裂缝，这是因为两个数据块在接边处并不共享顶点数据。如图 5.38 所示，顶点对（*A*，*a*）（*B*，*b*）（*C*，*c*）的位置分别对应，但并不能保证位于 *ab* 边的顶点 *d* 和 *bc* 边的顶点 *e* 在对应的 *AB* 边和 *BC* 边上也有对应的顶点。

很多算法，如文献（Röttger et al.，1998；Willem and de Boer，2000；Larsen and Christensen et al.，2003）中的算法都使用了较为复杂的技术进行裂缝的修补，但这样就增加了算法的复杂性和 CPU 的负担，极大地影响了算法执行的效率。

一个简单而有效的消除裂缝的方法就是使用“裙”技术（Ulrich，2003），即在瓦片的边界处垂直向下绘制一条边（图 5.59）。因为误差值就是某一顶点与相邻两个顶点所形成的边之间的距离，所以误差值可以决定“裙”的高度。因为误差值是最大误差值，且是嵌套计算得到的，这就保证每一个具有一定细节层次的节点都有一个误差值或者说高度值。这个值足够大，能够覆盖可能出现的裂缝，所以与瓦片关联的误差值可以被用来作为“裙”的高度值。

这种方法可能会造成多边形数量的少量增加，但其效率要远高于非常耗费 CPU 的裂缝方法，同时其实现起来非常简单。

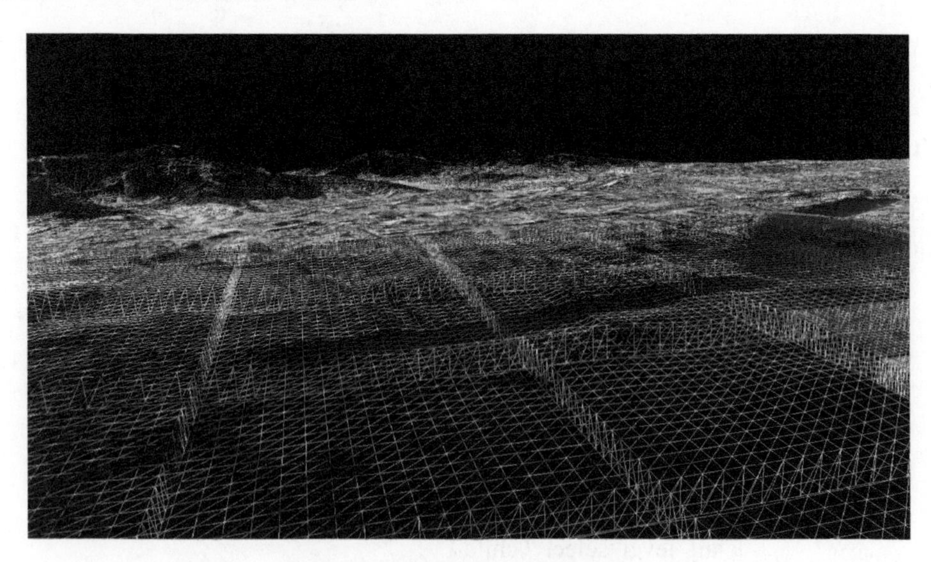

图 5.59　“裙”用于裂缝的消除

6. 可扩展四叉树的实现

本书可通过增加更多的采样值来为高程数据增加更多的细节，因为我们的算法中的高程数据存储在瓦片四叉树中，为了增加更多的采样值，四叉树必须用新的瓦片扩展。因为我们的目的是实时扩展四叉树，所以输入的可能是低分辨率的高程数据，但是渲染时可能会有较高的细节层次。

1）动态和静态节点

在此，我们称原始四叉树作为静态节点而扩展的节点为动态节点。这两种节点的唯一不同是产生的方法不同。静态节点从文件中读入，而动态节点通过分形算法产生。

在层次细节算法中，为了层次细节递归精化能够在叶子节点停止，叶子节点的误差值

δ_C=0。为了在静态叶子节点中插入动态子节点，必须使得静态叶子节点的误差值不为 0。

为了使层次细节选择能够在第一层动态节点的基础上进行，这些动态节点的误差值也不能为 0。与静态误差值一样，获得动态误差值的精确值是很困难的。本书使用的方法是设定子节点的误差值等于其父节点的一半。这是一种非常近似的方法，但应用的效果不错。

2）经过调整的细节选择

因为根据需要，节点可动态地增加到四叉树中，所以原则上四叉树中的每个节点都是内部节点。这样的话，在进行层次细节选择时就不再需要判断节点是否是内部节点，这造成了层次细节算法发生少许变化。层次细节算法经过调整后，伪代码如下所示：

```
detail_level_select（node）
        d = distance from viewpoint to node
if   d <δc(node) ·C    then
      if children not in memory then
              request loading of children into memory
                      select node for rendering
    else
            sort children according to distance
            for each children of node
                      detail_level_select（child）
else
select node to be rendering
```

3）在四叉树中增加节点

由于四叉树中的叶子节点的误差都大于 0，因此可以判断叶子节点如果有较大的误差，则需要更高细节层次的 chunk 数据。

生成动态节点是细节层次简化方法的逆过程。首先，其父节点的高程数据范围被划分成四个较小的区域，通过在每一行和每一列之间增加新的采样值，采样密度增加四倍，如图 5.60 所示。

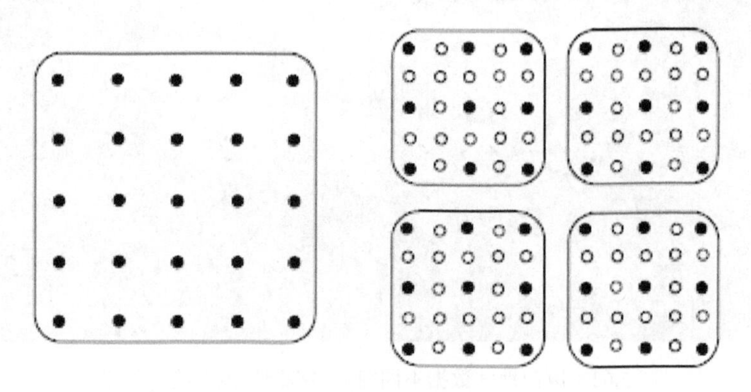

图 5.60　四叉树节点增加

新采样值的高程数据可通过 5.4.5 节中描述的分形算法计算得到。使用新的高程值，四个新的动态节点产生，然后将其插入四叉树中作为四个子节点。

7. 试验结果及结论

试验用硬件平台为 DELL670 图形工作站，具体配置：Xeon3.2GHz 双核处理器，NVIDIA 的 Quadro FX4400 图形显示卡，显示内存 512M，2G 内存。操作系统为 WindowsXP SP2，开发语言为 VC++5.0，三维图形标准为 OpenGL 2.0，显示窗口大小为 1680 像素×1050 像素。

试验以全球大部分地区 60m 分辨率的 STRM-DEM 和 30m 分辨率的 Landsat7 影像为基础数据，数据划分为 11 层，数据量大小为 30GB。然后，将高分辨率的试验数据叠加至基础数据上进行多分辨率绘制。高分辨率试验数据 1 为厦门地区 DEM 和遥感影像，数据具体情况参见 5.4.2 节。高分辨率试验数据 2 为中国西部某地区 0.5m 高分辨率航空影像，原始影像大小为 41400×34230，DEM 数据分辨率为 10m，大小为 4140×3423。试验数据被分为 5 层，基于可扩展四叉树，使用分形技术可将数据扩展为 6 层。图 5.61～图 5.65 是试验结果。

图 5.61　厦门地区数据某一细节层次网格绘制结果

图 5.62　厦门地区数据不同细节层次网格混合绘制结果

图 5.63　厦门地区数据纹理叠加绘制结果

图 5.64　中国西部某地区数据纹理叠加绘制结果

图 5.65　中国西部某地区数据网格绘制结果

分析试验结果可看到，由于在瓦片四叉树中每个瓦片数据块是完全独立于其他数据块甚至树本身，因而数据的调度简单，调度效率高；使用“裙”技术从视觉上消除裂缝，极大地简化了该算法的实现；通过批量处理和绘制瓦片数据，该算法可很好地利用 GPU

的图形处理性能，提高数据的绘制效率。

5.4.5　基于分形的月面形貌细节增加

1. 分形理论

20 世纪 70 年代，美籍法国数学家曼德勃罗特在（B.B.Mandelbrot）首次提出了分维和分形几何的设想。“分形”（fractal）一词，原包含不规则、支离破碎等含义，其被用来描述不规则、支离破碎的复杂图形。由于分形几何概括了人类早已认识到的自然界的固有特征，因此能对客观世界（无论是微观还是宏观）做出比欧氏几何更精细的描绘（徐青，2000）。

近年来，随着分形理论飞速发展，分形技术已能利用自然界中无处不在的分数维现象和自相似特征，对自然景物进行逼真的模拟，描绘出山、云、树、花等自然景物，因而在计算机图形学领域得到了广泛应用。

1）分形的定义

曼德勃罗特给分形下的原始数学定义为：分形是豪斯多夫维数（Hausdorff dimension，D_h）严格大于拓扑维数（D_t）的集，即 $D_h > D_t$。后来有的研究者将这一定义进行扩展，得到了以下的修改定义：分形是具有下列性质的集，即①具有精细的结构，具有任意小尺度下的细节；②其不规则性在整体和局部均不能用传统几何语言来描述；③具有某种自相似性，可能是近似的自相似或统计上的自相似；④其分形维数大于其拓扑维数（$D_h > D_t$）；⑤在多数情况下可递归地定义。

分形研究一般用分维（fractal dimension）计算作为主要工具。常用的指标有豪斯多夫维数 D_h、相似维数 D_s、容量盒维数 D_c、关联维数 D_g、信息维数 D_i、谱维数 D_f、填充维数 D_p 和分配维数 D_d（李爽和姚静，2007）。不同的分形维数是研究客体的形状、结构和功能复杂程度的分形反映，其研究内容不同。不同的分形维数指标表征不同的意义和信息含量。

2）分形布朗函数的定义

分形布朗运动（fractal Brownian motion，FBM）是一种在统计意义下自相似性的非平稳随机过程，能充分反映研究对象的统计特征，是地形仿真领域最常用的数学模型之一。

FBM 的定义如下：

设 u 是（$-\infty,+\infty$）的一个实参数，w 是某一随机函数的值域，h 是一个参数，且 $0 \leqslant h \leqslant 1$，$b_0$ 是任意实数，则参数为 h、初值为 b_0 的 FBM 函数 $B_h(u,w)$ 为

$$B_h(u,w)=0$$

$$B_h(u,w)-B_h(0,w)=\frac{1}{\Gamma(h+0.5)}\times\left\{\int_{-\infty}^{0}[(u-s)^{h-\frac{1}{2}}-(-s)^{h-\frac{1}{2}}]\mathrm{d}B(s,w)+\int_{0}^{u}(u-s)^{h-\frac{1}{2}}\mathrm{d}B(s,w)\right\} \tag{5.25}$$

特别地，当 h=0.5 时，$B_h(u,w)$就是普通布朗运动。

显然，FBM 具有如下 6 个性质：①服从正态分布 $B_h(u,w) \propto N(0,u^{2h})$；②$B_h(u,w)$是非

平稳过程；③增量平稳；④具有统计自相似；⑤平方变差异为 u^{2h}，绝对变差异为 $\left(\frac{2}{\sqrt{2\pi}}\right)u^h$；⑥FBM 面的豪斯多夫维数和盒维数以概率 1 等于（$2-h$）。

FBM 是现代非线性时序分析中重要的随机过程，它能有效地表达自然界中许多非线性现象，也是迄今为止能够描述真实地形的最好的随机过程。

2. 基于分形布朗运动的地形细节生成

分形地景建模方法有多种，大致可分为泊松阶跃法（Poisson faulting）、傅里叶滤波法（Fourier filtering）、中点位移法（midpoint displacement）、逐次随机增加法（successive random additions）和带限噪声累积法（summing band limited noises）、小波变换等（齐敏等，2000）。

随机中点位移法是用来实现分形布朗运动最常用的方法。它是利用在细分过程中，在 2 个点或多个点之间进行插值的方法来构造地形，如图 5.66 所示。

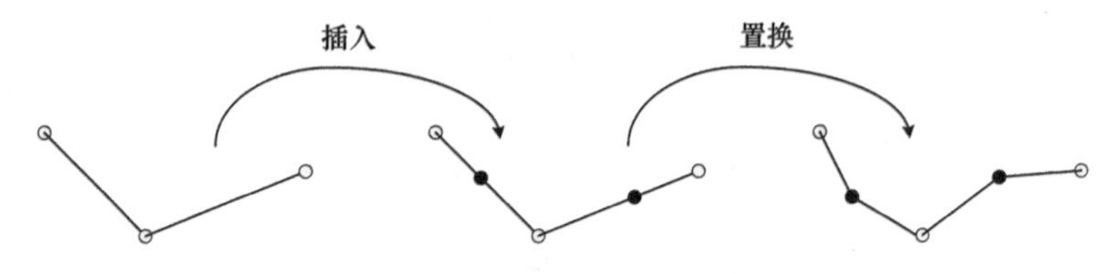

图 5.66　随机中点位移法

随机中点位移法有三角形边界细分法和菱形正方形细分法两种（何方容和戴光明，2002）。三角形边界细分法的缺点是由于不同细分阶段产生的点在相邻区域中有不同的统计特性，这常会留下一道明显的痕迹，即所谓的“拆痕问题”（creasing problem）。而菱形正方形细分法（即 diamond-square 法）相对于三角形边界细分法能很好地解决拆痕问题，大大降低拆痕出现的概率。

菱形正方形细分法是将随机中点位移程序用于正方形地平面而生成地面特征。如图 5.67 所示，取正方形的四个顶点 A、B、C、D 的高度值作为初始种子，然后计算正方形的中点 E 以及构成正方形四条边的中点 F、G、H、I。其中，正方形中点的计算过程称为菱形步骤，而边的中点的计算过程则称为正方形步骤。

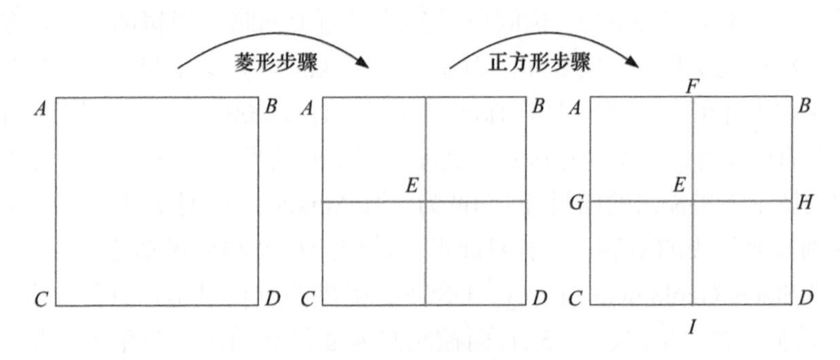

图 5.67　菱形正方形细分法

正方形中点 E 处的高程可用式（5.26）计算：

$$E_Z = \frac{A_Z + B_Z + C_Z + D_Z}{4} + \varDelta^2 G(\ ) \tag{5.26}$$

式中，$\varDelta^2 G(\ )$ 为所加偏移量；$\varDelta^2 = \left(\frac{1}{2}\right)^{nH} \sigma^2$ 为节点处的根方差，用来控制地形的粗糙度；$G(\ )$ 为服从正态分布的高斯随机噪声。

如图 5.68 所示，正方形边的中点（如 H）的高程可由正方形中点 E，顶点 B、D 以及相邻正方形的中点 K 的值来计算，如式（5.27）所示：

$$H_Z = \frac{E_Z + D_Z + K_Z + B_Z}{2} + \varDelta^2 G(\ ) \tag{5.27}$$

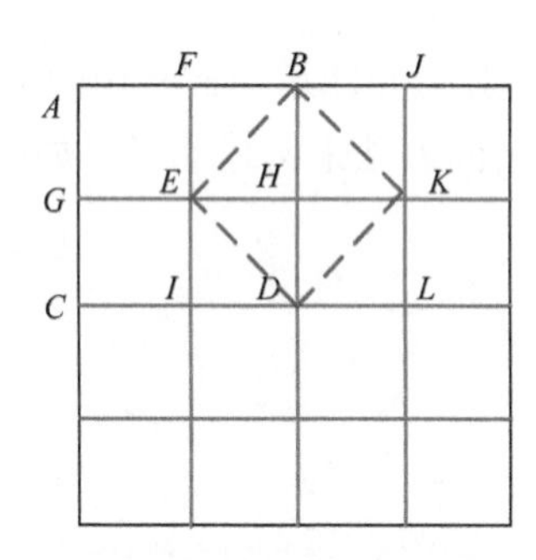

图 5.68　正方形中点高程计算

这种插值方法构成了一个双二次曲面的效果，它的一个重要优点是地景表面的法线是连续的，所以减少了三角形边界细分法中的折痕现象。此外，由于双二次曲面效果的影响，用这个算法的地景轮廓比较柔和。但如果需要，也可以使地形表面更粗糙，还可以使山峰更突出。

3. 月面形貌特征数据的拟合

1）月面形貌概况

月球形貌是指月球表面高低起伏的状态。据资料，月面上山岭起伏，峰峦密布，主要形貌有：月海、类月海、撞击坑、山脉、峭壁、月谷、月溪、月湖、月湾、月沼和月面辐射纹等（欧阳自远，2007）。肉眼所看到的月面上的暗淡黑斑叫月海，是广阔的平原，月海有 22 个，最大的是风暴洋，面积 500 万 km^2。月球上呈碗状凹坑结构的陨石撞击坑通常又称为环形山，直径大于 1km 的环形山有 33000 多个，它是月面上最明显的特征。环形山的形成可能有两个原因：一是陨石撞击的结果，二是火山活动。但是大多数的环形结构均属于陨星撞击的结果。图 5.69 为一张 Appolo15 登月地区的陨石坑遥感影像。

由于受到获取手段的限制，已有月面形貌数据的精度和分辨率还较低。美国地质调查局（United States Geological Survey，USGS）提供的资料显示，目前分辨率最高的全月面 DEM 数据是由 ULCN 2005 月面控制网内插得到的，分辨率大约是 1.895km。Clementine 全月面遥感影像的分辨率约为 100m/pixel。“嫦娥 1 号”所获取的月面影像数据约为 150m/pixel。而月球探测的相关研究，如月球车研制的仿真试验需要高分辨率的

图 5.69　月球陨石坑遥感影像

月面形貌数据。本书根据几何月球表面形貌数据的特点，采用分形算法对原有较低分辨率的月面 DEM 数据进行了内插加密，然后在分形生成的加密地形上添加月球陨石坑以及月球石块等数据，从而最大限度地模拟高分辨率的月面形貌。

2）月面形貌的模拟

月球上陨石撞击坑的直径分布范围很广，小的只有几十厘米甚至更小。直径大于 1km 的陨石撞击坑的总面积占整个月球表面积的 7%～10%。所以，对陨石撞击坑建模是构建真实感月面的关键。而目前月面 DEM 数据的分辨率只有千米级，因而要想表现直径小于 10km 的陨石撞击坑，只能在现有数据的基础上根据上述分形算法首先加密地形数据，然后根据经验公式生成月面陨石撞击坑和岩石块。

据统计，陨石撞击坑的高度（即坑底深度）与该陨石撞击坑直径之比具有坑径越小，比值越大的规律。Melosh（1989）对大量月球陨石撞击坑做了测量和计算，得出直径在 21km 以内的撞击坑深度与直径的比值经验公式：

$$\begin{cases} H = 0.196D^{1.01} & \text{当} D < 11\text{km} \\ H = 0.036D^{1.014} & \text{当} D < 21\text{km} \end{cases} \tag{5.28}$$

式中，D 为陨石撞击坑直径；H 为陨石撞击坑深度。

已知陨石撞击坑中心点的深度 H 后，陨石撞击坑中某一点 i 与中心点之间的高差 Δh_i 可使用式（5.29）计算：

$$\Delta h_i = 2\left[(\frac{d_i}{R})^2 - 0.25)\right] \times R \times (1 - \frac{d_i}{R}) \tag{5.29}$$

为了使根据式（5.29）生成的陨石撞击坑分布更加真实，必须考虑月球陨石撞击坑在月面上的分布。Melosh（1989）根据对月球表面陨石撞击坑分布的统计计算，给出了以下经验公式：

$$N=cD^{-b} \tag{5.30}$$

式中，N 为在单位面积内直径等于 D 的月球陨石撞击坑数量；c 和 b 均为常量。

张玥等（2007）对式（5.30）进行了具体化，给出如下表达式：

$$\begin{cases} N = 10^{-1} D^{-2} & (D < 40\text{m}) \\ N = 10^{0.602} D^{-3} & (40\text{m} < D < 100\text{m}) \\ N = 10^{-2.038} D^{-1.68} & (100\text{m} < D < 200\text{m}) \\ N = 10 D^{-3} & (D > 200\text{m}) \end{cases} \tag{5.31}$$

在分形加密地形上添加陨石坑的过程如下：①参照式（5.29），在一定范围之内随机产生陨石坑的中心位置和直径大小；②根据直径大小，利用式（5.30）计算陨石坑的深度，然后利用式（5.31）拟合陨石坑的形状。

陨石坑范围内陨石坑模型与基础地形是一个简单的加法过程，但每添加一个新的陨石坑，需要判断新陨石坑是落在基础地形之上还是落在陨石坑之上，如果是落在陨石坑之上，两者的关系是相交还是覆盖或者是包含于老陨石坑等情况。因此，添加陨石坑是一个较为耗时的过程。

3）月面石块分布

与陨石坑的模拟一样，月面石块的生成方法对月面形貌的仿真同样重要。本书使用3DMax 软件进行石块建模，由于月球石块的形状可能是圆形、矩形、凹坑形等，建模时可随机确定各种表面类型的石块所占总体石块数的比例。对于不同形状石块的尺寸，可根据相关文献（Marshall Space Flight Center，1969）对月表石块数的统计信息，按照一定的规律随机生成。月表每 1km^2 范围内的石块数分布规律如下：高度 h 取值在 $(6\text{cm}, 25\text{cm}]$ 的石块数为 100 块，$h \in (25\text{cm}, 50\text{cm}]$ 的石块数为 7～8 块，$h \in (50\text{cm}, +\infty)$ 的石块数为 0.8 块。

4. 实验结果及结论

本书的实验数据来自 USGS 官方网站①，其数字高程模型 DEM 分辨率为 1.895km，全月面 DEM 的原始大小为 5760×2880，由 2005 统一月球控制网（unified lunar control network，ULCN）经过内插而来，如图 5.70 所示。

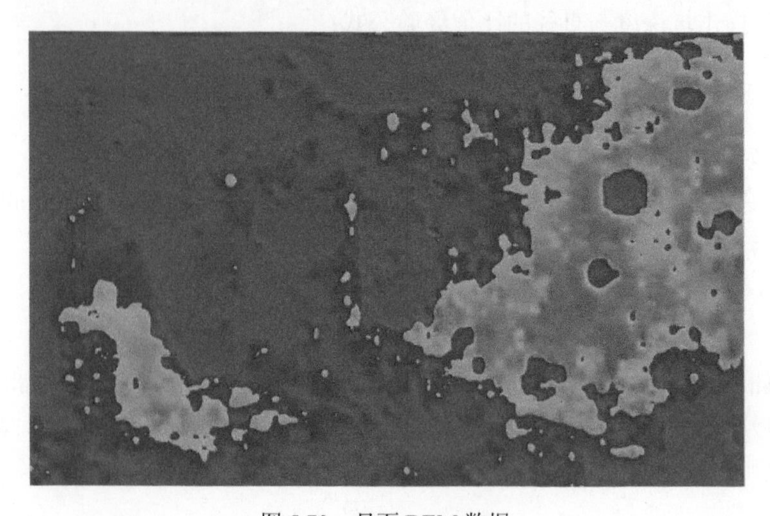

图 5.70　月面 DEM 数据

① http://pubs.usgs.gov/of/2006/1367/dems/.

由于所能得到的月面形貌数据分辨率较低，不能满足相关的应用需求，本书采用分形算法对月面形貌进行了细分处理，旨在增加地形细节，提高地形分辨率。然后，使用月面陨石坑生成算法、月面岩石随机生成算法进一步增加月面形貌的细节特征，以满足相关课题应用的需求。

图 5.71 是使用分形算法提高月面形貌分辨率的试验结果。图 5.71（a）为某一局部地区原始分辨率的形貌数据，图 5.71（b）～图 5.71（d）分别是使用分形算法将格网分辨率提高 2 倍、4 倍和 8 倍的试验结果。图 5.71（e）、图 5.71（f）分别是原始分辨率月面形貌和分辨率提高 2 倍后月面形貌的三维图。从试验结果可看到，使用分形算法提高原始形貌数据格网分辨率 2 倍后，形貌特征得到了有效地增加，效果改善明显。格网分辨率分别增加 4 倍和 8 倍后，形貌特征同样得到增加，但较之 2 倍分辨率的分形结果，细节特征的改善并不明显，且开始出现"拆痕问题"（creasing problem），对三维景观的显示影响较大。由此得出结论：分形算法能将形貌数据的分辨率有效提高 2 倍，如果再进一步进行分形，改善效果有限。

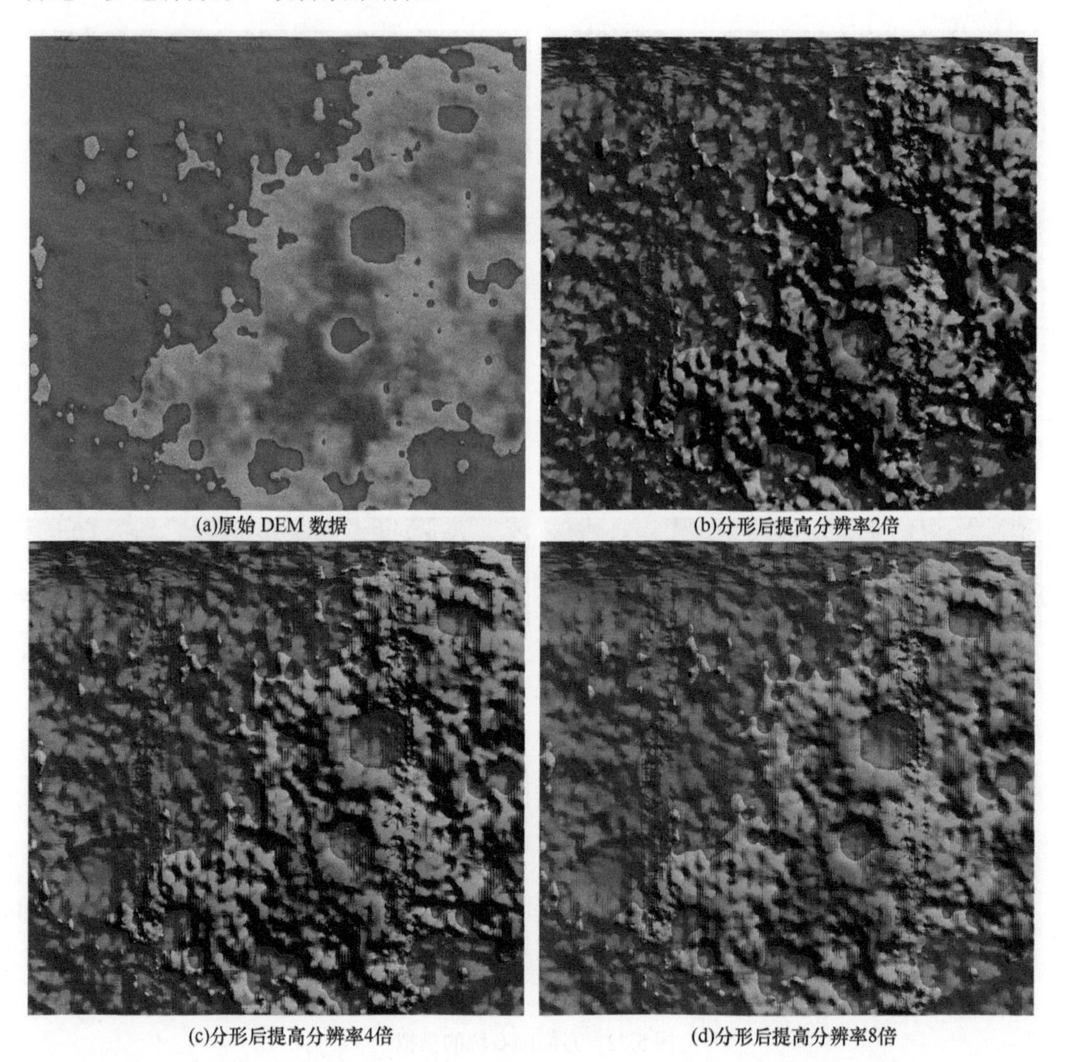

(a)原始 DEM 数据　(b)分形后提高分辨率2倍

(c)分形后提高分辨率4倍　(d)分形后提高分辨率8倍

(e)原始分辨率DEM三维显示效果

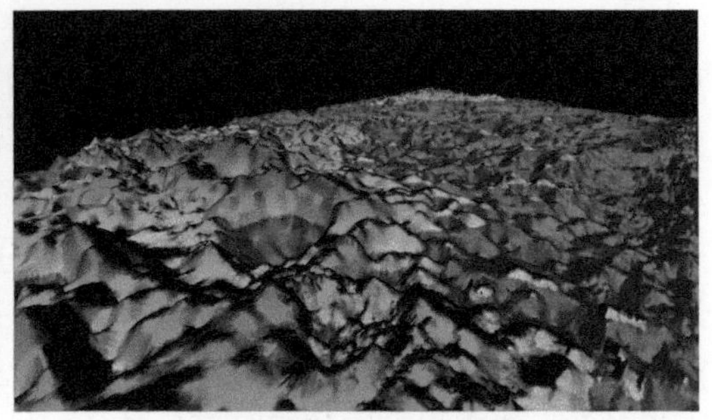

(f)分形后提高分辨率2倍三维显示效果

图 5.71　月面 DEM 分形结果

图 5.72 是对月面陨石坑的模拟结果，实验数据是 Appolo15 登月地区的 DEM，图 5.72（a）是原始 DEM 的三维绘制效果，图 5.72（b）～图 5.72（d）分别是陨石坑的深度和密度参数取不同值时生成数据的绘制效果。

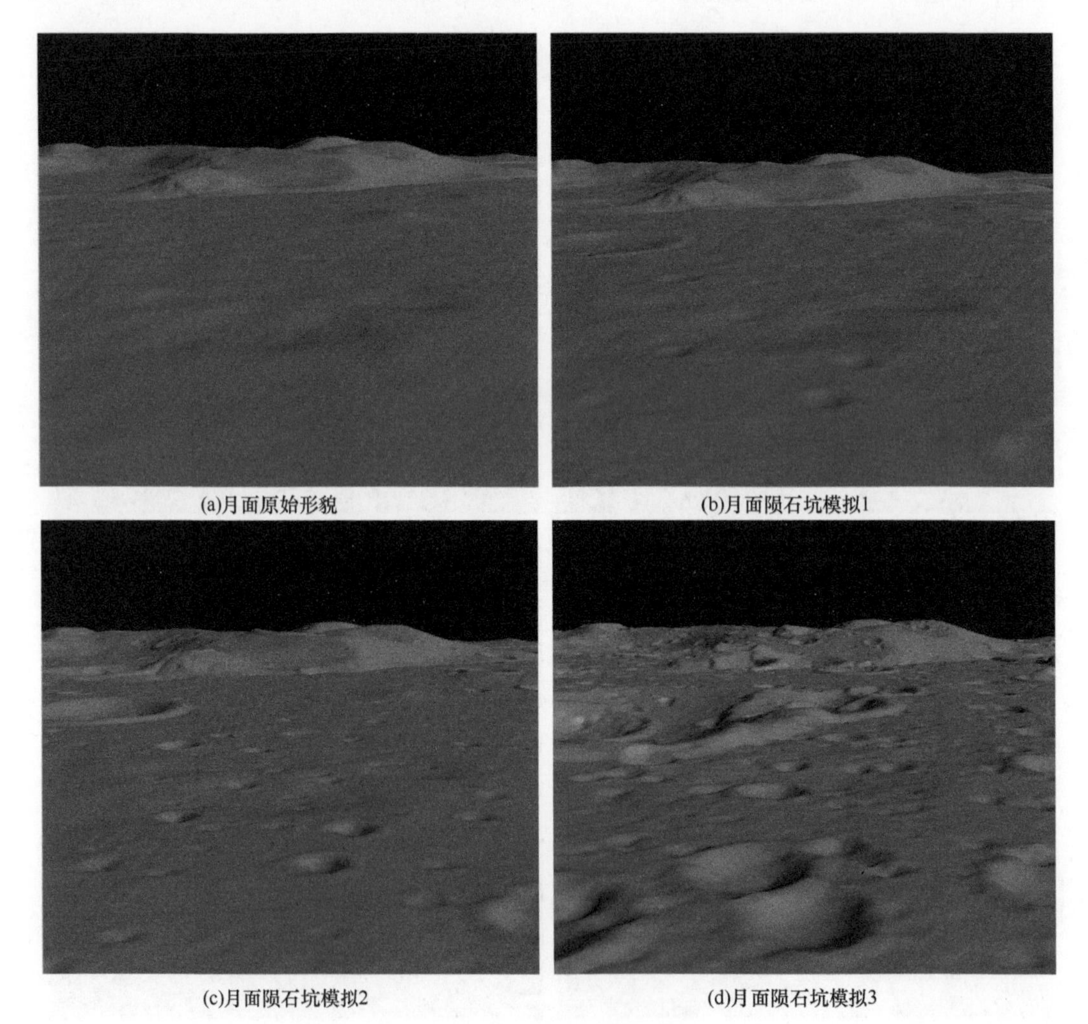

(a)月面原始形貌　　(b)月面陨石坑模拟1

(c)月面陨石坑模拟2　　(d)月面陨石坑模拟3

图 5.72　月面陨石坑的模拟

图 5.73 是根据月面岩石分布统计规律自动生成的岩石数据绘制效果。

(a)月面岩石生成结果1

(b)月面岩石生成结果2

图 5.73　月面岩石生成结果

5.4.6　基于松散场景四叉树的数据检索与裁剪

1. 算法原理

星体表面的地理数据包含形貌 DEM、地物几何模型、纹理影像和矢量数据等子集。为了处理矢量数据和地物几何模型等数据，我们使用前述的地形四叉树结构来建立“场景四叉树金字塔”，以方便对矢量数据和地物几何模型数据的索引。其中，“场景”指的是包含一个独立的 DEM、与该地形相关联的矢量数据、不同类型多个地物模型、对应的纹理影像及元数据信息的集成体。与构建地形四叉树相似，根据地理数据的位置坐标和覆盖范围，将其分配在一定深度的相应四叉树子节点中，这个四叉树子节点也可称为“子场景”。

建立场景四叉树的目的是便于对地理数据进行管理，提高数据的检索效率。尤其在三维场景绘制时，场景四叉树的应用将极大地提高视域裁剪的效率。例如，当四叉树的深度 N=3 时，场景四叉树的构建如图 5.74 所示。地物 D1 的标识符记录在第二层子节点 1 的对象索引节点表中；地物 D2 的标识符则记录在叶节点 10 的对象索引节点表中；地物 D3 的标识符记录在内部子节点 3 的对象索引节点表中；地物 D4 的标识符记录在根节点 0 的对象索引节点表中。这样，当进行视域裁剪时，我们可先判断相应四叉树节点是否在视域范围内，如果在视域范围内，逐一对存放于该节点的数据进行裁剪，这将极大地减少视域裁剪的计算量。

但是场景四叉树在进行地物划分时，有时会出现一个称为黏性平面（sticky plane）的问题。如果一个物体跨在一个节点的任何一个划分平面之上，即使物体微小而节点所对应的范围巨大，物体也会存储在那个节点，而不是它的子节点中，如图 5.75 所示。

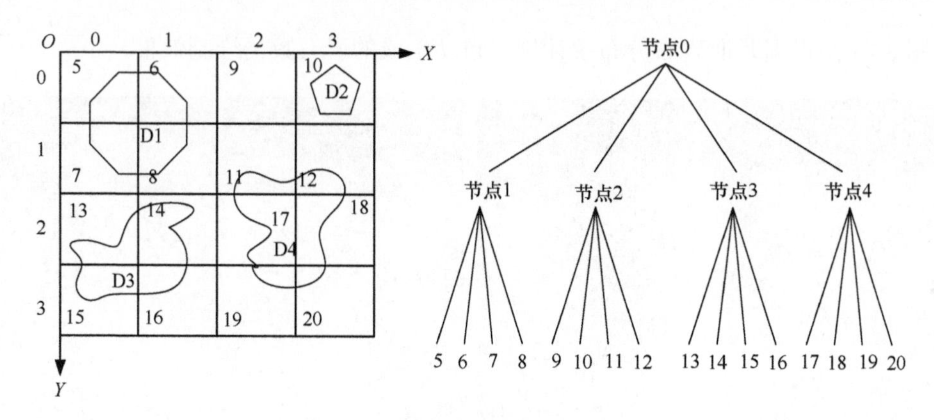

图 5.74　场景四叉树剖分及其结构

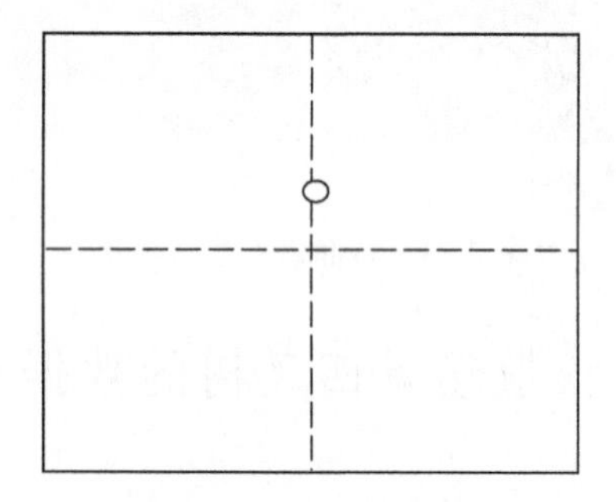

图 5.75　黏性平面问题

该问题的出现将会影响可见性剔除时四叉树检索物体的效率。解决该问题的一种方法就是使位于划分平面上的物体分裂，然后分别对这些分裂碎片进行划分。但这种方法操作复杂，且会破坏物体固有的拓扑结构。为此，我们提出使用“松散四叉树”的方法划分场景，解决黏性平面问题。所谓“松散四叉树”就是通过调整节点的包围矩形来解决黏性平面的问题，即“放松”包围立方体，但是令节点的层次和节点的中心不变，如图 5.76 和图 5.77 所示。

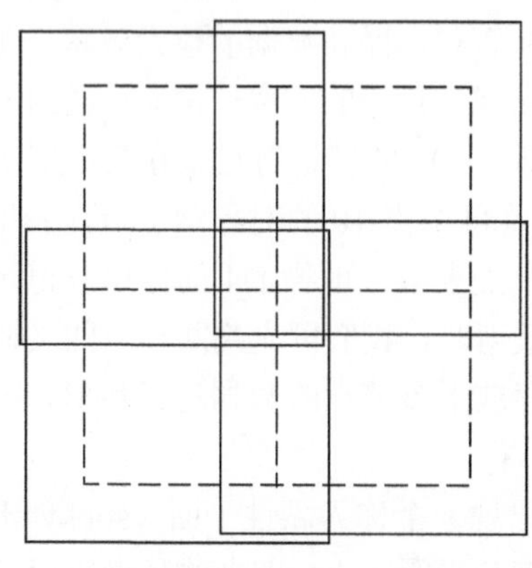

图 5.76　松散四叉树划分

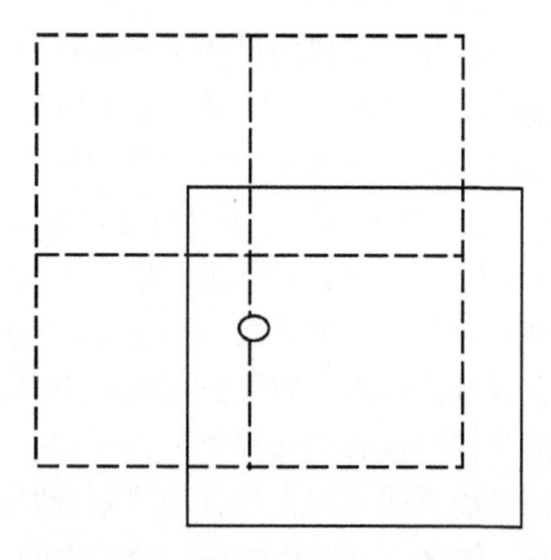

图 5.77　松散四叉树解决黏性平面问题

假设在四叉树的根节点，其包围矩形边长为 W ，则深度为 Depth 的子节点的包围矩

形边长为 $L=W/2^{\text{Depth}}$。松散四叉树的实质就是将节点的包围矩形的边长适当加大为 kL，$k>1$。这样在深度为 Depth 的节点中，如果物体的包围半径小于（$k-1$）$\times L/2$，则该物体不会存储在该节点，而是存储在其子节点中。k 值如果过大，将会导致过分松散的包围盒，但 k 值过小，则会产生黏性平面问题。k 在此称为松散系数。

2. 试验结果

为测试基于松散四叉树的视域裁剪算法，本书随机生成了 2000 个半径为 30 的点状物体，这些点状物体均匀分布在一个矩形范围内，矩形边长 W=1000，然后分别基于普通四叉树和松散四叉树对这些物体进行了视域裁剪测试。图 5.78 是使用松散四叉树进行物体剔除试验的结果，绘制的圆点代表空间地物，视域范围用红色线条表示，白色原点表示实际在视域内的点，红色原点则表示不在视域范围内但没有被剔除的点。

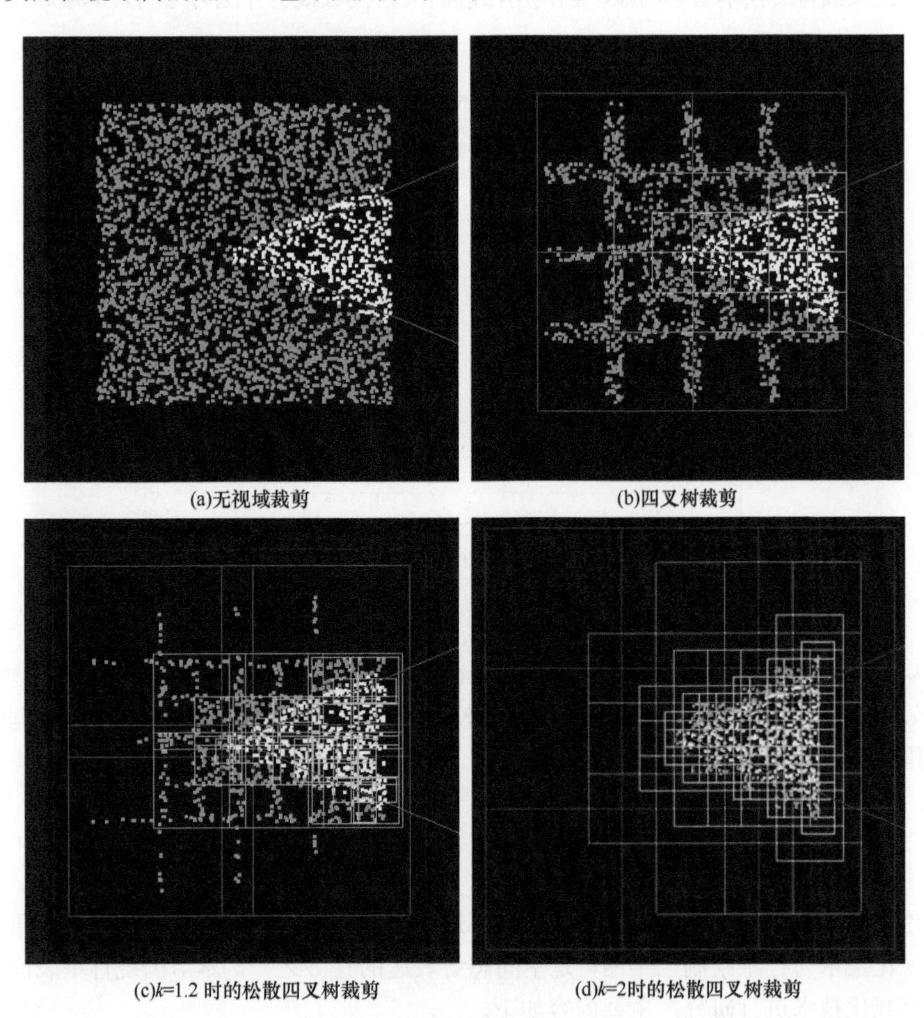

图 5.78　松散四叉树裁剪试验结果

图 5.78（a）是没有使用四叉树视域裁剪的结果，大量不在视域范围内的点被显示，显示效率最低；图 5.78（b）是使用正常四叉树进行视域裁剪的结果，从图 5.78 中可以

看到，由于黏性平面的存在，很多处于四叉树相邻节点处的物体被黏附在上一级节点中，从而没能被正确裁剪；图 5.78（c）是使用松散四叉树且松散系数为 k =1.2 时，视域裁剪效率有所提高，但仍存在一些被黏性平面吸附的物体；图 5.78（d）是使用松散四叉树且松散系数为 k =2 时，裁剪效率有了非常大的提高，只是在视域边界处由于四叉树节点深度较深，包围盒边界较小，造成少量的物体被吸附。如果 k =2 时，松散四叉树中一个给定的层次能够容纳包围半径小于等于该层次包围盒 1/4 边长的物体。

图 5.79 是对月面某地区的形貌和岩石进行绘制时，分别使用显示列表算法、四叉树视域裁剪算法、松散四叉树视域裁剪算法以及不使用裁剪算法时绘制帧率的比较。随机生成的大小不同的岩石共 5500 块，绘制的效果图可见 5.4.5 节。从帧率统计结果可看到，不使用裁剪算法时绘制效率最低，平均只有 5 帧/s，使用显示列表算法后帧率提高 1 倍，而使用四叉树视域裁剪后帧率改善明显，且使用松散四叉树视域裁剪算法时绘制效率最高。

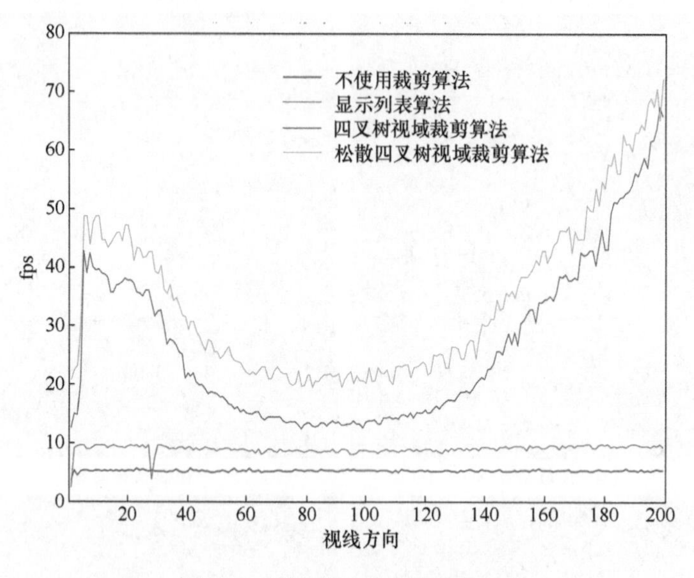

图 5.79　月面岩石绘制效率比较

从试验结果可以看到，使用松散四叉树视域裁剪算法后可以极大地提升空间物体剔除的效率，该方法同样可以应用在碰撞检测、遮挡剔除等方面。松散系数的选择与物体的包围半径和四叉树节点的包围边长有关。

5.4.7　行星三维可视化方法总结

使用卫星遥感测绘技术，获取行星表面遥感影像数据和三维形貌数据，然后借助三维可视化技术为行星绘制三维图，是空间态势表达的任务之一。本节围绕行星表面形貌数据可视化技术进行研究，主要内容如下。

（1）归纳总结了目前六种最具代表性的地形 LOD 绘制算法，分别对其特性进行了分析。在此基础上，首先对 CLOD 算法进行了实现和测试，该算法综合考虑了视点因子和地形因子，使得该算法可使用尽可能少的三角面获得尽可能好的绘制效果，较好地解决了三角面数据量与绘制效果之间的矛盾。但该算法需要在绘制时实时构建四叉树网格，该算法实现较为复杂，计算量大，占用CPU资源较多，且不容易实现超出内存（out of core）的海量数据绘制。

（2）针对Geometry Clipmaps算法精细距离之外的地形分辨率降低较快，绘制效果较差的缺点，本书提出了一种非对称Geometry Clipmaps算法，将视点沿视线反方向移动，从而有效扩大精细地形的范围。实验证明：该算法能在基本不增加数据量的同时改善绘制效果。

（3）考虑本书需要实现全球海量地形的实时动态显示，本书综合分析了主流LOD算法的优缺点，最终决定使用基于可扩展四叉树（V-quadtree）瓦片的LOD算法进行全球地理数据绘制。该算法使用的可扩展四叉树结构中每个瓦片数据块是完全独立于其他数据块甚至于树本身，这对于简化的实现以及对超出内存的数据调度是一个很好的特性，且该四叉树结构可结合分形技术有效提高地形绘制分辨率。实验证明：该算法非常适合于大范围甚至全球地理形貌数据的实时绘制。

（4）本书结合相关研究项目的需求，使用分形、月面陨石坑和岩石模拟等技术，实现了月面高分辨率形貌的模拟与绘制，并将松散场景四叉树技术应用于视域裁剪，有效提高了数据裁剪的效率。

5.5　本章小结

恒星、航天器、空间碎片、行星等是主要的空间目标类型，本章主要介绍了这几类空间目标的可视化方法，对恒星背景提出了一种符合人眼观察星空生理习惯的星空景象生成方法。依据星等将恒星分为点状和面状Billboard，并以不同大小、不同颜色分别进行绘制；采用空间八叉树为恒星建立空间索引，实现快速可见性判断。本书设计了一种航天器三维几何与行为一体化建模语言GBML，较好地解决了复杂航天器三维建模过程中的几何参数与行为参数的表示问题，并开发了模型读取和显示Com组件。对于海量空间碎片的三维可视化表达，充分利用图形处理器高精度浮点、并行运算的特点，设计并实现了基于GPU的空间碎片实时绘制与显示算法。与纯CPU处理的对比实验表明，当绘制数量目标超过30000个时，速度提高4倍以上，显示效果改善明显。

本章详细介绍了行星三维可视化方法，梳理了目前六种最具代表性的地形LOD绘制算法；研究并实现了CLOD算法；对Geometry Clipmaps算法进行了改进，提出并实现了非对称Clipmaps算法（asymmetry Clipmaps），在不增加数据量的同时，有效改善了绘制效果。综合CLOD、Chunk-LOD和Geometrical Mipmapping三种细节层次算法的优点，提出了并实现了一种基于可扩展四叉树结构的LOD算法。该算法能对四叉树进行扩展，实现了超出内存海量全球形貌数据的实时动态显示，与分形算法结合有效提高了形貌的绘制分辨率。基于分形技术实现了月面陨石坑、岩石块的模拟，与已有月面DEM数据合成，有效提高了月面形貌的分辨率；通过使用松散场景四叉树结构，有效地提高了月面岩石块的检索和绘制效率。

参考文献

戴晨光. 2008. 空间数据融合与可视化的理论及算法. 郑州: 解放军信息工程大学博士学位论文.

范奎武. 2011. 描述人造地球卫星轨道的四元数法. 航天控制, 29(6): 14-16.

高仲仪. 1996. 编译原理及编译程序构造. 北京: 北京航空航天大学出版社.

韩元利. 2007. 基于 GPU 编程的虚拟自然环境技术研究. 武汉: 武汉大学博士学位论文.

何方容, 戴光明. 2002. 三维分形地形生成技术综述. 武汉化工学院学报, 24(3): 85-88.

胡宜宁, 巩岩. 2008. 动态星图显示算法的设计与实现. 宇航学报, 29(3): 849-853.

康宁. 2007. 基于 GPU 的全球地形实时绘制技术. 郑州: 解放军信息工程大学硕士学位论文.

蓝朝桢. 2005. 空间态势信息三维建模与可视化技术. 郑州: 解放军信息工程大学硕士学位论文.

蓝朝桢, 李建胜, 周杨, 等. 2009. 深空探测自主导航光学信号模拟器设计与实现. 系统仿真学报, 21(2): 389-392.

李爽, 姚静. 2007. 基于分形的 DEM 数据不确定性研究. 北京: 科学出版社.

刘世光, 王章野, 王长波, 等. 2004. 航天器飞行场景的真实感生成. 第五届中国计算机图形学大会.

吕亮. 2014. 空间态势图构建及可视化表达技术研究. 郑州: 解放军信息工程大学硕士学位论文.

欧阳自远. 2007. 月球科学概论. 北京: 中国宇航出版社.

齐敏, 郝重阳. 佟明安. 2000. 三维地形生成及实时显示技术研究进展. 中国图象图形学报, 5(A)(4): 269-274.

仇德元. 2011. GPGPU 编程技术: 从 GLSL、CUDA 到 OpenGL. 北京: 机械工业出版社.

全伟, 房建成. 2005. 高精度星图模拟及有效性验证新方法. 光电工程, 32(7): 22-26.

沈良照. 2000. 恒星距离新数据. 天文爱好者, (4): 21-23.

施群山. 2011. 航天器姿态解算及其半实物仿真技术研究. 郑州: 解放军信息工程大学硕士学位论文.

王兆魁, 张育林. 2006. 面向空间目标监视的星图模拟器设计与实现. 系统仿真学报, 18(5): 1195-1211.

吴恩华. 2004. 图形处理器用于通用计算的技术、现状及其挑战. 软件学报, 15(10): 1493-1504.

吴恩华, 柳有权. 2004. 基于图形处理器(GPU)的通用计算. 计算机辅助设计与图形学学报, 16(5): 601-612.

徐青. 2000. 地形三维可视化技术. 北京: 测绘出版社.

张玥, 李清毅, 许晓霞. 2007. 月球表面地形数学建模方法. 航天器环境工程, 24(6): 341-343.

郑援, 李思昆, 胡成军, 等. 1999. 虚拟实体对象建模语言 SCPL. 计算机学报, 22(3): 319-324.

周杨. 2009. 深空测绘时空数据建模与可视化技术研究. 郑州: 解放军信息工程大学博士学位论文.

Duchaineau M A, Wolinsky M, Sigeti D E, et al. 1997. ROAMing terrain: realtime optimally adapting meshes. IEEE Visualization, 81-88.

Green M. 1994. Object Modeling Language (OML) Version 1. 1-Programmer's Manual. Alberta, Canada: University of Alberta.

Hoppe H. 1996. Progressive Meshes. Computer Graphics(SIGGRPAH'96 Proceedings). http://www.gvu.gatech.edu/gvu/virtual/VGIS/[2017-02-19].

Hoppe H. 1997. View-Dependent Refinement of Progressive Meshes. Proceedings of the ACM SIGGRAPH Conference on Computer Graphics.

Hoppe H. 1998. Smooth view-dependent level-of-detail control and its application to terrain rendering. IEEE Visualization.

Jiang M, Andereck Mi, Pertica A J. 2010. A Scalable Visualization System for Improving Space Situational Awareness. Maui, America: Advance Maui Optical and Space Surveillance Technologies Conference.

Larsen B D, Christensen N J. 2003. Real-time terrain rendering using smooth hardware optimized level of detail. Journal of WSCG, 11(2): 282-289.

Lindstrom P, Koller D, Ribarsky W, et al. 1996. Real-time, continuous level of detail rendering of height

fields. Proceedings of ACM SIGGRAPH: 109-118.
Lindstrom P, Pascucci V. 2001. Visualization of large terrains made easy. Visualization, 2001 VIS'01. Proceedings Visualization: 363-574.
Lindstrom P, Pascucci V. 2002. Terrain simplification simplified: a general framework for view-dependent out-of-core visualization. Visualization and Computer Graphics, IEEE Transactions on: 239-254.
Losasso F, Hoppe H. 2004. Geometry clipmaps: Terrain rendering using nested regular grids. ACM Transactions on Graphics, 23(3): 769-775.
Luebke D, Reddy M, Cohen J D, et al. 2002. Level of Detail for 3D Graphics. San Francisco: Morgan Kaufmann Publishers.
Marshall Space Flight Center. 1969. Lunar Surface Models NASA Space Vehicle Design Criteria Enviroment. NASA SP-8023, 1969-05-01.
Melosh H J. 1989. Impact Cratering-A Geologic Process. Oxford: Oxford University Press.
Pajarola R, Gobbetti E. 2007. Survey on semi-regular multiresolution models for interactive terrain rendering. The Visual Computer, 23(8): 583-605.
Röttger S, Heidrich W, Slasallek P, et al. 1998. Real-Time Generation of Continuous Levels of Detail for Height Fields. Proceedings of 1998 International Conference in Central Europe on Computer Graphics and Visualizatio.
Ulrich T. 2003. Chunked LOD: Rendering Massive Terrains Using Chunked Level of Detail Control. http://www.vterrain.org[2017-03-22].
Willem H, de Boer. 2000. Fast Terrain Rendering Using Geometrical Mipmapping. World Wide Web, October 2000. http://www.flipcode.com/tutorials/geomipmaps. pdf[2017-03-16].

第6章 空间环境可视化表达

从1957年10月4日人类活动进入太空开始，空间环境状态及其变化规律就成为航天活动所关心的重要问题。空间作为航天器运行的主要区域，空间中的各种环境要素与航天器及其有效载荷的正常工作有很大的关系。50多年来，国际上在太空各个区域已发射了数百个航天器进行探测与研究，并在地面建立了大量的监测站，昼夜不停地监视着空间环境的变化，数以千计的科学家、工程师为保证航天器在轨安全可靠运行而努力工作。但是，空间环境异常造成的航天器故障事件仍不断发生。随着现代高科技的发展，人类对空间环境的感知能力逐步加强，并且已具有一定的认识、掌握甚至改变空间环境的能力。

由于空间环境不能被人的视力直接察觉，过去只能通过分散在空间环境监测点上的离散数据去认识它。而随着探测技术和观测水平的提高，由计算、测量或实验得到的空间环境数据越来越多，这些数据在空间的分布上构成了一个三维或高维的数据场。这些数据场中包含了庞大的复杂信息，不易被理解与分析。为了能把数据场中的不可见物理量转变为可见形式，以图像的形式展现出来，直观地表现出数据场中蕴含的丰富内涵和潜在规律，我们需要利用可视化技术来仿真和模拟其在空间的分布与运动。利用可视化技术研究空间环境，就是将人们通过监测和空间探测获得的离散的、静态的信息用直观的图形、图像形式表现出来，从而反映其的存在状态及运动规律，指导人们科学地认识和利用空间环境。

可视化的目的是在确保信息表述完整性和精确性的前提下，将复杂信息转化为易于理解的表达形式的过程。通用的可视化技术主要分为点可视化、线可视化、面可视化和体可视化。其中，点可视化可以借助于二维曲线，横轴表示时间，纵轴为相应时刻的属性值，也可以在虚拟三维空间中，在监测点处用监测值标示出来；线可视化的表达较为简单，可以在虚拟三维空间中绘制出对应的线，并以不同颜色区别其属性值的变化；面可视化倾向于提供可以抽取的目标轮廓曲面，用于定量分析和后续处理，由于其仅提取轮廓结构，数据利用率不高；体可视化倾向于观察，力图避免面绘制“二分法式”分割方式，它不必生成中介几何图元，可以改用颜色和不透明度传递函数通过合成计算来完成边界的构造和表达，直接对数据场进行成像，以反映数据场中各种信息的综合分布情况，因而其充分利用了体数据信息。本章针对空间环境数据在空间分布广、随时间变化非常复杂的特点，重点研究了基于3D纹理和光线投射算法的体绘制可视化方法，对空间环境要素进行了可视化试验，旨在探索能合理、直观、高效地表示空间环境要素数据的理论、技术和方法手段。由于大气是人眼唯一能够看得见的环境要素，而其他空间环境要素（如电离层、地磁场以及辐射带等）对人眼来说本身就是不可见的，所以本章单独对光线在大气中传播的光学模型进行描述，并对星体大气效果进行了绘制。

6.1　空间环境常用可视化表达方法

无论是实际监测还是根据空间环境模式计算的空间环境数据都可以分成点、线、面和场几类数据，不同类型的数据，表达方式也不一样，下面简要介绍各类数据常用的可视化表达方式。

1. 点数据

对点数据的表达，可以借助于二维曲线，横轴表示时间，纵轴为相应时刻的属性值，也可以在虚拟三维空间中，在监测点处用监测值标示出来。图 6.1 是中国气象局国家空间天气监测预警中心 2014 年 3 月 10 日发布的空间天气周报中以二维曲线图表示地球静止轨道的粒子和地磁活动的状况。

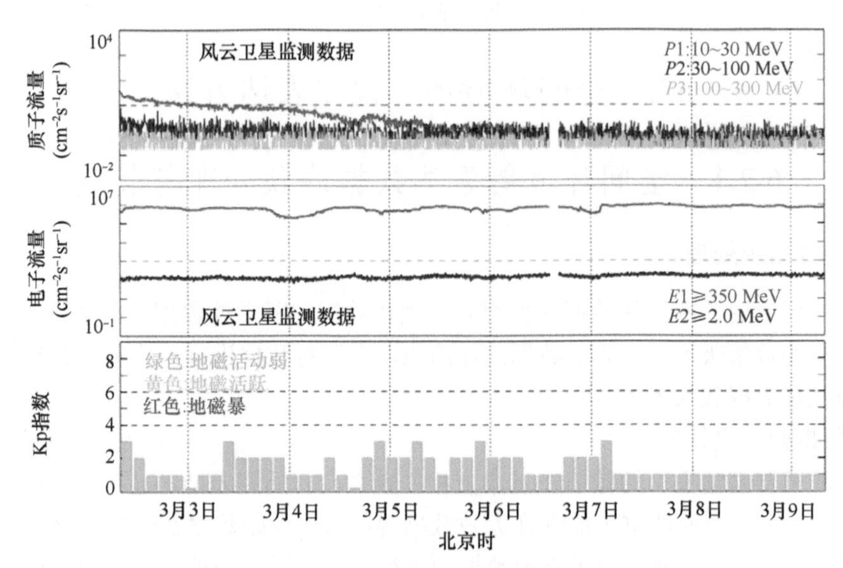

图 6.1　地球静止轨道的粒子和地磁活动的状况

中国气象局国家空间天气监测预警中心，2014

2. 线数据

线数据的表达较为简单，可以在虚拟三维空间中绘制出对应的线，并以不同颜色区别其属性值的变化。

3. 面数据

面数据同样可以在虚拟三维空间中绘制出对应的面，并加以不同的颜色区别其属性值。

4. 场数据

对于标量场的表达方法主要是体绘制方法、表面重构、剖面显示方法等。矢量场的表达方法则有点表示法、线表示法、面表示法以及箭头、粒子跟踪、纹理映射技术等方法。图 6.2（a）是采用点表示法绘制的太阳风绝对密度平静时的效果图，图 6.2（b）是采用面表示法表达的太阳风绝对密度黄道面剖面效果图，图 6.2（c）是用体绘制方法表达的电离层温度绘制效果图。

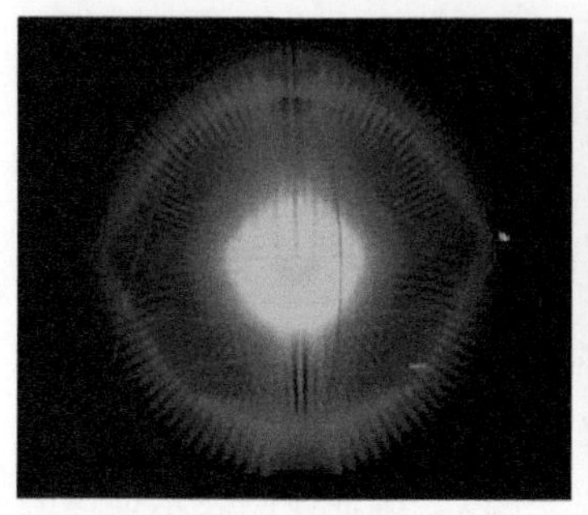
(a)点表示法(Leven el a1., 2002)

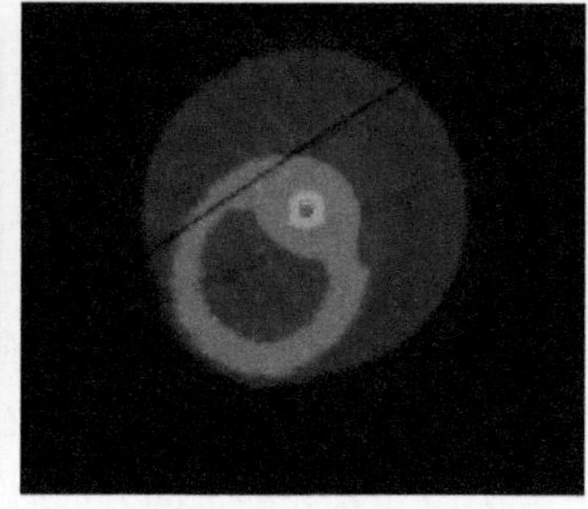
(b)面表示法(贺欢，2009)

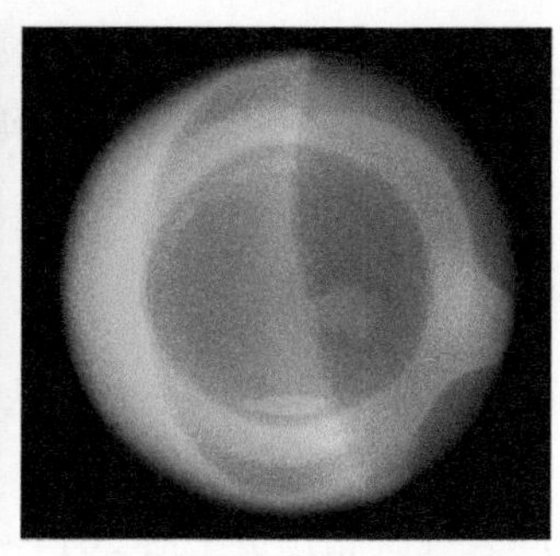
(c)体绘制方法(周杨，2009)

图 6.2　场数据可视化表达方法

6.2　空间环境体可视化表达方法

6.2.1　空间环境要素体数据的预处理与转换

1. 体数据预处理

由于不同应用领域的体数据（如空间环境体数据和医学体数据）的数据类型不同，且数据大小的数量级不同，为了数据的体渲染，应该对数据进行一定的预处理，以方便将其作为纹理数据载入图形内存中。

1）数据归一化处理

空间环境要素物理量的数值在量级上相差较大，有的相差能够达到 10^5 甚至更大，并且分布不均匀，有的地方可能存在无效数据等，这些原始数据在景观预处理前不能直接用于显示。王鹏（2006）为了实现数据的可视化，使用了一种自适应归一化的数据预处理方法。该方法的基本思想是：当数据场中的数值量级相差较大时，对数据场整体取对数后，寻找最大值、最小值，将数值归一化到 0～1；而当数据场中的数值量级变化较小时，直接寻找最大值、最小值后，将数值归一化到 0～1。借鉴王鹏（2006）的思想，首先对环境要素无效数据进行剔除，然后使用自适应归一化方法将环境要素数据归一化到 0～255，以便下一步生成纹理数据。该数据处理方法在 3D 纹理体绘制算法和光线投射体绘制算法中同样适用。

2）基于数据直方图的体数据处理

经过自适应归一化方法将环境要素数据归一化到 0～255，这时体数据就可看作是一个三维纹理或三维图像。借鉴直方图对二维图像具有增强作用的思想，通过对原始数据进行直方图计算，可分析数据取值范围和分布情况，以确定数据中哪些范围的值更为重要，然后根据对不同显示效果的需求，可使用直方图均衡化、规定化等操作，对三维体纹理进行进一步处理，以得到特征更为突出的体绘制效果。

体数据直方图的计算如式（6.1）所示：

$$p(x) = \frac{N_x}{N} \tag{6.1}$$

式中，$x \in [0,255]$，为体数据经过数据预处理后的值级，可称为灰度级；N_x 为体数据中灰度级等于 x 的体元素；N 为体数据体素总数。直方图均衡化公式如式（6.2）所示：

$$y = (y_{\max} - y_{\min})\sum_{i=0}^{x} p(i) + y_{\min} \tag{6.2}$$

式中，y 为输出体数据的值级；$y_{\max}$ 和 $y_{\min}$ 分别为值级的最大值和最小值。在此，y 的值级范围与原始体数据 x 的值级范围相等。

3）体数据值的梯度计算

由于在进行光照计算时需要用到体数据的梯度信息。梯度计算公式如式（6.3）所示：

$$g = \nabla f = \left[\frac{\partial f}{\partial X} \quad \frac{\partial f}{\partial Y} \quad \frac{\partial f}{\partial Z}\right]^{\mathrm{T}} \tag{6.3}$$

实际应用中，通常使用中心差分法近似计算每个体素的梯度矢量。其基本思想是沿三维空间坐标轴 X、Y、Z 计算相邻体素之间的数值差，然后用差值除以体素之间的距离。其计算公式如式（6.4）所示：

$$\begin{cases} \nabla f_X\left[P(i,j,k)\right] = \dfrac{v\left[P(i+1,j,k)\right] - v\left[P(i-1,j,k)\right]}{2\varDelta} \\ \nabla f_Y\left[P(i,j,k)\right] = \dfrac{v\left[P(i,j+1,k)\right] - v\left[P(i,j-1,k)\right]}{2\varDelta} \\ \nabla f_Z\left[P(i,j,k)\right] = \dfrac{v\left[P(i,j,k+1)\right] - v\left[P(i,j,k-1)\right]}{2\varDelta} \end{cases} \tag{6.4}$$

式中，$\nabla f_X\left[P(i,j,k)\right]$、$\nabla f_Y\left[P(i,j,k)\right]$、$\nabla f_Z\left[P(i,j,k)\right]$ 分别为点 $P(i,j,k)$ 在 X、Y、Z 轴方向的梯度分量；$v\left[P(i+1,j,k)\right]$ 为点 $P(i+1,j,k)$ 在的体素值；$\varDelta$ 为相邻两体素之间的距离。

中心差分法虽然计算简单，但容易引起视觉的失真现象。为此，这里使用线性分离的方法计算梯度，该方法用优化的分段多项式插值来保证计算的准确性和连续性。当用二阶的误差函数约束时，计算公式和中心差分法相同，三阶误差函数约束的计算公式为

$$\nabla f\left[P(i,j,k)\right] = \begin{Bmatrix} -\dfrac{1}{12} f\left[P(i-2,j,k)\right] + \dfrac{2}{3} f\left[P(i-1,j,k)\right] - \dfrac{2}{3} f\left[P(i+1,j,k)\right] + \dfrac{1}{12} f\left[P(i+2,j,k)\right] \\ -\dfrac{1}{12} f\left[P(i,j-2,k)\right] + \dfrac{2}{3} f\left[P(i,j-1,k)\right] - \dfrac{2}{3} f\left[P(i,j+1,k)\right] + \dfrac{1}{12} f\left[P(i,j+2,k)\right] \\ -\dfrac{1}{12} f\left[P(i,j,k-2)\right] + \dfrac{2}{3} f\left[P(i,j,k-1)\right] - \dfrac{2}{3} f\left[P(i,j,k+1)\right] + \dfrac{1}{12} f\left[P(i,j,k+2)\right] \end{Bmatrix} \tag{6.5}$$

点 $P(i,j,k)$ 的法向量可用该点归一化的梯度矢量表示，如式（6.6）所示：

$$N\left[P(i,j,k)\right] = \frac{\nabla f\left[P(i,j,k)\right]}{\left\|\nabla f\left[P(i,j,k)\right]\right\|} \tag{6.6}$$

式中，$\left\|\nabla f\left[P(i,j,k)\right]\right\| = \sqrt{\dfrac{\partial f_{i,j,k}}{\partial x} + \dfrac{\partial f_{i,j,k}}{\partial y} + \dfrac{\partial f_{i,j,k}}{\partial z}}$ 为体素 $P(i,j,k)$ 的梯度幅值。

2. 体数据的表达

对于空间环境要素的专题信息，如温度、密度、辐射强度等，由于其本身对于人眼并不可见，如何将这些数据值映射为光学性质，即颜色与透明度，是环境要素可视化的关键。

1）转换函数

如果已知每个体素的颜色值$C(R,G,B)$和透明度α，便可根据式（6.7）沿视线方向累加每个体素的颜色值，从而计算出最终进入视点的光照强度I_λ。

$$I_\lambda=\sum_{i=0}^{n}C_\lambda(i)\alpha(i)\prod_{j=0}^{t-1}\left[1-\alpha(j)\right] \tag{6.7}$$

但是每个体素的颜色值和透明度是未知值，为了使用3D纹理技术对体数据进行渲染，必须使用转换函数（transfer function）$T(f)$将体数据的任一体素值$f(i,j,k)$转化为光学性质，即颜色值(R,G,B)和透明度值α。通常用颜色来区分数据场中的不同物质，用不透明度控制物质的可见程度，对感兴趣的物质设置高不透明度，对不感兴趣的物质设置低不透明度。

转换函数的作用是强调数据的特征，以便以较为突出的方式绘制出我们最为关心的信息。因而，数据转换也可称为数据分类，即将具有不同特性的数据进行分类。转换函数的设计是一个近似迭代过程，不同的体数据类型，其转换函数的设计差异较大。转换函数在很大程度上决定了体绘制的最终效果，从而直接影响到用户对体数据的理解（Lamar et al.，1999）。目前，众多的研究者提出了大量的转换函数设计方法（胡永祥和蒋鸿，2006；周芳芳等，2008；Potts and Moeller，2004；Kniss et a1.，2003），综合来说，这些方法可以分为三类。

（1）试错法。

该方法可以说是一种经验方法，采用该方法时，转换函数的系数只有很少或完全没有预先定义的限制条件，它需要用户根据经验反复设置转换函数表达式的系数，因此对系数的设置随意性较大，要找到合适的转换函数是非常困难的。

（2）以体数据为中心的转换函数设计。

以体数据为中心的转换函数设计是使用从体数据中抽取的信息来引导用户设置合适的转换函数或将转换函数集控制在一个最有希望的子集中。抽取的信息主要有灰度直方图、梯度幅度、二阶导数、等值面等。

（3）以图像为中心的转换函数设计。

以图像为中心的转换函数设计方法使用绘制的图像来引导用户间接选择转换函数。这类方法首先绘制出数量较多的图像，并在用户接口中显示出来，用户从中选择一些效果较好的图像，系统根据选择结果，运用某种方法再生成数量相对较少而质量相对较好的图像供用户选择。重复这一过程，直到用户满意或达到某个结束条件为止。

本书主要研究以体数据为中心的转换函数。最简单的以体数据为中心的转换函数是一维的，即根据体数据的强度信息f计算其光学性质，如式（6.8）所示：

$$V_{i,j,k}(R,G,B,\alpha)=T(f) \tag{6.8}$$

式中，$V_{i,j,k}$ 为位置在 i，j，k 处的体素；f 为该体素值（如大气密度、温度、质子流量等）。

一维转换函数可通过一维纹理查找表来实现，其实现简单，但对数据特征的分类效果有限。而很多体数据内部包含不同性质的数据，如人脑的CT体数据中，包含有不同人脑组织的体数据，一维转换函数并不能将这些数据特征有效分类，突出显示。针对一维转换函数的缺点，研究人员提出了用多维转换函数对分类空间进行扩展，以更好地区分各种特征。Kindlmann 和 Durkin（1998）将数据梯度值作为转换函数的一个因素，以更精细地控制特征分类的效果，得到更为精确的视觉特征。Kindlmann 等（2003）利用基于曲率的传递函数来控制投影图像中轮廓线的粗细，采用曲率信息，如脊线等，更好地显示对象的前后遮挡关系，对绘制效果进行增强。Kniss 等（2001）利用数据场的多种导数特征来设计多维传递函数，可以得到更加通用有效的绘制效果。Lum 和 Ma（2004）通过利用查找表的方式，指定颜色、阻光度和光照模型的相关参数，他们在光照计算中利用一个二维传递函数对组织的边界进行增强。

以上学者所研究的多维转换函数主要解决体数据中不同类型数据之间的特征分类效果问题，且只是给出了设计思路，并未给出具体的转换公式，用户在使用时必须根据具体应用进行转换函数的设计。对于空间环境要素的可视化，由于我们只是针对某一类要素的某一专题数据进行绘制，如大气密度或大气温度，因此只需要绘制同一类型的体数据即可，这就为转换函数的简化提供了前提条件。本书综合考虑了转换函数的有效性和高效性，设计了基于体数据直方图与体数据梯度二阶导数的二维转换函数，如式（6.9）所示：

$$V_{i,j,k}(R,G,B,\alpha)=T(f,D_{\nabla f}^{2}f) \tag{6.9}$$

式中，$V_{i,j,k}$ 为位置在 i，j，k 处的体素；f 为该点的体素值；$D_{\nabla f}^{2}f$ 为该点梯度值的二阶导数。

$$D_{\nabla f}^{2}f=\frac{1}{\|\nabla f\|}\nabla(\|\nabla f\|)\cdot\nabla f \tag{6.10}$$

式（6.10）在具体实现时，可分为两部分：一部分使用映射函数映射体素颜色值，另一部分用于计算体素透明值。

较为简单的映射函数是矩形函数、三角形函数和梯形函数，图6.3是梯形函数示意图，对应于图6.3的梯形映射函数计算公式如下：

$$f(t)=\begin{cases}0 & 0\leqslant t\leqslant c-\dfrac{w}{2}\\ \dfrac{t-c-\dfrac{w}{2}}{\hat{w}} & 0-\dfrac{w}{2}<t\leqslant c-\dfrac{w}{2}+\hat{w}\\ 1 & 0-\dfrac{w}{2}+\hat{w}<t<c+\dfrac{w}{2}-\hat{w}\\ 1-\dfrac{t-c-\dfrac{w}{2}+\hat{w}}{\hat{w}} & c+\dfrac{w}{2}-\hat{w}<t\leqslant c+\dfrac{w}{2}\\ 0 & c+\dfrac{w}{2}<t\leqslant 1\end{cases} \tag{6.11}$$

式中，$f(t)$ 为体素的 RGB 颜色值，具体实现时 RGB 三个分量可使用不同的梯形映射；c 和 w 分别为有效数据的数据中心和宽度；$\hat{w}$ 为梯形斜坡的宽度。

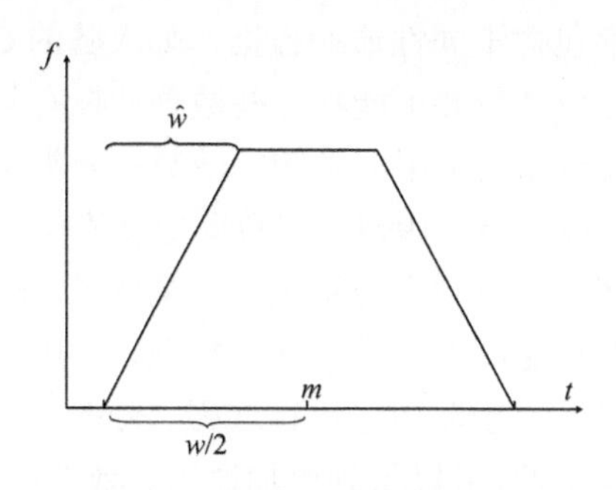

图 6.3　梯形函数示意图

梯形映射函数是较为理想的映射，具体实现时可分析数据的直方图，确定数据中哪些范围的值更为重要，从而使用不同形状的映射函数对具有重要值的体数据进行突出表示。这里将地球辐射带能量超过 30MeV 的质子密度（中国科学院空间科学与应用中心，2000）体数据归一化到 0～255，图 6.4 是体数据的直方图，从直方图的分布可看到区域内不同质子密度的出现总量，红色线条表示映射函数形状。

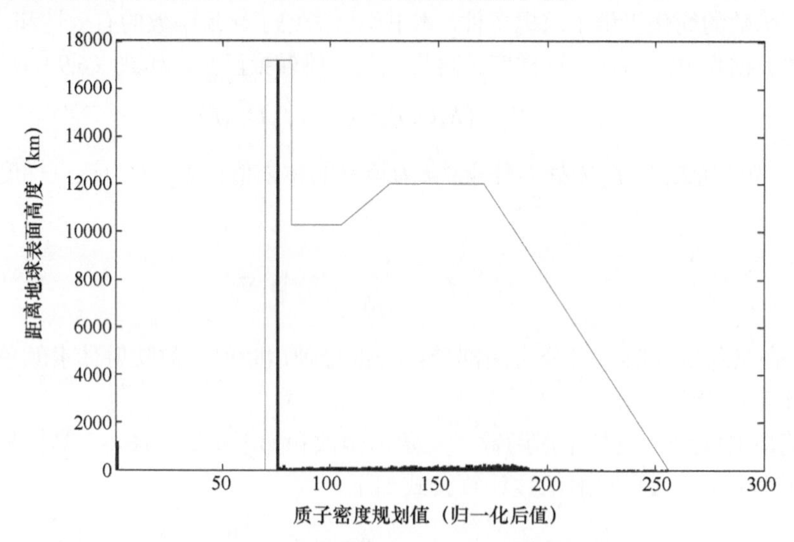

图 6.4　地球辐射带质子密度直方图

数据不透明度用式（6.12）计算：

$$V_{i,j,k}(\alpha) = S(f, D_{\nabla f}^2 f) \cdot \left\| D_{\nabla f_{i,j,k}}^2 f \right\| \tag{6.12}$$

式中，$\left\| D_{\nabla f_{i,j,k}}^2 f \right\|$ 为在 i,j,k 处体素的梯度二阶导数的幅值；$S(f, D_{\nabla f}^2 f)$ 为由梯度幅值与体素值构成的二维查找表。这里在式（6.12）的基础上使用对数形式来进一步归一化透明度值。

$$V'_{i,j,k}(\alpha) = 1.0 - \frac{1}{-a} \ln\left[(1 - e^{-a})V_{i,j,k}(\alpha) + e^{-a}\right] \tag{6.13}$$

式中，常数 a 的值用户可根据需要调整。该算法通过片段程序来运行转换函数。

2）Blinn-Phong 局部光照模型

光照模型所计算的光照强度值可用来修正转换函数的颜色值和透明度，因此光照模型常常用来改善物体绘制的视觉效果。为了提高光照模型的计算速度，本书使用了 Blinn-Phong 局部光照模型（徐青，2000）。其光强度由环境光光强 I_{ambient}、漫反射光光强 I_{diffuse} 和镜面反射光光强 I_{specular} 三部分线形组合而成，单光源的 Blinn-Phong 光照模型计算公式如下：

$$\begin{aligned} I(P) &= I_{\text{ambient}} + I_{\text{diffuse}} + I_{\text{specular}} \\ &= k_{\text{ambient}} I_{\text{O}} + k_{\text{diffuse}} I_{\text{O}} (\vec{l} \cdot \vec{n}) + k_{\text{specular}} I_{\text{O}} (\vec{h} \cdot \vec{n})^n \end{aligned} \tag{6.14}$$

式中，$I(P)$ 为 P 点的光强；k_{ambient}、k_{diffuse} 和 k_{specular} 分别为环境光反射系数、漫反射光散射系数和镜面光反射系数，是取值范围为 $[0,1]$ 的常量；$\vec{l}$ 为入射光线矢量；$\vec{n}$ 为 P 点的表面法向量，可用该点的梯度值近似表示；$\vec{h}$ 为 P 点指向视点的单位矢量，用于近似代替光线反射矢量 $\vec{r}$；n 为指数因子，用于控制高光的强度。

光照模型计算中最为耗时的是镜面反射中的指数运算，在此我们使用 Schlich 提出的一个简单的函数来对指数操作进行近似计算，其计算公式如式（6.15）所示。该近似公式的计算结果与精确计算值非常接近。

$$(\vec{h} \cdot \vec{n})^n \approx \frac{\vec{h} \cdot \vec{n}}{n - n(\vec{h} \cdot \vec{n}) + \vec{h} \cdot \vec{n}} \tag{6.15}$$

6.2.2　基于 3D 纹理技术的空间环境要素可视化

1. 相关研究

随着可编程 PC 图形硬件的普及以及不同图形硬件编程语言的出现（NVIDIA 的 CG 语言、OpenGL 的着色语言 GLSL 以及 Microsoft 的 HLSL 等），基于图形硬件的编程已经变得非常普遍。研究人员开始借助可编程图形硬件的三维纹理映射功能来进行三维体数据的绘制，以改善效果、提高速度（Oh and Jeong，2006）。基于 3D 纹理的体绘制技术充分利用了可编程的图形硬件。

三维纹理是随着图形硬件技术的发展而提出的一种高性能体绘制算法，最早由 Cullip 提出（Cullip and Neumann，1993）。该算法将体数据集看成是一个三维的纹理，所以可以通过三维纹理映射功能来进行体绘制。3D 纹理映射首先把原始数据集（或者是它的一部分）载入图形卡纹理内存。然后绘制许多平面（或者是同心的外壳，其依赖于采用的方法），对纹理取样，绘制三维物体。

这种算法非常有效，但是需要许多纹理内存。现在随着图形卡性能日益提高，其成为一个次要的问题。但是空间环境体数据的空间和时间尺度都非常大，因此绘制三维体数据集很可能需要更多的纹理内存。目前，国内外相关学者在基于纹理映射和 GPU 的混合方法绘制体数据方面已经进行了一些研究。Lamar 等（1999）介绍了一种多分辨率体绘制方法，是基于分级纹理的。Weiler 等（2000）改进了这种方法，构思了一种算法使差值引起的变形减到最少。

童欣和唐泽圣（1998）提出了一种用于加速三维纹理硬件体绘制的空间跳跃算法，该算法利用空间跳跃技术有效地去除了体数据中的空区域，降低了硬件负载，加速了体绘制。Boada 等（2001）基于数据重要性和数据表达精度，使用八叉树数据结构对三维纹理空间进行划分，以此取代传统的每个体数据用一个纹理单元表示的可视化方法。Leven 等（2002）、Li 和 Shen（2002）都提出了一种自适应的八叉树 LOD 纹理体绘制方法。刘晓平等（2005）利用线性八叉树算法对大规模体数据场进行八叉树分割并构造相应的子节点纹理子块，较好地解决了纹理内存不足的问题。Schneider 和 Westermann（1997）使用了一种有效的纹理压缩方案，在达到很高的纹理压缩比的同时，又不影响绘制性能。

2. 算法原理

1）算法基本流程

3D 纹理映射的硬件加速技术的基本原理如图 6.5 所示，先将体数据转换为 3D 纹理，然后利用平面纹理重采样方法来抽取平行于图像平面的纹理平面，再通过融合来生成 3D 图像。

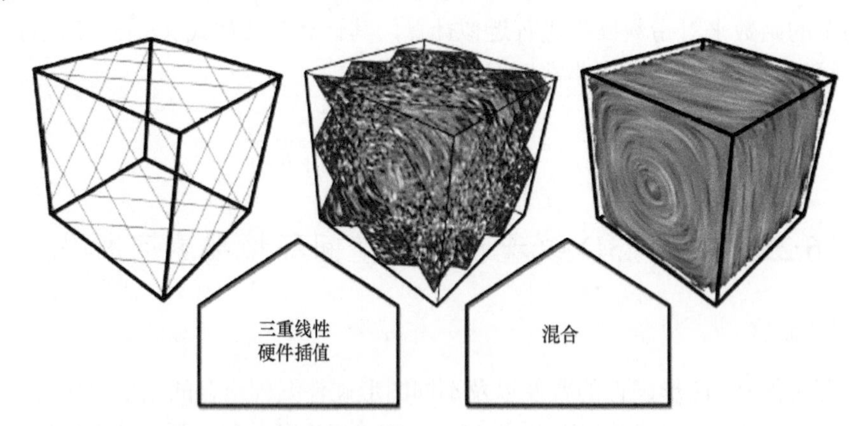

图 6.5　基于 3D 纹理切片的体绘制技术（Kruger and Westermann，2003）

基于 3D 纹理的空间环境要素体绘制算法流程如图 6.6 所示。

2）切片几何体的确定

体数据通过转换函数转换为光学性质(R,G,B,α)后，被装载到一个三维纹理中。为了对体数据进行绘制，必须按一定采样间隔，沿视线方向，用垂直于视线的平面对体数据进行切片采样，对得到的切片多边形进行三角剖分，构建多边形网格，如图 6.7 所示，设原始三维体数据场所处的区域（包围盒）为

$$\{(x,y,z)\,|\,0\leqslant x\leqslant \max X;0\leqslant y\leqslant \max Y;0\leqslant z\leqslant \max Z\} \tag{6.16}$$

其计算步骤如下：

（1）坐标变换。

由于视点位置和视线方向在动态绘制时是实时变化的，为了保证采样平面始终垂直于视线方向，必须使用模型观察矩阵，将世界空间坐标系变换为视点坐标系，即将世界空间坐标系旋转使其 Z 轴与视线轴重合。

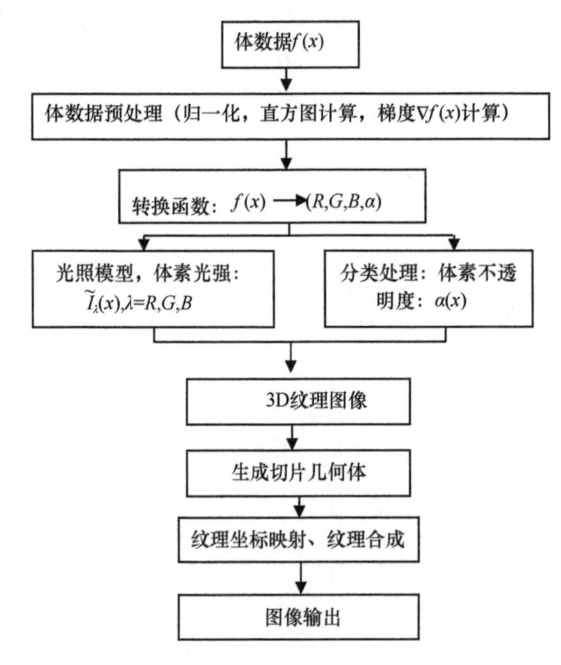

图 6.6　基于 3D 纹理的体绘制算法流程

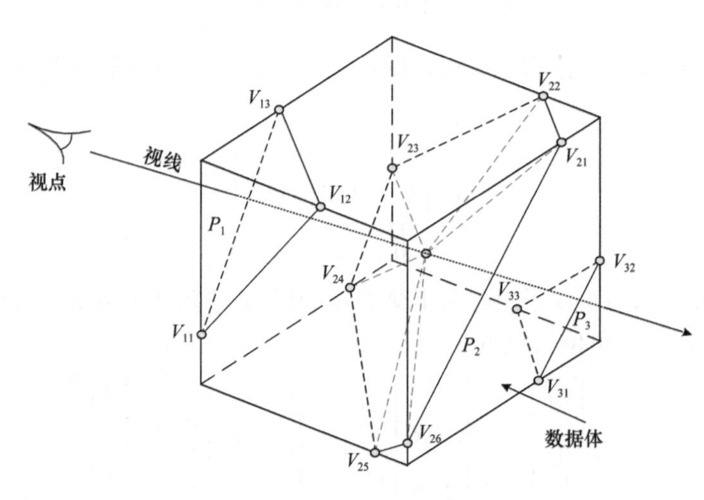

图 6.7　切片几何体的确定

如图 6.8 所示，定义体数据所在的空间坐标系为世界空间坐标系 $S\text{-}\hat{x}\hat{y}\hat{z}$，而以视点 O 为原点，视线方向为 z 轴的坐标系为视点坐标系 $O\text{-}xyz$，与视线方向垂直的平面 xOy 为视平面，视平面上显示体绘制后二维图像 $I(x,y)$ 的结果。世界空间坐标系 $S\text{-}\hat{x}\hat{y}\hat{z}$ 变换到视点坐标系的变换矩阵为 T，其变换步骤如下。

首先，使用旋转矩阵 R_z 做几何旋转，使得 $O\text{-}xyz$ 坐标系的 z 轴与 $S\text{-}\hat{x}\hat{y}\hat{z}$ 坐标系的 $\hat{z}$ 轴重合；

其次，使用旋转矩阵 $R_z(\varphi)=\begin{bmatrix}\cos\varphi & -\sin\varphi & 0 & 0\\ \sin\varphi & \cos\varphi & 0 & 0\\ 0 & 0 & 1 & 0\\ 0 & 0 & 0 & 1\end{bmatrix}$ 完成绕 z 轴的旋转，从而使两坐标系重合。

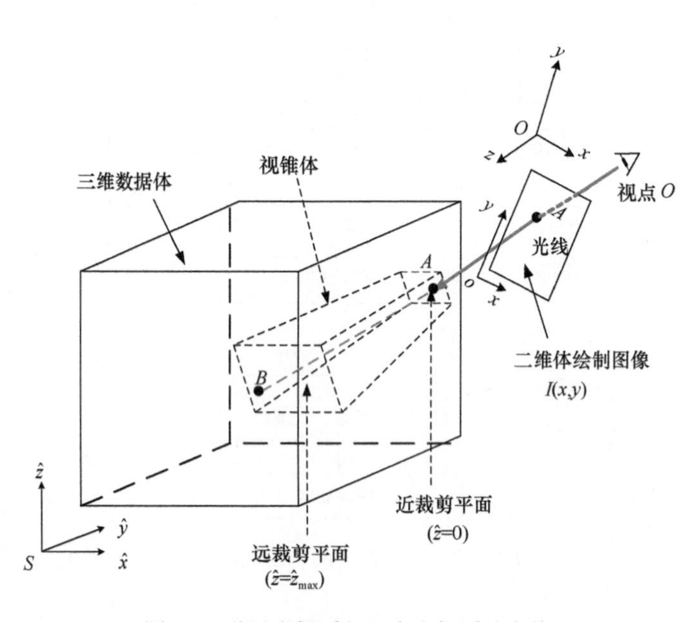

图 6.8　世界坐标系与视点坐标系的变换

其中，旋转矩阵 R_z 的求得是关键，我们可以利用任意 3D 旋转的复合矩阵 R 的正交性质求取，设

$$R=\begin{bmatrix}r_{1,1} & r_{1,2} & r_{1,3} & 0\\ r_{2,1} & r_{2,2} & r_{2,3} & 0\\ r_{3,1} & r_{3,2} & r_{3,3} & 0\\ 0 & 0 & 0 & 1\end{bmatrix} \tag{6.17}$$

该矩阵的左上角的 3×3 子矩阵为正交矩阵，其行元素形成的列矢量可由矩阵 R 分别映射为 x, y 和 z 轴上的单位矢量组。

$$R\cdot\begin{bmatrix}r_{11}\\ r_{12}\\ r_{13}\\ 1\end{bmatrix}=\begin{bmatrix}1\\ 0\\ 0\\ 1\end{bmatrix},\quad R\cdot\begin{bmatrix}r_{21}\\ r_{22}\\ r_{23}\\ 1\end{bmatrix}=\begin{bmatrix}0\\ 1\\ 0\\ 1\end{bmatrix},\quad R\cdot\begin{bmatrix}r_{31}\\ r_{32}\\ r_{33}\\ 1\end{bmatrix}=\begin{bmatrix}0\\ 0\\ 1\\ 1\end{bmatrix} \tag{6.18}$$

利用上述 3D 旋转复合矩阵 R 的正交性质，设两坐标系坐标轴的单位向量分别为 $i(i_x,i_y,i_z)$ 和 $I(I_X,I_Y,I_Z)$，x 轴在 S-$\hat{x}\hat{y}\hat{z}$ 坐标系中的单位向量为 (w_x,w_y,w_z)，则可建立下列正交单位矢量组：

$$\begin{aligned}i_y&=\frac{i_z\times I_X}{\left|i_z\times I_X\right|}=\left(u_x,u_y,u_z\right)\\ i_x&=i_y\times i_z=\left(v_x,v_y,v_z\right)\\ i_z&=\left(w_x,w_y,w_z\right)\end{aligned} \tag{6.19}$$

利用式（6.19）中的3个正交矢量就可以构成旋转矩阵 $R_{Z,z}$：

$$R_{Z,z}=\begin{bmatrix} v_x & v_y & v_z \\ u_x & u_y & u_z \\ w_x & w_y & w_z \end{bmatrix} \tag{6.20}$$

（2）采样数计算。

求取转换后体数据的最大 Z 坐标 $Z_{\max}$、最小 Z 坐标 $Z_{\min}$，按一定采样间隔 ΔS，使用式（6.21）计算采样平面数。

$$\text{SliceNum}=\frac{Z_{\max}-Z_{\min}}{\Delta S} \tag{6.21}$$

式中，采样间隔 ΔS 与体素大小和绘制质量有关。

（3）切片几何体求取。

首先，以由前至后或由后至前的顺序求取采样平面与体数据包围盒的交面，即切片几何体，测试采样平面与包围盒边的交点，把各个交点存入顶点列表，每个切片最多有六个顶点；

其次，对各个交点取平均值，得到切片多边形的中心点，根据多边形中心点，按顺时针或逆时针方向对多边形进行三角剖分，构成三角形网格，如图6.7所示。

（4）纹理坐标映射与纹理重采样。

由于切片多边形的采样间隔与原始体数据不同，且绘制过程中视点坐标、视线方向不断发生变化，因此与视线垂直的采样切片多边形也在不断变换。图6.9是三维体数据在二维平面上的投影示意图。点 A、B、C 是切片多边形的顶点，这些顶点随着视线的变化而变化，其坐标可通过模型变换矩阵计算得到。将该坐标作为3D纹理坐标在光栅化过程中利用硬件对三维纹理进行三次线形插值重采样，得到相应的体纹理数据。在体绘制时使用的三次线性插值至少需要8次纹理查询，这比标准的2D纹理映射所用的双线性插值更耗时，好在其可使用硬件加速的三次线形函数插值滤波器，这样极大地提高了绘制质量和绘制速度。

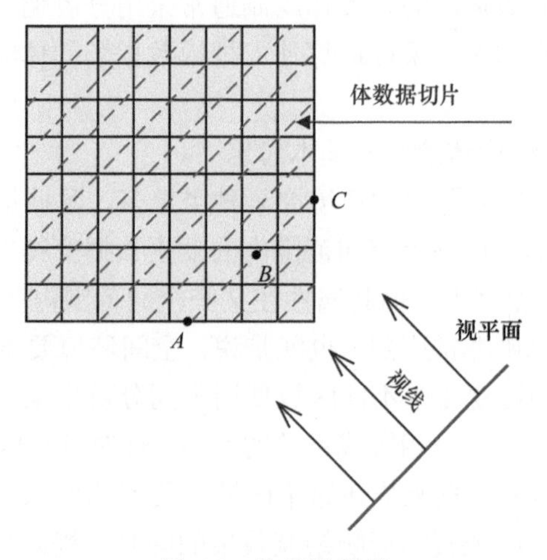

图6.9　纹理重采样

3）纹理合成

当使用平行投影时，在对体数据进行切片的过程中保持固定的采样间隔。这是对体绘制进行离散的一个重要假设，这样切片多边形就可以按照由前至后或由后至前的顺序正确融合了。合成方法按顺序可分为两种，分别为上算子（over operator）和下算子（under operator）。

上算子表示纹理切片沿视线方向由后至前地进行合成，其计算公式如下：

$$\begin{cases}\hat{C}_i = C_i + (1-\alpha_{i+1})\hat{C}_{i+1} \\ \hat{\alpha}_i = \alpha_i + (1-\alpha_{i+1})\hat{\alpha}_{i+1}\end{cases}, \quad 1 < i < n \tag{6.22}$$

式中，n 为切片纹理数；C_i 和 α_i 分别为纹理切片 T_i 与视线的交点的颜色和不透明度；$\hat{C}_i$ 和 $\hat{\alpha}_i$ 分别为从离视点最远纹理切片 T_n 开始累积至当前切片 T_i 的颜色和不透明度。

下算子表示纹理切片沿视线方向由前至后地进行合成，其计算公式如下：

$$\begin{cases}\hat{C}_i = (1-\hat{\alpha}_{i-1})C_i + \hat{C}_{i-1} \\ \hat{\alpha}_i = (1-\hat{\alpha}_{i-1})\alpha_i + \hat{\alpha}_{i-1}\end{cases}, \quad 2 < i \leqslant n \tag{6.23}$$

式中，$\hat{C}_i$ 和 $\hat{\alpha}_i$ 分别为从离视点最近的纹理切片 T_1 开始由前至后累积至当前切片 T_i 的颜色和不透明度。

实际上，下算子比上算子更为常用，因为其由前至后的合成顺序使得在合成过程中不透明度 $\hat{\alpha}_i$ 逐渐增大，当 $\hat{\alpha}_i$ 的累积值接近于 1 时，即表示合成结果接近不透明，后续的合成操作就无须再进行，这就有效地提高了合成的速度。

合成公式可使用基于硬件的 Alpha 混合 OpenGL 函数来实现。对于上算子，源混合因子设定成 1，目的混合因子设定成（1–源 Alpha），其函数为 glBlendFunc（GL_ONE，GL_ONE_MINUS_SRC_ALPHA）。对于下算子，源混合因子设定成（1–目的 Alpha），目的因子设定成 1，其函数为 glBlendFunc（GL_ONE_MINUS_DST_ALPHA，GL_ONE）。

3. 基于层次八叉树的 3D 纹理体绘制技术

大规模甚至超大规模数据场的直接体绘制通常采用分段调入纹理内存的方法，由此引发的频繁的载入载出操作及重采样运算使大规模数据场的体绘制性能急剧降低，很难进行实时交互显示。

1）基于八叉树数据结构体绘制的基本思想

空间的范围巨大，空间内包含的环境要素种类繁多、数据量大，使得在目前计算机软硬件水平的基础上精确表达整个空间范围内的要素数据变得非常困难。某些空间要素数据虽然存在于广阔的宇宙空间，但其属性在某些空间范围内变化很小，甚至没有变化，而在某些空间范围内变化则非常剧烈。也就是说，空间环境要素在不同区域的空间分辨率不同。借鉴地形建模和可视化中不同区域使用不同分辨率来描述地形数据的思想，整个环境空间也可划分为若干大小相等或不等的区域，针对每个区域所包含要素的统计信息，使用不同的空间分辨率数据来描述这个区域内要素的信息，这就可以极大地减少环境要素的数据量，在不影响或较小影响绘制效果的同时，提高数据绘制的速度。

但如果只是将空间简单地划分，然后对不同区域采用分段调入纹理内存的方法，由此引发的频繁的载入/载出操作及重采样运算使大规模数据场的体绘制性能急剧下降，很难进行实时交互显示。正如四叉树结构在地形 LOD 绘制中所起的作用，八叉树空间剖分技术正是解决空间体数据多分辨率绘制的有力手段之一。

三维体数据的体素可分为两类：一类表示背景或不包含有用信息的体素，称为空体素（empty voxel）；另一类称为有效体素（valid voxel），其包含有用的信息。在体绘制时，空间区域通常被设为透明而对图像没有任何贡献。大部分体数据中包含超过 60%的空体素。如果在体绘制时跳过这些空体素将会提高绘制速度且不影响图像质量。

2）八叉树块的遍历顺序

绘制体数据时，需要从八叉树的根节点出发，遍历八叉树节点，根据节点包围盒范围 S_1(S_1=[min value,max value])和视锥体范围 V_1，来计算体数据可视范围 R：

$$R=\frac{S_1\cap V_1}{S_1} \tag{6.24}$$

当 $S_1\cap V_1=\varnothing$ 时，R=0，则该节点及其所有子节点都不在视域范围内，跳过该节点，遍历其相邻节点。当 $\varnothing<S_1\cap V_1\leqslant S_1$ 时，$0<R\leqslant 1$ 说明该节点对应的体数据有部分或全部在显示范围内，如果该节点是叶子节点，则绘制其对应的体数据，如果该节点不是叶子节点，则遍历其子节点。

遍历八叉树体数据进行体绘制，为了保证颜色值和透明度的正确合成，必须根据视点位置和视线方向，由前至后对八叉树子块进行绘制，因而必须根据视点位置和视线方向以一定顺序对八叉树进行遍历。文献（Srinivasan et al.，1997）归纳出了 8 种最基本的情况，假定八叉树子节点的编码顺序如图 6.10 所示，该图中列出了从后向前绘制顺序的八种情况。

光线方向	绘制顺序
$x<0,y<0,z<0$	7-6-5-3-4-2-1-0
$x<0,y<0,z\geqslant0$	6-7-4-2-5-3-0-1
$x<0,y\geqslant0,z<0$	5-4-7-1-6-0-3-2
$x<0,y\geqslant0,z\geqslant0$	4-5-6-0-7-1-2-3
$x\geqslant0,y<0,z<0$	3-2-1-7-0-6-5-4
$x\geqslant0,y<0,z\geqslant0$	2-3-0-6-1-7-4-5
$x\geqslant0,y\geqslant0,z<0$	1-0-3-5-2-4-7-6
$x\geqslant0,y\geqslant0,z\geqslant0$	0-1-2-4-3-5-6-7

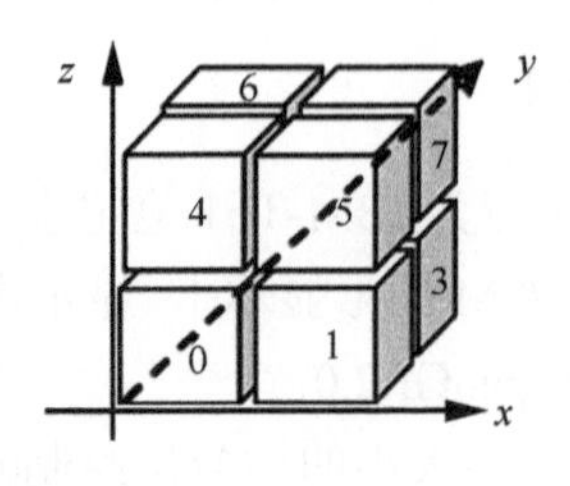

图 6.10　八叉树绘制顺序的八种情况

参照以上排序方法，本书在具体实现时通过计算八叉树节点包围盒的八个顶点与过视点且垂直于视线方向的平面的距离 d，根据该距离确定其子节点体数据与视点的空间相对位置来对子节点进行顺序遍历。

$$d=\vec{V}\cdot\vec{P_i}-d_0=\left[V_x,V_y,V_z\right]\begin{bmatrix}P_x\\P_y\\P_z\end{bmatrix}-d_0 \tag{6.25}$$

式中，$\vec{V}(V_x,V_y,V_z)$ 表示视线方向；$\vec{P}_i(P_x,P_y,P_z)$ 为节点包围盒顶点坐标；d_0 为视点平面至原点的距离。进行体绘制时，视点通常在体数据之外，各顶点都在视点平面的同侧，因此计算出的距离值都具有相同的正负号。距离绝对值最大的顶点是距离视点最远的顶点。计算出最远顶点后，便可按表 6.1 确定遍历顺序。

表 6.1　八叉树节点绘制顺序

最远顶点	子体块的绘制顺序
0	0，1，2，3，4，5，6，7
1	1，0，3，5，2，4，7，6
2	2，0，3，6，1，4，7，5
3	3，1，2，7，0，5，6，4
4	4，0，5，6，1，2，7，3
5	5，1，4，7，0，3，6，2
6	6，2，4，7，0，3，5，1
7	7，3，5，6，1，2，4，0

通过分析可看出两种方法的原理是相同的。

3）算法实现步骤

算法实现步骤如下：

（1）数据载入与预处理。读入空间环境数据场后，必须进行一定预处理，预处理方法详见 6.2.1 节。

（2）空间八叉树剖分。对数据场构造八叉树，对八叉树叶子节点进行线性编码。决定是否对八叉树节点进行进一步划分的准则是该节点所包含的数据的变化率。

（3）生成每个子节点的 3D 纹理。

（4）遍历八叉树，沿视线方向由后至前绘制视域范围内的八叉树叶子节点。

4. 试验结果

硬件试验平台为 IBM-T61 笔记本电脑，具体配置：酷睿 2.20GHz 双核 CPU，NVIDIA 的 Quadro FX 570M 图形显示卡，显示内存为 512M，2G 内存。软件开发平台为 VC++6.0，图形开发接口 OpenGL2.0。

图 6.11 是不同大小的体数据绘制帧率的统计结果，从统计结果可以看到，基于 3D 纹理的体绘制效率严重依赖于体数据的大小，当体数据大小达到 512×512×442 时，显示帧率只能达到 1.096 帧/s。而对于 512×512×512 大小的数据，在本章的硬件试验平台上已不能载入。

图 6.12 是使用 256×256×256 大小的数据分别在两台计算机上进行测试，设置不同分辨率时其显示帧率的变化情况。平台 1 为 IBM-T61 笔记本电脑，具体配置：酷睿 2.20GHz 双核 CPU，NVIDIA 的 Quadro FX 570M 图形显示卡，显示内存为 512M，2G 内存。平台 2 为 DELL670 图形工作站，具体配置：Xeon3.2GHz 双核处理器，NVIDIA 的 Quadro FX4400 图形显示卡，显示内存 512M，2G 内存。从显示统计结果来看，3D 纹理体绘制的显示效率与屏幕输出分辨率有关，屏幕输出分辨率越大，则显示速度越慢。

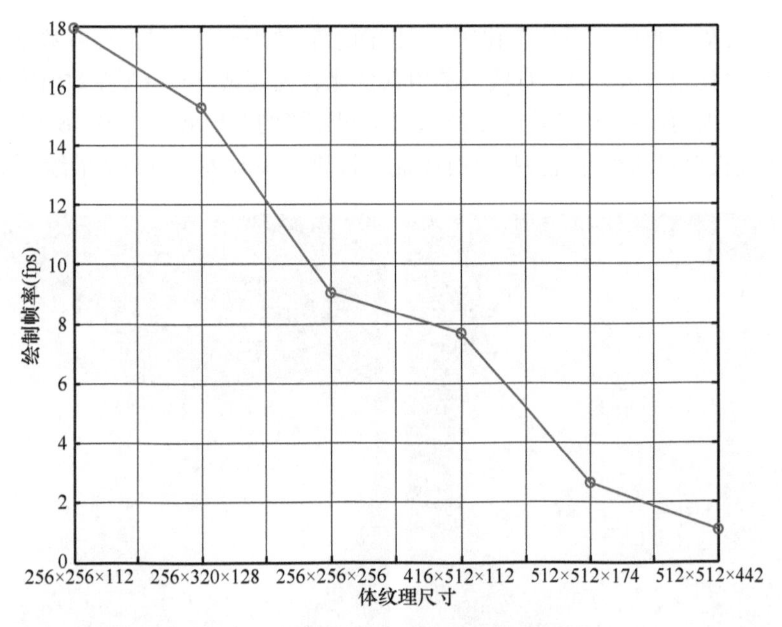

图 6.11　体数据大小与绘制帧率的关系

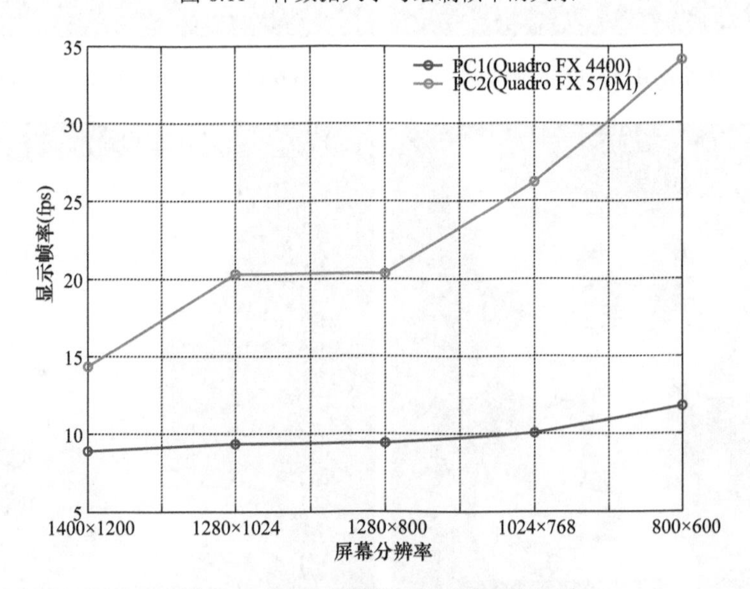

图 6.12　屏幕分辨率与显示帧率的关系

图 6.13 和图 6.14 是利用 3D 纹理体绘制技术对电离层和地磁场的绘制效果图，电离层数据由国际参考电离层 IRI2001 计算模式（姜景山，2001）计算得到，数据范围为 0～3600km，数据大小为 256×256×256。地磁场数据由 IGRF2000 计算模式计算得到，数据范围为 0～600km，数据大小为 128×128×128。从绘制效果图可以看到，使用 3D 纹理体绘制技术基本能反映环境要素在空间的分布情况。图 6.15 和图 6.16 是使用同样的算法对医学 CT 扫描体数据的绘制效果。比较环境数据与医学 CT 数据的绘制效果，CT 数据 3D 纹理体绘制的层次感更强，所表现的体数据内部结构信息更丰富。本书经过分析认为，这是由于 CT 数据包含人体组织的不同部分，各个组织之间的性质差异大，在不同

组织之间的交界处数据的梯度值变化较大，因而绘制效果较好。虽然环境数据的值在整个空间范围内的变化也较大，但在有效范围内其变化较为连续，很少存在数值突变造成的所谓的“边界”。因而，3D 纹理体绘制技术对空间环境的变现效果有限。6.2.3 节将使用基于 GPU 的光线投射算法对环境数据进行绘制，以进一步改善环境数据的绘制效果。

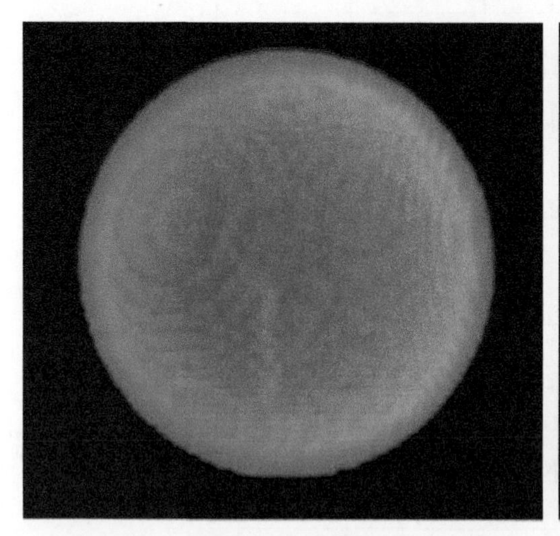

图 6.13　电离层 3D 纹理体绘制效果

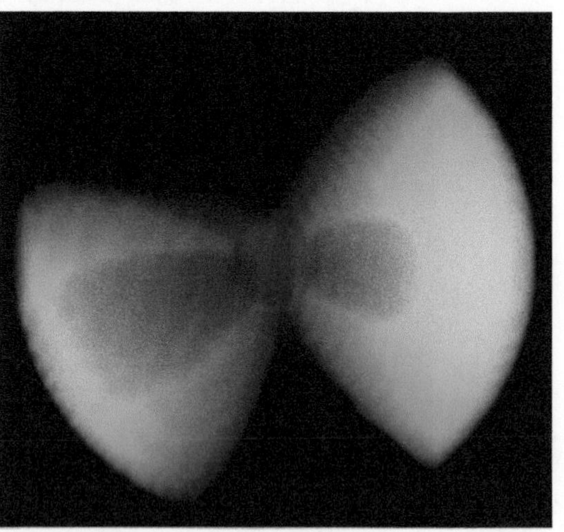

图 6.14　地磁场 3D 纹理体绘制效果

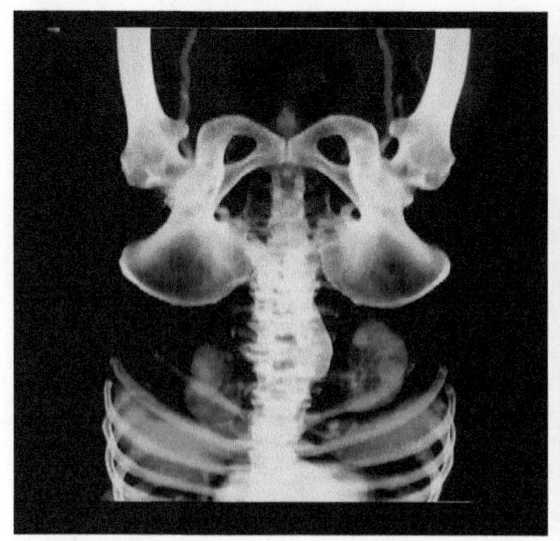

图 6.15　医学 CT 数据 3D 纹理体绘制效果 1

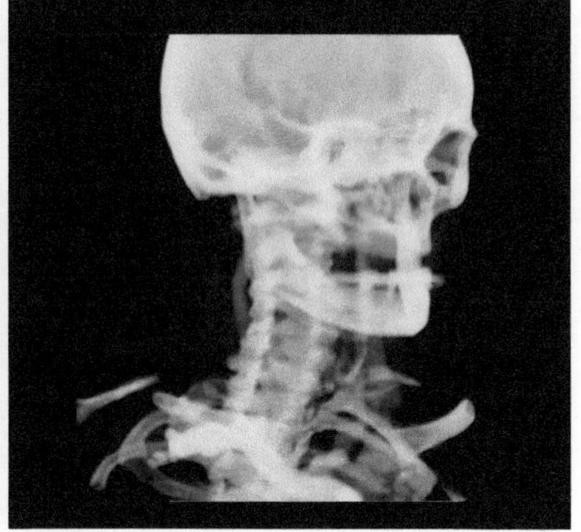

图 6.16　医学 CT 数据 3D 纹理体绘制效果 2

6.2.3　基于 GPU 的光线投射算法

1. 相关研究

光线投射算法是一种以图像空间为序的体绘制算法。该方法为屏幕上的每一像素点根据设定的视线方向发出一条射线，这条射线穿过三维数据场的体素矩阵，沿这条射线选择若干个等距采样点，对距离某一采样点最近的 8 个体素的颜色值及不透明度值做三线性插值，求出采样点的不透明度值及颜色值。在求出该条射线上所有采样点的颜色值及不透明度值以后，可以采用由后至前或由前至后两种不同的方法将每一采样点的颜色及不透明度进行组合，从而计算出屏幕上该像素点处的颜色值（梅康平等，2008）。

光线投射算法所生成的图像质量较高，但由于要将当前所有体数据放入内存，对内存要求高。该算法需对每条光线进行多次采样，导致绘制速度较慢。为此，研究人员提出了多种优化方法。

空间八叉树应用于体绘制中的空间跳跃技术，以提高绘制速度（Kruger and Westermann，2003）。相关文献（宋涛等，2005；Benson and Davis，2002；Levoy，1990）采用八叉树方法组织体数据中的体素信息，体数据被递归剖分组成一层次八叉树结构。在使用光线投射算法遍历八叉树进行体绘制时，光线可跳过树节点中对应的空白区域，从而减少绘制负担，加快绘制速度。图 6.17（a）为一般体绘制算法的采样过程，可以看出，由于采样间隔为等间距，图中光线共要插值计算 15 次；图 6.17（b）为基于八叉树的光线采样，其采样点减少为 9 次。

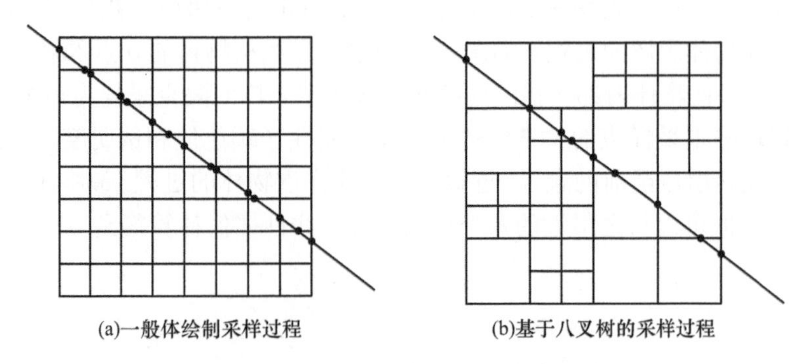

(a)一般体绘制采样过程　　(b)基于八叉树的采样过程

图 6.17　空间八叉树用于加速体绘制

Kruger 和 Westermann（2003）将传统光线投射算法中的进入点计算、光线步进计算和离开点计算分别在多个不同的四边形上实现，通过在同一位置多次绘制四边形实现绘制效果。Stegmaier 等（2005）基于 NVIDIA 的 NV_fragment_program2 扩展，将光线投射算法的各部分计算都放在 GPU 中计算，从而获得了实时光线投射的效果。储璟骏等（2007）对该算法进行了改进，将原算法对包围盒的绘制改为对一个面的绘制，且根据视点位置自动计算纹理坐标，以支持对重建结果的交互操作。

许寒等（2003）提出了在 3D 数据场重采样中采用球形包围盒的方法减少重采样的计算量。Niu 等（2006）利用格雷厄姆求凸壳算法和与平面簇求交算法对体数据场和投射光线进行裁剪，结合多边形的扫描线转换和投射光线的离散化、体素化，改进了光线投射算法。刘长征和张毅力（2008）利用对象空间的相关性，采用舍弃贡献不大的射线段参与采样的方法，加快了绘制速度。同时利用平面簇的交点可以快速求得直线上的采样点及其特征值，结合自适应采样方法，提高了绘制图像的质量。

Chen 等（2006）提出了一个新的视点相关层次采样（view dependent layer sampling，VDLS）结构，VDLS 将光线上的所有采样点重新组织成一系列层，并简化为两个视点相关的几何缓冲器，进而在 GPU（graphics processing unit）中用两个动态纹理表示。利用 GPU 的可编程性，光线投射算法的 6 个步骤（光线生成、光线遍历、插值、分类、着色和颜色合成）得以完全在 GPU 中实现。在此基础上，提出两个基于体空间和图像空间连贯性的加速技巧，快速剔除无效的光线。结合其他与渲染和颜色合成有关的技巧，将面向多边形绘制的图形引擎转化为体光线投射算法引擎，在透视投影方式下，每秒能处理 1.5 亿个插值、后分类与着色的光线采样点。

如上所述，各种优化算法对传统算法的改进主要体现在两个方面：①为避免处理所有体素，设计合理的数据结构（如八叉树），以最大限度筛选空体素，从而减少光线求交的计算量；②充分利用可编程图形硬件 GPU 的计算性能，将更多的复杂计算工作交给 GPU 实现，从而减轻 CPU 负担，加快体绘制的速度，改善绘制效果。

2. 光线投射算法的基本原理

光线投射算法最先由 Levoy 于 1988 年提出，因为其绘制效果逼真，与人类真实视觉相似，现在仍然是体绘制技术的热点算法，也是最经典的体绘制算法。光线投射算法是模拟自然界中光线投射到物体上，经过半透明物体的部分吸收遮挡作用，在被照射物体的另一侧形成物体影像的过程。如图 6.18 所示，光线从物体的 a 点入射，于物体的 b 点出射。该算法将在物体内部传播的连续光线以一定采样间隔重采样为多个离散点，通过转换函数将这些重采样点的体素值转换为光学属性（颜色值和透明度），然后进行由前至后的融合或者由后至前的融合，近似模拟光线穿透物体的过程，最终在屏幕上成像。某一采样点 P 的值可由与之最近的八个体素经过三线性插值计算得到。

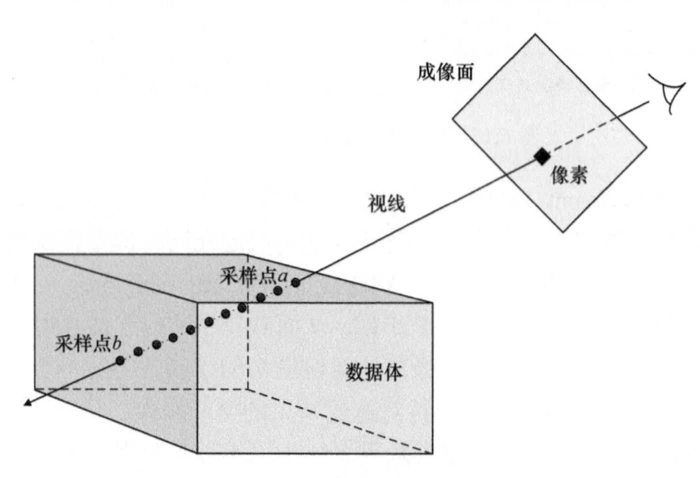

图 6.18　光线投射算法原理图

光线投射算法的基本实现流程与基于 3D 纹理的体绘制技术基本相似，不同的是基于 3D 纹理的体绘制沿视线按一定间隔计算采样平面与体数据包围盒边的交点，以获取采样平面，然后通过硬件实现采样平面的纹理坐标映射，因而基于 3D 纹理技术的算法速度快，实现相对简单。而光线投射算法则需要计算视线方向的每个重采样点，计算较大。

3. 射线求交计算

由于光线投射算法的重采样结果的精度较其他算法高，因而光线投射算法是体绘制算法中绘制质量最高的一种。可以说，重采样方法是该算法实现的关键，也是该算法区别于其他体绘制算法的主要特点。本书采用洪歧等（2007）的方法进行光线与体数据的求交计算。

设射线出发点为 $P(x_0,y_0,z_0)$，视线方向为 $\vec{V}(l,m,n)$，该射线参数方程为

$$\begin{cases} x = x_0 + l \cdot t \\ y = y_0 + m \cdot t \\ z = z_0 + n \cdot t \end{cases} \tag{6.26}$$

设体数据中分别与 X、Y、Z 三个轴方向垂直的采样平面方程为

$$\begin{aligned} & x = i \times \delta_x, i = 0,1,\cdots,L-1 \\ & y = j \times \delta_y, j = 0,1,\cdots,M-1 \\ & z = k \times \delta_z, k = 0,1,\cdots,N-1 \end{aligned} \tag{6.27}$$

式中，δ_x、δ_y、δ_z 分别为沿 X、Y、Z 方向的采样间距，则射线与 Z 平面簇的交点的参数值为

$$t_k = \frac{k\delta_z - z_0}{n}, k = 0,1,\cdots,N-1 \tag{6.28}$$

通过式（6.28）可求得直线和平面的 $z=k\cdot\delta_z$ 的交点为

$$\left[x_0 + \frac{(k\delta_z - z_0)l}{n}, y_0 + \frac{(k\delta_z - z_0)m}{n}, k\delta_z\right] \tag{6.29}$$

对于两个相邻的平面 $z=k\cdot\delta_z$ 和 $z=(k+1)\cdot\delta_z$，可得到：

$$t_{k+1} = t_k + \frac{\delta_z}{n} \tag{6.30}$$

所以，直线和各采样平面簇的交点可采用递推方法求得。如果已知射线和平面 $z=k\cdot\delta_z$ 的交点为 (x_k,y_k,z_k)，通过递推可得直线与平面 $z=(k+1)\cdot\delta_z$ 的交点

$$\begin{cases} x_{k+1} = x_k + \dfrac{l}{n}\cdot\delta_z \\ y_{k+1} = y_k + \dfrac{m}{n}\cdot\delta_z \\ z_{k+1} = z_k + \delta_z \end{cases} \tag{6.31}$$

同理，可分别求得射线与平面簇 $x=i\times\delta_x$，$i=0$，1，…，$L-1$ 和 $y=j\times\delta_y$，$j=0$，1，…，$M-1$ 的交点递推公式。式（6.31）各点 (x_k,y_k,z_k) 必须同时满足条件

$$0 \leqslant x_k \leqslant (L-1), 0 \leqslant y_k \leqslant (M-1)\delta_y, 0 \leqslant z_k \leqslant (n-1)\delta_z \tag{6.32}$$

否则，视线与体数据包围盒无交点。交点计算时通常选择与投射方向垂直度最高的一簇平面进行投射。

4. 基于 GPU 的实现

由于光线投射算法是对每个采样点进行插值计算，因而绘制质量高，但绘制速度相对较慢。而 GPU 具有高加速性能的特点，两者的结合必然使得算法的绘制速度和绘制效果得到兼顾。可编程 GPU 出现前，光线投射算法在 GPU 上不可实现。Kruger 和

Westermann（2003）首先在 GPU 上实现了光线投射算法。该算法使用了提前积分和提前光线结束（Engel et al.，2001）等优化技术，成为最为常用的硬件体绘制算法之一。

本书将光线投射算法中计算量最大的采样点插值计算和采样值合成等工作交给 GPU 来实现，从而减轻 CPU 负担，提高绘制速度。该算法的实现步骤如下：

（1）数据转换：读入体数据并通过相应转换函数将体素值转换成可载入 GPU 的三维纹理，即 $V_{i,j,k}(R,G,B,\alpha)=T(f)$。该过程在 CPU 中完成。

（2）在 CG 顶点程序中将采样点在视点坐标系中的坐标 P_{V} 转换为体数据所在的世界空间坐标系 P_{W}

$$P_{\mathrm{W}}=M_{\mathrm{mv}}P_{\mathrm{V}} \tag{6.33}$$

式中，M_{mv} 为 OpenGL 的模型视图矩阵，由 C++程序传入 CG 顶点程序。因为视点位置为 $P_{\mathrm{V}}(0,0,0)$，所以视线方向 $\vec{V}=P_{\mathrm{W}}-P_{\mathrm{V}}=P_{\mathrm{W}}$。

（3）在 CG 片段程序中实现光线对体数据的遍历、采样和插值计算。首先，求取光线在体数据上的离开点，沿光线方向从进入点到离开点按照设定的采样率进行体数据点的插值计算。其次，插值计算使用基于三线性滤波的三维纹理查找算法在已载入 GPU 的三维纹理中进行计算。最后，将沿光线混合所有采样点的颜色值和透明度作为最终像素点输出，如图 6.19 所示。

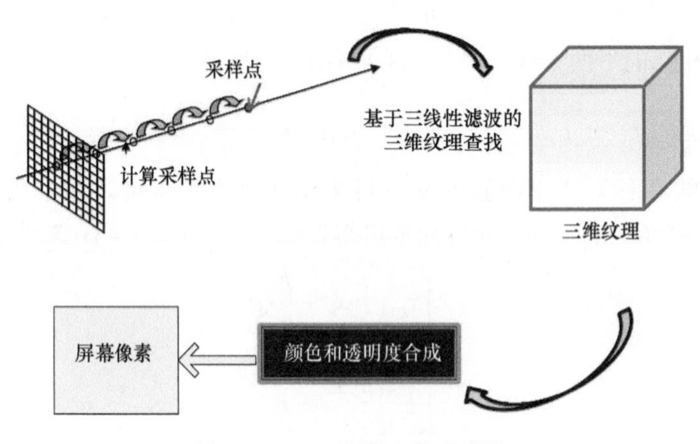

图 6.19　GPU 中的高效重采样

从以上算法的实现步骤可看到，片段程序是算法实现的核心程序，计算量最大的采样点插值计算和合成都在片段程序中实现。

5. 实验结果

本书使用的实验数据具体情况详见 6.2.2 节。图 6.20 是转换函数的参数取不同值时地磁场的绘制效果图。其绘制效果能较清晰地反映地磁场强度的空间分布情况。图 6.21 是从不同角度绘制的电离层温度效果图。电离层温度在全球的分布情况可使用颜色和透明度来表现。颜色偏红的区域处于太阳照射下，温度较高。而颜色偏蓝的区域处于被阳面，温度较低。红色区域中夹杂的蓝色区域则表示电离层异常区。

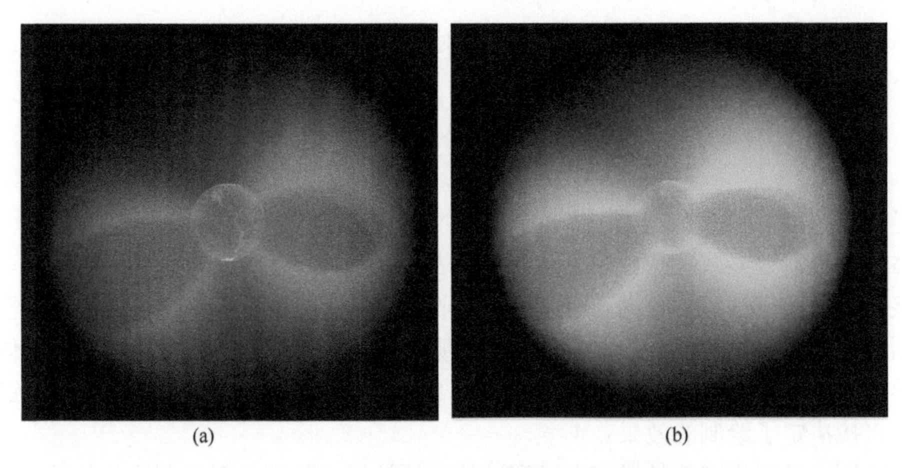

图 6.20　基于光线投射算法的地磁场绘制效果

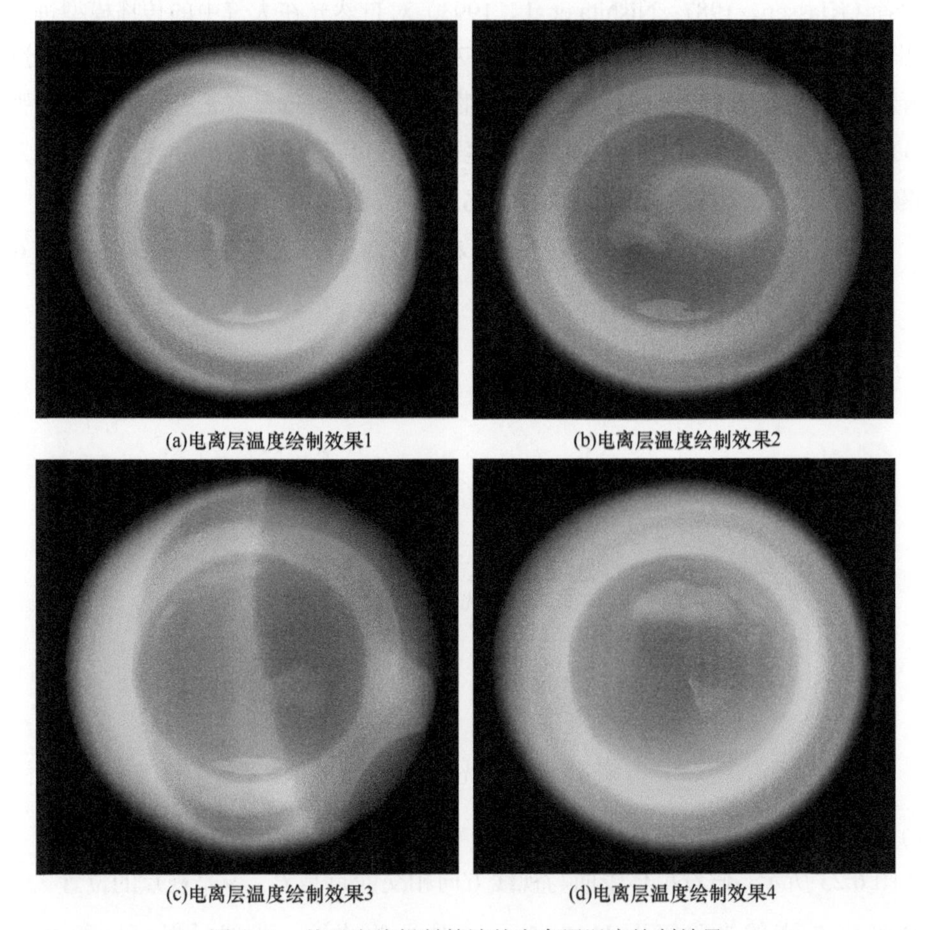

图 6.21　基于光线投射算法的电离层温度绘制效果

分析实验结果可以看到，对于空间环境要素的绘制效果，光线投射算法要优于基于3D 纹理的体绘制算法，其更能表现出环境的内部细节特征，表现层次更为丰富。虽然光线投射算法计算量较大，但通过 GPU 编程的实现，可将大量的计算工作交由 GPU 完成，从而提高了绘制的速度。与 3D 纹理映射技术相比，其速度已没有明显差别。

6.2.4　星体大气的体绘制技术

1. 大气体绘制的光学模型与合成公式

体绘制不需要显式地从数据里抽取几何表面就可以产生 3D 体数据集的图像。该技术直接研究光线穿过三维数据场时发生的吸收、散射、反射等光学现象，使用光学模型把数据值映射为光学特性值，如颜色和不透明度。在渲染时，沿着视线积累每个体数据的光学特性值，形成最终的图像（Randima，2006），因而光学模型是体绘制的关键因素之一，直接决定了绘制的效果。

体绘制中光照模型就是研究光线穿过体中的粒子（体素）时光强变化的数学模型。相关学者（Klassen，1987；Nishita et al.，1993）对自然光在大气中的传播模型进行了研究。如图 6.22 所示，波长为 λ 的光线从某一方向到达人眼的光强 $I_v(\lambda)$ 包括两部分内容：①所看物体的反射光强度 $I_r(\lambda)$（如果没有物体，视线朝向天空无穷远处，则该强度值等于 0）；②空间每一点沿视线方向的散射强度 $I_s(\lambda)$，该强度值沿视线方向同时发生衰减和累积。所以，$I_v(\lambda)$ 的计算公式如式（6.34）所示：

$$I_v(\lambda) = I_r(\lambda) + I_s(\lambda) \tag{6.34}$$

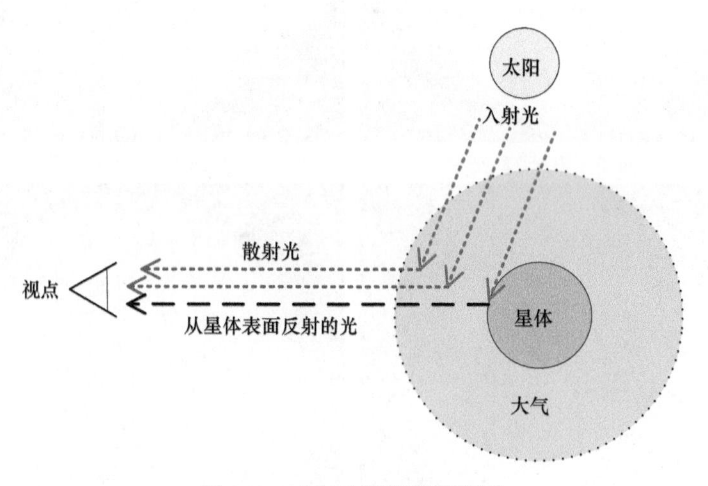

图 6.22　大气光照模型示意图

1）大气反射光照模型

如图 6.23 所示，假设星体表面与视线方向相交的点是 P_g，e 是视点的位置。太阳光 $I_{sun}(\lambda)$ 到达 P_g 点的光强等于 $I_{in}(P_g,\lambda)$，λ 是光的波长。光线反射可以通过兰勃特（Lambert）阴影模型来计算，计算公式如式（6.35）所示：

$$I_{out}(P_g,\lambda) = \cos(\theta_g) r(P_g,\lambda) I_{in}(P_g,\lambda) \tag{6.35}$$

式中，$r(P_g,\lambda)$ 为物体的反射率。

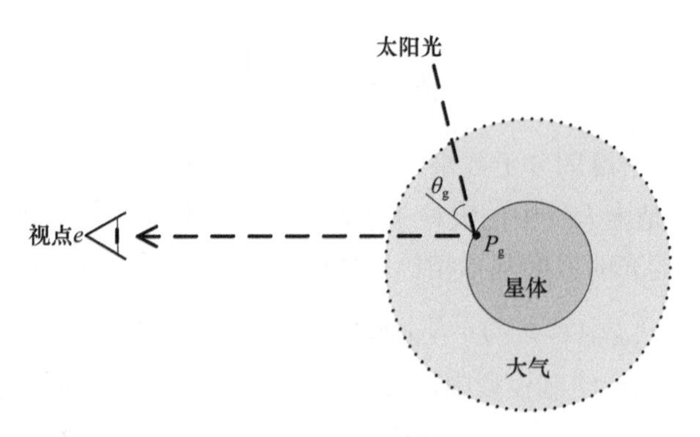

图 6.23　大气反射光照模型示意图

2）大气散射光照模型

如果一个光柱在大气中传播，光柱中的某些点将由于大气中存在的粒子而发生光线的散射。由于光线在大气中的散射非常复杂，因此我们必须做一个简化假设：同一光线在粒子中的散射最多发生一次，即不考虑多散射情况。这样的话，我们可认为所有被散射进眼睛的光线仅仅来自一个方向——太阳。因为太阳相对于行星来说，其距离非常远，所以认为太阳光都是平行光。这样的假设将大大简化计算。

如图 6.24 所示，某一方向上散射光的多少主要取决于光线入射方向和散射方向的夹角 φ。因此，散射函数又可称为角度散射函数。

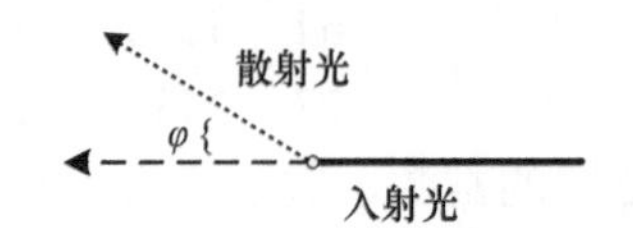

图 6.24　大气散射模型示意图

定义 $I_{in}(P,\lambda)$ 是进入粒子点 P 的给定波长 λ 的光强。$I_{out}(P,\varphi,\lambda)$ 则是光线在 P 点沿角度 φ 的散射光强。大气中最常见的大气散射形式包括瑞利（Rayleigh）散射和 Mie 散射。

（1）Rayleigh 散射：该散射是由空气中的小分子引起的，其散射与波长强烈相关。它对波长短的光散射最强。因为它对可见光中的蓝光散射最强烈，蓝光在整个空间不断散射，最后从各个方向进入人眼，所以天空看上去是蓝色的。另外，该散射还与大气中的粒子密度有关。

在 P 点沿某一方向光线 φ 的散射强度 $I_{out,R}(P,\varphi,\lambda)$ 可由式（6.36）计算：

$$
\begin{aligned}
&I_{out,R}(P,\varphi,\lambda)=K_R(\lambda)\rho_R\left[h(P)\right]F_R(\varphi)I_{in}(P,\lambda)\\
&K_R(\lambda)=\frac{K}{\lambda^4}\\
&F_R(\varphi)=\frac{3}{4}(1+\cos^2\varphi)
\end{aligned}
\tag{6.36}
$$

式中，F_R 叫做 Rayleigh 散射的相位函数；$K_R(\lambda)$为与波长相关的 Rayleigh 散射系数；K 为散射常数，取决于大气海平面的大气密度。其计算公式如式（6.37）所示（Schafhitzel et al.，2008）：

$$K = \frac{2\pi^2 (n^2 - 1)^2}{3N_S} \tag{6.37}$$

式中，N_S 为标准大气密度的分子数量；n 为大气折射率。

（2）Mie 散射：是由大气中的大粒子引起的，这些粒子又称为浮尘（如灰尘和污染物）。它对所有波长的光的散射基本相等。散射光强 $I_{out,M}$ 可由式（6.38）计算：

$$I_{out,M}(P,\varphi,\lambda) = K_M \rho_M [h(P)] F_M(\varphi) I_{in}(P,\lambda) \tag{6.38}$$

在大多数计算机图形绘制模型中，K_M 是与波长不相关的 Mie 散射常数，但有些实验认为它也和波长相关，因而将该系数除以 $\lambda^{0.84}$，即 $K_M(\lambda) = \frac{K}{\lambda^{0.84}}$。

$F_M(\varphi)$ 是散射相位函数，可由式（6.39）计算（Nishita et al.，1993）：

$$F_M(\varphi) = \frac{3(1-g^2)(1+\cos^2\varphi)}{2(2+g^2)(1+g^2-2g\cos\varphi)^{\frac{3}{2}}} \tag{6.39}$$

相位函数通过 φ 以及常数 g 描述了光朝视点方向散射的概率，其中 g 表示散射的对称性。g 的计算公式如式（6.40）所示（Nishita et al.，1993；Cornette and Shanks，1992）：

$$\begin{aligned} g &= \frac{5}{9}u - \left(\frac{4}{3} - \frac{25}{81}u^2\right)x^{-\frac{1}{3}} + x^{\frac{1}{3}} \\ x &= \frac{5}{9}u + \frac{125}{729}u^3 + \left(\frac{64}{27} - \frac{325}{243}u^2 + \frac{1250}{2187}u^4\right)^{\frac{1}{2}} \end{aligned} \tag{6.40}$$

式中，u 为取决于大气条件和范围的常数，取值通常为 0.7～0.85。如果 $g<0$，表示前向散射；如果 $g>0$，表示后向散射。Mie 散射的 g 值通常为–0.99～–0.75。

这样，在某一方向上总的散射光强是 Rayleigh 散射和 Mie 散射之和。定义 R 是散射因子之和，则有式（6.41）：

$$\begin{aligned} I_{out,M}(P,\varphi,\lambda) &= I_{out}(P,\varphi,\lambda) + I_{out,M}(P,\varphi,\lambda) = R[h(P),\varphi,\lambda] I_{in}(P,\lambda) \\ R[h(P),\varphi,\lambda] &= K_R(\lambda)\rho_R(h)F_R(\varphi) + K_M\rho_M(h)F_M(\varphi) \end{aligned} \tag{6.41}$$

3）光线的大气衰减

A 点发向 B 点的光线在经过大气时部分被散射，使得从 A 点发出的光强 $I_A > I_B$，这就造成了光线强度的衰减，$\Delta I = I_A - I_B$ 就是光线的衰减值。该现象称为大气的衰减。

（1）反射光的衰减。

大气中的粒子对光线的散射，使得从目标点 P_g 沿视线方向反射的太阳光线在进入视点时有一部分被散射，不能进入视点。如图 6.25 所示，太阳光 I_{sun} 在进入目标点 P_g 前，由于大气散射作用，损失了部分光强，到达 P_g 的光强 I_{in} 通过一个因子 g_1 进行衰减，如式（6.42）所示：

$$I_{in}(P_g,\lambda) = g_1(P_g,\lambda) I_{sun}(\lambda) \tag{6.42}$$

对于大气中的任意点 P_g，我们可以以行星的中心为原点旋转坐标系，使得 P_g 点位

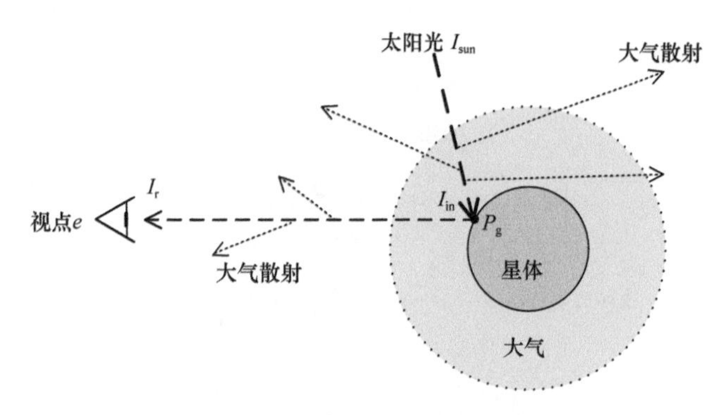

图 6.25　反射光衰减模型示意图

于 P_g 坐标轴的正轴，太阳的位置在 XY 平面内（图 6.26）。旋转的目的是使得衰减因子 g_l 只与 P_g 点的高度 $h(g)$，以及太阳光线和 P_g 点向上矢量，即 Y 轴的夹角 (θ_{sun}) 有关。因而，可以将 g_l 表示为 $g_l(h,\theta_{sun},\lambda)$。这样的话，如果 $h=0$，则 g_l 仅仅取决于太阳光线和星体表面点法向量的夹角 θ_g。

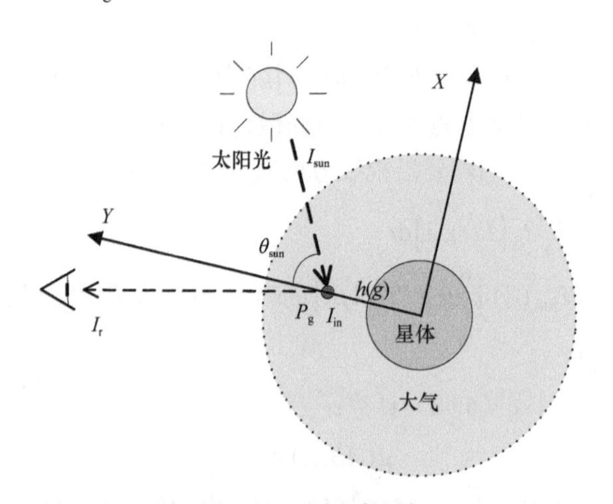

图 6.26　坐标系旋转

最后，当光线从 P 点传播到视点 e 后，再一次发生衰减（图 6.25）。该衰减因子表示为 g_v，根据式（6.35）可得到最后的反射光强 I_r：

$$I_r(P_gE,\lambda)=g_v(P_gE,\lambda)I_{out}(P_g,\lambda)=g_v(P_gE,\lambda)\cos(\theta_g)r(P_g,\lambda)g_l(0,\theta_g,\lambda)I_{sun}(\lambda) \quad (6.43)$$

（2）散射光的衰减。

如图 6.27 所示，当视点位于 P_e，视线从 P_a 穿透大气层到达 P_g，太阳光与视线的夹角为 θ_{sun}，则对于 P_aP_b 上的任意一点 P，其到达视点的光线经过了两次衰减，第一次衰减发生在光线从光源进入大气层到达 P 的过程中，第二次衰减发生在 P 点沿视线散射的光到达视点 P_e 的过程中。衰减与光线传播的距离 S_1 和 S_2 有关。

从光源发出的光到达位于光线上的某一点 P 后的光强可根据式（6.42）计算：

$$I_{in}(P,\lambda)=g_l\left[h(P),\theta_{sun}(P),\lambda\right]I_{sun}(\lambda) \quad (6.44)$$

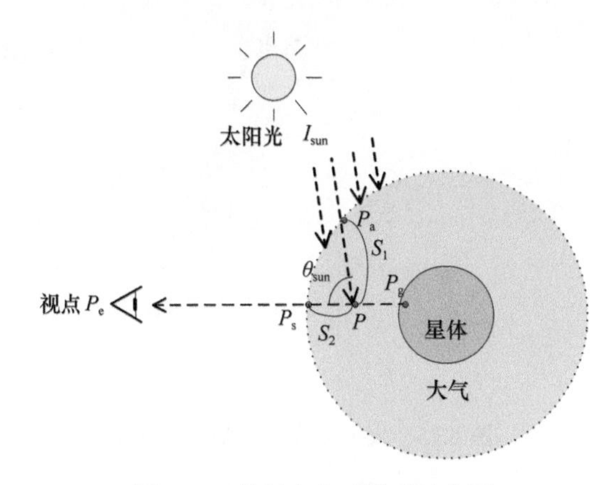

图 6.27　散射光衰减模型示意图

沿视线方向被散射的光强可用式（6.45）计算：

$$I_{out,M}(P,\varphi,\lambda)=R\left[h(P),\varphi,\lambda\right]I_{in}(P,\lambda)=R\left[h(P),\varphi,\lambda\right]g_1\left[h(P),\theta_{sun}(P),\lambda\right]I_{sun}(\lambda) \tag{6.45}$$

最后，被散射的光沿视线方向通过衰减因子 g_v 进行衰减。

$$\begin{aligned}I_S(P,\lambda)&=g_v(PE,\lambda)I_{out}(P,\lambda)\\&=g_v(PE,\lambda)R\left[h(P),\varphi,\lambda\right]g_1\left[h(P),\theta_{sun}(P),\lambda\right]I_{sun}(\lambda)\end{aligned} \tag{6.46}$$

式（6.46）计算的仅仅是 P 点沿视线方向散射进视点的光强。为了计算视线上所有点散射进视点的总光强，我们需要沿视线方向对式（6.46）进行积分。

$$\begin{aligned}I_S(\lambda)&=\int_0^S I_S\left[P(t),\lambda\right]\mathrm{d}t\\&=I_{sun}(\lambda)\int_0^S g_v(PE,\lambda)R\left[h(P),\varphi,\lambda\right]g_1\left[h(P),\theta_{sun}(P),\lambda\right]\mathrm{d}t\end{aligned} \tag{6.47}$$

（3）光线衰减函数。

光线衰减函数 g 可用式（6.48）计算：

$$\begin{aligned}g(AB,\lambda)&=e^{-\tau(AB,\lambda)}\\\tau(AB,\lambda)&=\int_A^B K_R(\lambda)\beta_R(\lambda)\rho_R\left[h(t)\right]+K_M(\lambda)\rho_M\left[h(t)\right]\mathrm{d}t\end{aligned} \tag{6.48}$$

$g\in[0,1]$，$K_R(\lambda)$和 $K_M(\lambda)$分别为 Rayleigh 散射和 Mie 散射系数。针对行星大气的特点，密度 ρ_R 和 ρ_M 是高度 h 的指数函数：

$$\begin{aligned}\rho_R(h)&=e^{\frac{-h}{H_R}}\\\rho_M(h)&=e^{\frac{-h}{H_M}}\end{aligned} \tag{6.49}$$

式中，H_R 和 H_M 分别为 Rayleigh 散射和 Mie 散射的大气标尺高度，这是由大气的平均密度决定的。例如，H_R=0.25 时，在大气层厚度的 25%的高度处，大气密度就是大气的平均密度。H_R 和 H_M 通常不相等。当然，理论上大气是没有固定厚度的，但在进行可视化实现时，必须设定一个厚度值。

函数 τ 叫做光学深度（optical depth）函数。其积分计算结果近似等于 A 点 B 点的大气平均密度乘以光线的长度。Preetham（2003）认为，在地球表面某一点的天顶方向，Rayleigh 散射的光线长度为 8.4km，Mie 散射的光线长度为 1.25km。图 6.28 显示了不同方向的大气光学长度。

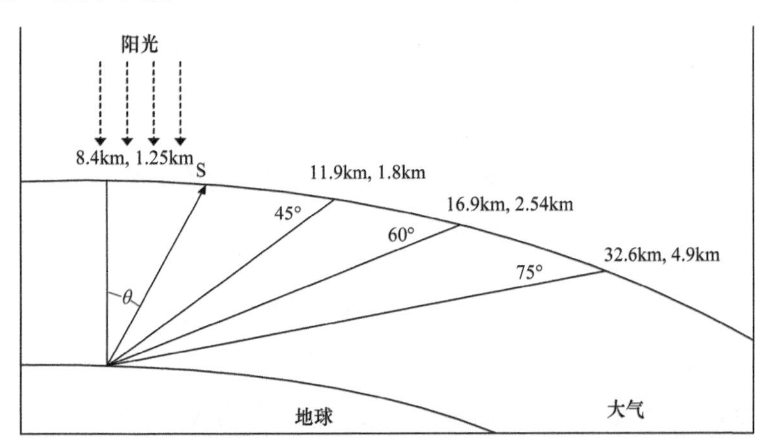

图 6.28　地表至大气顶层不同方向上 Rayleigh 散射和 Mie 散射的大气光学长度（Preetham，2003）

使用衰减函数 f_g，我们就可根据光线在开始部分的光强 $I_B(\lambda)$ 计算光线在结束部分的光强 $I_E(\lambda)$：

$$I_E(\lambda) = I_B(\lambda) f_g(AB, \lambda) \tag{6.50}$$

2. 对光学模型的离散化

基于前面描述的光线传播模型，使用光线追踪算法，可绘制出非常真实的大气效果。但是光线追踪算法由于计算量大，不能满足实时绘制的要求。

Dobashi 等（2002）提出了一种基于现代图形硬件性能的高效简化光线追踪算法，该算法使用多个平面来拟合合成体场景。

1）采样球

该算法的基本思想是通过分层取样的方法提高计算速度。如图 6.29 所示，该算法使用 n 个同心采样球，每个采样球代表一个具有一定厚度的大气球体，如采样球 k 距星球表面的高度是 h_k，采样球 0 与星球表面重合，并不被渲染。

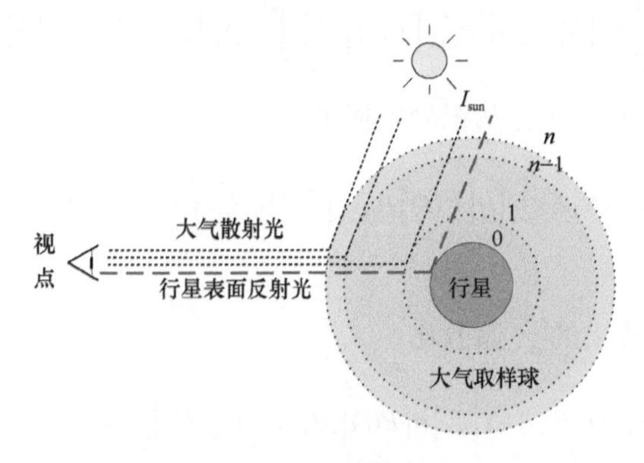

图 6.29　采样球

使用采样球，我们可以将通过大气层射向视点的光线进行离散化。如图 6.30 所示，光线与离散球面的交点分别为 $P_0,\cdots,P_m$，这样的话，反射光强 I_r 和散射光强 I_s 的计算便可在这些数量有限的离散点上进行。

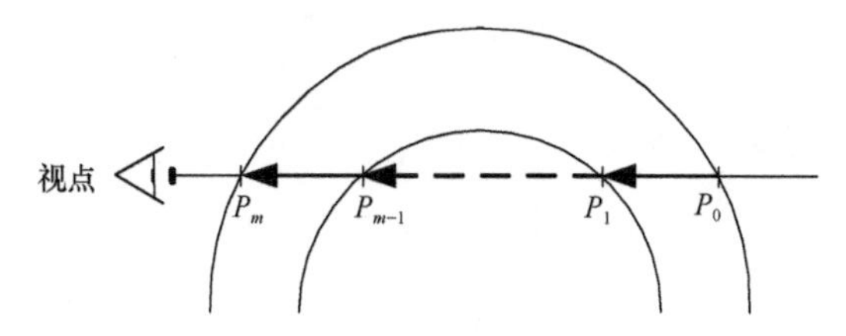

图 6.30　离散点光强计算

2）反射光强 I_r

通过对视线的离散化，我们可将衰减函数 g_v 离散化为 Δg_v：

$$g_v(P_g E,\lambda)=\prod_{i=0}^{m-1}\Delta g_v(P_i P_{i+1},\lambda) \tag{6.51}$$

与 $g_1(h,\theta_{sun},\lambda)$ 类似，$\Delta g_v(P_i P_{i+1},\lambda)$ 主要与相应采样球的高度 h_k 以及视线和铅垂线之间的夹角 θ 有关。因此，每个采样球的 Δg_v 可以被预先计算，然后存储在一个一维纹理中。

这样的话，式（6.43）计算的反射光强 I_r 可以改写为式（6.52）：

$$I_r(P_g,E,\lambda)=\left[\prod_{i=0}^{m-1}\Delta g_v(P_i P_{i+1},\lambda)\right]\cos(\theta_g)r(P_g,\lambda)g_1(0,\theta_g,\lambda)I_{sun}(\lambda) \tag{6.52}$$

3）散射光强 I_S

与反射光相似，我们可将式（6.47）的积分离散化为和的形式：

$$I_S(\lambda)=I_{sun}(\lambda)\sum_{i=0}^{m-1}\int_{P_i}^{P_{i+1}} g_v\left[P(t)E,\lambda\right]R\left\{h\left[P(t)\right],\varphi,\lambda\right\}g_1\left\{h\left[P(t)\right],\theta_{sun}\left[P(t)\right],\lambda\right\}\mathrm{d}t \tag{6.53}$$

在一个离散化分段内，可认为 g_1 是一个常数，因而式（6.53）可改写成如下形式：

$$I_S(\lambda)=I_{sun}(\lambda)\sum_{i=0}^{m-1}g_1\left\{h\left[P(t)\right],\theta_{sun}\left[P(t)\right],\lambda\right\}\int_{P_i}^{P_{i+1}} g_v\left[P(t)E,\lambda\right]R\left\{h\left[P(t)\right],\varphi,\lambda\right\}\mathrm{d}t \tag{6.54}$$

同时也可以将大部分的 g_v 从积分中提出：

$$I_S(\lambda)=I_{sun}(\lambda)\sum_{i=0}^{m-1}g_v(P_{i+1}E,\lambda)g_1\left\{h\left[P(t)\right],\theta_{sun}\left[P(t)\right],\lambda\right\}\int_{P_i}^{P_{i+1}} g_v\left[P(t)P_{i+1},\lambda\right]R\left\{h\left[P(t)\right],\varphi,\lambda\right\}\mathrm{d}t \tag{6.55}$$

这样的话便可将提出的 g_v 离散化：

$$I_S(\lambda)=I_{sun}(\lambda)\sum_{i=0}^{m-1}\left[\prod_{i=0}^{m-1}\Delta g_v(P_j P_{j+1},\lambda)\right]g_1\left\{h\left[P(t)\right],\theta_{sun}\left[P(t)\right],\lambda\right\}\int_{P_i}^{P_{i+1}} g_v\left[P(t)P_{i+1},\lambda\right]R\left\{h\left[P(t)\right],\varphi,\lambda\right\}\mathrm{d}t \tag{6.56}$$

最后，积分式（6.47）可写成如下形式：

$$I_{\mathrm{S}}(\lambda)=I_{\mathrm{sun}}(\lambda)\sum_{i=0}^{m-1}\left[\prod_{i=0}^{m-1}\Delta g_{\mathrm{v}}(P_jP_{j+1},\lambda)\right]g_1\{h[P(t)],\theta_{\mathrm{sun}}[P(t)],\lambda\}\left[F_{\mathrm{R}}(\varphi)\Delta I_{\mathrm{R}}(h_{\mathrm{k}},\theta_{\mathrm{v}},\lambda)+F_{\mathrm{M}}(\varphi)\Delta I_{\mathrm{M}}(h_{\mathrm{k}},\theta_{\mathrm{v}},\lambda)\right] \tag{6.57}$$

经过对光照积分公式的离散化，反射光强 I_{r} 和 I_{S} 的计算不再使用积分，而仅仅使用加法、乘法和三角函数。

3. 算法的优化与实现

1）纹理查找表

虽然我们已将光线反射和散射的积分方程进行了离散化，但计算公式中仍然含有大量的乘法和三角函数计算，如果在绘制时进行实时计算，将会严重影响系统绘制性能，使得场景不能满足实时交互的要求。Nishita 等（1993）提出了使用纹理查找表来存储大气中任一点的散射光强。纹理查找表的基本原理如图 6.31 所示。

光强计算公式中的采样点是光线与采样球面之间的交点，如点 P。该交点可用 P 点所在采样球面的半径 r_i 和与太阳光线平行的中心线过球心的圆柱体的半径 c_i 表示，即 $P(r_i,c_i)$。二维查找表实质是将三维空间点对转化到二维平面点对。其理论依据是假设太阳光为平行光，光柱与采样球面相交得到一个圆，圆上的所有点之间的光强参数值相等，于是该圆便对应二维查找表中的一个点。

针对特定的波长 λ，我们可以事先计算出每个采样点的 g_1、g_{v}、ΔI_{r}、ΔI_{m}，然后将它们存储在一个二维纹理文件中，这样将大大简化实时绘制时的计算量。

2）一些近似简化

（1）星球背阳面的绘制。

如图 6.32 所示，行星背向太阳一面的大气中的任意一点 P 可近似认为不存在散射光和反射光，因而该点处的光强值为 0，可以不进行计算和绘制。图 6.32 是背阳面绘制的效果图。

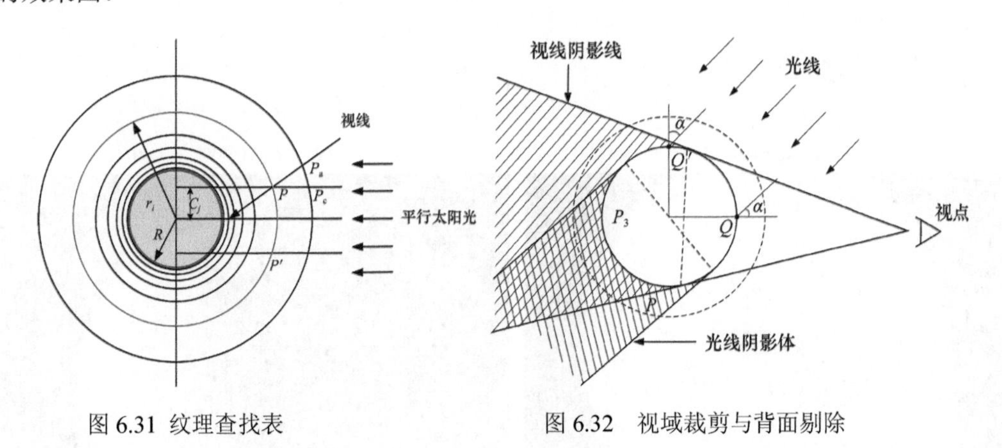

图 6.31 纹理查找表　　图 6.32　视域裁剪与背面剔除

（2）视域裁剪与背面剔除。

如图 6.32 所示，当视点距离行星较远时，由于行星自身的遮挡作用，视点只能看见部分行星表面的大气层。因此，我们可以求取星体对视线所形成的视线阴影体，对阴影锥中的大气可以忽略不计。当视点距离星体较近时，由于视域的范围有限，进入视点的大气只是整个行星大气的一小部分，因而可以采用视域裁剪的方法剔除无效的大气数据，只对视域范围内的数据进行绘制。

设整个空间区域为 A_S，视线阴影体为 V_S，光线阴影体为 L_S，有效绘制空间区域为 E_S，则它们之间的关系可表示如下：

$$E_S = A_S - (V_S \cup L_S) \tag{6.58}$$

3）CG 着色器实现及结果

这里使用 CG 着色器实现了大气光学模型的计算。对于地面、天空以及空间的物体，每个物体有两个散射着色器，分别用于相机在空间中以及相机在大气中的两种情况。例如，SpaceFromAtmosphere.vert 顶点着色器用于绘制视点在大气中时天空的效果。着色器分为顶点着色器和片段着色器。顶点着色器中 K_r 是 Rayleigh 散射常数，K_m 是 Mie 散射常数，E_{Sun} 是太阳的光强。Rayleigh 散射对不同波长的光的散射比率是不一样的，本书的计算公式为 $K_R(\lambda) = \dfrac{K}{\lambda^4}$。

大气光学模型的积分计算使用 CG 着色器语言实现，使用 OpenGL 对 CG 着色器进行调用，从而实现绘制。行星表面的绘制采用纹理与几何模型叠加的方式，月亮的绘制使用了辉光纹理公告牌（glow texture billboard）技术。当视点在大气层内部时，Mie 散射会在天空中创建一个看上去像太阳的光晕。图 6.33～图 6.35 是大气光照模型的相关参数

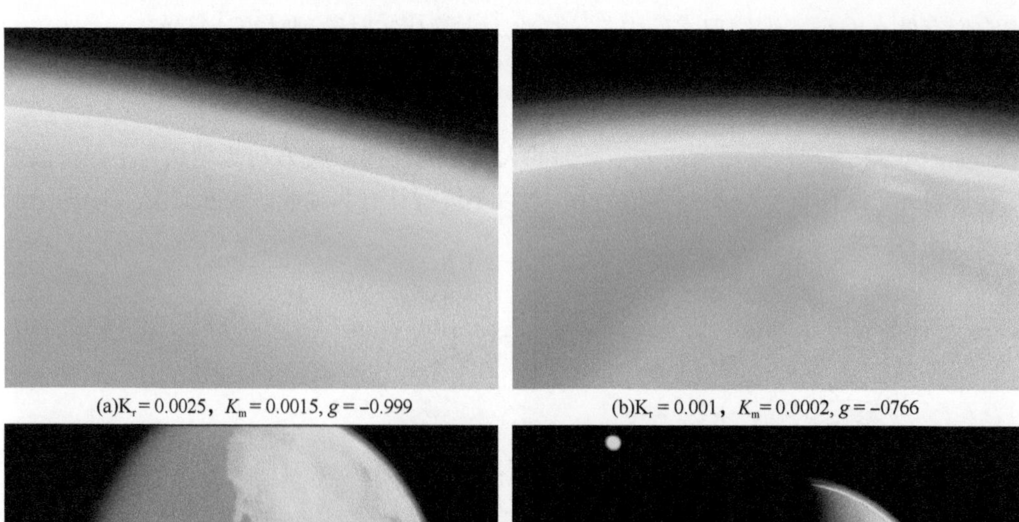

(a)$K_r = 0.0025$，$K_m = 0.0015, g = -0.999$　　(b)$K_r = 0.001$，$K_m = 0.0002, g = -0766$

(c)$K_r = 0.0025$，$K_m = 0.0185, g = -0.79$　　(d)$K_r = 0.0161$，$K_m = 0.0187, g = -0.176$

(e)$K_r = 0.0006$，$K_m = 0.0005$, $g = -0.7$

(f)太阳光晕效果的模拟

图 6.33　地球表面大气绘制效果图

（Rayleigh 散射常数 K_r，Mie 散射常数 K_m，Mie 散射不对称因子 g）在不同取值情况下的绘制效果。图 6.33 的太阳光波长为：R=650nm，G=570nm，B=475nm。

如果将光线的波长更改为 R=0.65nm，G=0.917nm，B=0.888nm，则可以模拟地球黄昏和火星大气的光照效果。图 6.34 和图 6.35 便是模拟的效果图。

(a)地球日落光照效果图1

(b)地球日落光照效果图2

图 6.34　黄昏时刻大气效果的绘制

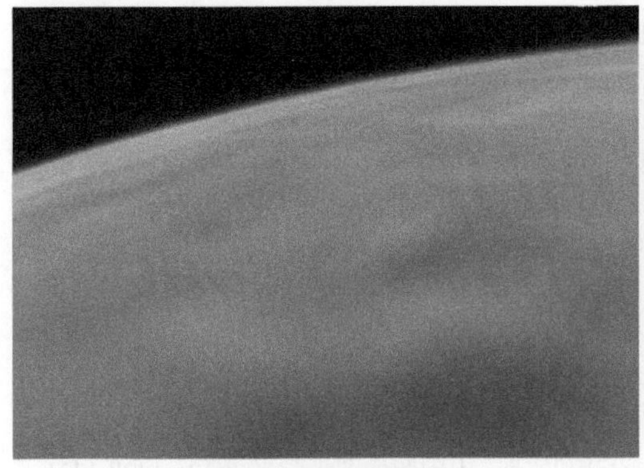

(a)火星大气光照效果图1

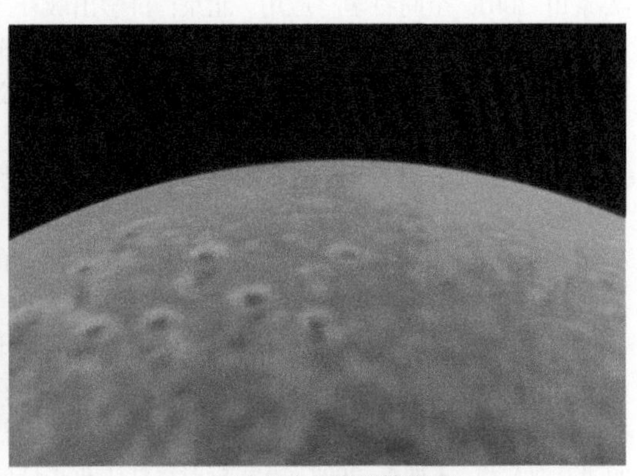

(b)火星大气光照效果图2

图 6.35　火星大气效果的绘制

6.3 本章小结

本章针对空间环境要素逼真表示的需求，重点使用体绘制技术对环境数据进行了三维可视化表达，主要研究内容包括：

（1）针对环境数据的数值在量级上相差较大，但总体变化相对连续、边界不够清晰等特点，综合使用数据自适应归一化、直方图均衡、二阶梯度计算等技术对环境体数据进行预处理。

（2）大部分环境要素本身不可见，如何将这些数据值映射为光学性质，即颜色与透明度是环境要素可视化的关键。本章使用基于体数据直方图与体数据梯度二阶导数的二维转换函数，将环境数据值转换为光学性质。

（3）分别使用基于3D纹理的体绘制算法和基于GPU的光线投射算法对环境数据进行了可视化表达，实验证明，基于3D纹理的体绘制算法绘制效率高，实现相对简单，但绘制效果层次感较差。光线投射算法虽然计算量大，绘制速度较慢，但绘制效果在体绘制算法中最好，绘制效果能较好地反映环境数据的内部变化特征。为提高光线投射算法的绘制效率，本章将射线求交计算、射线采样和插值以及颜色和透明度的混合等计算量较大的工作交给GPU完成，从而减轻CPU负担，有效地改善了算法的绘制性能。

（4）大气是唯一可见的环境要素，本章对大气的光学模型进行了研究，通过CG着色器实现了大气光学模型的积分计算，并使用采样球、纹理查找表、背阳面绘制与视域裁剪和背阳面剔除的技术，优化了大气绘制的性能。

参考文献

储璟骏, 杨新, 高艳. 2007. 使用 GPU 编程的光线投射体绘制算法. 计算机辅助设计与图形学学报, 19(2): 257-262.

贺欢. 2009. 空间环境可视化关键技术研究. 北京: 中国科学院研究生院博士学位论文.

洪歧, 张树生, 杨敏, 等. 2007. 基于三维规则数据场的快速光线投射法. 计算机工程与应用, 43(5): 39-40.

胡永祥, 蒋鸿. 2006. 直接体绘制中传输函数设计综述. 株洲工学院学报, 20(9): 51-54.

姜景山. 2001. 空间科学与应用. 北京: 科学出版社.

刘长征, 张毅力. 2008. 基于舍弃采样的光线投射加速算法. 应用科技, 35(1): 8-11.

刘晓平, 翁晓毅, 陈皓, 等. 2005. 运用八叉树 3D 纹理实现 CFD 数据场的直接体绘制. 工程图学学报, (3): 60-65.

梅康平, 张红民, 李晓峰. 2008. 基于 VTK 光线投射法的 CT 图像三维重建. 计算机与数字工程, 5: 135-136.

宋涛, 欧宗瑛, 王瑜, 等. 2005. 八叉树编码体数据的快速体绘制算法. 计算机辅助设计与图形学学报, 17(9): 1990-1996.

童欣, 唐泽圣. 1998. 基于空间跳跃的三维纹理硬件体绘制算法. 计算机学报, 21(9): 807-812.

王鹏. 2006. 基于 HLA 的空间环境要素建模与仿真技术研究. 郑州: 解放军信息工程大学博士学位论文.

徐青. 2000. 地形三维可视化技术. 北京: 测绘出版社.

许寒, 刘希顺, 王博亮. 2003. 光线投射算法中重采样的设计和实现. 中国图像图形学报, 8(12): 1428-1431.

中国科学院空间科学与应用中心. 2000. 宇宙空间环境手册. 北京: 科学出版社.

中国气象局国家空间天气监测预警中心. 2014.空间天气周报. http://www.spaceweather.gov.cn [2014-03-10].

周芳芳，樊晓平，杨斌. 2008. 体绘制中传递函数设计的研究现状与展望. 中国图象图形学报，13(6): 1034-1045.

周杨. 2009. 深空测绘时空数据建模与可视化技术研究. 郑州：解放军信息工程大学博士学位论文.

Benson D, Davis J. 2002. Octree textures. ACM Transactions on Graphics, 21(3): 785-790.

Boada I, Navazo I, Scopigno R. 2001. Multiresolution volume visualization with a texture-based octree. The Visual Computer, 17(3): l85-197.

Chen W, Peng Q S, Bao H J. 2006. View dependent layer sampling: an approach to hardware implementation of volume ray casting. Journal of Software, 17(3): 587-601.

Cornette W, Shanks J. 1992. Physical reasonable analytic expression for the singlescattering phase function. Applied Optics, 31(16): 3152-3160.

Cullip T J, Neumann U. 1993. Accelerating Volume Reconstruction with 3D Texture Mapping Hardware. University of North Carolina, Technical Report: TR93-027.

Dobashi Y, Yamamoto T, Nishita T. 2002. Interactive Rendering of Atmospheric Scattering Effects Using Graphics Hardware//HWWS '02: Proceedings of the ACM SIGGRAPH/EUROGRAPHICS Conference on Graphics Hardware. Aire-la- Ville, Switzerland: Eurographics Association: 99-106.

Engel K, Kraus M, Ertl T. 2001. High-Quality Pre-Integrated Volume Rendering Using Hardware-Accelerated Pixel Shading//Proc Eurographics/SIGGRAPH Workshop Graphics Hardware 2001. LosAngeles: ACM Press: 9-16.

Kindlmann G, Durkin J. 1998. Semi-Automatic Generation of Transfer Function for Derect Volume Rendering. Proceedings of the IEEE Symposium on Volume Visualization.

Kindlmann G, Whitaker R , Tasdizen T , et al. 2003. Curvature-Based Transfer Functions for Volume Rendering: Methods and Applications. Proceedings of IEEE Visualization.

Klassen R V. 1987. Modeling the effect of the atmosphere on light. ACM Transactions on Graphics , 6(3): 215-236.

Kniss J , Kindlmann G, Hansen C. 2001. Interactive Volume Rendering using Multi-dimensional Transfer Functions and Direct Manipulation Widgets. Proceedings of IEEE Visualization.

Kniss J, Premo E S, Ikits M , et al. 2003. Gaussian transfer functions for multi-field volume visualization. Proceedings of IEEE Visualization, 3: 497-504.

Kruger J, Westermann R. 2003. Acceleration Techniques for GPU-based Volume Rendering. Proceedings of the 14th IEEE Visualization.

Lamar E C, Hamann B, Joy K I. 1999. Multiresolution techniques for interactive texture-based volume visualization. IEEE Visualization, 99 San francisco: 355-362.

Leven J, Corso J, Cohen J, et a1. 2002. Interactive Visua Lization of Unstructured Grids Using Hierarchical 3D Textures. Proceedings of the 2002 IEEE Symposium on Volume Visualization and Graphics: 37-44.

Levoy M. 1990. Efficient ray tracing of volume data. ACM Trans on Graphics, 9(3): 245-261.

Li X Y, Shen H W. 2002. Time-Critical Multiresolution Volume Rendering Using 3D Texture Mapping. IEEE/ACM 2002 Symposium on Volume Visualization and Graphics.

Lum E B, Ma K L. 2004. Lighting Transfer Functions using Gradient Aligned Sampling//Proceedings of IEEE Visualization: 289-296.

Nishita T, Sirai T, Tadamura K, et al. 1993. Display of the Earth Taking into Account Atmospheric Scattering//SIGGRAPH '93: Proceedings of the 20th Annual Conference on Computer Graphics and Interactive Techniques. New York, NY, USA: ACM Press: 175-182.

Niu C X, Fan H, Du H Q. 2006. Accelerated algorithm of ray castingin medical volume rendering. Journal of System Simulation, 18(1): 344-346.

Oh K S, Jeong C S. 2006. Acceleration Technique for Volume Rendering Using 2D Texture Based Ray Plane Casting on GPU. Guangzhou: Proceedings of international conference on Computational Intelligence and Security 2006.

Potts S, Moeller T. 2004. Transfer Functions on a Logarithmic Scale for Volume Rendering. London, Ontario, Canada: Proceedings of Graphics Interface 2004.

Preetham A J. 2003. Modeling Skylight and Aerial Perspective. http://ati.amd.com/developer/SIGGRAPH03/PreethamSig2003CourseNotes.pdf.

Randima F. 2006. GPU 精粹——实时图形编程的技术、技巧和技艺. 姚勇，王小琴译. 北京: 人民邮电出版社.

Schafhitzel T, Falk M, Ertl T. 2008. Real-Time Rendering of Planets with Atmospheres. http://cgg.mff.cuni.cz/～pepca/i218/ElekPlanetaryAtmospheres2008.pdf.

Schneider J, Westermann R. 1997. Compression Domain Volume Rendering. Proceedings of IEEE Visualization.

Srinivasan R, Fang S, Su H. 1997. Volume rendering by template-based octree projection. Proc. of the 8th Eurographics Workshop on Visualization in Scientific Computing, 4: 155-163.

Stegmaier S, Strengert M, Klein T, et al. 2005. A Simple and Flexible Volume Rendering Framework for Graphics-Hardware-Based Raycasting. New York: Proceedings of Volume Graphics.

Weiler M, Westermann R, Hansen C. 2000. Level-of-detail volume rendering via 3D texture. Proceedings of 2000 IEEE Symposium on Volume visualization. New York: ACM press.

第 7 章 空间态势多尺度表达

空间态势多尺度表达是指在空间态势时空数据模型及数据充分共享的基础上，用户在定制了本级的空间态势显示数据内容后，本级的空间态势显示系统根据共享的空间态势数据，按照一定的综合规则，取舍、简化和概括空间态势数据，自动生成本级空间态势图；当进行缩放时，空间态势系统能根据空间态势图的显示范围综合取舍和概括态势数据，重新生成一个清晰、详细的空间态势图，该技术是实现同一空间态势数据的多用户多形态显示和各级空间态势图清晰显示的关键技术（华一新等，2007）。

多尺度表达是一种有效处理多层次、海量数据信息，从而满足人类认识需求的重要方式。本章首先阐述了空间态势多尺度表达算子的设计，重点研究了空间目标的智能选取、空间日标多尺度表达和空间环境多尺度表达等几方面内容，其中空间目标的智能选取属于不同级别用户的空间态势定制问题，空间目标和空间环境的多尺度表达则属于同一级别用户，不同显示比例的空间态势综合问题。下面详细介绍这几部分的内容。

7.1 空间态势多尺度表达算子

空间态势多尺度表达的最终目的是实现同一空间态势数据在不同尺度要求下的清晰显示，其和地图学中的制图综合有着相似的目的。在制图综合中，综合算子是最小综合功能的抽象描述，它只对要素的某个单独方面以不可再分的方式构成影响。以综合算子的定义为蓝本，空间态势多尺度表达算子是指能够影响空间态势多尺度表达的最小设计功能的抽象描述，其描述了多尺度表达的基本操作与实现方式。空间态势多尺度表达算子的选择一方面需要参照制图综合处理中的各种算子，另一方面还需要考虑空间态势表达的实时性和信息查询的需求，在满足实时性的前提下，尽可能地提高态势表达的信息完备性和美观性。

7.1.1 空间态势多尺度表达算子设计

空间态势多尺度表达算子和制图综合算子有一定的相通之处，制图综合算子的研究对空间态势多尺度表达算子的研究有一定的借鉴意义，在制图综合中，综合算子是制图综合的核心内容，对综合算子的分类，不同的学者从不同的研究目的出发提出了不同的分类方法，如 3 算子、4 算子、7 算子、纯几何综合（简化、夸大、位移）、几何/概念综合（合并、选取、典型化、强调）、20 算子等，表 7.1 为 OEEPE 的制图综合工作组给出的具有代表性制图综合算子矢量与栅格模式综合算子的划分方法。

表 7.1 矢量与栅格模式综合算子的划分

栅格模式的综合	矢量模式的综合	
	属性数据	空间数据
• 结构化综合	• 专题数据	• 点状数据
简单的结构化选取	分类分级	选取/删除
重复抽样	符号化	合并
矢–栅变换	• 实时数据	位移
• 数字综合		• 线状数据
低通滤波		夸大、简化
高通滤波		光滑、位移
限差带		选取、合并
索引		• 面状数据
• 数字分类		光滑、位移
分类分级最小间距		夸大、合并
平行分级		• 表面数据
最大的分类分级		光滑
• 分类分级综合		夸大
合并（类别）		简化
合并（栅格）		• 流数据
属性变换		选取、合并

在表 7.1 中，将矢量数据和栅格数据的综合算子分开对待，矢量数据又进一步分为空间数据和属性数据，空间数据又可细分为点、线、面、表面和流数据，每种数据需要不同的综合算子。武芳（2002）从自动综合系统设计的角度出发，在对表 7.1 综合算子分类的基础上提出了如图 7.1 所示的更具完备性的自动综合算子集合。

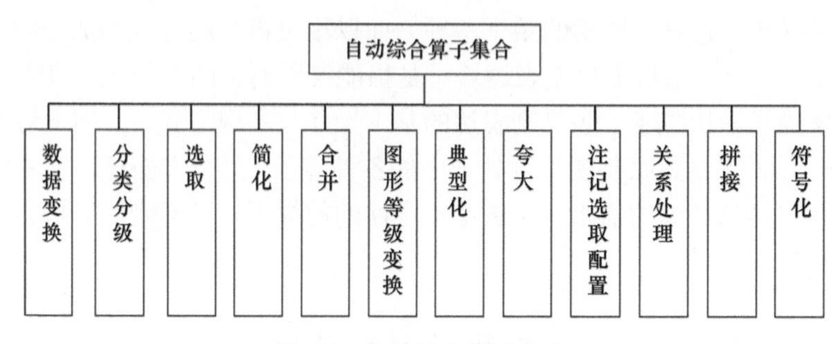

图 7.1 自动综合算子集合

Foerster 和 Stoter（2008）提出了表 7.2 所示的模型综合和制图综合的综合算子分类。贾奋励（2010）结合电子地图多尺度表达需求，在该分类算子的基础上添加了更加细化的符号化设计，形成了电子地图多尺度显示算子。

本书空间态势多尺度表达的对象主要是由空间目标和空间环境当前和未来发展状态构成的空间态势信息，需要展示的主要有时空信息、几何信息及属性信息等，结合空间态势表达的特点及现有综合算子分类方法，本书设计了表 7.3 所示的多尺度表达综合算子分类方法。

表 7.2　多尺度表达综合算子分类（Foerster and Stoter，2008）

模型综合	制图综合
类别选取（class selection）	强调（enhancement）
重新分类（reclassification）	位移（displacement）
降维（collapse）	删除（elimination）
升维（combine）	替换（typification）
简化（simplification）	
合并（amalgamation）	

表 7.3　空间态势多尺度表达综合算子分类方法

空间目标			空间环境		
时空信息	几何信息	属性信息	时空信息	几何信息	属性信息
选取 删除 合并 位移	· 点数据 选取 删除 合并 位移 · 线数据 夸大 简化 光滑 选取 合并 位移 简化 · 几何外形 降维 升维 简化 合并 替换	选取 分类分级 符号化	选取 删除 合并 位移	· 点数据 选取 删除 合并 位移 · 线数据 夸大 简化 光滑 选取 合并 位移 · 面数据 夸大 光滑 合并 位移 简化 · 场数据 选取 合并 简化	选取 分类分级 符号化

表 7.3 中各类信息所需算子并非严格划分，如属性信息采用符号化进行处理，符号化后的多尺度表达又会涉及合并、简化等算子。表 7.3 中涉及的显示算子主要有：选取、删除、合并、位移、夸大、简化、光滑、降维、升维、替换、分类分级、符号化。

选取：指对某一个或者某一类要素的选择。选择的依据可以是空间几何信息也可以是属性信息，如选择所有的点状空间环境要素或者选择所有的导航卫星。

删除：指将某一类要素从显示界面上移除，不显示。

合并：指将若干要素合并为一个新的要素，可以是几何形状也可以是属性要素合并，如将几个伴飞卫星合并为一个图标显示；将 IKONOS、SPOT、QuickBird 等系列卫星合并为对地观测卫星。

位移：指要素的形状不变，位置改变。

夸大：指修改要素的某些部分来产生夸张的表示效果，从而突出该要素。

简化：该算子指基于一定的规则删除要素中的某些细节信息，以达到减少数据量，使显示界面整洁的目的。

光滑：指使线或表面变得光滑的算子。

降维：该算子涉及几何属性的修改。例如，由面状要素改为线状要素或点状要素，用三维模型表达的卫星变为二维符号表达的卫星。

升维：该算子是降维的反过程。

替换：该算子在本章中主要针对空间目标的几何外形，指将一种目标的几何模型用另一种模型来代替。

分类分级：根据要素的某种属性重新进行分类分级，这个算子不涉及几何属性的修改。例如，原有空间目标按照轨道高度分为低轨、中轨、高轨卫星，可以更改为按照执行任务分为导航、通信、对地观测等卫星。

符号化：符号化算子是指能够反映空间态势多尺度表达特征符号的最小变化因子。通过符号反映多尺度表达特征已经被证明是可行的（Brewer and Buttenfield，2007）。对应于符号设计中的视觉变量，符号化算子可以由以下几方面组成（贾奋励，2010）：颜色修改算子、尺寸修改算子、形状修改算子、纹理修改算子、透明度修改算子、位置修改算子、特效显示算子。

通过对颜色和尺寸的修改可以反映出空间态势表达尺度的变化；形状是符号中的主要视觉变量之一，当空间态势表达的尺度发生变化时会出现界面上内容太多，这时可以用简单图形符号代替复杂的符号，如远视点时的空间目标可以用一个点代替，相反，显示的内容较少时可以用复杂的符号表示，如视点拉近目标时，可以用三维模型来表示卫星；纹理是指要素表面具有一定结构的图像单元，通过改变纹理也可以反映尺度的变化；透明度修改算子主要用于不同尺度间进行切换时符号之间的过渡效果，修改透明度可以使过渡更加自然；位置修改算子是指为了避免出现符号压盖、遮挡等进行的符号或者注记位置的修正，这里的位置修改不同于前面的位移算子，这里只针对符号或注记进行修改；特效显示算子是在计算机技术支持下的特殊效果，这些特殊效果扩展了多尺度表达方式，主要有阴影、描边、蒙片、动画、反走样等特效。

以上只是给出了符号化设计的常用算子，实际使用中，往往需要根据实际需求，组合使用或者添加新的符号化算子。

7.1.2 空间态势多尺度表达算子实现

上述空间态势多尺度表达算子描述了多尺度表达中需要执行的操作，下面主要介绍这些空间态势多尺度表达算子的实现方法。

1）选取

在空间态势图的多尺度表达中，选取非常重要。对于特定的用户而言，不需要把所有的空间态势信息全部表达出来，其只关心对其有用的信息，这时的首要工作就是选取要表达的要素，选取最简单的方式就是在交互界面进行手工选取，但是手工选取工作量大，需要专业知识，与此相对的就是智能选取，即利用人工智能的方式进行表达要素的自动确定，其很少或者不需人工干预，计算机自己完成整个选取任务，大大减少人的工作量。对于不同的表达要素，智能选取方法也不同，目前没有一种通用的智能选取方法。本书采用智能代理（Agent）和神经网络的方式实现了对空间目标的智能选取，详细实现方法将在7.2节进行介绍。

2）删除

这里的删除主要是指从显示界面的删除显示，并非指数据删除，当尺度变换时，删除的要素可以重新恢复。对于删除操作本身的实现并不难，只需要给显示要素设置一个显示标志即可，当标志为真时显示，为假时不显示。删除操作中真正要关心的是删除目标的确定，通过手工确定当然可以完成，但是仍然有工作量大的问题，因此学者采用一系列的算法来确定删除目标，如根据要素符号化之后占据的屏幕位置是否重叠来判断是否需要删除该要素，以减少符号的压盖问题。

3）合并

合并主要指将几个相邻分开表示的同类要素合并为用一个能代表这类要素的符号表示。合并涉及合并时机的选择和合并后所需要的符号的设计问题，合并时机的选择可以采用要素在屏幕上的区域来进行判断，当几个要素重叠在一起时，除了可以采用删除算子进行操作外，还可以采用合并算子进行操作。合并后符号的设计则较为复杂，不同的要素需要有不同的符号，其涉及整个符号体系。

4）位移

位移的操作较为简单，只需要将表达要素在新的空间位置显示出来，以代替原有的显示位置即可。

5）夸大

夸大的方式有多种，如加粗显示、采用醒目的颜色标注、添加声音等，可以根据需要选择其中一种或者几种进行夸大显示。

6）简化

简化和删除不同，删除是将整个要素移除，简化是删除要素中的细节信息，保留主要信息。简化是目前研究最多的一项，其方式有很多种，如线要素的简化可以采用小波分析法（李霖和吴凡，2005），Douglas-Peucker 算法（D-P 算法）及其改进算法是另外一种被广泛采用的线要素的简化方法，本章中的空间环境多尺度表达涉及大量简化操作，7.4 节将会详细介绍。

7）光滑

对于线的光滑较易实现，常用的有贝赛尔曲线、B 样条曲线等，主要思想是根据已有的线控制点按照相应的曲线函数进行插值；对于面的光滑可以采用数学形态法、移动曲面拟合法等方法。

8）降维、升维

本书中的降维、升维主要用于空间目标几何模型维度的变化，当空间目标的视点距离发生变化时，空间目标模型可以在三维模型和二维图标之间进行切换，其方法较为简单，当满足降维或升维条件时，采用二维图标或者三维模型代替原来的模型即可。

9）替换

替换的具体实现方法是用一种新的要素表达方式替换掉原有的表达方式，其位置往往不发生变化。

10）分类分级

分级分类的实现方法较为简单，只需要根据新的分类分级标准对表达要素重新分类分级即可，无须特别的算法。

11）符号化

符号化算子虽然可细分为颜色修改算子、尺寸修改算子、形状修改算子、纹理修改算子、透明度修改算子、位置修改算子、特效显示算子，但是其实现方式具有相通性，并且都较为简单，只要空间态势表达系统提供相应的函数接口即可。对于位置修改算子，其不同于前面的位移算子，其往往是在几个备选位置中按照位置优先级进行实验，找到最佳的位置即可。特效显示算子因效果不同而方法各异，如反走样可以利用 OpenGL 图像系统中的 glEnable（GL_LINE_SMOOTH）启用；动画效果则可以通过按时序播放 GIF 图片实现，也可在系统中内置多媒体播放器实现。

空间态势多尺度表达算子是单一化的操作，只依靠单个的算子显然无法完成多尺度表达，要完成空间态势的多尺度表达，必须将这些算子组合使用，共同完成相应的功能。

上面给出了空间态势多尺度表达算子的一般实现方法，7.2 节～7.4 节将结合具体的空间态势表达要素，详细论述其多尺度表达所需算子的实现方法。

7.2 空间目标智能选取

随着各国空间技术的发展，目前空间目标呈现出海量化的特点，用户在感知空间目标态势过程中，要解决的主要问题不再是空间目标态势信息的不足，而是如何从纷繁复杂的海量空间目标态势信息中准确、高效地感知空间目标态势。因此，摆在空间目标表达面前的一个重要问题就是如何在表达的信息量和用户可接受度之间寻找一种平衡。无论是采用二维还是三维表达方式，表达的空间目标太少，用户获取不到足够的信息，表达的目标太多，用户又被淹没在信息洪流中。图 7.2 中的二维空间目标态势图只显示了 200 个空间目标，但是已出现信息混乱。

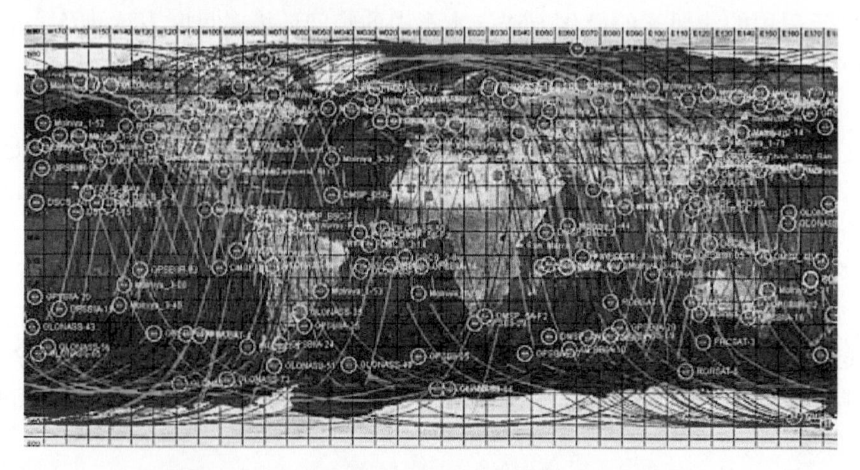

图 7.2 二维空间目标态势图（Stuart et al.，2003）

目前常用的也是最简单的方法是让用户根据参数去选取自己感兴趣的目标进行显示，图 7.3 展示了一个常用的空间目标选取界面，根据具体的应用不同可以有多种不同的选取条件，图 7.3 中显示了一些常用的选取条件，如轨道类型、目标类型、任务类型、使用目的等。

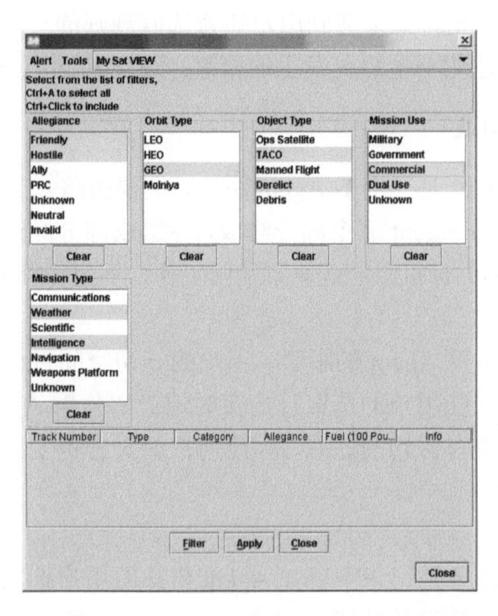

图 7.3　空间目标选取界面效果图（Stuart et al.，2003）

用户手工选取的优点是用户可以根据自己的任务需要去选取显示的目标，空间目标选取需要用户有一定的专业知识背景，但是不同用户所掌握的空间目标相关知识程度不同，随着空间态势信息应用的普及，一个空间态势表达系统必然要面向普通大众用户，因此必须开发出能依靠空间专业知识对用户选取行为进行实时监控和指导的系统。除此以外，需要解决的另一个问题是确定选取出的目标中哪些需要重点表达，即需要解决的问题是：哪些空间目标需要表达出来，表达出来的目标中哪些需要重点表达。

与手工设置相对的是空间目标智能化选取，智能代理（Agent）、人工神经元网络是两种在人工智能领域得到普遍应用的智能化方法，本书在分析了二者原理的基础上，分别将其应用于本书的空间目标表达内容辅助选取及重点目标确定上，从而共同完成空间目标的智能化表达。本节内容主要对应于空间态势多尺度表达算子中的选取算子。

7.2.1　基于监控 Agent 的辅助选取

1. Agent 简介

Agent 作为从分布式人工智能发展起来的一项技术，具有一定的自我思维能力和工作能力，其一经出现，就引起了学者的关注，目前已经广泛应用于分布式处理、自动控制领域（武芳，2002）。Agent 研究人员目前达成的共识是：Agent 是一个具有生命周期的计算机实体，其在一定环境中具有自主性，能代替人完成某项任务（潘丽敏和张冰，2009；周海刚和王景玉，2008；陈强和蔚承建，2010）。Agent 拥有反应性、自主性、主动性、学习性、通信和移动性等特点（钱海忠和武芳，2004），能够模仿人类部分思维过程，并通过其反应性特征表现出来，正是基于这些特点，本章设计了一种监控 Agent 模型，用来对用户的选取操作过程进行全程监控和指导，依据由规则、方法和经验等组成的知识库进行实时的分析，如果遇到用户违背选取规则的一些操作，则做出相应的反应，以降低过度过滤和过滤不足情况发生的概率，最终辅助用户进行目标选取。

2. 监控 Agent 的构造

本书设计的监控 Agent 是一个多 Agent 系统，主要由感知 Agent、日志 Agent、分析 Agent、动作 Agent 和学习 Agent 五个部分组成，各组成部分经过通用的 Agent 通信语言 KQML（张春飞等，2009）有机组织起来，共同工作，下面详细介绍各部分的主要功能。

1）感知 Agent

感知 Agent 是整个监控 Agent 的眼睛，用户的一切空间目标选取行为都要处于它的严密监控中，其必须将这些用户的选取行为实时地告知分析 Agent 和日志 Agent，选取的规则和用户本身的身份有密切的联系，因此用户的身份也是感知 Agent 需要关注的一项重要内容。

2）日志 Agent

日志 Agent 的主要任务是记录下感知 Agent 告知的用户选取行为，并对这些记录进行管理，提供记录查询、筛选等功能。

3）分析 Agent

分析 Agent 是整个监控 Agent 中的核心，其功能的好坏直接决定了整个监控 Agent 的成败，分析 Agent 需要依据一个由专家知识、经验方法及历史操作等组成的知识库进行用户行为的实时分析，知识库直接决定了分析 Agent 的智能程度。分析 Agent 在完成用户行为分析后，会形成分析结果和指令，并将这些指令发送给动作 Agent。

4）动作 Agent

动作 Agent 的主要功能是依照分析 Agent 的结果对用户的选取行为做出反应，以便对用户的选取行为进行指导，反应的方式有多种，如告警提示、操作建议。

5）学习 Agent

知识库是整个监控 Agent 的大脑，知识量的多少、优劣直接决定了监控 Agent 的性能，知识库中的规则、方法可以通过人机界面提前或定期录入，但是受专家知识和经验限制，知识库中的方法不可能涵盖所有相关领域的选取规则，而且不同的应用需求，选取的要求也不一样，因此监控 Agent 就需要具有学习功能，学习 Agent 就是负责用户新规则的学习，分析用户实际完成的选取行为，如果该行为规则不存在于知识库中，则将该规则记录到知识库中，从而不断提高监控 Agent 的智能性。

整个监控 Agent 的结构图如图 7.4 所示，其具体的工作原理是：用户启动空间态势表达软件时，首先对监控 Agent 进行初始化，各个 Agent 处于待命状态，当用户进行空间目标选取时，感知 Agent 会将这一用户行为告知分析 Agent，分析 Agent 会根据知识库中的已有规则对用户的这一行为进行分析，如果用户的行为出现不符合已有规则的情况，则由动作 Agent 通过一定方式告知用户，并给出相应的建议，当然最终的决定权还是在用户手中，用户可以决定最终的选取规则，感知 Agent 在将用户行为告知分析 Agent

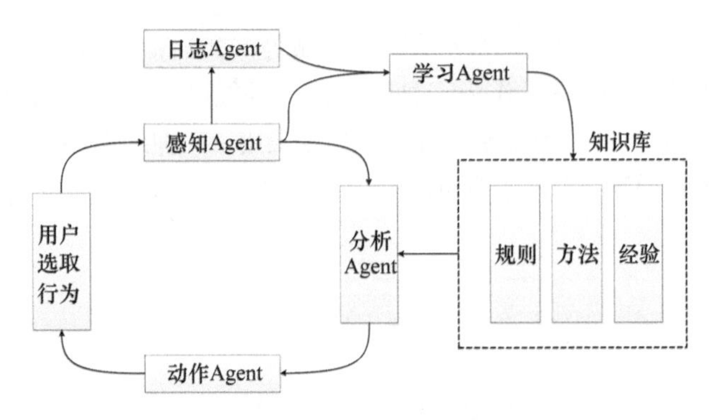

图 7.4　监控 Agent 结构图

时，同时将用户的行为告知日志 Agent，由日志 Agent 将用户的行为记录下来，以便作为凭证和用于用户的行为规律分析，在整个监控 Agent 中还有一个重要的组成部分就是学习 Agent，受专家知识和经验的限制，用于分析用户行为的规则库必定具有很大的局限性，而智能代理的一大特征就是学习性，因此本章在整个系统中设计了学习 Agent，专门用来学习用户新的选取规则，扩充知识库。

7.2.2　基于神经网络的重点目标智能确定

确定好哪些目标需要表达后，还有一项重要的工作是确定哪些目标需要重点表达，如关注的某一颗卫星出现在某一区域上空时，需要将这些目标以标红、发出告警声等夸大的方式提示用户。重点目标的设置可以通过用户事先手动设置完成，手动设置告警目标的一种方法是逐个目标设置，这种方法能较为准确地完成告警目标设置，但是如果没有提前设置需要关注的重点目标，新出现的且没有识别的目标可能遗漏告警，而且工作量大；还有一种方法是对告警目标进行分类设置，这种方法一次可以设置一批重点目标，缺点是目标分类准则在某些情况下不能满足需求，而且往往需要依据多种分类准则来完成一类告警目标的设置，如重点关注美国的侦察卫星时，就需要国别、任务类型、传感器参数等多种分类依据，这样的告警设置需要很强的专业知识背景。

随着人工智能的快速发展及用户需求的不断提高，上面这种手工设置方法必定不能满足未来的需求，因此这里将人工智能中的神经网络方法引入重点目标的设置中，完成重点空间目标的智能确定。

人工神经网络是大脑功能的仿真，其由一个复杂的网络系统构成，包括广泛连接的简单处理单元，每个单元代表一个神经元，它可以对大脑功能的组织、适应、学习等特性进行模拟，是一个复杂的非线性处理系统，同时其还具有分布式、并行处理与存储的功能，适合于处理信息模糊、因素众多、条件复杂的问题，而本章的重点目标确定正是这种条件复杂、需要考虑众多因素的非线性问题。

1. 神经网络模型原理

20 世纪 40 年代，在众多学者的努力下，人工神经网络得到了飞速发展，并成功应用于多个领域，发展了许多神经网络模型（胡斌等，2010；钟洛等，2007），其中反向传播神经网络（BP 神经网络）作为一种多层前向神经网络，以其简单、实用、有效的特点成为目前应用最广的神经网络，因此本章也采用 BP 神经网络来解决重点目标的智能确定问题，其工作原理如图 7.5 所示（李剑，2010）。

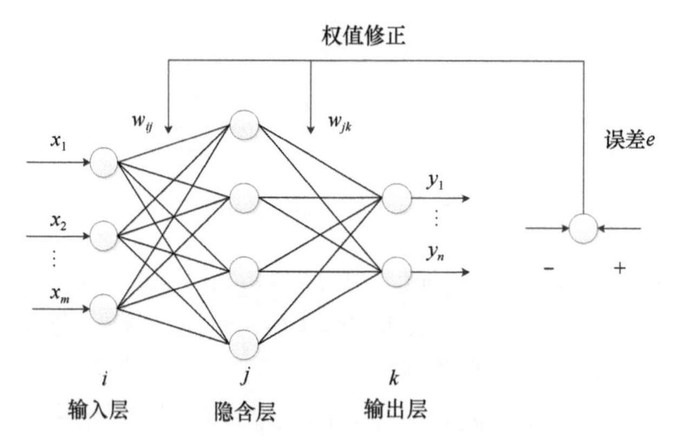

图 7.5　BP 神经网络工作原理图

图 7.5 中，BP 神经网络的输入值为 $x_1,x_2,\cdots,x_m$；预测值为 $y_1,y_2,\cdots,y_n$；w_{ij} 和 w_{jk} 为网络连接的权值。传播过程中的输入信息，经过输入层、隐含层，最后通过输出层输出，每层网络的神经元状态只受前一层网络神经元状态的影响。如果输出结果超出期望，则将误差信号反向传播，经过修改各层神经元的权值，使误差信号最小。要完成神经网络的训练需要完成以下几个步骤。

1）神经网络初始化

这是神经网络训练的前提，在初始化阶段，需要确定 BP 神经网络的层次，以及输入层、隐含层和输出层的网络节点数，分别记为 m、l 和 n，初始化各网络连接的权值 w、隐含层阈值 a、输出层阈值 b，选定隐含层激励函数 f，本章选择 Sigmoid 函数作为隐含层激励函数，如式（7.1）所示：

$$f(x)=\frac{1}{1+e^{-x}} \tag{7.1}$$

Sigmoid 函数具有连续可微性，便于网络权系统最优解的确定，Sigmoid 函数的曲线图如图 7.6 所示。

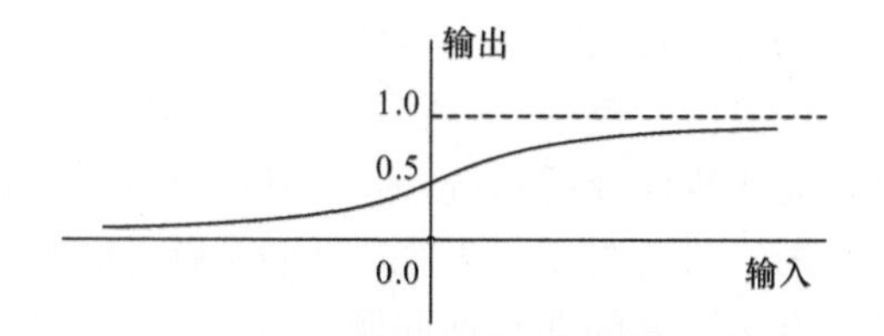

图 7.6　Sigmoid 函数曲线

2）输出值计算

这一步主要完成隐含层和输出层的输出值计算，隐含层输出值计算公式如式（7.2）

所示：

$$H_i = f(\sum_{i=1}^{m} w_{ij} - a_i),\ j=1,2,\cdots,l \tag{7.2}$$

式中，H_i 为隐含层输出值；f 为激励函数，见式（7.1）；w_{ij} 为连接输入层与隐含层的权值；a_i 为隐含层阈值；m 为输入层的网络节点；l 为隐含层的网络节点。

在隐含层输出值 H_j 的基础上完成输出项的计算，其计算公式如式（7.3）所示：

$$O_k = \sum_{j=1}^{l} H_j w_{jk} - b_k,\ k=1,2,\cdots,n \tag{7.3}$$

式中，O_k 为输出层的值；w_{jk} 为隐含层与输出层的连接权值；b_k 为输出阈值；n 为输出层的网络节点。

3）偏差计算

这一步的主要目的是计算网络预测输出与期望输出之间的差值，以便后续调整网络连接权值和阈值，如式（7.4）所示：

$$e_k = Y_k - O_k,\ k=1,2,\cdots,n \tag{7.4}$$

式中，e_k 为网络预测误差值；Y_k 为期望值。

4）权值、阈值调整

在计算完网络预测误差后，如果误差超限，就需要进入误差反馈阶段，主要实现方法是利用网络误差去调整网络连接权值 w_{ij}、w_{jk} 和节点阈值 a_i、b_k。权值调整如式（7.5）、式（7.6）所示：

$$w_{ij} = w_{ij} + (1 - H_j)x(i)\sum_{k=1}^{n} w_{jk} e_k \tag{7.5}$$

$$w_{jk} = w_{jk} + \eta H_j e_k \tag{7.6}$$

式（7.5）和式（7.6）中，η 为学习速度；$j=1,2,\cdots,l$；$k=1,2,\cdots,n$，节点阈值调整如式（7.7）、式（7.8）所示：

$$a_j = a_j + \eta H_j (i - H_j)\sum_{k=1}^{n} w_{jk} e_k \tag{7.7}$$

$$b_k = b_k + e_k \tag{7.8}$$

5）重新计算输出项的值，判断是否满足预期

如没有满足则重新返回步骤 2）进行迭代，直到预测结果满足需求。

整个 BP 神经网络算法的框图如图 7.7 所示。

2. 神经网络具体实现

本书要达到的重点目标的智能确定效果是：当某一个空间目标出现在表达场景中或者出现在某一区域的上空时，构建的神经网络系统能够根据以往的学习经验判断该目标是否需要进行重点关注，要完成这样的功能，需要完成以下工作。

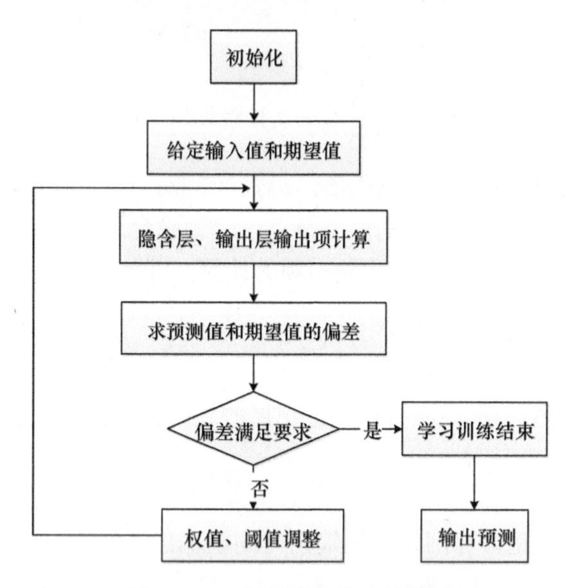

图 7.7　BP 神经网络算法的框图

1）输入参数分析

决定一个目标需要重点关注的因素有很多，这些因素是 BP 神经网络的输入参数，输入参数的选择是决定网络对目标判断能力的重要因素之一，一个空间目标的属性参数有目标编号、名称、官方名称、国际编号、所属国家、任务类型、目标类型、使用目的、运行状态、发射载体、发射日期、传感器类型、传感器参数、重要性级别、轨道类型、轨道高度、轨道偏心率、轨道倾角、轨道升交点赤经、近地点辐角、平近点角、平均角速度、当前时刻所在位置等，这些因素中不是所有的因素都必须作为输入参数，结合实际重点目标的设定，本书选取以下参数作为重点目标判别神经网络的输入参数：所属国家、任务类型、目标类型、使用目的、运行状态、传感器类型、传感器参数、重要性级别、轨道类型、轨道高度、轨道偏心率、轨道倾角、轨道升交点赤经、近地点辐角、平近点角、平均角速度，除此以外，还需要加入目标是否在关注区域内一项。以上是常用的考虑因素，具体的应用可能会根据不同的需求增加或减少输入参数。

另外一类重要的输入参数是用户类型，不同的用户类型，所需要关注的重点目标也不相同。从指挥级别角度分，有战略、战役和战术不同指挥层次的用户；从军兵种角度分，又有陆军、海军、空军、二炮等不同用户。具体到实际的应用中，需要根据实际情况来确定具体有哪几类用户类型，并将其作为输入参数加入神经网络中。

2）数据预处理

数据预处理的作用是将输入输出数据规划到同一数量级，一方面可以防止网络预测误差较大，另一方面可以加快网络训练的速度，为此本书将所有输入数据规划到[0，1]，由于输入参数的类型不同，各输入参数的规划方式也不尽相同，下面详细介绍各类参数的规划方式，对于“所属国家”这一参数，由于国家和地区不属于数值类型，为了便于使用本书的神经网络参数，本书将世界上所有的国家依次从序号 1 开始进行编码，编码完成后再按式（7.9）进行归一化处理。对于这类数据的归一化而言，它们之间并没有重要性之分，只是为了适合神经网络的计算。

$$x_k' = \frac{x_k - x_{\min}}{x_{\max} - x_{\min}} \tag{7.9}$$

式中，x_k' 为归一化后的参数值；x_k 为归一化前的参数值；$x_{\max}$ 为序列中的最大值；$x_{\min}$ 为序列中的最小值。

对任务类型、目标类型、使用目的、运行状态、传感器类型、传感器参数、重要性级别、轨道类型以及用户类型等这一类需要用特定术语来描述的参数，采用的规划方式同“所属国家”参数一样，首先对参数的所有描述类型进行数值编码，然后采用式（7.9）进行归一化；对于另外一类数值型参数：轨道高度、轨道偏心率、轨道倾角、轨道升交点赤经、近地点辐角、平近点角、平均角速度，只需要使用式（7.9）直接进行归一化处理即可；对应目标是否在关注区域内这一参数，则首先需要计算目标的当前位置，然后判断其是否在关注区域内，如果在则为 1，不在则为 0；输出项只有是和不是重点目标两个选项，因此是重点目标时，将输出项设置为 1，不是重点目标时将输出项设置为 0。

对于神经网络学习训练的样本数据，可以通过搜集重点目标设置的历史记录获得，同时神经网络还可以通过学习用户手工设置重点目标的过程，不断优化神经网络重点目标判别的准确率。

3）模型建立

模型建立就是要确定神经网络的具体结构，根据 Kolmogorov 定理（陈斌等，2010），采用 *N*-（2*N*+1）-*M* 的 3 层 BP 神经网络，其中 *N* 表示输入向量的特征数，*M* 表示输出项数目。本书的输入参数有 17 项，而输出参数只有 2 项，因此本书的 BP 神经网络为 17-35-2，即输入层有 17 个节点，隐含层有 35 个节点，输出层有 2 个节点，如果目标是重点目标则输出结果为（1，0），相反，如果目标不是重点目标则输出结果为（0，1）。

4）学习训练

神经网络的预测功能通过训练学习获得，为此本章准备了 200 组重点目标设置记录，这些记录主要是按照实际设置原则模拟操作获得，在这些数据中随机选取 150 组作为训练数据，另外的 50 组作为测试数据。

5）重点目标智能确定

最后用训练好的神经网络进行重点目标的智能确定，根据结果分析构建神经网络的能力。

训练好的神经网络可以帮助用户将潜在的感兴趣重点目标主动标注出来，用户可以选择保留这些标注，以便能够在未来快速地获取该信息，当对这些目标不再感兴趣时，用户也可以去掉这些标注。

7.2.3　实验结果与分析

为了对提出的智能选取方法的有效性进行验证，将空间目标智能选取方法内置到本书第 10 章描述的 InSpace 系统中，图 7.8 是用户出现不合理选取行为时，监控 Agent 给出的一个智能提示的窗口，此时用户选取的条件设定为 10000km 以下的导航卫星，监控 Agent 根据知识库中的规则给出了定制建议：导航卫星主要分布在 17000～22000km 高度区间，建议据此修改筛选条件。用户可以选择接收建议，重新筛选，也可以不接收建议，继续按照原来的筛选条件进行目标选取。图 7.9 为用户接收监控 Agent 的建议，选取 17000～22000km 的导航卫星结果。

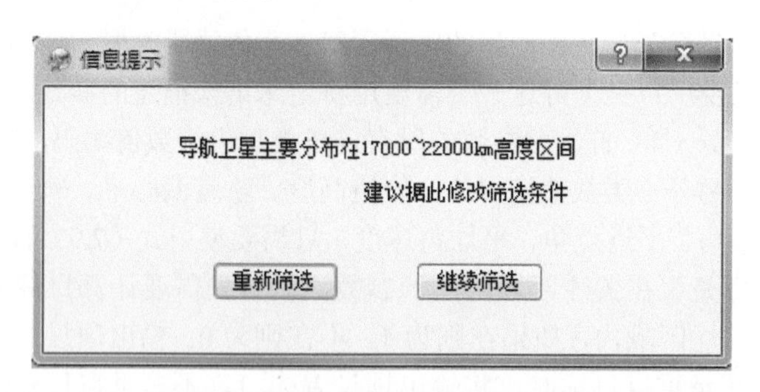

图 7.8　监控 Agent 给出的信息提示

图 7.9　监控 Agent 辅助完成的选取结果

按照前文所述，从准备的 200 组重点目标设置记录中随机选取 150 组完成 BP 神经网络的训练，用剩下的 50 组数据测试训练好的 BP 神经网络，得到图 7.10 所示的输出项输出结果，图 7.11 是对应的输出结果误差曲线图，对输出结果做进一步处理，值大于等于 0.5 的取 1，值小于 0.5 的取 0，如原输出项结果是（0.871271，0.128907），转换后变为（1，0），据此判断该目标是否为重点目标，最后统计整个测试数据的重点目标判别情况，本实验中有 50 组测试数据，判断正确的达 44 个目标，正确率达到 88%。

为了进一步验证神经网络用于重点目标确定的性能，本章将前面的实验数据随机分为 4 组，再次进行实验，统计判别正确率，判别正确率分别为 100%、100%、80%、85%，结果说明，神经网络的判别正确率和训练样本有密切的联系，样本的好坏直接决定了

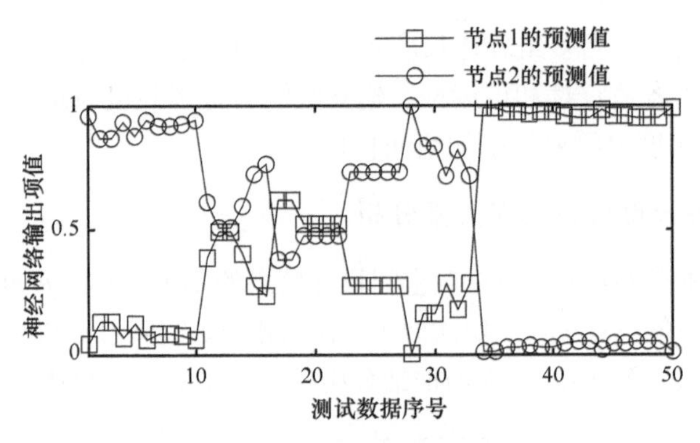

图 7.10　BP 神经网络输出项输出结果图

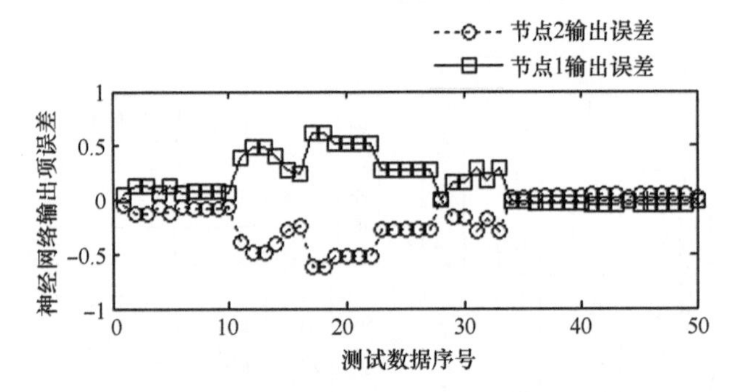

图 7.11　BP 神经网络输出项输出结果误差曲线图

预测结果的正确率，这也进一步说明了神经网络优秀的学习性能，其能很好地记住样本的特点，在实际应用中充分应用这一特性可以获得更加理想的效果。

从上面的实验结果可知，本章设计的监控 Agent 可以有效地辅助用户对空间目标的选取行为，基于神经网络的重点空间目标确定具有较高的正确率，两者联合可有效地增强空间目标表达系统的智能性，也可有效地解决哪些目标需要表达、哪些目标需要重点表达的问题。

7.3　空间目标多尺度表达

不论通过手工还是智能化方法确定所关注的空间目标，当对表达界面进行缩放时，都需要使用相应的多尺度表达算子综合取舍和概括所表达的空间目标，避免空间目标之间出现重叠、遮挡等影响态势信息表达的情况，使空间态势图始终保持清晰、内容适宜又重点突出。

7.3.1　空间目标多尺度表达模型

依据用户对空间目标的关注特点，空间目标多尺度表达模型可以理解为：当关注的空间目标集合确定后，为了使这些空间目标无论在用户关注范围放大还是缩小的情况下，都能按照用户所关心的详略程度，清晰、恰当地进行表现的一组表达尺度，即在一定的关注范围内，需要使用多组表达尺度控制空间目标的显示才能保证空间目标表达的层次性、清晰性、内容适宜性和可读性。建立空间目标多尺度表达模型就是确定表达尺度以及在各个表达尺度中所要显示的空间目标。

1. 空间目标多尺度表达影响因素分析

依据空间目标的分布特点、用户对空间目标信息的要求以及多尺度表达的特性，空间目标多尺度表达与空间行动任务、层次要求、视点距离、空间目标自身属性和空间位置分布等因素有密切关系（图 7.12)，下面详细分析这些因素对空间目标多尺度表达的影响。

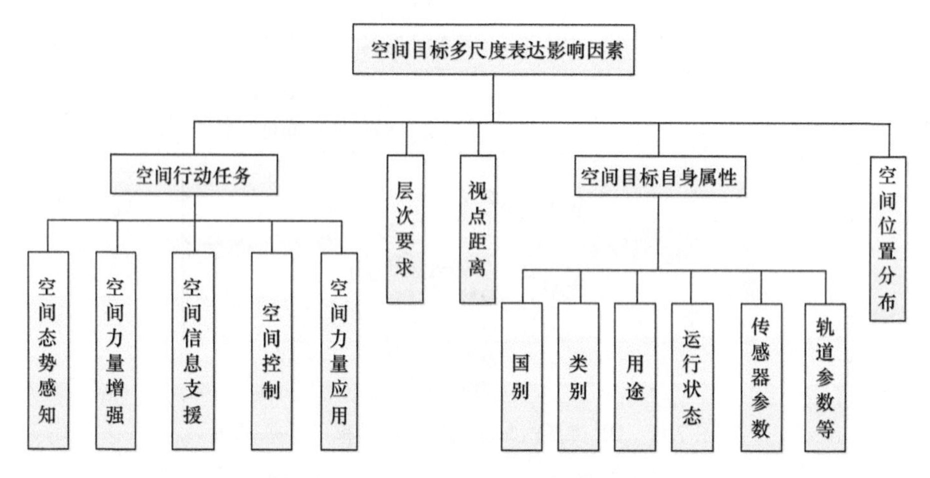

图 7.12 空间目标多尺度表达影响因素

1）空间行动任务

美军 2013 版的《空间作战条令》将空间行动划分为空间态势感知、空间力量增强、空间信息支援、空间控制和空间力量应用五大类。空间态势感知主要负责探测、跟踪识别空间目标，威胁预警与评估，特征识别，数据融合与开发等任务；空间力量增强包括军事情报侦察、导弹预警、航天器发射监视、空间环境监测、卫星通信、定位导航授时等；空间信息支援包括航天器发射、卫星操作、空间力量重构；空间控制又可分为进攻和防御控制；空间力量应用包括反导系统与兵力投送等领域。以上各类任务中除空间态势感知需要关注所有空间目标外，其他行动关注的目标主要是与任务相关的空间目标。不同的空间行动任务对不同类别的空间目标的关注程度不同，相应的空间目标表达尺度也会有所不同。

2）层次要求

不同的空间行动任务对空间目标多尺度表达的级数 Lod_{max} 及各尺度空间目标信息的详略有不同的要求，表达的层次越高，Lod 值越小，关注的内容越宏观，反之 Lod 值越大，关注的内容越详细。

3）视点距离

本书的空间目标表达以数据地球为基础，在数字地球虚拟环境中，表达内容的缩放是通过调整视点距离来实现的，视点到地面的距离能够确定显示 Lod 级及 Lod 级之间的切换时机，其是表达尺度的参照，当显示的 Lod 级确定后，该级要表达的空间目标即可以确定。

4）空间目标自身属性

空间目标自身属性包括国别、类别、用途、运行状态、传感器参数、轨道参数等，这些属性决定了其在各尺度上显示的必要性，即决定每个空间目标显示的尺度。例如，当进行空间侦察类型目标态势显示时，导航类型的空间目标则无须显示，同一类型的空间目标，轨道高的空间目标的 Lod 值要比轨道低的空间目标的 Lod 值小。

5）空间位置分布

空间位置分布是各方空间力量部署的现状和发展趋势的体现，多尺度表达时应该尽量保持目标的空间位置分布特征，但同时也要减少目标之间出现重叠、遮挡等影响空间目标态势表达的情况。

2. 空间目标多尺度表达模型的建立

空间目标多尺度表达模型的建立主要解决两个问题：一是在关注的空间目标确定后，根据影响因素建立多尺度表达的层级，即确定 $\mathrm{Lod}_{\max}$；二是确定每个被关注目标的显示级别，即 Lod 值，同一个空间目标可能在多个层级中表达，因此空间目标的显示级别也可以是一个 Lod 区间。对应于空间目标表达的影响因素，空间目标多尺度表达模型建立流程如下所述。

步骤 1：建立空间目标信息要素集合 $O, O=(O_1,O_2,O_3,\cdots,O_n)$。要素集合的建立可以采用多种方式完成，如前面的智能选取方法以及根据不同的空间行动任务手工筛选等方式。

步骤 2：根据具体的空间行动任务需求确定空间目标表达的最大级数 $\mathrm{Lod}_{\max}$ 和各级显示范围，其表示为

$$\begin{aligned}&\mathrm{Lod}_{\max}=n\times(L_{\mathrm{hight}}-L_{\mathrm{low}})+j\\&\mathrm{Altitude}=\{A_i:=1,2,\cdots,\mathrm{Lod}_{\max}\}\end{aligned}\tag{7.10}$$

式中，L_{hight} 表示最高级别；L_{low} 表示最低级别；n 为倍数，$n\geqslant1$；j 为级数，$j\geqslant1$；为了使两个级别空间态势信息能够平滑切换，在两个级别之间可以增加过渡显示级别，这时即可通过 n 和 j 进行设定；Altitude 为各级显示对应的视点距地面高度范围集合。

步骤 3：对集合 O 中的要素依据用户对其空间目标信息的关注程度进行属性权值设定。例如，在同级别空间目标态势信息中，轨道高度越高，属性权值重要性越高。另外，在多尺度表达时，并不需要选择所有的影响因素，而是应根据实际空间目标表达的需要对影响因素进行选择。

步骤 4：对集合 O 中元素的各类属性权值进行综合分析，根据空间态势多尺度表达的最大级数对空间态势信息要素进行逐级筛选，确定各空间目标的显示级别，其表示为

$$\mathrm{Lod}_{O_x}=f(V_{p1},V_{p2},\cdots,V_{pn})\tag{7.11}$$

式中，Lod_{O_x} 为空间目标 O_x 的 Lod 级别，其可以是一个区间；f 为筛选方法；$V_{p1},V_{p2},\cdots,V_{pn}$ 为空间目标的各类属性权值。通过以上流程可以得到空间目标多尺度表达模型，表示为

$$
\begin{cases}
\mathrm{Lod}_1 : \left(-\infty, A_1\right] \\
\mathrm{Lod}_2 : \left(A_1, A_2\right] \\
\quad\vdots \\
\mathrm{Lod}_{\max} : \left(A_{\mathrm{Lod}_{\max}}, 0\right] \\
\mathrm{Lod} : (\mathrm{Lod}_{O_1}, \mathrm{Lod}_{O_2}, \cdots, \mathrm{Lod}_{Ol})
\end{cases}
\tag{7.12}
$$

式（7.12）的含义是：视点在距离区间$\left(-\infty, A_1\right]$变化时，所有显示Lod级数包含$\mathrm{Lod}_1$的目标都需要进行表达；视点在距离区间$\left(A_1, A_2\right]$变化时，所有显示Lod级数包含$\mathrm{Lod}_2$的目标都需要进行表达，其他的依次类推。式（7.12）对应关系如图 7.13 所示。

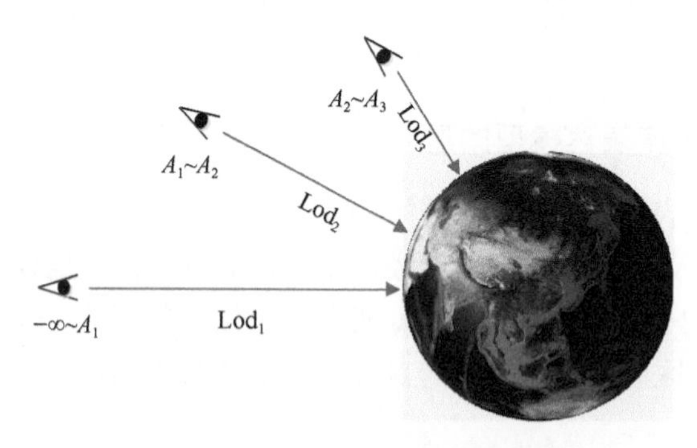

图 7.13　多尺度表达模型示意图

步骤 5：设定集合O的空间位置分布控制权值。确定了各尺度需要表达的空间目标后，在实际的空间目标表达中，由于各空间目标的空间位置分布及视点原因，空间目标之间会出现重叠、遮挡、分布不均等影响空间态势表达的现象，如图 7.14 所示，空间目标表达场景中，大量目标聚集在一起，甚至很多空间目标标号之间出现重叠、遮挡现象，影响了目标的识别［图 7.14（a)］，尤其是采用第 1 章所述的空间态势标号进行空间目标表达时，标号的遮挡对目标的识别影响更大，因此需要设定每个空间目标的分布控制权值，以此判断该空间目标是否表达，保证空间目标的空间分布合理，提高空间态势表达效果。

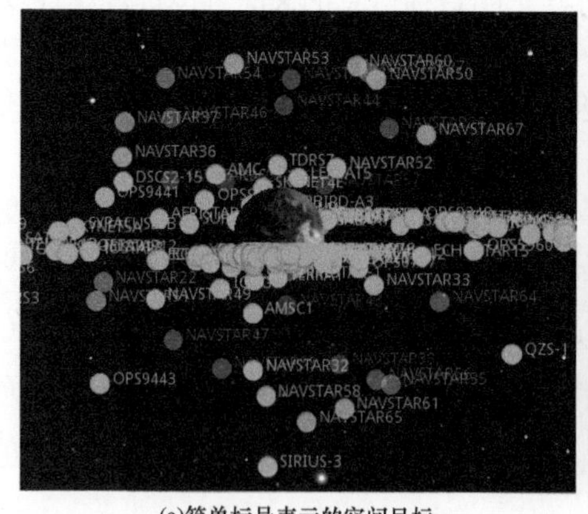

(a)简单标号表示的空间目标

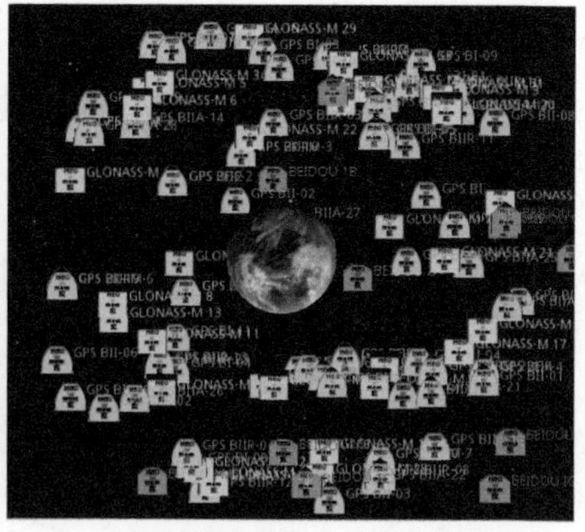

(b)空间态势标号表示的空间目标

图 7.14　空间目标表达重叠、遮挡现象

7.3.2　基于 Voronoi 图的空间位置分布控制权值确定

空间位置分布控制权值确定是空间目标多尺度表达模型构建中的重要一步，其直接决定了建立的多尺度表达模型是否既能反映空间目标的原有分布态势，又能使表达内容清晰合理，便于用户对空间目标态势的感知。空间目标态势表达时，空间目标都是按照坐标点在空间态势系统中进行配置。一定范围内，空间目标可以看作是点状要素的表达，因此其空间位置分布控制权值确定可以参照点状要素。当前制图综合中，点状要素的空间位置分布关系确定算法可在方法上提供参考，点状要素的空间位置分布关系确定算法主要有：空间比例算法、重力模型法、圆增长法、凸壳简化法、Voronoi 图法等（闫浩文和王家耀，2005）。

Voronoi 图又称泰森多边形或 Dirichlet 图，其具有良好的空间等分特性，能够在空间位置分布关系确定中，保持点集的空间分布特征。因此，本书将 Voronoi 图用于空间目标多尺度表达中空间位置分布控制权值的确定。

下面以执行某空间行动任务为例，阐述基于 Voronoi 图的空间目标多尺度表达的实现方法。假定空间行动任务中需要关注的是通信、导航和侦察监视三类空间目标，根据本书第 2 章的统计，这几类卫星的轨道高度分布主要集中在[320km，1620km]、[18620km，20620km]、[34620km，36620km]三个区间。其中尤以在[320km，1620km]区间分布的空间目标最多，因此将空间目标表达层次确定为 3 级基本层次，但是为了让相邻两级空间态势能够平滑过渡，再增加 3 级表达层次，确定表达层次级别为 6 级，选取空间目标实体自身属性中的轨道高度、所属国家、任务类别、是否工作等作为空间目标的属性权值，共同决定每个空间目标的 Lod 值范围，将空间目标的 Voronoi 图面积作为位置分布控制权值。数据采用 STK 网站 2013 年 6 月 18 日的空间目标数据，从中筛选出具有轨道根数的通信、导航和侦察监视三类空间目标，共计 2424 条，包含已经失效的空间目标，其中通信类 1691 条、导航类 393 条、侦察监视类 340 条，具体流程如下。

步骤 1：建立的空间目标点集 O 中一共有 2424 个目标。

步骤 2：根据表达层次级别计算各级显示对应的高度区间。该空间行动任务中 $\mathrm{Lod}_{\max}$ 值初步定为 6，根据空间目标的分布特点，分布在[320km，1620km]的空间目标较多，因此将这一区间段再细分为三个区间，最终 $\mathrm{Lod}_{\max}$ 取值为 9，同时根据关注的三类空间目标的轨道分布特点，将各级 Lod 对应的高度区间初步确定为

$$
\begin{cases}
\mathrm{Lod}_1:(50000\mathrm{km},+\infty] \\
\mathrm{Lod}_2:(36620\mathrm{km},50000\mathrm{km}] \\
\mathrm{Lod}_3:(34620\mathrm{km},36620\mathrm{km}] \\
\mathrm{Lod}_4:(20620\mathrm{km},34620\mathrm{km}] \\
\mathrm{Lod}_5:(18620\mathrm{km},20620\mathrm{km}] \\
\mathrm{Lod}_6:(1620\mathrm{km},18620\mathrm{km}] \\
\mathrm{Lod}_7:(920\mathrm{km},1620\mathrm{km}] \\
\mathrm{Lod}_8:(320\mathrm{km},920\mathrm{km}] \\
\mathrm{Lod}_9:(0\mathrm{km},320\mathrm{km}]
\end{cases}
\tag{7.13}
$$

式中，各级 Lod 对应的高度区间并不均匀，主要是因为所关注的三类目标的轨道高度并

非均匀分布。由于本书的空间目标表达是以数据地球为基础，为了使用户感知到空间目标的全球分布，根据本书所用的空间态势表达系统的实际情况，将各级 Lod 对应的高度区间在式（7.13）的基础上统一增加 10000km，其中表达系统的视场角为 50°。

步骤 3：空间目标属性权值需要根据具体的空间行动任务需求进行确定。本例中选取轨道高度、所属国家、任务类别、是否工作等作为参考属性，对于各属性权值的确定方法各不相同。轨道高度反映了空间目标的高度分布特点，本书将其和显示等级相对应，属性权值确定为 1～9，每个目标根据具体的高度及式（7.13）来确定轨道高度权值，如轨道高度在$\left(50000\text{km},+\infty\right]$取值为 9，在$\left(36620\text{km},50000\text{km}\right]$取值为 8，其他依此类推。将所属国家分为敌方、中立方和我方三大类，据此确定所属国家的权值依次为 3、2 和 1。任务类别中依次将侦察监视、导航、通信类空间目标的权值确定为 3、2 和 1。是否工作属性中的权值为 2，不工作的权值为 1。式（7.14）是各参考属性的权值集合：

$$
\begin{aligned}
P_{\mathrm{A}} &= (1,2,3,\cdots,9) \\
P_{\mathrm{C}} &= (1,2,3) \\
P_{\mathrm{M}} &= (1,2,3) \\
P_{\mathrm{W}} &= (1,2,3)
\end{aligned} \tag{7.14}
$$

式中，P_{A} 表示轨道高度的属性权值集合；P_{C} 表示所属国家的属性权值集合；P_{M} 表示任务类别的属性权值集合；P_{W} 表示是否工作的属性权值集合。为了使各属性权值具有统一的量纲，确定各属性权值后，将各权值归一化到[0，1]，规划后的属性权值如式（7.15）所示：

$$
\begin{aligned}
P_{\mathrm{A}} &= (\frac{1}{9},\frac{2}{9},\frac{3}{9},\cdots,1) \\
P_{\mathrm{C}} &= (\frac{1}{3},\frac{2}{3},1) \\
P_{\mathrm{M}} &= (\frac{1}{3},\frac{2}{3},1) \\
P_{\mathrm{W}} &= (\frac{1}{2},1)
\end{aligned} \tag{7.15}
$$

步骤 4：确定每个空间目标的 Lod 级别。空间目标的属性权值对某一特定的空间目标是固定不变的，但是目标的空间位置是变化的，因此可以首先根据属性权值确定每一个空间目标的 Lod 级别，在空间态势表达时，显示出对应 Lod 的空间目标后，根据空间目标 Voronoi 图的面积进一步确定每个目标是否需要显示，以保证表达的空间目标态势的清晰度。

在步骤 3 中确定了各参考属性的权值集合，当考虑的参考属性较多时，根据各因素的重要性进行加权平均求得综合属性权值，如式（7.16）所示：

$$
\begin{cases}
P_{\mathrm{S}} = W_{\mathrm{A}}P_{\mathrm{A}} + W_{\mathrm{C}}P_{\mathrm{C}} + W_{\mathrm{M}}P_{\mathrm{M}} + W_{\mathrm{W}} \\
W_{\mathrm{A}} + W_{\mathrm{C}} + W_{\mathrm{M}} + W_{\mathrm{W}} = 1
\end{cases} \tag{7.16}
$$

式中，P_{S} 为空间目标的综合属性权值；W_{A}、W_{C}、W_{M}、W_{W} 分别为轨道高度、所属国家、任务类别和是否工作的属性权值，在本书中，假定轨道高度最为重要，所属国家、任务类别和是否工作视为同等重要，因此将 W_A、W_C、W_M、W_W 的值分别取为 0.4、0.2、0.2、0.2。其他的空间行动任务则需要根据需求具体确定相应的权值。

确定每个空间目标的综合属性权值后，需要完成属性权值与 Lod 级的映射，由于空间目标的空间和属性分布的不均匀性，不能采用线性映射的方法完成空间目标 Lod 级别的确定。为此，本书首先对空间目标的综合属性权值进行直方图分布统计，然后依照直方图进行映射，以保证每个 Lod 级内的空间目标尽量均衡。图 7.15 是本例中统计的综合属性权值直方图，表 7.4 是本书确定的综合属性权值与 Lod 级别映射。

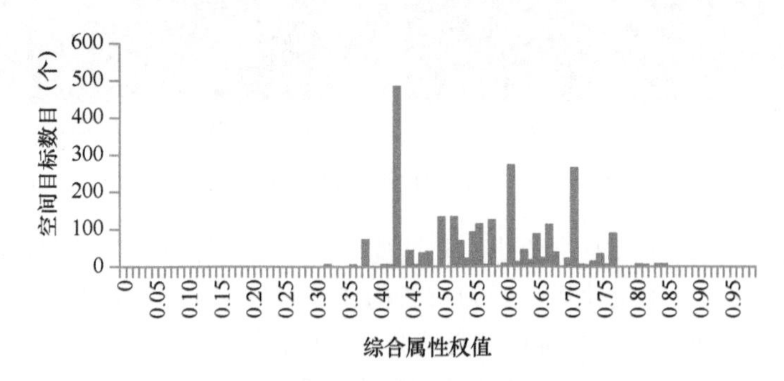

图 7.15　综合属性权值直方图

表 7.4　综合属性权值与 Lod 级别映射

Lod	9	8	7	6	5
P_S	0.00～0.40	0.40～0.45	0.45～0.51	0.51～0.56	0.56～0.61
数目（个）	75	487	253	313	244
Lod	4	3	2	1	
P_S	0.61～0.64	0.64～0.71	0.71～0.75	0.75～1.0	
数目（个）	326	298	289	139	

步骤 5：构建 Voronoi 图。空间目标全球分布［图 7.16（a）］在基于虚拟现实的空间态势表达中，虽然用户具有三维立体感受，但是用户真正观察到的仍然是二维平面图，只不过该图是经过一系列的空间变换而来的（Shreiner et al.，2013）。因此，本书仍然从二维平面出发，通过构建空间目标经过一系列变换后的二维平面位置的 Voronoi 图来确定空间位置权值，图 7.16（b）是构建的 Voronoi 图及 Delaunay 三角网的示意图，Voronoi 的构建方法参见文献（Berg et al. ，2000）。构建完 Voronoi 图后，计算各空间目标的 Voronoi 图的面积 s_i，得到集合 S，如式（7.17）所示：

$$S = (s_1, s_2, \cdots, s_n) \tag{7.17}$$

在空间态势表达时，根据视点高度显示出对应 Lod 的空间目标后，由于虚拟环境中视点方向可以任意调整，因此会出现空间目标遮挡的问题，为此给定一个 Voronoi 图面积阈值 S_T，当空间目标的 Voronoi 图的面积 s_i 小于该阈值时，不显示该目标，从而减少遮挡，保证空间目标态势清晰。面积阈值 S_T 的取值需要根据具体的表达需求确定，本例中 S_T 取值为 1200 像素面积。由于空间目标随着时间在不停地做高速运动，一段时间

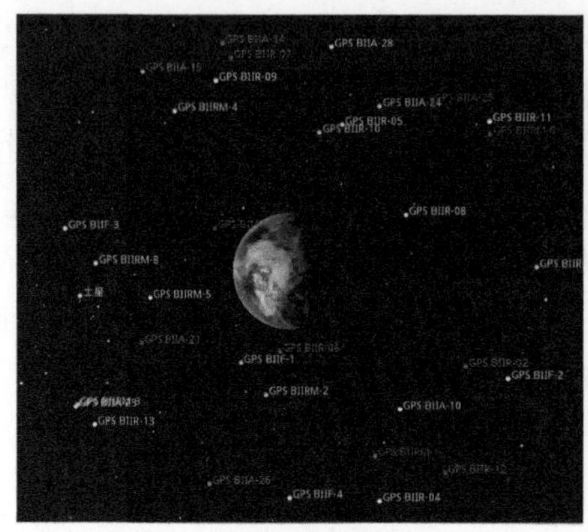

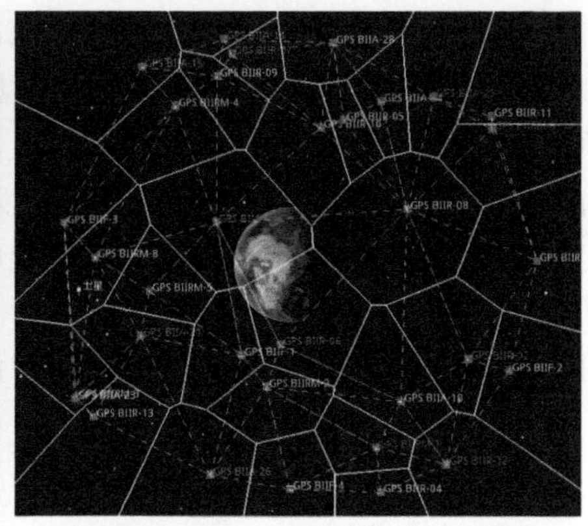

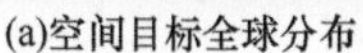

(a)空间目标全球分布　　(b)构建的二维Voronoi图及Delaunay三角网

图 7.16　空间目标全球分布及构建的 Voronoi 图

后，原先的空间位置分布会发生变化，并且视点方向也会经常发生变化，因此在一段时间间隔以及视点方向发生变化后，必须重新构建空间目标 Voronoi 图。

在空间目标表达时，空间目标很多必然会对态势表达系统造成一定的压力，因此还需要结合视锥体裁剪和遮挡剔除技术将不会出现在视野内的目标剔除掉，不再对这些目标进行位置计算和渲染，这样不仅能保证显示效果，还可以节约计算资源，提高表达的性能。

7.3.3　升维、降维及透明度修改算子在空间目标多尺度表达中的应用

确定了各空间目标的显示级别后，如何在三维数字空间中根据 Lod 级别对这些空间目标进行多尺度表达是需要解决的一个问题。

由前面的空间态势多尺度表达模型可知，经过一系列处理后，每个空间目标都有一个对应的 Lod 级别，通过这个值可以确定视点在某一观测高度时，该目标是否能够显示，但是目标显示时的表达方式，以及不同的 Lod 级别切换时空间目标的过渡方式等直接影响空间态势的表达效果，为此本书将升维、降维和透明度修改算子应用到空间目标的多尺度表达中。升维算子是指当视点较远时，空间目标采用二维点状符号表示，而当视点较近时，将空间目标由二维点状符号变为三维的实体模型来表示，降维过程则和升维过程相反。透明度修改算子是指当表达的空间态势需要在不同 Lod 级别切换时，通过修改透明度来使需要消失的目标由实到虚逐渐消失，而需要出现的目标则由虚到实逐渐出现，这样进行空间态势级别切换时过渡将更加自然、流畅。下面是升维、降维和透明度修改算子在空间态势多尺度表达中的具体实现方法。

升维、降维变换只需要根据确定的视点距离阈值进行二维点状符号和三维实体模型之间的变换即可。透明度修改算子的实现方法是：将每个目标的 Lod 级别所对应的视点距离区间进行一定的扩展，在这段扩展的区间中进行符号透明度的动态设置来实现渐变效果，如图 7.17 所示，当视点距离小于 D_1 时，空间目标使用三维实体模型来表示；当视点距离在 D_1～D_2 时，以二维点状符号表示空间目标，但是二维点状符号由半透明逐

渐变为不透明显示；当视点距离在 $D_2 \sim D_3$ 时，二维点状符号完全不透明显示；当视点距离在 $D_3 \sim D_4$ 时，二维点状符号由不透明逐渐变为透明显示；当视点距离大于 D_4 时，二维点状符号不再显示。

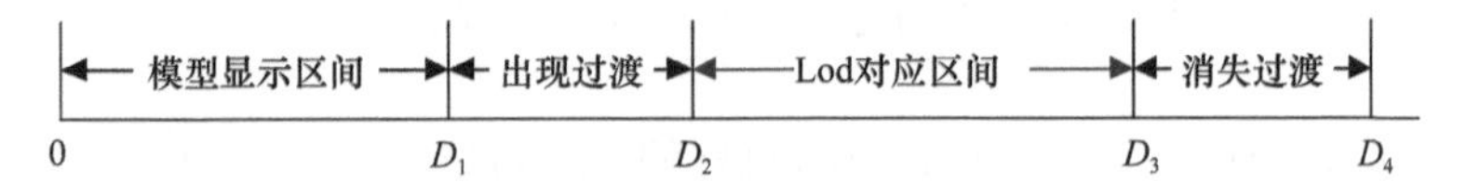

图 7.17　符号透明度设置示意图

符号透明度的计算公式如式（7.18）所示：

$$
\text{alpha} = \begin{cases} 1 & (\text{dis} < D_1) \\ 1 - \dfrac{\text{dis} - D_1}{D_2 - D_1} & (D_1 \leqslant \text{dis} < D_2) \\ 0 & (D_2 \leqslant \text{dis} < D_3) \\ \dfrac{\text{dis} - D_3}{D_4 - D_3} & (D_3 \leqslant \text{dis} < D_4) \\ 1 & (\text{dis} \geqslant D_4) \end{cases} \tag{7.18}
$$

式中，alpha 为符号的透明度；dis 为视点到地面的距离。图 7.18 是采用二维点状符号和三维实体模型表示空间目标的效果图，图 7.19 展示了空间目标二维点状符号渐变效果，图 7.19（a）～图 7.19（c）的二维点状符号的透明度逐渐增加。

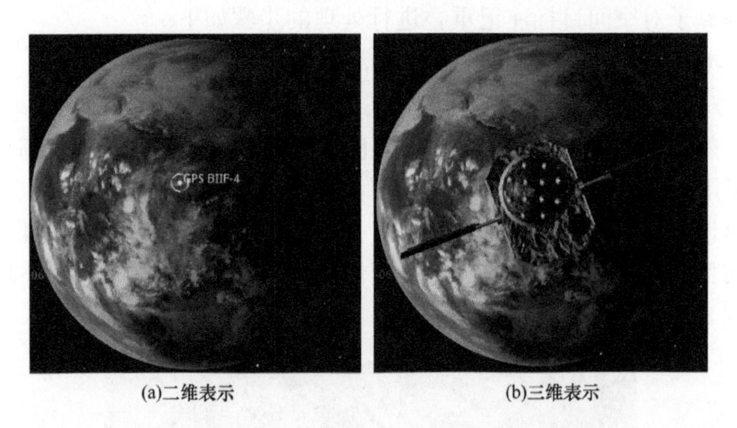

(a)二维表示　　(b)三维表示

图 7.18　空间目标二、三维表示的效果

(a)alpha=0　　(b)alpha=0.5　　(c)alpha=1

图 7.19　空间目标二维点状符号渐变效果

通过使用升维、降维和透明度修改算子，各 Lod 级别之间的切换更加平滑，可以进一步增强空间态势的表达效果，改善用户的使用体验。

7.3.4　空间目标注记重叠处理

通过前面的多尺度表达处理后，空间目标的重叠可以得到有效的缓解，但是由于空间目标的注记占有一定的面积，即使空间目标符号之间没有重叠，注记之间也仍有可能重叠，如图 7.20 所示，因此采用删除算子对空间目标注记重叠进行处理。

图 7.20　注记重叠

采用删除算子对空间目标注记重叠进行处理的步骤如下：

步骤 1：计算每个空间目标的注记面积范围 $\mathrm{Rect}_1, \mathrm{Rect}_2, \cdots, \mathrm{Rect}_n$ 。

步骤 2：判断注记范围是否有重叠，记录下有重叠的目标。

步骤 3：有重叠的目标进一步根据空间目标的综合属性权值来确定哪个目标的注记显示，本书采用的判定准则是综合属性权值大的注记予以保留，小的予以删除，权值相等时保留更靠近视点的目标的注记。图 7.21 是空间目标注记处理后的效果，由于随着时间以及视点的变化，注记重叠情况会发生变化，因此一段时间及视点调整后要重新进行注记重叠处理。

图 7.21　空间目标注记处理后的效果

7.3.5　多尺度表达的定量分析

空间目标多尺度表达模型的建立与具体的应用有密切关系，其需要反复实践，不断总结完善，多尺度表达层次的确定是否合理、各个目标的Lod级别设置是否适合、显示的效果是否满足要求等都需要一个定量的评价标准，以综合分析建立的多尺度表达模型。通过定量分析可以不断优化多尺度表达模型，改善多尺度表达效果。

在确定定量评价指标前，首先分析一下空间目标多尺度表达的目的，空间目标多尺度表达的主要目的是：保留主要信息，略去次要信息，减少空间目标之间出现重叠、遮挡，使空间态势图清晰、详细。从空间目标多尺度表达的目的中可以看出，重叠少，内容清晰、详细是多尺度表达的关键，本书从这两个要点出发，建立多尺度表达的定量分析指标，分别为目标重叠率、面积载负量。

1. 目标重叠率

目标重叠是指表示空间目标的符号及注记在二维屏幕上出现重叠、压盖的现象，本书的目标重叠率主要用来衡量生成的空间态势图是否清晰，可以定义为屏幕中出现重叠的目标数量占目标中所有目标的比例，可以用如下计算公式表示：

$$\mathrm{Ratio}_{\mathrm{overlap}}=\frac{\mathrm{Num}_{\mathrm{o}}}{\mathrm{Num}_{\mathrm{all}}}\times 100\% \tag{7.19}$$

式中，$\mathrm{Ratio}_{\mathrm{overlap}}$ 为目标重叠率；$\mathrm{Num}_{\mathrm{o}}$ 为屏幕中出现重叠的目标数目；$\mathrm{Num}_{\mathrm{all}}$ 为屏幕中所有的目标数目。

依据式（7.19），本书统计了7.3.2节中所建立的多尺度表达模型的目标重叠率。其统计方式是：每一个Lod层次中选取一个视点高度，在该高度上，调整视点位置，使视点分别处于地球惯性系中坐标轴的正负六个方向上，如图7.22所示，表7.5是选取的具体视点高度值。表7.6是所统计出的目标重叠率结果，其中每个视点分别统计了没有加上空间位置分布控制、加上空间位置分布控制、注记重叠处理后三种情况的目标重叠率，图7.23是该结果所绘制的变化趋势图，实验中的仿真时间是2013年6月19日12时31分34秒（UTC时）。

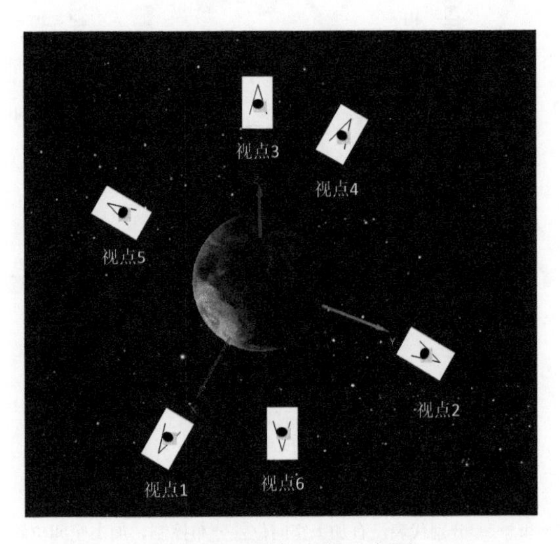

图7.22 视点分布示意图

表 7.5 各 Lod 层次中选取的视点高度

Lod 级别	1	2	3	4	5	6	7	8	9
视点高度（km）	100000	50000	45000	40000	30000	20000	11000	10600	10000

表 7.6 所统计出的目标重叠率结果 （单位：%）

Lod 级别		1	2	3	4	5	6	7	8	9
视点 1	情况 1	75.5	84.6	54.5	76.3	85.4	85.9	70.9	94.2	27.5
	情况 2	39.0	62.5	37.5	55.1	45.2	52.1	60.9	72.3	26.4
	情况 3	20.3	23.6	12.5	21.4	16.6	22.6	21.3	22.5	17.6
视点 2	情况 1	83.4	85.7	56.7	75.0	83.9	87.8	67.0	91.2	46.4
	情况 2	56.6	60.0	37.0	57.8	47.5	53.8	49.4	73.3	37.5
	情况 3	27.3	17.5	17.8	22.5	27.0	40.1	25.2	25.4	14.9
视点 3	情况 1	72.6	59.1	60.6	42.8	82.0	87.4	72.4	92.6	30.6
	情况 2	54.3	43.1	53.4	23.8	47.2	42.3	64.6	67.6	30.1
	情况 3	17.5	11.7	17.0	9.5	24.7	22.3	32.8	33.9	7.2
视点 4	情况 1	80.4	87.7	62.3	76.7	82.5	87.8	69.7	87.8	39.7
	情况 2	53.1	67.1	45.4	61.3	36.1	56.6	53.2	67.0	39.3
	情况 3	29.6	19.7	27.5	30.2	13.8	23.0	30.1	21.6	6.5
视点 5	情况 1	82.6	91.9	56.9	84.9	80.4	86.9	81.7	91.8	50
	情况 2	63.3	67.9	41.2	59.1	37.5	44.7	72.1	70.9	37.4
	情况 3	27.1	25.6	14.1	30.1	11.3	29.1	27.3	27.6	9.2
视点 6	情况 1	74.1	60.2	43.7	56.9	82.1	87.4	76.0	89.7	31.9
	情况 2	52.7	44.4	37.5	46.2	41.3	45.0	62.9	60.6	32.8
	情况 3	17.0	12.9	12.7	25.9	16.0	27.4	31.2	25.3	12.8

注：情况 1 表示没有加上空间位置分布控制的目标重叠率，情况 2 表示加上空间位置分布控制的目标重叠率，情况 3 表示注记重叠处理后的目标重叠率。

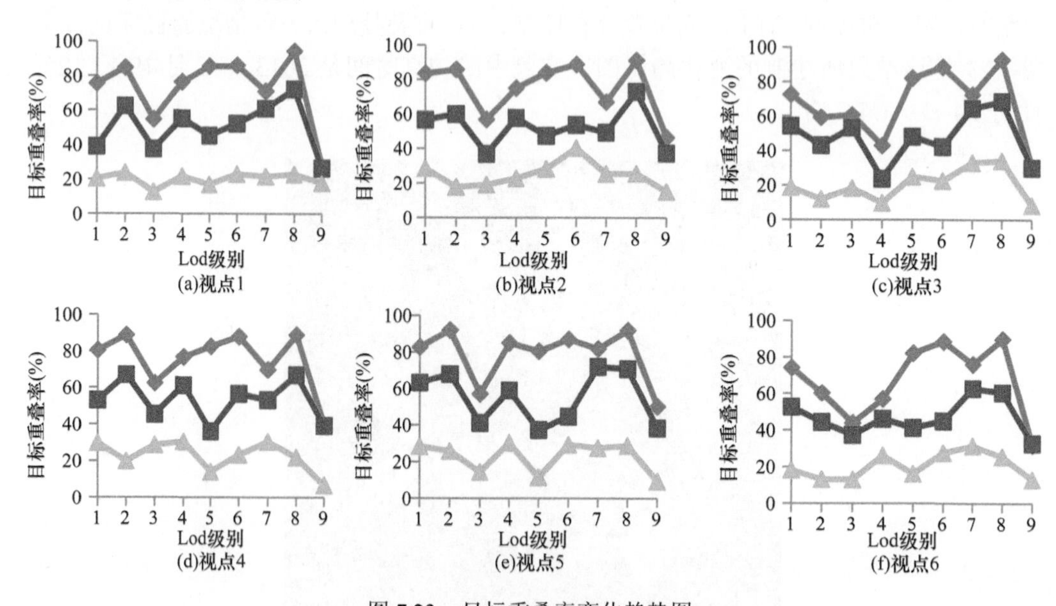

图 7.23 目标重叠率变化趋势图

◆、■和▲分别代表没有加上空间位置分布控制、加上空间位置分布控制、注记重叠处理后三种情况的目标重叠率

从实验结果可以看出，在不同的表达层次、不同的视点处，通过本书的多尺度表达处理后，目标重叠率都维持在 20%的较低水平，没有加上空间位置分布控制时目标重叠率保持在 80%左右，加上空间位置分布控制后可以使目标重叠率下降到 50%左右，在同一高度上，不同视点处的目标重叠率基本保持一致。综合实验结果来看，本书多尺度表达方法能有效减少重叠，使空间态势图保持清晰。

为了进一步分析基于 Voronoi 图的空间位置分布控制对多尺度表达的贡献，本书在不对空间目标进行标注的情况下，统计了不同 Lod 层次中没有进行空间位置控制和进行空间位置控制后的目标重叠率，结果见表 7.7，表 7.7 中的情况 1 和情况 2 分别对应空间位置控制前后，视点的高度同表 7.5，视点位置采用图 7.22 中的视点 1，图 7.24 是统计结果绘制的曲线图。

表 7.7　没有注记时的目标重叠率　（单位：%）

Lod 级别		1	2	3	4	5	6	7	8	9
视点 1	情况 1	42.4	55.1	7.0	24.5	24.7	52.8	14.7	22.6	0
	情况 2	7.4	13.2	0	11.1	2.3	22.3	7.8	4.1	0

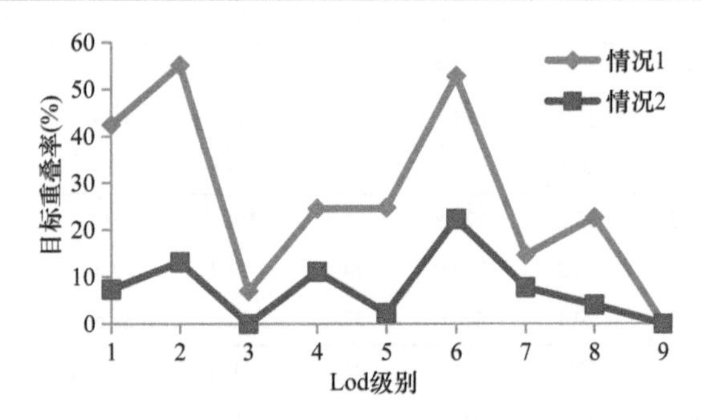

图 7.24　没有注记时的目标重叠率变化趋势图

从表 7.7 及图 7.24 可以看出，基于 Voronoi 图的空间位置分布控制可以有效减少目标重叠率，使目标重叠率由平均 27.1%下降到 7.6%。

2. 面积载负量

面积载负量是传统地图学中地图载负量的一种（孟丽秋，1985），地图载负量是衡量地图内容多少的数量标志（王家耀等，1993），其定义为地图上所有符号和注记所占面积与图幅总面积之比。本书主要用面积载负量来衡量空间态势表达内容是否详细，即通过面积载负量来衡量各个尺度所表达的空间目标数量是否适中，在本书中，面积载负量通过计算空间目标的符号及注记在屏幕上所占像素面积与屏幕面积之比即可，其计算公式如下：

$$\text{Ratio}_{\text{area}} = \sum_{i=1}^{n} \frac{\text{Area}_i}{\text{Area}} \times 100\% \qquad (7.20)$$

式中，$\text{Ratio}_{\text{area}}$ 为面积载负量；Area_i 为空间目标 i 所占的屏幕像素面积；Area 为屏幕像素面积。

依据式（7.20），本书统计了 4.3.2 节中所建立的多尺度表达模型的面积载负量。统计方式同样是：每一个 Lod 层次中选取一个视点高度，在该高度上，调整视点位置，计算该视点时的面积载负量，具体视点的高度值及视点位置同前面的表 7.5 和图 7.22。表 7.8 是所统计出的面积载负量结果，其中每个视点分别统计了没有加上空间位置分布控制、加上空间位置分布控制、注记重叠处理后三种情况的面积载负量，态势表达场景的屏幕像素面积为1322×777，图 7.25 是该结果所绘制的变化趋势图实验中的仿真时间同样是 2013 年 6 月 19 日 12 时 31 分 34 秒（UTC 时）。

表 7.8　面积载负量结果　（单位：‰）

Lod 级别		1	2	3	4	5	6	7	8	9
视点 1	情况 1	50.0	55.9	129.1	83.8	101.7	129.2	160.0	265.3	56.4
	情况 2	39.4	44.4	113.9	67.9	62.6	73.6	139.6	169.6	55.9
	情况 3	31.9	32.1	96.2	47.9	51.3	61.0	101.2	117.0	47.8
视点 2	情况 1	47.9	65.2	127.0	77.4	96.5	126.5	167.1	272.0	54.4
	情况 2	37.3	47.3	109.2	61.9	60.2	74.2	144.1	184.4	50.5
	情况 3	27.8	35.9	91.4	45.7	50.8	64.2	112.3	117.5	43.8
视点 3	情况 1	59.1	42.7	123.8	33.4	102.3	120.5	159.1	285.1	59.9
	情况 2	49.1	35.1	115.1	30.1	63.3	51.6	144.1	177.9	57.0
	情况 3	39.7	30.8	89.9	26.9	49.5	50.7	107.2	125.9	51.4
视点 4	情况 1	47.2	55.6	129.8	95.5	106.9	129.1	163.3	264.0	54.6
	情况 2	37.6	43.2	109.9	74.5	72.7	72.4	135.1	179.7	50.6
	情况 3	30.5	29.1	90.7	53.1	63.5	59.6	107.1	124.7	43.5
视点 5	情况 1	47.6	59.2	123.7	94.6	102.6	126.6	156.8	260.2	55.2
	情况 2	40.8	44.5	107.1	60.5	69.1	62.9	134.9	175.5	51.5
	情况 3	29.9	32.6	93.1	42.8	59.3	57.2	92.5	120.7	45.0
视点 6	情况 1	57.9	44.9	107.7	40.1	117.1	147.0	164.6	284.7	57.2
	情况 2	44.6	37.3	103.6	35.4	66.7	72.0	136.9	171.3	55.5
	情况 3	36.1	30.8	87.8	27.6	55.9	60.4	99.3	122.4	46.5

注：情况 1 表示没有加上空间位置分布控制的面积载负量，情况 2 表示加上空间位置分布控制的面积载负量，情况 3 表示注记重叠处理后的面积载负量。

从实验结果可以看出，随着Lod级的增加，面积载负量逐渐平稳上升，这一特点同层级越高关注越宏观，层级越低关注越详细的出发点相符合，不同级之间的面积载负量虽有变化，但是相邻级之间的变化较小，同一 Lod 级不同的视点位置 Lod 面积载负量变化值较小。没有加上空间位置分布控制、加上空间位置分布控制、注记重叠处理后三种情况的面积载负量相差不大，说明本书的多尺度表达方法既降低了目标重叠率，又没有对面积载负量产生较大影响。

通过这两个指标可以来定量分析建立的多尺度表达模型的优劣，定量分析对于空间目标多尺度表达具有很好的指导意义，如在某个显示尺度上的目标重叠率过大，则需要在该尺度上增大空间目标删除的数量，尽量使目标重叠率保持在一个合理的水平。

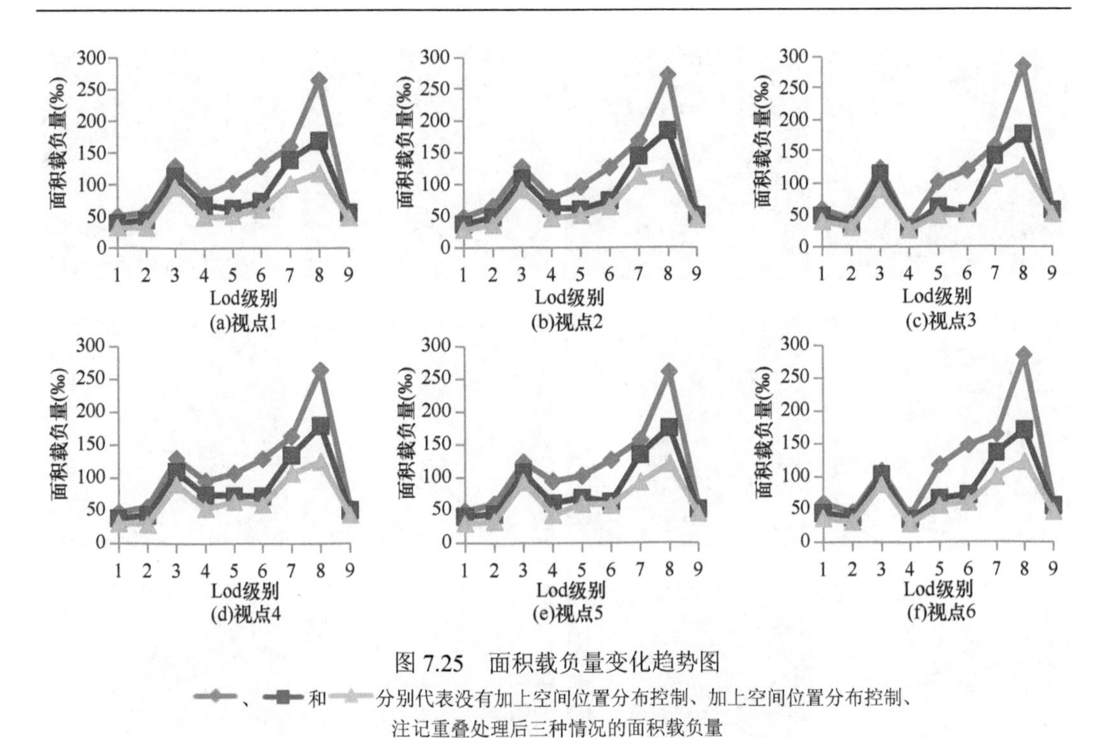

图 7.25　面积载负量变化趋势图

、和分别代表没有加上空间位置分布控制、加上空间位置分布控制、注记重叠处理后三种情况的面积载负量

7.3.6　空间目标多尺度表达效果

7.3.5 节给出了定量分析实验结果，本节给出部分空间目标多尺度表达的实际效果图。图 7.26 是 7.3.2 节多尺度表达案例的部分效果图，图 7.26（a）～图 7.26（e）依次是 Lod 级别为 1、3、5、7、9 时的空间态势显示效果，每个 Lod 级别中展示了 4 张效果图，从左到右依次是没有进行多尺度表达处理的空间目标运行态势、没有进行空间位置分布控制处理的多尺度表达效果、基于 Voronoi 图的空间位置分布控制后的多尺度表达效果和进行过注记重叠处理后的多尺度表达效果。

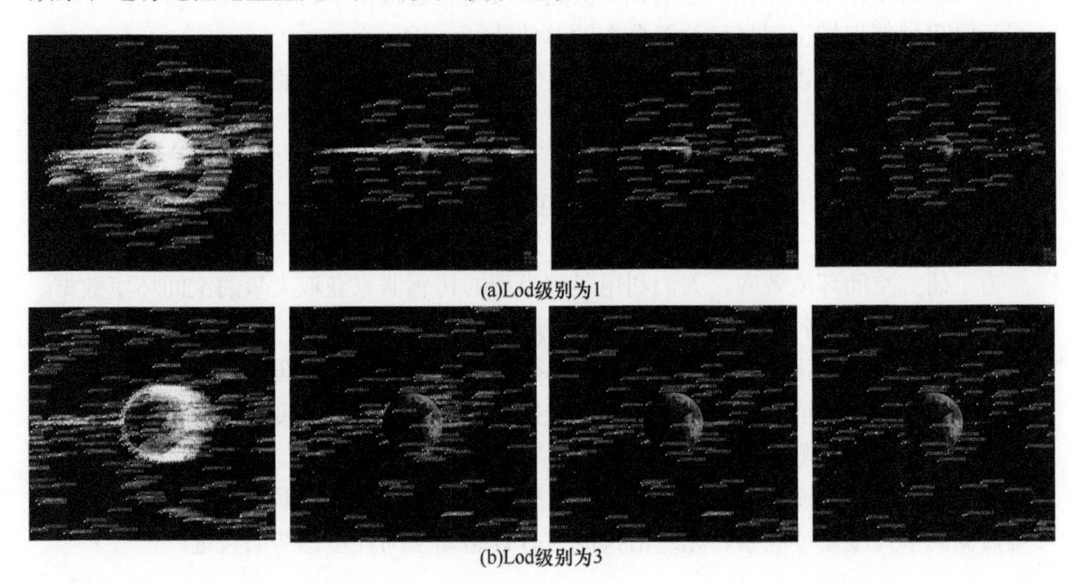

(a)Lod级别为1

(b)Lod级别为3

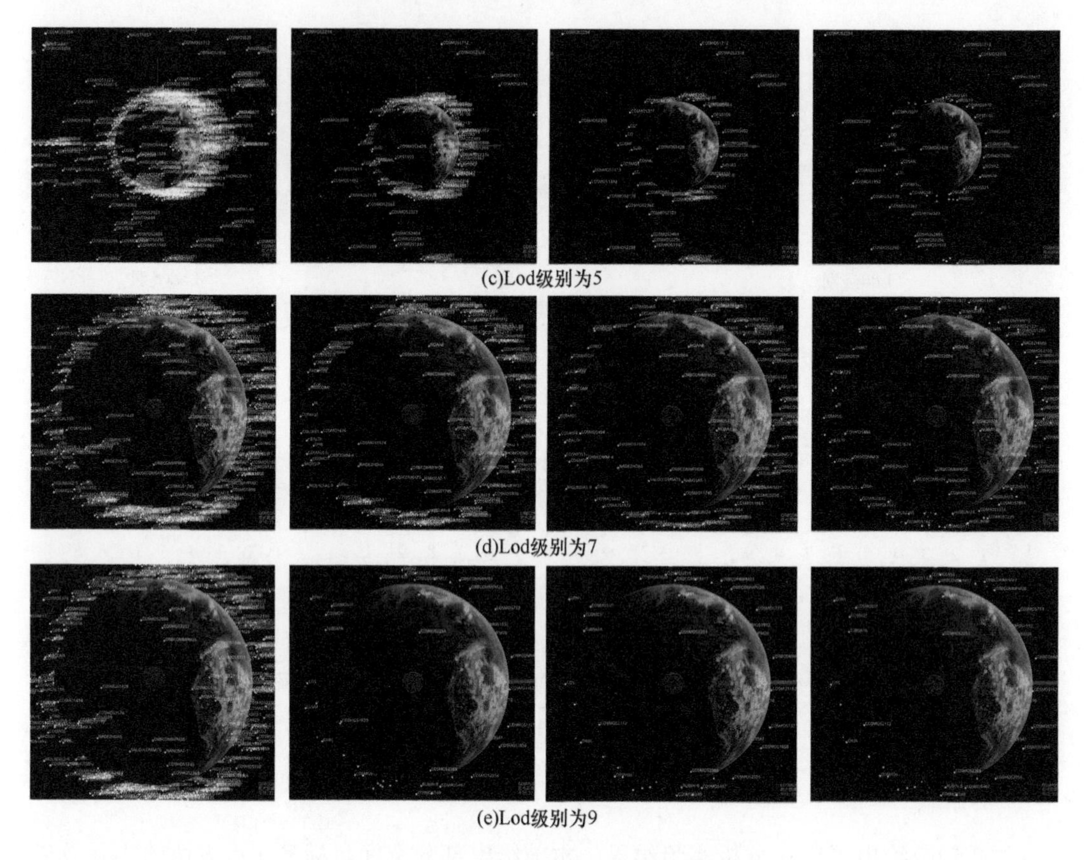

(c)Lod级别为5

(d)Lod级别为7

(e)Lod级别为9

图 7.26　不同级别的空间态势显示效果图

图 7.26 的实验效果表明，没有进行多尺度表达处理的空间目标表达时会出现大量的重叠、遮盖，而本书的空间目标多尺度表达能有效减少重叠使表达更清晰。在多尺度表达中，基于 Voronoi 图的空间位置分布控制和注记重叠处理都可以减少空间目标的重叠。另外，从图 7.26 的实验效果可以看出，虽然多尺度表达减少了目标重叠，但是在各级态势显示时仍然能保持空间目标位置分布的总体特征。

上述的定量分析以及实际表达的结果，分别从不同侧面验证了本书空间目标多尺度表达方法的有效性。

7.4　空间环境多尺度表达

为了研究空间环境效应，人们利用各种类型的传感器来获取大量的空间环境数据，除利用这些数据建立各种空间环境模式外，还利用各种二维图表、三维可视化方式来表达这些数据，以期能获取空间环境的变化规律和趋势，尤其是三维可视化技术不仅能提供更加真实的空间环境表达效果，还能交互操作研究对象，多角度地观测空间环境。

随着各种空间探测手段的增加，空间环境数据呈现指数增长，另外空间环境所处的地球外层空间时空尺度巨大，这两点必然造成海量的空间环境数据，如何实现海量空间环境数据的多尺度连续观察、无缝衔接成为有效感知空间环境态势的关键。

多尺度表达中最重要的是尺度，尺度的变化直接影响空间环境表达的精细程度，即进行空间环境数据的多尺度表达时，需根据各个尺度的要求控制空间环境数据的删减程度，以保证简化后的空间环境数据一方面能减小数据量，另一方面能保持空间环境的数据特征。各个尺度的空间环境数据则构成了空间环境数据金字塔，金字塔各层代表了不同的尺度要求以及人眼的视觉变化，从上到下，从粗到细。因此，空间环境数据的多尺度模型就是从下到上，经简化逐层建立的空间环境数据金字塔。对于每个单独的尺度，可以采用空间八叉树等数据结构来进一步增加表达速度（周杨，2009；贺欢，2009）。

本书在高分辨率的原始空间环境数据的基础上，从空间环境数据的几何和属性特征出发，建立空间环境数据的多尺度模型，提出一种综合考虑几何与属性特征的空间环境多尺度表达方法。同时，空间环境数据巨大，随着时间的推移，空间环境数据会频繁更新，如果对空间环境数据进行数据预处理，提前建立空间环境数据金字塔，其工作量巨大，并且影响时效性。因此，本书对空间环境多尺度表达方法进行了优化，以支持空间环境多尺度模型的实时建立。

7.4.1　空间环境数据表达方式

空间环境数据都可以分成点、线、面和场几类数据，不同类型的数据，表达方式也不一样，各类数据的表达方法在 7.3 中已经介绍。而空间环境数据可视化表达的方法是多尺度表达的基础，空间环境多尺度模型与空间环境可视化方法共同完成空间环境的多尺度表达。

7.4.2　空间环境多尺度模型

空间环境数据简化是空间环境多尺度模型建立的核心，而从目前公开发表的文献来看，鲜有直接描述空间环境数据简化问题，而对点数据的简化却研究颇多。仔细研究空间环境数据会发现，无论是实际监测数据还是空间环境模式按要求生成的点、线、面、场数据，其基本构成要素都是点，因此对点数据的简化研究可以为空间环境多尺度模型的研究提供借鉴。

目前，对点数据简化的主要思想是找到点云中具有明显特征信息的点予以保留，去除特征不明显的点以简化数据，其中最关键的是特征点的查找，目前主要方法有基于曲率的（贺美芳等，2005；马振国，2010）、基于梯度的（赵福生和胡静波，2010）、基于法矢的（刘杨，2009；李义琛，2012）特征点查找方法，这些方法各有优缺点，在某一方面都有不错的表现，但是这里的方法只考虑了点云的几何特征，而属性特征恰恰是本书要考虑的重点，因此本书多尺度模型的建立不仅需要考虑几何特征还需要考虑属性特征，下面详细介绍模型建立中所用到的各特征参数的计算方法。

1. K 近邻点搜索

空间环境数据中，计算点的特征值一般需要周围的 K 近邻点参与运算，单独的一个点无法计算。K 近邻点的搜索，最简单的方法是计算目标点与所有点的距离，然后进行排序，最后保留下 K 个点，但是当点数据很多时，这种方法非常耗时。目前，索引最近邻方法主要有 K 近邻点计算方法（Nene，1997；Panigrahi，2008；Selene，2010）、KD 树近邻点索引法（刘宇和熊有伦，2008；Moore，1991）、Voronoi 近邻点索引法（孙家广和胡事民，2009）等，本书采用 KD 树近邻点索引法对空间环境数据建立索引来获取最近的 K 个点。

KD 树是 Bentley（1975）提出的一种空间划分树，其可实现 K 近邻点的快速检索。图 7.27 是在二维空间中生成 KD 树的示意图。首先按 X 轴划分，计算所有离散点 X 值的平均值，以该平均值将二维空间划分成两个子空间，然后分别在这两个子空间中计算所有点 Y 值的平均值，以 Y 值的平均值再次划分两个子空间，在得到的子空间中再按 X 值划分，依此类推，直到划分的子空间中只有一个点，这个过程对应一个二叉树。二叉树的分支节点对应一条分割线，而叶子节点对应一个点，确保构建的 KD 树中不存在“无点空间”。 当有 n 个点时，KD 树的建立时间复杂度为 $O[n\times\log(n)]$。

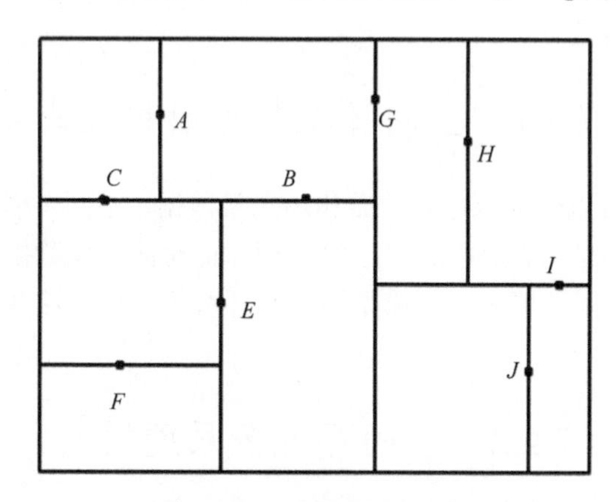

图 7.27　KD 树分割示意图

利用 KD 树搜索与某一点距离最近的 K 个点的过程称为 KD 树搜索，其方法是通过计算所有点与某一中心点的欧氏距离，比较出最近的 K 个点。通常邻近点的搜索从树的底层开始，即从空间的小区域开始，逐渐向树的上层的空间区域搜索，这样可以较好地提高空间搜索最近点的效率。

2. K 近邻点平均距离

某一点与其近邻点的平均距离可以反映点密度，平均距离越小，则该点附近的点密度越大，反之，则点密度越小，这一特征可以用于特征信息不明显的区域，如果只采用特征信息一个判据，特征不明显的平坦区域将会被剔除，这样该区域必定会留下一个“空洞”，影响空间环境的表达效果，因此可以采用平均距离对特征不明显区域进行简化，即给定一个阈值 D，当平均距离小于 D 时，则删除该点，这样既能简化数据点，又能兼顾表达效果。

K 近邻点平均距离可以用式（7.21）表示：

$$W_k(p)=\frac{1}{k}\sum_{i=1}^{k}\left|p_i-p\right| \tag{7.21}$$

式中，$W_k(p)$为 p 点的 K 近邻点的平均距离。

3. 曲面变化度计算

曲率是微分几何中的重要研究内容，其反映了几何体的不平坦程度，曲率越大越不平坦，在本书中，曲率可用于属性值一致的空间环境的多尺度表达。目前，曲率的计算方法主要是曲面拟合后计算曲面的曲率或者构建三角网后计算三角网顶点的曲率（王丽辉和袁保宗，2011），但是这两种方法计算比较复杂、耗时长。Pauly 在文献（Pauly et al.，2002；Pauly，2003）中提出了一种表征几何体不平坦程度的参量：曲面变化度$\sigma(p)$，该参量利用数据点的 K 近邻点进行协方差分析来估算，该参量可以代替曲面曲率来表示曲面的不平坦程度，而且简单、高效。

假设需要求 p 点处的曲面变化度，$p_1, p_2, \cdots, p_k$ 为 p 点的 K 近邻点，p_{a} 为这些点的平均位置：

$$p_{\mathrm{a}} = \frac{\sum_{i=1}^{k} p_i}{k} \tag{7.22}$$

其协方差矩阵 C 为

$$C = \begin{vmatrix} p_1 - p_{\mathrm{a}} \\ p_2 - p_{\mathrm{a}} \\ \vdots \\ p_k - p_{\mathrm{a}} \end{vmatrix}^{\mathrm{T}} \begin{vmatrix} p_1 - p_{\mathrm{a}} \\ p_2 - p_{\mathrm{a}} \\ \vdots \\ p_k - p_{\mathrm{a}} \end{vmatrix} \tag{7.23}$$

则曲面变化度$\sigma(p)$可以用式（7.24）表示：

$$\sigma(p) = \frac{\lambda_1}{\lambda_1 + \lambda_2 + \lambda_3} \tag{7.24}$$

式中，λ_1、λ_2、λ_3 为协方差矩阵C的特征值；C 为一个对称的半正定矩阵；λ_1、λ_2、λ_3 都为实数，其中$\lambda_1 \leqslant \lambda_2 \leqslant \lambda_3$。从式（7.24）可知，$\sigma(p)$最大值为 1/3，此时曲面最不平坦；$\sigma(p)$最小值为 0，此时所有的点都在同一个平面上。由于矩阵的特征值在相似变换下保持不变，因此曲面变化度$\sigma(p)$还具有尺度不变性。

4. 方向导数值计算

曲面变化度主要用来反映几何体的不平坦程度，但是本书的多尺度模型，除了需要考虑几何特征外还需要考虑属性特征，而曲面变化度无法反映属性的变化情况，为此将梯度引入本书的多尺度模型中，根据前面分析，线、面、场都是由点聚合而成的，从另外一个角度看，点、线、面则都可以看成是点组成的场数据。下面给出场的形式化描述：

空间区域 D 的每点 $M(x, y, z)$对应一个数量值 $\varphi(x, y, z)$，它在此空间区域 D 上就构成一个标量场，用点 $M(x, y, z)$的标函数 $\varphi(x, y, z)$表示。将数量值 $\varphi(x, y, z)$换成矢量值 $R(x, y, z)$，则在空间区域 D 上就构成矢量场。

梯度定义为

$$\mathrm{grad}\varphi = \left(\frac{\partial \varphi}{\partial x}, \frac{\partial \varphi}{\partial y}, \frac{\partial \varphi}{\partial z}\right) = \nabla \varphi = \frac{\partial \varphi}{\partial x} i + \frac{\partial \varphi}{\partial y} j + \frac{\partial \varphi}{\partial z} k \tag{7.25}$$

gradφ 的方向与过点(x, y, z)的等量面 $\varphi=C$ 的法线方向 N 重合，并指向 φ 增加的一方，其是函数 φ 变化率最大的方向，它的长度是 $\frac{\partial\varphi}{\partial N}$。由该定义可知，梯度可以用来描述属性值的变化率，但是前面给出的是连续函数的表达式，而本书中的场数据主要由一些离散点构成，如果通过函数拟合来得到 φ，再进行梯度计算，计算会非常复杂，为此本书采用方向导数值来描述属性的变化率，方向导数为 φ 在方向 l 上的变化率，它等于梯度在方向 l 上的投影，其公式如式（7.26）所示：

$$\frac{\partial\varphi}{\partial l} = l \cdot \mathrm{grad}\varphi = \frac{\partial\varphi}{\partial x}\cos\alpha + \frac{\partial\varphi}{\partial y}\cos\beta + \frac{\partial\varphi}{\partial z}\cos\gamma \tag{7.26}$$

式中，$l = (\cos\alpha, \cos\beta, \cos\gamma)$ 为方向 l 的单位矢量; α、β、γ 为其方向角。式（7.26）仍然无法直接用于空间环境的离散点数据，为此本书采用式（7.27）来计算离散点数据的方向导数。

$$G_i(p) = \frac{|\varphi(p) - \varphi(p_i)|}{\sqrt{(x-x_i)^2 + (y-y_i)^2 + (z-z_i)^2}} \tag{7.27}$$

式中，$G_i(p)$ 为点 p 在点 p_i 方向上的方向导数值，由于梯度值是函数 φ 变化率的最大值，为此本书取方向导数中的最大方向导数作为属性特征参数值来进行判断，以尽量接近梯度值，如式（7.28）所示：

$$G(p) = \max\{G_0(p), G_1(p), \cdots, G_K(p)\} \tag{7.28}$$

为了有一个明确的标准来判断特征点是否保留，设定一个方向导数阈值 G_{M}，当 $G(p)$ 大于 G_{M} 时，则保留该点；当 $G(p)$ 小于 G_{M} 时，则舍弃该点。金字塔各层的数据代表了不同的尺度要求，空间环境数据从下到上，经简化逐层递减，对应的梯度阈值也是逐层降低，表现出细节信息。

点的最大方向导数值反映了该点对该区域的空间环境变化的贡献程度，点的最大方向导数值越大，说明该点对该区域的空间环境变化贡献越大，反之，则越小。因此，根据空间环境点的最大方向导数值，可探测点对空间环境变化的影响程度，在简化过程中提取那些对空间环境变化贡献较大的点予以保留，从而保持空间环境的整体分布特征。

5. 综合特征参数构建

曲面变化度用来描述几何特征，方向导数用来描述属性特征，属性值一致的空间环境数据可以用曲面变化度进行多尺度表达，属性不一致的空间环境数据则需要用方向导数进行多尺度表达，但是对于属性值不一致的地方，只考虑属性特征，不考虑几何特征显然是不合适的，为此需要构建一个综合特征参数，以便考虑几何特征和属性特征，式（7.29）是本书建立的综合特征参数的计算公式：

$$F = w_1\sigma(p) + w_2 G(p) \tag{7.29}$$

式中，w_1、w_2 分别为曲面变化度和方向导数的权值，权值根据多尺度表达的需要确定。需要更多地考虑几何因素时，增加曲面变化度权值 w_1 的大小；当 w_1=1 且 w_2=0 时，综合特征参数则变为曲面变化度，可以用来处理属性一致的空间环境数据；需要更多地考虑属性因素时，增加方向导数权值 w_2 的大小。

给定特征阈值 F_T，某个数据点的特征参数 F 大于阈值 F_T 时，该点为特征点，予以保留；当特征参数 F 小于阈值 F_T 时，该点为非特征点，予以删除，这是特征比较明显的区域，当在特征不明显的区域时，区域内所有点的特征值可能都小于阈值 F_T，如果全部都删除，如前所述会出现“空洞”，为此在特征不明显的区域需要依据领域平均距离判断数据点是否保留。除此以外，当空间环境点分布较为均匀时，领域平均距离较为接近，此时无法依据该参数进行特征不明显区域的简化，对于这种情况可以直接对点进行间隔采样，其既简单又可有效避免“空洞”的出现。

6. 阈值及权值的确定

要实现空间环境的多尺度表达，必须要确定各个尺度对应的阈值及相关权值参数的值，即近邻点个数 K、K 近邻点平均距离阈值、综合特征参数阈值以及综合特征参数中的权值，这些阈值和权值不仅和数据本身有关，还和多尺度表达的效果需求有关，因此这些阈值和权值需要根据具体情况进行确定，无法给出一个统一值。

空间环境多尺度表达需要构建类金字塔的多尺度模型，多尺度模型构建时，每个尺度对阈值都有不同的要求，在三维虚拟环境中，视点距离与尺度密切相关，视点距离越远，空间环境的尺度越大，所要表达的空间环境数据越粗略，反之则越精细。在地形的表达中，目前常用的方法是提前将地形数据分层分块建立数据金字塔，这种方法的好处是调度时速度快，缺点是这些分层数据是按照固定的几个尺度下的分层数据，相邻尺度之间存在跳跃，无法实现无缝的多尺度表达，为此本书建立阈值与视点距离的函数关系，这样一方面不用提前分好固定的几层，另一方面也可以实现无缝多尺度表达，但是这种方法计算量较大，本书 7.4.3 节将会给出详细的优化方法。

阈值 T 与视点距离 dis 的函数关系为线性函数关系，如式（7.30）所示：

$$T = a \times \mathrm{dis} + b \tag{7.30}$$

式中，参数 a、b 需要根据具体的数据和表达需求来实际确定。

7. 多尺度模型建立流程

综上，介绍了各个特征参数及相关阈值的计算方法，下面详细介绍空间环境多尺度模型建立的流程。

步骤 1：读取原始空间环境数据。

步骤 2：构建 KD 树。

步骤 3：查找 KD 树中一点的 K 近邻点，为后面的特征值计算做准备。

步骤 4：计算该点的曲面变化度、方向导数值和综合特征参数，如果综合特征参数大于阈值，则保留该点，并将其作为特征点；如果综合特征参数小于阈值，则计算其 K 近邻点平均距离，删除该点；如果该点所在区域点的分布较为均匀，则进行间隔采样。

步骤 5：依次对空间环境中的每个点做步骤 3 到步骤 5 的处理，直到所有点处理完毕。

以上给出了某一尺度下的空间环境数据简化的方法，当尺度变化时，根据视点距离计算涉及的各项阈值，重新建立该尺度下的表达内容；当空间环境数据发生变化时（如不同时间的空间环境数据），则按照上述流程对空间环境数据中的每个点重新进行处理，最终建立空间环境的多尺度表达模型。多尺度模型构建时，每个尺度下的空间环境数据处理都是在原始尺度基础上进行处理的。图 7.28 是空间环境多尺度表达模型某一尺度表达内容建立的算法流程图。

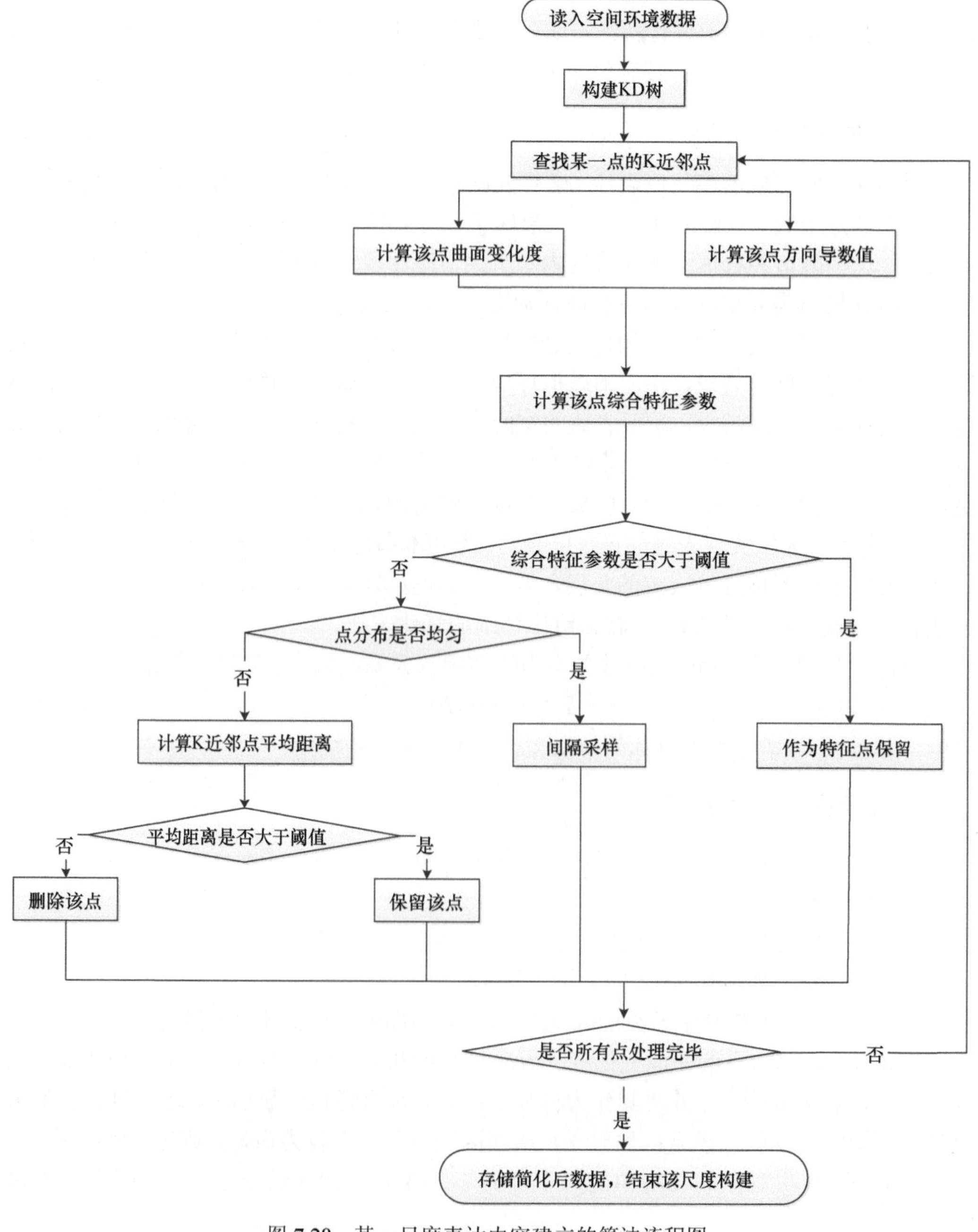

图 7.28　某一尺度表达内容建立的算法流程图

7.4.3　基于 CUDA 的性能优化

随着时间的推移，空间环境数据会不断更新，电离层电子总含量随着时间的推移在发生变化。因此，以某一时刻数据建立的多尺度表达模型无法适用于其他时刻。

另外，空间环境数据尤其是场数据体量巨大，如果采用海量地形数据可视化的方法，提前对数据进行处理建立空间环境数据多尺度表达模型，一方面工作量巨大，影响时效性，另一方面，提前处理只能生成离散的层数据，无法实现无缝多尺度表达，因此本书采取一定的策略对空间环境多尺度表达进行优化，以支持实时表达。

根据图 7.28 的单尺度模型构建流程，每个不同的尺度都需要重新进行 K 近邻搜索和特征参数计算，但在实际的模型构建中很多步骤是重复的，因此可以通过优化模型构建流程来提高模型构建的性能。空间环境多尺度模型中，K 近邻点只与空间环境数据点的空间位置有关，而该步骤又是比较耗时的部分。本书测试了 200000 个点进行 K 为 15 的近邻搜索的时间为 3100.8ms，因此当空间环境数据点的空间位置不变时，如不同时刻的空间环境数据，可以只进行一次的 K 近邻搜索，记录下 K 近邻信息，其他时刻的空间环境多尺度模型构建可以利用该 K 近邻信息，从而节约大量的 K 近邻搜索时间。另外，由于多尺度模型构建是在原始数据上进行，因此当空间环境数据不发生变化时，可以只进行一次特征参数计算，不同尺度下的模型构建，只需要根据视点距离计算各参数阈值后，判断相应的点是否删除即可，图 7.29 是优化流程图。

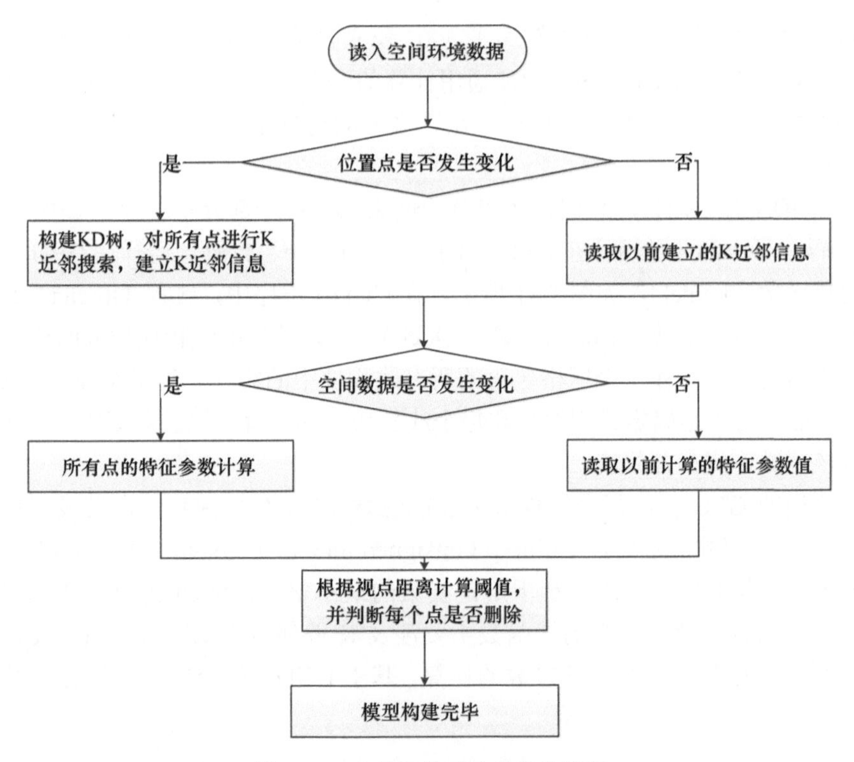

图 7.29　多尺度模型构建优化流程

在多尺度模型建立中比较耗时的另外一个步骤是各特征参数的计算部分，分析特征参数的计算，每个空间环境数据的特征计算只和原始 K 近邻点发生关系，且具有并行特性，因此本书采用统一计算设备架构（compute unified device architecture，CUDA）的 GPU 加速方法对特征参数的计算进行优化。同时为了防止空间环境表达过程中出现停滞感，将空间环境的渲染和多尺度模型的建立采用不同的线程来完成。当多尺度模型建立线程完成模型的建立后，再将计算结果交给空间环境渲染线程进行渲染表达，整个优化的过程如图 7.30 所示。

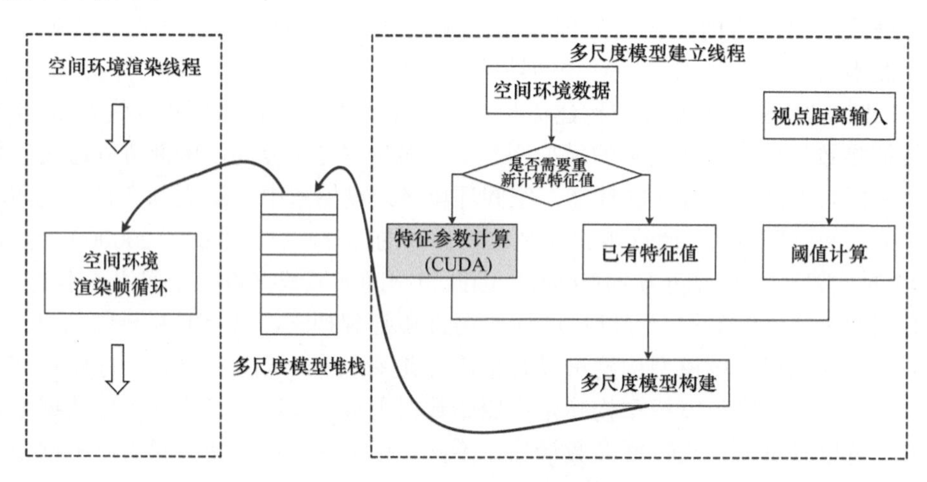

图 7.30　多线程+CUDA 架构流程图

在 GPU 开发方法中，NVDIA 公司于 2007 年 6 月推出 CUDA 架构（张舒等，2009），其可以用类 C 语言完成 GPU 的高性能通用计算的开发，无须采用传统的图形 API 方式，一经推出就成为各个领域的研究热点，在许多方面得到了很好的应用，因此本书采用 CUDA 架构来完成 GPU 的计算。

基于 CUDA 开发的程序代码，可以分为两大部分：一部分是运行在 CPU 上的宿主（host）代码，另一部分是运行在 GPU 上的设备（device）代码，运行在 GPU 上的并行程序称为核函数（kernel）。如图 7.31 所示，在 CUDA 程序中，线程（thread）是基本的运算单元，一定数量的线程构成线程块（block），一定数量的线程块构成网格（grid），同一个核函数可以运行在一个网格包含的所有线程块中的线程。为了充分利用 GPU 的计算资源，必须合理地确定线程块数和每个线程块中的线程数以及共享内存的大小，同时设计好核函数，提高并行度。

本书所用的 GPU 上，每个线程块最多能包含 1024 个核函数，定义线程块的大小为 dim3（1024），网格的大小为 dim3[（unsigned int）ceil（Num/（float）block.x）]，其中 ceil（）函数的作用是求不小于给定实数的最小整数，Num 为空间环境点数目。对应于前面的特征计算，本书的核函数主要涉及 K 近邻点平均距离、曲面变化度、方向导数及综合特征参数 4 个特征参数的计算，基于 CUDA 的空间环境特征参数计算步骤如下。

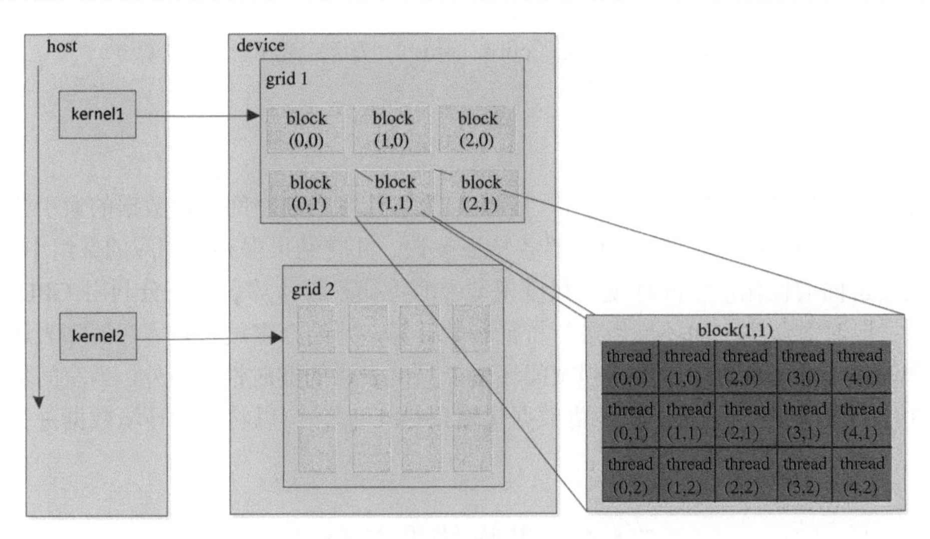

图 7.31　线程组织结构示意图

步骤 1：获取所有点的 K 近邻点信息；

步骤 2：将空间环境数据、其对应的 K 近邻点信息从主机内存拷贝到设备内存；

步骤 3：执行核函数，计算特征参数值；

步骤 4：将处理结果由设备内存拷贝到主机内存。

通过这几个主要步骤后，可以计算出每个空间环境数据点的特征值。K 近邻信息只记录点号，其形式是连续记录的一维数组，其形式如图 7.32 所示，第 m 个点的 K 近邻中的第 n 个近邻点的获取方式为 $N[m\times K+n]$。

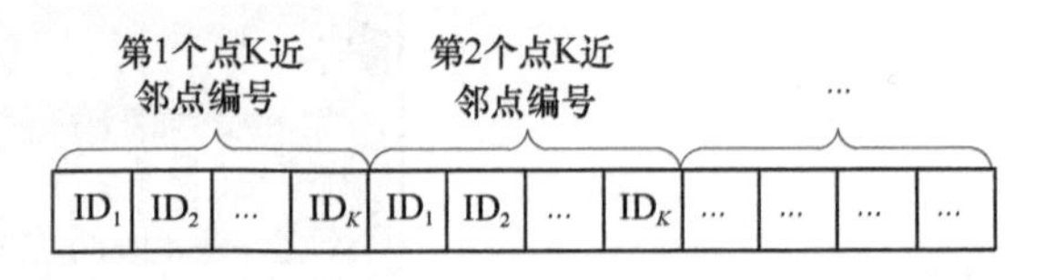

图 7.32　K 近邻点记录格式

核函数的伪代码如下：

```
_global_ void MyKernel（输入空间环境数据指针，K 近邻信息，输出结果指针，数据点数目）
{
//步骤 1
int index = blockIdx.x*blockDim.x+threadIdx.x;
if（index<Num）{
//步骤 2
result1[index] = CalDisFeature（）;          //K 近邻点平均距离计算
float cure = CalCureFeature（）;             //曲面变化度计算
float Grad = CalGradFeature（）;             //最大方向导数计算
```

```
result2[index] = CalComFeature（cure，grad）；//综合特征参数计算
}
}
```

_global_是声明核函数的关键字，步骤 1 为了计算当前空间环境数据的索引值；步骤 2 是根据当前点的 K 近邻信息计算各特征参数，并将结果保存到相应的数组中。

经过上面的优化，空间环境多尺度模型中的特征参数计算可以充分利用 GPU 的并行特性，同时对众多空间环境点进行特征参数计算，并结合多线程技术，消除表达中可能出现的停滞感，从而进一步增强空间环境多尺度表达的实时性。另外，当空间环境数据量超出 GPU 内存，无法一次性将数据传输到 GPU 时，可以将空间环境数据进行分块处理。

7.4.4 实验结果与分析

为了验证本书方法的有效性，将空间环境多尺度表达方法内置到第 10 章描述的 InSpace 系统中，实验平台的配置同第 4 章的表 4.11，其中显卡的详细参数如图 7.33 所示。

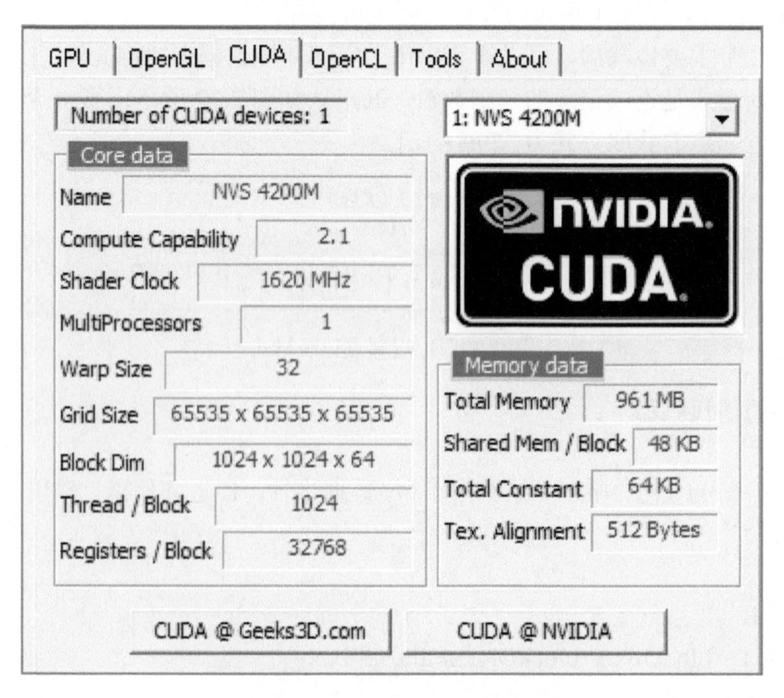

图 7.33 实验所用显卡的详细参数

1. 实验数据

如前所述，空间环境可以分为点、线、面和场数据，单个点数据的表达方式比较简单，本实验没有涉及，所用数据类型主要为线、面和场三类数据。目前，空间环

境数据的来源主要是实测数据和空间环境模式生成两类，由于实测数据来源受限，本书的实验数据主要通过相应的空间环境模式来生成。本书的实验主要是验证多尺度表达的效果，是否为实测数据并不会对本书研究产生影响，另外，空间环境模式可以根据需要生成不同分布、不同数据量的线、面、体数据，这样更加有利于实验验证。

本书采用的空间环境模式是 NeQuick 电离层模式（Radicella，2009），NeQuick 模式是由意大利萨拉姆国际理论物理中心与奥地利格拉茨大学联合提出的电离层模式，该模式可以计算任意点的垂直以及斜距方向的电子总含量，也可以计算某一时刻给定位置处的电子密度。本实验采用 NeQuick 生成的电离层电子密度数据进行实验，虽然实验中只采用了电子密度参量，但是并不影响对方法有效性的验证。由于电子密度数量级较大，因此本书将电子密度取对数作为属性参量，实验中生成了以下几类数据。

1）线数据

实际监测中，线数据主要是由搭载在航天器上的传感器获取，因此本书模拟的线数据以对地观测卫星 SPOT5（编号：27421）的轨道为输入参数来模拟生成线数据，SPOT5 卫星的具体参数见表 7.9。模拟时间间隔为 0.1s，时长为 SPOT5 卫星的一个轨道周期，模拟开始时间为 2010 年 3 月 15 日 2 时整（UTC 时），生成的线数据共有 60842 个数据点。

表 7.9　SPOT5 轨道参数

轨道高度	轨道速度	轨道倾角	过境时间	轨道类型	轨道周期
832km	约 7.4km/s	97.7°	10：30A.M.	太阳同步	101.4 min

2）面数据

面数据的模拟采用规则格网和不规则格网两种方法。规则格网法是采用一定高度上的等经纬网格点为输入参数，模拟时间为 2010 年 3 月 15 日 2 时整（UTC 时），经纬度网格的间隔为 0.5°，高度为 400km，模拟生成的数据点为 259200 个。不规则格网法是在一定高度上随机生成 259200 个数据点，模拟时间和高度同规则格网。

3）场数据

场数据的模拟同样采用规则格网和不规则格网两种方式进行模拟。规则格网的模拟方式是在一定高度范围内，沿经纬度方向进行等间隔切分，以切分的格网点为输入参数生成模拟数据，高度范围为[200km，2000km]，采样间隔为 100km，经纬度采样间隔为 2°，模拟时间为 2010 年 3 月 15 日 2 时整（UTC 时），模拟生成的数据点为 291600 个。不规则场模拟的方法是在高度 [200km，2000km] 范围内，随机生成 259200 个数据点。

以上模拟的为属性不一致的空间环境数据。属性一致的空间环境数据主要有等值线、等值面和等值场，这类数据的简化类似于现有的点云简化方法，其主要考虑几何特征，目前研究较多，因此本书没有对这类空间环境数据进行实验。

2. 结果与分析

为了方便地比较空间环境多尺度表达模型的效果，对线、面、场几种类型的空间环境数据都采用点表示法进行表达，每个点根据其属性值进行分层设色，下面是详细的实验结果。

1）空间环境多尺度表达效果

图 7.34～图 7.39 分别是线、面和场的多尺度表达效果，多尺度变换主要限定在视点距离地面 10000～150000km。其中，图 7.34 是轨道线多尺度表达效果，实验数据是 SPOT5 的轨道线，所以不考虑其几何特征，只考虑其属性特征，另外模拟时采用等时间间隔采样，这样点分布较为均匀，所以对属性特征变化不明显的区域，采用等时间间隔采样。实验中近邻点个数 K 取值为 15，综合特征参数中的 w_1 取 0、w_2 取 1，综合特征参数阈值与视点距离的函数关系中 a 取 5×10^{-4}、b 取 6×10^{-5}。对于特征不明显区域的间隔采样，采样间隔点数 IntervalNum 与视点距离 dis 采用式（7.31）获取：

$$\text{IntervalNum} = 8\times\frac{\text{dis}-10000}{150000-10000}+4 \tag{7.31}$$

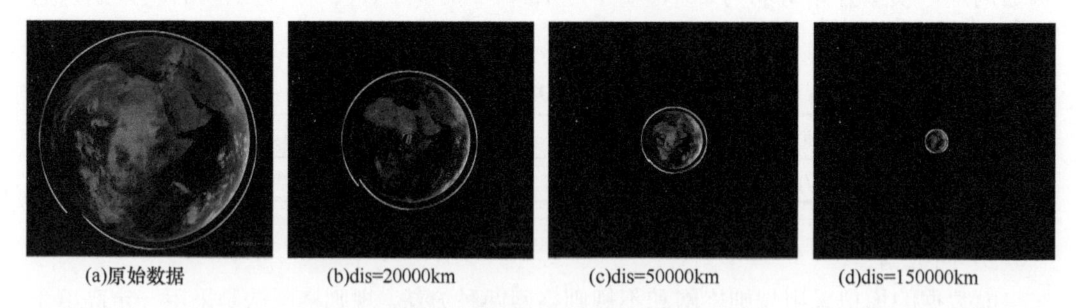

(a)原始数据　(b)dis=20000km　(c)dis=50000km　(d)dis=150000km

图 7.34　轨道线多尺度表达效果

从图 7.34 可以看出，通过建立多尺度模型，在不同尺度下，轨道线上所保留的空间环境点能够很好地保留属性特征的分布特征，从视觉上甚至分辨不出其变化。

图 7.35 是规则格网面多尺度表达效果，其中实验中近邻点个数 K 取值为 15，综合

(a)原始数据　(b)dis=20000km　(c)dis=50000km　(d)dis=150000km

图 7.35　规则格网面多尺度表达效果

特征参数中w_1取0、w_2取1，综合特征参数阈值与视点距离的函数关系中a取5×10^{-4}、b取6×10^{-5}。特征不明显区域的采样间隔点数同式（7.31）。图7.36是不规则格网面多尺度表达效果，其参数同图7.35一样，另外增加K近邻点平均距离阈值参数，其与视点距离的函数关系中a取100、b取43。

(a)原始数据　(b)dis=20000km　(c)dis=50000km　(d)dis=150000km

图7.36　不规则格网面多尺度表达效果

图7.37是不规则格网面多尺度表达中只采用方向导数进行特征点提取的效果，图7.37(a)是原始数据显示效果，图7.37(b)～图7.37(d)依次是视点距离为20000km、50000km和150000km时的特征点提取效果，为了进行对比，图7.37（b）～图7.37（d）都进行了缩放。从实验结果可以看出，方向导数可有效提取属性值变化明显区域的空间环境数据点。

(a)原始数据　(b)dis=20000km　(c)dis=50000km　(d)dis=150000km

图7.37　方向导数提取特征点效果

图7.38是规则格网场多尺度表达效果，其中实验中近邻点个数K取值仍然为15，综合特征参数中w_1取0、w_2取1，综合特征参数阈值与视点距离的函数关系中a取2×10^{-2}、b取-1.3×10^{-3}。特征不明显区域的采样间隔点数同式（7.31）。图7.39是不规则格网场多尺度表达效果，其中K取值仍然为15，综合特征参数中w_1取0.3、w_2取0.7，综合特征参数阈值与视点距离的函数关系中a取0.3、b取-6.9×10^{-3}，另外增加K近邻点平均距离阈值参数，其与视点距离的函数关系中a取290、b取79。

表7.10列出了对应尺度下的空间环境数据点数量以及其在原始空间环境数据中所占的比例。

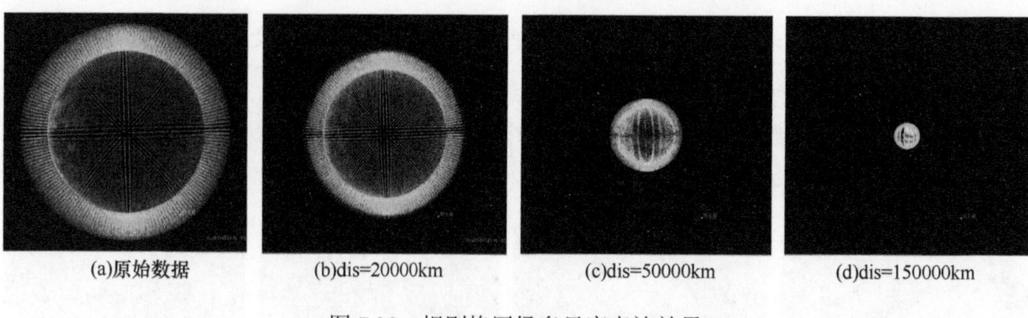

(a)原始数据　(b)dis=20000km　(c)dis=50000km　(d)dis=150000km

图 7.38　规则格网场多尺度表达效果

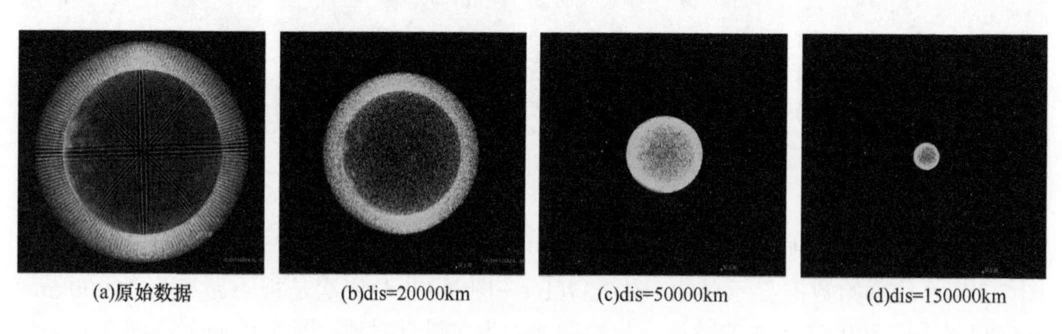

(a)原始数据　(b)dis=20000km　(c)dis=50000km　(d)dis=150000km

图 7.39　不规则格网场多尺度表达效果

表 7.10　不同尺度下的空间环境数据点数量及所占比例

类型	原始数据量	dis = 20000km	dis = 50000km	dis = 150000km
线	60842	42989（70.1%）	28003（86.0%）	7373（12.1%）
规则面	259200	231884（89.5%）	147758（57.0%）	23097（7.9%）
不规则面	259200	246970（95.3%）	174674（67.4%）	22950（7.9%）
规则场	291600	246695（84.6%）	101176（34.7%）	39108（13.4%）
不规则场	259200	238162（91.9%）	161763（62.4%）	21600（7.3%）

从图 7.34～图 7.39 及表 7.10 的实验结果可以得到如下结论。

（1）建立的空间环境多尺度表达模型能根据具体的尺度形成相应的空间环境简化模型，一方面能减少数据量，当尺度越大时，空间环境数据量越少；另一方面，所保留的空间环境数据仍能较好地保持空间环境的分布特征。

（2）建立的空间环境多尺度表达模型综合考虑了几何和属性特征，采用综合特征进行构建，对特征不明显的区域，不是采取简单的删除策略，而是利用 K 近邻点平均距离以及间隔抽样进行简化，以避免出现大面积的“空洞”。

2）不同参数下的表达效果

特征参数阈值与权值是决定每个尺度下空间环境数据点简化的依据，为了测试不同的阈值与权值对多尺度表达效果的影响，以本书生成的不规则面数据为例，改变相应参数阈值的取值，以观测多尺度表达效果。在不规则面数据多尺度表达的所有参数阈值中方向导数影响最大，因此这里主要通过改变方向导数阈值与视点距离函数关系的参数进行实验，具体取值见表 7.11，视点距离 dis 值为 50000km，表 7.11 中“数据量”一列是简化后的数据点数，图 7.40 为不同参数下的表达效果。

表 7.11 方向导数阈值与视点距离函数关系的参数取值

	a	b	数据量
图 7.40（a）	6×10^{-4}	5.8×10^{-5}	103077
图 7.40（b）	5×10^{-4}	6.5×10^{-5}	126293
图 7.40（c）	4×10^{-4}	7.2×10^{-5}	153146
图 7.40（d）	3×10^{-4}	7.9×10^{-5}	182501

(a)

(b)
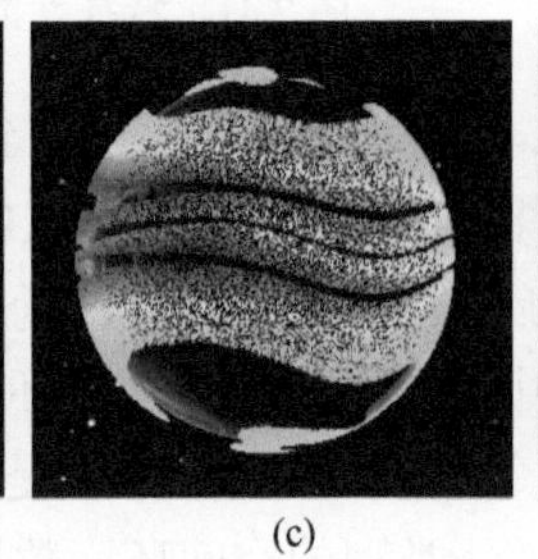
(c)
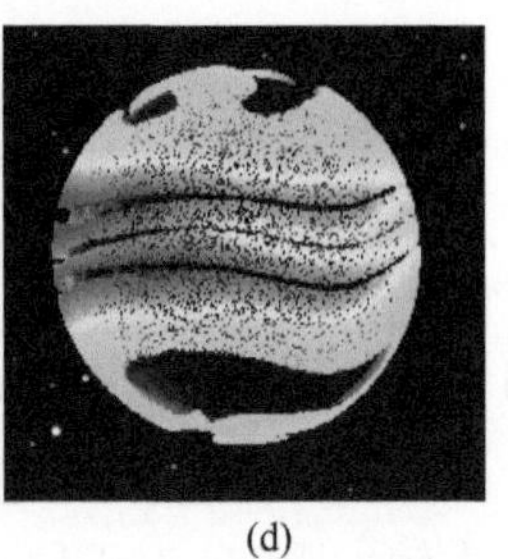
(d)

图 7.40 不同参数下的表达效果

由图 7.40 及表 7.11 的实验结果可知，特征参数阈值与权值直接决定了多尺度模型的构建结果，方向导数阈值与视点距离函数关系的系数取值不同时，空间环境多尺度表达效果及数据简化率明显不同，因此需要根据实际情况选择具体的各参数的阈值和权值。

3）模型构建效率

为了测试空间环境多尺度模型构建效率，分别模拟不同数量的不规则场数据进行实验，数据模拟的范围限定在高度[200km，2000km]。表 7.12 列出了所有空间环境点的 KD 树构建时间、K 近邻查询时间、CPU 和 CUDA 两种方式的特征参数计算时间、某一尺度下所有空间环境点是否删除的判断时间，表中的时间以 ms 为单位，K 近邻查询中 K 取值为 15。图 7.41 是两种方式的特征参数计算时间绘制的曲线图。

表 7.12 多尺度模型的构建时间

点数		10000	100000	200000	400000	600000	800000	1000000	2000000
KD 树构建（ms）		5.6	67.2	151.2	377.2	657.5	899.1	1134.6	2816.8
K 近邻查询（ms）		60.4	1340.0	3100.8	7147.6	11257.8	15100.7	19254.1	40662.6
特征参数计算	CPU（ms）	9.2	82.9	163.9	322.2	462.0	640.6	783.6	1573.8
	CUDA（ms）	0.8	9.4	16.2	32.9	46.8	64.7	77.2	155.1
	加速比	11.5	7.8	10.1	9.8	9.9	9.9	10.0	10.1
删除判断（ms）		0.0	0.2	0.4	0.7	1.2	1.6	1.9	3.5

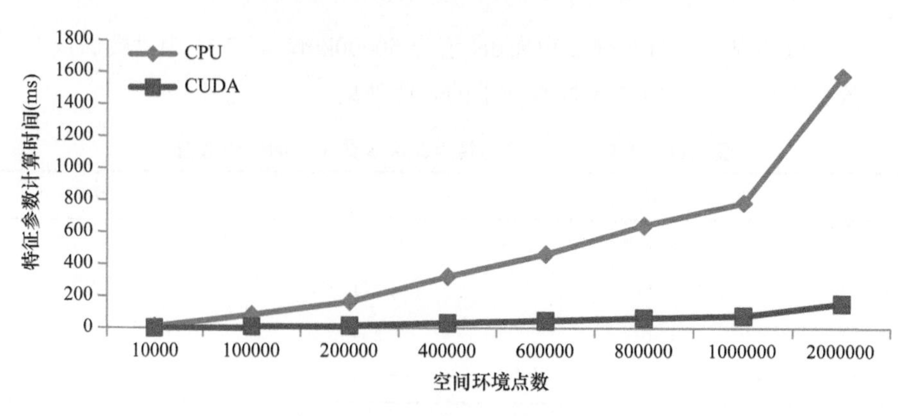

图 7.41　特征参数计算时间曲线图

从表 7.12 和图 7.41 的实验结果可以得到如下结论：

（1）在空间环境多尺度模型构建中，KD 树构建和 K 近邻搜索最为耗时，但是使用本书的性能优化策略后，KD 树构建和 K 近邻搜索只在空间环境点位置发生变化时才需要重新进行，而实际中，对于同一类空间环境要素，其监测点往往不发生改变，因此虽然 KD 树构建和 K 近邻搜索耗时较大，但是其运用次数较少，不会对多尺度模型构建产生较大影响，对于轨道线类型的空间环境数据，由于其往往是顺序记录，邻近关系明确，因此无须进行复杂的 K 近邻搜索。

（2）特征参数计算是多尺度模型构建中另一个耗时较大的步骤，但是相对于 K 近邻搜索，其数量级较小，当点数为 2000000 点时，其消耗的时间也只有 1573.8ms，优化后的多尺度模型构建中，其主要用于不同时刻的空间环境数据，此时，空间环境点位置不变，只有属性值发生改变，实际监测中，时间分辨率往往较低，通常为分钟级。为了满足空间环境快速回放或模拟等属性值快速变化情况下的多尺度模型构建，本书采用基于 CUDA 的方法对特征参数进行了进一步优化，使特征参数计算速度提高 10 倍左右，如图 7.41 所示。

（3）空间环境多尺度模型构建中最频繁的步骤是判断空间环境点是否需要删除，当视点距离发生变化时，则需要重新进行判断，但是从表 7.12 的实验结果来看，该步骤消耗时间只有毫秒级。综上所述，本书的空间环境多尺度表达方法完全可以满足实时性需求。

以上实验虽然只是针对电离层电子密度，但是本书的方法针对的是几何位置和属性值，和具体的属性类型没有关系，因此换成其他空间环境数据也可以得到类似的结论。另外，当原始空间环境数据量巨大时，在某些较小尺度下，空间环境数据量仍然很大，此时可以采用空间八叉树进行加速绘制，具体的加速方法可以参考文献（周杨，2009）。

7.5　本 章 小 结

本章围绕空间态势多尺度表达问题展开研究，阐述了用于空间态势多尺度表达算子的设计与实现。为了解决空间目标智能选取的问题，设计了监控 Agent 辅助用户对空间目标的选取行为，采用了 BP 神经网络的方法完成重点空间目标的智能确定，两者联合可有效地增强空间目标表达系统的智能性。

在分析了空间目标多尺度表达影响因素的基础上，对空间目标多尺度表达模型进行了研究，并利用该模型结合 Voronoi 图的构建实现了空间目标多尺度表达，同时升维、降维及透明度修改算子增强了不同表达层次之间的切换效果，给出了空间目标注记重叠的处理方法。为了验证方法的有效性，本章设计了定量的评价方法，并进行了定量分析实验，给出了空间目标多尺度表达效果图。实验表明，该方法可以有效控制空间目标表达的信息量和各层次对应的信息详略程度，在很大程度上满足空间目标表达的清晰性和详细性的要求，能有效提高空间态势的表达效果。当然，对于实际中的空间目标多尺度表达，哪些属性因素需要考虑，需要结合具体的应用需求，同时，各属性因素权值的确定方法也需要结合具体情况开展进一步的研究。

对于空间环境多尺度表达，提出了一种综合考虑几何与属性特征的空间环境多尺度表达方法，同时为了完成多尺度表达模型的实时构建，给出了结合 CUDA 的多尺度模型构建优化策略，最后通过实验验证了该方法的有效性。实验结果表明，本书的方法可以有效地完成空间环境多尺度实时表达。

参 考 文 献

陈斌, 李陆冀, 李辉, 等. 2010. 基于 BP 神经网络的通信信号分类器的设计. 信息技术, (11): 127-128, 131.

陈强. 蔚承建. 2010. 基于多代理的分布式智能电子商务系统设计. 计算机工程与科学, 32(7): 143-146.

贺欢. 2009. 空间环境可视化关键技术研究. 北京: 中国科学院研究生院博士学位论文.

贺美芳, 周来水, 神会存. 2005. 散乱点云数据的曲率估算及应用. 南京航空航天大学学报, 37(4): 515-519.

胡斌, 任开春, 王敬志. 2010. 神经网络及其演化发展. 重庆通信学院学报, 29(3): 50-52, 65.

华一新, 王飞, 郭星华, 等. 2007. 通用作战图原理与技术. 北京: 解放军出版社.

贾奋励. 2010. 电子地图多尺度表达的研究与实践. 郑州: 解放军信息工程大学博士学位论文.

李剑. 2010. 神经网络在音乐分类中的应用研究. 计算机仿真, 27(11): 168-171.

李霖, 吴凡. 2005. 空间数据多尺度表达模型及其可视化. 北京: 科学出版社.

李义琛. 2012. 点云模型骨架提取算法的研究与实现. 南京: 南京师范大学硕士学位论文.

刘杨. 2009. 离散点云的简化及三角网格曲面重构. 吉林: 吉林大学硕士学位论文.

刘宇, 熊有伦. 2008. 基于有界 k-d 树的最近邻点搜索算法. 华中科技大学学报, 36(7): 74-79.

马振国. 2010. 利用 kd_tree 索引实现曲率自适应点云简化算法. 测绘科学, 35(6): 67-69.

孟丽秋. 1985. 视觉载负量的计量方法及其应用. 郑州: 解放军测绘学院硕士学位论文.

潘丽敏, 张冰. 2009. 网络信息主动获取智能代理体系研究. 计算机工程与设计, 30(6): 1307-1310.

钱海忠, 武芳. 2004. 地图自动综合中的监控 Agent 模型构造. 测绘学院学报, 21(3): 211-214.

闰浩文, 王家耀. 2005. 基于 Voronoi 图的点群目标普适综合算法. 中国图象图形学报, 10(5): 633-666.

孙家广, 胡事民. 2009. 计算机图形学. 北京: 清华大学出版社.

王家耀, 范亦爱, 韩同春, 等. 1993. 普通地图制图综合原理. 北京: 测绘出版社.

王丽辉, 袁保宗. 2011. 三维散乱点云模型的特征点检测. 信号处理, 27(6): 932-937.

武芳. 2002. 空间数据的多尺度表达与自动综合. 北京: 解放军出版社.

张春飞, 李万龙, 郑山红. 2009. Agent 技术在智能教学系统中的应用与研究. 计算机科学与发展, (5): 30-32.

张舒, 褚艳利, 赵开勇, 等. 2009. GPU 高性能运算之 CUDA. 北京: 中国水利水电出版社.
赵福生, 胡静波. 2010. 基于距离-梯度的 LIDAR 点云简化算法研究. 南京: 中国测绘学会 2010 年学术会议论文集.
中国气象局国家空间天气监测预警中心. 2014. 空间天气周报. http: //www.spaceweather.gov.cn.
钟洛, 说文碧, 邹承明. 2007. 人工神经网络及其融合应用技术. 北京: 科学出版社.
周海刚, 王景玉. 2008. 一种基于智能代理的分布式网络监控系统. 军事通信技术, 29(3): 86-90.
周杨. 2009. 深空测绘时空数据建模与可视化技术研究. 郑州: 解放军信息工程大学博士学位论文.
Bentley J L. 1975. Multidimensional binary search trees used for associative searching. Commun ACM, 18(9): 509-517.
Berg M D, Kreveld M V, Overmars M, et al. 2000. Computational Geometry: Algorithms and Applications. 2nd ed. New York: Springer-Verlag.
Brewer C A, Buttenfield B P. 2007. Framing guidelines for multi-scale map design using databases at multiple resolutions. Cartography and Geographic Information Science, 34(1): 3-15.
Foerster T, Stoter J. 2008. Generalisation Operators for Practice-a Surbey Atnational Mapping Agencies. http: //ica.ign.fr/montpellier2008/papers/.
Moore A. 1991. An Introductory Tutorial on Kd-trees. Efficient Memory-based Learning for Robot Control PhD.
Nene S A. 1997. A simple algorithm for nearest neighbor search in high dimension. IEEE Transactions in Pattern Analysis and Machine Intelligence, 19(9) : 989-1003.
Panigrahi R. 2008. An Improved Algorithm Finding Nearest Neighbor Using Kd-trees. Lecture Notes in Computer Science.
Pauly M. 2003. Point Primitives for Interactive Modeling and Processing of 3D Geometry. PhD Thesis of Diplom Informatiker University of Kaiserslautern.
Pauly M, Gross M, Kobbelt L. 2002. Efficient simplification of point-sampled surfaces. IEEE Visualisation, 163-170.
Radicella S M. 2009. The NeQuick model genesis uses and evolution. Annals of Geophysics, 53(3): 417-421.
Selene H R. 2010. Fast most similar neighbor classifier for mixed data. Pattern Recognition, 43(3): 873-886.
Shreiner D, Seller G, Kessenich J, et al. 2013. OpenGL Programming Guide: the Official Guide to Learning OpenGL Version 4.3. 8th ed. New York: Pearson Education, Inc.
Stuart A, Alexander S, Jeffrey H, et al. 2003. Decision Support and Visualization in a Space Situational Awareness C2 Application. Washington DC: Proceedings of the 8th International Command and Control Research and Technology Symposium(ICCRTS).

第 8 章　空间态势符号化设计与表达

第 7 章介绍了空间态势的多尺度表达方法，其重点是对空间提升当前状态的描述。空间态势除了体现和表达当前的空间目标状态之外，还有一项重要内容就是对空间目标将来的发展趋势的描述和表达，特别是要表达空间目标在将来一段时间内的发展趋势。空间态势符号化设计与表达是一种有效的态势表达方法，空间态势符号化表达可以让用户更加清晰、直观地了解和掌握空间态势。

空间态势符号化表达可以理解为利用计算机图形学、网络等技术，将来自空间的复杂信息、态势，利用符号化的方式，在可视化手段的支持下转化为直观的、可视的、便于理解的一种信息表达的方法。与地面态势符号化表达相比，二者的主要区别在于展示的对象不同，空间态势符号化表达主要展示相关航天器等空间目标在轨的运行情况、对地面的信息支援过程，也可以包括地面测控站对卫星的测量和控制情况（杨强，2006）。从技术角度分析，空间态势符号化表达主要涉及两部分内容：一是空间态势图式符号的设计；二是空间态势的图式符号化表达方法。本章主要介绍空间态势图式符号设计的相关内容。

本章首先分析了国际上特别是美国采用的空间态势图式符号的设计与表达的基本思路和原则，通过比较国内外在图式符号设计方面的异同点，结合空间态势的特点，总结出空间态势图式符号的设计原则。本书并没有设计出一套完整的空间态势图式符号体系，仅仅是对空间态势符号化和与符号化表达相关的内容进行了初步的探索和思考，以期能为空间态势符号化表达标准的制定提供一些参考。

8.1　美国的空间态势图式符号的设计原则

美国的图式符号也经过了多次修订，目前最新的版本是 2014 年 6 月 10 日发布的《MIL-STD-2525D》，较上一版《MIL-STD-2525C》（2008 年 11 月 17 日发布），新版中重点添加了大量的空间态势的图式符号内容。

如图 8.1 所示，美国的图式符号国家标准由十一部分组成，其中空间态势的图式符号是其中的一部分。如图 8.2 所示，美国的空间态势图式符号由五部分构成，分别是框架（FRAME）、填充色（FILL）、图标（ICON）、修饰符（MODIFIERS）和注释（AMPLIFIERS），这些构成要素提供了关于敌我关系、空间维度、状态和任务等相关信息。

下面详细介绍美国图式符号设计中的五个组成部分的构图规律。

1. 框架

框架是国家标准体系的边界，其形状隐含了敌我关系、空间以及目标时节状态信息。

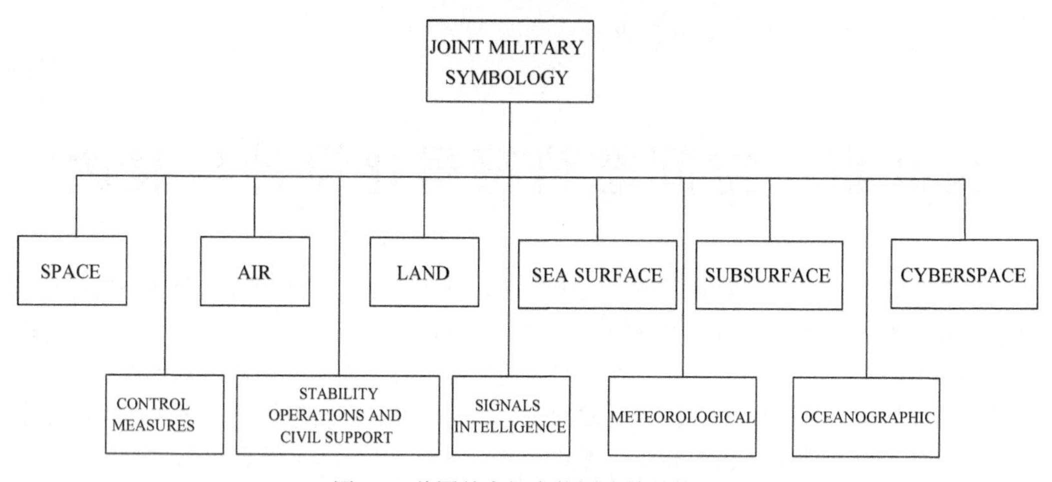

图 8.1　美国的空间态势图式符号构成

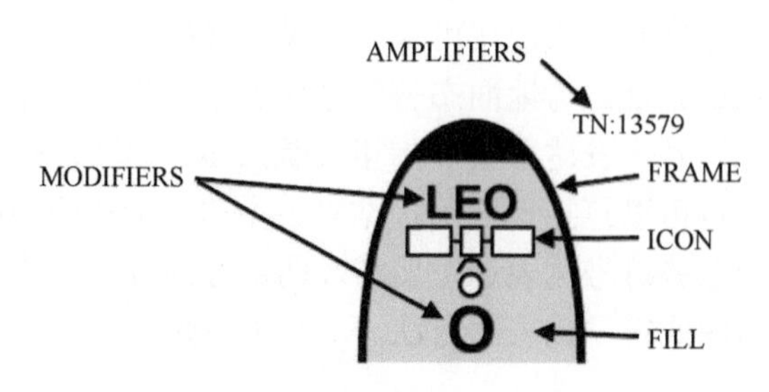

图 8.2　空间态势图式符号构成

通常情况下，框架是标准体系中必不可少的要素，是其他要素的基础框架。框架通常根据背景底图选择黑色或者白色，对于没有填充色的符号，框架需要选择能够指代敌我关系的颜色进行绘制。表 8.1 是各种不同形状框架所表示的敌我关系及空间信息。

表 8.1　各种不同形状框架所表示的敌我关系及空间信息

DIMENSION / STANDARD IDENTITY	UNKNOWN	SPACE	AIR	LAND UNIT	LNAD EQUIPMENT AND SEA SURFACE	LAND INSTALLATI ON	SUBSURFA CE	ACTIVITY EVENT
PENDING（YELLOW）	?							
UNKNOWN（YELLOW）	?							
FRIEND（CYAN）	?							
NEUTRAL（GREEN）	?							

续表

DIMENSION / STANDARD IDENTITY	UNKNOWN	SPACE	AIR	LAND UNIT	LNAD EQUIPMENT AND SEA SURFACE	LAND INSTALLATI ON	SUBSURFA CE	ACTIVITY EVENT
HOSTILE（RED）	?							
ASSUMED FRIEND（CYAN）	?							
SUSPECT（RED）	?							

1）敌我关系

敌我关系用来反映空间目标的性质，美国标准图式符号中定义的敌我关系有未知（UNKONWN）、假定友方（ASSUMED FRIEND）、友方（FRIEND）、中立（NEUTRAL）、假想敌（SUSPECT）和敌方（HOSTILE）六种，还有一种是有待确定的关系（PENDING），其是真实存在的一种状态，但是并不把它当作一种敌我关系。对于不同类型的敌我关系，其框架形状也各不相同。

2）任务范围

任务范围是指执行任务的区域，可以分为陆、海、空、天和网络空间，陆包含陆地表面以及地表以下的部分；海包括水面以及水面以下的部分；空则指地球表面到外层大气之间的广阔范围；天则是外层大气以外的部分；网络空间则是指电子和电磁环境领域。每种不同的作战范围其框架形状各不相同。

3）目标时节状态

目标时节状态是指任务目标是否还在预定地点存在或是将来出现，目标时节状态主要有现在、将来、计划、期望和可疑几种状态，除目标处于现在状态用实线表示外，其他几种状态都用虚线表示。

2. 填充色

填充色用来指代敌我关系，填充范围在框架的内部区域，当图式符号有框架时，填充色是一种冗余的标识，可以做为一个选项，当填充色没有选用时，框架内部做透明处理；当图式符号没有框架时，需要用图标的颜色指代敌我关系。

3. 图标

图标是图式符号的重要组成部分，由代表任务承担部门、航天装备、设施以及各类行动的抽象图形符号或者字母构成。图标描述了目标的性质和性能，美国的图标种类齐全，以空间目标为例，最新图式标准中规定了 34 种空间目标，涵盖了军用和民用的导航、通信、对地观测、气象、侦察以及空间站等各类常用航天器，该分类中还不包括运载火箭等与空间目标相关的目标。表 8.2 是部分空间目标的图标。

表 8.2 部分空间目标的图标

DESCRIPITION	ICON	REMARKS	DESCRIPITION	ICON	REMARKS
SATELLITE Type：Entity Type Entity：MILITARY Symbol Set Code：05 Code：110700 Icon Type：Main		N/A	BIOSATELLITE Type：Entity Type Entity：MILITARY Symbol Set Code：05 Code：111000 Icon Type：Main		N/A
ANTISATELLITE WEAPON Type：Entity Type Entity：MILITARY Symbol Set Code：05 Code：110800 Icon Type：Main		N/A	COMMUNICATIONS SATELLITE Type：Entity Type Entity：MILITARY Symbol Set Code：05 Code：111100 Icon Type：Main		N/A
ASTRONOMICAL SATELLITE Type：Entity Type Entity：MILITARY Symbol Set Code：05 Code：110900 Icon Type：Main		N/A	EARTH OBSERVATION SATELLITE Type：Entity Type Entity：MILITARY Symbol Set Code：05 Code：111200 Icon Type：Main		N/A

4. 修饰符

修饰符是用来提供目标额外信息的抽象图形符号或者文字，其位置和国家标准中的图标相邻，当用字母来表示修饰符时，字母数不超过 3 个。空间态势图式符号提供了两种修饰符：一种修饰符表示空间目标的轨道类型，现支持的轨道类型及其指代字母有：低轨道（LEO）、中轨道（MEO）、高轨道（HEO）、地球同步轨道（GSO）、地球静止轨道（GO）以及闪电轨道（MO）；另一种修饰符表示空间目标所带的传感器类型，现支持的轨道类型及其指代字母有：光学传感器（O）、红外传感器（IR）、雷达传感器（R）以及信号情报传感器（SI）。

5. 注释

注释也是用来提供目标额外信息的抽象图形符号或者文字，其标注在国家图式符号框架外部，具体标示位置和标识内容有严格的规定，根据目标性质不同，其标识位置和内容的规定也各不相同。图 8.3 是空间态势图式符号中注释的标示位置。

以上给出了美国图式符号的构图原则和规律。美国图式符号的具体构建过程可以概括为四步：

（1）根据空间目标敌我关系、任务范围以及状态确定目标的框架以及填充色；

（2）根据空间目标的性质和性能选择相应的图标；

（3）根据需要添加修饰符；

（4）根据需要添加注释。

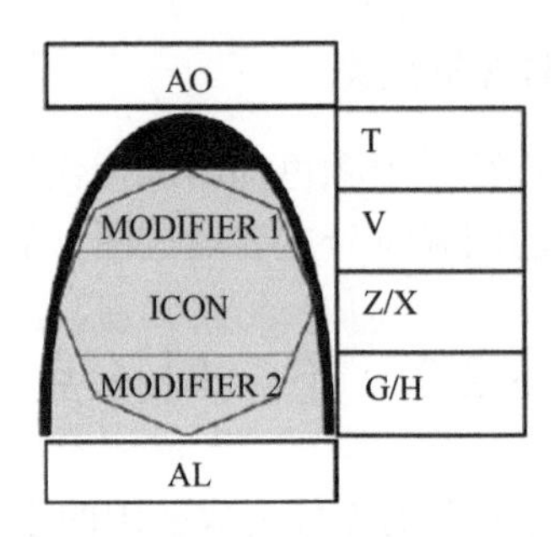

图 8.3　空间态势图式符号中注释的标示位置

图 8.4 给出了与美国表示友好的国家的民用低轨光学地球对地观测卫星图式符号的具体构建过程。

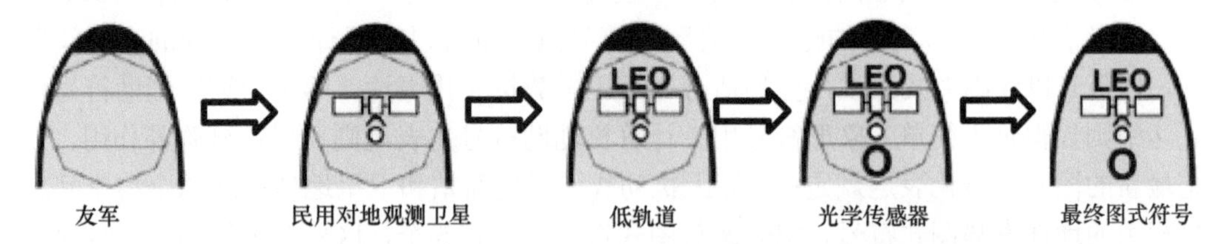

图 8.4　与美国表示友好国家的民用低轨光学地球对地观测卫星图式符号的具体构建过程

8.2　我国与美国在空间态势图式符号设计上的异同点

根据我国和美国在空间态势图式符号上各自采用的设计思想和设计原则，本书将二者的异同点归纳如下。

8.2.1　相　同　点

1. 目的与作用相同

我国和美国的空间态势图式符号都是国家图式符号标准的一部分，二者的目的和作用是一致的，都是为了规范态势符号化表达工作，加强任务执行单位和态势信息支持系统之间的态势共享能力，提供任务实施的效能。

2. 分类编码的基本思路相同

我国和美国的空间态势图式符号都按照空间目标的不同性质进行了分类，同时为了各系统之间的信息共享和交互，对各空间态势图式符号进行了统一的编码，这样可以有效地提高图形与数据的转化，方便由数据到图形的自动显示。

3. 同类性质的图式符号具有相似性

无论我国还是美国的空间态势图式符号，同一类性质的图式符号都采用在一个根图标的基础上进行演变的方法形成。

4. 颜色和形状都是主要的视觉变量

我国和美国的空间态势图式符号中颜色都用来指代敌我关系，形状更是图式符号中最主要的视觉变量，不同目标的图式符号主要通过图标的形状进行区别。

8.2.2 不 同 点

我国和美国在文化、历史等方面的差异造成两国的空间态势图式符号还存在许多不同的地方。

1. 图式符号设计使用的侧重点不同

虽然我国和美国的空间态势图式符号设计时都兼顾了手工和自动绘制两种方式，但是二者各有侧重点，我国的空间态势图式符号虽然也可以用于计算机辅助的自动绘制中，但是其以线画方式为主，更加适合于手工态势符号化表达，用于计算机辅助符号化表达中则显得过于简单，象形符号用于计算机辅助符号化表达则可以起到弥补作用，但是最新的图式符号化表达规定中，算上机动式卫星地面站和卫星地球站这两个与空间态势相关的地面态势图式符号，空间态势图式符号也只有 5 个，这显然不能满足符号化表达需求。美国图式符号则主要面向信息化系统，所有其图式符号更加复杂，同时也更加形象，美国的图式符号还提供了各种图形简化绘制的方法，以满足手工绘制的需求。

造成我国和美国这种差异的原因是美国的信息化起步较早，空间态势的图式符号很早就实现了信息化符号化表达，而我国这方面的基础则较为薄弱，前期以纸质地图上的手工符号化表达为主，为了图式符号的延续性，只好在以前的基础上不断发展，并没有脱离以前手绘的设计风格。

2. 具体的分类方法不同

虽然我国和美国都对图式符号进行了分类，但是二者的分类方法却不相同，我国将图式符号按单位与人员、航天装备与设施以及任务实施行动进行分类，该分类使同属于一个任务范围的图式符号分属于不同的类别，同时图式符号的系统性不强，以航天器为例，我国最新的空间态势图式符号中共给出了 11 个图式符号，其类型并没有涵盖整个航天器类型，如气象卫星、对地观测卫星都没有涉及，并且民用卫星也没有涉及。

相比之下，美国的图式符号系统则分类详细，整体性和系统性强，首先按照符号集类型、敌我关系、任务空间维度进行大的类别划分；其次根据各个符号集合的特点进行详细划分，如上文中提到的空间对象的分类，其中包括了对民用航天器的分类。

3. 图式符号的图形构成不同

我国和美国图式符号在图形构成方面的一个最大区别是美国图式符号中具有表达敌我关系和任务范围的框架，框架及其内部的填充色可以使目标的敌我关系及性质更加醒目，也使图式符号体系更加系统规范，同时也体现了联合行动的需要；另外，美国图式符号中的注记包括图形注记和文字注记两个方面，说明信息丰富，并且规定了每一个注记的详细位置和内容，其适合在通用态势图上进行动态显示。

4. 图式符号的使用规定不同

在图式符号使用规定方面，美国依据多年来关于人的因素试验研究的结果，对符号的大小、颜色等都做出了明确的定量规定，很好地适用于不同介质（纸质和计算机屏幕）显示使用。例如，对于图式符号中图标的大小，美国定义了一个八边形包围盒（图 8.5），给出了八边形包围盒与框架的比例关系（图 8.6），以及八边形内部水平和垂直剖分的比例关系（图 8.7），图式符号中的图形符号需要严格按照该尺寸标准进行符号化表达（图 8.8）。

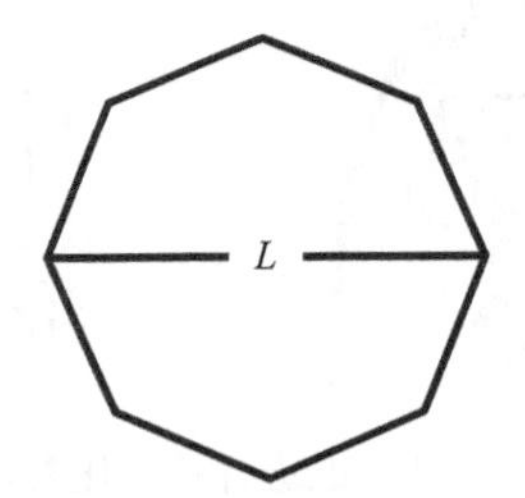

图 8.5　八边形包围盒

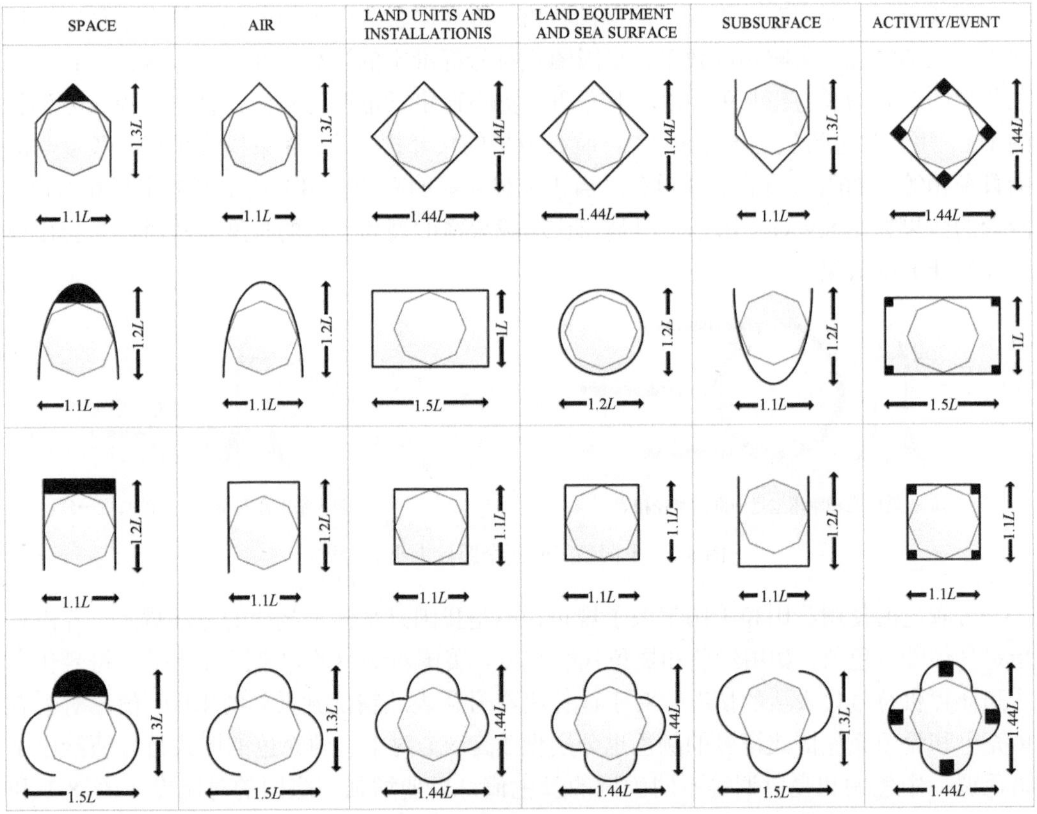

SPACE	AIR	LAND UNITS AND INSTALLATIONIS	LAND EQUIPMENT AND SEA SURFACE	SUBSURFACE	ACTIVITY/EVENT
1.3L 1.1L	1.3L 1.1L	1.44L 1.44L	1.44L 1.44L	1.3L 1.1L	1.44L 1.44L
1.2L 1.1L	1.2L 1.1L	1L 1.5L	1.2L 1.2L	1.2L 1.1L	1L 1.5L
1.2L 1.1L	1.2L 1.1L	1.1L 1.1L	1.1L 1.1L	1.2L 1.1L	1.1L 1.1L
1.3L 1.5L	1.3L 1.5L	1.44L 1.44L	1.44L 1.44L	1.3L 1.5L	1.44L 1.44L

图 8.6　八边形包围盒与框架的比例关系

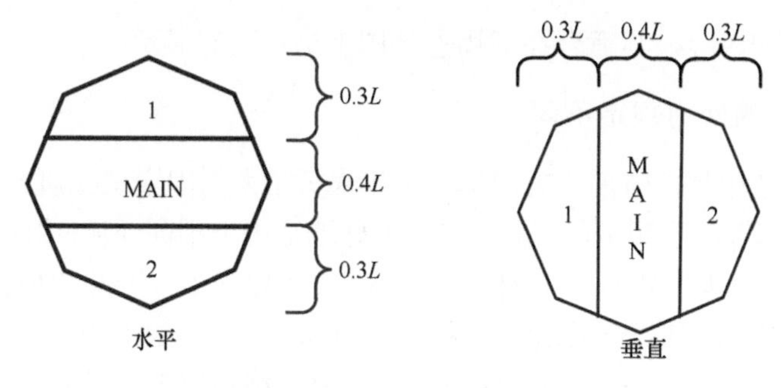

图 8.7　八边形内部水平和垂直剖分的比例关系

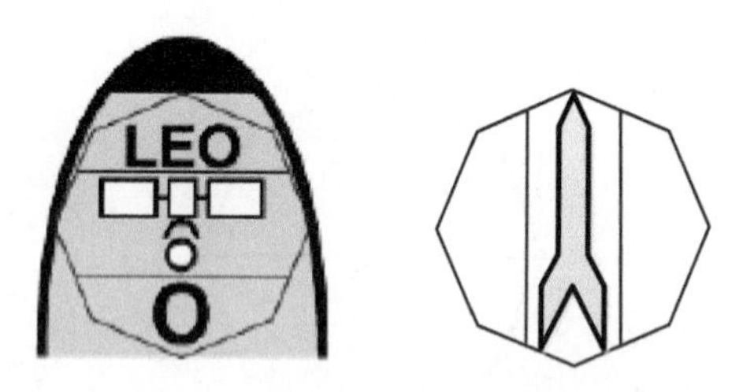

图 8.8　按照该尺寸标准进行符号化表达的图式符号

我国的图式符号规定中也规定了单个图式符号中各线画之间的比例尺，但是图式符号与图式符号之间没有一个统一的参照标准，符号化表达出来的图式符号大小很容易出现不一致的情况，影响判读效果。我国图式符号标准中的运载火箭的尺寸规定为：等边三角形的边长为长方形长的 1/3，下方两个实心直角三角形对称，长直角边为长方形长的 1/3，短直角边为长方形宽的 1/2。航天卫星的尺寸规定为：3 条横线平行，长度与圆的直径相等，间隔与圆的半径相等。当让运载火箭的高和军用卫星中圆的半径相等时，两者的效果如图 8.9（a）所示，但是当让运载火箭的高和卫星的长度一致时，又会出现图 8.9（b）的效果。

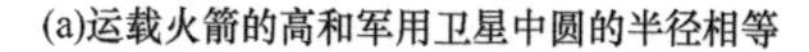

(a)运载火箭的高和军用卫星中圆的半径相等

(b)运载火箭的高和军用卫星的长度一致

图 8.9　不同参照时两个图标大小的对比

对颜色的使用我国和美国都做了规定，但是我国只是做了笼统的定性规定，并没有指定具体的颜色值，如用红色和黑色代表我方，美国对颜色的定义区分了手工符号化表达和计算机符号化表达的情况，对于计算机符号化表达精确到具体的 RGB 值，对于有填充色和无填充色图式符号的颜色也分别做了定义，对于有填充色的图式符号还给出了暗色调、中色调和亮色调等不同色调的颜色值，以便增强与底图的对比度，表 8.3 和表 8.4 分别为美国图式符号有无填充色时的颜色值定义。

表 8.3　有填充时的颜色值定义

DESCRIPITION	HAND DRAWN	COMPUTER GENERATED		
		DARK	MEDIUM	LIGHT
HOSTILE，SUSPECT，JOKER，FAKER	RED			
		RGB（200，0，0）	RGB（255，48，49）	RGB（255，128，128）
		HSL（0，255，100）	HSL（0，255，152）	HSL（0，255，192）
FRIEND，ASSUMED FRIEND	BLUE			
		RGB（0，107，140）	RGB（0，168，220）	RGB（128，224，255）
		HSL（138，255，70）	HSL（138，255，110）	HSL（138，255，192）
NEUTRAL	GREEN			
		RGB（0，160，0）	RGB（0，226，0）	RGB（170，255，170）
		HSL（85，255，80）	HSL（85，255，113）	HSL（85，255，213）
UNKNOWN，PENDING	YELLOW			
		RGB（225，220，0）	RGB（255，255，0）	RGB（255，255，128）
		HSL（42，255，110）	HSL（42，255，128）	HSL（45，255，192）
CIVILIAN，（OPTIONAL FILL）	PURPLE			
		RGB（80，0，80）	RGB（128，0，128）	RGB（255，161，255）
		HSL（213，255，40）	HSL（213，255，64）	HSL（213，255，208）

表 8.4　无填充时的颜色值定义

DESCRIPITION	HAND DRAWN	COMPUTER GENERATED	
		ICON（RGB VALUE）	ICON COLOR
HOSTILE，SUSPECT，JOKER，FAKER	RED	RED（255，0，0）	
FRIEND，ASSUMED FRIEND	BLUE	CYAN（0，255，255）	
NEUTRAL	GREEN	NEON GREEN（0，255，0）	
UNKNOWN，PENDING	YELLOW	YELLOW（255，255，0）	
CIVILIAN（OPTIONAL）	PURPLE	MAGENTA（255，0，255）	

5. 图式符号所表达的信息量不同

我国图式符号和美国图式符号表达的信息量不同，以空间态势图式符号部分为例，美国的空间态势图式符号较为全面，表达的信息量大，我国的则相对较为简单，图 8.10 是我国和美国的遥感探测卫星图式符号，从我国的图式符号中可以获取的信息是：我国、军用、监测卫星、状态是当前；从美国的图式符号中除了能够获取以上信息外，还可以指导其轨道类型为低轨道，传感器为光学传感器，我国的图式符号则无法获取这两类信息。

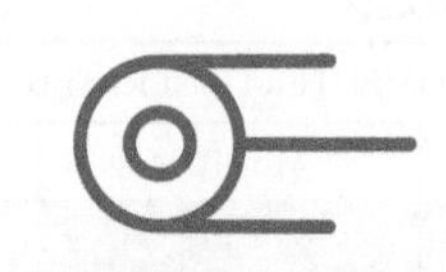

(a)我国遥感探测卫星图式符号

(b)美国遥感探测卫星图式符号

图 8.10　遥感探测卫星图式符号

6. 易读性方面有差别

美国的符号化表达更加形象，即使没有经过专业训练也能知道大概意思。我国的图式符号大部分需要进行专业的学习训练，才能做到见图知意。

以卫星的基本图标为例（图 8.11），我国的卫星图标是圆圈加三条杠，美国的卫星图标则是三个矩形加两条横线，显然美国的卫星图式符号更加贴近人们对卫星的认知，我国的则与我国发射的第一颗人造卫星“东方红”相近，但是与目前卫星的一般形象有一定差距，没有专业知识背景的人很难想到其代表卫星。

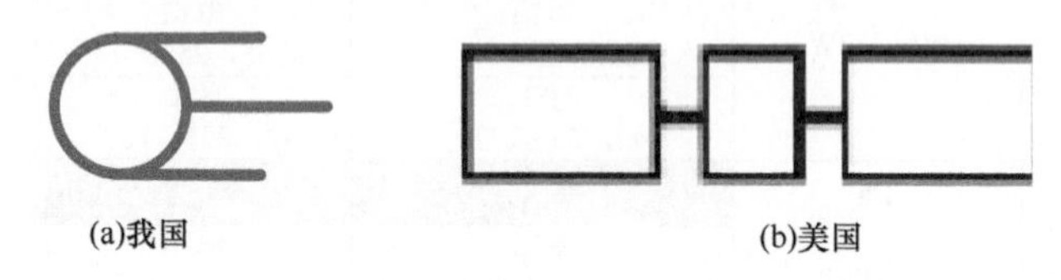

(a)我国　　(b)美国

图 8.11　卫星图式符号

我国和美国的空间态势图式符号虽有差异，但没有绝对的优劣之分，它们都能在一定程度上完成其各自的使命。能完成使命并不代表图式符号的设计已经完美，无论是我国的空间态势图式符号还是美国的空间态势图式符号都还有很大的改进空间。

8.3　空间态势图式符号设计

8.3.1　现有空间态势图式符号的不足

虽然目前我国和美国在空间态势图式符号方面都有所涉及，但是由于空间态势符号化表达是随着对空间探测任务的逐渐重视而发展起来的，航天探测的发展时间较短，无论我国还是美国的空间态势图式符号的设计与应用都存在不足，因此需要设计出更适合空间态势表达的图式符号体系，以充分、直观、准确、全面地展示空间态势，现有空间态势图式符号存在的不足主要如下。

1）符号面向二维，部分视觉变量没有得到应用

目前的空间态势图式符号主要是二维图式符号，使用的视觉变量主要有颜色、形状、尺寸，但是空间态势符号化表达更多的是在信息化条件下的敌、我、友之间空间态势的展示，基于计算机的三维空间态势展示是主要手段，如何使图式符号充分利用三维条件，以便更加有效地展示空间态势是需要研究的一个问题，三维条件下除了上面的视觉变量外，还有空间的第三维、姿态等视觉变量可以利用，在设计空间态势图式符号时需要充

分考虑。

2）仅仅是原有图式符号的延续，没有充分考虑空间态势的特点

无论是我国还是美国，目前的空间态势图式符号仍然是延续二维图式符号的设计思路，并没有考虑空间态势的特点，空间态势具有高动态、连续性、无界限、全球分布、空间目标受空间环境的影响等特点，因此设计空间态势的图式符号时必须充分考虑空间态势的这些特点，才能设计出更加合理的空间态势图式符号。

3）没有考虑空间环境以及空间环境对空间目标的影响

目前的空间态势图式符号主要涉及空间目标的内容，并没有考虑与空间环境相关的图式符号，而空间环境是空间态势中一个不可或缺的部分，虽然部分空间环境相关单位也有自己的空间环境等级图式符号，但是并没有形成统一的标准，并且其是各单位单独设计的，和现有的空间态势图式符号不成体系，因此必须要设计能够和现有图式符号成体系的空间环境态势图式符号，另外空间环境对空间目标的影响也是需要表达的一项重要内容，相关图式符号的设计也刻不容缓。

8.3.2　空间态势图式符号的设计原则

针对现有空间态势图式符号的不足，新设计的空间态势图式符号需要满足以下原则。

1. 充分利用三维空间中的视觉变量

随着技术的发展，态势展示方法已经由纸质媒介向电子媒介、由二维方式向三维方式发展，加之空间目标全球分布的特性，三维方式成为空间态势最理想的表达方式，三维空间中的图式符号所能利用的视觉变量主要有形状、尺寸、颜色、亮度、纹理、姿态等几个方面。

1）形状

形状作为二、三维视觉变量中最重要的一种，在二维图式符号中被普遍采用，其是区别目标性质的主要变量。在三维场景中，除了二维图式符号的常规表示方法外，还可以采用更直观、形象的三维实体模型符号来表示空间目标，如图 8.12 所示。

(a)二维图式符号

(b)三维图式符号

图 8.12　二、三维图式符号对比

对于三维实体模型来说，模型本身就体现了形状的变量，所以我们在设计空间态势图式符号时，可以充分利用三维形状来定义空间目标的性质，设计三维空间态势图式符号时保留空间目标最基本的特征，舍去次要的碎部，使设计出空间态势图式符号具有象形、简洁、醒目的特点，使指挥人员能够“望标生意”。

2）尺寸

在二维图式符号中，尺寸主要用于区别所要表达目标的级别，但是由于三维场景中往往采用透视投影，同样大小的物体在远处看上去较小，在近处看上去则较大，此时用尺寸来表达目标的级别不太可靠。图 8.13 中，a，b 两个物体大小相同，a 离视点最近，看上去比 b 大。

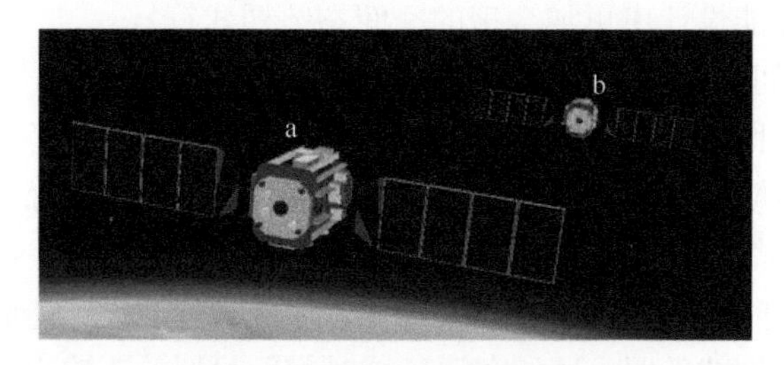

图 8.13　透视投影下的视觉尺寸

另外，三维场景中的视点的位置和方向不固定，当从不同的视点位置和方向去看同一个场景时，图式符号的大小有可能实现反转，如图 8.14 所示，对于同一场景，视点为图 8.14（a）所示时，a 大于 b，但是视点为图 8.14（b）所示时，b 看上去比 a 大。

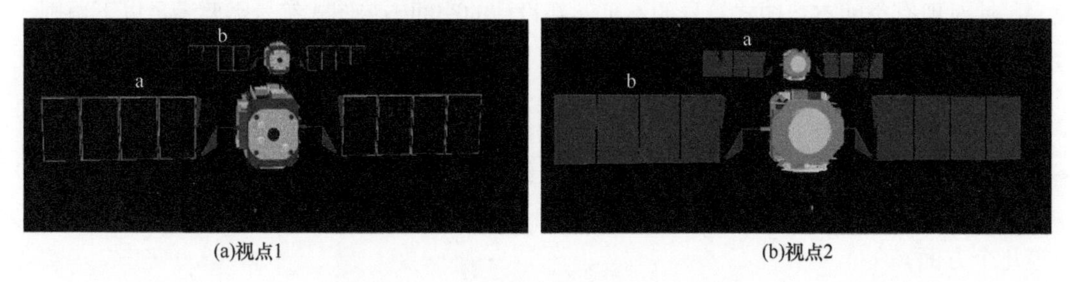

(a)视点1　　(b)视点2

图 8.14　不同视点和方向看的同一场景

同时，三维图式符号本身的形状特点对认知结果也会产生重要影响，如图 8.15 所示，球体的直径和圆柱体的直径相同，但是圆柱体的长度比球体大，从图 8.15（a）处的视点看去，两个图式符号大小相同，但是从另外一个方向看去，圆柱体则比球体要大［图 8.15（b）］。

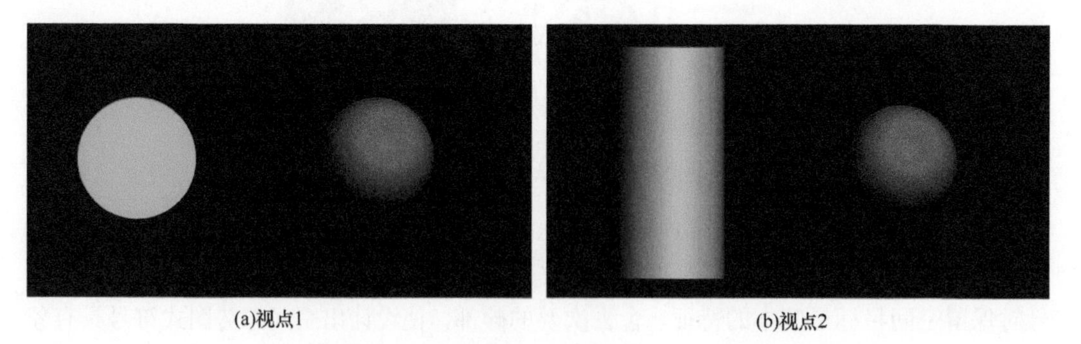

(a)视点1　　(b)视点2

图 8.15　三维图式符号本身形状对尺寸的影响

三维空间中，由于尺寸视觉变量的不确定性，如果大量使用该视觉变量，会造成视觉混乱，反而影响表达效果，因此对尺寸视觉变量的使用需要慎重，其主要用于特定视角下的辅助表达。

3）颜色

颜色在二维图式符号中占有举足轻重的作用，是表示敌我关系的主要视觉变量，颜色还可以用来表示不同类型的航天器和区分不同的航天任务实施阶段。在空间态势图式符号中，颜色仍然是重要的视觉变量，除了表示现有的属性外，其还可以用来表示空间目标的危险等级、毁损程度，另外空间环境的状态及其对空间目标的影响都可以用颜色变量来表达。因此，在空间图式符号设计时需要充分利用颜色变量。

4）亮度

二维图式符号中，亮度是指由于亮度不同而引起的视觉上的差别，可以用来表示等级的变化。在三维场景中，亮度是必不可少的要素，光照是亮度的来源，其可以让整个场景更具有层次感。但是，亮度容易受光照和纹理的影响，不易区分，因此不宜作为主要的视觉变量来区别物体属性，但其可以作为辅助视觉变量来增强其他视觉变量（如颜色、尺寸）的表达效果。

5）纹理

在二维图式符号中，纹理可以指人为设计的简单图案变化，如各种形状和颜色构成的图式符号本身就可以认为是一种纹理。但是在三维图式符号中，纹理是指目标在真实的空间中呈现出的区别于其他物体的表面图案、质地或材质。在三维图式符号的设计中，纹理可以用来区别不同目标，也可以用来区别同一目标的不同属性。通过纹理映射技术还可以大大提高空间态势表达的逼真度，图 8.16 是采用纹理映射技术显示的卫星实体图式符号。

(a)只有纹理映射

(b)纹理和颜色混合

图 8.16　采用纹理映射技术显示的空间目标实体图式符号

纹理变量和颜色的混合使用一方面可以逼真地再现模型原样，还可以增强色彩的辨识度使指挥员快速地掌握空间目标的状态变化，图 8.16（b）为纹理和颜色混合使用表示神舟飞船的工作状态异常的三维实体图式符号。

6）姿态

在二维图式符号中，姿态主要指图式符号的方向，其可以用来表示行动方向，主要局限在二维平面上的旋转。在三维空间中，尤其是空间态势表达时，姿态具有重要意义，如卫星在轨运行时的姿态参量，不同的卫星姿态代表了卫星不同的工作状态，如三轴稳定卫星的姿态出现无序翻滚时，其上面的有效载荷必然不能正常工作，但是由于透视投影的影响，三维空间中三维模型的空间姿态并不好辨认，因此通常需要以姿态球或坐标轴的方式给出目标的姿态，如图 8.17 所示。

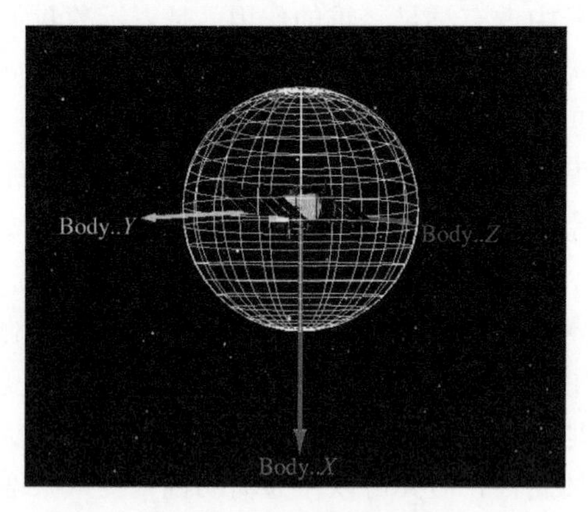

图 8.17 姿态球及坐标轴

2. 充分考虑空间态势的特点

现有的空间态势图式符号，无论是我国还是美国的图式符号都是从地面态势图式符号发展而来的，延续了地面态势图式符号的构图规律，具有良好的继承性，指挥操控人员很容易掌握新的空间态势图式符号，缺点是没有结合空间态势的特点。空间态势中与态势图式符号设计相关的特点主要有：高动态、连续性、无界限、全球分布等。

1）高动态

高动态是指空间目标在空间中高速运行，其位置、姿态都在不断变化，因此设计的空间态势图式符号需要有能够反映其实时变化的状态参量的符号或者注释，一种可行的方法是动态标注，即在图式符号中有一个专门用来显示动态参量的区域。

2）连续性

连续性是指空间目标的位置、姿态等参量是连续变化的，并非跳跃性的，因此在标示连续的位置或者姿态变化时，可以采用轨迹线图式符号进行标示。位置轨迹线由空间目标运行过的点连接而成。姿态轨迹线是指物体本体坐标轴的顶点在惯性坐标系中所移动过的位置的连线。图 8.18 是位置轨迹线符号化表达效果。

3）无界限

无界限是指空间目标在空间运行时，不受人为划定的界线或者国界的约束，其可以穿越任何国家的上空，并且敌我双方的空间目标没有区域聚集性，双方的空间目标为你中有我，我中有你，因此选择空间态势图式符号的参量时，尤其是区别敌我目标时，要选择反差大的视觉变量，目前使用的颜色变量可以很好地区别敌我目标，我国的图式符号以线画为主，颜色变量是敌我状态的唯一标识，美国则采用颜色填充和形状两种方式进行区分，因此可以参照美国图式符号的设计，充分使用颜色和形状变量。图 8.19 是采用美国和我国的空间态势图式符号的表示效果图。

图 8.18　位置轨迹线符号化表达效果

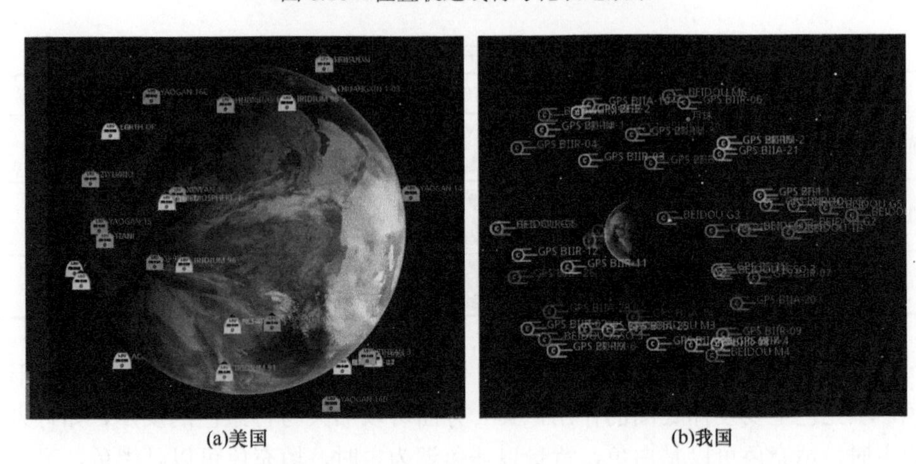

(a)美国　　(b)我国

图 8.19　采用美国和我国的空间态势图式符号的表示效果图

4）全球分布

空间目标运行的环境是外层空间，其活动范围具有全球分布的特点，因此空间态势表达时，不同于二维态势的地图，其背景以黑色为主，因此设计空间态势图式符号需要充分考虑这一点，选用的颜色要和黑色形成鲜明的对比，因此不可选用黑色，如必须用黑色进行标注时，则需要配以其他颜色的底图，如图 8.20 所示。

3. 需要设计考虑空间环境和空间环境影响的图式符号

空间环境作为空间态势的重要组成部分，有必要研究空间环境图式符号及其对空间目标影响效应的标注方法。表 8.5 是中国科学院国家空间科学中心的空间环境警报的图式符号实例。

从表 8.5 中可以看出，该空间环境图式符号主要运用了形状、颜色视觉变量，由边框、填充色、图形和图形颜色四部分构成，构成要素类似于美国的空间态势图式符号，但是这里的边框和填充色并没有实质含义，主要起底图的作用，图形以象形为主，如地磁暴图式符号，其形状为地球磁力线，图形颜色代表空间环境预警级别。该空间环境图式符号适合计算机符号化表达，能够提供相应的空间环境信息，因此空间环境图式符号

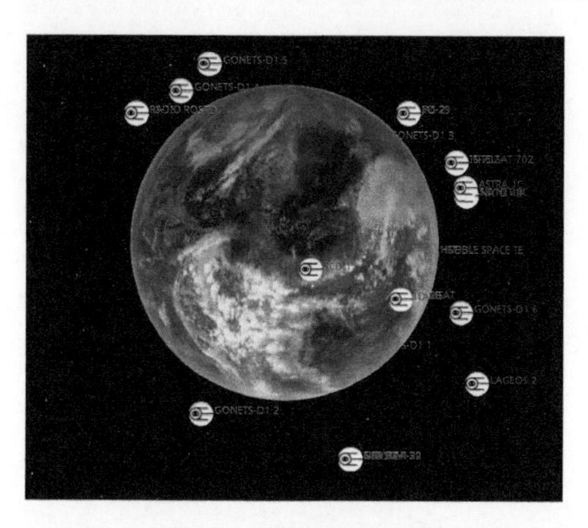

图 8.20　配以底色的黑色图式符号

表 8.5　中国科学院国家空间科学中心的空间环境警报的图式符号

	X 射线耀斑	太阳质子事件	地磁暴	高能电子暴
黄色警报				
橙色警报				
红色警报				

设计可以充分借鉴该图式符号的设计原则，所有空间环境图式符号有一个统一的形状和填充色，填充色主要发挥底图的作用，其一方面可以加大与背景色的反差，如背景以深色调为主时，填充色可以是白色，背景以浅色调为主时，填充色可以是黑色，另一方面填充色可以突显中间的图形，使其更加醒目；中间的图形形状指代空间环境种类，图形颜色指代空间环境预警级别，由于空间环境并无敌我之分，因此所有图式符号中不需要包含该部分信息。

空间环境对空间目标的影响是空间态势符号化表达中的一项重要内容，因此空间态势图式符号中需要有反映空间环境影响的部分，颜色变量可以用于表示空间环境对空间目标的影响程度，但是在目前已有的空间态势图式符号中，颜色已经有其特殊的指代意义，因此使用颜色时需要与表示空间环境要素的形状相配合。另外，对于三维实体图式符号，可以采用颜色和纹理的混合显示表达空间环境对空间目标的影响，如图 8.16（b）所示。

对于三维实体空间态势图式符号，还可以采用三维模型加二维图式符号的方式来实现，如图 8.21 所示。

4. 图式符号要面向信息化

空间态势展示主要在计算机平台上实现，因此设计的空间态势图式符号更加复杂，相应的图式符号所传递的信息更加丰富。

图 8.21　三维实体图式符号中的空间环境影响图式符号

5. 充分利用组合的原则

空间态势中的空间目标和空间环境种类、要素繁多，因此必须充分利用组合的方法完成图式符号体系的构建，而不是用穷举法。目前，已有的二维空间态势图式符号已遵循了这一原则，相比较而言，美国的空间态势图式符号分类更加完备，组合原则执行得更好。三维空间态势图式符号的设计应该同样遵循这一原则。

空间目标的实际形状和外貌各不相同，如果对应的三维图式符号采用和实际形貌一致的模型去描述，则三维图式符号将会出现成千上万种类型，并且没有专业的航天背景知识，很难一一区别空间目标的具体类型，不利于空间态势理解。指挥员实际关心的往往是与空间目标相关的目标类型、敌我状态、传感器类型、轨道类型等和实际几何外形没有必然联系的属性信息，如果采用实际的空间目标模型标识，没有其他辅助说明，一般很难获知上述这些信息。因此，本书采用典型图元复合法来生成具有会意性质的三维图式符号，而不是和实际造型一致的象形性质的三维图式符号。

典型图元组合法的基本思想是：基于本书的几何行为一体化的空间运动目标时空数据模型，利用典型的图元代表空间目标种类、卫星类型、传感器类型、轨道类型、运行姿态等信息，具体每个空间目标三维图式符号根据其相应的信息选择对应的典型图元组合而成。每个典型图元又可以由基本的图元，如长方体、圆柱体、拉伸体、球面、空间多边形、多边形曲面、旋转体、皮肤（网格曲面）、螺旋体等组成，不同的典型图元的颜色可以用来指代不同的信息，如用来指代目标种类的典型图元，其是三维图式符号的主体，该图元的颜色可以用来指代敌我关系，而在指代传感器类型的典型图元中，颜色则可以用来指代传感器的工作状态。表 8.6 是借鉴已有的二维空间态势图式符号设计的部分典型图元示例。

表 8.6　部分典型图元示例

	典型图元名称	基本图元	形状
空间目标种类	卫星	长方体、圆柱体	
	飞船	长方体、圆柱体、平截头体等	

续表

	典型图元名称	基本图元	形状
空间目标种类	运载火箭	圆柱体、圆锥体、平截头体等	
	……	……	……
卫星种类	对地观测	立方体、球体、圆锥体	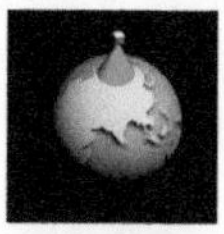
	导航	圆柱体、半圆环	
	通信	圆柱体、半圆环	
	……	……	……
传感器类型	光学传感器	长方体、圆柱体	
	雷达传感器	半球体	
	红外传感器	长方体、圆柱体	
	……	……	……
轨道类型	高轨	圆环体、球体	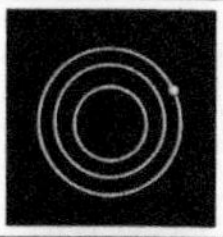
	中轨	圆环体、球体	
	低轨	圆环体、球体	
	……	……	……
运行姿态	三轴稳定	圆柱体、圆锥体、球体	

续表

	典型图元名称	基本图元	形状
运行姿态	自旋稳定	圆柱体、圆锥体、半圆环	
	重力梯度稳定	圆柱体、圆锥体、半圆环	
	……	……	……
……	……	……	……

部分空间目标还具有与各类空间活动密切相关的行为动作，如侦察卫星传感器的侧摆动作对地面防侦照具有重要意义，对于行为动作的标示，本书参照相关文献（周杨等，2006）的方法，通过给典型图元添加空间变换的方式来实现，空间变换的类型主要有旋转、缩放和平移三种，具体定义见表 8.7。

表 8.7　运动类型定义

运动关键字	说明	运动关键字	说明
Translate*X*	沿 *X* 轴平移	Rotate*Z*	沿 *Z* 轴旋转
Translate*X*	沿 *Y* 轴平移	Scale*X*	沿 *X* 轴缩放对象
Translate*X*	沿 *Z* 轴平移	Scale*Y*	沿 *Y* 轴缩放对象
Rotate*X*	沿 *X* 轴旋转	Scale*Z*	沿 *Z* 轴缩放对象
Rotate*Y*	沿 *Y* 轴旋转	Scale*XYZ*	沿各轴平均缩放对象

典型图元和行为动作可以组成一个模型组件，这样一个三维空间态势图式符号既可以由若干个模型组件，甚至一个复杂的模型组件组成，也可以由其他的子模型组件构成，图 8.22 是一个典型的空间目标图式符号的组成结构图及每个基本的模型组件结构图。

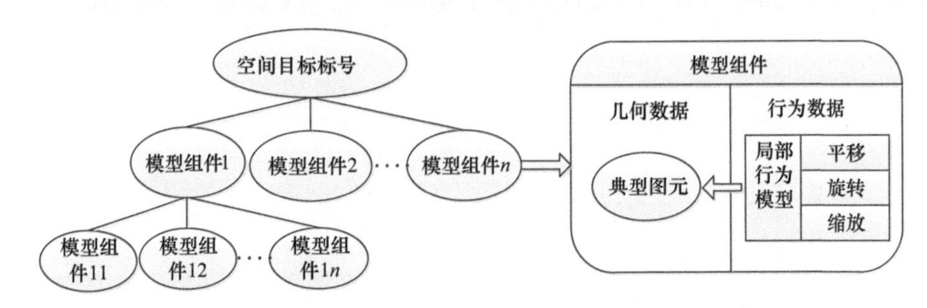

图 8.22　典型空间目标图式符号及模型组件结构示意图

图 8.23 是由典型图元生成的我国对地观测光学成像卫星的三维图式符号及其传感器侧摆的效果图，从该三维图式符号中还可以获知其轨道和姿态信息，分别是低轨和三轴稳定。

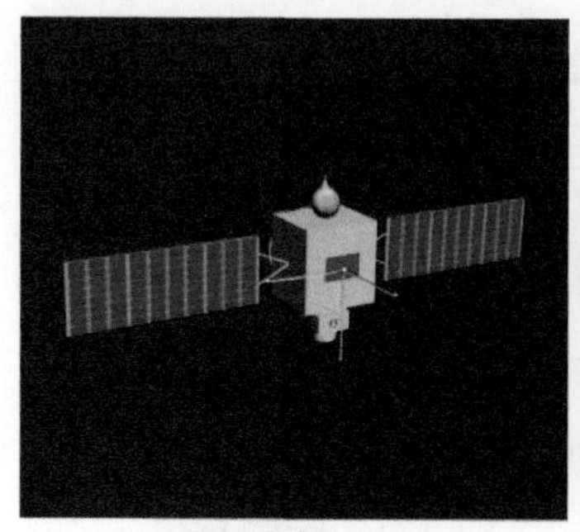

(a)三维图式符号视点1

(b)三维图式符号视点2

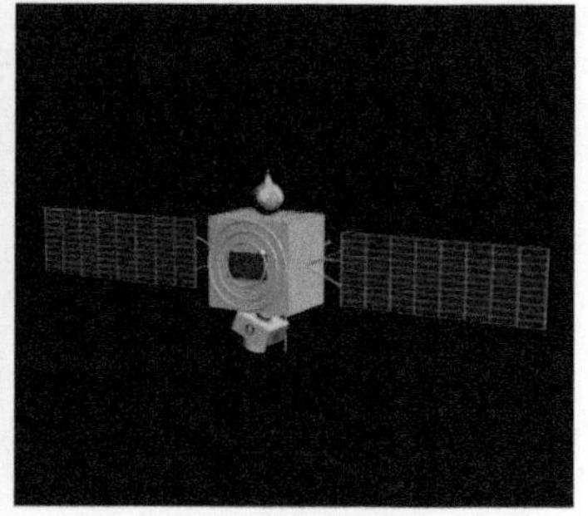

(c)传感器侧摆效果

图 8.23　我国对地观测光学成像卫星的三维图式符号

以上在分析了我国和美国现有空间态势图式符号的基础上，结合空间态势的特点，提出了一些空间态势图式符号的设计原则，由于时间和精力的限制，本书并没有设计一套用于二、三维表达的完整空间态势图式符号，只希望这些设计原则能为相关部门空间态势图式符号标准的制定提供一些参考。

8.4　本 章 小 结

本章主要对空间态势图式符号的设计原则以及空间态势的具体符号化表达方法进行了初步的探索和研究。首先，从颜色、图形、类别、大小等视觉变量出发，介绍了我国的空间态势图式符号构图规律；接着，从框架、填充色、图标、修饰符和注释五个方面详细介绍了美国现有的空间态势图式符号构图规律；在此基础上分析了二者之间的异同点以及不足；结合空间态势的特点，详细给出了空间态势图式符号的设计原则。

参 考 文 献

杨强. 2006. 三维军标生成与态势标绘技术研究. 长沙: 国防科技大学硕士学位论文.
周杨, 蓝朝桢, 徐青. 2006. 空间目标几何与行为一体化建模方法. 计算机仿真, 23(9): 11-14.

第 9 章　空间态势存储与共享

空间态势信息具有海量、异构和多源的特点，这些特点给空间态势数据的存储与共享带来了困难。本章主要针对目前空间态势信息存储与共享中存在的问题，开展空间态势信息存储与共享相关技术研究，力求实现空间态势信息的有效管理与共享。

9.1　面向服务的空间态势信息系统概念内涵

9.1.1　面向服务的体系结构

SOA 的体系结构包括服务请求者、服务提供者和服务代理 3 个角色，如图 9.1 所示。其中，服务提供者对功能模块或信息进行封装，并以服务的形式对外发布，同时响应外部的服务请求；服务代理将发布的服务进行注册与分类，方便对服务进行搜索与查询；服务请求者通过服务代理查找服务，并向服务提供者请求使用服务。

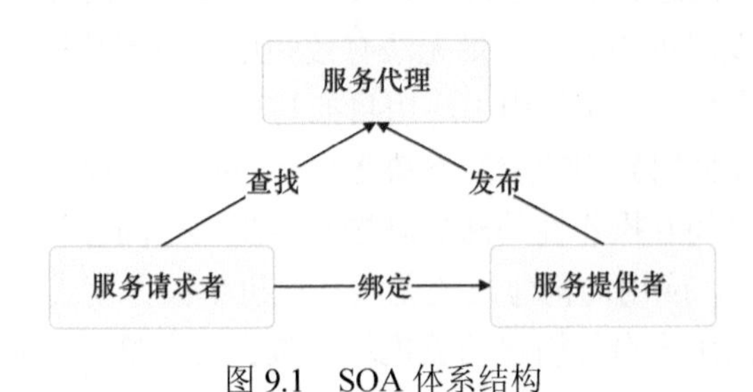

图 9.1　SOA 体系结构

SOA 的实现方法是一种自顶而下的设计方法，其最主要的思想为："服务就是一切"。

9.1.2　面向服务的空间态势信息系统的概念

为了构建满足用户自主定制需求的空间态势信息系统，将面向服务架构应用到空间态势信息系统中。结合面向服务的架构和空间态势信息系统的概念及特点，本书概括出面向服务的空间态势信息系统的概念。

在空天地一体化框架下，对各类空间态势信息进行组织、融合等，并根据不同的应用功能和用户需求形成对应的松耦合组件，组件独立于托管环境和编程语言，它们相互之间能够通过统一和标准的方式实现通信，不同组件进行结合能够构建一个具备特定功能的空间态势信息系统。

9.1.3 面向服务的空间态势信息系统的任务

面向服务的空间态势信息系统通过对空间态势信息的有效组织与分发，结合面向服务架构，通过松耦合的应用功能模块，需要实现以下任务：

（1）空间态势信息管理与表达的灵活性；

（2）通过面向服务的松耦合架构，满足不同用户的特定需求；

（3）对异构、多源的空间态势信息进行合理、有效、充分的管理与组织；

（4）全方位、连续地在时间、空间上为用户提供空间态势信息的可视化展示；

（5）对空间目标及其日常管理进行跟踪监视。

9.2 空间态势信息存储方式与共享技术的挑战与需求

9.2.1 空间态势信息存储与共享技术的挑战

空间态势信息具有海量、异构和多源的特点，这些特点对空间态势数据的存储和管理提出了挑战，同时也给处理和共享带来了困难。

（1）由于空间态势数据结构复杂，通常用户只能通过特定的空间态势信息系统使用空间态势数据。传统空间态势信息系统都是针对单机或局域网开发的，除了当前正在获取的数据外，多年的发展也积累了海量无法有效利用的遗留数据。

（2）不同的空间态势信息系统由于应用目的与环境的差异，造成了相互之间的边界分明，用户无法理解和使用异构的空间态势数据。同时，随着空间态势数据的大量产生和使用，系统与数据之间互操作性的滞后减慢甚至阻碍空间态势数据的利用。

（3）在网络环境下，应用的构建方式无法从单机单任务模式扩展到多任务分布式计算模式，无法满足不同用户自行构建功能模块并整合为完整服务的要求。

9.2.2 空间态势信息存储与共享技术的需求

针对以上问题，空间态势信息存储与共享需满足以下需求：

（1）弥补空间态势数据与网络之间的鸿沟，利用网络协议传输空间态势数据；

（2）用户能够方便地访问、请求空间态势数据，并直接或经转换后使用；

（3）解决空间态势数据的异构问题，消除其语法差异、语义差异和融合差异；

（4）加快空间态势数据在不同应用组件之间的交换，为用户提供可靠数据共享的同时，减轻数据服务系统的负担；

（5）满足用户可定制的需求，并能够相互组合实现新的功能。

为了应对空间态势信息存储与共享的满足上述需求，本书从空间态势信息存储和空间态势信息共享两方面来解决，并将两者有机地结合在一起。

9.3　基于Swift的空间态势信息存储技术

通过上文的分析，除了传统的块存储之外，当前主流的空间信息存储方案有文件存储系统和对象存储系统。本书将文件存储系统中最流行的 HDFS 和对象存储系统中的 Swift 进行了对比，见表 9.1。

表 9.1　HDFS 与 Swift 对比

	HDFS	Swift
文件元数据存储方式	中央系统	分布式
多租户	无	有
文件大小	适合庞大的文件	可以处理任意大小的文件
文件并行写入	每次只能写入一个文件	并发写入

上文提到，空间态势信息在内容、格式、大小、数量上均存在巨大差异，是非结构化的数据。同时根据表 9.1 的对比，针对空间态势信息特点以及所面临的挑战和需求可以得出，空间态势信息三种存储方式中，最适合现阶段空间态势数据存储的方式为对象存储。因此，本书提出基于 Swift 的空间态势信息存储技术。

9.3.1　对象存储平台 Swift

OpenStack（陈慧等，2015）是一个云计算平台，通过多个使用 REST 风格的 API 相互联系的服务来提供基础设施，即服务类型的解决方案。Swift（李磊等，2015）作为 OpenStack 的对象存储平台，可以使用一般的硬件平台创建可扩展的、具有冗余的存储海量级数据的分布式对象存储集群，为 Web 应用创建基于云的弹性存储。同时结合身份认证服务 Keystone，可以提供安全可靠的云存储服务。它不是文件系统（file system），也不是实时的数据存储系统（real-time data storage system），而是一个长期的存储系统（long term storage system），适合获取、调用和更新一些不需要经常改变的数据，如金字塔瓦片存储、图片存储、文本存储等（邵珠兴和陈彩，2015），同时，能够方便地进行节点的扩充。这些优点使得 Swift 非常适合存储空间态势的数据。

1. 数据存储模型

Swift 共有三层逻辑结构：Account/Container/Object（即账户/容器/对象），该结构是一种层次数据模型，每一层的节点数都可以任意扩展而没有限制，三者之间的关系如图 9.2 所示。

其中，Account 不能理解为个人账户，应该是租户（如个人、部门、公司等），用于对数据进行隔离，可以被多个账户使用；Container 对应于租户的某一部分数据的存储区域；Object 对应于存储区域中的存储对象。同时，从图 9.2 中可以看出，Account 可以包含 Container，Container 可以包含 Object。Swift 只能支持 3 层嵌套结构，不存在 Container 之间或 Object 之间的相互嵌套情况。

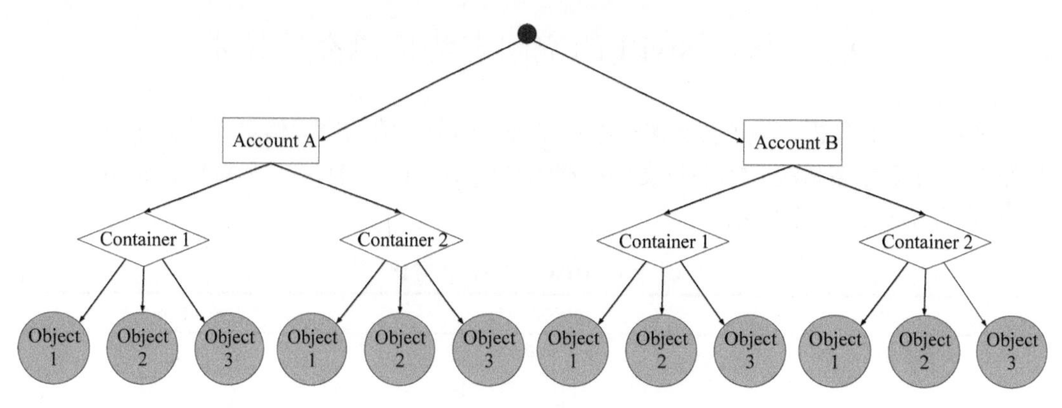

图 9.2　账户、容器和对象之间的关系

针对不同的数据类型，Swift 的 RESTful API 支持的操作类型见表 9.2。

表 9.2　Swift RESTful API 支持的操作

资源类型	URL	GET	PUT	POST	DELETE	HEAD
账户	/Account/	获取容器列表	—	—	—	获取账户元数据
容器	/Account/Container	获取对象列表	创建容器	更新容器元数据	删除容器	获取容器元数据
对象	/Account/Container/Object	获取对象内容和元数据信息	创建、更新或拷贝对象	更新对象元数据	删除对象	获取对象元数据信息

2. 数据存储体系

通过采用绝对对称和面向资源的分布式系统架构设计，Swift 的所有组件均可无限扩展，因此单个节点的故障不会导致整个系统的失效，这提高了系统的安全性和生存性。系统架构的通信方式采用非阻塞的 I/O 模式，该模式提高了系统吞吐和响应等能力。

由于系统组成部件较多，系统架构较为复杂，因此对其存储体系结构进行简化处理后认为其主要由认证、代理和存储三大服务组成，如图 9.3 所示。

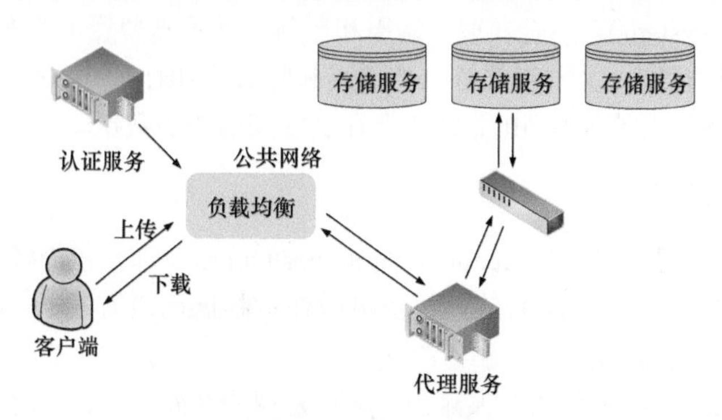

图 9.3　Swift 存储体系结构

1）认证服务

身份认证服务是对用户的身份信息进行认证，并生成具有相应权限的对象访问令牌（token）。在用户进行数据访问时，通过验证对象访问令牌，可获取其有效性和权限。这里的认证方式可以是 OpenStack 的核心认证组件 Keystone，也可以在 Swift 内部服务配置文件中配置，或用户自己编写相应的认证组件（周冀平，2015）。本书采用 Keystone 进行认证。

2）代理服务

Swift 集群对外提供对象服务 API。通过查找服务地址找到请求所对应的账户、容器或对象，之后将请求转发给对应的账户、容器或对象。采用的 REST 请求协议能够以横向扩展的方式实现系统的负载均衡。

3）存储服务

Swift 集群可以作为一个巨大的数据仓库，提供数据的存储服务和高可用服务。存储服务针对资源的类型提供账户服务、容器服务和对象服务；而高可用服务通过提供审计服务、更新服务和副本服务解决数据损坏和磁盘故障引起的错误。

3. 数据存储特性

对象存储系统 Swift 具有的一系列的优良特性使其非常适合存储具有非结构化、大小不均等特性的空间态势数据。其存储特性如下：

1）极高的数据持久性

数据持久性是指将数据存储到存储系统后数据丢失的可能性。根据 Swift 在新浪测试环境中的部署可以得出，Swift 在（5×10）个存储节点的环境下，每份数据备份在 Swift 推荐的 3 个节点上，其数据持久性能够达到 10 个 0，即如果存储 1 万个（4 个 0）文件到 Swift 中，100 万年（6 个 0）后，可能会丢失其中的 1 个文件。

2）完全对称的结构

完全对称的结构意味着 Swift 中的各个节点的地位是完全相等的，这可以最大限度地降低数据存储系统的维护成本。

3）无限可扩展性

无限可扩展性包括如下含义：首先，数据的存储没有上限，可以无限扩展；其次，系统在进行扩容时仅需简单地增加存储设备即可，Swift 的完全对称结构使系统自动地完成数据在各个存储设备中的迁移与备份，以达到重新对称状态。这也意味着 Swift 的性能可以得到线性提升。

4）无单点故障

所谓单点故障是指一些关键信息，如元数据等，只能存储在某一个点。该单点一旦瘫痪，则可能影响整个系统。Swift 中的数据存储是完全随机均匀分布的，且多份备份，避免了出现单点故障的可能。

4. 数据存储采用的主要技术

1）一致性哈希算法

面对海量数据，首先需要解决的问题是数据与存储节点之间的映射关系。Swift 通过采用一致性哈希算法实现映射。

一致性哈希算法是将任意长度的二进制值映射为固定的长度较短的二进制值，这个较短的二进制值即哈希值。Swift 采用的一致性哈希算法的具体过程为：首先构造一个长度为 2^{32} 的一致性哈希环，然后计算存储节点特征值所对应的哈希值，并将其对应地分布在哈希环上，如图 9.4 所示。之后建立存储节点的复制品——“虚节点”，虚节点与存储节点之间的关系为多对一的关系。加入虚节点后，存储对象与存储节点的映射关系由“对象→存储节点”变为“对象→虚节点→存储节点”，三者之间的映射关系如图 9.5 所示。建立的虚节点的数量在整个集群的生命周期中是不会变化的，改变的仅是存储节点和虚节点之间的映射关系。当接收一个读/写请求时，计算与请求的数据向对应的哈希值，并在哈希环上进行顺时针查找。如果超过了 2^{32} 还没有找到相一致的节点，则从 0 开始顺时针找到第一个节点，即所求节点。

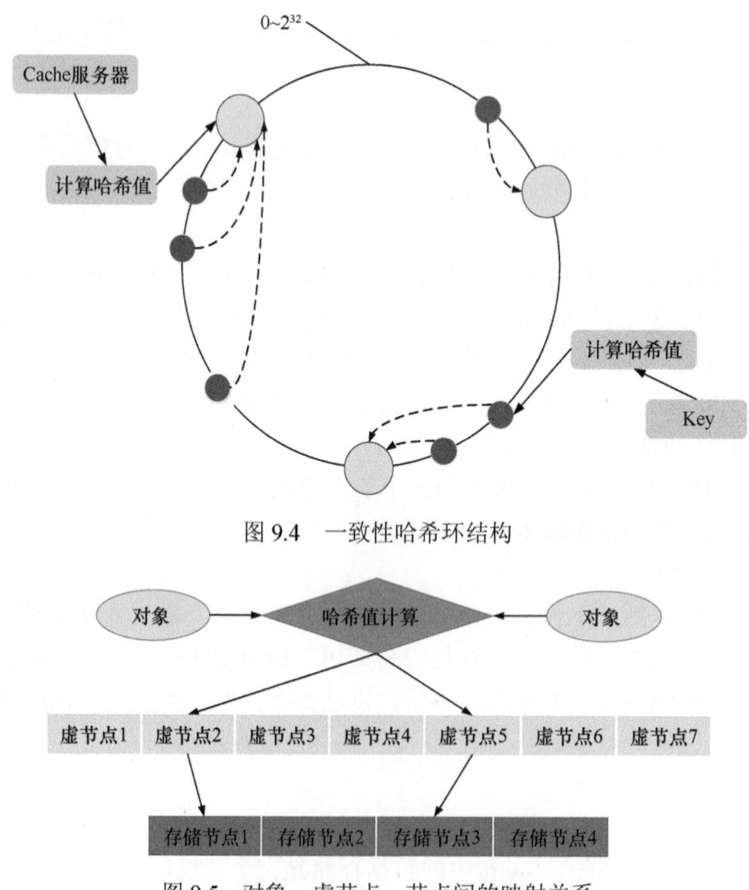

图 9.4　一致性哈希环结构

图 9.5　对象、虚节点、节点间的映射关系

2）数据一致性模型

在一个分布式系统中，一致性（consistency）、可用性（availability）和分区可容错性（partition tolerance）三者无法兼得，因此 Swift 放弃严格的一致性，而采用最终数据一致性模型，以此来达到高可用性和无限水平扩展的能力。由于 Swift 的读写操作均非常频繁，因此为了确保能读取到最新版本的数据，实现最终一致性模型，Swift 采用 Quorum（丁小盼等，2015）仲裁协议：

在数据的副本总数为 F 、写入副本数为 F_1、读取副本数为 F_2 的情况下，为了保证可以读取到最新的数据，需要满足以下关系：

$$F_1+F_2 > F \tag{9.1}$$

保证对副本的读写操作会产生交集。以 Swift 的默认配置 $F=3$ 为例，在写入副本数为 2 的情况下，为读取最新的副本，至少需要读取两个副本才能够获取最新数据。如图 9.6 所示，在读写操作之前，数据版本为 v1，进行写操作的数据版本为 v2。

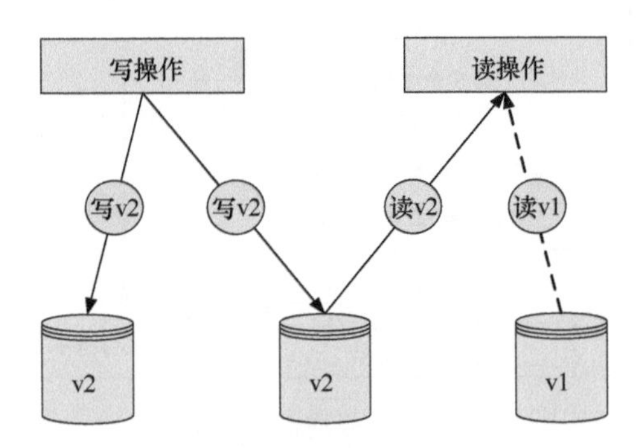

图 9.6　数据一致性模型

9.3.2　基于动态负载均衡的一致性哈希算法

在 Swift 的一致性哈希算法中，虚节点的数量是固定的。虚节点与对象的映射关系不会随着存储节点的变化而改变，改变的是虚节点与存储节点的映射关系。存储节点的负载程度通过该存储节点对应的虚节点的负载程度反映出来。虚节点的负载越高，对应的存储节点的负载就越高；虚节点的负载越低，对应的存储节点的负载就越低。当有存储节点加入或者退出时，虚节点的分布也会产生变化。为了充分利用整个系统的总体性能，采用基于动态负载均衡的一致性哈希算法，系统可以达到较好的负载均衡（张聪萍和尹建伟，2011）。

该算法的基本思想为：不同的存储节点负载能力不同，为了维持负载平衡，不同的存储节点分配的负载不同。依据存储节点的负载能力确定其负载权重值，并依此调节分配给存储节点的请求和虚节点数量。请求数量的改变、存储节点的加入或退出，会导致负载均衡的变化，通过对固定时间间隔的负载权值进行测试，对下一阶段的请求和虚节点进行重新分配，最终达到较好的动态平衡状态（郭成城和晏蒲柳，2005）。负载均衡调整流程如图 9.7 所示。

1）服务器负载能力测试

为实现系统在整体上的负载均衡，首先需要确定各个存储服务器在系统中的最大负载能力。本书采用 Apache AB 工具进行系统负载测试，测试结果如图 9.8 所示。

从图 9.8 中可以看出，当请求的数量到达一个峰值（L_{max}）后，服务器响应请求的能力将会下降。这种情况的出现是请求数据过多导致系统无法承受而带来的性能下降。这种现象的出现代表了服务器的负载能力已经达到最大化，可以认为这种状态是服务器的最大服务能力。测试服务器的响应时间变化曲线如图 9.9 所示。

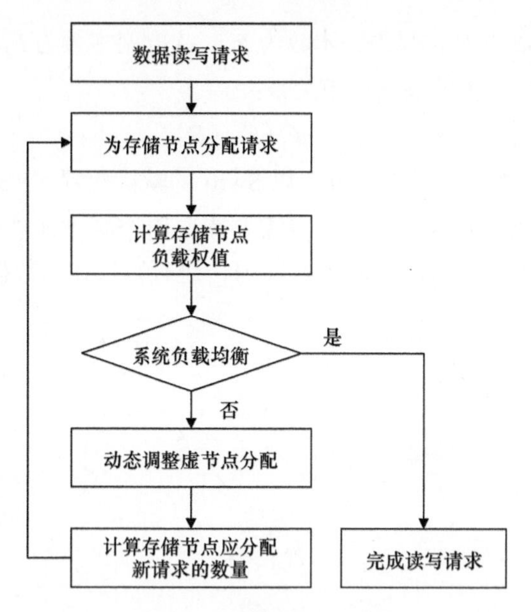

图 9.7　负载均衡调整流程

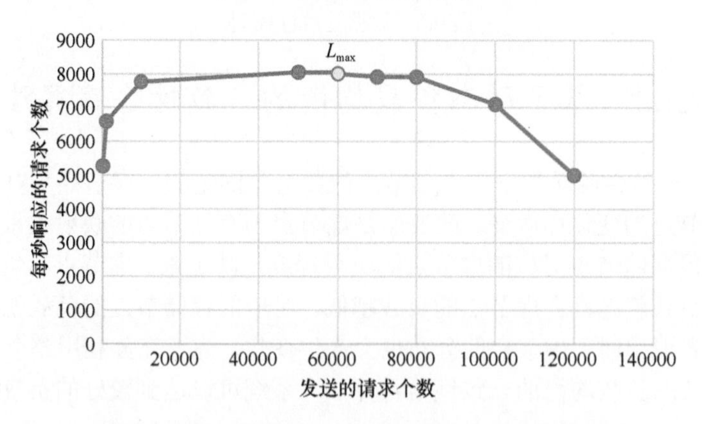

图 9.8　发送的请求个数与响应的请求个数关系图

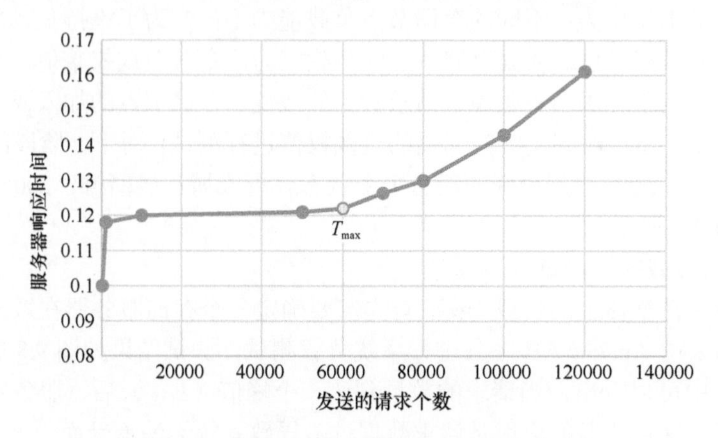

图 9.9　发送的请求个数与响应时间的关系

从图 9.9 中可以看出，当服务器每秒响应数量下降时，平均响应时间曲线开始上升，超过了 T_{max}，此刻对应着服务器的固有能力。本书定义 T_{max} 为服务器对外提供的最大负载能力，T_{now} 为服务器当前负载。

2）服务器负载状态权值

服务器的负载能力与其性能成正比。设存储节点数量为 m，其中存储节点 $S_i\,(i=1,2,\cdots,m)$ 的固有能力为 C_i，当前负载为 L_i，则系统达到负载均衡最理想的状态时各个存储节点之间存在如下关系：

$$\frac{L_1}{C_1}=\frac{L_2}{C_2}=\frac{L_3}{C_3}=\ldots=\frac{L_m}{C_m} \tag{9.2}$$

本书定义存储节点当前的负载权重为当前负载与固有能力之比：

$$W_i=\frac{L_i}{C_i}=\frac{T_{\text{now}}}{T_{\max}} \tag{9.3}$$

则系统的平均负载为

$$\bar{W}=\sum_i W_i/m \tag{9.4}$$

式中，$i=1,2,\cdots,m$。当系统达到理想的负载均衡时，有

$$W_1=W_2=W_3=\cdots=W_m=\bar{W} \tag{9.5}$$

然而，理想的负载均衡基本不可能达到。因此，本书通过引入方差 var 来衡量系统的负载均衡程度：

$$\text{var}=\sum_i (W_i-\bar{W})^2 \tag{9.6}$$

当 var 不大于相应阈值如 0.1 时，则认为系统负载均衡；当 var 大于相应阈值时，则认为系统未达到负载均衡，需要动态调整分配给不同存储节点的请求。

在系统未达到负载均衡时，需要将未来的请求进行分配，以期达到下一阶段的负载均衡。假设当前存储节点 S_i 分配的请求个数为 n_i，负载情况为 L_i；在下一阶段令其达到负载均衡所需的请求个数为 $\bar{n}_i$，负载情况为 $\bar{L}_i$。由于请求情况与负载能力成正比，则应有以下关系存在：

$$\frac{\bar{n}_i}{\bar{L}_i}=\frac{n_i}{L_i} \tag{9.7}$$

由负载权重计算公式[式（9.3）]可得

$$W_i=\frac{L_i}{C_i} \tag{9.8}$$

式（9.7）和式（9.8）两式联立可得

$$\bar{n}_i=\frac{\bar{W}_i}{W_i}\times\frac{\bar{C}_i}{C_i}\times n_i=\frac{\bar{W}}{W_i}\times\frac{\bar{C}_i}{C_i}\times n_i \tag{9.9}$$

在存储节点性能一致的情况下，式（9.9）可简化为

$$\overline{n}_i = \frac{\overline{W}}{W_i} \times n_i \tag{9.10}$$

式中，$\overline{n}_i$ 为存储节点 S_i 在下一阶段应该分配的请求数目。

在对分配的请求数目进行调配的同时，还需要对存储节点所对应的虚节点进行适当的重新分配，改变部分虚节点与存储节点之间的映射关系。

存储集群的共享空间中存放着一个请求访问虚节点情况的哈希表，假设请求对象的标识为 objectID，通过如下方式能够获取虚节点的访问标识 visitID：

$$\text{visitID} = \text{unpack\_from}\{[\text{'>1'}, \text{md5(objectID).digest()}][0] \gg \text{self.partition\_shift}\} \tag{9.11}$$

之后通过累加可以得到虚节点被访问的次数（count）：

$$\text{count} = \text{map.put[visitID,map.get(visitID)+1]} \tag{9.12}$$

虚节点与存储节点的映射关系被存储在一个数组中，因此，可以得出给存储节点 S_i 分配的虚节点数目 $\text{VMum}_i (i=1,2,\cdots,m)$ 以及每个虚节点被访问的次数 $\text{Vcount}_{ij}(j=1,2,\cdots,\text{VNum}_j)$。根据各个存储节点的负载权重 W_i 以及平均负载 $\overline{W}$，可以得到存储节点超出或者缺少的负载权重占自身权重的比值：

$$T_i = (W_i - \overline{W}) / W_i \tag{9.13}$$

通过 T_i 可以得出不同存储节点中多余或者缺乏的相对负载。之后，累加存储节点对应的虚节点访问次数并与 T_i 相乘可得存储节点 S_i 中多余的虚节点访问次数 MCount_i：

$$\text{MCount}_i = \sum_{j=1}^{n} \text{VCount}_{ij} \tag{9.14}$$

式中，$n = \text{VNum}_i$。

当 $\text{MCount} > 0$ 时，从对应的存储节点中分理出与 MCount_i 数值近似的一个或相加之后与其近似的多个虚节点，并分配给 $\text{MCount} < 0$ 的存储节点。

9.3.3　算法改进前后效果对比

表 9.3 给出了对 Swift 中一致性哈希算法进行改进前后的对比情况。图 9.10 用可视化对比的方式给出了算法改进前后对系统负载均衡度的影响。可以看出，根据实际情况不断地调整分配给各个存储节点的请求，可以更好地维持系统的负载均衡度。

表 9.3　算法改进前后对系统负载均衡度的影响

时间（s）	改进前	改进后
1	0.255	0.045
2	0.217	0.039
3	0.194	0.041
4	0.254	0.034
5	0.213	0.032
6	0.201	0.049

续表

时间（s）	改进前	改进后
7	0.185	0.027
8	0.179	0.026
9	0.15	0.024
10	0.169	0.036
11	0.248	0.03
12	0.257	0.034
13	0.261	0.036
14	0.203	0.045
15	0.175	0.04

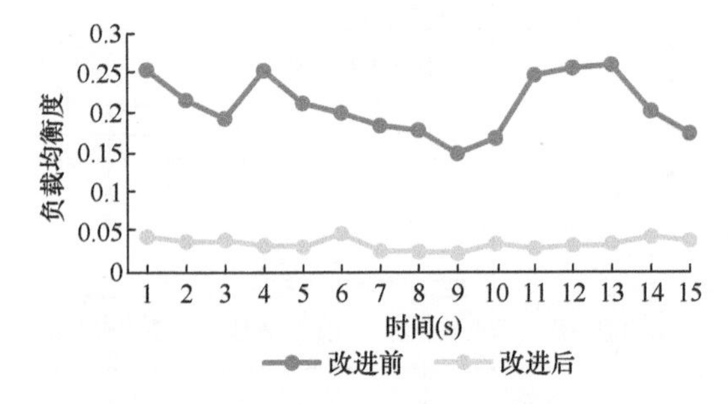

图 9.10　算法改进前后对系统负载均衡度的影响

之后进行系统数据下载测试，以下载 10 个大小约为1M 的存储对象为测试样本，测试结果如图 9.11 所示。从图 9.11 中可以看出，系统数据下载速度较好，单个文件最大耗时仅为 0.127s。

```
--------------------------------------------------------------------------------
 Task 442c56f2-762d-47ef-9d3c-185f780745b5 has 0 error(s)
--------------------------------------------------------------------------------

+-----------------------------------------------------------------------------------------------------------------------------------------+
|                                                          Response Times (sec)                                                           |
+------------------------------------+-----------+--------------+----------------+----------------+-----------+-----------+---------+-------+
| Action                             | Min (sec) | Median (sec) | 90%ile (sec)   | 95%ile (sec)   | Max (sec) | Avg (sec) | Success | Count |
+------------------------------------+-----------+--------------+----------------+----------------+-----------+-----------+---------+-------+
| swift.list_containers              | 0.29      | 0.3          | 0.309          | 0.31           | 0.311     | 0.3       | 100.0%  | 2     |
| swift.list_objects_in_2_containers | 0.052     | 0.061        | 0.069          | 0.07           | 0.071     | 0.061     | 100.0%  | 2     |
| swift.download_10_objects          | 0.104     | 0.116        | 0.125          | 0.126          | 0.127     | 0.116     | 100.0%  | 2     |
| total                              | 0.469     | 0.477        | 0.484          | 0.485          | 0.485     | 0.477     | 100.0%  | 2     |
+------------------------------------+-----------+--------------+----------------+----------------+-----------+-----------+---------+-------+

Load duration: 0.485402822495
Full duration: 4.44300889969
```

图 9.11　数据下载测试

9.3.4　基于 Swift 的空间态势信息云存储模型

在对 Swift 的数据模型、体系结构进行了解与分析后，结合空间态势信息的特点，设计基于 Swift 的数据云存储模型。存储模型的架构主要由四个层次组成，分别为标准接口层、服务代理层、系统服务层和底层服务层，如图 9.12 所示。

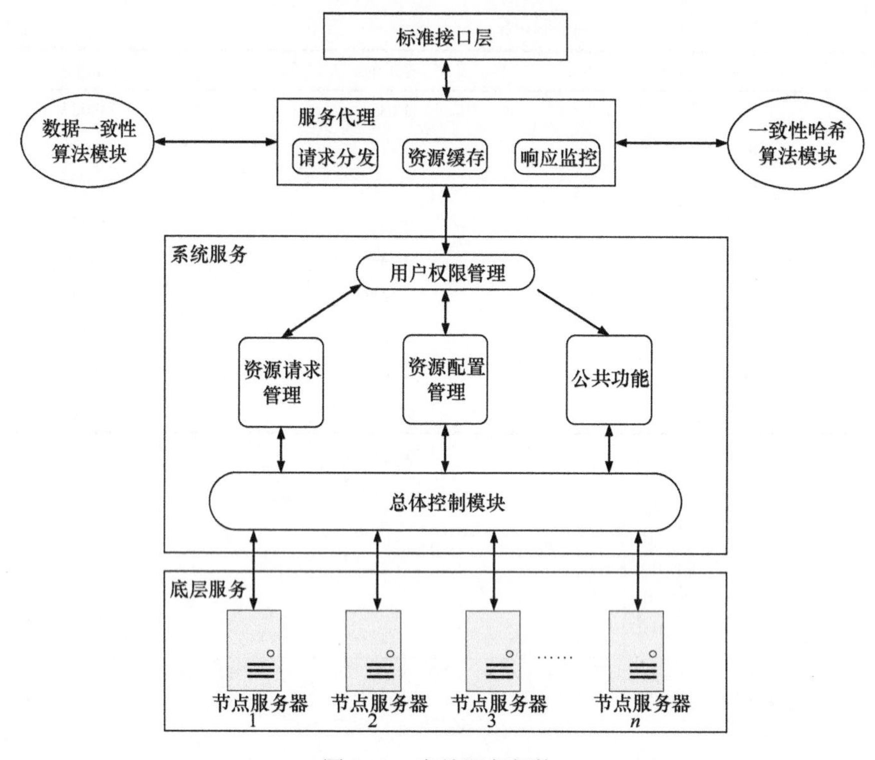

图 9.12　存储服务架构

1）标准接口层

标准接口层提供 API 接口，用户可基于此开发应用。这些接口是标准化的 RESTful API，因此从某种意义上讲，能够针对不同种类的编程语言提供普遍适用的开发，主要原因是 RESTful API 是基于 HTTP 协议的，而目前主流的编程语言都支持 HTTP 协议的构建和触发，因此用户可以使用任何支持 HTTP 请求的编程语言进行开发。

对于标准化 RESTful API 有两种使用方式：一是用户可以直接只用 RESTful API 进行操作；二是具有一定专业技能的用户可以利用 RESTful API 开发出提供给外部一般用户的基于不同语言开发的 SDK，即具备二次开发和再次开发的能力。

标准接口层主要提供了以下类型的接口。

• 访问服务

（1）访问用户信息；

（2）访问数据存储系统信息；

（3）获取当前数据存储状态。

• 存储数据服务

（1）用户能够在系统中新建文件夹；

（2）用户上传数据。

• 请求数据服务

（1）用户打包下载数据；

（2）用户查看数据信息；

（3）用户通过 API 直接对数据进行访问和使用。

- 删除数据服务

（1）用户通过 API 单个或批量删除数据；

（2）用户删除创建的文件夹；

（3）用户删除用户信息。

- 更新数据服务

（1）更新文件或文件夹名称；

（2）更新文件或者文件夹路径；

（3）更新文件的可更改属性；

（4）更新用户信息。

- 缓存数据服务

（1）对于访问的数据进行缓存；

（2）对用户的历史操作进行缓存。

- 系统监控服务

（1）监控系统负载均衡；

（2）监控用户的危险行为。

2）服务代理层

服务代理层是处理接口层传递所有请求的起始模块。标准接口传递的请求首先需要在服务代理层进行处理。这些请求的目的不同，因此需要将它们分配给不同的服务模块。服务代理层分析这些请求的 URL 路径，从中得到请求信息，并判断请求操作的类型。为了能够将请求高效地分配给对应的服务，服务代理层需要将请求信息交予数据一致性模块和一致性哈希模块进行处理，之后得到请求的节点服务器地址；同时根据请求的操作类型调用对应的服务。

3）系统服务层

接收来自服务代理层发出的请求，并执行相应的操作，具体包括以下内容：

- 用户权限管理

用户权限管理对权限管理进行了抽象和封装，针对服务代理层传递的请求类型，判断用户是否有权限进行后续的访问或操作。

- 资源请求管理

服务代理层已经通过一致性哈希的计算得到了请求资源的地址，资源请求管理根据资源的地址，将用户权限范围内的数据读写控制等请求传递给总体控制模块。

- 资源配置管理

资源配置管理根据服务代理层传递的配置请求进行资源的统一配置管理，实现在用户权限范围内的元数据控制、事务控制、数据的增加、删除、修改等操作。

- 公共功能

公共功能提供除了对资源的请求和配置之外的其他管理功能，如用户请求记录、数据操作记录、日志打印、异常处理等，其主要功能是为了减少代码的复用。

- 总体控制模块

总体控制模块是系统服务层中直接和底层服务层进行交互的模块，其来自于资源请求、资源配置和公共功能的请求，与操作汇集成为统一的操作接口，实现对底层服务的统一抽象。

4）底层服务层

底层服务层主要进行数据的分布式存储，并被上层的总体控制模块进行统一的抽象。

9.4　基于 Tachyon 的空间态势信息共享技术

面向服务的空间态势信息系统的主要功能之一是允许用户能够根据需求创建功能组件并与已有组件进行组合后形成全新的功能。当前空间态势信息的功能组件之间的数据共享流程如图 9.13 所示。

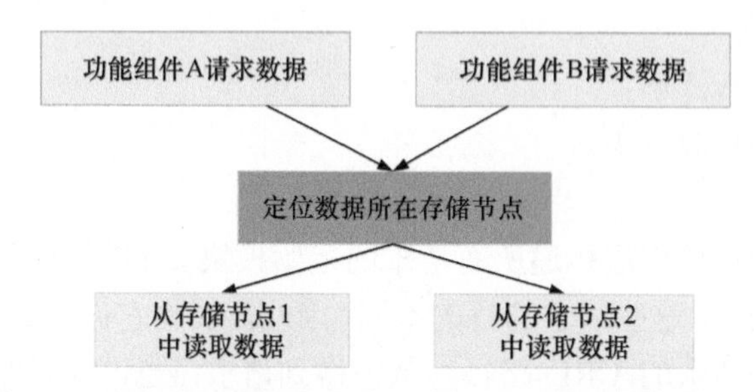

图 9.13　当前空间态势信息的功能组件之间的数据共享流程

面向服务的模式在为用户提供便利的同时，也给空间态势信息服务系统的数据利用带来了问题，具体有以下几点：

（1）不同组件之间由于交互的需求必然存在数据共享，主要有以下两种形式：一是功能组件 A 将产生的数据通过数据交互文件直接传递给功能组件 B；二是功能组件 A 将生成的数据写入存储系统，如磁盘、对象存储系统 Swift 等，然后组件 B 再从存储系统中把数据读出来，而这种形式是不同组件之间数据共享最常见的形式。从第二种形式可以看出，存储系统的读写性能将会是影响数据快速共享的瓶颈。同时，如果组件 A 产生数据到组件 B 需求数据的时间间隔较短，那么频繁的数据读写将增加存储系统负担，以至于影响组件的工作效率。

（2）不同组件在运行时，会对数据进行缓存，一旦内部程序崩溃，组件便退出，所缓存的数据也随之丢失，组件重新工作又需要从存储系统读取数据，降低了数据的利用效率。

（3）用户自定义模式允许用户运行多个相同组件，这些组件必然会使用到相同的数据，每个组件均需要从存储系统读取或缓存一份数据。这种情况会造成资源浪费、系统负载增大，并引发垃圾收集，最终导致性能降低。

针对这些问题，结合空间态势信息被空间态势信息系统频繁使用的特点，本书提出基于分布式内存文件系统 Tachyon 的空间态势信息分布式共享技术，加快用户对数据的存取，同时，能够避免因为应用组件的崩溃而带来的缓存数据清空。

9.4.1　内存文件共享框架 Tachyon

Tachyon 是一个基于内存的分布式文件共享框架，可以在集群中以访问内存的速度来访问存储在该系统中的文件。其目的是构建一个独立的、能够快速共享不同计算和存储框架中数据的存储层，为不同的组件提供可靠的内存级的数据共享服务，同时，能够有效地整合现有存储系统（如 Swift），为用户提供统一的、易用的、高效的数据访问平台。

1. 系统架构

总体来说，Tachyon 包括三个组件：Master、Client 和 Worker，是 Master-slave 架构，如图 9.14 所示。

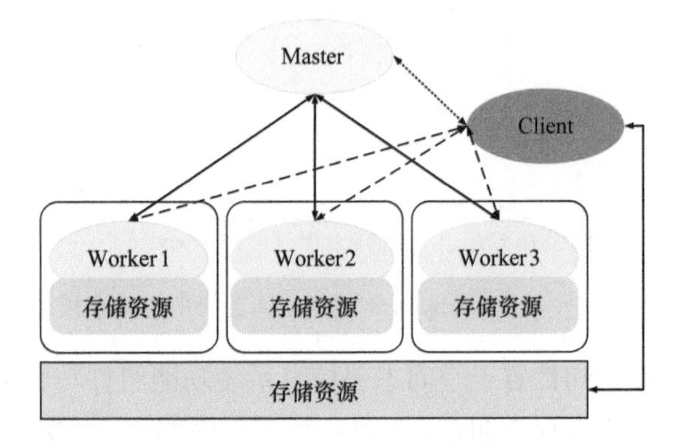

图 9.14　Tachyon 系统架构

各个组件功能如下：

1）Master

Master 为主节点，主要负责管理两类信息：一是元数据信息，包括组织结构和数据基本信息；二是系统状态信息，包括存储容量、运行状态等。

2）Worker

Worker 负责管理存储资源，如内存等。其主要工作是为新的数据分配合理的空间、移动新数据至内存等，同时向 Master 发送自身状态的信息。

3）Client

Client 是上层应用访问数据的接口。其执行流程如下：首先 Client 向 Master 发送请求数据的基本信息；之后尝试从本地 Worker 读取数据。若本地 Worker 不存在请求的数据，则从其他 Worker 中尝试读取数据；当所有 Worker 中均不存在请求的数据时，从底层数据存储系统中读取数据。

2. 系统特性

基于内存的分布式文件共享框架 Tachyon 具有以下优良特性。

1）支持多种部署方式

Tachyon 具有优良的适应性，提供了多种启动方式，包括启动单个 Master 和以高容错模式启动多个 Master。

2）统一命名空间

用户通过 Tachyon 提供的接口能够访问到 Tachyon 的命名空间。当需要访问外部数据时，Tachyon 能够将外部存储系统的文件和目录挂载在 Tachyon 的命名空间中，这样用户能够使用统一的命名空间来访问其他存储系统中的文件。

9.4.2　基于分布式内存中间件的空间态势信息共享模型

根据 Tachyon 的部署位置及架构，本书基于 Tachyon 搭建了分布式内存中间件，并在此基础上构建了空间态势信息共享模型，并设置 Master 数量为 1，如图 9.15 所示。

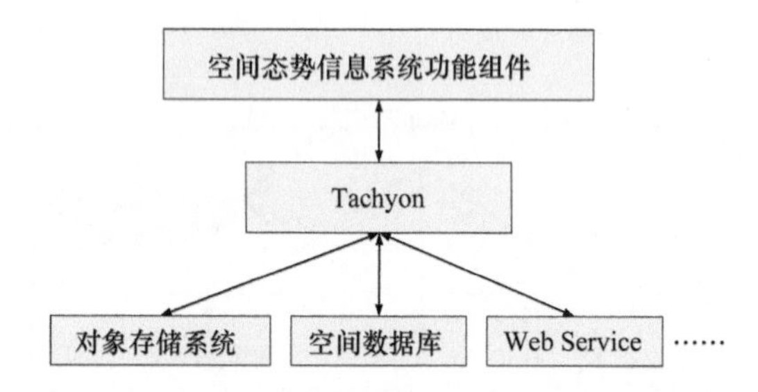

图 9.15　基于 Tachyon 构建的空间态势信息共享模型

本书将分布式内存中间件置于空间态势信息系统功能组件与数据源之间，功能组件将数据请求发送至分布式内存中间件，Tachyon 根据内部机制，判断能否在内存中获取数据。如果数据已经在内存中，则返回数据；如果没有请求到数据，则通过 Tachyon 向底层的对象存储系统、空间数据库、Web Service 等请求数据。

9.4.3　改进前后数据读写对比

引入 Tachyon 中间件后，面向服务的空间态势信息服务系统内部的数据操作产生的变化主要有以下三方面。

1）不同功能组件之间数据交换效率

引入 Tachyon 前，不同组件之间数据的交换方式如图 9.16 所示。从图 9.16 中可以看出，不同组件之间的数据交换需要经过存储介质的 I/O 操作，这样会影响读写速度，减慢组件 B 对数据的利用。

引入 Tachyon 后，数据交换直接在内存中进行，如图 9.17 所示。得益于内存的快速读写能力，数据交换效率得已提升，从而组件 B 利用数据的效率也有所提升。

2）功能组件崩溃之后缓存数据状态

引入 Tachyon 前，每个功能组件将在内存中开辟一块存储缓存数据的空间，如图 9.18 所示。由于不同功能组件的稳定性不同，崩溃之后其开辟的内存空间也将被回收。

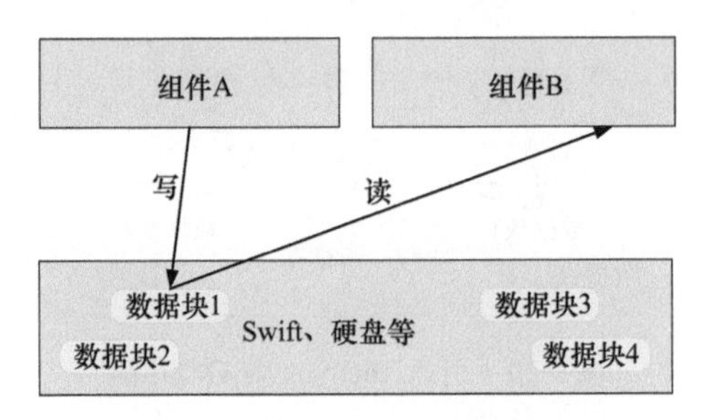

图 9.16　引入 Tachyon 前数据交换

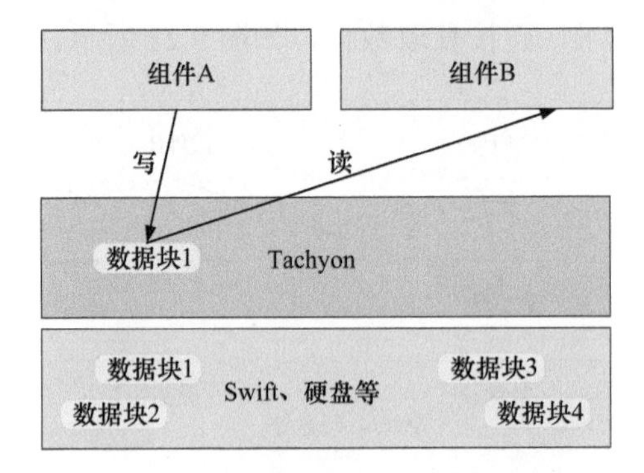

图 9.17　引入 Tachyon 后数据交换

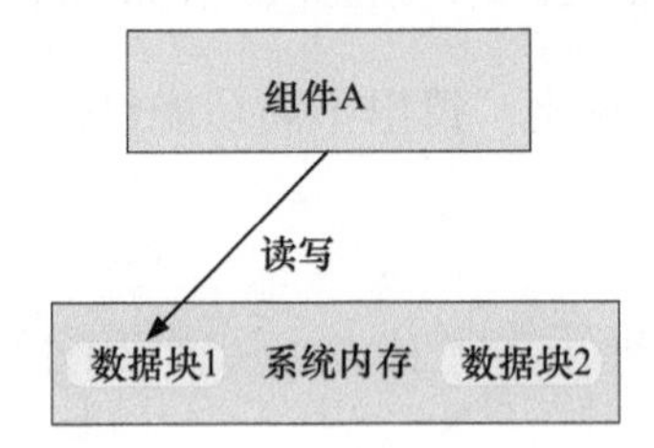

图 9.18　引入 Tachyon 前数据缓存

引入 Tachyon 后，缓存数据均存储在 Tachyon 中，即使功能组件崩溃，数据依旧存在，功能组件恢复后可以直接使用数据，如图 9.19 所示。

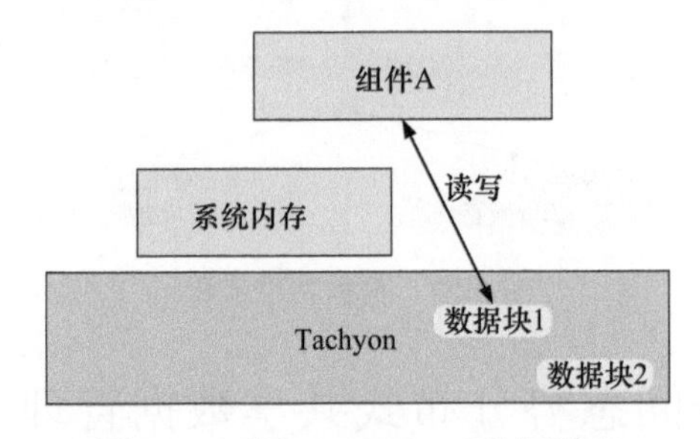

图 9.19　引入 Tachyon 后数据缓存

3）功能组件数据垃圾收集器（GC）开销

引入 Tachyon 前，不同组件对同一数据读写都需要进行请求，从而增加了 GC 开销，如图 9.20 所示。

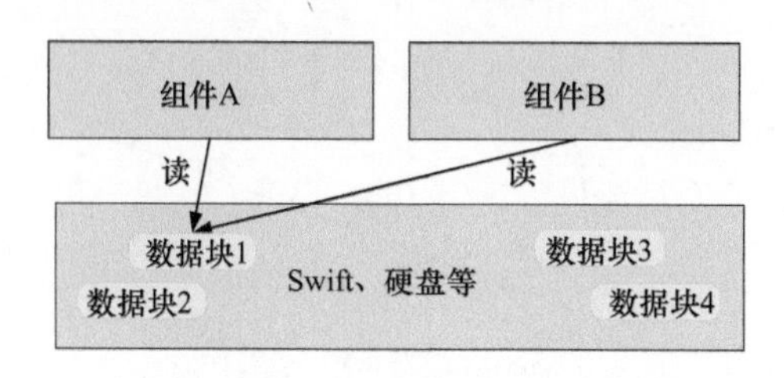

图 9.20　引入 Tachyon 前 GC 开销

引入 Tachyon 后，Tachyon 保存了一份功能组件读取的数据，即使功能组件进程退出，其他组件也可发送请求，直接获取数据，如图 9.21 所示。

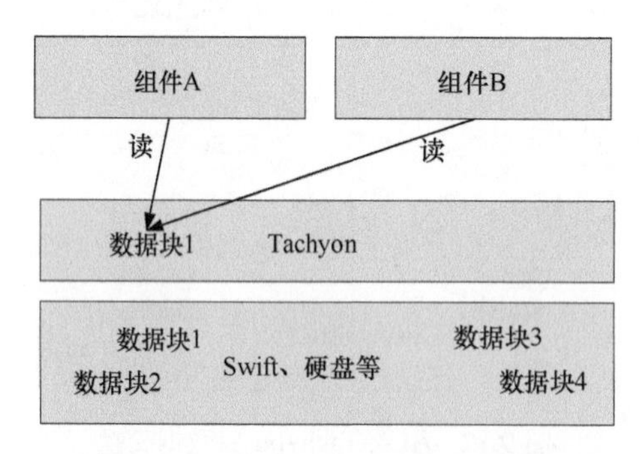

图 9.21　引入 Tachyon 后 GC 开销

根据上述列出的数据读写对比，得出不同功能组件之间进行数据共享的流程，如图 9.22 所示。

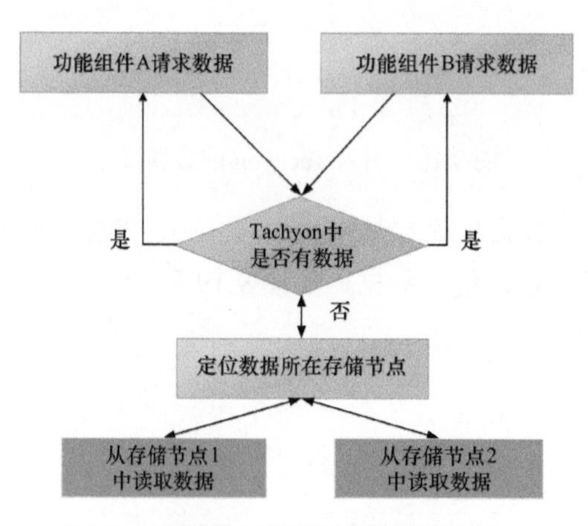

图 9.22　数据共享流程

9.5　空间态势分布式共享数据管理与服务

9.5.1　总体设计思路

现阶段各个空间态势数据管理与服务采用的标准各不相同，整体集成和协作程度不高。各数据服务系统相互独立运行，造成了信息和数据的重复处理和更新不同步，甚至不一致，既浪费资源又不便于管理，各系统之间也很难进行信息共享，以至于这些位置上分散的独立系统逐渐形成了所谓的“信息孤岛”。而面向服务的体系结构（SOA）的软件设计方法，通过发布可发现的接口为其他的应用程序提供服务，其中的服务可以通过网络进行调用，最大限度地减少系统间的耦合，从而提高可重用性，更好地利用已有的模块，加快软件开发速度，并且不用考虑各自运行平台和开发环境的差异，实现信息的共享和交互。采用 SOA 的架构，能够将分布于不同地域的空间态势数据源有机地结合在一起，实现数据之间的共享与互操作，各个独立的空间态势数据服务系统融合为一个分布式的共享数据管理与服务。

结合面向服务的架构，空间态势分布式共享数据管理与服务的总体设计思路如图 9.23 所示。根据“服务就是一切”的思想，在进行总体设计时，一切都是从服务的角度出发，首先考虑服务需求，进行整体服务装配。服务设计主要指将需要使用的服务设计出来；服务描述指对设计的服务进行描述；服务发布指将设计好的服务发布给注册中心；之后服务使用者在服务注册中心发现自己需要的服务；服务绑定指服务使用者绑定发现的服务，进而进行服务的编排和执行。

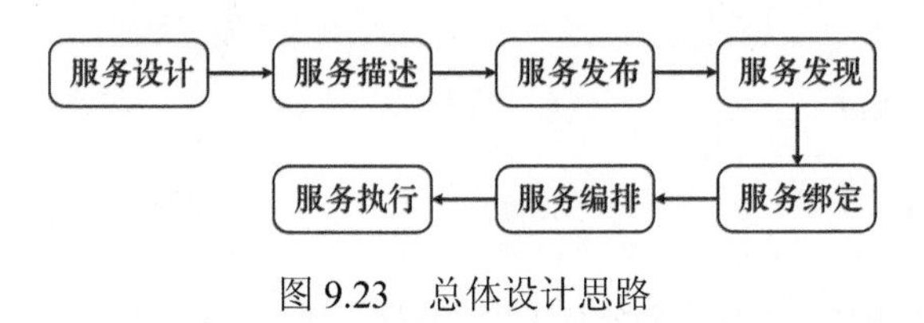

图 9.23　总体设计思路

由于不同的单位提供的数据不尽相同，同一个单位也将提供不同的数据。根据总体设计思路，搭建态势分布式共享数据管理与服务将分为两部分进行：分布式空间态势数据集成和分布式空间态势数据共享，如图 9.24 所示。首先进行分布式空间态势数据集成，在完成集成之后进行分布式空间态势数据共享。

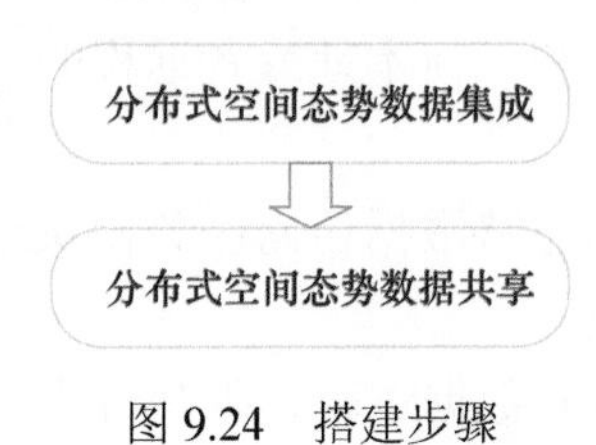

图 9.24　搭建步骤

9.5.2　分布式共享数据管理与服务架构设计

依据总体设计思路，在“服务就是一切”思想的指导下，对空间态势分布式共享数据管理与服务架构进行设计，如图 9.25 所示。系统架构主要包括以下几个模块：表现层，主要包括用户程序；业务层，主要包括态势数据管理 Web 服务模块；数据访问层，主要包括基础平台通用态势数据访问服务模块/权限管理模块；数据层，主要包括各个数据库和对这些数据库进行维护的单位。

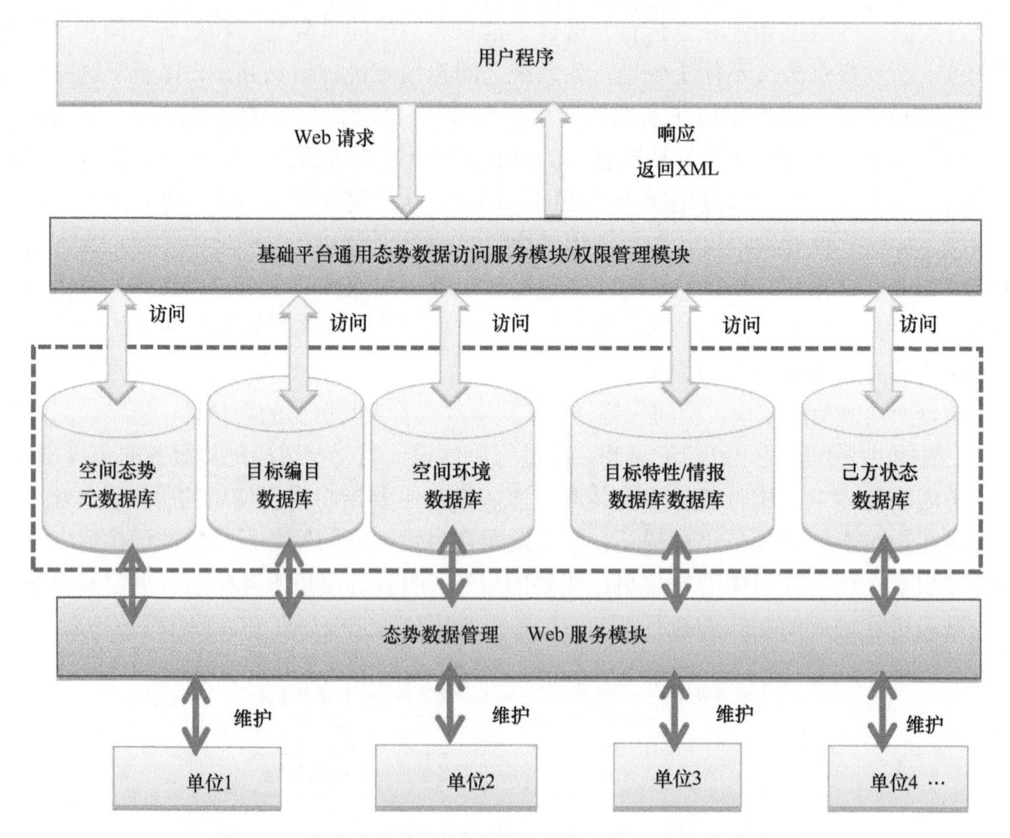

图 9.25　空间态势分布式共享数据管理与服务架构的设计

各层的主要功能如下：

表现层（用户程序）：主要提供友好的用户界面，使得用户最终能够方便地使用该系统。

业务层（态势数据管理 Web 服务模块）：主要提供标准化的服务接口，从而使得该服务可以提供给在任何异构平台和任何本地或者远程的用户使用；同时获取的不同类型数据也将在这一层进行集成。

数据访问层（基础平台通用态势数据访问服务模块/权限管理模块）：主要提供业务组件和底层数据的一个平滑过渡。

数据层：主要提供数据信息和数据逻辑，所有与数据有关的安全性、完整性、数据的一致性、并发操作等都在数据层。用于管理系统所需要的各种数据，并将数据按照一定的格式进行存储。

架构设计中将单独研制态势数据管理 Web 服务模块用于数据的维护。各数据提供单位利用该模块，通过 B/S 结构的客户端，对本单位负责的数据子库完成建立、数据注入、数据更新、数据删除等工作。在基础平台中，研制通用态势数据访问服务模块，并进行权限管理。对于私有数据，数据子库建设单位在完成相应功能模块时采取直接访问的方式，或者通过访问服务模块权限管理的形式访问。公有数据则通过空间态势图基础平台数据管理模块进行访问。

9.5.3　空间态势分布式集成数据结构

1. 总体结构

分布式空间态势数据服务集成系统包括界面服务（interface service）、数据集成服务（data integration service）和空间数据服务（spatial data service）。同时，由于服务体系结构的特殊性，其还包含用于提供服务发现功能的注册服务（registry service）。图9.26为分布式空间态势数据服务集成系统的基本构成要素和它们之间的联系。

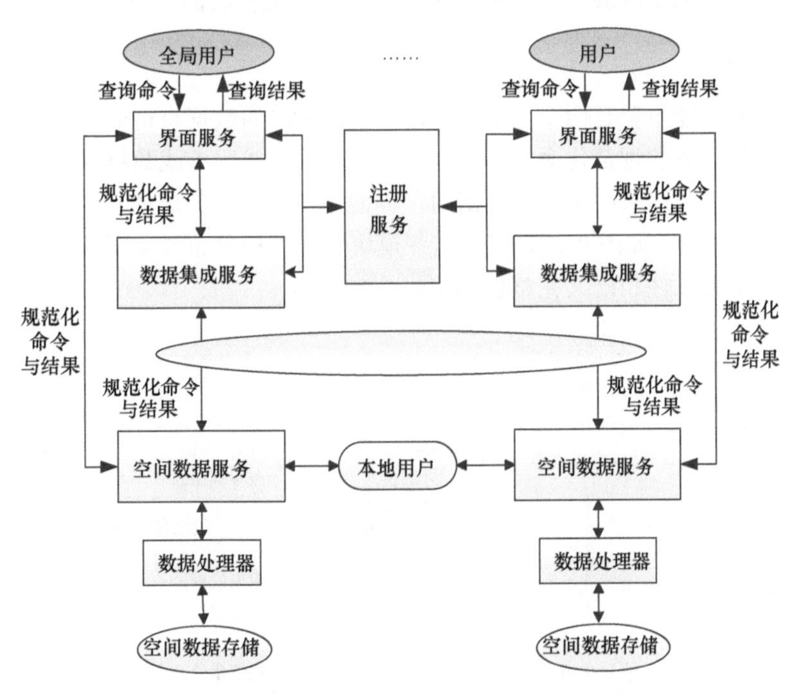

图9.26　分布式空间态势数据服务集成系统体系结构

在该结构模型中，允许把服务集成过程看作是一系列服务的协同调用，每个服务都直接与其上或者其下的服务相接，并在底层服务基础上进行增值。其中，对数据服务的访问通过规范化的命令实现，如调用接口，数据服务返回的结果也通过规范化的格式进行编码，如编码数据集成服务在调用接口和结果返回方面与数据服务相同，可以看作是虚拟的空间数据集。用户多种多样的查询请求通过界面服务转换为规范的空间数据查询命令，并提交给数据服务或者数据集成服务，返回的结果通过界面服务再转换为符合用户要求的格式或者表现方式，如可视化。在实现某一具体系统时，可以把上述结构模型中的几个服务合并为单个服务，如将界面服务与数据集成服务合并为一个服务，或者反过来。

用户得到所查询数据的基本途径有两种：

(1) 用户通过注册服务发现能够直接提供所需数据的数据服务，然后通过界面服务直接向目标数据服务提交查询和获得结果；

（2）用户通过注册服务发现能够提供所需数据的数据集成服务，然后通过界面服务向数据集成服务提交查询和获得结果。

数据服务接收来自界面服务或者数据集成服务的查询命令，并启动本地查询引擎执行具体的查询操作，然后将结果编码为规范格式返回。

数据集成服务接收来自界面服务或者其他数据集成服务的查询命令，首先，进行查询分解、服务资源发现与选择；然后，生成分布式查询计划，根据该查询计划，向相关的数据服务或者数据集成服务提交查询并获得结果；最后，将结果集成，形成最终结果返回给调用者。数据集成服务是该模型中最复杂也是最核心的部分。

2. 界面服务

界面服务的功能主要有两个方面：一是把面向用户的数据查询命令翻译为面向数据集成服务和数据服务的规范化命令；二是把来自数据集成服务或数据服务的规范化查询结果翻译为符合用户需求的格式。根据用户界面服务所需要完成的功能，其内部还可分为若干个子功能模块，如图 9.27 所示。这些模块用于支持分布式空间数据管理的共同要求，即数据模型独立性和语义完整性约束。

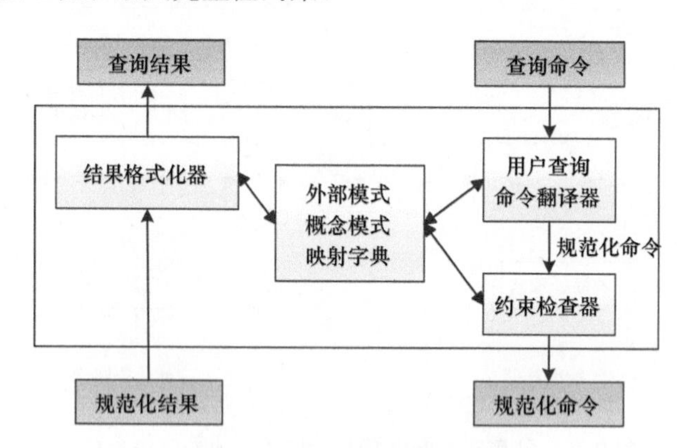

图 9.27　界面服务内部组成

数据模型独立性：每个界面服务都有一个“用户查询命令翻译器”，它接受面向用户的查询界面所形成的查询命令，如特定的查询脚本、空间等，然后把这些命令转换成统一的规范化格式——规范化命令，这些规范化命令将被传递到下一级服务进行处理，结果格式化器接受规范化的数据查询结果并转换成用户界面服务所要求的数据格式。上述的转换过程都由各用户界面服务上的“外部模式——概念模式数据字典”支持完成。通过上述两个方向的翻译与转换，实现了用户数据格式外部模式与规范化数据格式概念模式这两个数据模型之间的独立性，使得其中任何一个模型发生变化后，只需要修改“模式映射字典”或对应的翻译器格式化即可。

语义完整性约束：语义完整性约束描述了查询数据的有效值，如查询空间范围的合理值、查询项之间满足的多种空间约束等。用户界面服务依靠“约束检查器”来检验这些约束。

3. 数据集成服务

数据集成服务负责响应分布式空间数据查询要求，但它本身并不存储实际的数据。数据集成服务把分布式查询请求进行分解，将之转化为一系列针对实际数据服务或者其他能够提供所需要数据的数据集成服务的规范化查询命令，然后汇集来自其他服务的查询结果，形成最终的结果返回给调用者。

在实际应用中，单一的数据服务往往难以满足用户复杂的空间数据查询要求，因此，数据集成服务的作用十分重要。又由于复杂查询所涉及的数据服务可能较多，查询命令也可能比较复杂，因此，数据集成服务的查询分解和查询规划能力将在很大程度上影响系统的性能。数据集成服务的典型结构如图 9.28 所示。

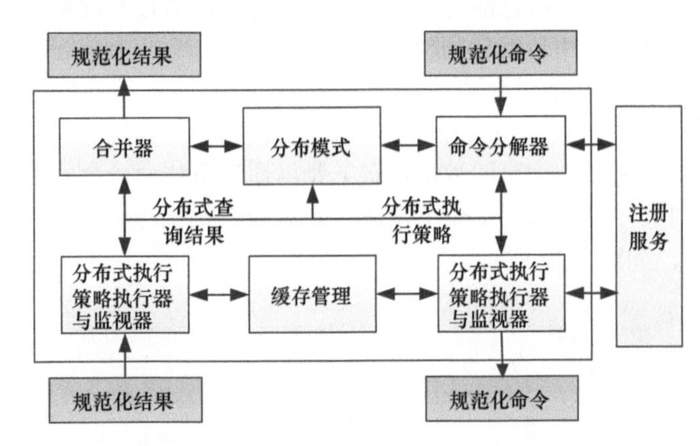

图 9.28　数据集成服务内部组成

命令分解器：其主要功能是根据分布式模式和注册服务所提供的服务选择结果，把来自于调用者的规范化数据查询请求转化为一系列面向数据服务和其他数据集成服务的分布式执行策略。在一个数据服务集成系统中，单次数据查询请求所需要的数据可能由几个不同的数据服务提供，所以在执行一个数据查询命令之前，需要根据当前数据服务的分布情况制定一个执行策略，将该查询命令分解为一系列子命令，然后确定这些子命令的执行顺序和执行站点。如果数据服务存在多个副本的话，还必须选择要访问的是哪个或者哪些副本。

合并器：将分布式执行策略得到的不同服务的结果数据组合起来，形成统一、规整的结果返回给调用者。

分布式执行策略执行器与监视器：其负责分布式执行策略的准确执行以及对整个执行过程中各服务的状态进行监视，以便实现松散事务功能。为了提高策略的执行性能，执行器还可应用数据集成服务中的缓存机制，利用诸如物化视图的方法来提高整个查询过程。

作为数据服务集成的核心部件，数据集成服务满足以下三个需求：

（1）响应时间较快、查询代价较低。在传统的数据集成服务中，查询代价主要由分布式站点之间的数据通信代价构成，但是在空间数据集成服务中，由于空间查询操作既是密集型又是计算密级型，因此不但要考虑数据通信代价，还要考虑本地查询处理的开销，同时，如果进行服务集成的话，还需要考虑到服务启动的代价。

（2）数据服务位置的独立性。分解器需要根据分布模式进行命令分解和制定分布式执行策略。合并器也需要根据分布模式进行分布式结果的集成。这些分解后的命令将提交给哪些数据服务去执行和这些数据服务在哪个具体位置应该与调用者无关。数据集成服务通过定义本地分布模式来支持数据服务位置的独立性，其好处在于，该数据集成服务对于调用者来说，就像一个逻辑上独立的数据服务一样。

（3）数据复制独立性。通过把数据重复存放在不同的地点可以提高系统的数据可用性和系统可靠性。在数据服务中，提供同样数据访问能力的服务可能存在多个副本，这就要求数据集成服务在选择数据服务时，能够根据各个副本的实际情况做出适当的选择。各数据服务副本的动态信息都将暂存在注册服务中，通过与注册服务的交互，数据集成服务就能够提供系统的数据复制独立性。

4. 数据服务

数据服务负责获取实际的空间数据，它主要包括规范化命令翻译器、规范化结果格式化器、本地查询执行引擎和支持规范化命令到本地查询指令转换的“概念模式——内部模式映射字典”，如图 9.29 所示。

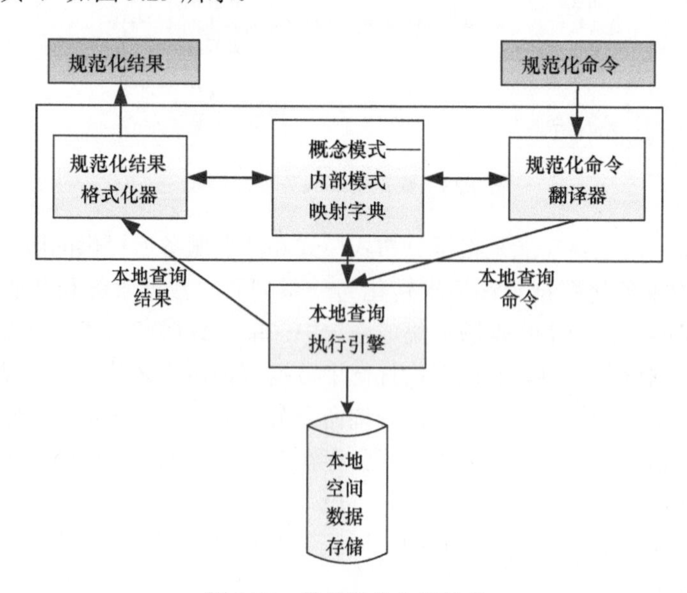

图 9.29　数据服务内部组成

其中，规范化命令翻译器用于将来自调用者的规范化命令转化成面向本地空间数据存储的本地查询命令，规范化结果格式化器主要用于将本地查询引擎的查询结果转化成规范化的输出。本地查询引擎则负责对本地不同类型的空间数据存储，如空间数据库或者数据文件等进行实际的查询操作。

如果将数据服务看作是一个空间数据库的话，则它暴露给外部调用者的数据模式可看作是一种概念模式，而实际的数据结构则看作是内部模式，将以规范化格式书写的数据查询命令翻译成面向本地数据结构的物理查询命令，其可以看作是从概念模式到内部模式的转换，这个转换过程的控制由“概念模式——内部模式映射字典”完成。

9.5.4　空间态势分布式共享数据结构

2010 年，欧盟发布《外空活动行为准则》修订草案，号召成员国增强空间态势信息的共享，形成一套确保外空安全的操作规范，能够为欧盟国家共同使用。面向服务的 Web 应用系统架构作为一种抽象的、松散耦合的粗粒度软件架构，能够更好地重用已有模块、加快软件开发速度，其中的服务可以通过网络进行调动，将一个一个的“信息孤岛”连接起来，使整个系统成为一个高效、可靠、灵活、开放的系统。基于面向服务的架构设计的分布式数据管理与服务将能够促进空间态势信息的应用与分享。

1. 当前数据结构缺陷

实现空间态势感知需要实时获取地面站、数据链接和在轨目标的数据信息，包括具有威胁的空间碎片。随着越来越多的国家开始加强本国的空间能力，近地和深空中的太空目标数量持续增加，随之也显著增加了与太空有关的地面站、通信链路和空间常驻目标（resident space objects，RSO）的数量，空间态势中的数据量呈几何级的倍数增加。随着数据量的增加，当前空间态势系统的数据结构也呈现出相应的问题，具体如下。

（1）数据精度问题。空间态势数据的增加并没有带动数据结构的改变。现有的数据结构限制了信息交换的精度，同时也制约了关键信息的计算，如特定时间单个 RSO 的准确位置。其中，两行根数（TLE）就是这些数据结构中的一种。20 世纪 60 年代，TLE 的数据结构被提出来，直到今天，这种数据结构依旧在很多现存的软件中使用。然而，每一个数据领域根据 TLE 数据结构计算出来的结果都需要被应用到特定领域。面对不同领域数据量和对数据精度要求的不同，这种数据结构已经不足以为不同的数据领域提供足够的精度需求，老旧的数据格式也给空间态势信息系统其他关键的数据结构带来了限制。

（2）数据传输问题。点对点通信信道的带宽限制了数据的交换质量，因此以前为了确保数据的正确处理制定了很多与数据传输有关的规则。例如，规定一次最小观测量和仅传输请求的数据。这种情况会导致创建一个新的态势信息时，额外附加的信息没有被考虑进来。但是，如果改善数据信道并允许所有数据都传输，那么当前系统就会因为无法承受这么多的数据而崩溃。现存的空间态势信息系统已经存在了很长时间，然而设计的数据处理水平还只是当时的水平。计算机技术应用于处理空间态势数据的能力并没有与空间态势数据的增长同步。因此，现阶段处理增长的空间态势数据需要最新的计算机技术。

（3）数据源问题。实现空间态势感知信息获取需要数据源，但是当前的数据源缺少通用的协议、标准和格式。一些数据源仅仅是来自于演讲的文档、PPT，或者维基百科、百度百科等的数据分析，缺乏权威性。当要进行深入的数据交换时，多样的数据格式就带来了很多麻烦。

2. 新型数据结构建立

为了适应态势数据的增长所带来应用上的问题，空间态势系统数据结构必须进行改革和创新。当前空间态势系统数据收集的带宽和系统信息结构被限制，同时设备老化。现阶段需要从当前空间态势系统转变到一个全新的松耦合系统，该新型系统的数据采用网络中心化的数据分发模式。网络中心化的数据分发模式可以创造能够提供任务能力的客户端应用程序。为了将网络中心化的空间态势数据分发的潜在优势最大化，需要进行以下五部分工作。

（1）确保数据易于理解。从点对点通信到网络中心化的数据分发的转变将会导致数据的词汇理解形式发生变化。共同的条目对不同人有不同的理解形式。例如，英文单词“satellite”可以理解为以下几种含义：①所有人造的执行任务的天体；②所有人造天体；③所有拥有轨道的人造天体。

（2）确保数据的可信度。建立一个共同利益团体（community of interest，COI）将能够促进网络中心化数据的分享。高可信度的数据能够使数据生产者和数据使用者之间在信息语义上达成一致，而 COI 能够建立一个学科专家（subject matter expert，SME）来制定拥有通用数据词汇、词典和 XML 模式的数据模型，通用的数据模型能够实现数据的可信度。这种人为的数据模型能够在主要的程序组件、外部系统、应用和服务之间交换数据。该通用数据模型包括以下部分：数据定义（逻辑数据模型）、XML 模式（物理数据模型）、服务描述文件、Web Service 描述语言（WSDL）、设计与应用向导。

（3）数据可视化。为了使得数据对于 COI 内部可见，大部分应用服务应当在数据服务环境（data services environment，DSE）中进行注册，之后通过可视化模块对访问的数据进行可视化。在 DSE 中注册之后，客户端的使用者就可以获得访问所需数据的权限。

（4）确保数据可访问。通过网络中心化的企业服务（net-centric enterprise services，NCES）接口发布接近实时（near-real time，NRT）的数据和通过网络服务提供请求/响应查询。

（5）数据可融合。根据既定的规则，将来自多传感器的数据和信息分析、组合为一个全面的情报，并在此基础上为用户提供需求信息，如决策、任务、航迹（track）等。简单来说，数据融合的基本目的就是通过组合，可以从任何单个输入数据获得更多的信息。

3. 多重局域网关建立

为了使用该数据结构，所有系统要求归档安全日志和任务数据，并且需要提供归档的数据。在这些数据的基础上，及时加强了数据的备份和存储。云计算数据归档解决方案已经在网络上建立起来，并能够满足严格的要求。网络共享数据也必须具备能够限制授权用户使用数据的能力。网络中心化的数据分发使得用户具备了以接近实时方式接收数据的能力。提升云计算能力将会降低系统的开发和维护费用，同时也会降低系统整体部署所需要的时间。

数据的生存性是空间态势感知架构的研究重点。现存的大数据架构提供了一种存储可供恢复的数据的方式和在不同节点之间提供数据复制。这种数据存储和复制能力能够作为一种适用于局部网关的云计算服务，以此来提高数据的生存性。图 9.30 展示了具有三个局域网关的系统能够在部分网络无法使用的情况下继续工作。

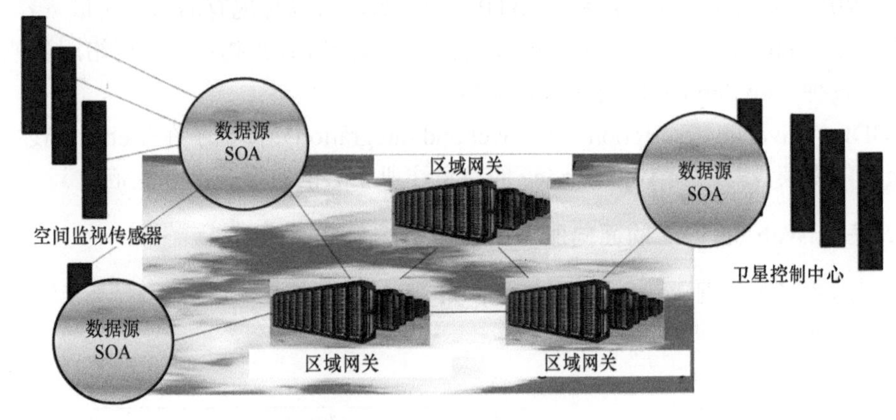

图 9.30　多重局域网关

当一个网络节点被袭击之后，涌入的大量数据由于得不到及时处理，剩余的数据将会超过系统容量。大数据框架提供了一种将处理过程移动到数据部分而不是使数据经网络传输到网关内部的解决方式。这种解决方式能够降低网络负载，同时能够充分利用所有可利用的数据。这种方式也可以用来在受损的网络环境下进行局部数据处理。

数据到达局域网关的速度将会持续增长，大数据提供了并行处理数据的方式，并且也提供了在局域网关之间复制数据的方法。这些大数据能力将和云计算、网络中心化数据分发结合起来提供一个完整的数据管理方式。

数据将会从一个拥有 N-CSDS 能力的数据源分发，通过在云中使用 NCES 来公布，通过订阅在网关中被接收。局域网关会将数据复制给其他的局域网关。未来的处理将会使用并行处理来解决：当前的空间态势、线程预测事件、属性查询、异常解决等。

9.5.5　基于 Web Services 的空间态势多源数据网络化集成与共享

空间态势描述的对象包括空间环境、空间目标、基础地理信息等，其使用的数据包括多数据来源、多数据格式、多时空数据、多比例尺（多精度）、多语义性等几个层次，这些数据需要在服务器端集成之后，通过面向服务的架构进行共享。

1. Web Services 关键技术

Web Services 是一系列基于 Web Service 技术并部署在 Web 上的对象、组件，是可以通过网络访问的应用程序接口。Web Service 由四大部分组成：XML、SOAP、WSDL、UDDI。Web Services 技术本身的兴起正是依托这四大开放标准的发展过程和标准化历程发展起来的。

XML（extensible markup language）在 Web Services 中不是一个单独的协议，但它却是 Web Services 的核心技术。XML 为 Web Services 提供了统一的数据格式，包括消

息、服务描述以及工作流的描述等不同层次的协议，它们都将 XML 作为定义语言。XML 的数据描述机制奠定了 Web Service 革命的技术基础。

SOAP（simple object access protocol）是用于交换 XML 编码信息的轻量级协议。它基于 TCP/IP 的应用层协议 HTTP、SMTP、FTP 等，可以与现有的通信大量兼容。

WSDL（web service description language）是借助 XML 来描述一个网络服务或端点，用于定义各种 Web Service 以及调用方式的语言。

UDDI（universal description，discover and integration）提供了在 Web 上描述并发现商业服务的框架，是面向 Web Service 的信息注册中心的实现标准和规范。

2. 基于 Web Service 的面向服务的多源数据集成

空间态势多源数据集成模型分为四部分：Web 子数据层、服务注册层、统一管理层和编码层，如图 9.31 所示。

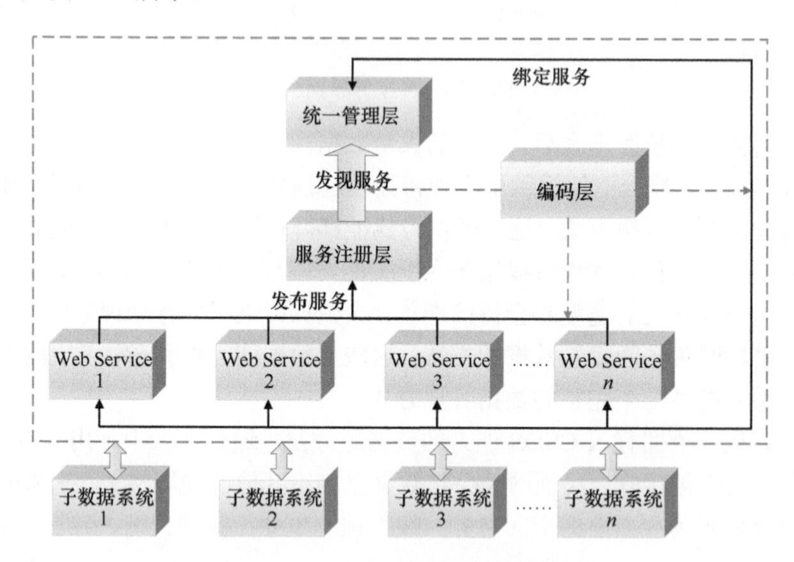

图 9.31　空间态势多源数据集成模型

Web 子数据层实现统一管理层定义的服务标准，服务标准采用的是 GML。GML 是 OGC 所定义的数据交换标准，是基于 XML 的，其正在被业界所广泛接受，所以将 GML 作为数据交换标准。每个子数据层应具有独立解析 GML 数据的能力，并且具备将自己的本地接口调用的数据用 GML 描述的能力。

服务注册层具有 UDDI 表，子数据层提供的服务都是用 Web Service 描述语言（WSDL）描述并注册到 UDDI 注册表中，当系统不能提供服务时则从 UDDI 中注销，实现对子数据层注册的服务进行管理，这样统一管理层能够通过 UDDI 注册表搜索到所需服务并进行调用。

统一管理层作为整个模型和数据集成的中心，将对子数据系统提供的 GML 文件进行集成而达到对多个子数据系统的数据集成的目的。另外，当有数据请求时，将在 UDDI 注册表中查找提供相应服务的子数据系统的服务信息，通过服务信息来访问服务。

在整个集成模型下，Web Services 的发布、发现和绑定都是在 XML 的基础上定义的，均将 XML 作为信息描述和交换的手段。

3. 基于 Web Service 的空间态势集成数据共享

从数据使用者的角度分析，其希望通过一个客户端就能够查询和使用到自己需要的所有数据，这就要求多个分布在不同位置的集成数据之间能够进行互操作，为用户提供统一的数据共享服务，其还需要构建面向服务的集成数据共享模型。

目前主要有三种数据共享方式：外部数据交换、空间数据互操作和空间数据共享平台。其中，空间数据共享平台是最好的空间数据共享方式。本书设计一种空间态势数据共享架构，如图 9.32 所示。

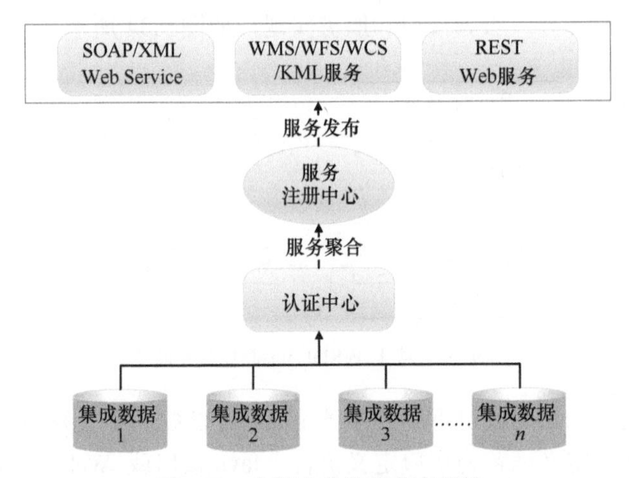

图 9.32　空间态势数据共享架构

空间态势数据共享架构提供了一种分级管理模式。根据 SOA 具备服务聚合的能力，多个集成数据通过认证中心进行认证，认证之后在服务注册中心进行注册完成发布。发布的服务可以继续同其他的服务再次聚合和发布。这样一来，对于不同级数的空间态势数据，可以在分散的模式下，通过服务以及服务再聚合实现共享。

1）SOAP 与 XML 消息传递

SOA 架构最基础的支柱是 XML 消息传递。当前 XML 消息传递的行业标准是 SOAP。SOAP 通常和各种网络协议（如 HTTP、SMTP、FTP 和 IIOP 或 MQ 上的 RMI）相结合使用，或者将这些协议重新封装后使用。应用程序与 SOAP 的集成可以通过四个基本步骤加以实现，如图 9.33 所示。

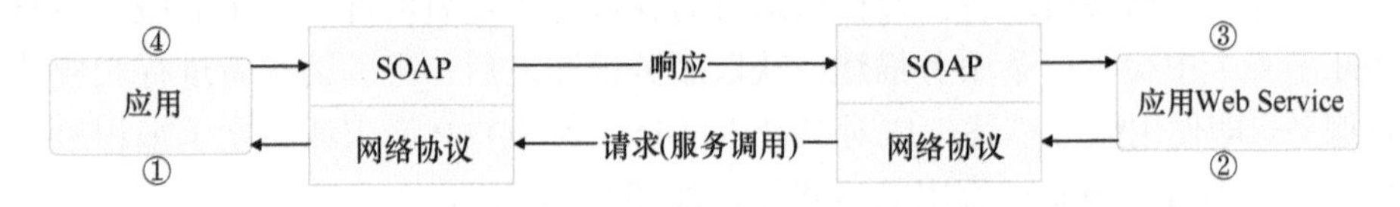

图 9.33　基于 SOAP 的 XML 消息传递

（1）服务请求者的应用程序创建一条调用服务提供者提供的 Web Service 操作的 SOAP 请求消息；

（2）以服务提供者的 SOAP Runtime （如一个 SOAP 服务器）为中介，网络基础结构将消息传送到服务提供者的 Web Services；

（3）Web Services 负责处理请求信息并生成一个响应，以 SOAP Runtime 为中介，将响应的 SOAP 消息发送到网络上的服务请求者；

（4）响应消息由服务请求节点上的网络基础结构接收，然后提供给应用程序。

2）WSDL 服务描述

Web Service 描述语言（WSDL）定义了一套 XML 语法，将 Web Services 描述为能够交换消息的通信端点的集合，实现以结构化方式来描述通信。在 SOA 架构中，基本服务通常被划分为两部分：服务接口和服务实现，如图 9.34 所示。

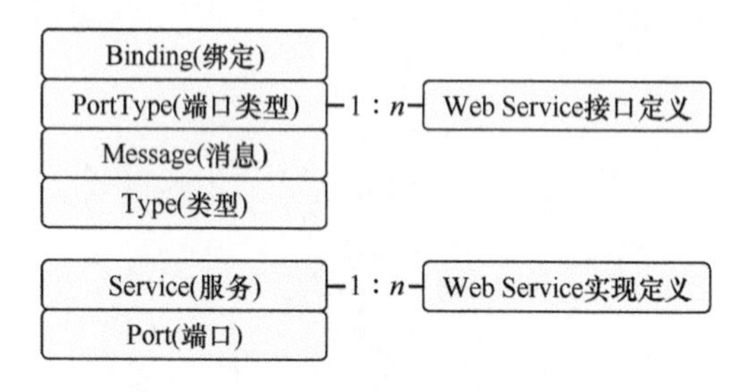

图 9.34　基于 WSDL 的基本服务描述

服务接口定义是抽象的或可重用的服务定义，可以被多个服务实现定义实例化和引用，可以将服务接口定义理解为接口定义语言、Java 接口或 Web Service 类型。因此，通用行业标准的服务类型可以被多个服务实现者所定义和实现。

服务实现定义是一个描述特定的服务接口如何由指定的服务提供者实现的 WSDL 文档。一项 Web Service 模型化表达为一个服务元素 WSDL：Service。 一个服务元素是端口元素 WSDL：Port 的集合。端口通过绑定元素 WSDL：Binding 与端点（如网络地址或 URL）关联。服务接口和服务实现分开独立定义，使得每一部分可被另一部分重用。

3）UDDI 服务的发布与实现

SOA 的发现包括获取服务描述和使用服务描述。直接发布时，服务请求者在设计时对服务描述进行高速缓存，以在运行时加以使用。此时服务描述用程序逻辑静态地表示，并存储在文件或简单的本地服务描述资源库中。

动态发布时，服务请求者在设计或运行时在服务描述资源库（简单的服务注册中心或 UDDI 节点）中检索一条服务描述。获取服务描述之后，服务请求者进行相应处理以调用该服务，即使用服务描述生成对 Web Services 的 SOAP 请求或特定于编程语言的代理，以实现对 Web Services 调用的格式化，如图 9.35 所示。

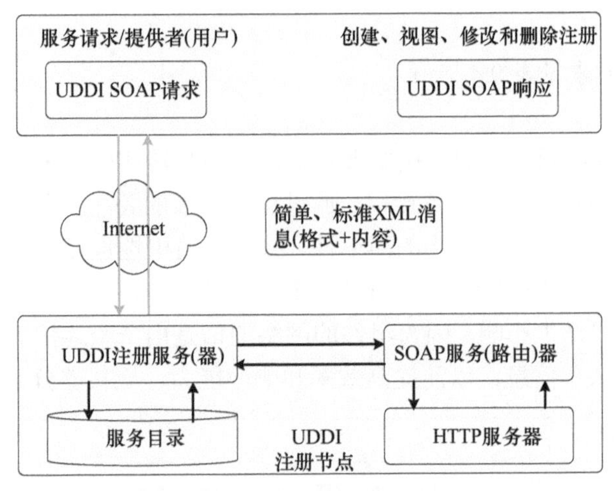

图 9.35　基于 SOAP 和 UDDI 的服务注册

9.5.6　REST 风格的空间数据共享机制

对于基于 SOA 的空间数据共享，Web Services 在方法论上提出了解决方案，并提供了切实可行的 SOAP、WSDL、UDDI 等可操作的方法和规范，然而其中也存在一些需要完善的地方。

表述性状态转移（representational state transfer，REST）是为分布式超媒体系统设计的一种架构风格，是当今世界上最成功的互联网超媒体分布式系统架构，它使得人们真正理解了 Http 协议的本来面貌。随着 REST 架构成为一种主流技术，全新的互联网应用开发的思维方式开始流行。

1. REST 描述与设计准则

REST 是一组协作的架构约束，它试图使延迟和网络通信最小化，同时使组件实现的独立性和可伸缩性最大化。REST 通过将约束放置在连接器的语义上来达到这些目标，而其他的架构则聚焦于组件的语义。REST 支持交互的缓存和重用、动态替换组件，以及中间组件对于动作的处理，因此满足了一个 Internet 规模的分布式超媒体系统的需求。

REST 是基于 Http 协议的，任何对资源的操作都是通过 Http 协议来实现的。Http 不仅仅是一个简单的运载数据的协议，而且是一个具有丰富内涵的网络软件的协议。它不仅仅能对互联网资源进行唯一定位，而且还能告诉我们如何对该资源进行操作。Http 把对一个资源的操作限制在 4 个方法以内：GET、POST、PUT 和 DELETE，这正是对资源 CRUD 操作的实现。由于资源和 URI 是一一对应的，执行这些操作的时候 URI 是没有变化的，这和以往的 Web 开发有很大的区别。这一点极大地简化了 Web 开发，也使得 URI 可以被设计成更为直观地反映资源的结构，这种 URI 的设计被称作 RESTful 的 URI。其为开发人员引入了一种新的思维方式：通过 URL 来设计系统结构。

2. REST 架构的组成

REST 架构由定义 Web 架构基础的组件、连接器和数据元素组成，如图 9.36 所示。

1）数据元素

REST 的数据元素见表 9.4。

2）连接器

REST 使用多种不同类型的连接器来对访问资源和转移资源表述的活动进行封装。连接器代表了一个组件通信的抽象接口，通过提供清晰的关注点分离，并且隐藏资源的底层实现和通信机制，改善了架构的简单性。接口的通用性也使得组件的可替换性成为可能：如果用户对系统的访问仅仅是通过一个抽象的接口，那么接口的实现就能够被替换，而且不会对用户产生影响。因为组件的网络通信是由一个连接器来管理的，所以在多个交互之间能够共享信息，以便提高效率和响应能力。连接器分类见表 9.5。

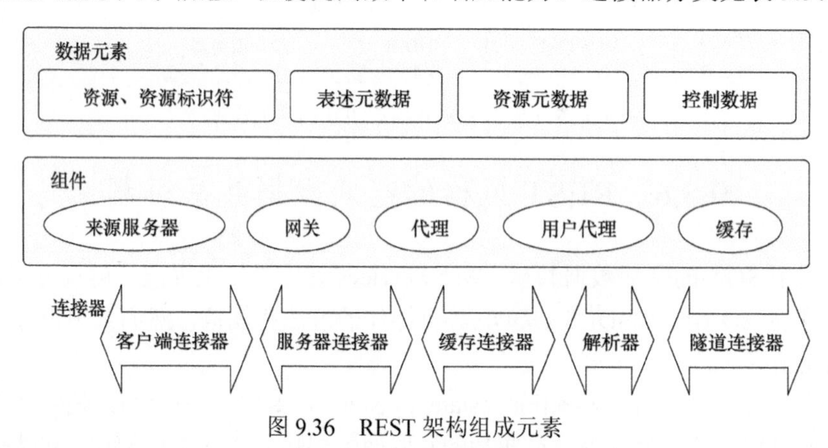

图 9.36　REST 架构组成元素

表 9.4　REST 的数据元素

数据元素	现代 Web 实例
资源	一个超文本引用意图指向的概念上的目标
资源标识符	URL、URN
表述	一个字节序列，以及描述这些字节的表述元数据
表述元数据	媒体类型、最后修改时间
资源元数据	源链接、alternates、vary
控制数据	If-modified-since、cache-control

表 9.5　REST 的连接器分类

连接器	现代 Internet 实例
客户端	libwww、libwww-Perl
服务器	libwww、Apache API、NSAPI
缓存	浏览器缓存、Akamai 缓存网络
解析器（resolver）	绑定（DNS 查找库）
隧道（tunnel）	SOCKS、HTTP 连接之后的 SSL

3）组件

REST 组件根据它们在动作（action）中的角色来分类，见表 9.6。

一个用户代理使用一个客户端连接器发起请求，并成为响应的最终接收者。最常见的例子是一个 Web 浏览器，它提供了对信息服务的访问途径，并且根据应用的需要呈现服务的响应。

表 9.6　REST 的组件分类

组件	现代 Web 实例
来源服务器	Apache httpd、微软 IIS
网关	Squid、CGI、反向代理
代理	CERN 代理、Netscape 代理、Gauntlet
用户代理	Netscape Navigator、Lynx、MOM spider

一个来源服务器使用一个服务器连接器管理被请求资源的命名空间。来源服务器是其资源表述的权威数据来源，并且必须是任何想要修改资源值的请求的最终接收者。每个来源服务器都为其服务提供了一个以资源的层次结构形式出现的通用的接口。资源的实现细节被隐藏在这一接口的背后。

为了支持转发，可能还要对请求和响应进行转换，中间组件同时扮演了客户端和服务器两种角色。一个代理组件是由客户端选择的中间组件，用来为其他的服务、数据转换、性能增强或安全保护提供接口封装。一个网关（也叫做反向代理）组件是由网络或来源服务器强加的中间组件，用来为其他的服务、数据转换、性能增强或安全增强提供接口封装。需要注意的是，代理和网关之间的区别是，何时使用代理是由客户端来决定的。

3. REST 风格的空间数据共享模式

1）模式描述

按照 REST 的观点，不用关心底层解决方案的架构，可以在 n 层应用或客户端/服务器解决方案中利用 REST，其与面向服务的方法一样简单。

实际上，任何应用都可以利用 REST，只要它用 GET、POST 等通过 HTTP 暴露一些功能即可。它的主要挑战在于明确并定位个体资源以及构建异步的、事件驱动风格的交互。HTTP 和 XML 之外的 REST 本身的缺点也是厂商和 IT 公司的挑战。此外，还需要明确词汇的语义，即在客户端和服务器之间交换的 XML 的准确含义是什么。从现有的技术出发，结合面向服务的空间数据共享模式和通用面向服务的空间数据共享模型，构建 REST 风格的空间数据共享模式，如图 9.37 所示。

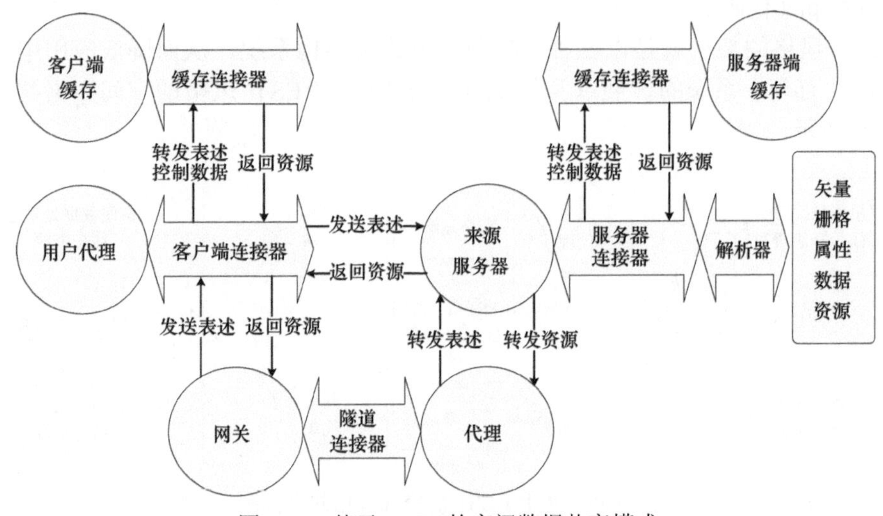

图 9.37　基于 REST 的空间数据共享模式

2）模式特征

通过分析可以发现，基于REST的空间数据共享模式，采用当前开放性最好的Web技术，解决了空间数据共享困难、互操作性差的缺陷，更好地利用Web资源，为实现互操作提供了有效的方法、思路和技术。其模式特征见表9.7。

表9.7　REST模式特征描述

模式特征	描述
开放的数据访问模型与接口	各个异构的空间信息应用系统间可以采用URL作为数据传输和存储的载体进行互操作
分布性与层次性	只要各网络节点底层数据源能够抽象为无状态资源，应用程序和浏览器就能较好地将其集成到统一的数据共享平台下使用。分布式体系结构可以更高效便捷地实现空间数据共享
松散耦合性	当某个资源的实现发生变化时，只要REST的调用接口不变，系统就能够正常运作，这就使系统松散耦合，极大地提高了适应、扩展能力
高度可集成能力	REST并没有提出实现层面上的规范，完全屏蔽了不同软件平台的差异。只要抽象为资源，就可以实现当前环境下最高的可集成性
数据显示的多样性	客户端应用可以根据需要来选择业务模式和显示方式，相同的服务请求和数据来自于两个不同类型的终端
防火墙穿越能力	采用通用的Web协议作为宿主协议，其不受各种防火墙与网关的限制

4. REST风格的空间数据共享机制

REST风格就是通过提供清晰的关注点分离、隐藏资源的底层实现和通信机制，来改善架构的简单性，以无状态服务器、缓存、分层、使用按需代码等方式在统一定义的REST组件接口下，传输自描述的数据——表述，从一切皆资源的角度去架构系统。所有的REST交互都是无状态的，无论之前有任何其他请求，每个请求都必须包含动态资源理解该请求所必需的全部信息。用户对系统的访问仅仅是通过一个抽象的接口，接口的实现是能够被替换的，不会对用户产生影响。另外，REST提倡使用缓存策略，既然静态的资源可以被缓存，那么在变化不大的情况下动态资源也可以被缓存，如Ajax引擎、Java Applet代码等。

REST风格的架构就是以一种更松散的方式来架构系统，从而降低应用中各层的耦合度，其有利于系统的扩展以及与现有系统集成。REST风格的空间数据共享机制如图9.38所示。

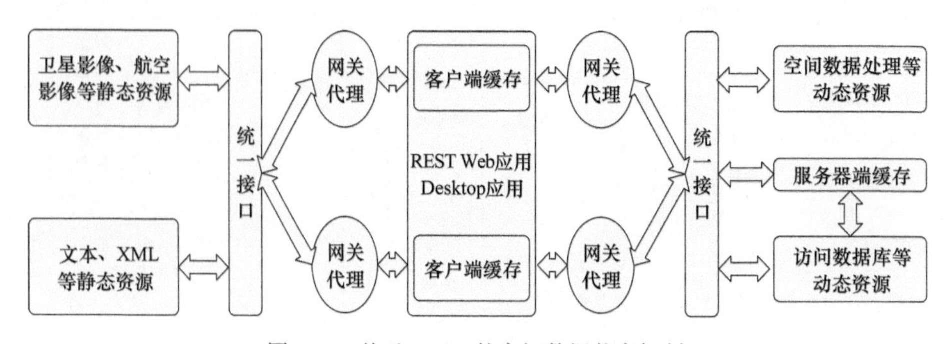

图9.38　基于REST的空间数据共享机制

9.5.7　通用 SOA 空间数据集成与共享模型

空间数据大都以多种异构方式存放于全球分布的数据服务器上，数据库不同，系统平台不同，这些数据服务器还可能受到各自防火墙的保护，使得防火墙外，尤其是远程用户很难直接获取这些数据。

以往的共享模型中，需要花大量的时间构造不同数据源的接口，或将精力放在不同平台的互操作实现上。Web Service 是一种新的分布式计算技术，与其他分布式技术相比，Web Service 提供了一种在更高层次、更广范围上解决数据共享的方法。服务提供者不必考虑使用者是谁，只需将操作数据的方法暴露出来即可。使用者也不必了解服务的内部结构，只需根据服务说明来引用 Web Service 就可将它集成到自己的应用中。

REST 是另一种新型的分布式计算技术，它提供了更简便、更快捷的架构方法。由于 REST 没有限定其实现具体使用哪一种技术，只需要将其当成资源来访问调用即可，因此其能够以一种比 Web Service 更加灵活的方式将数据或应用集成到自己的应用程序中，这样就可以建立 REST 风格的面向服务的空间数据共享。

在此基础上，一种新的面向服务的数据共享模型诞生：基于 Web Service 和 REST 混合架构，其共享模型如图 9.39 所示。

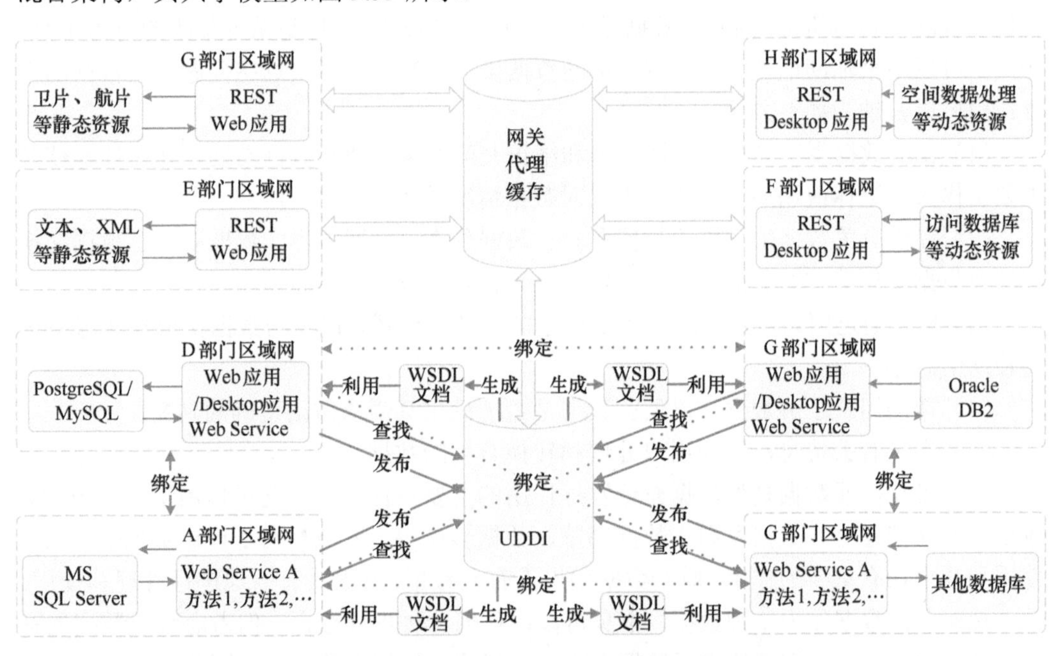

图 9.39　基于 SOA 的通用空间数据共享模型

其中，A、B、C、D 为四个不同区域、不同防火墙下无协作关系的部门，四者之间的唯一联系就是互联网。四个部门在共享各自数据时，可首先将其数据封装成 Web Service，并发布操作 Web Service 的方法，然后通过 UDDI 注册各自的服务，并采用 WSDL 对所提供的服务进行详细描述，以此达到四个部门数据共享的目的。E、F、G、H 是另外的区域，也是处于不同防火墙下无协作关系的部门，四者之间的唯一联系就是互联网。四个部门在共享各自数据时，可首先将其应用抽象为无状态资源，通过网关、代理和统一平台，在服务器端和客户端建立缓存来访问调用，以此达到部门共享数据的目的。

Web Service 和 REST 混合模式的 SOA 架构跨平台、跨网络的特点特别适合数据重用、应用程序集成等场合的应用。地域性特点和空间数据对象的整体性特点也需要这样一种解决方式，SOA 为地球数据的共享研究提供了一种新的方法和思路，是未来实现全球尺度地球数据共享应用的理想选择。

9.5.8　空间态势元数据标准制定

元数据被概括地定义为“关于数据的数据”，即关于数据的内质量、状况和其他特性的信息。元数据为各种形态的数字化信息单元和资源集合提供规范、普遍的描述方法，帮助数据生产单位有效地管理和维护数据；提供通过网络对数据进行查询检索的方法和途径，以及与数据交换和传输有关的帮助信息；帮助用户了解数据，以便就数据是否满足其需求做出正确判断；提供有关信息，以便用户处理和转换接收外部数据；向数据生产单位提供数据存储、数据分类、数据内容、数据质量、数据交换网络及数据销售等方面的信息。元数据为分布的由多种数字化资源有机构成的信息体系（如地理信息系统）提供整合的工具与纽带，因此元数据是数据集成的核心技术，也是系统集成的有力工具。元数据可以用来辅助地理空间数据，帮助数据生产者和用户解决这些问题。元数据的主要作用可以归纳为如下方面。

（1）帮助数据生产单位有效地管理和维护空间数据，建立数据文档，并保证即使其主要工作人员退休或调离，也不会失去对数据情况的了解；

（2）提供有关数据生产单位数据存储、数据分类、数据内容、数据质量、数据交换网络及数据销售等方面的信息，便于用户查询检索地理空间数据；

（3）提供通过网络对数据进行查询检索的方法或途径，以及与数据交换和传输有关的辅助信息；

（4）帮助用户了解数据，以便就数据是否能满足其需求做出正确的判断；

（5）提供有关信息，以便用户处理和转换有用的数据。

由此可见，元数据是使数据充分发挥作用的重要条件之一。它可以用于许多方面，包括数据文档建立、数据发布、数据浏览、数据转换等。元数据对于促进数据的管理、使用和共享均有重要的作用。原始数据如果没有元数据，就很难有效地进行管理和使用。

然而，元数据作为一种数据，本身可以以任何一种形式存在，但考虑到元数据的存储、使用和共享时，需要依靠元数据在内容、形式、组织上的一致。因此，制定空间态势元数据标准，通过建立一个元数据术语、定义和扩展的公用集合，能够使数据生产者、各单位使用者一起着手处理有关元数据交换、共享和管理的问题。

1. 空间态势元数据的应用与分层

空间态势元数据应用于独立的数据集、数据集汇总、单独的地理要素，以及构成一个地理要素的不同对象类。空间态势元数据对每个地理数据集是必选的，对数据集汇总、要素以及要素的属性则是可选的。

根据空间态势元数据所需要描述的内容，设计了空间态势元数据的层次级别图，如图 9.40 所示。空间态势元数据可分为数据集系列元数据、数据集元数据、要素类型和要素实例元数据、属性类型和属性实例元数据。

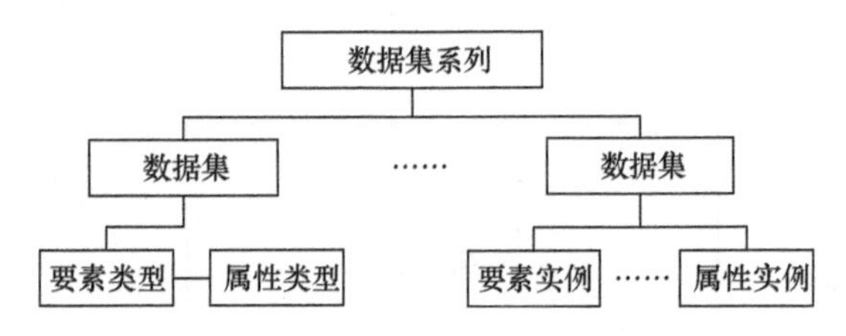

图 9.40 空间态势元数据层次级别图

通过创建不同层次的元数据，可以有效地过滤用户的查询条件，并将它导航到所需要层次的元数据细节，而对于元数据对象，在查询时使用继承或重载的方法就能够根据查询条件从泛化的对象找到特定的元数据实例，这种方法提高了元数据的可重用度，有助于减少站点所管理元数据的冗余度，并能根据用户提供不同观察角度的元数据内容。

2. 空间态势元数据的组成

空间态势元数据由包含一个或者多个元数据实体的元数据部分组成。这里将元数据内容分为 11 个包，每个包对应一个元数据实体，图 9.41 表示了这些包之间的依赖关系。

空间态势元数据实体集信息由元数据实体组成，是必选的。元数据实体包含一些必选和可选的元数据元素，它是下列实体的集合：

（1）数据表现信息：有关在数据集中用来表示数据信息机制的信息；

（2）数据质量信息：对数据集质量的一个总体评价；

（3）分发信息：有关资源的分发者进行数据分发的信息；

（4）内容信息：用以描述矢量数据集的要素目录的标志信息或/和对栅格数据集描述栅格数据内容的信息；

（5）图示表达目录参照：对数据集所使用的图示表达的描述；

（6）应用模式信息：用来创建数据集应用模式的信息；

（7）引用系统：给出引用的参照系统的信息；

（8）元数据扩展信息：给出用户特定扩展的信息；

（9）维护信息：关于更新数据的范围和频率的信息；

（10）元数据标识信息：唯一标志数据的信息，包括如资源引用、摘要、目的、信用、状态以及联系点等；

（11）限制信息：对数据的限制信息，包括安全性限制和合法性限制。

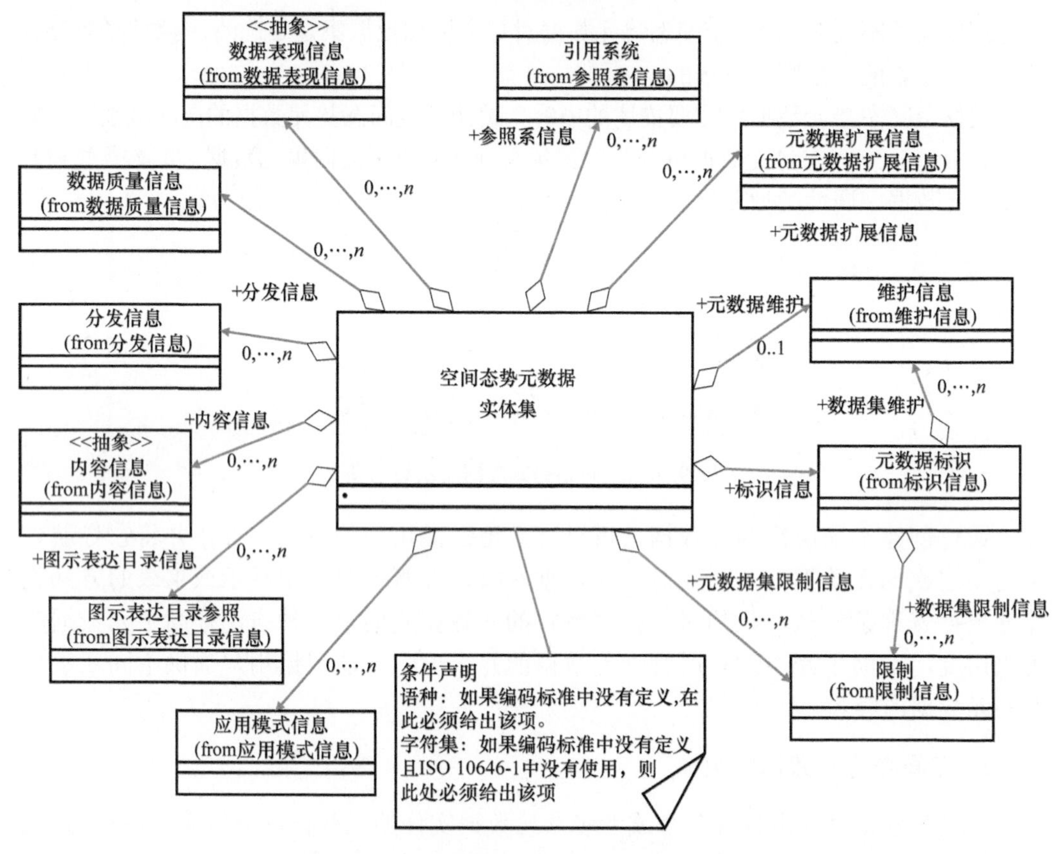

图 9.41　空间态势元数据的 UML 图表示方法

9.6　本 章 小 结

本章在分析空间信息存储与共享方面现有技术的基础上，总结了其应用在空间态势信息存储与共享上所面临的挑战，并明确了空间态势信息存储与共享的需求。在此基础上，针对空间态势信息存储的不足，提出了基于 Swift 的空间态势信息存储，采用动态均衡策略改进了一致性哈希算法，提升了存储系统的负载均衡度，使其更加能够应对空间态势信息的存储；针对空间态势信息共享的问题，提出了基于 Tachyon 的空间态势信息共享，引入以内存为核心的分布式共享框架，将数据的交换置于分布式内存共享框架内，提高了功能组件对数据的请求与利用效率。最后对空间态势分布式共享数据管理与服务进行了研究和架构设计，构建了空间态势分布式集成数据结构和共享数据结构，并探讨了空间态势元数据标准制定。

参 考 文 献

陈慧, 李陶深, 岑霄. 2015.　OpenStack 核心存储件 Swift 与 Keystone 的集群整合方法. 广西科学院学报, 31(1): 73-76.

丁小盼, 周浩, 贺珊, 等. 2015. 基于 OpenStack 的云测试平台及其性能分析研究. 软件, 36(1): 6-9.

郭成城, 晏蒲柳. 2005. 一种异构 Web 服务器集群动态负载均衡算法. 计算机学报, 28(2): 179-184.
李磊, 李达港, 金连文, 等. 2015. 基于 OpenStack Swift 构建高可用私有云存储平台. 实验技术与管理, 32(5): 141-145.
卢万杰. 2016. 面向服务的空间态势信息系统构建技术研究. 郑州: 解放军信息工程大学硕士学位论文.
邵珠兴, 陈彩. 2015. 基于 OpenStack 的云存储系统的大文件存储方案. 计算机工程与设计, 36(2): 396-405.
张聪萍, 尹建伟. 2011. 分布式文件系统的动态负载均衡算法. 小型微型计算机系统, 32(7): 1424-1426.
周冀平. 2015. 基于 Swift 的云存储产品优化及云计算虚拟机调度算法研究. 上海: 华东理工大学硕士学位论文.

第 10 章　空天地一体化态势表达原型系统

前文介绍了空间态势认知与表达的相关理论与技术，本章在集成前文研究成果的基础上，结合国家“863”计划和军队重点型号项目，研制了空天地一体化态势表达原型系统——InSpace，本章对 InSpace 系统的基本功能、总体设计、核心支撑技术、系统实现方法及应用等情况进行了详细介绍。

10.1　InSpace 基本功能

InSpace 系统可以实现整个太阳系下，不同时空尺度的各类空间目标、空间环境等态势信息的一体化展示。InSpace 系统主要有空间态势信息的接入功能、集成融合功能、时空数据建模功能、可视化表达功能、多尺度表达功能、标绘功能、辅助分析与推演功能、处理结果共享/发布功能以及二次开发功能等。各功能之间的逻辑关系如图 10.1 所示。

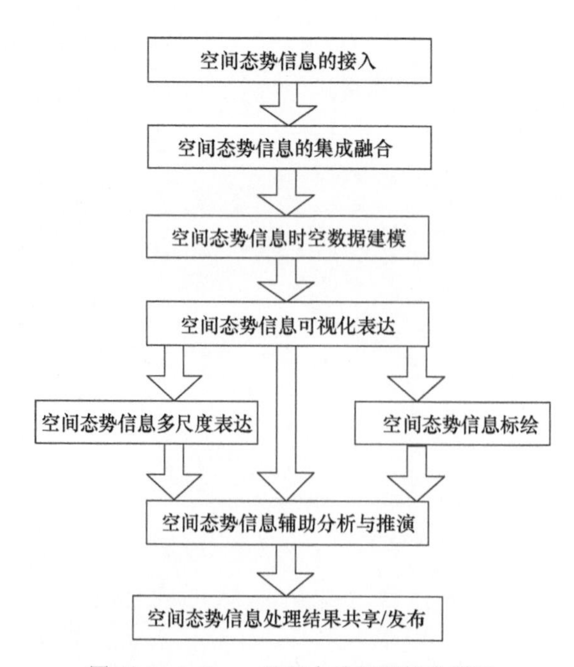

图 10.1　InSpace 的基本功能逻辑关系图

1. 空间态势信息的接入功能

InSpace 系统必须以空间态势感知数据为支撑，目前空间态势感知数据接入的方式多种多样，可以通过网络实时接入，也可以从历史数据库接入，同样还可以通过文本或者手工交互的方式接入，因此，InSpace 必须具有对这些多种接入方式支撑的能力。

2. 空间态势信息的集成融合功能

接入数据的多源和多样性与 InSpace 系统对数据的统一通用性要求之间存在着矛盾。因此，InSpace 需要具有以下一些功能。

1）时空基准统一

时空基准是整个 InSpace 系统仿真运行的基础，接入的数据必须在统一的时空基准下进行综合表达，因此必须要将接入的数据在统一的时间、空间坐标系统中进行关联。

2）数据选取

空间态势数据具有海量化的特点，因此 InSpace 系统应能够从海量的数据中快速筛选出用户需要的数据。

3）数据关联

空间态势感知数据的来源多样，对同一目标的感知数据可能有多种不同的来源，因此，InSpace 应能够对属于同一个目标的不同时刻、不同来源的原始数据进行去伪存真、分析比较，确保时间一致、属性一致、空间坐标一致。

4）分布式数据库一致性维护

目前，空间态势感知由多个不同的单位来完成，各自的数据分布式存储在不同的数据库中，因此 InSpace 系统需要支持分布式数据库，但是分布式数据库具有数据存储冗余和数据一致性要求的固有矛盾，因此，InSpace 系统需要提供数据同步机制来维护分布式数据库各节点之间的数据一致性。

3. 空间态势信息时空数据建模功能

为了对空间态势数据进行统一、高效的管理，空间态势时空数据建模功能分为空间目标和空间环境的时空数据模型，空间目标的时空数据模型为空间目标的高效时空索引提供了支持，其可应用于区域查询、KNN 查询和碰撞预警等多种需求。空间环境的时空数据模型增强了空间环境的时空分析能力，使空间环境动态特征表达与变化规律分析更加全面。

4. 空间态势信息可视化表达功能

可视化是 InSpace 系统进行空间态势信息表达的基础，InSpace 的一大特点是可以实现对整个太阳系内的各类空间态势要素进行可视化表达，大到整个太阳系的展示，小到地面上的一辆汽车，并且整个可视化场景中的各个目标之间可以实现无缝连续切换。

5. 空间态势信息多尺度表达功能

为了使 InSpace 系统表达的结果始终清晰、详细，InSpace 系统需要支持空间态势的多尺度表达功能。空间态势多尺度表达可以有效处理多尺度、海量数据，其利用一定的综合规则，取舍、化简和概况空间态势数据，生成不同级别用户所需要的空间态势表达结果。该功能模块主要包括空间目标的智能选取、空间目标多尺度表达和空间环境多尺度表达等几个子功能。

6. 空间态势信息标绘功能

空间态势标绘主要用来对未来发展趋势的表达。InSpace 提供了对空间态势符号设计与管理功能以及多种标绘方法。

7. 空间态势信息辅助分析与推演功能

InSpace 提供了辅助分析功能，包括过境分析、通视分析、碰撞预警、最近邻查询等，InSpace 系统同时还具备基本的最短路径和地形通行性能分析、地形通视性能分析、地形射击性能分析等与地形相关的分析功能。另外，InSpace 系统还提供想定编辑和按照想定或时间进行推演的功能。

8. 空间态势信息处理结果共享/发布功能

空间态势信息处理与表达结果最终会提供给用户，由于用户的多样性，InSpace 系统需要提供共享与发布功能，以便让处理与表达结果传递给不同平台的用户。

9. 空间态势信息二次开发功能

InSpace 系统定位为基础性软件系统，其可以为用户提供二次开发功能，通过二次开发包，用户可以在 InSpace 提供的基本功能的基础上定制自己的特定功能，以便满足用户的不同需求。

10.2 InSpace 总体设计

10.2.1 逻辑结构设计

InSpace 系统采用态势数据获取层、态势数据处理层、态势数据表达层与态势数据应用层组成的 4 层体系结构，如图 10.2 所示。

态势数据获取层是 InSpace 系统和空间态势感知系统的交互部分，通过其中的空间态势信息接入模块，可以将外界的空间目标、空间环境以及其他各类数据接入 InSpace 系统中。

态势数据处理层主要包括空间态势信息集成融合模块和空间态势信息时空数据建模模块，该层负责对接入的态势数据进行处理，并将处理结果以面向服务的方式为空间态势表达提供服务，态势数据的处理结果以数据库、文件和实时发送的方式为态势数据表达层提供数据支持，数据库、文件中的数据主要通过态势数据服务的方式提供，实时数据则通过 TCP/IP、软件总线和 UDP 等多种实时通信方式提供。

态势数据表达层主要包括空间态势信息可视化表达模块、空间态势信息多尺度表达模块、空间态势信息标绘模块、空间态势辅助分析与推演模块以及空间态势信息共享/发布模块，态势信息表达层是 InSpace 系统的核心层，其是态势数据有效应用的基础，该层中包含了对态势信息的一系列操作，其中空间态势信息可视化表达模块是基础，空间

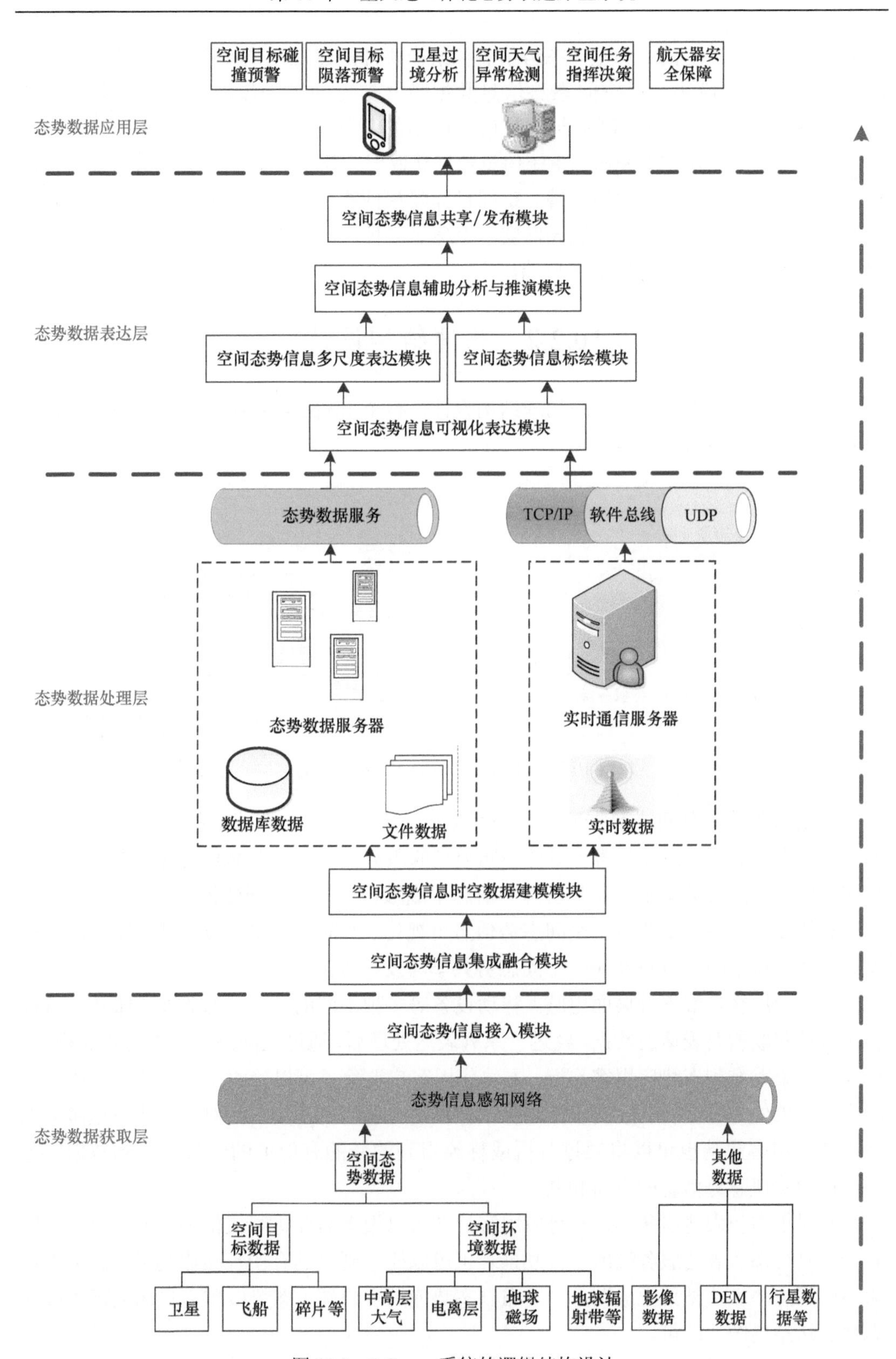

图 10.2　InSpace 系统的逻辑结构设计

态势信息多尺度表达模块和空间态势信息标绘模块都是建立在该模块上，空间态势信息辅助分析与推演模块是对空间态势信息数据隐含信息的进一步挖掘，空间态势信息共享/发布模块是实现用户可定制态势信息应用的关键。

态势数据应用层在 InSpace 系统信息数据获取层、信息数据处理层、信息数据表达层的基础上，为空间目标碰撞预警、空间目标陨落预警、卫星过境分析、空间天气异常检测、空间任务指挥决策以及航天器安全保障等多种应用提供支持。态势应用的平台可以是桌面电脑，也可以是移动客户端。

10.2.2　物理结构设计

InSpace 采用图 10.3 所示的物理结构设计，整个 InSpace 系统包含数据服务端、态势表达服务端、态势应用客户端。

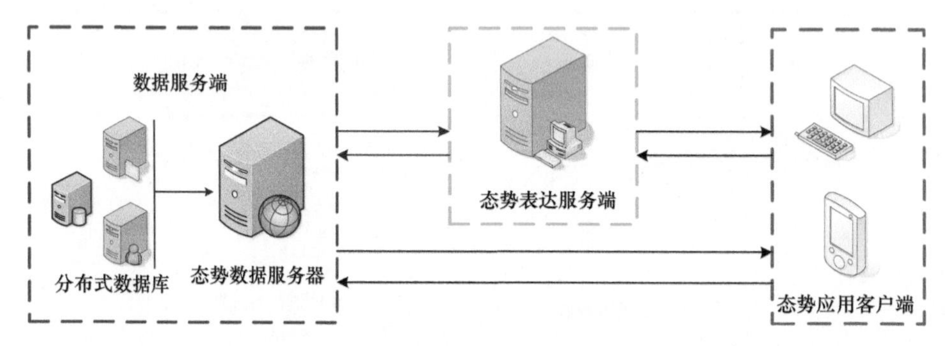

图 10.3　InSpace 系统的物理结构设计

数据服务端由分布式数据库和态势数据服务器组成，分布式数据库由数据库服务器、文件服务器、通信服务器等多种不同类型的服务器组成，主要负责各类态势信息的存储与通信；态势数据服务器负责态势信息集成融合、时空数据建模等工作。

态势表达服务端主要负责空间态势信息可视化、空间态势多尺度表达、空间态势标绘、空间态势辅助分析与推演、空间态势共享与发布等工作。

态势应用客户端支持桌面电脑、移动设备等多种不同的平台。态势表达服务端从数据服务端获取所要表达的数据，经过一系列表达处理后，通过空间态势共享与发布模块，将表达结果发布到态势应用客户端，态势应用客户端除了可以接收来自态势表达服务端的表达结果外，还可以从数据服务端获取数据进行相应的应用。同时，态势表达服务端及态势应用客户端也可以将通过分析或标绘得到的新的有价值的结果反馈到数据服务端，以便实现态势信息的更新和共享。

相对于态势表达服务端，态势应用客户端可以根据需要进行灵活的定制组合，可以复杂到具有态势表达服务端的全部功能，也可以简单到只具有图片接收功能，态势表达服务端将态势表达结果生成图片，发布到态势应用客户端，态势应用客户端显示生成的态势表达结果图片即可。

10.3　InSpace 各模块设计

10.3.1　空间态势信息接入模块设计

InSpace 系统的接入模块要保证该 InSpace 系统与相关态势感知系统以及空间态势数据存储子系统之间的数据共享规范标准化。如图 10.4 所示，InSpace 系统的接入模块可以对数据库接口、文件数据接口、实时网络通信接口和指令处理接口等提供支持。数据库接口主要是为了接入综合信息数据库中的态势数据，其主要是一些历史数据；文件数据接口主要是为了对以文件方式存储的态势信息提供支持；实时网络通信接口主要是为了对空间态势感知系统的实时监测数据提供支撑；指令处理接口主要是为了对用户的一些交互指令提供支持。

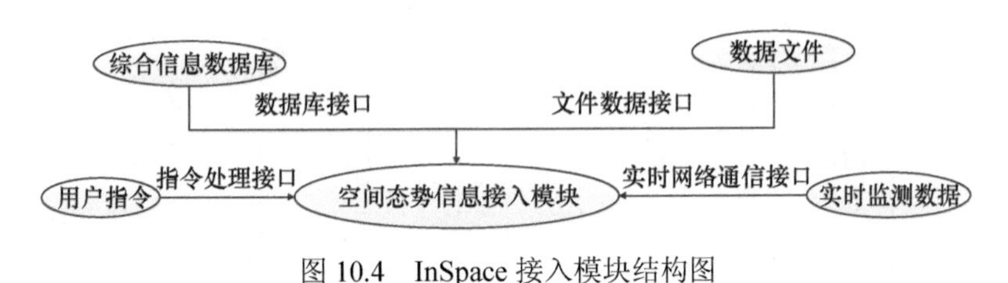

图 10.4　InSpace 接入模块结构图

10.3.2　空间态势信息集成融合模块设计

该模块主要由数据集成模块、信息融合模块以及态势信息组织与管理模块几个子模块构成，如图 10.5 所示。InSpace 接入模块获取空间态势信息及其他态势信息后，经过

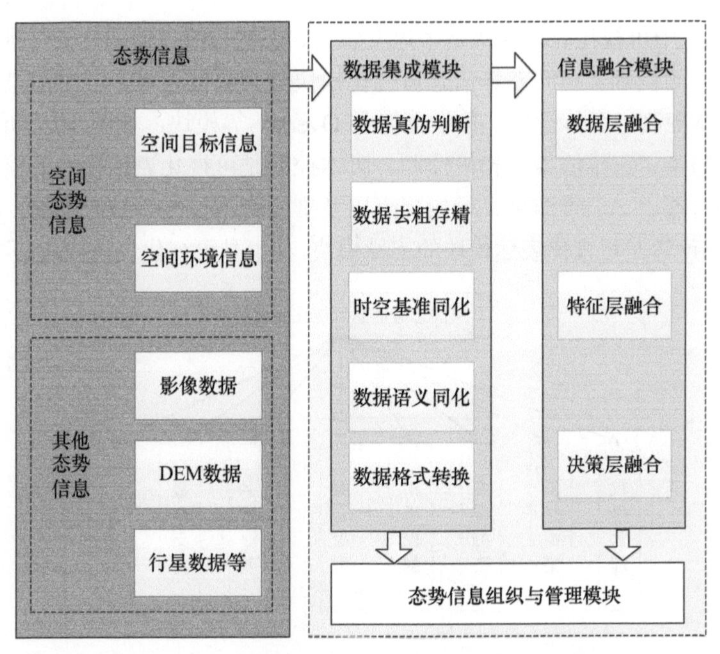

图 10.5　空间态势信息集成融合模块设计图

数据集成模块的数据真伪判断、去粗存精、时空基准同化、语义同化、数据格式转化后，进一步进行数据层、特征层以及决策层等不同层次的融合，最终交给态势信息组织与管理模块进行统一的组织与管理，以便为后面的应用提供服务。

10.3.3　空间态势信息时空数据建模模块设计

空间态势信息时空数据建模模块主要由两大子模块组成，分别为空间目标时空建模子模块和空间环境时空建模子模块，如图 10.6 所示，在这两个子模块的支持下，可以完成区域查询、KNN 查询、碰撞预警、时空过程插值与综合、时空过程查询与提取等多种需求。

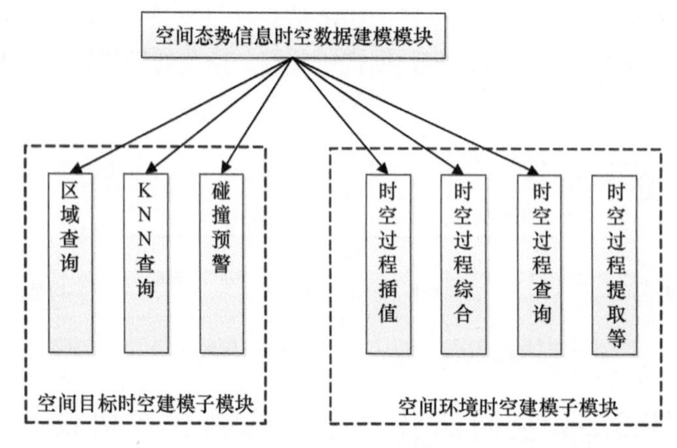

图 10.6　空间态势信息时空数据建模模块结构图

10.3.4　空间态势信息可视化表达模块设计

InSpace 系统中可视化表达模块是多尺度表达、态势标绘、辅助分析与推演等后续空间态势表达与应用的基础，空间态势信息可视化模块分为数据管理、二维渲染、三维渲染、相机控制、脚本控制、字体管理、数学支持和 Overlay 等模块，如图 10.7 所示。其中，数据管理、二维渲染、三维渲染、相机控制、脚本控制是可视化表达模块的核心部分，负责可视化场景的管理、二三维渲染、场景视点以及推演脚本控制等核心功能；字体管理、数学支持和 Overlay 等是可视化表达模块的支撑模块，其也是可视化表达模块必不可少的部分。

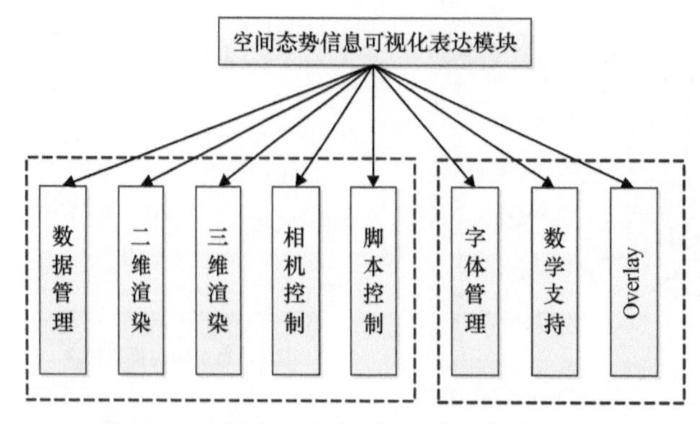

图 10.7　空间态势信息可视化表达模块结构图

10.3.5　空间态势信息多尺度表达模块设计

空间态势信息多尺度表达模块主要由空间目标智能选取模块、空间目标多尺度表达模块和空间环境多尺度表达模块三大子模块组成，如图 10.8 所示，空间目标智能选取模块主要负责目标的智能选取和重点目标的智能确定，空间目标多尺度表达模块和空间环境多尺度表达模块主要负责处理多尺度、海量的态势数据，使态势表达结果清晰、详细。

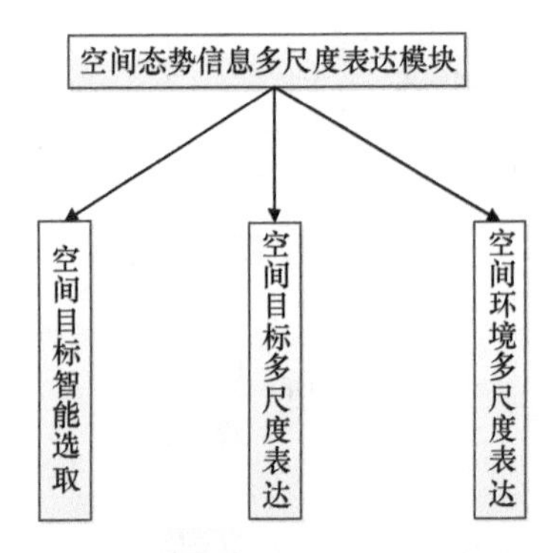

图 10.8　空间态势信息多尺度表达模块设计图

10.3.6　空间态势信息标绘模块设计

如图 10.9 所示，空间态势信息标绘模块主要由态势符号定义与制作模块、态势符号管理模块、交互态势标绘模块、自动态势标绘模块、单机态势标绘模块以及协同态势标绘模块等几个子模块组成。

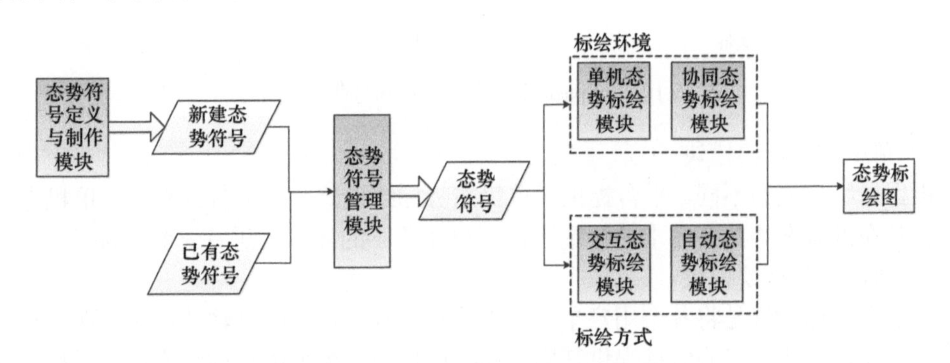

图 10.9　空间态势信息标绘模块结构图

1）态势符号定义与制作模块

为了支持态势符号的扩展，InSpace 系统除了提供设计好的态势标绘符号外，还提供态势符号定义与制作模块，以便及时补充态势符号，满足不断变化的标绘需求。

2）态势符号管理模块

已有的态势符号和新制作的态势符号，均采用态势符号管理模块进行统一管理。该子模块需要提供符号的查询、添加和删除功能。

3）交互态势标绘模块

交互态势标绘是指直接在空间态势场景中进行标绘，通过目标的选取实现对标绘符号编辑、修改和属性管理。

4）自动态势标绘模块

除在空间态势场景中直接手工选择标号外，InSpace 系统还可以根据设置好的标绘规制进行自动标号标绘，如图 10.10 所示，InSpace 系统可以根据目标的属性信息，从规则库中找出对应的标号组件，最终组合成空间目标标号，并标注到对应的空间目标上。

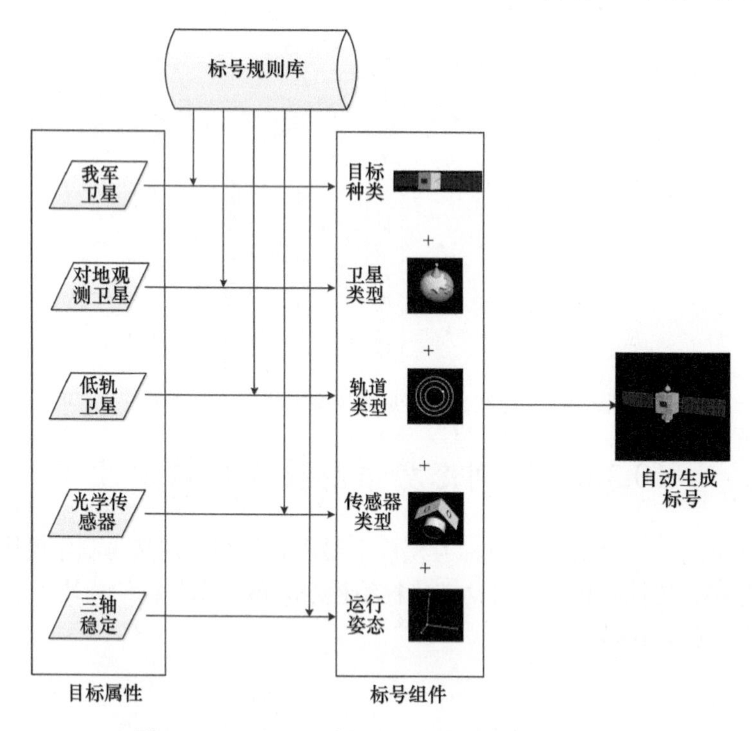

图 10.10　InSpace 系统自动态势标号生成与标绘

5）单机态势标绘模块

根据标绘环境的不同，平台提供了单机态势标绘模式和协同标绘模式。单机态势标绘模式是在没有态势共享需求的情况下，用户在单一的计算上进行态势的标绘。

6）协同态势标绘模块

协同态势标绘就是将各个用户单元的网络连接在一起，通过软件系统实现态势信息的统一标绘，为共享态势信息提供基础。标绘过程中，每个用户标绘不同的目标，并由服务器将每个用户标绘的结果向所有用户发布，实现标绘结果的存储和共享。

10.3.7　空间态势信息辅助分析与推演模块设计

该模块主要由查询和统计模块、目标性能分析模块、地理地形分析模块、任务推演模块及典型应用模块等子模块构成，如图 10.11 所示。

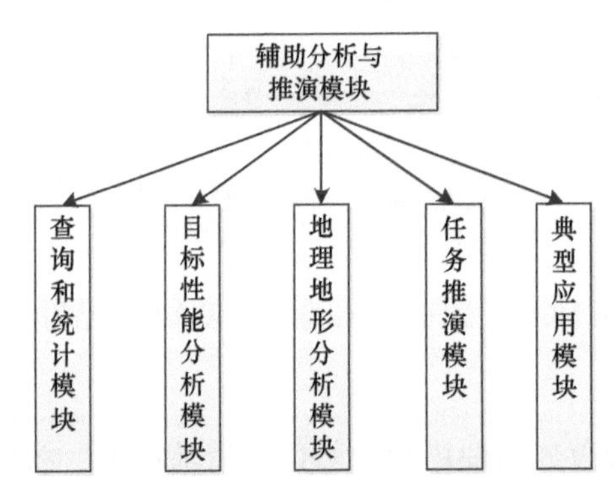

图 10.11　空间态势信息辅助分析与仿真推演模块构成图

1）查询和统计模块

依据查询方式的不同，InSpace 提供两类查询和统计方法：一类是交互式方法，该方法主要通过鼠标、键盘等交互接口，在可视化视图中直接选取待选取目标，进而获取其相关信息；另一类是条件约束方式，该方式通过输入相应的约束条件，如态势目标类型、状态、数据的确定性、延时特征等进行查询和统计。

2）目标性能分析模块

该子模块主要包括卫星传感器对地成像能力的覆盖分析与仿真、卫星与地面站之间的可见性分析以及卫星传输数据的链路分析与仿真、空间目标之间的碰撞预警分析、最近邻分析等子模块。

3）地理地形分析模块

该子模块的主要有最短路径、地形通行性能分析、地形通视性能分析、地形射击性能分析等与地形相关的分析功能。

4）任务推演模块

根据目标态势数据的发展规律，加入时间维，实现对航天发射、空间作战、防卫星过境侦察等任务的提前推演，可以降低风险，提高成功率。

5）典型应用模块

在系统提供的通用的辅助分析和仿真推演功能的基础上，对于用户的特定需求，提供一个扩展接口，供用户对分析和仿真推演模块进行二次开发，将开发的特殊分析模块嵌入 InSpace 系统即可使用。

10.3.8　空间态势信息共享/发布模块设计

从空间态势信息使用者的角度来说，由于其所关心的空间态势信息各不相同，不可能对所有空间态势信息都有需求，因此 InSpace 需要提供订单管理功能，负责管理用户提交的空间态势信息订单。从空间态势信息提供者的角度来说，对于特定的用户，其获取的空间态势信息较为固定，因此需要提供空间态势信息的主动服务功能，将相应的信息主动及时地推送给这类用户，以便让用户及时感知相应的空间态势。另外，空间态势信息共享/发布主要是通过网络的方式来实现，因此需要网络数据处理模块，以便对数据进行压缩、加密等处理，该模块结构图如图 10.12 所示。

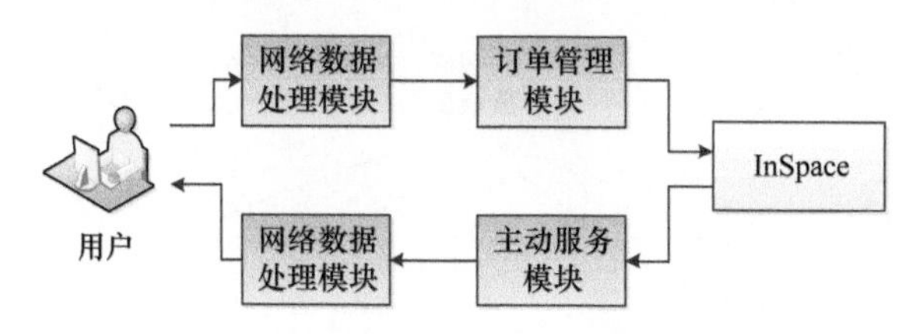

图 10.12　空间态势信息共享/发布模块结构图

1）订单管理模块

空间态势信息的订阅首先需要用户填写信息需求订单，然后提交给 InSpace 系统，InSpace 系统解析订单，再把正确信息以正确的方式发送给用户。要完成从订阅到信息获取的过程，必须首先确保用户提交的信息需求能够被 InSpace 系统理解。由于 InSpace 系统是一个非常庞大的系统，众多的用户之间必须有公用的语言才能够进行流畅的信息交换，因此用户订单的格式、内容、维护、通信协议等必须符合规定的格式。

2）网络数据处理模块

无论是信息的订阅还是主动式服务，数据都必须经过网络传输实现，因此进行网络传输前数据处理模块就显得尤为重要，由于网络的带宽有限，数据进行网络传输前必须进行数据压缩，减少数据量，数据接收后按照压缩的方法进行逆向解压得到所需的数据。网络安全是态势数据共享的一大威胁，处理是否得当关乎服务成败，因此态势数据进行网络传输前，必须进行数据加密，数据接收按照加密规则进行解密。

3）主动服务模块

主动服务是指 InSpace 系统能够实时或者准实时地把满足用户需求的空间态势信息主动“推送”到用户端。主动服务具有实时性和主动性的特点，可为用户赢得决策时间，确保决策的时效性。

考虑到信息传输的效率，真正适合 InSpace 系统的主动服务模型为图 10.13 所示的“按需定制”前提下的数据实时驱动主动服务模型。图 10.13 中，虚线表示非必需环节，实线表示必需环节。空间态势数据使用者先进行态势数据订购，然后数据提供者按定制的要求推送数据至使用者，数据使用者收到数据后，若有必要则进行数据反馈。

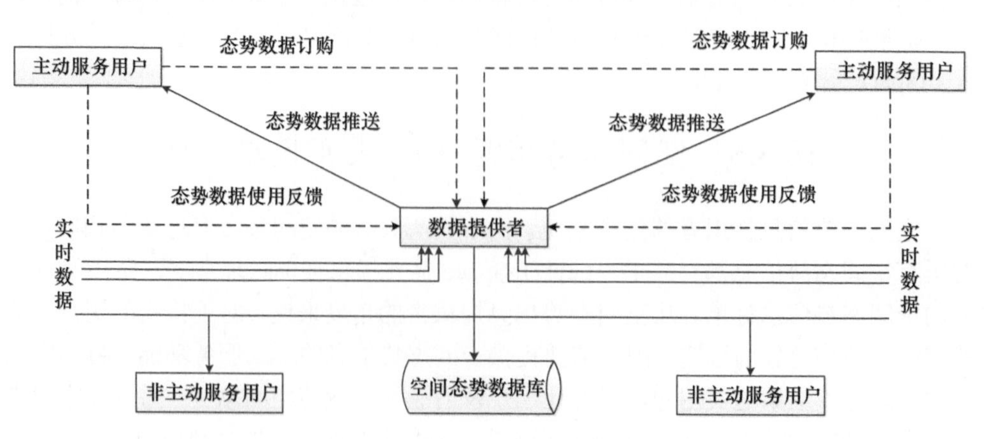

图 10.13　主动服务模型（华一新等，2007）

在该模型中，实时数据除作为数据源外，更重要的是提供驱动力，最终推送给用户端的不仅仅是实时数据本身，可能还有其他数据支持下的分析结果。

10.3.9　空间态势信息二次开发模块设计

为了使用户能够在使用 InSpace 提供的基本功能的基础上进一步扩展已有功能，开发出满足其具体应用需求的系统，InSpace 还提供了二次开发功能。InSpace 系统提供了四个不同层次的二次开发功能，如图 10.14 所示，对于某些特殊的用户，InSpace 系统所提供的分析功能可能无法满足需求，此时用户可以利用 InSpace 系统的分析功能二次开发模块，根据自己的需求自行开发；InSpace 系统提供的界面风格可能和用户的使用习惯不相适应，所以 InSpace 系统提供一定的界面二次开发功能；对于不同的用户，所需要展示的空间态势场景必然不相同，因此 InSpace 系统还提供态势场景二次开发模块，相应地，InSpace 还提供了态势场景推演二次开发模块。

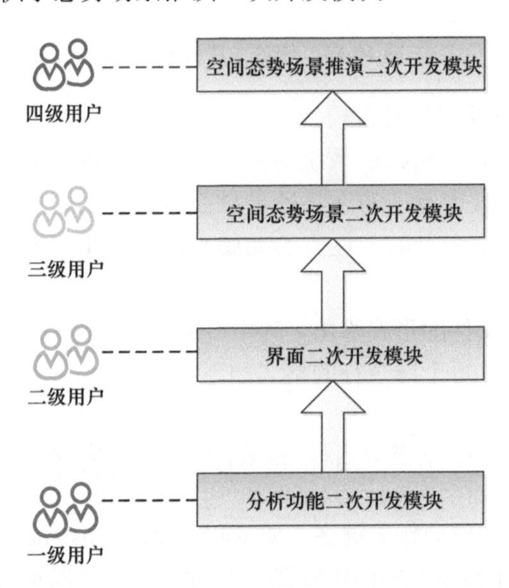

图 10.14　空间态势信息二次开发模块构成图

1）分析功能二次开发模块

分析功能的二次开发属于较为底层的二次开发功能，主要对应于需要特定分析功能的用户开发需求。系统提供的分析功能二次开发模块主要通过提供 API 的方式实现，具体的函数接口包括：①系统消息及事件响应接口；②视图及场景参数接口；③文字标绘接口；④量测等分析接口；⑤目标相关的添加、获取、编辑、删除等接口；⑥其他相关接口。这些接口以动态链接库（DLL）或者 COM 组件的方式给出。

2）界面二次开发模块

系统的二次界面开发，除了提供已有的典型界面外，主要依托 QML（Qt meta-object language）来实现界面的二次开发。

3）空间态势场景二次开发模块

为了支持用户对场景的定制，场景开发模块主要负责场景的创建，场景目标的添加、删除、编辑，以及场景保存等功能。如图 10.15 所示，InSpace 的场景开发提供交互和脚本编辑两种方式，交互方式主要是利用菜单、鼠标和键盘通过图像交互的方式进行场景的创建和开发。脚本编辑方式是通过一定的数据格式进行场景文件的编写，然后将场景文件导入 InSpace 系统完成场景的创建，这里提供 XML（extensible markup language）和 JSON（JavaScript object notation）两种数据交换格式进行场景的开发。

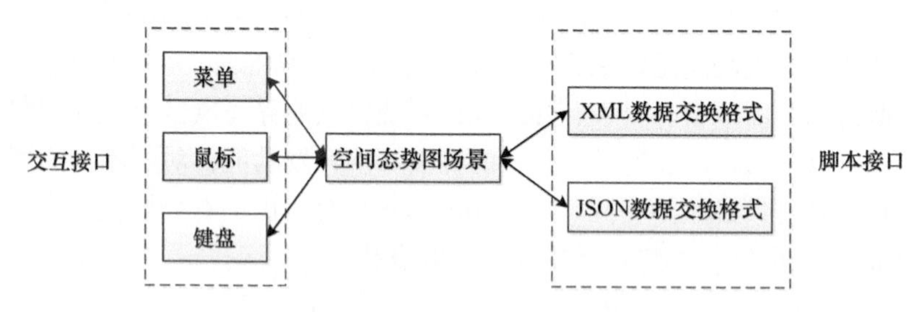

图 10.15　场景二次开发模式

4）空间态势场景推演二次开发模块

空间态势场景推演是 InSpace 系统的又一项基本功能，除了提供按时间方式的顺序推演外，系统还提供脚本驱动的态势场景推演方式，通过脚本驱动，完成场景的自动切换等。这种方式很适合于航天任务的动画介绍、汇报、教学、作战规划的预演等场合。

脚本主要采用文本文件的形式给出，其由一系列的命令行组成，脚本主要通过外部的文本编辑器进行编辑，每个命令行的格式如下：

```
命令名称 {[参数名称 参数] [参数名称 参数] ...}
```

其中，命令名称是相应动作关键字，如 wait、goto、distance、orbit 等；参数名称为参数的种类，如 goto { time 5 }表示用 5s 到达目标。脚本可以实现对视点、时间、步长、渲染方式、光照参数、系统参数等多种内容进行控制。

10.4　基于空间态势统一认知模型的可视化场景组织

10.4.1　统一认知模型

空间态势异常复杂，为了能对空间态势有一个统一的认识，同时也为了对空间态势信息有一致的使用，促进空间态势系统的互操作性，需要建立开放式的、人们共同认可的、统一观点的空间态势的认知模型。对于空间态势的认知模型，目前尚无公开的文献涉及，但是对地理空间的认知模型已经有很多研究，因此可以充分借鉴地理空间认知模型，并结合空间态势的特点来研究空间态势认知模型。

为了使不同的地理信息系统之间具有良好的互操作性，开放地理信息系统协会（Open GIS Consortium，OGC）提出了九个层次的地理空间认知模型，在该模型中，从现实世界到地理要素集合世界要经过九个抽象层次（OGC，1999），如图 10.16（a）所示。另外，国际标准化组织地理信息标准化技术委员会（ISO/TC211）也从论域的角度提出了如图 10.16（b）所示的地理空间认知的概念模型。

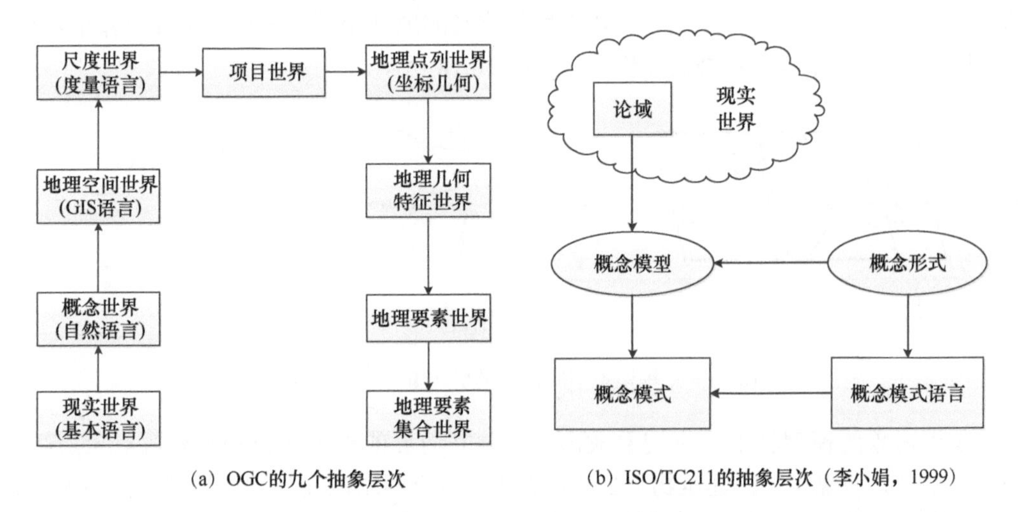

(a) OGC的九个抽象层次　(b) ISO/TC211的抽象层次（李小娟，1999）

图 10.16　典型地理空间认知模型

OGC 的地理空间认知模型较为烦琐，需要九个抽象层次，而 ISO/TC211 的地理空间认知模型只涉及了概念模型，为此，解放军信息工程大学王家耀院士提出了目前使用较为广泛的三层次地理空间认知模型（王家耀，2001），如图 10.17 所示，该模型将现实世界到计算机世界抽象为概念模型、逻辑数据模型和物理数据模型三个层次。

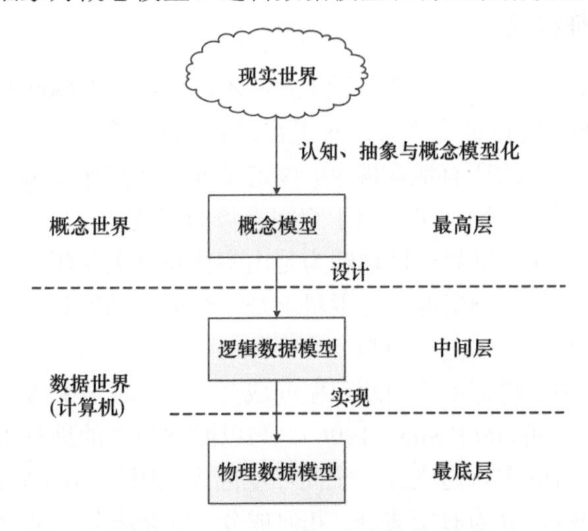

图 10.17　三层次地理空间认知模型

以上的地理空间抽象过程从广义上阐述了地理空间认知模型，广义的地理空间认知模型描述了现实世界到计算机世界的整个抽象过程。狭义的地理空间认知模型可以等同于三层次地理空间抽象过程中的概念模型（王家耀，2001）。类比地理空间认知模型的概念，广义的空间态势认知模型主要描述现实空间态势到计算机世界的整个抽象过程，狭义的空间态势认知模型主要指概念模型。广义的认知模型是涉及多领域、多学科的交叉问题，由于时间有限，本书没有对广义的认知模型展开研究，主要将精力集中在狭义的认知模型的研究上，即概念模型，以下文中涉及认知模型的概念时，如果无特殊说明即指狭义的认知模型。目前，比较有代表性的狭义的地理空间认知模型主要有基于对象、基于网络和基于域/场等几类认知模型，如图 10.18 所示。

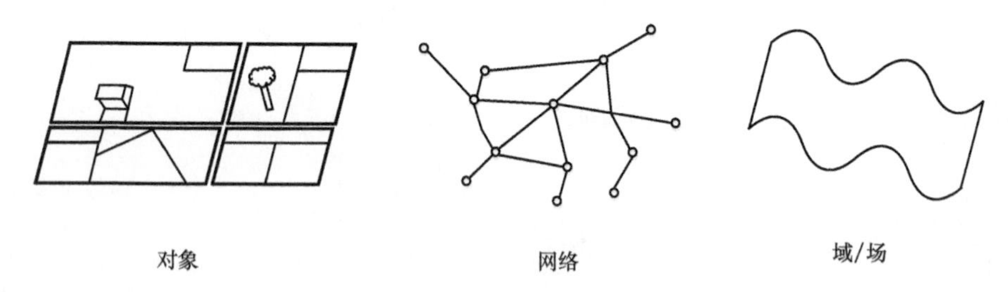

图 10.18 三种地理空间认知模型（王青山等，2013）

基于对象的模型将地理空间看成由具有独立边界的地理实体和现象等对象所组成的一个空域，如现实中的建筑物、公共设施等。基于网络的模型认为地理空间由无数具有“通道”关系的地理空间位置构成，如现实中的铁路、公路、通信线路等。基于域/场的模型把地理空间中的事物和现象作为连续的变量或体来看待，如大气污染程度、地表温度等。从几种认知模型可知，基于对象的模型适用于空间目标，基于域/场的模型适用于空间环境，但是二者不能对整个空间态势产生统一的认知模型，为此，本书从空间态势的特征构成出发，建立了空间态势统一认知模型。

1. 空间态势特征构成

关于特征一词的定义经历了多个阶段（尹章才，2002；McDonell and Kemp，1996），ISO/TC211-631（1999）将特征定义为：对现实世界中现象的一种抽象。依据这个定义，特征可以表达现实世界中的所有地理现象。该定义虽然是在地理信息领域的研究中提出的，但是将其进行扩展后，同样可以用于空间态势的研究。

根据特征的定义，现实世界可以理解为是由实体及其关系组成的。实体是一个现实世界相对独立的现象，如一颗资源 3 号卫星就是一个单一的实体。特征则是对具有相同属性和关系的实体的抽象，如遥感卫星。

在地理信息系统中，特征主要由地理空间成分、时间成分和专题成分组成，三者具有同等的地位（McDonell and Kemp，1996）。与以静态为主的地理现象不同，空间态势以运动为主，卫星沿着既定轨道飞行，空间环境因为太阳的活动处于不断的变化当中，因此本书将空间态势特征分为时空成分、几何成分、专题成分三部分，如图 10.19 所示，由于空间态势的运动性，时间和地理空间是不可分割的一对属性，因此这里将时间和地理空间成分合并为时空成分；几何成分作为空间态势表达的主要对象，其可以直观地反映各实体的区别，因此几何成分成为空间态势特征的另一重要成分；专题成分主要指特征的属性信息，包含名称、国别、任务、等级等信息。

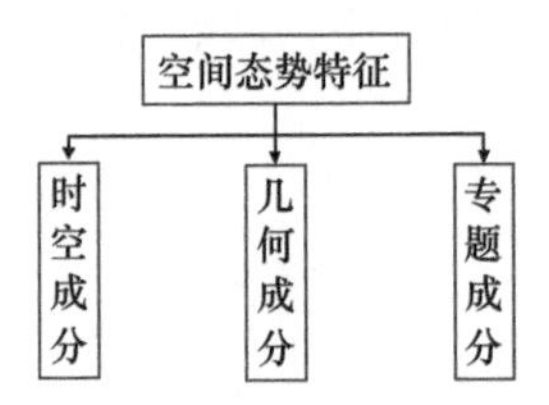

图 10.19　空间态势特征构成成分

空间态势特征由时空成分、几何成分和专题成分三部分构成，具体到各类空间态势要素：无论是卫星、碎片之类的空间目标，还是地球大气、地磁场之类的空间环境，都是具有一定时空特性的实体，这是空间态势要素的共性特征，而不同之处在于各类物体的几何形态差异。如图 10.20 所示，本书将所有空间态势要素抽象为一个特征基类，其由属性信息、星历和几何外形三类要素构成，分别对应于空间态势特征的专题成分、时空成分和几何成分，特征基类中的三要素是对所有空间态势组成成分的高度抽象。空间态势中所有特征均继承自该基类，各类特征实例化后的实体即可构成完整的空间态势。

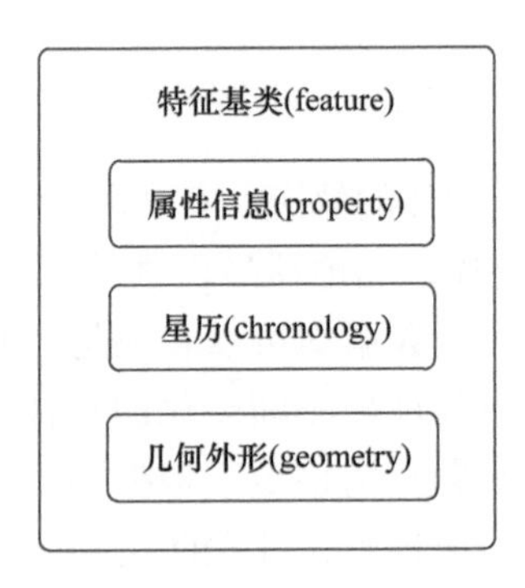

图 10.20　特征基类示意图

2. 专题成分

专题成分主要指特征的属性信息，其指与空间态势实体相联系的、用于表达实体本质特征和对实体的语义定义，以区别其他实体。属性可以分为定性和定量两种，定性属性包括名称、国别、编号、任务类型、目标类型、使用目的等信息，定量属性是指具有具体数值的属性，如大气温度、电离层电子密度等。在空间态势的两大类构成要素中，虽然二者都有定性属性和定量属性，但是二者对属性信息关注的重点有所不同，空间目标更多地关注名称、国别、编号、任务类型、目标类型、使用目的、运行状态、发射载体、传感器类型、重要性级别、轨道类型等定性信息，而空间环境则更多地关注如电子流量、质子流量、Kp 指数、大气密度等定量信息。

3. 时空成分

空间态势中无论是空间目标还是空间环境，其在整个宇宙空间中的位置都是随着时间在不断变化的，时空管理至关重要，因此本书引入了星历，专门负责空间态势的时空管理，即确定实体在某一时刻的位置和姿态。如图 10.21 所示，考虑到物体具有多个星历段的可能，对星历按照运行时间进行了轨道切分。每段轨道同样具有自身的特征，包括轨道的起始结束时间，围绕的中心天体、轨迹及其所在坐标系，物体本身的旋转及其所在坐标系等。

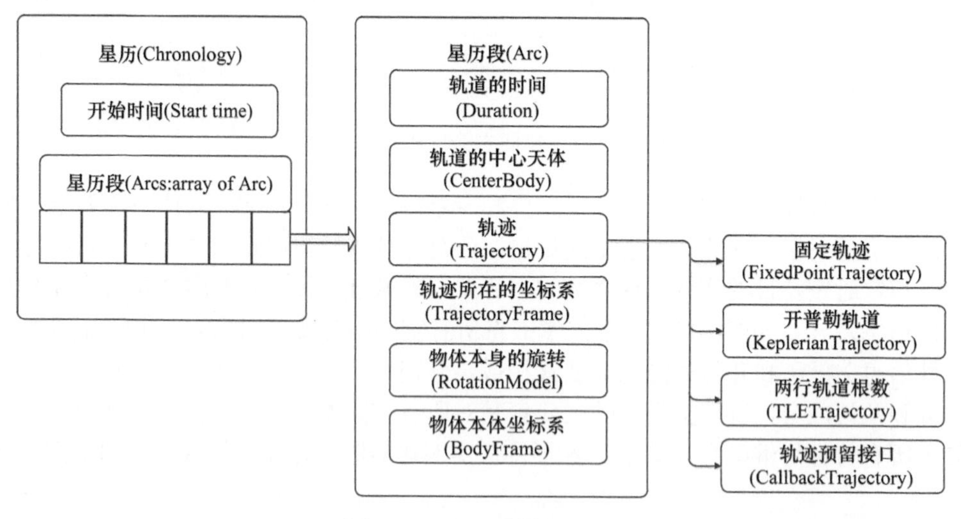

图 10.21　星历结构示意图

在星历段数据中最重要的是物体的轨迹，本书设计包含了常用的四种轨迹，即①固定轨迹：针对处于相对静止的物体，如地球静止轨道卫星，以地球为中心的大气数据、地球磁场数据、辐射带等空间环境数据均可以看成是中心点固定在地球中心的，整体空间位置分布相对地球静止，内部环境不断变化的物体；②开普勒轨道：主要针对卫星、碎片等空间目标，利用开普勒轨道根数，根据不同的精度需求，采用不同的轨道递推模型解算其位置；③两行轨道根数：北美防空司令部会定期发布其全球空间监测网络获取的地球轨道上的各类空间目标的 TLE 数据，TLE 配合北美防空司令部开发的 SGP4/SDP4 轨道预报模型，可以获得较高精度的空间目标的位置；④轨迹预留接口：该接口针对无法用参数描述的轨迹，通过输入随时间变化的实时或历史轨迹数据来对目标进行驱动。

4. 几何成分

几何成分是空间态势表达的主要对象，按照几何定位特征和空间维度，可以将几何外形进一步分为点、线、面、体、场等类型，如图 10.22 所示。

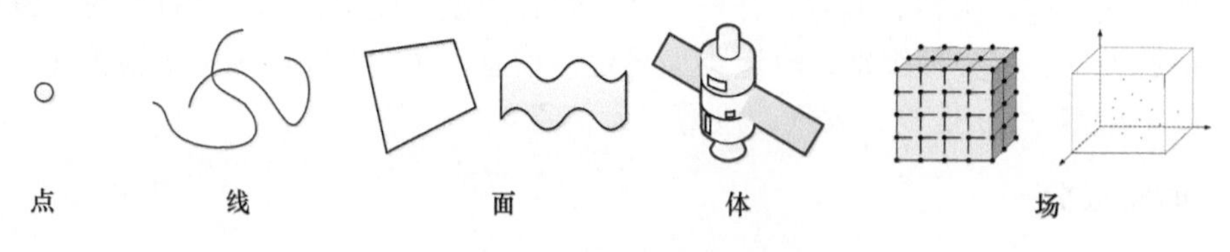

图 10.22　几何外形分类

点：0 维，即空间态势中的点要素，如空间环境监测点、空间目标点。其在三维欧

氏空间 R^3 中用一个数组 (x, y, z) 来表示。

线：1 维，即空间态势中的线要素，如空间目标的轨迹线、空间环境的等值线。其在 R^3 中表示为

$$(x_1, y_1, z_1), (x_2, y_2, z_2), \cdots, (x_n, y_n, z_n) \qquad n > 1 \tag{10.1}$$

面：2 维或 3 维，即空间态势中的面状要素，如空间环境中的 TEC 面，在二维欧氏空间中，面是指由一组闭合弧度所包围的空间区域，在几何上呈现为多边形。在 R^3 中，面指的是空间曲面。

体：3 维，即空间态势中呈体状的要素，如空间目标的几何外形多是由长方体、圆柱体、椎体等各种基本体要素构成的复杂几何体。在 R^3 中，体是由一组或者多组闭合曲面所包围的空间实体。

场：3 维，即空间态势中呈连续场分布的要素，如空间环境中的电离层电子密度、大气温度等。在 R^3 中，场可以通过规则或者不规则的采样点来描述。

上面描述了几何外形的基本类型，在此基础上可以派生出各种各样复杂的几何外形，为此本书根据空间态势数据的特点，进一步将几何外形共有的属性和方法抽象为一个外形基类，其他种类的几何外形均从此派生出来，如图 10.23 所示，由外形基类可以派生出点、线、面、体、场等几种类型，在此基础上进一步派生出标识类型、轨迹类型、电磁场磁力线类型、TEC 类型、平面类型、布告板类型、球形天体类型、实体类型、柱体类型、箭头类型、电离层类型、辐射带类型、粒子系统类型等，每种类型都对应着特定类型的空间态势数据。

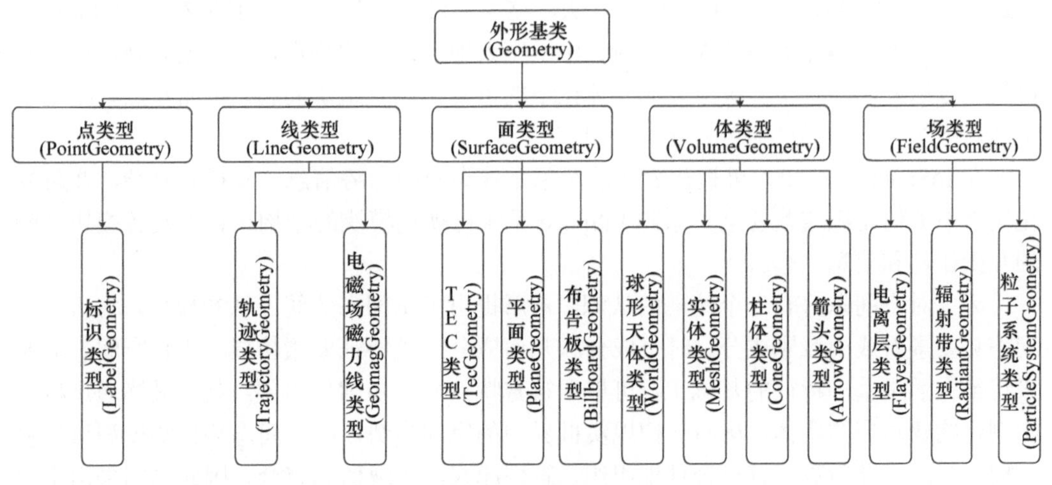

图 10.23　部分外形基类派生示意图

本书的空间态势统一认知模型将所有空间态势要素看成由专题成分、时空成分和几何成分三类特征要素构成，由此将空间目标和空间目标的认知模型统一起来，所有空间态势要素特征在继承基础特征的基础上，可根据自身特点进一步细化内部结构，最终通过特征实例化即可构建对应的实体，从而重构现实世界中的空间态势。

目前对空间态势的监测由多个部门共同完成，各个部门监测的数据种类各不相同，

即使相同的数据，存储的格式也不一定相同。为了使不同的空间态势信息系统之间具有良好的互操作性，以及在异构分布式系统之间实现空间态势信息共享，可以按照本书的统一空间态势认知模型，将获取的多源、异构数据有机合理地组织、管理起来，实现信息整合，同时也为空间态势表达提供基础。

10.4.2　可视化场景组织

对应于 InSpace 系统的功能模块，InSpace 系统的构建需要多项技术的支持，其涉及的核心技术主要有：空间态势信息接入技术、空间态势信息集成融合技术、空间态势信息时空数据建模技术、空间态势信息可视化表达技术、空间态势信息多尺度表达技术、空间态势信息标绘技术、空间态势信息辅助分析与推演技术、空间态势信息处理结果共享/发布技术等。

本书并没有对所有核心技术展开研究，而是在系统的构建中充分利用了前人已有的技术研究成果，虽然部分技术仍有改善空间，但是已经在一定程度上满足系统的需求，如空间态势信息接入技术、空间态势信息集成融合技术、空间态势信息辅助分析与推演技术等，这些技术在模块设计中已经给出了部分解决方法，这里不再展开论述。空间态势信息时空数据建模技术、空间态势信息多尺度表达技术以及空间态势信息标绘技术、空间态势信息处理结果共享/发布技术等在前面章节已有相关阐述。

目前对空间态势信息可视化表达技术研究较多，本书已介绍了相关的空间目标可视化、空间环境可视化技术，另外还有辅助分析结果可视化（徐青等，2013）、视点控制（施群山等，2014a，2014b）等技术方法，这些方法都比较成熟。但是本书的 InSpace 系统是空天地一体化的态势表达系统，由于空天地一体化的特点，除了充分利用相关的可视化方法外，还需要解决空天地一体化下的可视化场景组织问题，下面重点介绍基于空间态势统一认知模型的可视化场景组织。

在 InSpace 系统中，可视化表达的对象是各类空间态势信息，其样式复杂，在可视化场景中如何组织这些要素关系到 InSpace 系统可视化模块的结构设计以及各模块之间的互操作性和信息共享。

为了对空间态势有一个统一的认识，本书提出了空间态势统一认知模型，将所有空间态势要素看成由专题成分、时空成分和几何成分三类特征要素构成，所有空间态势要素特征在继承基础特征的基础上，可根据自身特点进一步细化内部结构，最终通过特征实例化构建对应的实体，从而重构现实世界中的空间态势。该空间态势认知模型可以将获取的多源、异构数据有机合理地组织、管理起来，实现信息整合，因此本书采用空间态势认知模型来组织可视化场景。

在可视化场景组织的具体实现中，本书采用基于 XML 的方法来完成。XML 作为 W3C 组织制定的一套在互联网上交换和表达数据的标准（张志军等，2013），具有自描述、可扩展、交互性、结构化的特点，得到众多软件厂商的支持。

在空间态势统一认知模型的基础上，进一步从结构和数据类型方面对空间态势各元素进行设计，XML 模式（XML schema）设计如图 10.24 所示。整个空间态势（SpaceSituation）

由若干空间要素构成，本书按照要素的时空特性，将所有的空间态势要素抽象为运动特征和固定特征两大类，运动特征主要指实体的位置相对于地球随时间进行变化的一类要素，如卫星、航天飞机、空间站；固定特征主要指实体的位置相对于地球是不变的，如地面站，对于空间环境，如大气和电离层等，本书也将其归为固定特征一类，虽然空间环境不断变化，但是本书进行全球空间环境表达时，主要通过展示空间环境数据点位上属性值的方式进行，其属性值是不断变化的，但是展示的空间环境数据点位可以认为相对于地球是不变的，所以将空间环境划分到固定特征一类。

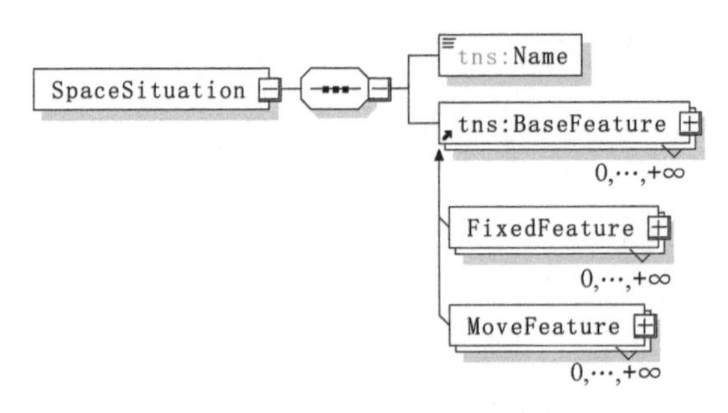

图 10.24　可视化场景组织 XML 模式设计图

图 10.24 中，固定特征（FixedFeature）和运动特征（MoveFeature）都继承于基础特征（BaseFeature），BaseFeature 主要抽象了最基本的属性，如名称（Name）、类型（ObjectType）等［图 10.25（a）］，另外图 10.24 和图 10.25 中的“tns”都表示关键字标识符；MoveFeature 和 FixedFeature 的主要区别是时空成分的不同，固定特征的地理空间位置相对于地球不变，用 Location 来获取［图 10.25（b）］，而运动特征的地理空间位置则由 Chronology 来获取［图 10.25（c）］，相对于空间态势认知模型，Chronology 有开普勒轨道（Loitering）、TLE 轨道（LoiteringTLE）、网络接口（NetWork）、外部文件（External）几种类型，图 10.25（b）和图 10.25（c）中的 attributes 为 MoveFeature 和 FixedFeature 的各种扩展参数。

上面设计的 XML 模式决定了 XML 文档中的数据类型和结构，空间态势可视化场景数据直接用 XML 文档作为载体进行表示。

不失一般性，在 InSpace 系统中创建只由一个运动目标和固定目标组成的态势场景，运动目标的参数以商用遥感卫星 GeoEye-1 为原型，具体参数见表 10.1，固定目标以美国格林贝尔特（Greenbelt）卫星地面接收站为原型，该地面站的位置为（76.8428°W，38.9984°N）。图 10.26 是构建的空间态势场景文件，图 10.27 是对应的可视化场景效果图，其中实线为 GeoEye-1 的运行轨迹，虚线为 GeoEye-1 与 Greenbelt 卫星地面站之间的通联关系。

如图 10.26 所示，通过空间态势认知模型组织可视化场景，各种不同实体对象的数据都采用统一的模式，即都有时空成分、几何成分和专题成分，同时各个实体对象的数据又可以根据各自的特点，有区别于其他的构成要素，如固定目标和移动目标的位置计算模式不同。

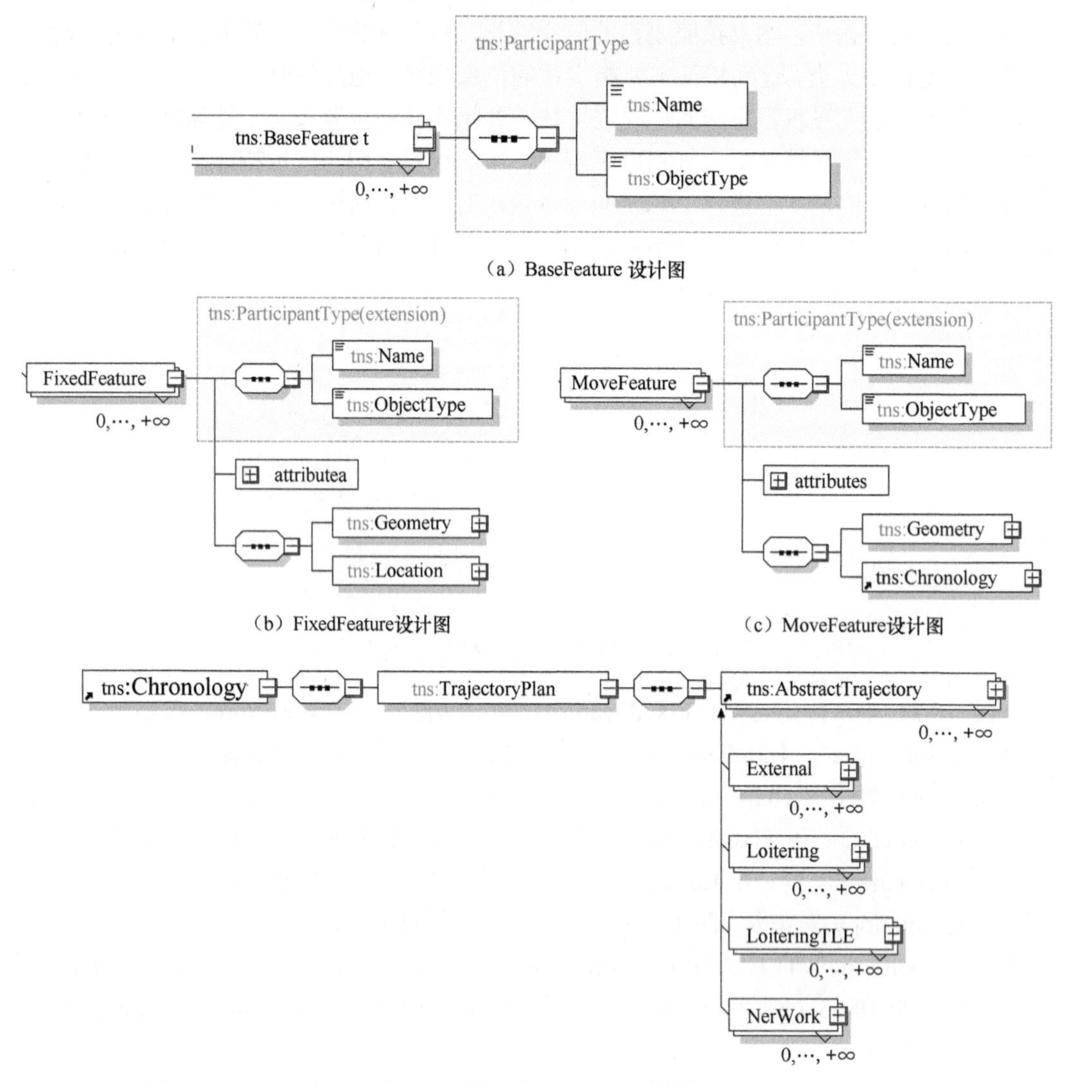

（a）BaseFeature 设计图

（b）FixedFeature设计图　　（c）MoveFeature设计图

（d）Chronology设计图

图 10.25　各特征及成分设计图

表 10.1　GeoEye-1 轨道参数

轨道高度	轨道速度	轨道倾角	过境时间	轨道类型	轨道周期
684km	约 7.5km/s	98°	10：30A.M.	太阳同步	98 min

```
<tns：SpaceSituation>
  <tns：Name>GEOEYEScenario</tns：Name>
  <tns：GroundStation>
    <tns：Name>Greenbelt</tns：Name>
    <tns：ObjectType>7</tns：ObjectType>
    <tns：Geometry>… </tns：Geometry>
<tns：Location>
```

```
    <tns: CentralBody>Earth</tns: CentralBody >
    <tns: GroundPosition>
      <tns: latitude>38.9984</tns: latitude >
      <tns: longitude>-76.8428</tns: longitude >
      <tns: altidude>18.333</tns: altidude >
    </tns: GroundPosition>
  </tns: Location>
    </tns: GroundStation>
    <tns: SC>
      <tns: Name>GEOEYE 1</tns: Name>
      <tns: ObjectType>0</tns: ObjectType>
      <tns: Geometry>…</tns: Geometry>
      <tns: Chronology>
        <tns: TrajectoryPlan>
          <tns: LoiteringTLE>
            <tns: tleLine0>GEOEYE 1</tns: tleLine0>
            <tns: tleLine1>
  1 33331U 08042A    13158.55126878   .00000276   00000-0   61094-4 0    2708
  </tns: tleLine1>
            <tns: tleLine2>
  2 33331    98.1325 232.6900 0009861 184.7878 175.3236 14.64423447253895
  </tns: tleLine2>
          </tns: LoiteringTLE>
  </tns: TrajectoryPlan>
      </tns: Chronology>
    </tns: SC>
  </tns: SpaceSituation>
```


图 10.26　构建的空间态势场景文件

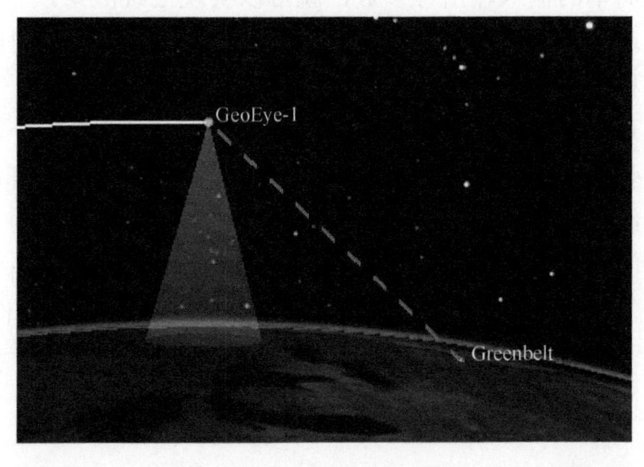

图 10.27　基于空间态势认知模型组织的可视化场景效果图

采用本书的方式组织可视化场景，可以屏蔽空间态势各监测单位所获取的数据类型、数据库存储格式的差异性，在空间态势可视化表达时，将数据从各数据库中提取并按本书的方法重新进行组织，以 XML 文件为载体，生成空间态势一体化可视化场景数据。利用 XML 网络交互的优势，当 InSpace 系统采用分布式模式时，各系统可以通过更改共用的 XML 文件来实现系统之间的互操作，也可通过共用的 XML 文件获取最新的空间态势可视化表达数据来实现信息的同步更新和共享。

10.5　空间态势信息三维引擎（InSpace-3D）的建立

本书前面的章节详细介绍了空间态势表达涉及的相关技术，这些技术为空间态势信息三维引擎的设计与开发奠基了基础。三维引擎（3D engine）的设计和开发是 InSpace 系统的核心。对各类空间态势信息进行三维建模后，将这些空间实体对象按其空间位置放置在空间场景中，最后将整个场景以三维图形的方式显示在计算机屏幕上，并采用相关技术改善三维场景绘制的画质和速度，通过人机交互的方式控制场景的三维绘制，使得用户能在三维场景中漫游，这是空间态势信息三维引擎研究的主要内容。所谓三维引擎，简单地说，就是独立于外部资源，具有一定完整功能的软件模块。引擎如汽车的发动机一样，无论汽车外壳怎么变化，只要装上同样的发动机，汽车的性能就相同。对于空间态势可视化不同应用来说，应用程序可能各种各样，但它们可以使用相同的三维可视化引擎。三维引擎设计的好坏，直接影响到可视化工程项目。

三维引擎常用在游戏开发中。每一个 3D 游戏都有自己的三维引擎，其设计各不相同。在众多开放源码的三维引擎中，面向对象图形渲染引擎 OGRE（O-O graphics rendering engine，OGRE）具有一定代表性。OGRE 简单、易用的面向对象接口设计使用户能更容易地渲染 3D 场景，并使开发出来的程序独立于渲染 API（如 Direct3D、OpenGL 等）。

本书借鉴了 OGRE 等三维游戏引擎的设计思想，通过设计三维引擎的方式来建立空间态势三维可视化表达模块（简称 InSpace-3D），其目的在于：

（1）便于用户使用。采用三维引擎的方式，用户可以不用关心引擎内部复杂的三维操作，只需要定义简单的输入输出等参数，就可以实现三维渲染。

（2）便于软件重用。引擎独立于应用程序，在应用于不同的应用程序甚至不同类型的操作系统中时，移植方便，减少重复劳动，提高开发效率。

（3）便于维护升级。对于空间态势信息三维可视化引擎这样一个新的软件来说，不可能一蹴而就，需要不断地修改、完善。利用三维引擎的方式，只需要修改引擎就可以完成软件维护、升级，而应用程序不需要任何改动。

本章着重对空间态势信息三维引擎的软件结构进行分析，解决在引擎实现过程中遇到的一些技术问题，从而初步建立一个较通用的空间态势信息三维引擎。

10.5.1　InSpace-3D 的设计

1. 总体框架设计

理想的三维引擎应具有良好的通用性、重用性、可靠性、灵活性、集成性和易用性，是一个可不断进化的开放式系统，最终能够完成整个空间态势三维分析与仿真任务。

为了使用户控制程序开发容易进行、更具有扩展性，引擎被设计成 C++类库的形式，用户所要编写的只是一些派生类，以完成自己特殊的功能。采用这种机制，用户不必关心引擎的实现方式。例如，用户要开发一个星–地链路分析可视化程序，无须了解图形学编程的专门知识，只要简单地利用引擎提供的 C++类创建对象或派生出新类即可。

如图 10.28 所示，引擎内部是一个外部事件处理及三维数据管理、操作和显示的循环。为简化操作，本书通过设计一个接口类完成整个引擎与用户程序的交互，用户通过创建接口类的实例来完成对引擎的控制。本书同时设计了单机接口和基于网络分布式环境下的软件接口，以适应不同的应用需要。

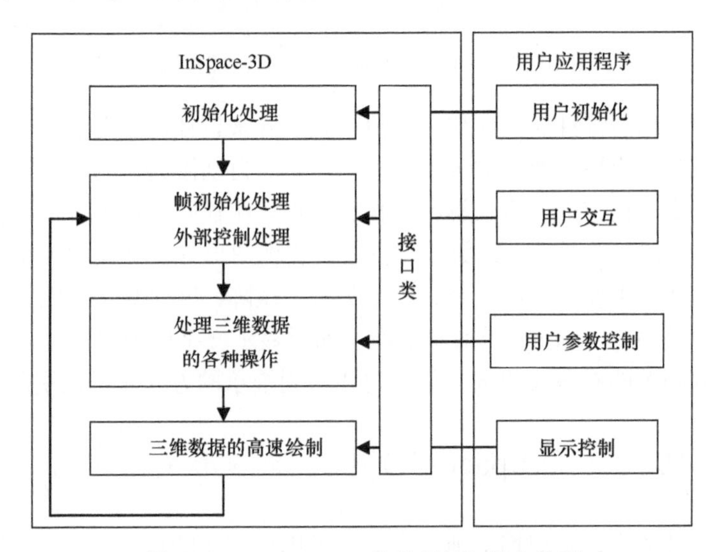

图 10.28 InSpace-3D 总体框架与用户控制

引擎的主循环体主要是完成三维数据的操作和渲染处理。用户可以通过接口类对引擎的各个阶段进行控制。帧前处理即处理外部事件并允许用户进行帧初始化及对整个进程进行控制。外部事件是指操纵杆、键盘、鼠标中断等的输入。用户可以通过处理外部事件完成自己的交互操作过程。帧初始化主要是用户对显示环境及目标驱动的控制。进行控制允许用户结束和重新加载新的数据，用户可以进行参数控制。在三维绘制阶段，用户通常可以对显示参数进行控制。

2. 功能模块分析

尽管三维应用程序各不相同，但三维引擎的结构却大同小异。采用面向对象的软件设计思想，我们将空间态势信息三维引擎主要分为目标管理模块、资源管理模块、三维渲染模块、相机控制模块、脚本控制模块、字体管理模块、数学支持模块、Overlay 模块等（图 10.29）。其中，左边虚线框中的模块为核心模块，其可以完成三维引擎的核心工作；右边虚线框中的模块为辅助模块。

在核心模块中，目标管理模块主要负责空间目标数据（包括地球参数、卫星、地面站、星空等）的读取、保存以及数据组织与操作等工作；资源管理模块主要管理纹理、三维目标模型的载入、生成等操作；三维渲染模块负责在图形硬件的支持下，各类数据

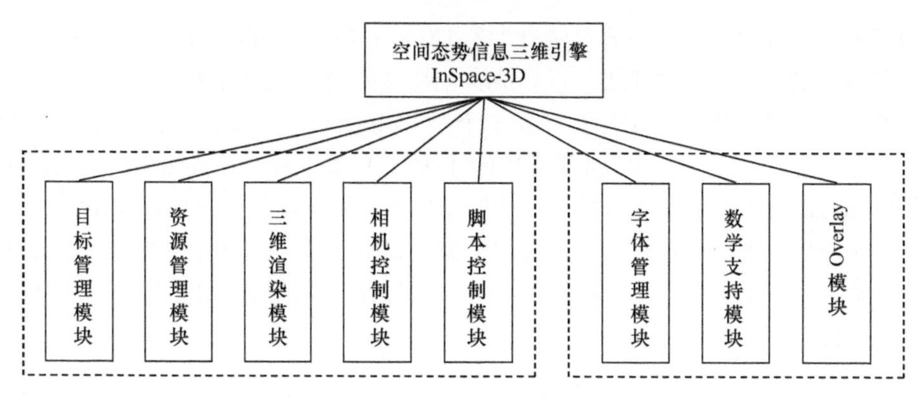

图 10.29　空间态势信息三维引擎功能模块图

的三维绘制工作，我们将目标数据与三维渲染独立开来设计，是为了采用硬件加速提高绘制速度；相机控制模块主要完成各类相机动作（如自动漫游）的计算与处理；而脚本控制模块则负责脚本语言的读取、解释与执行工作。在辅助模块中，字体管理模块负责字体的读取、文字信息的显示等；数学支持模块实现图形程序开发中经常用到的三维和二维几何代数操作，主要有三维矢量、二维矢量、矩阵、四元数、平面、光线以及它们之间的代数运算关系；Overlay 模块负责在平面上显示文字或图形信息。所有的这些模块都是由一系列相关的 C++类组成，用户可以采用继承的方式来扩展引擎的功能。

10.5.2　InSpace-3D 中三维图形处理技术

计算机软硬件的飞速发展悄悄地改变着三维图形程序的设计、开发理念，一些新的、实用的技术被引入，这些技术大大促进了可视化技术的发展。本节将详细介绍 InSpace-3D 中的三维图形处理技术。

1. 基于图形硬件的绘制流程

计算机图形硬件正以令人不可思议的速度发展。由于图形绘制算法复杂，要实现实时绘制就必须采用图形硬件进行加速。2001 年 3 月，NVIDIA 公司推出了具有可编程能力的 GeForce 3 图形卡，从而将图形加速硬件带入可编程的时代。这种可编程的图形硬件在图形硬件处理管道的顶点级操作和像素级操作模块中引入了可编程性，在不影响效率的前提下实现了令人惊叹的视觉效果。

如今，可编程性的图形加速器已经成为业界标准，可编程图形处理硬件的绘制流程如图 10.30 所示。左边用实线表示的流程就是传统的图形硬件的流程，也就是通用的 OpenGL 流程图。在这种通用的图形硬件中，顶点的绘制信息首先经过顶点级的光照计算和坐标变换，求出每个顶点的光照颜色值，同时还将顶点的坐标从物体坐标系转换到裁减坐标系。然后，光栅化处理将对三角形顶点的颜色进行插值运算，从而得到了三角形中每一个像素的颜色值（图 10.31）。接着就是纹理获取和纹理操作，也就是根据每一个像素的纹理坐标将纹理颜色分配到每一个像素上。最后，还会进行颜色混合（blending）运算和雾化效果运算，得到的结果将放到帧缓存中并显示在屏幕上。

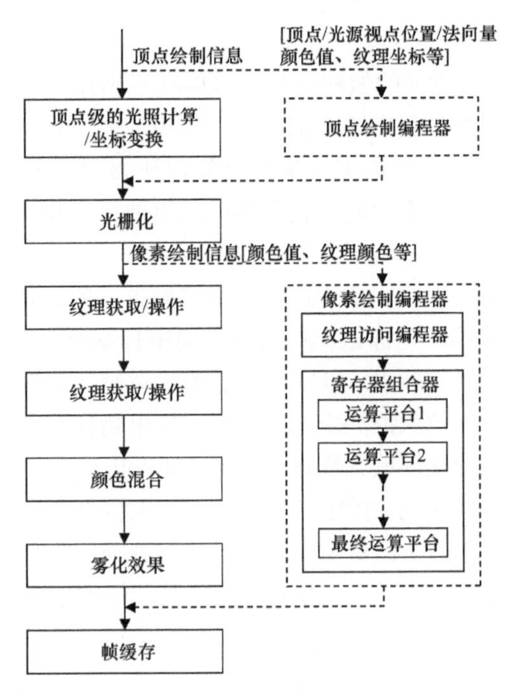

图 10.30 InSpace-3D 的绘制流程（朱腾辉，2003）

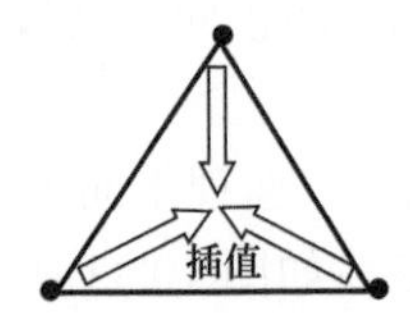

图 10.31 由基于顶点的光照插值得到像素的光照（朱腾辉等，2002）

而在可编程图形硬件中，除了光栅化这一部分依然保持固有的硬件实现不变以外，其他部分都引入了可编程模块，也就是图 10.30 中的虚线部分。

2. 坐标空间

在三维图形学中，我们经常采用的坐标系有模型坐标系、世界坐标系、视点坐标系以及屏幕坐标系。在 InSpace-3D 中，模型坐标系、世界坐标系、视点坐标系之间的关系如图 10.32 所示。具体介绍如下：

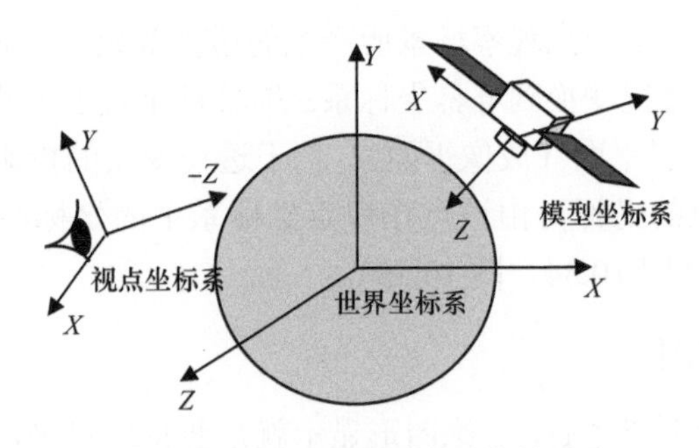

图 10.32 各坐标系之间的关系

1）模型坐标系

为了便于建模，一种有意义的做法是把多边形网格物体的顶点相对于物体内部或临近的某个点进行存储。例如，我们通常把一个卫星模型的原点定位在模型的中心点上。除了存储局部于物体的坐标系里的多边形顶点外，还要存储多边形的法线和顶点的法线。当对物体的顶点实行局部变换时，相关的法线也要进行相应变换。

2）世界坐标系

物体建模后，要把它放入我们希望进行渲染的场景。所有物体共同组成一个场景，每个物体都有它们独立的局部坐标系。场景的全局坐标系称为“世界坐标系”。所有的物体必须变换到这个共同的空间中，以定义它们的相对空间关系。把物体放进场景的操作定义了把物体由局部空间放入世界空间的变换。如果物体有动画效果，则动画系统提供随时间变换的变换，以便逐帧放置物体（Watt and Policarpo，2001）。

场景将在世界空间中被照亮。指定光源以后，如果渲染器中的着色器在世界空间中发挥作用，那么这将是物体的法向量需要进行的最终变换。物体的表面属性（纹理、颜色等）在这个空间中得到指定和调整。为了便于处理，本书将 InSpace-3D 的世界坐标系定义为与日心黄道坐标系重合。

3）视点坐标系

视点坐标系或眼坐标系是完成取景变换所需建立的一个坐标系。视点坐标系的原点即视点，其 Z 轴负方向取为视线方向，即正向与视线方向相反。定义过视点且垂直于视线方向的平面为视平面。

视点坐标的 XY 平面位于视平面上。在视平面上，选画面“Up”方向为 Y 方向，X 轴方向由 Z 轴和 Y 轴向量的叉积确定，如图 10.33 所示。

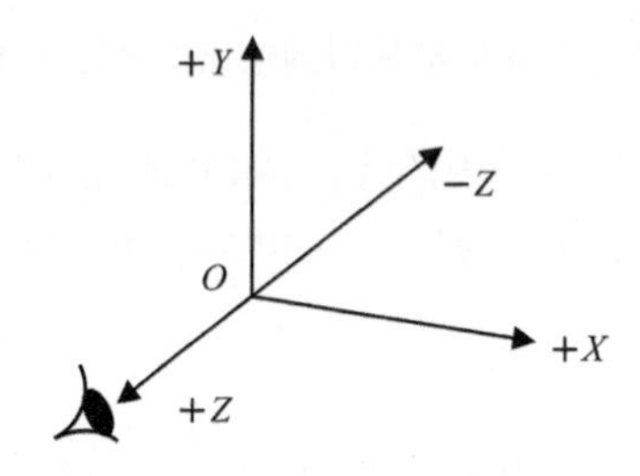

图 10.33　视点坐标系

4）屏幕坐标系

为了真实地模拟从给定视点观察场景所产生的透视效果，三维场景中的几何对象的所有数据最后都要通过透视变换到屏幕坐标系。屏幕是垂直于视线方向，位于视点前方并距视点为 D 的一个投影平面（成像平面）。由于透视变换的投影中心即视点，因而空间某点在屏幕上投影点的坐标可由该点在视点坐标系中的坐标经过与设备有关的变换来求得（周杨，2002）（图 10.34、图 10.35）。

3. 三维空间几何操作

在建立了常用坐标系统之后，三维图形显示就是要将场景坐标系中的三维实体经过

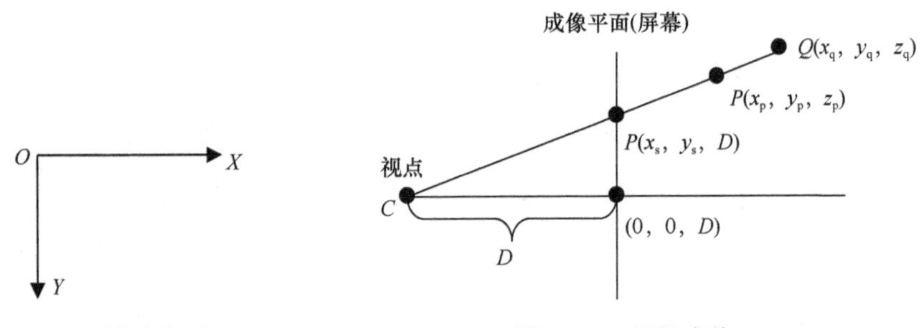

图 10.34　屏幕坐标系

图 10.35　透视变换

一定几何和投影变换之后，显示在二维屏幕坐标系中。其中，图形的几何变换是指对图形的几何信息经过几何变换后产生新的图形。

三维图形的几何变换矩阵可用T_{3D}表示，其表达式如下（孙家广，1998）：

$$T_{3D}=\left[\begin{array}{ccc|c} a_{11} & a_{12} & a_{13} & a_{14} \\ a_{21} & a_{22} & a_{23} & a_{24} \\ a_{31} & a_{32} & a_{33} & a_{34} \\ \hline a_{41} & a_{42} & a_{43} & a_{44} \end{array}\right] \tag{10.2}$$

该矩阵从功能上可分为 4 个矩阵，其中：$\begin{bmatrix} a_{11} & a_{12} & a_{13} \\ a_{21} & a_{22} & a_{23} \\ a_{31} & a_{32} & a_{33} \end{bmatrix}$产生比例、旋转、错切等几何变换；$\begin{bmatrix} a_{41} & a_{42} & a_{43} \end{bmatrix}$产生平移变换；$\begin{bmatrix} a_{14} \\ a_{24} \\ a_{34} \end{bmatrix}$产生投影变换；$\begin{bmatrix} a_{44} \end{bmatrix}$产生整体比例变换。

下面我们着重讨论从世界坐标到视见坐标空间的变换，因为对于一个引擎来说，某些操作在视见空间内便于执行，而某些操作在世界坐标系内便于执行，因此，这两个坐标系之间的转换非常重要。

为了便于描述，我们引入视见系统的概念（Watt and Policarpo，2001）。视见系统可以定义为视点坐标系与特定机制，如视见约束体的组合。最简单或最小的视见系统包括如下元素：

（1）视点 C：设定观察者在世界空间的位置，可以是视点坐标系的原点或视见方向 N 的投影中心；

（2）视点坐标系：相对视点的定义；

（3）视见平面：场景的二维图像投影于其上；

（4）视见约束体：定义视见区域。

这些实体显示在图 10.36 上。视点坐标 UVN 的 N 和视见方向重合，而 V 和 U 位于与视见平面平行的平面。视点 C 可以被看成是这个坐标系的原点。包括 U 和 V 的平面是无限扩展的，我们指定一个视见约束体，以定义视见平面的一个窗口。这个窗口里的内容，即场景中包含在视见约束体里的部分，其将呈现在屏幕上。

为了将世界坐标系空间中的点转换为视点空间中的点，需要执行两个步骤——平移和旋转。由此：

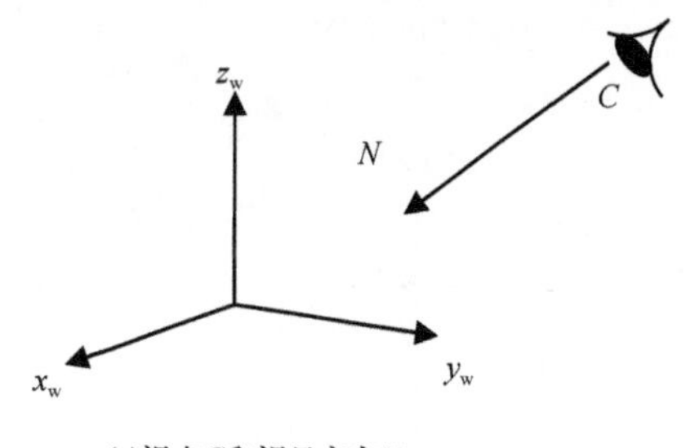

(a)视点C和视见方向N

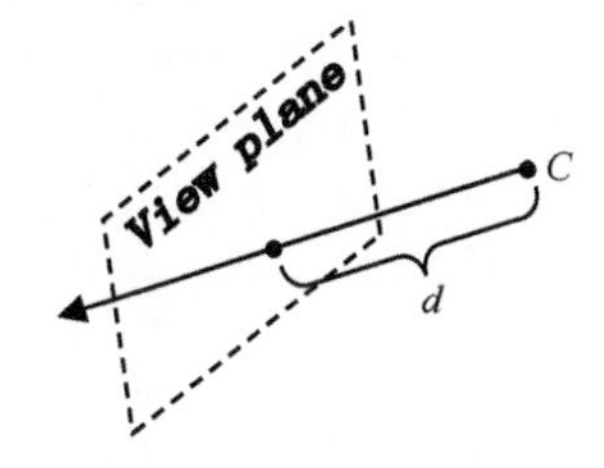

(b)垂直于视见方向N的视见平面，距离视点C为d个单位

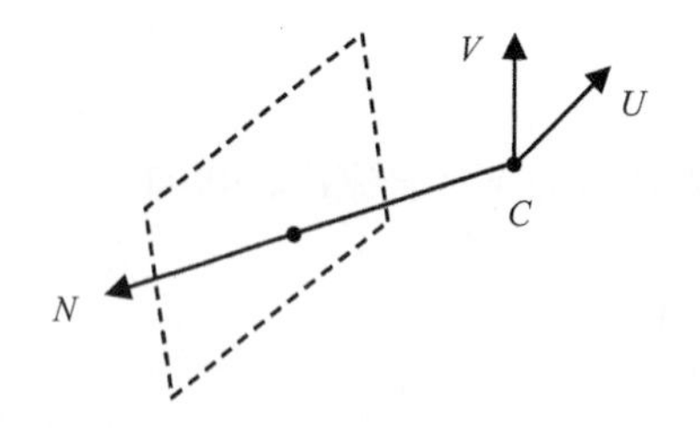

(c)视点坐标系，原点为C，UV轴组成的平面平行于视见平面

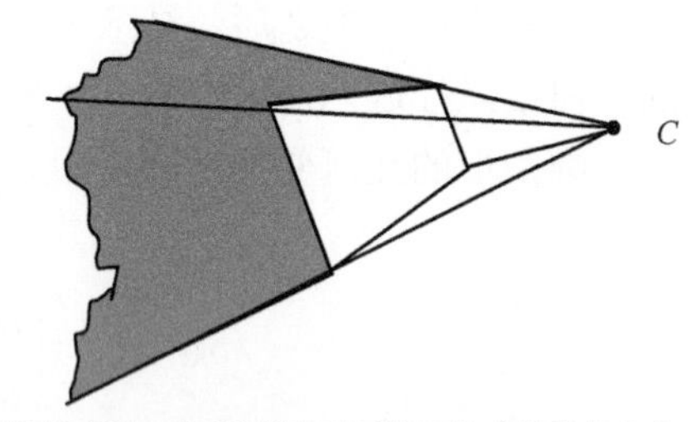

(d)视见约束体，由C和视见平面窗口构成的截体定义

图 10.36　实用的视见系统所需的最小实体

$$\begin{bmatrix} x_v \\ y_v \\ z_v \\ 1 \end{bmatrix} = T_{\text{view}} \begin{bmatrix} x_w \\ y_w \\ z_w \\ 1 \end{bmatrix} \tag{10.3}$$

其中，

$$T_{\text{view}} = RT \tag{10.4}$$

并且

$$T = \begin{bmatrix} 1 & 0 & 0 & -C_x \\ 0 & 1 & 0 & -C_y \\ 0 & 0 & 1 & -C_z \\ 0 & 0 & 0 & 1 \end{bmatrix} \qquad R = \begin{bmatrix} U_x & U_y & U_z & 0 \\ V_x & V_y & V_z & 0 \\ N_x & N_y & N_z & 0 \\ 0 & 0 & 0 & 1 \end{bmatrix}$$

现在唯一的问题是需要为系统设定一个用户界面，并把界面所使用的任何参数映射到 U、V 和 N。用户需要设定 C、N 和 V。C 很容易设定，N（视见方向或视平面法线）可以由球面坐标系的两个角得到（图 10.37）。

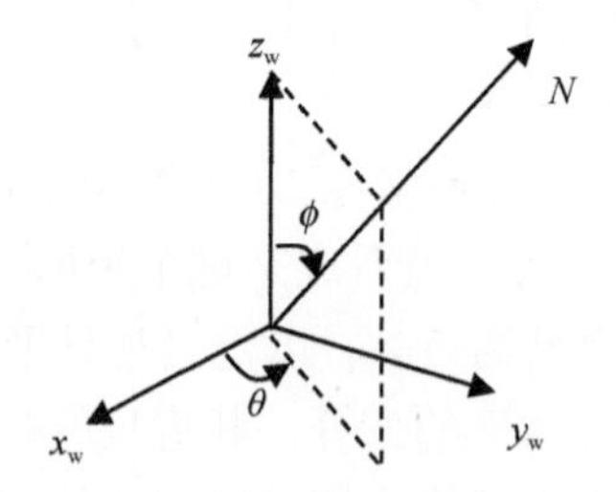

图 10.37　由两个角 θ 和 ϕ 设定矢量 N 的方向

- θ 为方位角。
- ϕ 为纬度或仰角。

其中，

$$\begin{cases} N_x = \sin\phi\cos\theta \\ N_y = \sin\phi\sin\theta \\ N_z = \cos\phi \end{cases} \tag{10.5}$$

关于 V 的问题比较多。例如，用户可能希望“上”和世界坐标系的“上”为同一个含义。然而，这个不能通过如下设置实现：

$$V = (0,0,1)$$

因为 V 必须和 N 垂直。一种明智的策略是允许用户设定 V 的近似方向，如叫 V'，而由系统计算 V，如图 10.38 所示，V' 是用户设定的上方向。投影到视见平面：

$$V = V' - (V' \cdot N)N \tag{10.6}$$

然后进行规范化。U 可以设定，或者不依赖用户设定，由式（10.7）得到

$$U = N \times V \tag{10.7}$$

这样得到一个 LH 坐标系，符合实用视见系统的意图，沿视见方向轴，离视点越远值越大。用 UNV 表示法构建了视见变换后，我们方便地由世界坐标转换到视点坐标了。

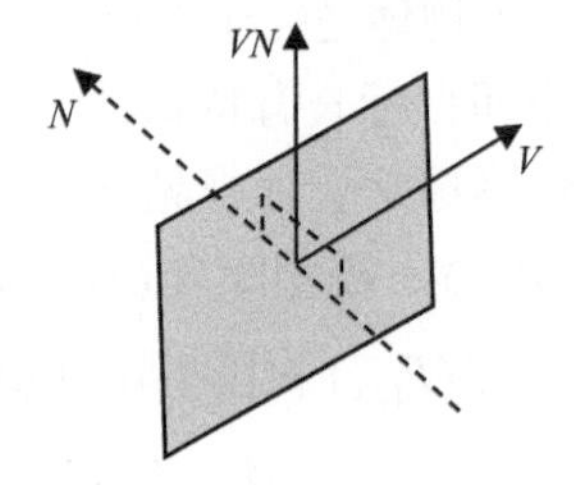

图 10.38　向上矢量 V 可以由 V' 计算得到

10.5.3　InSpace-3D 中目标可见性判断与剔除算法

为保证 InSpace-3D 渲染的实时性能，我们着重对视见空间的操作进行研究。视见空间基本操作的原则是不去渲染任何看不到的东西。换句话说，在这一阶段丢弃视见约束体外的任何多边形。本节介绍 InSpace-3D 中采用的多种可见性判断条件，使要绘制的目标个数降到最少。下面详细介绍讨论这些可见性判断与剔除算法的基本原理。

1. 筛选或背面剔除

筛选（culling）或背面剔除（back-face elimination）通过比较多边形与视点和投影中心的方向，删去那些不能被看到的多边形。如果场景里只有一个凸的物体，则筛选泛化为隐面剔除。当一个多边形的一部分遮盖另一个多边形时就需要通用隐面剔除算法（图 10.39）。多面体中，平均有半数的多边形是背向的。这个过程的优点是可以在应用昂贵的隐面剔除算法前，先用简单的测试去除这些多边形。

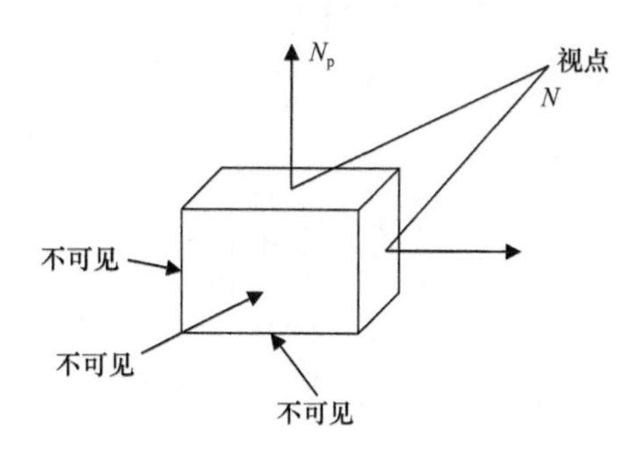

图 10.39　多边形可见性判断

可见性测试是直观的，计算多边形的外法线，然后对该法线与投影中心向量这两者点积的符号进行检测（图 10.39），因此，

$$可见性 = \left(N_{\text{p}} \cdot N > 0\right) \tag{10.8}$$

式中，N_{p} 为多边形法线；N 为视线向量。

2. 基于物体外包围球视见体裁减

在 InSpace-3D 中，由于场景非常复杂，如果判断每一个点是否在视见体内，效率将很低。我们需要一个能快速判断一个物体是完全在外面、完全在里面还是与视见体相交的方法。在 InSpace-3D 中，由于空间目标具有特殊性，它们相距较远，因此我们为每一个物体定义了外包围球，通过外包围球来进行视见体裁减，以加快判断速度。

首先，我们讨论由投影矩阵 $(P_{4\times4})$、模型矩阵 $(M_{4\times4})$，得到 6 个裁减面的方法。

设 $C_{4\times4}$ 为裁减矩阵，由投影矩阵 $(P_{4\times4})$ 和模型矩阵 $(M_{4\times4})$ 乘积得到如下公式：

$$C = M \times P \tag{10.9}$$

设 $C_{4\times4} = \left[C_1, C_2, C_3, C_4\right]$，其中 $C_i = \left[C_{i1}, C_{i2}, C_{i3}, C_{i4}\right]^{\mathrm{T}}$

我们可以通过透视投影方法得到视景体矩阵 $F_{6\times4}$ 为

$$F_{6\times4} = \left[\begin{array}{ccc|c} N_{\text{right}X} & N_{\text{right}Y} & N_{\text{right}Z} & D_{\text{right}} \\ N_{\text{left}X} & N_{\text{left}Y} & N_{\text{left}Z} & D_{\text{left}} \\ N_{\text{bottom}X} & N_{\text{bottom}Y} & N_{\text{bottom}Z} & D_{\text{bottom}} \\ N_{\text{top}X} & N_{\text{top}Y} & N_{\text{top}Z} & D_{\text{top}} \\ N_{\text{back}X} & N_{\text{back}Y} & N_{\text{back}Z} & D_{\text{back}} \\ N_{\text{front}X} & N_{\text{front}Y} & N_{\text{front}Z} & D_{\text{front}} \end{array}\right] = \left[\begin{array}{c} C_4 - C_1 \\ C_4 + C_1 \\ C_4 - C_2 \\ C_4 + C_2 \\ C_4 - C_3 \\ C_4 - C_3 \end{array}\right] \tag{10.10}$$

式中，$\left(N_{*X}, N_{*Y}, N_{*Z}\right)$ 单位化后作为相应裁减面的法向量；D_* 为相应裁减面到原点的距离。由式（10.10）可以在任何时候得到视见体 6 个裁减面（图 10.40），用于视见体裁减。

得到视见体 6 个裁减面后，要进行视见体裁减，还应依次将物体外包围球与视见体 6 个平面进行判断。由于定义了每个视见平面的方向，我们引入点到平面的有向距离的概念来判断球与平面的关系。

采用式（10.11）计算点到平面的距离 D_{c}：

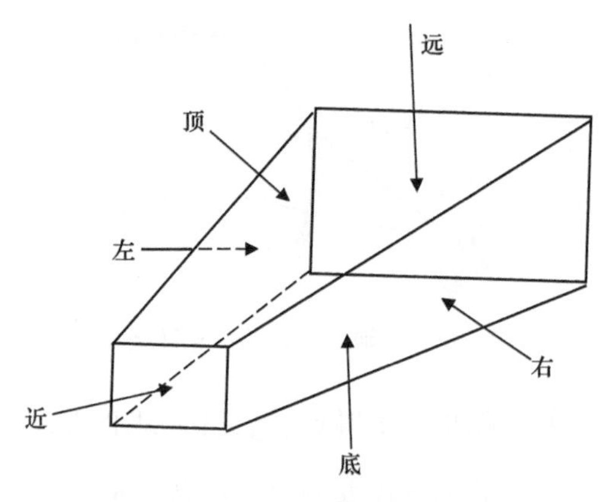

图 10.40　透视投影的裁剪空间

$$D_c = N \cdot P + D \tag{10.11}$$

式中，N 为平面法向量（相对于视见体，法向量方向向外）；$P(x, y, z)$ 为包围球球心位置。由式（10.11）可以得到球在平面正面还是反面的判断方法：

$$\begin{cases} D_c \leqslant -R & \text{不可见} \\ D_c > -R & \text{可见} \end{cases} \tag{10.12}$$

式中，R 为包围球半径（图 10.41）。

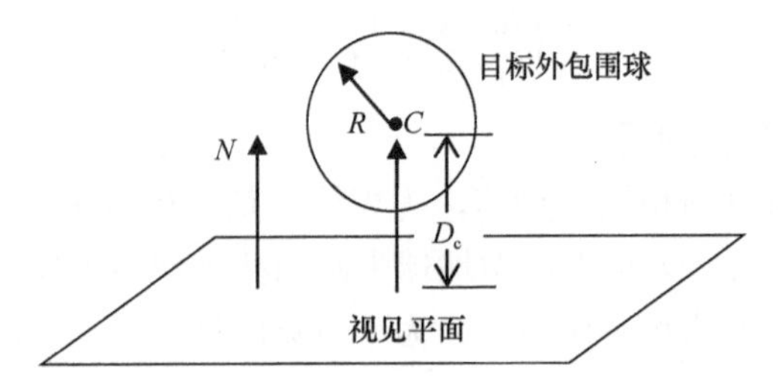

图 10.41　外包围球与平面的关系

3. 考虑地球遮挡的物体可见性判断

空间态势三维可视化场景中，对于一个特定的观察者来说，许多目标会被地球挡住（图 10.42）。InSpace-3D 中对目标是否被地球遮挡进行了判断。下面我们分别对地面目标（如地面站等地面设施）、和空中目标（如卫星）的可见性判断进行讨论。

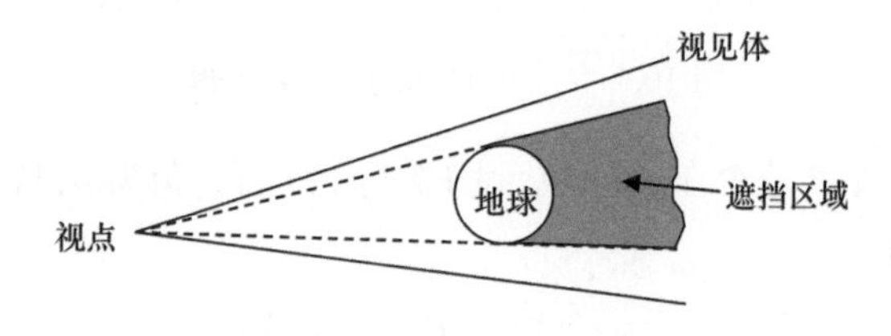

图 10.42　地球遮挡区域示意图

1）地面目标的可见性判断

对于地面目标的可见性判断较简单，原理如图 10.43 所示。

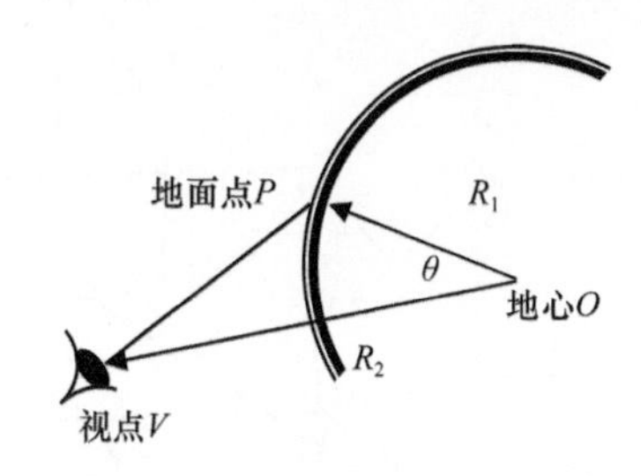

图 10.43　地面目标的可见性判断

设视点为$V\left(x_{\mathrm{v}},y_{\mathrm{v}},z_{\mathrm{v}}\right)$，地面点为$P\left(x_{\mathrm{p}},y_{\mathrm{p}},z_{\mathrm{p}}\right)$，地心为$O$；$R_1$为地心$O$到$P$的矢量，$R_2$为地心$O$到$V$的矢量。我们只需要判断矢量$R_1$、$R_2$的夹角$\theta$与$\pi/2$的关系即可。

因为

$$\cos\theta=\frac{R_1\cdot R_2}{\left|R_1\right|\left|R_2\right|} \tag{10.13}$$

所以判断条件为

$$\begin{cases}\theta<\pi/2 & \text{不可见}\\ \theta\geqslant\pi/2 & \text{可见}\end{cases} \tag{10.14}$$

由于$\left|R_1\right|\left|R_2\right|>0$，因此我们不难得到，地面目标可见性的最终判断条件为

$$\begin{cases}R_1\cdot R_2>0 & \text{不可见}\\ R_1\cdot R_2\leqslant 0 & \text{可见}\end{cases} \tag{10.15}$$

2）空中目标的可见性判断

空中目标的可见性判断稍微复杂些，为表达清楚，我们在二维图上讨论这个问题。如图 10.44 所示，以视点V为顶点，做地球大圆的两个切线VT，则卫星可能出现在A、B、C三个区域中。A、B为可见区域，C为不可见区域。

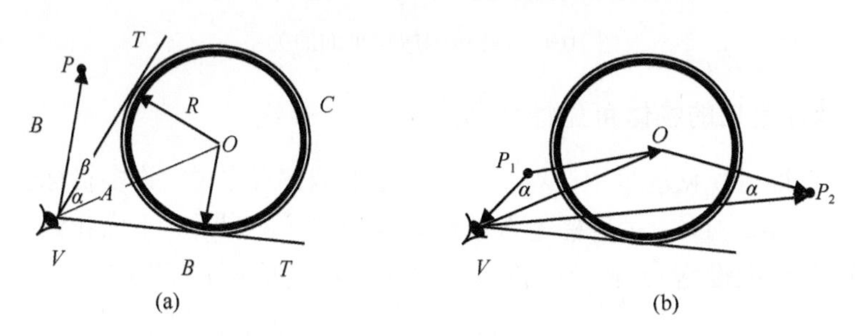

图 10.44　空中目标的可见性判断

首先判断卫星位置P是否在B区域，设VT与VO的夹角为α，VO与VP的夹角为β，d_{v}为VO的长度，则

$$\begin{cases}\cos\alpha=\left(d_{\mathrm{v}}{}^2-R^2\right)\Big/d_{\mathrm{v}}\\ \cos\beta=\dfrac{\overrightarrow{VP}\cdot\overrightarrow{VO}}{\left|\overrightarrow{VP}\right|\left|\overrightarrow{VO}\right|}\end{cases} \tag{10.16}$$

当$\cos\alpha > \cos\beta$时，卫星在B区域，可见。

当$\cos\alpha < \cos\beta$时，卫星在A或者C区域时，还需要判断卫星是在地球前面还是背面。如图10.44（b）所示，考察地球前面点P_1、地球背面的点P_2的可见性，只需要看PO与PV的夹角α，当

$$\begin{cases}\alpha > \pi/2 & 可见 \\ \alpha \leqslant \pi/2 & 不可见\end{cases} \tag{10.17}$$

4. 基于屏幕空间的物体可见性判断

在三维空间环境中，由于目标与目标之间的距离可能很远，如果远处目标在屏幕上的投影小于1个像素的话，我们就无须绘制该物体。InSpace-3D中引入了基于屏幕空间的可见性判断来剔除这些目标。

如图10.45所示，设视点的张角和投影平面的边长分别为α和L，被投影线段的长度为l，视点与该线段中心的距离为d。设该线段与投影平面平行，显然，此时线段在投影平面上的长度最长，设其为τ（像素数）。那么，可以得到式（10.18）：

$$\tau = \frac{l \times L \times \lambda}{2 \times \tan\dfrac{\alpha}{2} \times d} \tag{10.18}$$

式中，λ为物体空间中的单位长度在投影平面上的像素数。由式（10.18）可知，对于一条特定的边，距离d越大，τ越小。当某一物体$\tau < 1$时，则该物体可被剔除。

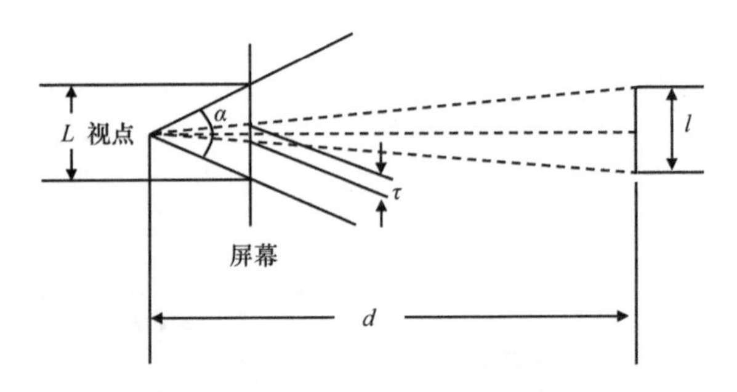

图10.45 透视变换原理示意图（王青山等，2013）

10.5.4 InSpace-3D中大尺度视点无缝切换

本书构建的态势表达引擎的一个特点就是时空尺度大，在整个太阳系中，距离太阳最近的行星——水星有57910000km，距离最远的海王星有4504300000km，如何实现在统一框架下的小到地面上几米长的汽车，大到整个太阳系的各大行星及其运行轨迹的无缝切换浏览是必须解决的关键技术。

视点的切换可以采用立即模式，即用户设置新的视点后，立即出现目标相机的效果。但是采用这种方式缺乏视点从一个位置到另外一个位置的过渡，显得比较呆板，不生动，尤其是从整个太阳系切换到地球某颗卫星时，这种方法显得较为突兀。为了给用户一个很自然的无缝切换过程，本书对视点切换方式进行了改进，除提供立即模式的切换方式

外，本书还提供连续模式的视点切换，即视点不直接到达目标位置，而是沿一定的路径从当前位置移动到目标位置。针对不同情况下的视点切换，本书提供两种连续视点切换方式，一种是大尺度的切换，如从整个太阳系的视角切换到地球视点，这类型的切换跨度较大，所以采用沿直线的转换方式，既能够达到无缝切换的效果，又便于实现。沿直线的转换方式，即在给定的时间沿直线路径连续变换到指定地点，直线线性插值公式较为简单，如式（10.19）所示：

$$P = \frac{B - A}{|B - A|} \times \mathrm{Dis}_n \tag{10.19}$$

式中，P 为待插值点位置矢量；A 为视点切换的起点位置矢量；B 为视点切换的终点位置矢量；Dis_n 为第 n 帧场景的视点与变换起始帧场景的视点的距离，其计算公式如式（10.20）所示：

$$\mathrm{Dis}_n = \Delta t_n \times \frac{|B - A|}{\Delta T} \tag{10.20}$$

式中，ΔT 为给定的连续模式视点切换时间；Δt_n 为场景渲染的第 n 帧与视点变换起始帧的时间间隔；n 为从视点变换起始帧开始计数。

另一种是距离目标较近，如从地球上空的一点到地球上空的另一点时，如果还是采用直线的方式，视点转换过程中很容易穿过地球，使转换效果大打折扣（如图 10.46 所示，虚线表示穿过地球），为此本书提供另外一种沿球面的转换方式，采用沿球面转换的方式可以避免穿越地球的问题。

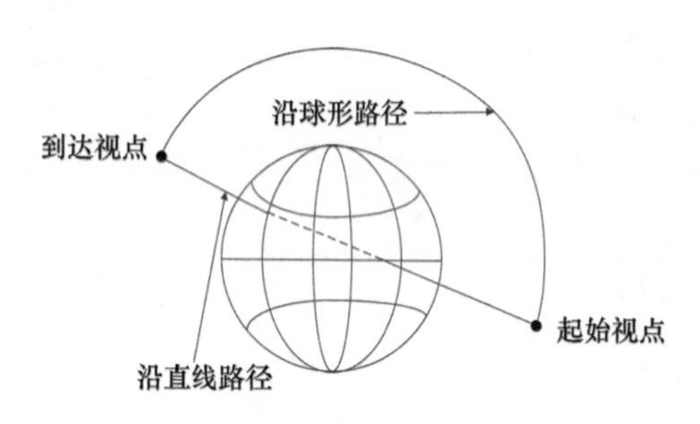

图 10.46　连续视点转换方式

要实现球面漫游，必须运用球形的线性插值技术，这种插值是沿着两个关键点在球面上的最短弧线之间进行的（OGC，1999）。如图 10.47 所示，运用几何运算很容易得到球形线性插值的公式。

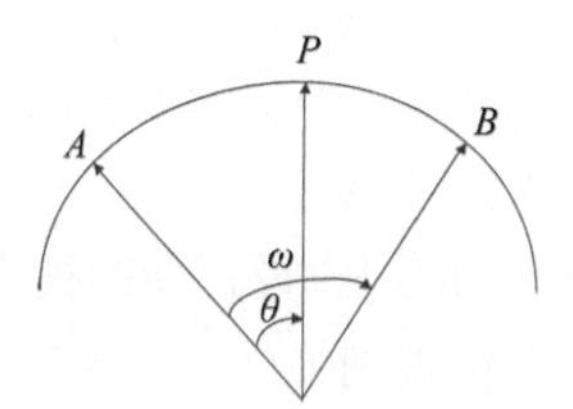

图 10.47　球形线性插值

在一个二维平面上，向量 A 与向量 B 的夹角为 ω，向量 P 与向量 A 的夹角为 θ，P 即可由 A、B 间的球形线性插值得到

$$P = \alpha A + \beta B \tag{10.21}$$

给定下面三个条件可以求得 α 和 β

$$\begin{cases} |P| = 1 \\ A \cdot B = \cos\omega \\ A \cdot B = \cos\theta \end{cases} \tag{10.22}$$

由此得到

$$P = A\frac{\sin(\omega-\theta)}{\sin\omega} + B\frac{\sin\theta}{\sin\omega} \tag{10.23}$$

除了视点的无缝切换，要实现对整个场景目标的任意浏览，还必须实现下面几种视点控制：一是绕目标旋转；二是缩放控制；三是视线方向控制。

1）绕目标旋转

如图 10.48 所示，在观察对象所处的坐标系 O_1-XYZ 中，视点在水平方向旋转角度 λ 后，即视点 P 绕 Z 轴旋转角度 λ 后旋转至图中 P' 所在位置，变换关系为

$$P' = R_z(\lambda)P \tag{10.24}$$

式中，

$$R_z(\lambda) = \begin{bmatrix} \cos\lambda & -\sin\lambda & 0 \\ \sin\lambda & \cos\lambda & 0 \\ 0 & 0 & 1 \end{bmatrix} \tag{10.25}$$

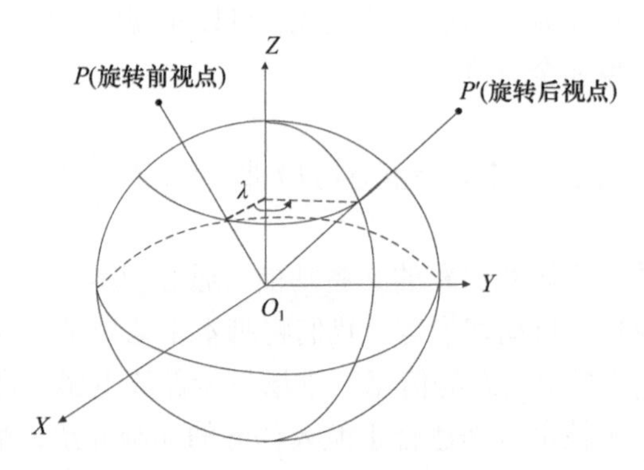

图 10.48　水平方向视点作旋转运动示意图

同理可得，在垂直方向视点围绕观察对象做旋转运动，即绕 X 轴旋转的变换公式为

$$P' = R_x(\lambda)P \tag{10.26}$$

式中，

$$R_x(\lambda) = \begin{bmatrix} 1 & 0 & 0 \\ 0 & \cos\lambda & -\sin\lambda \\ 0 & \sin\lambda & \cos\lambda \end{bmatrix} \tag{10.27}$$

2）缩放控制

对观察对象进行缩放可以通过视点移进和远离观察对象实现，视点的缩放运动过程

可以归纳为

$$P' = \text{factor} \cdot P \tag{10.28}$$

式中，P 为视点原来的位置；P' 为视点缩放后所在的位置；factor 为缩放因子，且 factor>0，当 factor>1 时，实现的是缩小效果，当 factor<1 时，实现的是放大效果。

3）视线方向控制

在本书的态势表达引擎中，为保证观察者总能看到观察对象，必须保证视点坐标系的 Z 轴方向指向观察对象。如图 10.49 所示，O_2-XYZ 坐标系是视点坐标系。为保证 Z 轴指向观察对象，视点坐标系先绕 Z 轴旋转 H 角度，然后再将坐标系绕 X 轴旋转 p 角度，此时 Z 轴指向观察对象。

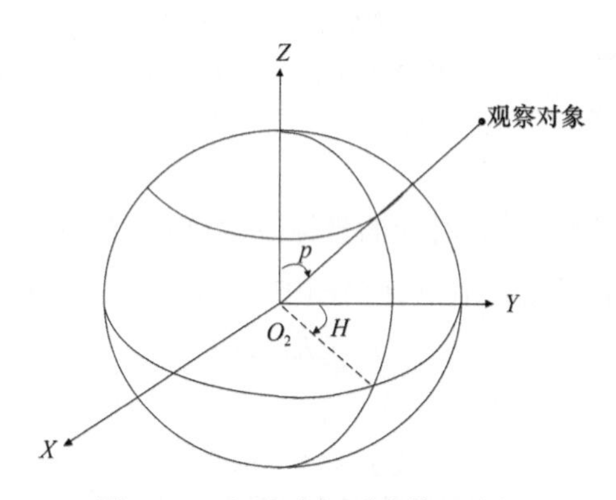

图 10.49　视点坐标系变换示意图

本书视点切换和视点控制方法的组合使用，可以实现空天地一体化态势表达原型系统中各类目标的无缝切换和全方位观察。

10.5.5　InSpace-3D 脚本驱动技术

脚本驱动是大多数三维游戏引擎的必备功能，通过脚本驱动，可以使游戏角色按规律运行，也可以完成场景的自动切换等。我们将脚本驱动技术引入空间态势信息三维引擎（InSpace-3D）中，使得空间态势信息三维场景能像放电影一样连贯地播放演示，而无须用户操作干涉。这种技术特别适合于航天任务的动画介绍、汇报、教学等场合。

1. 脚本驱动命令

InSpace-3D 中，脚本不但能控制视点，而且还能控制整个三维引擎的运行、配置等，如设定仿真时间、步长，设定渲染方式，设定光照参数等。

我们把脚本对引擎的控制称为命令（Command），不同的脚本命令控制不同的内容。由于需要控制的项目非常多，因此，我们采用面向对象的设计方法来设计脚本命令，建立如图 10.50 所示的脚本命令类结构来实现这些脚本命令。

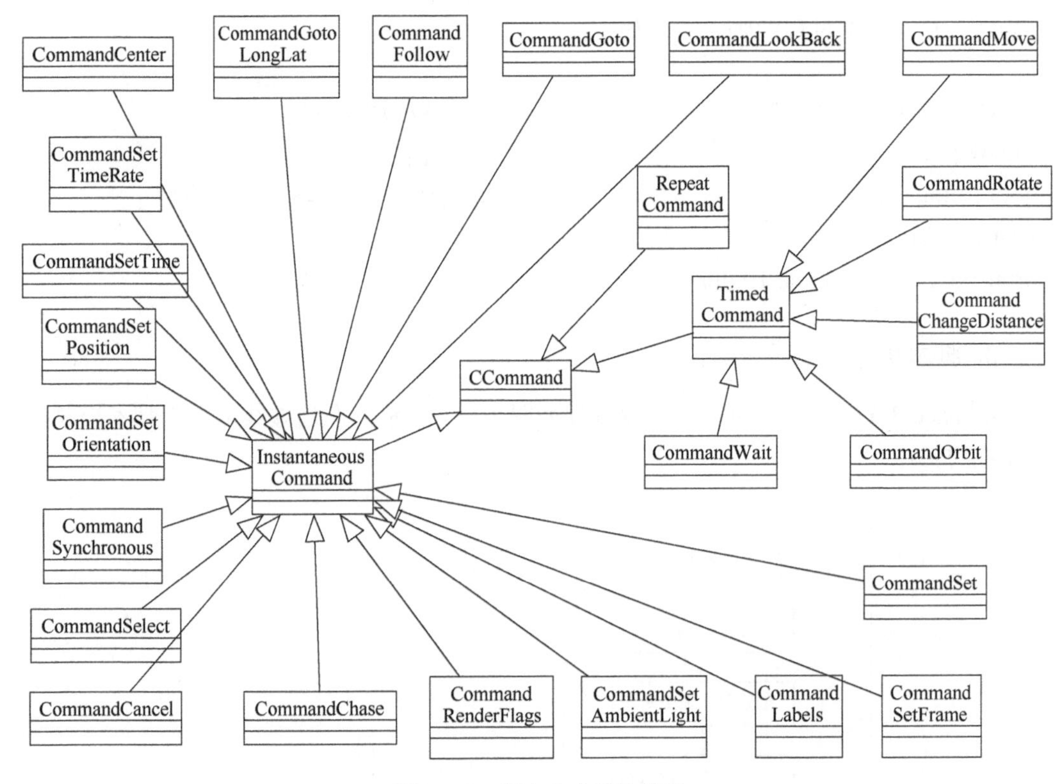

图 10.50　脚本命令类结构图

脚本命令基类为 CCommand，定义脚本命令的公共接口为 Process，其用于命令的执行操作。由 CCommand 派生出其他脚本控制命令，这些脚本命令主要有三类：第一类是视点控制命令，如 CommandFollow（设置视点跟随方式）、CommandCenter（设置跟随物体在屏幕中心）、CommandGoto（视点到达所跟随的物体）、CommandSetPosition（设置视点位置）等；第二类是场景设置命令类，如 CommandSet（设置场景参数）、CommandSelect（设置跟随物体）等；第三类是时间命令类，如 CommandSetTime（设置仿真时间）、CommandSetTimeRate（设置仿真步长）等。

2. 脚本描述方法

脚本以文本文件的形式给出，脚本文件在外部文本编辑器进行编辑。我们为每一个脚本命令指定对应的关键字，并设定相应的参数。

在脚本文件中，我们规定一个命令行的格式为：

命令名称 {[参数名称 参数] [参数名称 参数] ...}

命令名称为各个脚本命令类对应的关键字，如 select、goto、follow、wait 等；大括号中为参数列表，个数依具体命令而定，参数名称说明参数种类，如 select {object "SPOT-5" }、follow {}、goto { time 5 }。

例如，我们需要定义这样一个过程：视点移动名称为“SPOT-5”的卫星，绕其 *Y*

轴旋转，那么这个过程的脚本表示如下：

```
select { object "SPOT-5" }                    // 选择 SPOT-5 卫星
follow {}                                     // 视点跟随
goto { time 5 }                               // 视点到达 SPOT-5，5s 内完成
wait { duration 5 }                           // 等待 5s
orbit { axis [ 0 1 0 ] rate 10 duration 7 }   // 绕（0，1，0）旋转
```

3. 脚本执行

InSpace-3D 中，脚本执行与控制流程如图 10.51 所示，左边虚线框内为脚本控制模块完成的工作。

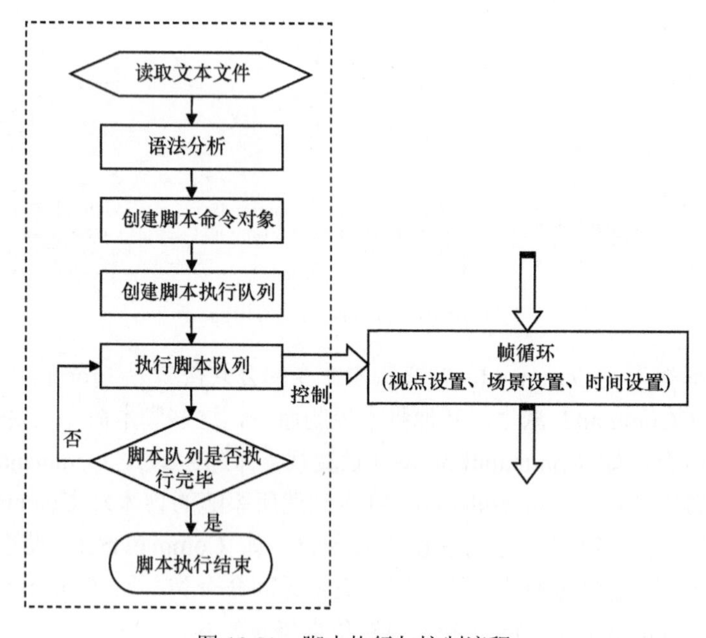

图 10.51　脚本执行与控制流程

10.6　InSpace 系统实现方法及应用

10.6.1　系统构建方法

系统采用 Qt 作为构建工具，采用跨平台设计思想进行模块化设计，从而使软件能在具有自主知识产权的操作系统上运行。在开放性、灵活性、跨平台原则的指导下，完成对系统的软件框架的设计，如图 10.52 所示。

在 InSpace 的软件框架设计中，最底层的数学计算、配置文件读取、通信服务均采用相应的成熟开源代码，以减少开发工作量；向上一层是二、三维场景引擎和场景构建，多尺度表达，态势标绘，仿真分析模块，模块间既相互独立又相互支撑，最终生成由同

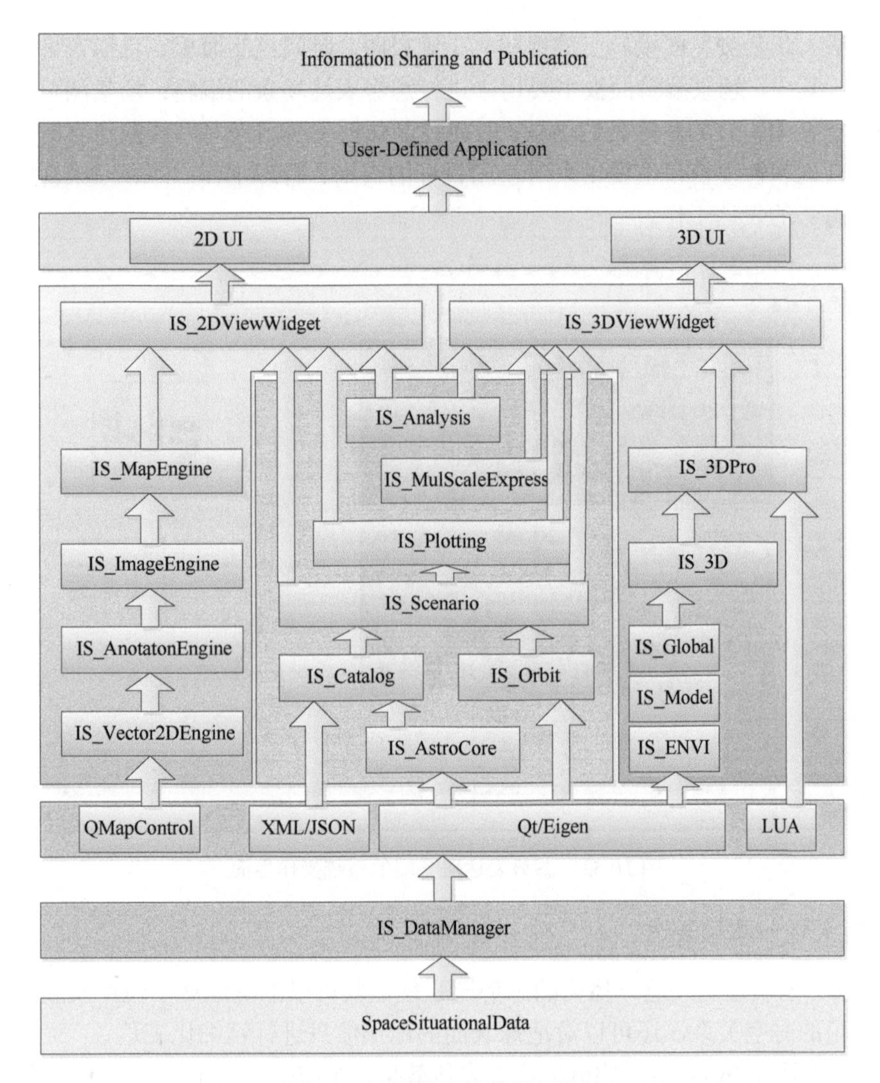

图 10.52　系统的软件框架设计

步显示的二、三维态势场景共同组成的空间态势图，此外该软件为一些典型应用预留了接口。

10.6.2　系统实现结果

1. 系统界面

InSpace 系统由数据服务端、态势表达服务端和态势应用客户端等几个平台上的软件共同构成。数据服务端主要负责数据的存储、通信、服务等工作，主要以后台服务的方式运行。态势应用客户端根据用户的不同需求定制而成，可以简单，也可以复杂，没有统一的系统界面。

图 10.53 是态势表达服务端的系统操作界面，主要由标题栏、菜单栏、工具栏、场

景编辑面板、场景浏览面板、三维视图、二维视图、时间控制面板、目标查询和管理窗口等组成。其中，场景编辑面板主要用来进行态势表达场景的编辑；场景浏览面板主要用来浏览已经编辑好的态势表达场景；时间控制面板主要用来对系统的仿真时间进行控制；目标查询和管理窗口主要用来对空间目标的查询、管理工作；二、三维视图则具体负责空间态势的表达工作。

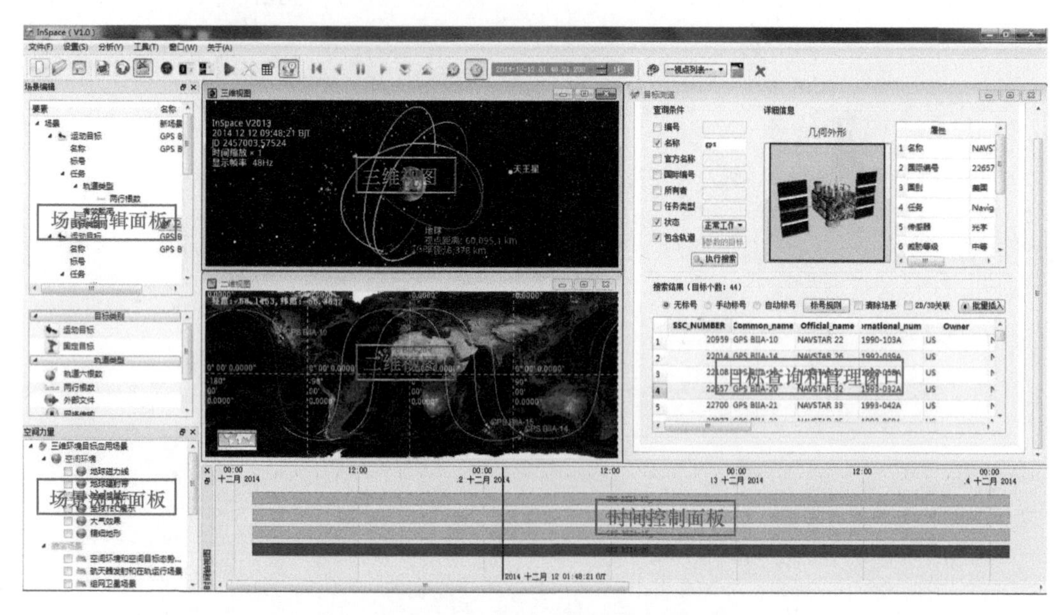

图 10.53　态势表达服务端的系统操作界面

2. 空天地一体化表达

InSpace 系统是空天地一体化的态势图系统，其可以准确地展示恒星及整个太阳系内各大行星的时空关系，还可以对地球表面的地形信息进行精细化表达。

图 10.54 是 InSpace 系统的恒星背景表达效果，系统中采用了依巴谷星表数据（The Hipparcos Catalogue）-Tycho-2 对恒星背景进行可视化建模，该星表包含了 2539913 颗星的精确位置、自行、秒差距等数据（常显奇，2002）。图 10.54（a）是在恒星背景的基础上叠加 IRAS/COBE 红外图像（100μm）对银河系进行可视化表达的效果，图 10.54（b）是在恒星背景的基础上构建的大熊星座效果图。

图 10.55 是整个太阳系及土星和地球的近距离表达效果。

图 10.56 是地形信息精细化表达的效果图，其中图 10.56（a）是某地区 15m 影像分辨率及 60m 地形分辨率的效果图，图 10.56（b）是某地区 1m 影像分辨率及 8.5m 地形分辨率的效果图。

3. 空间态势表达

1）空间目标表达

目前在轨的空间目标超过 10000 颗，除了用于对特定任务的空间目标进行多尺度表达外，有时还需要展示全部空间目标的运行态势，此时如果直接在内存中绘制出所有运

(a)恒星背景　(b)大熊星座

图 10.54　恒星背景及星座

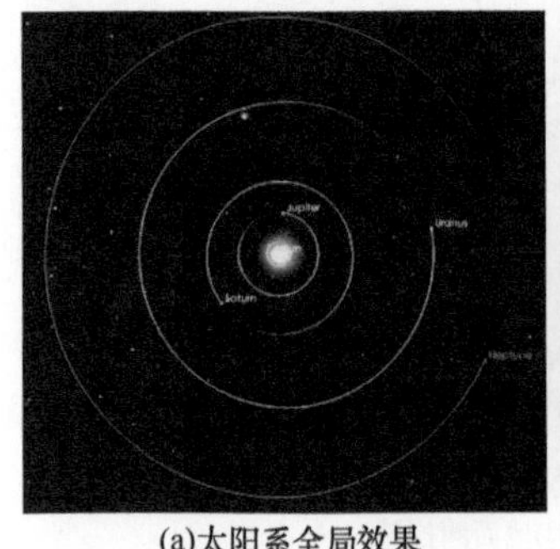

(a)太阳系全局效果

(b)土星近距离全局效果

(c)地球近距离全局效果

图 10.55　太阳系及部分行星表达效果

(a)15m影像分辨率及60m地形分辨率效果图

(b)1m影像分辨率及8.5m地形分辨率效果图

图 10.56　地形信息精细化表达效果

行中的空间目标，则系统性能将直线下降，严重影响用户的使用体验，因此本书采用前文介绍的基于 GPU 的方式对空间目标进行绘制。图 10.57（a）是采用 GPU 方式绘制的全球空间目标运行效果图，其中黄色表示空间碎片，绿色表示仍然在轨工作的空间目标。图 10.57（b）展示的是 GPS 卫星的轨道分布效果图。图 10.57（c）展示的是在轨运行的神舟飞船效果图。图 10.57（d）展示的是地面测控站效果图。

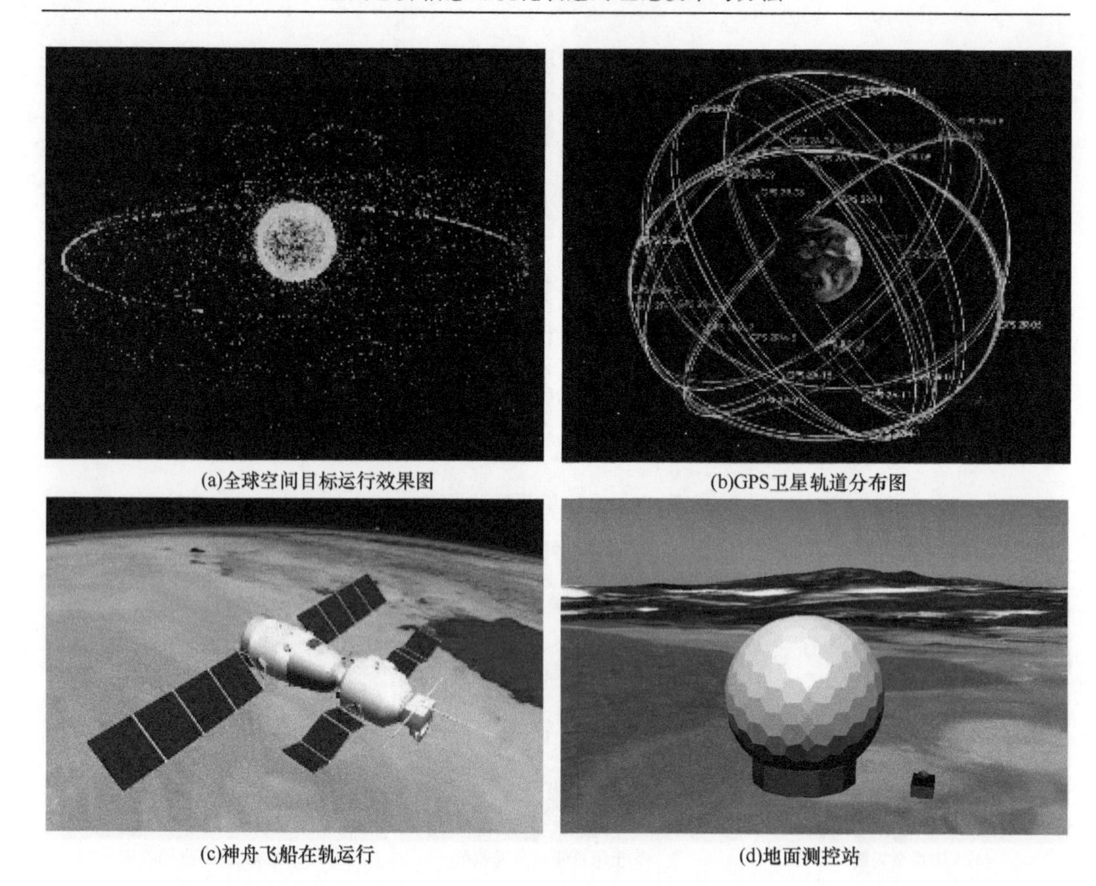

(a)全球空间目标运行效果图　(b)GPS卫星轨道分布图

(c)神舟飞船在轨运行　(d)地面测控站

图 10.57　目标运行效果图

2）空间环境表达

图 10.58 展示的是空间环境效果图，其中图 10.58（a）展示的是采用布告板技术表达的地球辐射带效果图，图 10.58（b）是采用体绘制技术表达的电离层电子密度全球分布效果图，其中越红的地方表示电子密度越高，图 10.58（c）是采用布告板技术生成的中高层大气绘制效果图。

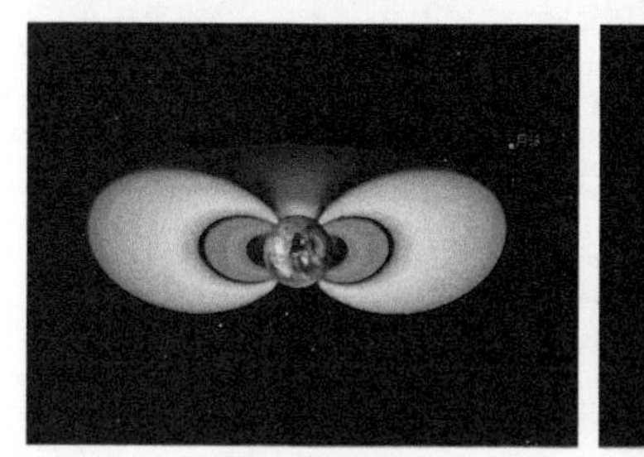

(a)辐射带效果

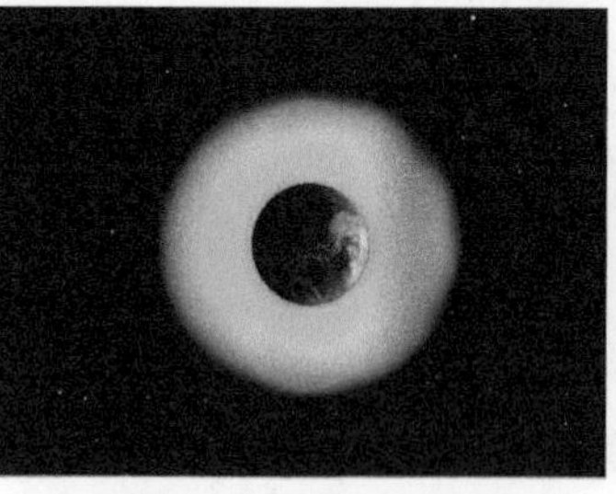

(b)电离层电子密度全球分布效果

(c)中高层大气绘制效果

图 10.58　空间环境效果

为了测试系统的绘制效率，本书采用戴尔图形工作站对态势表达服务端的软件进行了测试，工作站的硬件配置如下，即处理器：Intel（R） Xeon（R） CPU E5-2630 V2 @

2.3GHZ 2.3GHZ；内存：8G；显卡：NVIDIA Quadro K5000（4G 内存）；操作系统采用 Windows 7。经测试，InSpace 系统绘制的效率达到平均每秒 40 帧以上。

InSpace 系统设计定位为基础平台，在该平台上可以完成多种应用，这些应用可以在系统基础上定制开发，也可以对系统直接应用。下面主要介绍 InSpace 系统在航天器安全保障领域以及其他领域的应用。

10.6.3　典型应用

1. 航天器安全保障领域的应用

航天器安全保障可以分为事前安全防护和事后故障分析，对于事前安全防护可以采用 InSpace 系统提供的碰撞预警和过境分析等功能，对航天器的运行环境提前进行预测，提前采取防护措施，如存在碰撞风险时，进行轨道机动。图 10.59 是碰撞风险结果可视化效果图，其中白色网格球为航天器的碰撞风险球。

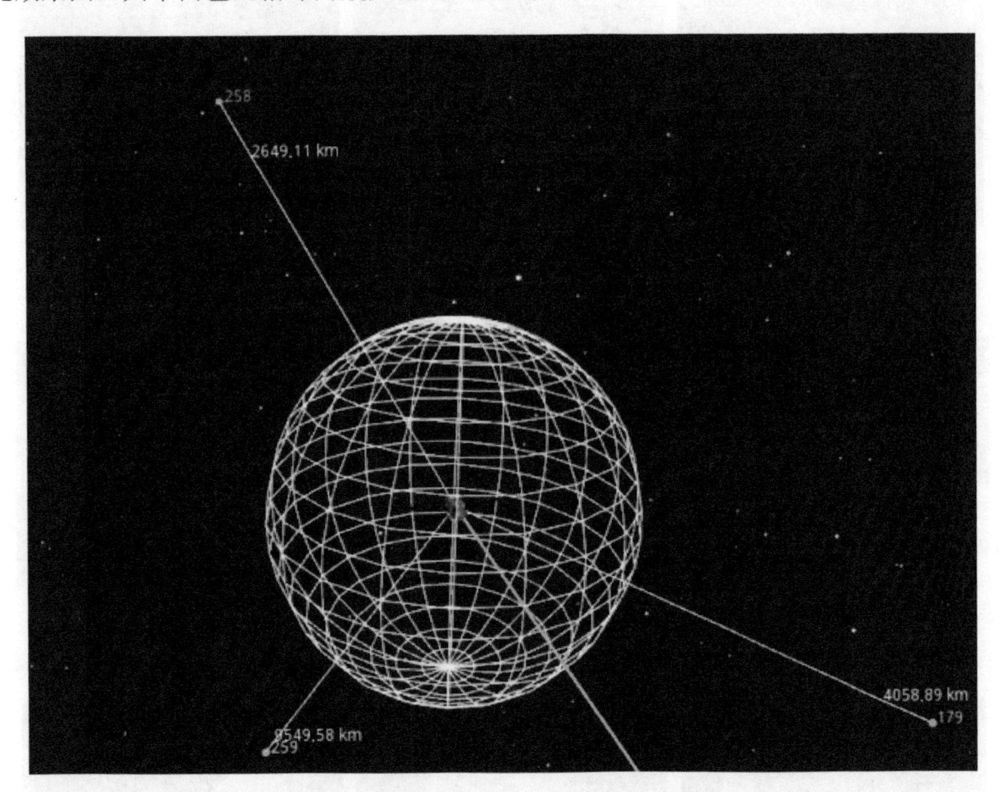

图 10.59　碰撞风险结果可视化效果图

对于事后故障分析，可以采用 K 最近邻查询、过境分析以及空间环境查询等分析故障的来源，如某一航天器出现故障后，可以首先进行空间环境查询，排除空间环境引起的故障，接着进行过境分析，判断航天器是否经过了某些敏感地区的上空，还可以采用 K 最近邻查询，进一步分析哪些其他空间目标接近过该航天器，进一步分析航天器出现故障的名称。图 10.60 是空间环境查询、过境分析和 K 最近邻查询结果的可视化效果图。

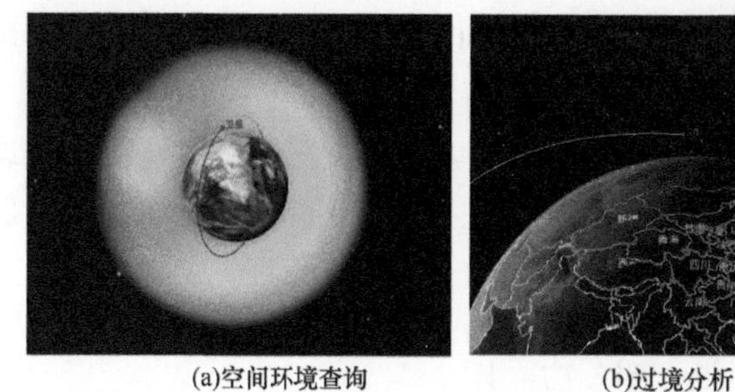
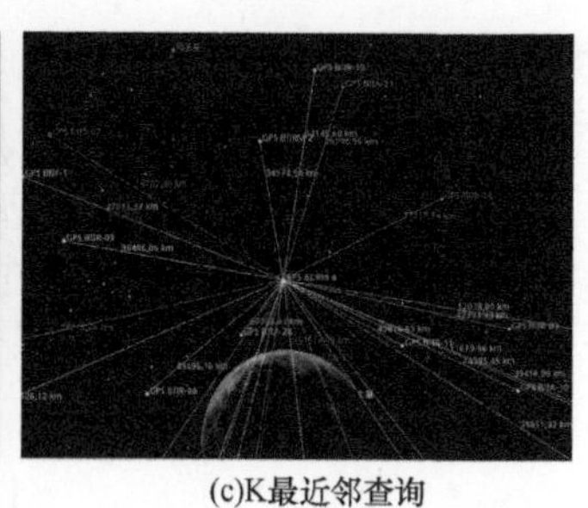

(a)空间环境查询　　(b)过境分析　　(c)K最近邻查询

图 10.60　故障分析可视化效果图

2. 其他典型应用

InSpace 系统除了在以上几个方面的应用外，还在其他科研与装备研制中得到了有效的应用，图 10.61～图 10.64 是部分典型应用的效果图。

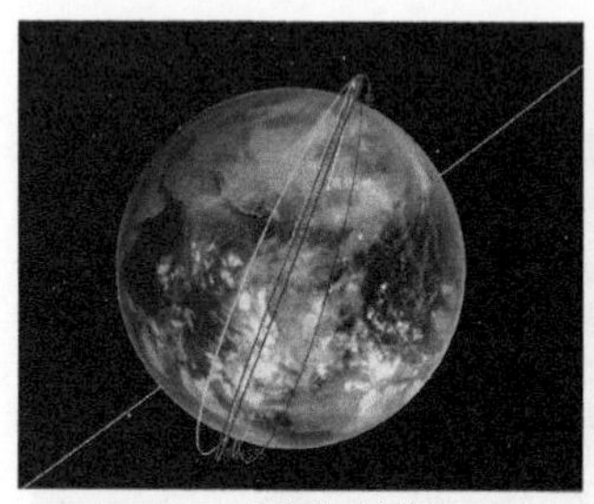
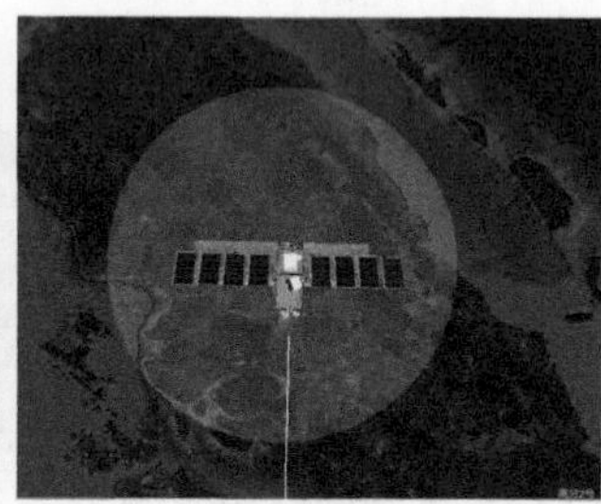
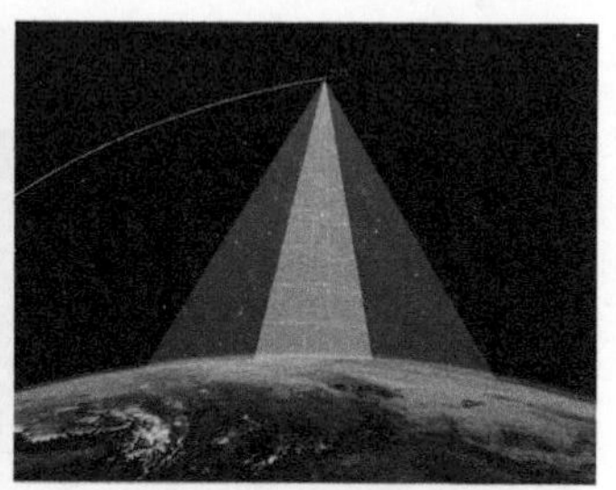

(a)遥感卫星轨道　　(b)遥感卫星　　(c)传感器对地观测范围

图 10.61　遥感卫星航拍任务规划效果图

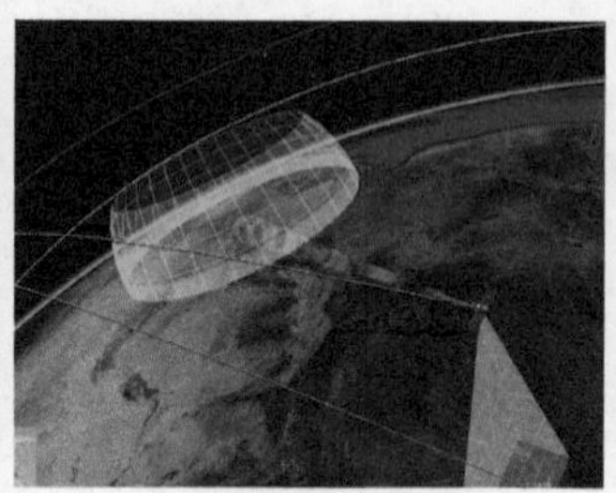
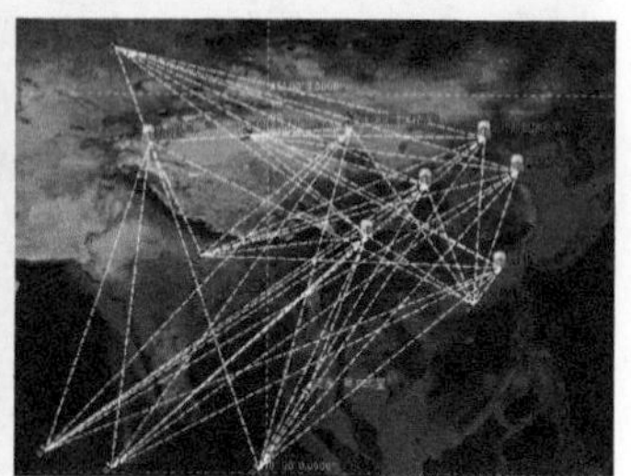

(a)地面站分布　　(b)地面站与卫星通信　　(c)二维通信关系

图 10.62　地面站选址分析

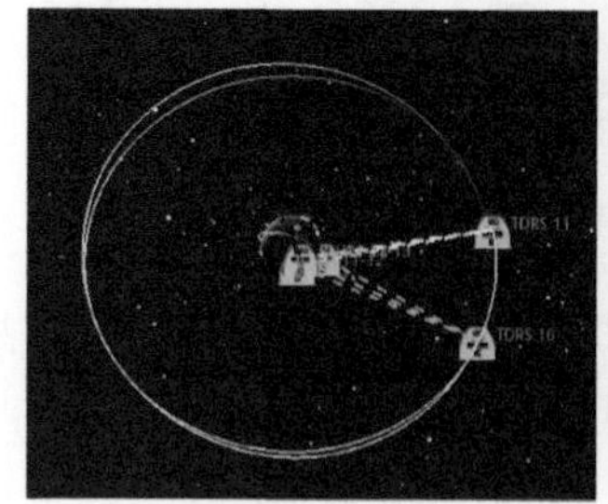

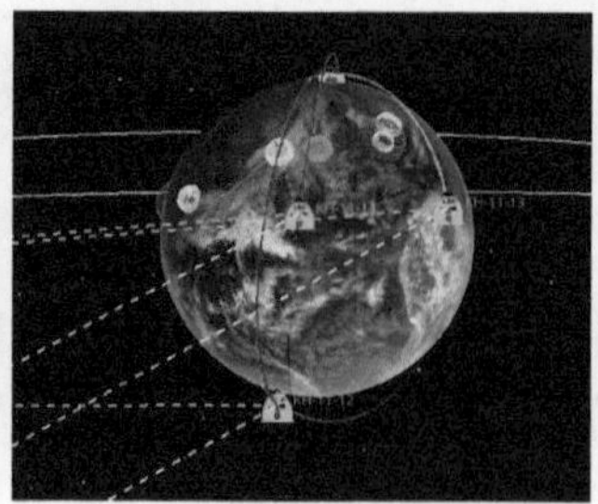
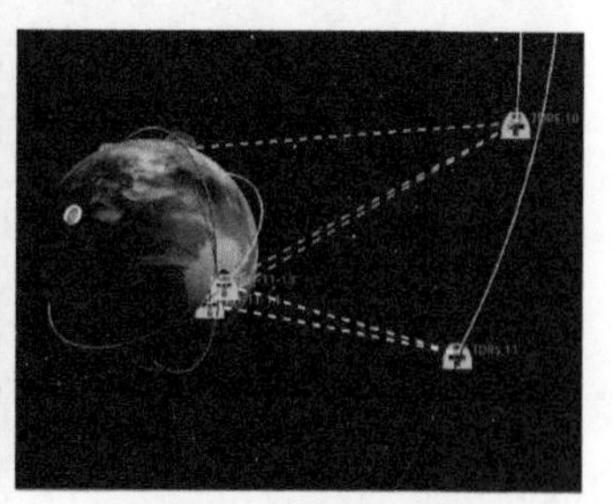

(a)中继卫星分布　　(b)卫星与中继星通信视点1　　(c)卫星与中继星通信视点2

图 10.63　中继卫星通信能力验证

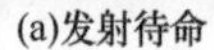

(a)发射待命

(b)火箭起飞

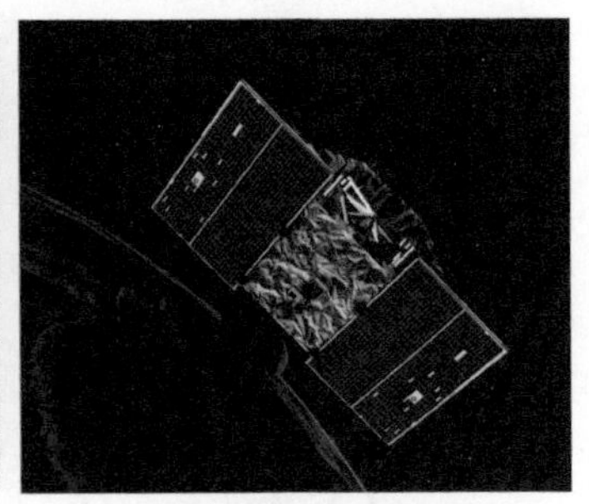

(c)卫星入轨

图 10.64 航天发射任务推演

此外，本书构建的 InSpace 系统建立了整个太阳系的准确时空关系，包括卫星的轨道动力学模型以及空天地一体化下的高效、高分辨率地形可视化绘制。因此，在 InSpace 系统的基础上，可以结合光学对地观测相机成像模型，以二次开发的方式实现光学对地观测卫星在轨成像实时模拟方法（施群山等，2014a，2014b），即给定卫星的轨道参数和时间或者成像时的位置姿态即可真实预示或者再现卫星成像结果，以便用于对地观测卫星前期轨道设计，以及卫星侦照区域动态展示和防卫星侦照研究，同时还可通过对实际拍摄图像与模拟图像的比对进行卫星传感器侧摆姿态的反演和侧摆能力的推算等研究。

图 10.65(a)是资源 3 号卫星所拍摄的某地区全色影像图；图 10.65(b)是基于 InSpace 系统模拟的同一地区的效果图，虽然与真实的成像图相比，模拟的成像图有一定的变形，但是其可以快速地确定成像的大致效果，如果采用更复杂的成像模型进行模拟，其模拟的成像图可以进一步提高模拟精度。图 10.66（a）模拟的是我国东南沿海某地区的 30m 分辨率的成像效果图；图 10.66（b）模拟的是国外某地区 1m 分辨率的成像效果图，即基于 InSpace 系统的成像模拟方法可以方便地应用于不同分辨率的成像模拟。

（a）某地区全色影像图

（b）同一地区的模拟效果图

图 10.65 成像效果对比

(a)30m分辨率模拟图

(b)1m分辨率模拟图

图 10.66 不同分辨率成像模拟效果

10.7 本 章 小 结

为了集成前文研究的技术成果，本书设计并实现了空天地一体化态势表达原型系统——InSpace 系统。本章首先分析了 InSpace 系统的功能组成，在此基础上对 InSpace 系统的逻辑和物理总体结构进行了设计，并给出了各模块的设计方法，实现了基于空间态势统一认知模型的可视化场景组织方法，探讨了空间态势信息三维引擎及系统的构建方法，给出了部分实现结果，最后重点研究了 InSpace 系统在航天器安全保障领域以及其他方面的应用方式，给出了部分应用成果。

参 考 文 献

常显奇. 2002. 军事航天学. 北京: 国防工业出版社.

华一新, 王飞, 郭星华, 等. 2007. 通用作战图原理与技术. 北京: 解放军出版社.

蓝朝桢. 2005. 空间态势信息三维建模与可视化技术. 郑州: 解放军信息工程大学硕士学位论文.

李小娟. 1999. 基于特征的时空数据模型及其在土地利用动态监测信息系统中的应用. 中国科学院遥感应用研究所博士学位论文.

施群山, 蓝朝桢, 徐青, 等. 2014a. 光学对地观测卫星在轨成像实时模拟方法. 系统仿真学报, 26(10): 2535-2540.

施群山, 蓝朝桢, 徐青, 等. 2014b. 空天地一体化态势表达的视点控制方法. 计算机应用, 34(S2): 264-268.

孙家广. 1998. 计算机图形学. 北京: 清华大学出版社.

王家耀. 2001. 空间信息系统原理. 北京: 科学出版社.

王青山, 龙明, 范建永. 2013. 战场环境信息工程. 北京: 解放军出版社.

徐青, 姜挺, 周杨, 等. 2013. 空间态势感知信息支持系统的构建. 测绘科学与技术, 30(4): 424-432.

尹章才. 2002. GIS 中基于特征的数据模型. 国土资源科技管理, 19(2): 50-53.

张志军, 邱俊武, 于忠海. 2013. 通用地图符号表达机制的研究. 测绘工程, 22(5): 5-8.

周杨. 2002. 数字城市三维可视化技术及应用. 郑州: 解放军信息工程大学硕士学位论文.

朱腾辉. 2003. 实时绘制语言的研究. 北京: 中国科学院研究生院硕士学位论文.

朱腾辉, 刘学慧, 吴恩华. 2002. 基于象素的光照计算. 计算机辅助设计与计算机图形学学报, 14(9):

861-865.
Hog E, Fabricius C, Makarov V V, et al. 2000. The Tycho-2 Catalogue. Copenhagen University Observatory.
McDonell R, Kemp K. 1996. International GIS Dictionary. New York: Wiley.
OGC. 1999. The OpenGISTM Abstract Specification Topic 5: Features. Version 4.
Watt A, Policarpo F. 2001. 3D Games Real-time Rendering and Software Technology. Vol1. New York: Pearson Education Publish.